Die Forellen und Lachse der Gattung *Salmo*

Johannes
Schöffmann

Die Forellen und Lachse der Gattung *Salmo*

Diversität und Verbreitung

AquaTech
Publications

Impressum

Titelbild: *Salmo* spp.
Coverdesign: Martin Hochleithner

AquaTech Publications
Unterbrunnweg 3
6370 Kitzbühel, Austria

http://www.aqua-tech.eu
http://www.aquaculture-com.net

Printed in Germany by:
Books on Demand GmbH
ISBN 978-3-902855-35-0

Danksagung

Mein besonderer Dank gilt dem 2013 verstorbenen, weltweit anerkannten Salmonidenfachmann Robert J. Behnke für die unzähligen wertvollen Informationen und den aufschlussreichen Briefwechsel über viele Jahre hinweg. Für die jahrelange fruchtbare Zusammenarbeit, sowohl bei den verschiedenen Feldarbeiten als auch bei der Erstellung wissenschaftlicher Manuskripte, bedanke ich mich bei Aleš Snoj (Univ. Ljubljana, Slowenien), Simona Sušnik Bajec (Univ. Ljubljana, Slowenien) und Saša Marić (Univ. Belgrad, Serbien). Mohammad Sadegh Alavi-Yeganeh (Tarbajat Modares Univ., Nour, Iran), Luca Baccellini (Italien), Pier Giorgio Bianco (Univ. Neapel, Italien), Dominic De Bruyn (Belgien), Bo Delling (Schwedisches Museum für Naturgeschichte, Stockholm), Phillip Dermond (Eawag, Schweiz), Evgeny Esin (A. N. Sewertsow-Institut für Ökologie und Evolution, Moskau), Manuel Esteve (Spanien), Georg Bergþór Friðriksson (Island), Branko Glamuzina (Univ. Dubrovnik, Kroatien), Dušan Jesenšek (Slowenien), Burak Kalaç (Türkei), Àlex Miró (Spanien), Alexander Osinov (Lomonossow-Univ., Moskau), Carlos Rodriguez (Spanien), Jóhannes Sturlaugsson (Island), Michael Sundberg (Schweden), Elias Petur Thorarinsson (Island) und Eva B. Thorstad (NINA, Norwegen) danke ich für wichtige Informationen und Daten. Zu Dank verpflichtet bin auch meinen Begleitern für ihre tatkräftige Unterstützung bei den oft mühsamen Expeditionen: James Prosek, Peter Regenfelder, John Zablocki, Markus Schauta und nicht zuletzt meiner Frau Ida und meinen Kindern Benedikt und Mariela.

Für die Bereitstellung von Fotomaterial danke ich: Pierre Affre (Frankreich), Luca Baccellini (Italien), Ruslan M. Barchalov (Russland), Jakob Brodersen, Eawag (Schweiz), Alain Crivelli (Frankreich), Bo Delling (Schweden), Ignacio Doadrio (Spanien), Alessandro Donatucci (Italien), Evgeniy Esin (Russland), Manuel Esteve (Spanien), Andrew Ferguson (Großbritannien), Christian Flinker (Dänemark), Georg Bergþór Friðriksson (Island), Iraj Hashemzadeh Segherloo (Iran), Donald Le Heron (Frankreich), Martin Hochleithner (Österreich), Maurice Kottelat (Schweiz), Antun Mateš (Kroatien), Saša Marić (Serbien), Grigorii Markevich (Russland), Hossein Mostafavi (Iran), Danilo Mrdak (Montenegro), Jozef Nevedel (Slowakei), Vasile Oţel (Rumänien), Rasmus Pabst Ovesen (Norwegen), Henning Pavels (Norwegen), Mirosław Pieślak (Polen), Jorma Piironen (Finnland), James Prosek (USA), Clemens Ratschan (Österreich), Paul Reddish (Großbritannien), Carlos Rodriguez (Spanien), Nikolaus Schotzko (Österreich), Aleš Snoj (Slowenien), Dave Steward (Großbritannien), Stojmir Stojanovski (Mazedonien), Michael Sundberg (Schweden), Hossein Taghavi (Iran), Alastair Thorne (Großbritannien), Eva B. Thorstad (Norwegen), Alexey Veselov (Russland), Yu. E. Vitukov (Ukraine), Nicklas Wijkmark (Schweden), Kadır Yanar (Türkei), John Zablocki (USA), Frédéric Zanella (Frankreich).

Vorwort

Die Erstauflage dieses Buches ist im Jahr 2013 erschienen. Seitdem wurden viele neue Erkenntnisse, insbesondere zur phylogenetischen und geografischen Herkunft der Forellen der Gattung *Salmo*, gewonnen und in zahlreichen Studien publiziert. Auch wenn von den verschiedenen Wissenschaftlern oft gegensätzliche Meinungen vertreten werden, findet sich meist doch ein Grundkonsens. Ich habe versucht, soweit wie möglich die jüngsten Ergebnisse einschließlich der unterschiedlichen Ansichten in die zweite Auflage aufzunehmen. Inzwischen wurde auch eine Reihe neuer Arten beschrieben, hauptsächlich aus der Türkei. Obgleich ihre Gültigkeit umstritten ist, werden sie hier erwähnt. Zusätzliches Bildmaterial wurde durch die freundliche Bereitstellung von Kollegen oder bei eigenen Reisen zusammengetragen. Die hydrografischen Karten wurden überarbeitet und ergänzt. Ein Kapitel über den Atlantischen Lachs und ein Kapitel über die Europäische Forelle außerhalb ihres natürlichen Verbreitungsgebiets tragen ebenso zur Neugestaltung der zweiten Auflage bei wie die Erweiterung der geografischen Einheiten. Der Umfang hat sich damit um fast zweihundert Seiten erhöht.

Erklärung zu den Bildunterschriften:
Die Längenangaben (in cm) entsprechen der Gabellänge (GL). Abkürzungen der phylogenetischen Linien, der die abgebildeten Forellen angehören: AT=Atlantik-Linie, DU=Duero-Linie, AD=Adria-Linie, ME=Mittelmeer-Linie, MA=Marmoratus-Linie, DA=Donau-Linie, TI=Tigris-Linie, DS=Dades-Linie. Sind zwei oder drei verschiedene Linien angeführt, handelt es sich um eine Forelle aus einer gemischten Population. Es ist jedoch nicht geklärt, zu welcher der Linien das abgebildete Individuum gehört. Die Reihenfolge der Linien entspricht, soweit bekannt, ihrer Häufigkeit in der Population. Ein X steht für Populationen mit noch unbekannter phylogenetischer Zuordnung. Weitere Abkürzungen: M1=Marokko I, M2=Marokko II; ♂=Männchen, ♀=Weibchen.

Inhaltsverzeichnis

1. Einleitung

Der Begriff „Forelle“ bezeichnet im deutschen Sprachraum die Vertreter der Europäischen Forelle und ihrer nächsten Verwandten sowie die Forellen aus dem pazifischen Raum Nordamerikas und Kamtschatkas (Regenbogen- und Cutthroat-Forellen). Im amerikanischen Englisch werden auch die in Nordamerika heimischen Saiblinge als Forellen (trout) bezeichnet. Der natürliche Verbreitungsraum der Europäischen Forelle erstreckt sich über Europa und Teile von Asien und Afrika. Der Name „Europäische Forelle“ mag daher irreführend sein, jedoch das Hauptverbreitungsgebiet und vielleicht auch das Entstehungszentrum dieser Lachsfische befinden sich in Europa. Als alternativer Name könnte aber auch „Eurasische Forelle“ verwendet werden, wie von einigen Autoren (z.B. Ferguson & Prodöhl, 2021) vorgeschlagen. Für Besatzmaßnahmen in Wildgewässer wurde die Europäische Forelle in alle Erdteile verfrachtet. Die heimischen Forellen Europas, Nordafrikas, Vorder- und Zentralasiens bilden gemeinsam mit dem Atlantischen Lachs die Gattung *Salmo.* Die Aufspaltung in die Evolutionslinien, die einerseits zum Atlantischen Lachs (*Salmo salar*) und andererseits zur Europäischen Forelle (*Salmo trutta* sensu lato) und ihren nächsten Verwandten (*S. obtusirostris, S. ohridanus*) führte, fand bereits im Miozän oder im frühen Pliozän statt. Je nach Kalibrierung der molekularen Uhr zur Bestimmung der Mutationsrate (>1 % vs. ca. 0,5 % pro Million Jahre) kommen unterschiedliche Angaben über den Zeitpunkt der Trennung der zwei Evolutionslinien zustande: vor 5-6 Mio. vs. 10-14 Mio. Jahren (Crête-Lafrenière et al., 2012; Pustovrh et al., 2014; Lecaudey et al., 2018). Die Gattung *Salmo* gehört der Unterfamilie der Lachsartigen (Salmoninae) an, welche aus fünf oder sechs weiteren Gattungen besteht: den pazifischen Forellen und Lachsen (*Oncorhynchus*), den Lenoks (*Brachymystax*), dem Eurasischen Huchen (*Hucho*), dem Sachaliner Huchen (*Parahucho*), den Saiblingen (*Salvelinus*) und dem Langflossensaibling (*Salvethymus*). Die Gattung *Salvethymus* wurde für eine morphologisch abweichende endemische Art aus dem El’gygytgyn-See in Ostsibirien aufgestellt. In Anbetracht der engen genetischen Verwandtschaft zu den Saiblingen wurde später vorgeschlagen, diese Art der Gattung *Salvelinus* zuzuordnen (Stearly & Smith, 1993).

Die Regenbogen- und Cutthroat-Forellen stellte man ursprünglich aufgrund ihrer physischen Ähnlichkeit mit der Europäischen Forelle und dem Atlantischen Lachs in die Gattung *Salmo,* trotz allgemein anerkannter morphologischer (osteologischer) Gemeinsamkeiten mit den pazifischen Lachsen. Erst weitere Untersuchungen (Smith & Stearly,

1989) belegten die enge Verwandtschaft zwischen den pazifischen Forellen und den pazifischen Lachsen, was 1989 zur ihrer Reklassifikation in die Gattung *Oncorhynchus* führte, wenngleich auch ein paar russische Wissenschaftler (Reshetnikov et al., 2003; Bogutskaya & Naseka, 2004) für die pazifischen Forellen die eigenständige Gattung *Parasalmo* bevorzugen. Früher vertrat man die Auffassung, dass die Gattungen *Oncorhynchus* und *Salmo* von einem gemeinsamen Vorfahren abstammen und die Trennung in eine pazifische und in eine atlantische Linie vor etwa 20 Mio. Jahren erfolgte. Neuere genetische Untersuchungen zeigten jedoch, dass die Gattung *Salmo* eine Schwestergruppe zu den Gattungen *Oncorhynchus* und *Salvelinus* bildet. Überraschenderweise stellte sich außerdem heraus, dass der Sachaliner Huchen (*Parahucho perryi*) derselben phylogenetischen Linie wie *Salmo, Oncorhynchus* und *Salvelinus* angehört, die eine Schwestergruppe zur Linie von *Hucho* und *Brachymystax* darstellt. Die Trennung dieser Linie von den übrigen Linien der Salmoninae erfolgte bereits vor 35-40 Mio. Jahren.

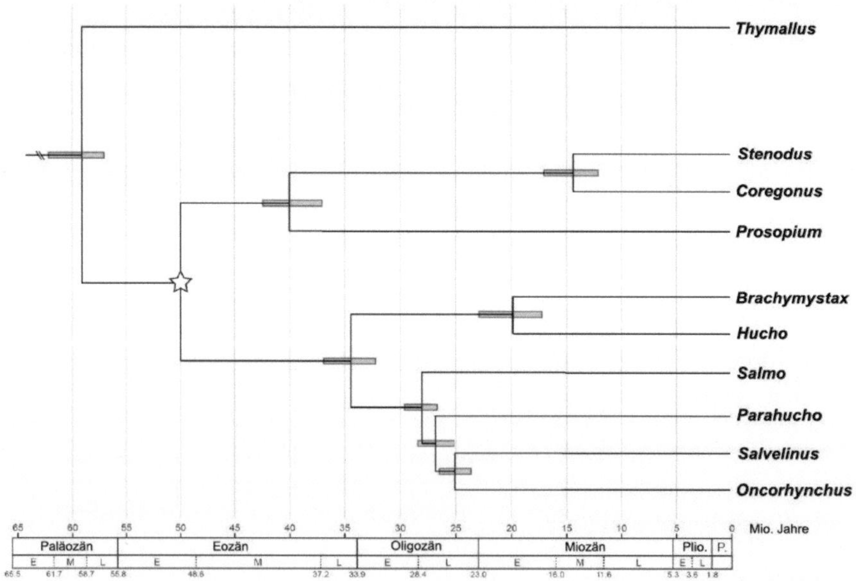

Stammbaum der Familie Lachsähnliche (Salmonidae). Nach: Crête-Lafrenière et al.,2012

Die Verwandtschaftsbeziehungen innerhalb der Gattungen *Salmo, Parahucho, Oncorhynchus* und *Salvelinus* werden von verschiedenen Autoren unterschiedlich interpretiert, stimmen aber zumeist damit überein, dass *Salmo* sich vor rund 30 Mio. Jahren als erste Linie abgespalten hat, unmittelbar gefolgt von *Parahucho* (Oakley & Phillips, 1999; Crespi & Fulton, 2004; Crête-Lafrenière et al., 2012; Shedko et al., 2013; Lecaudey et al. 2018).

Die Unterfamilien Lachsartige (Salmoninae), Äschen (Thymallinae) und Renken (Coregoninae) fasst man in der Familie Lachsähnliche (Salmonidae) zusammen. Alle Mitglieder dieser Familie sind in der holarktischen Region beheimatet und pflanzen sich ausschließlich im Süßwasser fort. Es gibt keine rein marine Form oder irgendeine, die im Meer laicht. Diese Eigenschaft stützt die Hypothese, dass die Lachsähnlichen aus dem Süßwasser stammen und erst später einige ihrer Vertreter eine partiell marine Lebensweise annahmen (Tchernavin, 1939; Berg, 1948b). Natürlich lebten die entfernten Vorfahren aller heutigen Meeres- und Süßwasserfische einst in den Ozeanen. Man geht aber davon aus, dass die Anfangsphase der Evolution der Knochenfische (Osteichthyes) vor mehr als 420 Mio. Jahren im Süßwasser stattfand. Als zusätzliches Atmungsorgan entwickelten die Knochenfische eine primitive Lunge, die sich bei vielen Typen allmählich zur Schwimmblase umwandelte. Vor etwa 400 Mio. Jahren entstanden im Süßwasser die ersten Strahlenflosser (Actinopterygii), die heute 95 % aller Fischarten und annähernd die Hälfte aller Wirbeltierarten ausmachen. Anfangs drangen diese Süßwasserfische wahrscheinlich nur zur Nahrungsaufnahme ins Meer vor und kehrten zum Laichen ins Süßwasser zurück, wie es heute noch anadrome Salmoniden praktizieren. Erst vor 150-200 Mio. Jahren besiedelten die Knochenfische bzw. Strahlenflosser auch dauerhaft die Ozeane. Zu den ersten permanent im Salzwasser lebenden Strahlenflossern zählen die Goldlachsartigen (Argentiniformes), die den Lachsfischen (Salmoniformes)[1] nahestehen (Fyhn et al., 1999; Vega & Wiens, 2012).

[1]) Zur Ordnung der Lachsfische (Salmoniformes) zählt heute nur noch die Familie Lachsähnliche (Salmonidae). Früher umfasste die Ordnung Salmoniformes auch andere verwandte Gruppen, die damals noch gemeinsam mit den Lachsverwandten (Salmonoidei) als Unterordnungen behandelt wurden. Später erhob man diese Unterordnungen in den Ordnungsrang und fasste die Salmoniformes mit den Stintartigen (Osmeriformes), bestehend aus den Stinten (Osmeridae) der nördlichen und den Galaxiiden (Galaxiidae) der südlichen Hemisphäre, den Hechtartigen (Esociformes) und den marinen, meist in der Tiefsee lebenden Goldlachsartigen (Argentiniformes) in der Überordnung Protacanthopterygii zusammen, deren Ursprung mindestens 150 Mio. Jahre zurückliegt. Eine neuerdings vorgenommene Einordnung gliedert die Stintartigen (Osmeriformes) aus den Protacanthopterygii aus, belässt aber die Galaxiiden als eigene Ordnung (Galaxiiformes) in dieser Überordnung. Die Hechtartigen (Esociformes) werden als Schwestergruppe der Lachsfische (Salmoniformes), also als ihre nächsten Verwandten, eingestuft (Betancur-Rodriguez et al., 2013). Die Klassifikation der Protacanthopterygii war bisher und wird wohl auch weiterhin instabil und umstritten sein (siehe Kladogramm).

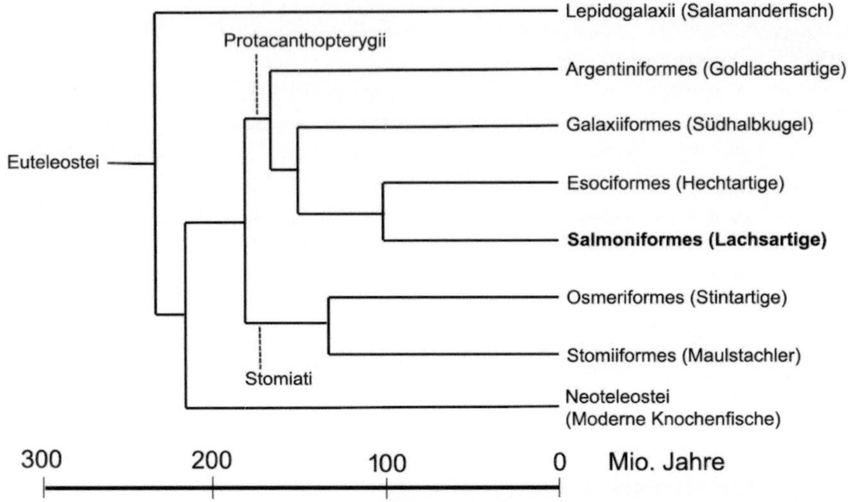

Phylogenetische Position der Salmoniformes. Nach: Betancur-Rodriguez et al., 2013

Das bisher älteste bekannte Fossil eines Salmoniden, *Eosalmo driftwoodensis,* aus Britisch-Kolumbien stellt eine Art dar, die vor 45-50 Mio. Jahren gelebt hat und offenbar zur Unterfamilie der Salmoninae gehört. Man vermutet jedoch den Ursprung der Familie Salmonidae vor wenigstens 100 Mio. Jahren. Jedenfalls deutet der Fossilfund von *Eosalmo* darauf hin, dass die Unterfamilien Lachsartige, Äschen und Renken schon vor 50 Mio. Jahren voneinander getrennt waren (Behnke, 2002). Die ältesten fossilen Überreste der Gattung *Hucho* wurden am östlich des Baikalsees gelegenen Witim-Plateau sichergestellt und auf 21-13 Mio. Jahre datiert (Kovalchuk, 2015). Nachweislich lebten Vorfahren der rezenten Gattung *Salvelinus* während des frühen und mittleren Miozäns, also vor 23-13 Mio. Jahren, im Westen Nordamerikas. Im späten Miozän (vor 11-5 Mio. Jahren) war die Gattung *Oncorhynchus* im westlichen Nordamerika bereits weit verbreitet (Wilson & Williams, 2010). Die Stammesgeschichte der Gattung *Salmo* lässt sich bis ins Mittlere Miozän zurückverfolgen. Der älteste fossile Fund dieser Gattung, *Salmo immigratus,* stammt aus Zentralkroatien (Anđelković, 1989). Dieser indirekte oder sogar direkte Vorfahre des Atlantischen Lachses, der Europäischen Forelle, der Weichmaulforelle (*S. obtusirostris*) und der Ohrid-Forelle (*S. ohridanus*) lebte vor etwa 13 Mio. Jahren in der zu jener Zeit brackischen Paratethys, als die Verbindungen zu den Weltmeeren bereits unterbrochen waren. Es ist anzunehmen, dass *S. immigratus* eine anadrome Form darstellte, die zum Laichen in die Zuflüsse wanderte.

Taimen oder Sibirischer Huchen (*Hucho taimen*). Foto: C. Ratschan

Sachaliner oder Japanischer Huchen (*Parahucho perryi*). Foto: C. Ratschan

Seesaibling (*Salvelinus umbla*), Lunzer See (Österreich)

Cutthroat-Forelle (*Oncorhynchus clarkii*), Maggie Creek (Nevada). Foto: J. Zablocki

Der als „Vater der Ichthyologie“ bekannte schwedische Naturforscher Peter Artedi beschreibt mehrere Formen der Europäischen Forelle und ordnet sie gemeinsam mit anderen europäischen Salmoniden der Gattung *Salmo* zu. Seine umfangreichen Werke, wie die 5-bändige „Bibliotheca Ichthyologica“, wurden erst post mortem im Jahr 1738 veröffentlicht. Artedis Studienkollege und Freund, der berühmte schwedische Naturforscher Carl Nilsson Linnæus (Carl von Linné), wendet 1758 in seiner 10. Auflage von „Systema Naturæ“ erstmals konsequent die binäre Nomenklatur (Gattungs- und Artnamen) auf das Tierreich an. Den Namen *Salmo trutta*[2] bezieht er auf die Forellen aus großen Flüssen, zu denen wahrscheinlich auch die anadrome Form oder Meerforelle gehört. Die Forelle aus kleinen Flüssen und Bächen, die sogenannte Bachforelle, beschreibt er als *S. fario,* die Seeforelle als *S. lacustris* und die Meerforelle als *S. eriox.* Im Laufe der Zeit tauchen nicht nur zahlreiche neue, inzwischen meist ungültige Artnamen auf, sondern auch ein paar Varianten des zurzeit allein gültigen Gattungsnamens *Salmo.* So verwenden verschiedene Autoren die Synonyme *Salar, Trutta* und *Fario* im selben Werk, ohne eine überzeugende Begründung für eine Unterscheidung zwischen den Taxa zu liefern. Laut Valenciennes (in Cuvier & Valenciennes, 1848) bestehen lediglich Unterschiede in der Bezahnung des Vomers oder Pflugscharbeins. Andererseits werden dazumal oft noch Arten der heute anerkannten Gattungen *Hucho, Salvelinus, Brachymystax, Thymallus* und *Coregonus* dem Taxon *Salmo* zugeordnet. Die derzeit obligatorische Regel, nur die Namen von Gattungen bzw. Untergattungen (in Klammern) groß und die von Arten und Unterarten klein zu schreiben, ist in den Artbeschreibungen älterer Jahrgänge offensichtlich noch kein Kriterium. Die Gattungen und alle darunter liegenden Taxa werden kursiv geschrieben, die Taxa darüber (Familien, Ordnungen usw.) schreibt man in Normalbuchstaben.

[2]) Es dürfte hinlänglich bekannt sein, dass *Salmo* auf die lateinische Bezeichnung für den Lachs zurückzuführen ist. Der lateinische Name *trutta* bzw. „tructa“ hat seine Wurzeln im Altgriechischen „troktes“ (τρώκτης), was so viel wie Nager oder Fisch mit scharfen Zähnen bedeutet. In den romanischen Sprachen, von Italien bis Portugal, und im Englischen blieb der lateinische Name für Forelle in mehr oder weniger abgeänderter Form bis heute erhalten. Die urslawische Bezeichnung „p'str'va“ blieb in allen heutigen slawischen Sprachen bestehen und ist in viele der übrigen Sprachen Südosteuropas eingegangen, wie in das Neugriechische, Rumänische und Ungarische. Sie leitet sich vom urslawischen Adjektiv „p'str'“ (bunt, farbig, gefleckt) ab. Dieselbe Bedeutung hat das deutsche Wort Forelle, welches sich vom westgermanischen „forhna“ bzw. vom vorgermanischen Wort „prkna“ (griechisch: „perknós“) ableitet. Auch in vielen anderen Sprachen hat die Fleckenzeichnung der Forellen auf ihre Benennung Einfluss genommen. So bedeutet z.B. das türkische Wort für Forelle „alabalık“ so viel wie „farbig (braun) gefleckter Fisch“, ebenso wie das persische „qezel ālā“. Mit „gefleckter Fisch“ kann man auch die in Afghanistan übliche Bezeichnung „mahi chaaldar“ übersetzen.

Die große morphologische und ökologische Vielfalt innerhalb der Europäischen Forelle hat dazu geführt, dass im Laufe der vergangenen zwei Jahrhunderte (19. u. 20. Jhd.) mehr als 100 Arten und Unterarten beschrieben wurden, die heute meist dem Taxon *Salmo trutta* zugeordnet werden. Diese Klassifikation täuscht zweifellos eine genetische Homogenität vor und ignoriert die vielen unterschiedlichen stammesgeschichtlichen Linien, die sich seit der Entstehung eines gemeinsamen Vorfahren der verschiedenen Formen der Europäischen Forelle entwickelt haben. Die Benennung zahlreicher Arten, Unterarten oder Morphe ist ein nicht unumstrittener Versuch, dieses Problems Herr zu werden, ebenso wie die gelegentlich verwendeten Sammelbegriffe Formenkreis, Superspezies, Artenkreis und *Salmo trutta*-Komplex. Man darf auch nicht vergessen, dass die Evolution einen kontinuierlichen Prozess darstellt, was zu unscharfen Abgrenzungen zwischen Arten führen kann und daher keineswegs klar definierbar ist bzw. es oft im Ermessen des zuständigen Taxonomen liegt, ob eine bestimmte Population (oder Gruppe dieser) als eigenständige Art anzusehen ist oder nicht.

Ungeachtet ihrer oft unklaren taxonomischen Stellung gilt es, die verschiedenen Formen der Europäischen Forelle und ihrer nahen Verwandten zu schützen und zu erhalten, repräsentieren sie doch ökologisch, morphologisch und genetisch einzigartige, reproduktiv weitgehend isolierte Populationen, die sich über Generationen an ihre Umwelt angepasst haben und zur biologischen Vielfalt beitragen. Nicht wenige dieser Lokalpopulationen sind heute vom Aussterben bedroht oder in ihrem Bestand gefährdet. Die Gründe dafür sind sowohl menschliche Einflüsse auf den Lebensraum der Tiere – wie die Wassernutzung für Landwirtschaft, Industrie und Haushalte, Wasserverschmutzung und Flussverbauungen – als auch die Überfischung, vor allem aber der Besatz mit nicht heimischen Forellenstämmen oder exotischen Arten. Schließlich trägt auch die globale Erwärmung, vor allem in den südlicheren Regionen, zu verhängnisvollen Biotopveränderungen bei. Ein hyperexponentielles Bevölkerungswachstum auf der einen, Profitgier, Konsumrausch und Verschwendung auf der anderen Seite, verbunden mit der zunehmenden Ausbeutung der begrenzten Ressourcen, Umweltbelastungen durch Schadstoffe und die anhaltende Zerstörung von natürlichen Lebensräumen bescheren uns einen Artenschwund und somit den Verlust der Biodiversität apokalyptischen Ausmaßes. Nicht nur das Aussterben von Arten, sondern auch das dramatische Schrumpfen der Bestände natürlicher Tier- und Pflanzenarten durch die zerstörerische Vereinnahmung von Flächen für intensive Landwirtschaft und Urbanisierung verdeutlichen, in welch fatale Richtung wir uns bewegen. Angesichts dieser Entwicklung sollte keine einzige Gelegenheit ungenutzt bleiben, die uns noch verbliebenen, natürlichen Forellenpopulationen zu retten. Dies kann letztendlich nur gelingen, wenn wir den weiteren Verlust ihrer angestammten Habitate verhindern. So erhalten Schutzmaßnahmen nicht nur die genetische Diversität einiger außergewöhnlich schöner Fische von kultureller und ästhetischer Bedeutung, sondern zugleich viele Kaltwasserökosysteme von Seen, Flüssen und Bächen. Leider muss man aber auch davon ausgehen, dass manche der in diesem Band erfassten Vorkommen mittlerweile unwiederbringlich verloren gegangen sind. Vereinzelte Erfolge beim Schutz und der Wiederherstellung bedrohter und bereits stark reduzierter Populationen geben immerhin Anlass zur Hoffnung, dass durch zukünftige Projekte wenigstens ein Teil der morphologischen und genetischen Vielfalt erhalten bleibt. Von enormer Wichtigkeit ist aber ebenso die Bewahrung einer möglichst großen genetischen Variabilität innerhalb der Populationen, da sie die Grundvoraussetzung für deren evolutive Anpassungsfähigkeit an sich ändernde Umweltbedingungen bildet, wie sie etwa durch eine Klimaveränderung verursacht werden. Das genetische Erbe der Evolution zu bewahren und die natürlichen Ökosysteme am Leben zu erhalten wird eine gewaltige aber wesentliche Herausforderung für uns alle darstellen.

Der Hauptfokus der vorliegenden Monografie gilt daher der Dokumentation der außerordentlichen Formenvielfalt der Europäischen Forelle und ihrer nächsten Verwandten in den unterschiedlichen Regionen. Eine kurze Abhandlung über den Atlantischen Lachs soll die Übersicht vervollständigen. Die Anführung der wissenschaftlichen Namen erfolgt grundsätzlich ohne Bewertung ihrer Gültigkeit und dient lediglich der Orientierung und zur Rekapitulation sowohl der in der traditionellen als auch der in der modernen Taxonomie verwendeten Namen. Allerdings entwickelte sich gerade in letzter Zeit eine Art von Wettlauf bei der Beschreibung von neuen Arten innerhalb der Gattung *Salmo*. Vor allem betrifft das verschiedene Forellenpopulationen von Anatolien und Marokko, welche zwar aufgrund ihrer langen isolierten Entwicklung, in Verbindung mit Gendrift oder spezifischen Umwelteinflüssen, gewisse genotypische und phänotypische Eigenheiten aufweisen, wo aber eine Zuerkennung des Artranges dennoch meist nicht gerechtfertigt erscheint. Sollte diese „taxonomische Inflation" anhalten, steht zu erwarten, dass in den nächsten Jahren beinahe für jedes Flusssystem eine neue Forellenart beschrieben wird – eine Entwicklung, die weit über das Ziel der Systematik hinausschießt und die taxonomische Übersicht nicht gerade erleichtert. Andererseits kann die Anerkennung als eigenständige Art in manchen Fällen zu erhöhten Schutzmaßnahmen beitragen.

2. Stammesgeschichte

Die klimatischen Schwankungen während des jüngsten Eiszeitalters (Pleistozän), das vor etwa 2,6 Mio. Jahren begann, beeinflussten maßgeblich die stammesgeschichtliche Entwicklung und Verbreitung der Europäischen Forelle (*Salmo trutta*-Komplex oder *S. trutta* sensu lato). Der deutlichste Klimawechsel innerhalb der letzten 3 Mio. Jahre ereignete sich vor annähernd 700 000 Jahren, verbunden mit der ersten großen Isolation der heutigen Flusssysteme von Rhein, Rhone und Donau. Diese klimatischen und hydrografischen Veränderungen trugen wesentlich zur genetischen Aufgliederung innerhalb der Europäischen Forelle bei, die schließlich die große Variabilität schuf, wie wir sie heute kennen. Im Verlauf des wiederholten Vordringens der Eismassen beschränkten sich die Forellenvorkommen auf wenige Rückzugsgebiete. Solche glazialen Refugien gab es in Südwesteuropa und Nordafrika, auf der Apenninen-Halbinsel, am Balkan und im Ponto-Kaspischen Raum (Taberlet et al., 1998; Bernatchez, 2001; Hewitt, 2004). Die geografische Zersplitterung und die isolierte Entwicklung über hunderttausende von Generationen führten zur Entstehung unterschiedlicher Evolutionslinien. Nach jedem Rückzug der Gletscher kam es erneut zur demografischen Expansion, wobei einige Kontaktzonen entstanden, in denen zwei oder mehr Evolutionslinien aufeinandertrafen. Anhand der mitochondrialen DNA (mtDNA)[1] unterscheidet man drei stammesgeschichtliche Hauptlinien (Bernatchez et al., 1992), deren Vorkommen sich meist mit den großen Einzugsgebieten decken (Kurznamen der Linien stehen in Klammern):

1. **Atlantik-Linie (AT)**: Atlantikbecken von der Tschoscha-Bucht (Russland) bis Marokko und südliches Mittelmeerbecken von Marokko bis Sizilien; oberes Donaubecken. Aus dem Duero-Becken in Spanien wurde eine der Atlantik-Linie nahe stehende Linie, die **Duero-Linie (DU)**, vorgeschlagen.
2. **Donau-Linie (DA)**: Becken von Schwarzem Meer, Kaspischem Meer und Aralsee; Mittelmeerbecken im Nordwesten der Türkei; Einzugsgebiet der Euphrat-Quellregion; Atlantikbecken im Einzugsbereich der oberen Weichsel. Im Tigris-Becken fand man einen spezifischen, äußerst divergenten Haplotyp[2] (Da26), welcher eine frühe Abspaltung von der Donau-Linie (vor 1-2 Mio. Jahren) belegt und als eine separate Linie, **Tigris-Linie (TI)**, angesehen wird.
3. Die „mediterrane Hauptlinie" besteht aus drei Linien, deren Verbreitungsräume sich oft überschneiden: a) **Adria-Linie (AD)**: Mittelmeerbecken von Spanien über Korsika und Sardinien, Italien, den Bal-

kan bis Anatolien; Euphrat-Becken; mögliche natürliche Vorkommen im Atlantikbecken Spaniens und Frankreichs westlich bzw. nördlich der Pyrenäen (siehe Kapitel 6.6.4.). Als eine der Adria-Linie nahe stehende eigenständige Linie kann der sogenannte Balkan-Cluster betrachtet werden (siehe Kapitel 6.13.3.). b) **Mittelmeer-Linie (ME)**: westliches Mittelmeerbecken von Spanien bis Italien und Korsika sowie südwestlicher Balkan. c) **Marmoratus-Linie (MA)**: Marmorforelle (*Salmo marmoratus*) des nördlichen Adriabeckens. Vereinzelte, in anderen mediterranen Gebieten nachgewiesene Populationen mit einem MA-Haplotyp (Korsika, Mittelitalien, Albanien, Griechenland, Türkei) sind phänotypisch und morphologisch nicht mit der Marmorforelle identisch.

Im Atlantikbecken des südlichen Marokko (Drâa-Becken) wurde eine isolierte Reliktpopulation einer stammesgeschichtlichen Linie entdeckt, welche bereits vor mindestens 1,2 Mio. Jahren entstand. Nach ihrem Fundort wird diese Linie **Dades (DS)** genannt. (mehr dazu in Kapitel 6.7.). Neben diesen genetischen Linien der Europäischen Forelle gibt es innerhalb der Gattung *Salmo* noch zwei separate, nur auf dem Balkan beheimatete Linien: die Ohrid-Forelle (*Salmo ohridanus*), die schon vor etwa 4 Mio. Jahren einen eigenen Evolutionsweg einschlug und die Weichmaulforelle (*Salmo obtusirostris*), welche sich vor rund 2,5 Mio. Jahren abspaltete (siehe Kapitel 6.13.4.).

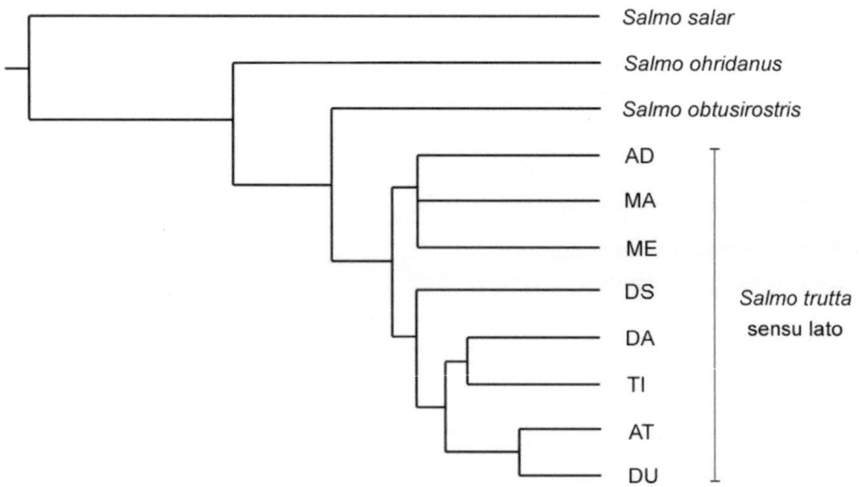

Provisorischer Stammbaum der Gattung *Salmo*.

Zum Ursprung und zur Verbreitung der stammesgeschichtlichen Linien der Europäischen Forelle (*Salmo trutta* sensu lato), also ohne Ohrid-Forelle und Weichmaulforelle, wurden verschiedene Theorien aufgestellt. Viele Wissenschaftler gehen aber davon aus, dass das Entstehungs- und Verbreitungszentrum auf dem Balkan oder in Anatolien lag und die Aufspaltung wahrscheinlich bereits während des Pliozäns (vor mehr als 2,5 Mio. Jahren) ihren Ausgang nahm (Suárez et al., 2001; Cortey et al., 2004; Bardakci et al., 2006; Sanz, 2018). Einige russische Wissenschaftler mutmaßen, dass die Verbreitung aller *Salmo*-Arten vor mindestens 5-6 Mio. Jahren vom Südosten des Ponto-Kaspischen Raumes, der heutigen Quellregion des Amudarja in Zentralasien, erfolgte (Artamonova et al., 2020). Die Wiedergabe eines genauen Bildes von der Evolutionsgeschichte ist, wenn überhaupt, nur schwer möglich und bietet viel Raum für Spekulationen. Zur Erstellung von Stammbäumen bezieht man sich entweder auf Daten der mitochondrialen (mtDNA) oder der nuklearen DNA (nDNA)[3], wobei jeweils verschiedene Ergebnisse zustande kommen können. Es ist daher unerlässlich, beide Erkenntnisse miteinzubeziehen, will man die stammesgeschichtliche Entwicklung der einzelnen Evolutionslinien und ihre verwandtschaftliche Beziehung zueinander verstehen. Einige der rezenten Linien sind das Resultat von Hybridisierung zwischen zwei oder mehreren der anzestralen Linien infolge sekundären Kontakts. Introgression (Übertragung von Genen[4] von einer Linie auf die andere) oder unvollständige Aufspaltung (Sortierung) der polymorphen anzestralen Linien können ein von der tatsächlichen Stammesgeschichte abweichendes Bild hervorbringen. Ein kurioses und biogeografisch nur schwer interpretierbares Beispiel für die Diskrepanz zwischen den auf der mtDNA und der nDNA basierenden Ergebnissen betrifft die Evolutionsgeschichte der Marmorforelle: Aufgrund der mtDNA und auch der gängigen Doktrin entsprechend befindet sich die phylogenetische Position der Marmorforelle innerhalb der „mediterranen Hauptlinie". Neuere Daten der nDNA (Snoj et al., 2021) hingegen sprechen dafür, dass die Marmorforelle und die Atlantik-Linie von einem gemeinsamen Vorfahren abstammen, welcher sich schon früh von dem genealogischen Zweig, der zu den restlichen Linien (inklusive anzestrale Forellen Marokkos) führte, abgespaltet hat. Wie sich aus dem bisherigen Forschungsstand auf Grundlage der mitogenomischen Daten ableiten lässt, bewirkte die erste Aufspaltung von einem frühen gemeinsamen Vorfahren der Europäischen Forelle (*S. trutta* s. l.) die Entstehung einer anzestralen „mediterranen Linie" (heutige „mediterrane Hauptlinie") und einer Linie, aus der die anzestrale Donau-Linie und die Atlantik-Linie hervorgingen, wobei offenbar die „mediterrane Linie" eine basale Position einnahm. Wann und wie genau die anzestrale Atlantik-Linie entstand ist unklar, da infolge des variierenden und oft sich überlagernden Verbreitungsmusters während der pleistozänen Kalt- und Warmzeiten viele der ursprünglichen Spuren verwischt wurden. Doch spricht einiges dafür, dass bereits im späten Pliozän Forellen über verschiedene Migrationsrouten (entlang der nördlichen Küstenlinie und über kontinentale Routen) aus dem Osten in das Atlantikbecken einwanderten, wodurch zwei oder sogar mehrere Zweige der Atlantiklinie gebildet wurden (Cortey et al., 2009; Sanz, 2018). Nach Bernatchez (2001) entstand die Atlantik-Linie schon vor den übrigen Linien. Vor rund 2 Mio. Jahren hat sich die Marmorforelle entwickelt, wobei aber die Bandbreite der Divergenzzeit bei verschiedenen Studien zwischen 0,5 und 4 Mio. Jahren variiert (Giuffra et al., 1994, 1996; Bernatchez, 2001; Lecaudey et al., 2018). Man unterscheidet zwei mitochondriale Gruppen von Marmorforellen mit einer gemeinsamen Abstammung, belegt durch einen gemeinschaftlichen nuklearen Genpool: eine nördliche Gruppe mit MA-Haplotypen und eine südliche Gruppe mit einem spezifischen AD-Haplotyp (Pustovrh et al., 2011). Anscheinend ging die anfängliche mtDNA der Marmorforelle verloren und wurde durch exogene Mitogenome der „mediterranen Hauptlinie" ersetzt. Vermutlich im Mittelpleistozän (vor 500 000-600 000 Jahren) fand die Abspaltung der heutigen Mittelmeer-Linie (ME) von der Adria-Linie (AD) statt (Cortey et al., 2004). Einige Autoren vertreten indes die Meinung, dass die Mittelmeer-Linie vor der Marmoratus-Linie (MA-Haplotyp-Linie, nicht Marmorforelle) oder zumindest annähernd zur selben Zeit entstand. Die Nachfahren der anzestralen „mediterranen Linie" verbreiteten sich über den gesamten europäischen Mittelmeerraum und drangen vor mehr als 1,2 Mio. Jahren bis in das Atlasgebirge Nordwestafrikas vor. Die heutigen Forellen im Einzugsgebiet des Dadès (Drâa-Becken) in Marokko sind das Relikt dieser ersten Einwanderungswelle (Snoj et al., 2011, 2021).

[1]) In jeder lebenden Zelle sind organische Substanzen vorhanden, darunter hauptsächlich Kohlehydrate (Saccharide), Fette (Lipide) und Eiweiße (Proteine) sowie verschiedene anorganische Stoffe, vor allem Wasser. Die Informationen für die Herstellung dieser Bausteine sind in einem langkettigen Molekül im Zellinneren gespeichert, das als DNA (englisch: desoxyribonucleic acid; deutsch: Desoxyribonukleinsäure = DNS) bezeichnet wird. Die mitochondriale DNA (mtDNA) ist eine extrachromosomale DNA, die sich in den Mitochondrien (Zellorganellen) befindet und nur maternal (von der Mutter) vererbt wird.

[2]) Ein Haplotyp (haploider Genotyp) ist eine Gruppe von Allelen (Varianten eines Gens) in einem Organismus, die zusammen nur von einem Elternteil vererbt werden – im Falle der mtDNA vom mütterlichen Elternteil.

[3]) Die nukleare DNA (nDNA) ist in jedem Zellkern enthalten und kodiert die Erbinformation für den Großteil des Genoms, wobei die Informationen von beiden Elternteilen stammen.

[4]) Gene oder Erbanlagen sind Abschnitte auf der DNA, die die Information für ein Merkmal tragen. Die Gesamtheit aller Gene wird als Genom bezeichnet.

3. Ursprung und geografische Verbreitung

Zur eigentlichen Herkunft der Lachsfische der Gattung *Salmo* lassen sich aufgrund fehlender Fossilfunde nur Spekulationen anstellen. Das Entstehungszentrum der heutigen Gattungen der Lachsartigen (Salmoninae) lag wohl im nordpazifischen Raum, ausgehend von einem gemeinsamen Vorfahren, der dort vor mehr als 40 Mio. Jahren lebte. So wie viele der europäischen Süßwasserfische, inklusive *Hucho* und *Thymallus*, könnten die Ahnen von *Salmo* über ehemalige Flussverbindungen zwischen den Einzugsgebieten von Lena, Jenissei, Ob und dem Becken der Paratethys bis nach Europa gelangt sein. Die meisten rezenten Vertreter der Gattungen *Salmo, Parahucho, Salvelinus* und *Oncorhynchus* zeigen eine ausgeprägte Salzwassertoleranz, wohingegen die heute über das kontinentale Nordasien und zum Teil bis Europa verbreiteten Salmonidengattungen (*Hucho, Brachymystax, Thymallus*) keine diadromen, also ins Meer wandernden Formen aufweisen. Es wäre daher auch sehr gut möglich, dass die Verbreitung der salzwassertoleranten Gattungen nicht kontinental, sondern peripher verlief. Demnach könnten die Vorgänger der heutigen Europäischen Forelle und des Atlantischen Lachses entlang der Küste des bis zum Miozän noch wärmeren und eisfreien Nordpolarmeeres schon lange vor Beginn des jetzigen Eiszeitalters in Richtung Westen gewandert und über die Turgai-Straße[1] oder andere Verbindungen bis zum Becken der Paratethys[2] vorgedrungen sein, während die Vorfahren des Sachaliner Huchens den pazifischen Raum Sibiriens einnahmen. Wahrscheinlich führten klimatisch bedingte Umweltveränderungen zum Verschwinden der Nachkommen der stammesgeschichtlichen Urlinie *Salmo* im einstigen sibirischen Verbreitungszentrum, welche im Verlauf nachfolgender Epochen von peripheren Süßwasserfischen anderer Salmonidengattungen – *Salvelinus, Coregonus* und im Osten auch *Oncorhynchus* – ersetzt oder aber schon früher von diesen verdrängt wurden. Ähnliche Beispiele vikarianter Verbreitung und unabhängiger Evolution nah verwandter Taxa aus Europa und Ostasien, die heute in Sibirien fehlen, kennt man von verschiedenen Gattungen (z.B. *Cyprinus, Rhodeus, Misgurnus, Silurus, Huso*) (Berg, 1912; Bănărescu, 1989).

Der älteste bekannte *Salmo* stammt, wie bereits erwähnt, aus der Paratethys. Folgendes Szenario wäre vorstellbar: Im Mittleren Miozän, als dieses Binnenmeer allmählich nach Osten fortschreitend verlandete, drang ein Teil dieser Salmoniden bis zum Atlantik vor, wo sie sich zum Atlantischen Lachs entwickelten. Die in den Resten des Miozänmeeres Paratethys und dessen Einzugsbereich verbliebenen Lachsfische spalteten sich danach in die evolutionären Linien *S. ohridanus, S. obtusirostris* und den *S. trutta*–Komplex auf (Marić, 2005). Man kann davon ausgehen, dass noch weitere Evolutionslinien entstanden, die irgendwann ausstarben. Allerdings ist auch die phylogenetische Stellung von *S. immigratus* ungewiss. Es könnte sich dabei genauso gut um den Vertreter einer Linie handeln, die dann spurlos verschwand. Der Atlantische Lachs hat sich jedenfalls gut an das Leben im Meer angepasst und ist bis zur Ostküste Nordamerikas vorgedrungen, während die Europäische Forelle nur bis Island kam. Erfolgreicher war sie hingegen am Kontinent, wo sie sich über periglaziale Binnengewässer, die beim Abschmelzen der Gletscher entstanden, über ganz Europa verbreitete und bis nach Zentralasien vorstieß. Die Verbreitung erfolgte aber ebenso bis nach Nordafrika, und zwar sowohl über das Mittelmeer als auch entlang der europäischen Atlantikküste. Offensichtlich ist die Europäische Forelle nicht nur besser an das Leben im Süßwasser angepasst als der Lachs, sondern auch an wärmeres Wasser. Während der Kaltzeiten besiedelten anadrome Forellenpopulationen Nordwestafrika und drangen im Landesinneren Marokkos nach Süden bis zum Drâa-Becken vor, das bei 28° nördlicher Breite liegt. Der Lachs hingegen kam niemals südlich der Iberischen Halbinsel oder im Mittelmeer vor. Die Europäische Forelle gehört zu den am weitesten verbreiteten Süßwasserfischen in der paläarktischen Region. Ihr heutiger Verbreitungsraum erstreckt sich von der Barentssee (Tschoscha-Bucht) im Nordosten über Island, die Britischen Inseln und das gesamte Festland Europas bis nach Marokko und Algerien im Südwesten, durch Anatolien, den Kaukasus und den nördlichen Iran bis nach Zentralasien nahe der Grenze zu China.

Wirbelknochen von Salmoniden, die bei archäologischen Grabungsarbeiten im Einzugsgebiet des Orontes in Syrien gefunden wurden und 12 400 bis 12 900 Jahre alt sind, beweisen das Vorkommen von Forellen in dieser Region – zumindest am Ende der letzten Eiszeit (Napierala, 2013). Der Oberlauf des Orontes im Nordosten des Libanon weist auch heute noch ein ausgezeichnetes Forellenhabitat auf, dennoch kommen hier keine autochthonen Forellen vor (Schöffmann, 2014). Es besteht daher der berechtigte Verdacht, die ehemals heimischen Forellen des Orontes könnten erst in jüngerer Zeit infolge anthropogener Einflüsse verschwunden sein. Der Fund von Forellenknochen im oberen Jordantal in Israel, die auf die Zeit am Ende des Pleistozäns datieren (Borvon et al., 2018), könnte auf eine noch weiter südlich liegende Verbreitung der Gattung *Salmo* während des letzten Glazials hinweisen. Zur Herkunft dieser Knochen lassen sich freilich nur Spekulationen anstellen: Entweder gelang es den Forellen auf natürlichen Wegen mithilfe von Flussanzapfungen über das westlich angrenzende Einzugsgebiet des Litani-Flusses in das Jordantal vorzudringen oder aber sie wurden vom Menschen als Nahrung aus nördlicheren Regionen gebracht. Im Bereich des Möglichen liegt auch ein historisches Vorkommen von Forellen auf der östlichsten und drittgrößten Mittelmeerinsel Zypern. Klimatische Veränderungen, vor allem aber Eingriffe des Menschen wie Entwaldung und Weidewirtschaft, könnten die ehemaligen heimischen Forellenbestände während des Mittelalters oder sogar erst später zum Erliegen gebracht haben (Schöffmann, 2015b). Die heutigen reproduktiv selbst erhaltenden Populationen von Bachforellen auf der Insel beruhen auf Besatzmaßnahmen der Briten aus den 1940ern (siehe Kapitel 8.10.). Berichte (Rackham & Moody, 1996) über das Vorkommen einheimischer Forellen auch auf Kreta bis ins 19. Jahrhundert bleiben eher zweifelhaft.

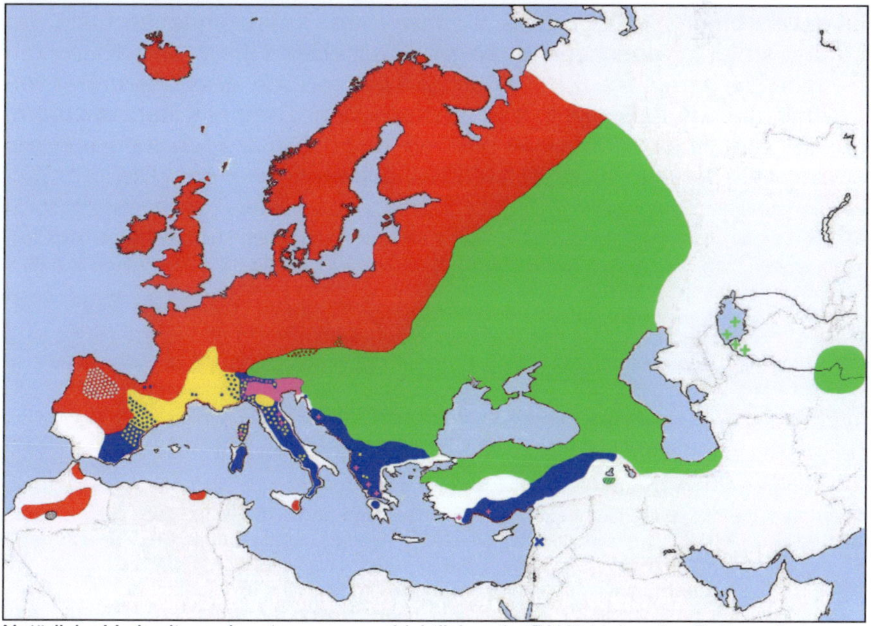

Natürliche Verbreitung der stammesgeschichtlichen (mtDNA) Linien der Gattung *Salmo*.

Atlantik-Linie (AT) — Duero-Linie (DU) — Dades-Linie (DS)

Donau-Linie (DA) — Tigris-Linie (TI) — ausgestorbenes Vork. (Aralsee)

Mittelmeer-Linie (ME) — Adria-Linie (AD) — ungewisses hist. Vork. (Orontes)

Marmoratus-Linie (MA) — MA-Haplotyp-Linie (keine Marmorforelle)

Nach ihrer Lebensweise (Laichwanderungen) und ihrem Lebensraum unterscheidet man drei ökologische Forellenformen ohne stammesgeschichtliche Zusammenhänge:

a) Die **stationäre** Flussform oder Bachforelle kommt im gesamten Verbreitungsgebiet vor und unternimmt meist nur kurze Laichwanderungen in die Oberläufe der Flüsse oder Bäche (fluvial-adfluvial).
b) Die **lakustrische** Form oder Seeforelle kommt ebenfalls im gesamten Verbreitungsraum vor und kann sowohl im See als auch in dessen Zuflüssen (lakustrin-adfluvial) oder in seinem Abfluss (allakustrin) laichen.
c) Die **anadrome** Wanderform oder Meerforelle findet man im Atlantikbecken von der Tschoscha-Bucht (Tscheschskaja-Bucht) bis zum Lima-Becken im Norden Portugals, im Schwarzen und im Kaspischen Meer. Sie lebt 1 bis 5 Jahre meist in küstennahen Gebieten und steigt zur Laichzeit in die einmündenden Flüsse auf, die Jungfische bleiben 1 bis 6 Jahre im Süßwasser. Zur genaueren Darstellung des Lebenszyklus gibt es noch den Terminus semianadrom: Der Aufenthalt im Meer ist nur von kurzer Dauer (Sommer) und beschränkt sich meist auf den Mündungsbereich.

[1]) Die Turgai-Straße war eine große, flache Meerenge, die das Nordpolarmeer mit dem Tethysmeer, dem Vorgänger der Paratethys, verband. Sie erstreckte sich von der paläoarktischen Region bis nördlich des heutigen Kaspischen Meeres und bestand bis ins Oligozän vor etwa 29 Mio. Jahren. Diese ehemalige Meerenge wurde nach dem Turgai-Fluss im heutigen Kasachstan benannt. Nach dem Verschwinden der Tungai-Straße blieb der Arktische Ozean bis zur Öffnung der Fram-Straße (zw. Grönland u. Spitzbergen) im frühen Miozän ein Binnenmeer (Hegewald & Jokat, 2013).

[2]) Paratethys: Die derzeitigen Meere im Süden und Südosten Europas und im Südwesten Asiens sind Überreste des einstigen Äquatorialmeeres Tethys, das den Atlantik mit dem Indischen Ozean verband und Afrika von Europa trennte. Die wichtigsten gegenwärtig noch erhaltenen Wasserkörper sind das Mittelmeer, das Schwarze Meer, das Kaspische Meer und der Aralsee. Der österreichische Geologe Eduard Suess gab 1893 diesem Urozean den Namen, welcher aus der griechischen Mythologie stammt. Die Titanin Tethys ist die Schwester und Gemahlin des Titanen Okeanos, Tochter der Urgöttin Gaia. Vor etwa 20 Mio. Jahren schloss die nach Norden driftende afrikanische Platte das Tethysmeer allmählich ein. Durch die Kollision mit Asien wurde die östliche Verbindung zum Indischen Ozean unterbrochen. Die Kollision mit Europa verursachte die Bildung langer Gebirgsketten, von den Alpen in Europa bis zum Taurus in Kleinasien. Infolge dieser tektonischen Bewegungen entstanden zwei getrennte Binnenmeere. Eines war das Mittelmeer, das damals schon dasselbe Becken wie heute einnahm. Das andere Meer, im Norden und Osten davon gelegen, war die Paratethys. Sie erstreckte sich von Mitteleuropa bis zum Aralsee.

4. Postglaziale Besiedelung Nordeuropas

Die mehrmalige Wiederbesiedelung Nordeuropas fand im Verlauf der wärmeren Perioden statt, nicht immer aus den weiter südlich gelegenen Rückzugsgebieten. Je nach Vereisungsgrad gab es mehr oder weniger große eisfreie Zonen auch im Norden Europas. So waren der Süden Englands sowie der Süden und der Südwesten Irlands sogar zur Zeit der letzten maximalen Vergletscherung eisfrei. Bedingt durch die Senkung des Meeresspiegels waren die Landmassen bedeutend ausgedehnter als heute. Wie Ergebnisse genetischer Untersuchungen erkennen lassen, wurde das nördliche Atlantikbecken Europas von verschiedenen Forellengruppen der Atlantik-Linie kolonialisiert, die in mehreren eiszeitlichen Refugien während der einzelnen Kaltzeiten immer wieder eine isolierte Entwicklung durchliefen, um dann in den Warmzeiten erneut miteinander in Kontakt zu treten. Nach dem Rückzug der Eismassen, je nach Region vor 14 000 bis 10 000 Jahren, verbreiteten sich die Forellenpopulationen aus einem nordwestlichen (Westeuropa nördlich der Pyrenäen bis südlich von England), einem zentralen (Mitteleuropa nördlich der Alpen) und aus einem nordöstlichen Refugium (nördliches Osteuropa). Weitere Refugien vermutet man im südlichen Westen Irlands und auf den zu jener Zeit trockenliegenden Territorien des heutigen Keltischen Meeres und der Nordsee (McKeown et al., 2010). Lange vor der letzten Kaltzeit, vor wenigstens 200 000 Jahren, existierte auch ein Genfluss aus einem südwestlichen Refugium auf der Iberischen Halbinsel (Weiss et al., 2000). Zunächst ging man davon aus, dass am Ende der letzten Eiszeit der Norden und Nordwesten Europas zuerst von der so genannten „Urrasse“ (fixiert auf das Allel *LDH-C*100*) besiedelt wurde, welche aus einem nordwestlichen Refugium stammte. Später verbreitete sich die „moderne Rasse“ (fixiert auf das Allel *LDH-C*90*) aus einem zentralen oder nordöstlichen Refugium und ersetzte die „Urrasse“ in jenen Gewässern, wo sie Zugang hatte (Hamilton et al., 1989). Diese Theorie soll erklären, warum die „Urrasse“ oft oberhalb von unüberwindbaren Wasserfällen zu finden ist, die durch die postglaziale Landhebung und Erosion entstanden sind. Neuere Erkenntnisse legen jedoch nahe, dass die postglaziale Wiederbesiedelung Nordeuropas bedeutend komplexer und eine weit größere Anzahl genetisch unterschiedlicher Populationsgruppen involviert war (Hynes et al., 1996; García-Marín et al., 1999; Aurelle & Berrebi, 2001; Aurelle et al., 2002; Cortey et al., 2009).

Bei der postglazialen Rückeroberung der wieder eisfrei gewordenen Gebiete kam es gelegentlich zu sekundären Kontaktzonen zwischen ökologisch spezialisierten Populationen, die sich geographisch getrennt voneinander entwickelt haben. In einigen Seen Skandinaviens und der Britischen Inseln entstanden so sympatrische[1] Populationen bzw. Subpopulationen, deren angeborenes Verhalten, bestimmte Laichplätze aufzusuchen, die reproduktive Isolation aufrechterhält (Behnke, 1972; Ferguson, 1986). Die reproduktive Isolation dieser allopatrischen Abstammungslinien konnte durch den sekundären Kontakt sogar noch verstärkt werden, wodurch die genetische Introgression reduziert und eine weitere Divergenz und Anpassung zur Verringerung des Wettbewerbs – d.h. eine verstärkte Selektion – ermöglicht wurde. Reproduktiv isolierte Subpopulationen entwickelten sich jedoch auch sympatrisch aus einer Abstammungslinie innerhalb eines Gewässers, ohne dass physische Barrieren sie trennten und selbst bei Vorhandensein eines Genflusses. Dies betraf vor allem Populationen, die neue oder relativ unerschlossene Lebensräume besiedelten, verbunden mit einem hohen Maß an Konkurrenzdruck innerhalb der Population. Die ökologische Speziation, d. h. die Bildung von Subpopulationen mit unterschiedlichen ökologischen Ansprüchen, förderte die optimale Nutzung der Ressourcen, sowohl des Nahrungsangebots als auch der vorhandenen Habitate. Hauptsächlich hervorgerufen durch die phänotypische Plastizität kam es zu schnellen phänotypischen Veränderungen, insbesondere im Verhalten, in der Morphologie und in der Lebensweise. Die adaptive Divergenz kann durch mehrere Mechanismen zu reproduktiver Isolation führen: Individuen können sich an bestimmte Ernährungsgewohnheiten und/ oder an spezielle Laichgründe anpassen, was dazu führt, dass Hybriden aufgrund der verringerten biologischen Fitness von der Fortpflanzung ausscheiden. Auch die sexuelle Selektion kann eine Rolle spielen, wenn Individuen es vorziehen sich mit Partnern des gleichen Phänotyps zu paaren. Eine divergierende Selektion führt dann zur Evolution spezialisierter Subpopulationen mit reduzierter phänotypischer Plastizität. Subpopulationen, die sich sympatrisch in postglazialen Gewässern entwickelt haben, weisen aufgrund der kürzeren Isolationsperiode im Allgemeinen eine geringere genetische Differenzierung auf als solche, die allopatrisch entstanden sind (Ferguson & Prodöhl, 2021). Es ist in der Praxis oft schwierig, zwischen allopatrischen und sympatrischen Ursprüngen zu unterscheiden, doch kann man davon ausgehen, dass allopatrisch entwickelte Abstammungslinien mehrere Gewässer besiedelt haben und Populationen mit gemeinsamer genetischer Abstammung könnten so auch anderswo gefunden werden (Mehner et al., 2021). Sympatrische Diversität, egal welchen Ursprungs, scheint in Seen häufiger vorzukommen als in Flüssen und eher in Seen, die durch die letzte Vereisung entstanden sind, als in älteren Seen (Koene et al., 2020).

Die Saiblinge (*Salvelinus* spp.) gehören zu den nächsten Verwandten des Atlantischen Lachses und der Forellen der Gattung *Salmo*. Ein großer Teil ihres europäischen Verbreitungsraumes, insbesondere in den nördlichen Breiten, wird von beiden Gattungen geteilt. Nach dem Abschmelzen der Gletscher besiedelten die Saiblinge noch vor den Forellen die wieder eisfreien Zonen und fanden in den tiefen, oligotrophen, vom Eis geformten Seen ideale Lebensbedingungen. Ähnlich wie bei den Forellen, fand auch bei den Saiblingen die postglaziale Zuwanderung aus verschiedenen Refugien statt (Behnke, 1972). In den Seen der Alpen und der nördlichen Voralpenregion blieben sie als glaziales Relikt bis heute erhalten. Eine weitere Ausbreitung der Saiblinge nach Süden war nicht möglich, da sie weit anfälliger gegen höhere Temperaturen sind als die Forellen. Dank ihrer Kältetoleranz (Nahrungsaufnahme noch nahe bei 0 °C) sind die Saiblinge hingegen die am weitesten nach Norden (etwa 82° nördl. Breite) verbreiteten Süßwasserfische. Ihre systematische Klassifizierung ist nicht weniger verwirrend und kontrovers als die der Europäischen Forelle. Zahlreiche Saiblingsarten wurden seit Mitte des 18. Jahrhunderts beschrieben, allein 15 von den Britischen Inseln (Kottelat & Freyhof, 2007). Die Seesaiblinge der Alpen Mitteleuropas heißen jetzt *Salvelinus umbla*, ein Name, den Linnaeus 1758 mit dem Typusfundort Linz (?) in Österreich einführte. Der Arktische Saibling oder Wandersaibling, *S. alpinus* sensu stricto, bewohnt als stationäre Form hauptsächlich Seen, seltener Flüsse, und als anadrome Form während des Sommers (10-60 Tage) auch die Mündungsbuchten und die Küstengewässer. Seine Verbreitung ist zirkumpolar: Grönland, Island, Spitzbergen und viele kleinere arktischen Inseln, vom Westen und Norden Skandinaviens über das nördliche Sibirien bis in die arktische Region Nordamerikas. Saiblinge sind sehr kräftige Schwimmer und können gegen starke Strömung flussaufwärts ankämpfen, sie sind aber weniger gute Springer als die meisten Forellen und Lachse und daher weniger in der Lage, Wasserfälle zu überwinden. In Gewässern, in denen der Saibling und die Europäische Forelle sympatrisch vorkommen, werden zu Vermeidung interspezifischer Konkurrenz unterschiedliche Lebensräume oder Nahrungsquellen genutzt (Klemetsen et al., 2003).

[1]) Sympatrie bezeichnet eine Form der geografischen Verbreitung, bei der sich die Verbreitungsgebiete zweier oder mehrerer Subpopulationen, Populationen, Unterarten oder Arten überschneiden, d. h. nahe verwandte genetische Einheiten kommen im selben Gebiet (Gewässer) gemeinsam vor, normalerweise ohne sich zu kreuzen.

[2]) Allopatrie bedeutet, dass die Verbreitungsgebiete nahe verwandter Populationen (usw.) geografisch getrennt voneinander liegen. Durch geologische Veränderungen können sich die Populationen begegnen, wobei es entweder zur Kreuzung kommt oder die reproduktive Isolation bleibt aufrecht und es bilden sich sympatrische Populationen.

5. Atlantischer Lachs

Trotz der langen Divergenzzeit, die den Atlantischen Lachs, *Salmo salar* Linnaeus, 1758, von der Europäischen Forelle trennt, lassen sich die zwei Arten oft nur schwer voneinander unterscheiden. Zu den wichtigsten Merkmalen des Lachses, um ihn etwa von der Meerforelle zu unterscheiden, gehören der schlanke Schwanzstiel, die deutlich eingebuchtete Schwanzflosse und die Anordnung der Fleckenzeichnung, die sich beim Lachs auf die obere Körperhälfte beschränkt, bei der Meerforelle indessen bis unter die Seitenlinie verteilt ist. Der Oberkieferknochen (Maxillare) reicht auch bei adulten Lachsen gewöhnlich nicht weiter als bis unter den hinteren Rand des Auges, nur bei großen Männchen etwas darüber, wogegen bei gleich großen Forellen der Oberkiefer den hinteren Augenrand meist weit überragt. Männliche Lachse und in geringerem Maße weibliche Lachse zeigen in der Laichzeit oft eine rötliche Marmorierung an den Kiemendeckeln und Flanken, während dies bei Meerforellen nicht der Fall ist. Ein weiteres Unterscheidungsmerkmal ist die Bezahnung am Pflugscharbein (Vomer), einem langen Knochen am Gaumen: Bei der Forelle sind sowohl der vordere breite Teil, Platte genannt, als auch der gesamte Stiel, der schmale hintere Teil, mit Zähnen besetzt, beim Lachs hingegen nur der vordere Stiel.[1] Allerdings ist zu berücksichtigen, dass die Zähne des Pflugscharbeins bei alten Tieren ausfallen können. Die Anzahl der Schuppenreihen zwischen Fettflosse und Seitenlinie (11-17 beim Lachs und 13-20 bei der Forelle) taugt nur bedingt zur Unterscheidung, da sich die Zahlen stark überschneiden. Ebenso sind alle anderen oben angeführten Zuordnungsmerkmale nicht immer deutlich erkennbar. Ein eindeutiger Unterschied zwischen Forellen und Lachsen besteht aber in der Anzahl der Chromosomen[2]: Bei Forellen sind es meist 80 (76-84) und bei den Lachsen gewöhnlich 58 im östlichen Atlantikbecken und 54 im Westatlantikbecken (Behnke, 2002; Makhrov, 2008). Junglachse weisen im Gegensatz zu gleichaltrigen Forellen keine orange oder rote Färbung an der Fettflosse auf. Außerdem sind die Jugendflecken bei den Lachsen generell deutlicher ausgeprägt und die Lappen der Schwanzflosse länger ausgezogen als bei juvenilen Forellen. Bei den Junglachsen befinden sich die roten Flecken nur entlang der Seitenlinie, meist einzeln zwischen den Jugendflecken angeordnet. Wenn junge Lachse oder Meerforellen ins Meer abwandern, verlieren sie die Jugendflecken und nehmen eine silbrige Färbung mit schwarzer Fleckenzeichnung an.

Das Verbreitungsgebiet des Atlantischen Lachses erstreckt sich von der Karasee[3] und der Barentsee (70° nördl. Breite), mit der Kara (65° östl.

Länge) und der Petschora als die östlichsten Laichflüsse, über das Europäische Nordmeer, die Nordsee und die Ostsee, entlang der europäischen Atlantikküste bis zum Minho in Portugal (42° nördl. Breite). Bis zur Mitte des 20. Jahrhunderts stiegen Lachse noch häufiger im Duero (Douro) auf (Berg, 1948a). Vereinzelte Exemplare werden heute noch im untersten Flussabschnitt in Portugal gefangen; bestätigte Fänge gab es noch 2015 und 2017 (Godinho & Pinheiro, 2019). Es gibt sogar Hinweise auf historische Vorkommen noch weiter südlich, in den Flüssen Tajo (Tejo) und Guadiana (37° nördl. Breite).[4] In Island befinden sich die Laichflüsse im Norden und im Westen der Insel (64° bis 66° nördl. Breite). Im Osten Nordamerikas ist der Atlantische Lachs vom Connecticut River (41° nördl. Breite), etwas nordöstlich von New York, über Neufundland und Labrador bis zur Ungava Bay im nördlichen Quebec (60° nördl. Breite) verbreitet. Erst in den 1960ern wurde im Fluss Kogaluk, der etwa 400 km westlich der Ungava Bay in die nordöstliche Hudson Bay mündet, eine isolierte, semianadrome Lachspopulation entdeckt. Dieser Fundort (77° westl. Länge) stellt heute die westlichste natürliche Verbreitungsgrenze des ins Meer wandernden Atlantischen Lachses dar. Etwas weiter südlich davon fließt der Nastapoka River in die Hudson Bay, wo Binnenlachse oberhalb eines 35 m hohen Küstenabfalls vorkommen. Man nimmt an, dass die Lachse nicht von der Hudson Bay, sondern nach dem Rückzug der Gletscher von der Ungava Bay aus über den Koksoak River durch Flussanzapfungen in diesen Flussabschnitt gelangten (MacCrimmon & Gots, 1979; Morin, 1991; Webb et al., 2007; Hutchings et al., 2019). Das einzige Gewässer Grönlands, in dem Lachse laichen, ist der Kapisillit (65° nördl. Breite) im Südwesten der Insel. Der etwa 10 km lange Küstenbach entspringt nicht dem Gletscher und mündet am Ende eines Fjords, nur ca. 8 km vom Eisschild entfernt. Genetisch steht diese Population den europäischen Lachsen näher als den amerikanischen (Arnekleiv et al., 2019).

Im Meer legen die Lachse oft weite Strecken zurück, um zu ihren bevorzugten Futterplätzen zu gelangen. Solche Gebiete befinden sich um die Färöer-Inseln, südlich und östlich von Island, vor allem aber vor der Südwestküste Grönlands, wo Lachse europäischer und amerikanischer Herkunft reichlich Nahrung finden (Álvarez et al., 2010; Olafsson et al., 2016). Lachse nordeuropäischer Populationen verbringen den Winter oft in arktischen Gewässern, etwa vor der Westküste von Spitzbergen (79° nördl. Breite). Auf ihren Wanderungen halten sich die Lachse vorwiegend in Tiefen bis zu 10 m auf, können aber gelegentlich 300 bis 740 m tief tauchen (Strøm et al., 2018).

Natürliches Verbreitungsgebiet von *Salmo salar*

Rot gepunktete Linien: aktuelle Verbreitungsgrenzen anadromer Populationen.
Grüne Flächen: aktuelle Verbreitung der Binnenlachse (ohne Translokationen).
Rote Flächen: historische Vorkommen von Binnenlachsen.

Juvenile anadrome Lachse wandern je nach geografischer Breite im Alter von 1 bis 6 (in der Ungava Bay bis zu 8) Jahren ins Meer, wo sie zwischen 1 und 5 Jahre bis zur Geschlechtsreife verbringen. Die Größe der Jungfische bei der Abwanderung aus dem Süßwasser variiert zwischen 12 und etwas mehr als 20 cm. Abhängig von der Temperatur und der geografischen Breite ist auch der Zeitpunkt der Abwanderung, die innerhalb weniger Wochen gewöhnlich zwischen April (im Süden) und Juli (im Norden) erfolgt. Manchmal wandern Junglachse im Herbst flussabwärts, bleiben während des Winters im Mündungsbereich und ziehen dann im Frühjahr ins offene Wasser. Einige männliche Junglachse können bereits geschlechtsreif werden, bevor sie ins Meer wandern, und sich trotz ihrer geringen Größe (ca. 10 cm) erfolgreich am Laichvorgang beteiligen (Berg, 1948a; Jordan et al., 2007). Im Englischen heißen sie „sneakers“ (deutsch: Schleicher), weil sie versuchen, die von den Weibchen abgelegten Eier unbemerkt von den um ein Vielfaches größeren anadromen Männchen zu befruchten. Wie man feststellen konnte, werden vor allem schnell wachsende Individuen früh geschlechtsreif und reproduzieren sich im Alter von 2 (1+) Jahren. In nur sehr seltenen Fällen können auch weibliche Junglachse im Süßwasser die Geschlechtsreife erlangen (Hutchings & Myers, 1994). Das „sneaking" ist allerdings eine Taktik, die auch bei anderen männlichen Salmoniden beobachtet werden kann, unabhängig davon, ob sie anadrom sind oder nicht (siehe Esteve, 2005). Während ihres Aufenthalts im Meer ernähren sich die Lachse von Krustentieren, Tintenfischen und einer Reihe von Fischarten, wie Sandaalen (Ammodytidae), Heringen (*Clupea harengus*), Sprotten (*Sprattus sprattus*), Laternenfischen (Myctophidae), Lodden (*Mallotus villosus*) und Lachsheringen (*Maurolicus muelleri*) (Webb et al., 2007). Lachse beider Geschlechter, die nach nur einem Winter im Salzwasser zum Laichen in die Flüsse zurückkehren – auf Englisch „grilse" genannt – weisen eine Länge von 46-71 cm auf. Nach einem mehrjährigen Aufenthalt im Meer können die Lachse mehr als 1 m lang werden. Die größten Exemplare (>30 kg) findet man normalerweise in Norwegen und Russland. In der Petschora wurden laut Berg (1948a) Lachse mit bis zu 39 kg gefangen und die maximale Länge (GL) lag bei 150 cm. Von einem Lachs mit sogar 43 kg Gewicht wurde aus dem finnischen Fluss Tornionjoki berichtet (Koli, 1990). Im Gegensatz zu den semelparen Pazifischen Lachsen (*Oncorhynchus* spp.), die nach dem Fortpflanzungsakt in den Laichgewässern verenden, wandert ein Teil der anadromen Atlantischen Lachse, vor allem die Weibchen, zurück ins Meer. Einige dieser abgelaichten Lachse, auf Englisch „kelt" genannt, ziehen gleich nach dem Laichen wieder ins Meer, die meisten überwintern in tieferen Gumpen oder in den Flussmündungen, verlassen aber spätestens bis zum Frühjahr das Süßwasser. Im Allgemeinen kehren weniger als 10 % der Individuen im selben oder im darauffolgenden Jahr in die Flüsse zurück, um ein zweites Mal zu laichen. In kleinen Flüssen können aber bis zu 34 % an einer zweiten Laichperiode aktiv teilnehmen, vereinzelte Exemplare sogar bis zu sechs Perioden. Die Zeit des Laichaufstieges variiert beträchtlich zwischen den Populationen und den Regionen und kann sich das ganze Jahr über ereignen. Auch innerhalb der Populationen gibt es unterschiedliche Aufstiege. Tendenziell kehren große Lachse, die zwei oder drei Winter im Meer verbracht haben, zuerst in die Flüsse zurück, gewöhnlich zwischen April und Juni. Individuen, die sich nur ein Jahr im Meer aufhielten, kommen erst Ende Juni bis Anfang August in die Flüsse. Bei einigen Populationen nördlicher Regionen kann die Rückkehr noch später, im September und Oktober, stattfinden. Diese Fische bleiben ohne Nahrung aufzunehmen 12 oder 13 Monate im Fluss und laichen im darauffolgenden Herbst (Behnke, 2002). In verschiedenen Flüssen gibt es neben dem Laichaufstieg im Sommer auch einen im Winter, welcher zwischen Oktober und April vollzogen werden kann. Im Rhein begannen früher die besonders großen Lachse (12-25 kg) ab

November und Dezember mit noch schwach entwickelten Gonaden aufzusteigen, um erst im folgenden Herbst zu laichen (Berg, 1948a). Die Laichablage des Atlantischen Lachses erfolgt, bestimmt durch den geografischen Breitengrad, zwischen Oktober und Januar – das heißt, je weiter südlich, desto später. Das durchschnittliche Alter beim ersten Mal Laichen steigt mit der Entfernung der Laichplätze von der Flussmündung. Lachse, die einen Laichaufstieg von mehreren hundert Kilometern zurücklegen, haben mindestens zwei bis drei Winter im Meer verbracht. Nach dem Eintritt in die Flüsse zeigen die Lachse noch ihre silbrige Färbung, die sie im Meer annehmen und werden deshalb auch als „Blanklachs" bezeichnet. Mit dem Herannahen der Laichzeit wechseln sie zu dunkleren Farbtönen und bekommen oft orange oder rote Flecken an Kopf und Flanken. Bei den Männchen vergrößern sich die vorderen Zähne, Schnauze und Kiefer werden verlängert und am Unterkiefer bildet sich ein hakenförmiger Auswuchs. Während der Laichzeit wird das rötlich gefärbte Fleisch der Fische beiderlei Geschlechts allmählich weiß und geschmacklos und somit kulinarisch wertlos (Berg, 1948a; Behnke, 2002).

Anders als die Europäische Forelle zeigt der Atlantische Lachs kaum eine morphologische Differenzierung, obwohl nicht nur erhebliche genetische Unterschiede zwischen den Lachsen des östlichen und westlichen Atlantikbeckens festgestellt wurden, sondern auch innerhalb der zwei großen Verbreitungsgebiete Metapopulationen und Subpopulationen sich weitgehend voneinander abgrenzen. Eine lange Isolation in den verschiedenen Regionen mit keinem oder nur sporadischem Genaustausch führte zur Bildung genetisch unterscheidbarer, phylogeografischer Gruppen. Die Trennung zwischen östlichen und westlichen Populationsgruppen erfolgte vor 600 000 bis 700 000 Jahren, wenn auch ein gewisser sekundärer Kontakt in einigen nördlichen Verbreitungsregionen (Kola-Halbinsel, Neufundland und Labrador) nachgewiesen wurde. Innerhalb der beiden Populationsgruppen erfolgte die phylogeografische Strukturierung in den meisten Fällen erst nach der letzten Eiszeit. Die markanteste Aufsplitterung innerhalb der europäischen Populationsgruppe besteht zwischen den Lachsen der Ostsee und des übrigen östlichen Atlantikbeckens. In diesem können weitere sechs genetisch belegbare geografische Aufteilungen unterschieden werden: Grönland/Island, Russland/nördliches Norwegen, Südskandinavien, nördliche Britische Inseln, südliche Britische Inseln/Nordfrankreich und Südfrankreich/Spanien (King et al., 2007). Man geht davon aus, dass die Lachse aus verschiedenen eiszeitlichen Refugien stammen. Die wichtigsten Refugien befanden sich vermutlich auf der Iberischen Halbinsel, in der heutigen Nordsee und in Eisseen östlich und südöstlich der Ostsee. Bis zu 40 000 Jahre alte Wirbelknochen von Lachsen, gefunden bei archäologischen Grabungsstätten in Spanien, bestätigen die lange Anwesenheit dieser Spezies auf der Iberischen Halbinsel einschließlich ihrer Nutzung durch den Menschen (Consuegra et al., 2002). Ähnliche Aufteilungen wie bei der östlichen Populationsgruppe fand man auch innerhalb der westlichen Populationsgruppe, doch mit schwächerer geografischer Strukturierung. Die glazialen Refugien befanden sich in Flüssen der Küstenregion südlich des heutigen New York und der Georges Bank, dem bis vor 12 000 Jahren noch trocken liegenden Schelfgebiet vor der Ostküste Nordamerikas (Verspoor et al., 2002).

Sämtliche Versuche, die europäischen und nordamerikanischen Lachse nomenklatorisch und taxonomisch zu unterscheiden und als zwei Unterarten (oder gar Arten) zu bewerten, sind bisher gescheitert. Entsprechend den „Internationalen Regeln für die Zoologische Nomenklatur" (ICZN) müsste der Atlantische Lachs der Alten Welt *Salmo salar salar* Linnaeus, 1758 heißen. Für die Lachse der Neuen Welt wäre *S. salar sebago* Girard, 1854 verfügbar, doch wurde dieser Name oft für die nicht ins Meer wandernden Binnenlachse, sowohl Europas als auch Nordamerikas, verwendet. Eindeutiger hingegen wären die von Payne et al. (1971) vorgeschlagenen Namen *S. s. europaeus* und *S. s. americanus*, die jedoch nicht den Regeln der Nomenklatur entsprechen und daher abgelehnt wurden. Eine Reihe von Synonymen zusätzlich einiger Unterarten, bezogen auf die Lachse verschiedener Regionen Europas, tauchte seit Linnaeus' Erstbeschreibung von *S. salar* auf, wie *S. nobilis* Olafsen, 1772 (Schweden, Island); *S. goedenii* Bloch, 1784 (Ostsee, Polen)[5]; *S. salmulus* Walbaum, 1792 (England und Wales); *S. caerulescens* Schmidt, 1795 (Moldau, Tschechien); *S. renatus* La Cepède, 1803 (Mosel, Frankreich); *S. hamatus* Cuvier, 1829 (Frankreich)[6]; *S. Ocla* Nilsson, 1832 (Dalälven, Schweden); *S. salmo* Cuvier & Valenciennes, 1848 (Frankreich); *S. gracilis* Couch, 1865 (England); *S. brevipes* Smitt, 1883 (Weißes Meer, Russland) u.a.

In den vergangenen Jahren hat die interspezifische Biodiversität des Atlantischen Lachses aufgrund menschlicher Aktivitäten empfindliche Einbußen im gesamten Verbreitungsraum erlitten, wie durch die Zerstörung der Lebensräume in den Laichgewässern, Wasserverschmutzung, ungeeignete Besatzmaßnahmen und die Lachszucht. Neben der Übertragung von Pathogenen (z.B. Furunkulose, *Aeromonas salmonicida*) und Parasiten (z.B. die Lachslaus, *Lepeophtheirus salmonis*) schadet auch der Genfluss von Lachsen, die aus Netzgehegen im Meer oder aus Aufzuchtanlagen an den Zuflüssen entwichen sind, den Wildlachsen. Domestizierte Lachse laichen in den Flüssen und kreuzen sich mit Wildlachsen, wobei das deutlich reduzierte Überleben der Nachkommen zu einem Fitnessverlust in den Wildpopulationen führt. Zudem kann der Wettbewerb mit Zuchtfischen und Hybriden, die normalerweise größer sind, die Produktion und das Aufkommen von wilden Junglachsen verringern (Hindar et al., 2006). Die Ausbeutung der Lachsbestände durch die Fischerei im Meer und in den Flüssen hat schon während des letzten Jahrhunderts viele Populationen dramatisch reduziert oder ausgelöscht. Geringere Bestände bedeuten auch einen Verlust der genetischen Vielfalt, wodurch die Anpassungsfähigkeit der Art an veränderte Umweltbedingungen sinkt. Zur Kompensierung der Bestandsrückgänge oder um völlig zusammengebrochene Populationen wiederherzustellen, werden schon seit langem Besatzmaßnahmen durchgeführt. Leider verwendet man dazu oft domestizierte, an das Leben in Freiheit nicht angepasste Stämme oder die für die Zucht verwendeten Elterntiere kommen nicht aus dem Gewässer, das für den Besatz vorgesehen ist. Anthropogene Einflüsse bewirkten darüber hinaus eine zunehmende interspezifische Hybridisierung zwischen Lachsen und Forellen in den angestammten Laichgewässern beider Arten. Unter normalen Umständen halten räumliche oder zeitliche Unterschiede der Fortpflanzung die reproduktive Isolation aufrecht. Einer der Gründe für den Ausfall dieser natürlichen Isolationsmechanismen ist die Anwesenheit von domestizierten, meist ortsfremden Fischstämmen, entweder durch Besatz oder durch die aus Fischfarmen entkommenen Tiere. Eine extrem niedrige Abundanz einer Art gegenüber der anderen infolge Überfischung kann ebenfalls die Hybridisierung fördern. Manchmal führt auch die Zerstörung der natürlichen Habitate zu erhöhtem Wettbewerb um die verbliebenen Laichplätze und somit zu vermehrten Kreuzungsmöglichkeiten (Makhrov, 2008). Je nach Situation kann die Hybridisierung einseitig gerichtet sein (unidirektional), wobei von einer Art immer nur weibliche und von der anderen nur männliche Elterntiere beteiligt sind, oder sie kann auch in beide Richtungen (bidirektional) verlaufen (Álvarez & Garcia-Vazquez, 2011). Der Anteil der Hybriden variiert stark zwischen den Regionen, bleibt aber meist weit unter 10 %. Eine überdurchschnittlich hohe Quote wurde in einem kleinen Fluss im englischen Lake District entdeckt, wo etwa 18,5 % der juvenilen „Lachse“ Hybriden waren (Adams et al., 2014). Noch höher war der Prozentsatz, mit durchschnittlich 41,5 %, im schwedischen Fluss Dalälven. Hier wurden nach der Restaurierung eines kurzen Flussabschnittes, um die natürliche Fortpflanzung zu ermöglichen, massive Besatzmaßnahmen mit beiden Arten durchgeführt. Die örtlich beschränkten, gemeinsamen Laichplätze bewirkten die hohe Rate an Kreuzungen, wobei die weiblichen Elterntiere ausschließlich Forellen waren (Jansson & Öst, 1997). Häufiger sind Hybriden auch in Regionen, wo die Europäische Forelle ursprünglich nicht vorkam und erst durch Besatz in die Laichgewässer des Lachses gelangte, wie etwa in einigen Flüssen Neufundlands. Im Allgemeinen haben interspezifische Hybriden eine geringere Überlebenschance und, wenn sie nicht unfruchtbar sind, eine verminderte Fruchtbarkeit. In einigen Fällen können Hybriden überlebensfähige Nachkommen zeugen und unter Umständen den Genpool nachhaltig beeinflussen. Eine Zunahme der Hybridisierungen heißt jedoch nicht, dass die Integrität der zwei Arten gefährdet ist. Nachweislich ist die Überlebensrate nachfolgender Generationen von Hybriden inklusive Rückkreuzungen drastisch reduziert. Das vermehrte Auftreten von Hybriden kann indes indirekt negative Auswirkungen durch Wettbewerbsinteraktionen haben und die Dichte der Wildbestände verringern (für mehr detaillierte Informationen siehe Thorstad et al., 2008). Darüber hinaus haben Besatzfische unabhängig von ihrer Herkunft nicht die natürlichen und sexuellen Selektionsfilter passiert, die Wildfische durchlaufen, und bringen daher oft auch ungeeignete Gene in die Population ein.

Auf der Iberischen Halbinsel war die Überfischung in den Flussmündungen und Flüssen die Hauptursache für den Rückgang der Lachsbestände im 19. und frühen 20. Jahrhundert. Der Lachsfang mit Netzen wurde erst Mitte des 20. Jahrhunderts verboten, mit Ausnahme der internationalen Strecke des Miño/Minho, wo die Netzfischerei noch heute erlaubt ist. Die arge Wasserbelastung infolge der Industrialisierung und der Ausbau von Wasserkraft ließen die Bestände Mitte des letzten Jahrhunderts vollends einbrechen. Seit Ende des 20. Jahrhunderts konnten Kläranlagen in vielen Flüssen die Abwasserbelastung deutlich reduzieren und der Bau von Fischaufstiegsanlagen hat den Zugang zu den Laichgründen sichergestellt. Intensive Besatzmaßnahmen mit Lachsen aus nordeuropäischen Ländern führten dazu, dass heute in 32 iberischen Flüssen diese Salmoniden wieder regelmäßig zum Laichen aufsteigen. Zu den lachsreichsten unter diesen Flüssen zählen Nalón-Narcea, Sella-Piloña und Deva-Cares in Asturien und Kantabrien (Álvarez et al., 2010). Vor allem im Flusssystem von Nalón-Narcea wurden in den letzten Jahren wieder zahlreiche Lachse mit einem durchschnittlichen Gewicht von 5 kg geangelt, wobei einzelne Exemplare sogar bis zu 12 kg schwer waren.

Eine der Hauptursachen für die verminderten Möglichkeiten einer natürlichen Fortpflanzung der Lachse sind die Querverbauungen in den

Fließgewässern, die den Zugang zu den Laichgründen versperren. Hindernisse von 2-3 m Höhe können Lachse nur überwinden, wenn sich davor ein entsprechend tiefer Kolk befindet. Wie Restaurierungsmaßnahmen zur Wiederherstellung stabiler Bestände beitragen können, zeigt ein Beispiel aus Südwestfrankreich[7], im Einzugsgebiet des Adour, mit der größten und gegenwärtig produktivsten Lachspopulation Südeuropas. Schon seit Beginn des 18. Jahrhunderts wurden Dämme am Adour und seinen Nebenflüssen errichtet, doch während der 1940er erreichte die Habitatfragmentierung durch den Bau von Kraftwerken ihren Höhepunkt. Die Fische konnten die meisten Laichplätze nicht mehr aufsuchen und die Lachsbestände des Flusssystems gingen in den 1960ern dramatisch zurück. So wurden Anfang des 20. Jahrhunderts noch mehr als 10 000 Lachse jährlich gefangen, aber weniger als 500 im Jahre 1976. Die zunehmende Urbanisierung, Industrialisierung und Intensivierung der Landwirtschaft dürften dazu ebenso beigetragen haben wie die Ausbeutung durch die Fischerei. Ab 1986 wurden dann verschiedene Maßnahmen eingeleitet, um die Durchgängigkeit der Flüsse wieder zu gewährleisten. Zahlreiche Fischtreppen und ein Fischlift wurden gebaut und sogar ein Damm entfernt. Darüber hinaus erfolgten ab 1970 Besatzmaßnahmen, bis 1990 nicht nur mit Eiern und Jungfischen, die von ortsansässigen Elterntieren stammten, sondern auch von aus Schottland importierten Lachsen. Wie jedoch spätere Untersuchungen zeigten, hatten die exogenen Besatzfische kaum einen Einfluss auf die erfolgreiche Wiederbesiedlung der zuvor abgeschnittenen Gewässer. Der größte Teil der Fische in den neuerlich zugänglichen Flüssen rekrutierte sich aus den erhalten gebliebenen Restpopulationen benachbarter Seitenflüsse oder von Besatzfischen lokaler Herkunft (Perriere et al., 2014). Der heimische Stamm ist ganz offensichtlich besser geeignet, um überlebensfähige Populationen aufzubauen. Aus dem weiter nördlich gelegenen Einzugsgebiet von Garonne und Dordogne war der Lachs völlig verschwunden und konnte nur unter hohem Aufwand wieder angesiedelt werden (Fauchet, 2020).

Am Rande des Aussterbens befanden sich die Lachse in Frankreichs längstem Fluss, der Loire. Erst nach Wiederherstellung der Durchgängigkeit der Gewässer konnten die Lachse ihre Laichgebiete in den oberen Flussabschnitten wieder erreichen. In der Loire und in ihrem größten Nebenfluss, dem Allier, wandern die Lachse bis zu 920 km vom Meer stromaufwärts in die Quellgebiete im Zentralmassiv. Der Großteil der Fische beginnt mit dem Aufstieg im März und April. Die wichtigsten und funktionsmäßig am besten erhaltenen Laichplätze befinden sich im Allier. Um zu diesen Plätzen zu gelangen, müssen die Lachse mindestens

765 km von der Mündung aufsteigen und 16 Dämme passieren. In den letzten Jahren bereitet nicht nur die Wasserverschmutzung den wandernden Lachsen Probleme, sondern auch die zunehmende Wassererwärmung. In den flacheren Flussabschnitten hat das Wasser im Sommer eine durchschnittliche Temperatur von 21 °C und kann manchmal 26 °C übersteigen. Die aufsteigenden Lachse unterbrechen bei zu hohen Temperaturen ihre Wanderung und setzten sie erst nach entsprechender Abkühlung des Wassers fort; viele von ihnen verenden aber davor (Baisez et al., 2011). Klimatisch bedingte Einflüsse können auch den rund dreiwöchigen Abstieg der Junglachse bis zur Mündung der Loire beeinträchtigen, wenn etwa zu tiefe Temperaturen oder zu geringer Abfluss in den Oberläufen den Beginn der Abwanderung im Frühjahr verzögern. Die bereits hohen Temperaturen bei der verspäteten Ankunft im Unterlauf und Mündungsbereich können den Jungfischen schaden und den Eintritt ins marine Milieu erschweren (Imbert et al., 2013). Die Zeit des Meereseintritts und die erste Phase des marinen Lebens gelten ohnehin schon als die Periode, zu der die Mortalitätsrate am höchsten ist (Hansen et al., 2003).

In einigen kleineren Flüssen der Normandie, wo der Lachs bereits ausgestorben war und keine Besatzmaßnahmen durchgeführt wurden, etablierten sich Populationen durch sogenannte Streuner aus benachbarten Flusssystemen, in denen Besatz stattgefunden hat. Der größte Fluss, in dem der Lachs auf diese Weise zurückkehrte, ist die Seine. Das Aussterben des Lachses am Ende des 19. Jahrhunderts war hier in erster Linie auf die starke Wasserverschmutzung zurückzuführen, doch ab den 1990ern hat sich die Wassergüte erheblich verbessert. Seit Anfang dieses Jahrhunderts schwimmen Lachse in ein paar Zuflüsse der unteren Seine, wie der Andelle, um zu laichen. Ein paar adulte Tiere wurden sogar bei Paris gefangen. Diese Streuner stammen größtenteils aus benachbarten Flüssen der Haute-Normandie, aber auch einzelne Exemplare aus dem Allier (Loire) wurden nachgewiesen (Perriere et al., 2010). Wie diese Beispiele zeigen, kann die Instandsetzung geeigneter Lebensräume Besatzmaßnahmen in bestimmten Fällen überflüssig machen. Sogar in der stark belasteten Themse, wo laut Yarrell (1836) der letzte Lachs 1833 gefangen wurde, stieg im Juli 1978 wieder ein einzelnes Exemplar bis zum Shepperton-Wehr, etwa 26 km oberhalb der London Bridge, auf (Levinge, 1980). Seit den 1970er Jahren, als die Wasserqualität in der Themse wesentlich verbessert wurde, begann ein viel beachtetes Projekt zur Wiederherstellung der Lachsbestände in diesem Einzugsgebiet. Obwohl es zunächst erfolgreich war, mit Hunderten von Lachsen, die in den 1980ern jedes Jahr zurückkehrten, ging die

Zahl der aufsteigenden Laicher in den folgenden Jahren stark zurück und erreichte 2005 einen Tiefstand, als keine Lachse registriert wurden. Trotz intensiver Besatzmaßnahmen mit Zuchtlachsen, wurde seit 2005 keines der freigelassenen Exemplare mehr gefangen. Genetische Analysen zeigen, dass Wildlachse, die seither die Themse aufsteigen, aus anderen Flüssen im Süden Englands stammen (Griffiths et al., 2011).

Aus Europas bedeutendstem Laichfluss, dem Rhein, verschwand der Lachs Mitte des letzten Jahrhunderts wegen der katastrophalen Wasserqualität und des Baus von Dämmen. Nachdem die Wasserverschmutzung reduziert werden konnte und Fischtreppen bei den Kraftwerken gebaut wurden, gelang es in 1990ern den Lachs im unteren Rhein und in einigen Nebenflüssen, u. a. der Sieg, wieder anzusiedeln. Da die ursprüngliche Population nicht überlebt hatte, wurden zur Wiedereinbürgerung Lachseier aus Irland, Schweden, Dänemark, Frankreich, Schottland und Spanien eingeführt. In jüngster Zeit verwendete man für das obere Rhein-Becken ausschließlich Eier von Lachsen aus der Loire und dem Allier, bei denen die Anpassung an weite Laichwanderungen genetisch verankert ist. Unterhalb der ersten Staustufe des Rheins in Iffezheim nutzte man für den Besatz in den Seitenflüssen nur Lachse der Population des Fluss Ätran in Südschweden – bzw. die Nachzucht aus einer in den Fluss Gudenå in Dänemark umgesiedelten Population. Das Ziel ist jedoch, einen eigenen Zuchtstamm des Rheinlachses aufzubauen, vom Eierimport aus anderen Regionen unabhängig zu werden und nur noch die Nachkommen zurückgekehrter Lachse freizusetzen. In den letzten Jahren unternahm man große Anstrengungen, mithilfe aufwändiger Anlagen von Fischaufstiegshilfen die Passierbarkeit weiter flussaufwärts zu ermöglichen, mit dem Bestreben, den Lachs zu seinen ehemaligen Laichgewässern in den Zuflüssen des Hochrheins zurückzubringen (Monnerjahn, 2010; Bölscher et al., 2013). Zu diesen Gewässern zählen Aare, Töss und Thur in der Schweiz sowie einige Schwarzwaldzuflüsse. Vereinzelte Lachse wurden in den letzten Jahren im schweizerischen Rheingebiet bereits wieder beobachtet. In der Sieg, einem Nebenfluss des Rheins in Nordrhein-Westfalen, wo in den besten Jahren 2007/2008 zwischen 400 und 500 Individuen gezählt wurden (Monnerjahn, 2010), sind die Laichfischfänge in letzter Zeit leider wieder deutlich zurückgegangen. Als Hauptgrund dafür wird der Klimawandel mit einem Anstieg der Sommertemperaturen und einem Rückgang der Niederschläge genannt (M. Hochleithner, pers. Mitt.).

Ein weiterer bekannter Laichfluss, der in die Nordsee mündet, ist die Elbe. Auch hier bewältigten die Lachse weite Wanderungen bis in die

Oberläufe der Elbe, der Iser, der Moldau oder der Eger. Der wichtigste Laichaufstieg fand im Frühjahr bis nach Prag statt. Aufgrund menschlicher Einflüsse gingen schon sehr früh viele Laichgebiete und Lebensräume verloren und die unterschiedlichen Lachspopulationen im Einzug der Elbe starben aus. Erst Ende der 1980er Jahre begann man Lachse und Meerforellen in küstennahe Nebenflüsse der Elbe auszusetzten. Als sich die Wassergüte in der Elbe ab 1990 rasch verbesserte, erarbeitete die Sächsische Landesanstalt für Landwirtschaft im Auftrag des Arbeitskreises Elbefischerei im Jahr 1993 ein Programm mit dem Ziel, in absehbarer Zeit einen sich selbst reproduzierenden und fischereilich nutzbaren Lachsbestand in der Elbe und ausgewählten Nebenflüssen zu etablieren. Für den ersten Besatz wurden Eier von schwedischen und irischen Populationen angekauft. Es stellte sich aber heraus, dass bei den Eiern aus Irland höhere Erbrütungsverluste auftreten, sodass in den Folgejahren nur noch Eier aus der südwestschwedischen Lagan-Population verwendet wurden. Inzwischen wird auch in den Elbe-Zuflüssen der Tschechischen Republik dasselbe Besatzmaterial genutzt. Die Wiedereinbürgerung ist bisher außerordentlich erfolgreich verlaufen, doch um den Lachs endgültig wieder heimisch werden zu lassen, müssen die ursprünglichen Laichgebiete weiterhin erschlossen werden. Dazu sollen vor allem die Einzugsgebiete der beiden Nebenflüsse Mulde und Schwarze Elster für aufsteigende Fische wieder zugänglich gemacht werden (Füller et al., 2003). Auch in der Stör, einem gezeitenbeeinflussten rechten Nebenfluss der Elbe, wird derzeit versucht, durch umfassende Renaturierungsmaßnahmen sowie die Schaffung möglichst vieler Laichhabitate die Lachse wieder anzusiedeln und einen selbstreproduzierenden Bestand zu erhalten (Zahn, 2020).

Etwas westlich der Elbe mündet die Weser, die einst ein genauso bedeutender Lachsfluss war, in die Nordsee. Zur Wiedereinbürgerung wurde der dänische Stamm des Skjern Å für die Zuflüsse des Tieflandes verwendet, während der westschwedische Ätran-Stamm in Flussabschnitten des Mittelgebirges eingesetzt wurde. Auch wenn sich die Wasserqualität nach der Schließung von Industrieanlagen an der Werra, dem Hauptquellfluss der Weser, deutlich verbessert hat, ist sie noch weit vom Idealzustand entfernt. Zudem sind die meisten Migrationswege immer noch durch Dämme mit oft mangelhaft funktionierenden Fischtreppen blockiert, wie etwa zur Eder, wo früher die wichtigsten Laichgründe waren. Derzeit gibt es insbesondere in einem linken Nebenfluss, der Hunte, ein geeignetes Habitat für Laich- und Jungfische. Eine natürliche Reproduktion wurde auch am Zusammenfluss von Werra und Fulda nachgewiesen (Monnerjahn, 2011). Bestätigte Rückkehrer von ausgesetzten Lachsen wurden ebenso aus der Leine, einem Zufluss des rechten Nebenflusses Aller, gemeldet. Ähnliche Projekte zur Wiederansiedlung des Lachses werden in einigen kleineren Nordseezuflüssen Deutschlands, wie der Ems, angestrebt, wobei die ökologischen Anforderungen meist noch nicht erfüllt sind.

Die ehemals größte Lachspopulation der Ostsee wanderte die Weichsel hinauf. Aus denselben Gründen wie im Rhein und anderen Nordseezuflüssen kamen auch hier die Bestände ab Mitte des 20. Jahrhunderts zum Erliegen. Dasselbe Schicksal ereilte die Populationen aller anderen Flüsse Polens, wie der Oder und der kleineren Ostseezuflüsse in Pommern. In den 1990ern wurde ein Wiederbesiedelungsprojekt ins Leben gerufen, für das man Lachse aus der Düna (Daugava) in Lettland verwendete, wo noch eine natürliche Population erhalten geblieben ist. Zwei weitere wichtige Lachsflüsse im südlichen Ostseeraum sind die Memel in Litauen und die Mörrum in Schweden. Vor dem Bau von Staudämmen in den 1950er und 1960er Jahren wanderten die Lachse in den Flüssen Düna und Memel bis Weißrussland (Belarus) (HELCOM, 2011).

Zwei bedeutende Lachsflüsse münden in den nördlichsten Teil des Bottnischen Meerbusens. Der Torne-Fluss (schwedisch: Torne älv, finnisch: Tornionjoki) ist mit einer Länge von mehr als 500 km der größte unregulierte Zufluss der Ostsee, entspringt in Norwegen und bildet dann die Grenze zwischen Schweden und Finnland. Der etwa 190 km lange Simojoki ist ein Fluss im Norden Finnlands. Nachdem die Lachsbestände dieser Flüsse aufgrund übermäßiger fischereilicher Ausbeutung dramatisch geschrumpft waren, gelang es zwischen den 1980ern und den Anfangsjahren dieses Jahrhunderts die Populationen durch Fangbeschränkungen und unterstützenden Besatz zu stabilisieren. Bald aber zeigten sich die negativen Auswirkungen der Domestizierung, obwohl nur Fische der lokalen Populationen nachgezüchtet und eingesetzt wurden. So war die Überlebensrate bei den Besatzfischen geringer als bei den Wildlachsen. Die domestizierten Fische wuchsen schneller, unternahmen im Meer kürzere Wanderungen und waren bei ihrer Rückkehr in die Flüsse jünger als Lachse aus natürlicher Reproduktion, die gewöhnlich in die nahrungsreichere südliche Ostsee vordringen und meist erst nach mehr als einem Winter geschlechtsreif werden (Kallio-Nyberg et al., 2015). Auch wenn sich die Bestände in beiden Flüssen mittlerweile gut erholt haben und die Besatzmaßnahmen eingestellt wurden, wird es wohl noch eine Zeit lang dauern, bis das ursprüngliche Anpassungspotential der Populationen wiederhergestellt ist.

Wie in Europa wurden auch in Nordamerika die Lachsbestände in etlichen Flüssen ausgelöscht. Zuerst verschwanden Amerikas südlichste Populationen in den Flüssen Housatonic und Connecticut, die vor Long Island in den Atlantik münden, sowie im Merrimack River nördlich von Boston. Ein 1798 errichteter Staudamm im Connecticut River beendete die Laichaufstiege. Anfang des letzten Jahrhunderts waren in Neuengland nur mehr wenige Flüsse übrig, in denen Lachse ihre Laichplätze aufsuchen konnten. Der größte Lachsfluss in Maine, der Penobscot River, verlor seine Bestände 1958 als Folge von Wasserverschmutzung und Sauerstoffmangel in der Penobscot Bay. In den 1980er Jahren begann ein Programm zur Wiederherstellung der Lachsbestände in wenigstens 15 Flüssen Neuenglands. Hierfür wurden Eier aus verschiedenen der noch verbliebenen Populationen im Norden von Maine und in Kanada verwendet. Die Millionen von Jungfischen, die in den folgenden Jahren eingesetzt wurden, passten sich nur schlecht an die fremden Gewässer an und die Rückkehrrate blieb äußerst bescheiden. Ein Beispiel für die Fehlanpassung eines nicht heimischen Stammes konnte man im Connecticut River beobachten, als die aus dem Fluss abgewanderten Junglachse im Long Island Sound statt in die nördlich gelegenen kälteren Gewässer nach Südwesten schwammen, wo sie am Ende des Meeresarms im warmen Wasser gefangen waren (Behnke, 1986a, 2002, 2007). Während der letzten Jahrzehnte wurden im Connecticut River intensive Restaurierungsmaßnamen durchgeführt, die den Bau von Fischpassagen, die Wiederherstellung von Lebensräumen und schließlich den Besatz umfassten. Bei diesem folgte man zwei Strategien, die heute auch bei vielen anderen Restaurierungsprogrammen angewendet werden. Entweder zieht man die Junglachse in Zuchtanlagen auf und entlässt sie kurz vor ihrer Wanderung ins Meer in verschiedene Seitenflüsse oder die Fische werden bereits im Larvenstadium in die Flüsse eingesetzt, wo sie 1-3 Jahre bis zur Abwanderung verbringen. Wie Studien an markierten (PIT-Tags) Individuen zeigten, besteht zwischen den zwei Jungfischgruppen kein signifikanter Erfolgsunterschied bei der kritischen Wanderung flussabwärts. Einen Unterschied machte jedoch der Zeitpunkt des Besatzes bei den in der Fischzucht aufgezogenen Lachsen. Die Mitte April eingesetzten Lachse bewiesen eine deutlich höhere Überlebenschance als die drei Wochen später in die Flüsse entlassenen Tiere, denen vor der aktiven Wanderung die Zeit fehlte, sich zu akklimatisieren. Allerdings sank die Rate des Wiederauffindens und somit des Überlebens der Junglachse in beiden Gruppen mit der Entfernung zur Mündung, d. h. je weiter flussaufwärts die Besatzmaßnahmen stattgefunden haben. In Wildpopulationen gibt es eine genetisch verankerte zeitliche Koordinierung bei der Migration ins Meer, was bedeutet, dass Junglachse aus weiter entfernten Teilen des Flusssystems ihre Wanderung früher beginnen als solche aus Gebieten in der Nähe der Mündung. Durch die genetische Homogenität der Zuchtfische kann der Migrationsbeginn in den oberen Flussabschnitten zu spät einsetzen und die Jungfische erreichen den Mündungsbereich bei zu hohen Wassertemperaturen, wodurch ihr Eintritt ins Salzwasser erschwert und letztendlich die Wiederkehrrate laichbereiter Tiere reduziert wird (McCormick et al., 2014). Im Penobscot River, wo dank massiven Besatzes mittlerweile wieder die größte Population der USA besteht, tragen Wasserkraftwerke zu erheblichen Verlusten unter den Junglachsen bei der Migration ins Meer bei. Abgesehen von zwei Dämmen, an denen spezielle Abstiegshilfen für Jungfische errichtet wurden, erfolgt die Wanderung stromabwärts entweder mit dem Wasser über die Dämme hinweg oder durch Schleusen und Turbinen. Verlängerte Aufenthalte in den Stauräumen führen darüber hinaus zu vermehrtem Fraßdruck durch Wasservögel, wie zum Beispiel Kormorane, und verzögern den zeitgerechten Einstieg ins marine Habitat (Holbrook et al., 2011). Die Situation im Penobscot hat sich deutlich verbessert, nachdem man 2012 und 2013 zwei Dämme entfernt hatte und an einem anderen Damm eine naturnahe Aufstiegshilfe gebaut wurde (Izzo et al., 2016).

Mehrere Versuche in der Vergangenheit, die anadrome Form des Atlantischen Lachses außerhalb ihres natürlichen Verbreitungsgebietes anzusiedeln, sind durchwegs gescheitert. Allerdings wird die Art in Fischfarmen an der Pazifikküste von Nordamerika und Chile gehalten, ebenso in Tasmanien. Die Wahrscheinlichkeit der Bildung sich selbst erhaltender Populationen durch entflohene Lachse ist gering, kann aber nicht ausgeschlossen werden, sollten die Bestände heimischer Arten weiter einbrechen oder die Anzahl entkommener Fische drastisch steigen. In British Columbia, Kanada, gibt es bereits Hinweise auf ein erfolgreiches Ablaichen von Atlantischen Lachsen in wenigstens drei Flüssen (Volpe et al., 2000; Thorstad et al., 2008). In mehreren Flüssen und Seen im Süden von Chile angeln Sportfischer regelmäßig große Exemplare Atlantischer Lachse, indes gibt es bisher keine Bestätigung sich selbst erhaltender Populationen (Sepúlveda et al., 2013). Noch nicht geklärt sind die möglichen ökologischen Einflüsse auf die örtliche Fauna durch die Anwesenheit der nicht heimischen Lachse.

[1]) Unterschiede in der Anordnung der Zähne am Pflugscharbein veranlassten in der Vergangenheit einige Ichthyologen (Cuvier & Valenciennes, 1848; Heckel, 1852) manche Salmoniden Gattungen zuzuordnen, die nicht der modernen Nomenklatur entsprechen. Zur Gattung *Salmo* zählte man mehrere „Arten“ des Atlantischen Lachses ebenso wie die Saiblinge und den Huchen, da bei ihnen nur der vordere Teil des Vomers, die Vomerplatte, mit Zähnen besetzt ist. Unter die Gattung *Fario* fielen jene Forellen, bei welchen hinter der mit Zähnen besetzten Vomerplatte eine einfache Reihe mit Zähnen am Vomerstiel folgt. Der Gattung *Salar* gehörten Forellen an, die statt der einfachen eine doppelte Reihe mit Zähnen am Vomerstiel besitzen. Den beiden letztgenannten Gattungen wurden zahlreiche, heute meist ungültige Arten der Europäischen Forelle zugeordnet. Die aufgezählten Unterscheidungsmerkmale sind jedoch nicht sehr überzeugend. Auch ist es nicht immer klar ersichtlich, ob die Zähne am Stiel in einer einfachen oder doppelten Reihe stehen, da sie unregelmäßig angeordnet sein können und die Zähne sowohl nach rechts als auch nach links gerichtet sind. In Anbetracht dieser Unsicherheit ändern spätere Autoren die Einteilung der Salmoniden. Der schwedische Naturforscher Sven Nilsson teilt sie 1832 in zwei Gruppen: Truttae (Zähne über die gesamte Länge des Vomers) und Salvelini (Zähne nur auf der Vomerplatte). In seinem Werk „Die Süsswasserfische von Mitteleuropa“ schlägt der deutsche Zoologe Carl Theodor Ernst von Siebold (1863) vor, „diese beiden *Salmoniden*-Abtheilungen als Gattungen *Trutta* und *Salmo* zu betrachten“. Zu *Salmo* zählt er die Saiblinge und den Huchen. Unter *Trutta* beschreibt er den Lachs, die Seeforelle, die Meerforelle, und die Forelle die in mitteleuropäischen Fließgewässern und „in Seen hier und da“ vorkommt. Bezüglich des Lachses stellt er klar, dass die Vomerplatte stets zahnlos ist, die einreihig gestellten Zähne am Vomerstiel schwach sind und sehr früh von hinten nach vorne verloren gehen.

[2]) Chromosomen sind die einzelnen Abschnitte des langen, fadenförmigen DNA-Moleküls, das sich im Zellkern befindet und die Erbinformation enthält. Jedes Chromosom trägt somit einen Teil der gesamten genetischen Information.

[3]) Berichten zufolge ist der Atlantische Lachs zumindest während einer Phase klimatischer Erwärmung in Verbindung mit dem Zustrom warmen Wassers aus dem Atlantik zwischen 1919 und 1939 nach Osten bis in die südliche Karasee vorgedrungen und hat in 1930er Jahren im Kara-Fluss gelaicht (Berg, 1948a; MacCrimmon & Gots, 1979).

[4]) Der spanische Politiker und Geograf Pascual Madoz war zwischen 1846 und 1850 Herausgeber des 16-bändigen Diccionario geográfico-estadístico-histórico de España y sus posesiones de Ultramar. In diesem historischen Ortsverzeichnis von Spanien und seinen überseeischen Besitzungen macht Madoz (1847) nicht nur detaillierte Angaben zu Wirtschaft, Bergbau, Landwirtschaft oder Transportwesen in den verschiedenen Regionen, sondern auch zu den Fischarten, die in den erwähnten Gewässern heimisch sind. So nennt er die Trivialnamen (ohne wissenschaftliche Bezeichnungen) zahlreicher Süßwasserfische, welche im Guadiana vorkommen. Außerdem führt er an, dass aus dem Meer kommende Fische, wie Flunder (Anmerkung: *Platichthys flesus*), Lachs und Neunauge, etwa 90 km flussaufwärts bis zum Wasserfall „Salto de Lobo“ (portugiesich: Pulo do Lobo) in Portugal wanderten. Es gibt auch historische Berichte über das Vorhandensein des Lachses im Einzugsgebiet des Tajo, aber er war dort sicherlich nicht sehr häufig und kann seit Jahrzehnten als ausgestorben angesehen werden (Álvarez et al., 2010).

[5]) Blochs Beschreibung von *S. goedenii* lässt einige Zweifel in Bezug auf die Artzugehörigkeit aufkommen. Er verwendet den deutschen Trivialnamen „Seeforelle“ (frühere Bezeichnung für Meerforelle) und weist auf die damalige Regionalbezeichnung „Silberforelle“ hin. Bei der Abbildung steht auch der französische Name für Meerforelle „Truite de Mer“. Als ein besonderes Merkmal bezeichnet er die roten Flecken an den Seiten, „die in einem weißen Ringe stehen“. Die Abbildung (handkolorierter Kupferstich) zeigt einen Fisch mit einer rötlichen Fleckenzeichnung bis weit unter die Seitenlinie. All dies deutet eher auf eine Forelle hin, als auf einen Lachs. Dennoch wurde von Dr. Hans-Joachim Paepke, dem

Kustos der ichthyologischen Abteilung des Zoologischen Museums der Humboldt Universität zu Berlin, aufgrund einer Untersuchung des mutmaßlichen Holotypus die Art 1995 als *S. salar* bestimmt. Aus ökonomischen Gründen (Kosten für Alkohol und Glas, Platzbedarf) wurde offenbar nur ein kleineres Exemplar (203 mm SL) konserviert und in die Sammlung übernommen. Da Bloch aber mehrere Exemplare erhielt, beruht seine Beschreibung nicht auf einem Holotypus, sondern auf einer Serie von Syntypen. Es könnte also gut sein, dass bei diesen Proben zwei Arten (*S. salar* und *S. trutta*) involviert waren. Bei dem stark ausgebleichten Exemplar im heutigen Museum für Naturkunde Berlin mit der Katalognummer ZMB 3710 ist keine Fleckenzeichnung zu erkennen. Auffallend sind die überaus schlanke Körperform und der kurze Kopf (ca. 19 % der Standardlänge) mit einem Maxillare, das offenbar über den hinteren Augenrand hinausragt. Letzteres Merkmal spricht für eine Forelle, könnte aber auch aufgrund einer leichten Verformung des Kopfes infolge der Konservierung falsch interpretiert werden. Auf Anfrage hin äußerte Dr. Paepke Bedenken hinsichtlich seiner damaligen Klassifikation und kam zu dem Schluss, dass Bloch mit *S. goedenii* einen Vertreter von *S. trutta* gemeint hat. Aus Blochs weltberühmter Fischsammlung, die ursprünglich rund 1500 Exemplare umfasste, blieben dem Museum etwa 800 bis heute erhalten. Übrigens führt Siebold in seinem bereits erwähnten Werk von 1863 *S. goedenii* als ein Synonym für seine „*Trutta Trutta*“ an, wobei er sich auf eine junge Meerforelle beruft, die im „zoologischen Cabinete zu Königsberg“ unter der Bezeichnung „*Salmo Goedenii*“ aufbewahrt wurde. Er erwähnt aber auch, dass ein zweites Glas mit derselben Benennung eine ausgebleichte „gemeine Forelle“, *T. fario*, enthielt und der schweizerisch-amerikanische Naturforscher Louis Agassiz (1835) ein anderes Exemplar mit der Aufschrift *S. goedenii* für einen jungen *Salmo salar* erklärt hat, welches der britische Zoologe William Yarrell (1836) hingegen als einen *S. fario* betrachtet. Darauf untersucht Siebold im „zoologischen Cabinete zu Berlin“ ein Original-Exemplar von Bloch, bei dem jedoch kein Fundort angegeben war. Seiner Meinung nach stimmt Blochs Abbildung von *S. goedenii* mit diesem Fisch überein, bei welchem allerdings die roten Flecken ganz ausgebleicht waren. Aufgrund der Zeichnung und Färbung sowie nach der Bezahnung und Form des Vomers glaubt er zu seinem Erstaunen, ein Exemplar von *Salmo salvelinus* zu erkennen. Da in der Ostsee keine Saiblinge vorkommen, muss entweder eine Verwechslung bei der Beschriftung oder ein Austausch des Exemplars erfolgt sein. Die endgültige Zuordnung von *S. goedenii* bleibt also weiterhin ungeklärt.

[6]) *Salmo hamatus* heißt übersetzt „Hakenlachs“; Cuvier (1829) glaubte, der in Frankreich als „bécard“ bezeichnete Lachs sei eine eigene Art. Tatsächlich handelt es sich dabei um große Lachsmännchen mit ausgeprägtem Laichhaken am Unterkiefer. Valenciennes (in Cuvier & Valenciennes, 1848) hält die These der eigenständigen Art aufrecht, führt aber auch an, dass einige Wissenschaftler (Agassiz, Richardson) *S. hamatus* als adulte und *S. goedenii* als juvenile Exemplare von *S. salar* betrachten. Die österreichischen Ichthyologen Heckel & Kner (1858) folgen der Auffassung ihrer französischen Kollegen und beschreiben neben *S. salar* auch *S. hamatus* aus dem Bereich der österreichischen Monarchie, wohin *S. salar* durch die Elbe und die Weichsel gelangt. Das Vorkommen von *S. hamatus* belegen sie mit einem Exemplar aus einem Zufluss des Bug (Weichsel-Einzug).

[7]) Ein Hinweis auf die Nutzung des Lachses als begehrtes Nahrungsmittel im Südwesten des heutigen Frankreichs könnte schon in der vom römischen Historiker und Schriftsteller Gaius Plinius Secundus Maior (Plinius der Ältere) um 77 n. Chr. verfassten Enzyklopädie „Naturalis historia“ (9. Band) zu finden sein. Da steht nämlich: „in Aquitania Salmo fluviatilis marinis omnibus præfertur“ (in Aquitanien wird der Flusslachs allen Meeresfischen vorgezogen). Wenn auch „Salmo fluviatilis“ manchmal als „Forelle“ interpretiert wurde, liegt die Wahrscheinlichkeit, dass damit Lachse beim Laichaufstieg gemeint waren, doch deutlich höher. Das Taxon *Salmo fluviatilis* Pallas, 1814 ist heute allerdings ein Synonym für *Hucho taimen* (Pallas, 1773), den Sibirischen Huchen.

Anadromer Lachs (*Salmo salar*) beim Aufstieg im Lærdalselva (Norwegen)

Anadromer Lachs (*Salmo salar*), ♂ ~64 cm; Sieg (Deutschland). Foto: M. Hochleithner

Anadromer Lachs (*Salmo salar*), ♀ ~84 cm; Sieg (Deutschland). Foto: M. Hochleithner

Juveniler Lachs (*Salmo salar*), ~14 cm; Sieg (Deutschland). Foto: M. Hochleithner

Binnenlachs (*Salmo salar*), ~44 cm; Saimaa-See (Finnland). Foto: J. Piironen

Binnenlachs (*Salmo salar*), ♂ ~20 cm; Byglandsfjord (Norwegen). Foto: B. Delling

Binnenlachs (*Salmo salar*), ♀ ~28 cm; Namsen (Norwegen). Foto: E. Thorstad

Binnenlachs (*Salmo salar*), juv. ~9 cm; Namsen (Norwegen). Foto: E. Thorstad

5.1. Binnenlachse

In den meisten Flüssen ihres Verbreitungsraumes sind die Lachse anadrom, was wohl die ursprüngliche Lebensweise der Art darstellt. Jedoch bildeten sich während der letzten 15 000 Jahre in Nordeuropa und in Nordamerika stationäre Süßwasserformen, die sogenannten Binnenlachse. Sie können sowohl Seen als auch Flüsse bewohnen.

5.1.1. Seeformen

In Amerika heißt der Binnenlachs neben „lake salmon“ auch „Sebago salmon“ (vor allem in Maine) oder „ouananiche“ (in Kanada). In der Annahme, die Binnenlachse der Seen in Maine stellten eine eigene Art dar, führte Girard 1854 das Taxon *Salmo sebago* ein, das nachfolgende Autoren als Unterart behandelten. Später wurden die Binnenlachse von Québec als neue Unterart beschrieben: *S. salar ouananiche* McCarthy, 1894, obwohl es an morphologischen Kriterien mangelte, anhand derer zwischen anadromen Lachsen und den beiden Unterarten des Süßwassers unterschieden werden konnte. Auch die Binnenlachse Europas versuchte man taxonomisch zu erfassen. So benannte Hardin 1862 den Lachs des Vänern *S. salar* var. *lacustris* und Günther 1866 *S. hardinii.* Den Binnenlachs des Ladogasees beschrieb Malmgren 1863 als *Trutta relicta* und erst 1961 wurde der Lachs des Saimaa von Seppovaara als Unterart, *S. salar saimensis*, klassifiziert.

Binnenlachse leben gewöhnlich in Flusssystemen, die durch unüberwindbare Wasserfälle vom Meer aus nicht mehr erreichbar sind – meist als Folge der postglazialen Landhebung. Eine der wenigen Ausnahmen in Europa findet man im Ladogasee, wo die Binnenlachse trotz fehlender physischer Barrieren nicht in die Ostsee wandern. Es kommen aber auch anadrome Lachse im See vor. Neuere Studien deuten darauf hin, dass die Lachse im Einzugsbereich der Ostsee seit rund 130 000 Jahren eine isolierte Entwicklung durchlaufen. Nach der letzten Warmzeit (Eem) vor der heutigen wurden die Lachse infolge des erneuten Vorrückens der Gletscher aus dem vorbaltischen Meer, das mit dem Weißen Meer und dem Atlantik verbunden war, verdrängt. Sie überdauerten die Kaltzeit in einem weiter östlich und südöstlich gelegenen periglazialen Seensystem. Nachdem der Ostseeraum wieder zugänglich wurde, kehrten sie vor etwa 13 000 Jahren gut an das Leben im Süßwasser angepasst zurück und bildeten in der Folge Populationen, die aus den Flüssen entweder in die Ostsee oder in die Seen abwanderten (Lumme et al., 2016). Die Ostsee, die nach und nach aus dem Baltischen Eissee hervorging, wechselte im Laufe der verschiedenen postglazialen Epochen mehrmals zwischen Süß- und Brackwasser.

In Amerika haben die Binnenlachse keine gemeinsame Wurzel, sondern entwickelten sich unabhängig voneinander aus verschiedenen anadromen Populationen, die nach der letzten Eiszeit die nördlichen Regionen allmählich zurückeroberten. Insbesondere in Neufundland sind stationäre Lachse in vielen Seen und Flusssystemen mit Zugang vom Meer verbreitet und kommen oft zusammen mit anadromen Populationen vor, ohne sich zu vermischen.

In den meisten Fällen verbringen die juvenilen Binnenlachse 1-5 Jahre in den Zuflüssen und wandern dann in die Seen ab, wo sie 2-5 Jahre bleiben, bevor sie zum Laichen in ihre Geburtsgewässer zurückkehren. In Europa betrifft das die Populationen der Seen Vänern (Schweden), Saimaa (Finnland), Ladoga, Onega und einiger Seen Kareliens (Russland), in Amerika die Populationen des Ontariosees, des Lac Saint-Jean (Kanada), des Lake Sebago (USA) und vieler kleinerer Seen in Maine, New Brunswick, Nova Scotia, Québec, Labrador und Neufundland. Häufig findet man in größeren Seen Subpopulationen, die in unterschiedliche Zuflüsse zum Laichen aufsteigen und in ihrem Wachstum (Alter beim Eintritt der Geschlechtsreife) voneinander abweichen können. Mancherorts laichen die Binnenlachse in den Seen über Kiesgrund in den Flachwasserbereichen oder in Abflussnähe. Wiederholtes Laichen scheint bei den in der Regel kleiner bleibenden Binnenlachsen häufiger zu erfolgen als bei anadromen Lachsen. In den kleineren Seen werden sie gewöhnlich 30-50 cm lang und bis zu etwa 3 kg schwer, doch in größeren Seen mit ausreichend Fischnahrung (z.B. *Coregonus* sp., *Osmerus* sp.) können sie bei Eintritt der Geschlechtsreife Längen bis zu 85 cm aufweisen. Vom Vänern (Gullspång-Population) und vom Ontariosee wurden Individuen mit Gewichten um die 20 kg und Längen von mehr als einem Meter bekannt. Die Population des Ontariosees ist schon vor 1900 ausgestorben (letzter bestätigter Fang im Jahre 1898). Zwischen 1867 und 1883 wurden in einer privaten Brutanstalt Elterntiere für die Zucht verwendet und die Nachkommen in zahlreiche Zuflüsse der Ontariosees eingesetzt, doch konnten dadurch die Bestände nicht mehr gerettet werden und der spezifische Genpool ging unwiederbringlich verloren. Sämtliche Versuche der Ansiedlung von Binnenlachsen in anderen Einzugsgebieten der Großen Seen, wo diese nicht heimisch sind, blieben bislang ohne Erfolg. Im Vänern kommen zwei recht unterschiedliche Populationen vor, die verschiedene Laichflüsse aufsuchen. Die Fische, die im Klarälven laichen, werden mit 5-6 Jahren und einem Gewicht von 2,7 bis 3,6 kg geschlechtsreif, die des Gullspångälven laichen frühestens im Alter von 6 Jahren, wobei die zwischen Juli und Oktober in den Fluss aufsteigenden Individuen 6-9 kg wiegen. Flussregulierungen und andere menschliche Eingriffe führten zum Verlust vieler

Laichgründe. Aufgrund der ungenügenden natürlichen Eigenproduktion der Wildlachse kann der Fortbestand der Populationen des Vänern nur durch Besatzprogramme gewährleistet werden. Im Klarälven, wo die Laichgründe bis zu 400 km vom See entfernt liegen, müssen die laichbereiten Fische mit LKWs flussaufwärts transportiert werden, da Dämme den Aufstieg verhindern. Eine weitere Population, die im Norsälven laichte, starb schon in den 1950ern aus, ebenso die kleine Population, die ihre Laichplätze im Abfluss des Sees hatte. Vom Aussterben bedroht sind auch die Binnenlachse in Finnlands Seensystem Saimaa und des nördlich davon gelegenen Sees Pielinen, wo viele Laichgründe zerstört wurden oder Dämme den Zugang zu diesen unterbinden. Nicht zuletzt trägt auch der extreme fischereiliche Druck dazu bei, dass die restlichen Bestände der Finnischen Seenplatte nur noch durch künstliche Vermehrung und Besatz aufrechterhalten werden können. Die ursprüngliche genetische Vielfalt ging dadurch weitgehend verloren. Um eine natürliche Reproduktion zu fördern, werden neuerdings reife Fische im Alter von 4-6 Jahren zu einem renaturierten, ehemaligen Laichfluss oberhalb eines zurzeit noch unüberwindbaren Dammes gebracht (Leinonen et al., 2020). Wasserverschmutzung, Überfischung und die Errichtung von Dämmen haben ebenso die Binnenlachse im Ladoga- und im Onegasee dramatisch dezimiert und einzelne Populationen sogar ausgelöscht. Die vier letztgenannten Seen entwässern über die Newa in die Ostsee. Im russischen Teil Kareliens befinden sich noch ein paar kleinere Seen (Wodlosero, Wygosero, Segosero, Kamennoje, Pistojärvi, Kuitosero und Toposero) im Einzugsgebiet des Weißen Meeres, in denen Binnenlachse vorkommen. Ein historisches Vorkommen ist vom See Imandra auf der Halbinsel Kola bekannt. Während die Süßwasserlachse im Ladoga- und Onegasee 80-90 cm lang und 10-13 kg schwer werden können, erreichen sie im Becken des Weißen Meeres nicht mehr als 1-3 kg. Alle diese Populationen sind heute stark gefährdet. Die Anzahl der Lachse des Onegasees konnte mit Unterstützung einer Zuchtstation am größten Laichfluss, dem Schuja, seit Beginn dieses Jahrhunderts stabilisiert werden. Die Population des Sees Kamennoje soll jetzt durch einen Konservierungsplan geschützt werden.

Wie neuere Studien zeigen, bestehen erhebliche genetische Unterschiede zwischen den Binnenlachsen aus den Becken des Weißen Meeres und der Ostsee. Man nimmt an, dass die Binnenlachse sowie ein Teil der anadromen Lachse aus dem Einzug des Weißen Meeres von einem weiter östlich gelegenen glazialen Refugium stammen, wie etwa dem Komi-Eissee, der sich vor rund 90 000 Jahren an der Mündung der Petschora gebildet hatte. In die Region des Weißen Meeres und der Barentssee kamen später auch anadrome Lachse aus diversen atlantischen Refugien dazu, als die Binnenlachse bereits durch Wasserfälle isoliert waren (Tonteri et al., 2005; Webb et al., 2007). Höchst interessant ist auch die Herkunft der Binnenlachse des Vänern in Schweden. Da der See über den Fluss Göta älv nach Westen in das Kattegat abfließt, könnte er vom Atlantik aus besiedelt worden sein. Die Lachse des Vänern gehören aber genetisch zur Ostsee-Gruppe, was durch die geologische Entwicklung begründet ist. Über den Vänern verlief der erste Abfluss des Baltischen Eissees zur Nordsee und die später daraus entstandene Meeresenge (Närke Straße) führte vor etwa 11 600 Jahren erstmals zu einem marinen Stadium der Ostsee, dem Yoldiameer.

Im Süden Norwegens gibt es eine, dem begrenzten Nahrungsangebot entsprechende, kleinwüchsige Form des Binnenlachses, „Byglandsbleka“ oder „Blege“ genannt. Er erreicht eine maximale Länge von 30 cm und ernährt sich von Plankton. Der größte Teil der Population lebt heute im Byglandsfjord, einem schmalen, rund 25 km langen See, der vom Fluss Otra durchflossen wird. Hier macht der Anteil der Lachse im Vergleich zu den ortsansässigen Forellen 50-70 % aus. Ein wesentlich kleinerer Teil (15 %) bewohnt den flussaufwärts liegenden See Araksfjord, der durch einen kurzen Kanal mit dem Byglandsfjord verbunden ist. In der Otra, bis zu etwa 30 km flussabwärts vom Byglandsfjord, findet man nur einen sehr geringen Anteil von Binnenlachsen. Bis um 1900 wanderten sie zum Laichen noch bis zu 38 km vom Araksfjord flussaufwärts und in einen Seitenfluss der Otra im unteren Verbreitungsabschnitt. Man nimmt an, dass diese Binnenlachse vor wenigstens 9000 Jahren aufgrund der Barriere des Wasserfalls Vigelandsfoss von ihren anadromen Artgenossen isoliert wurden. Die Binnenlachspopulation starb zwischen 1968 und 1971 beinahe aus. Die Ursachen für diese Situation waren höchstwahrscheinlich Flussregulierungen und Versauerung der Gewässer. Nur eine limitierte Anzahl der Lachse wurde in einer Zuchtstation gehalten und diente für ein Wiederansiedlungsprogramm, das 1979 begann. Erst Ende der 1990er zeigten sich bescheidene Erfolge, doch bis heute blieb die natürliche Reproduktion unzureichend (Hutching et al., 2019, und Referenzen darin). Eine ähnliche, jedoch bereits ausgestorbene Binnenlachspopulation kannte man noch aus dem Nelaug-See am Nidelva-Fluss, etwa 45 km weiter östlich.

Vom Menschen eingebrachte, sich selbst erhaltende Populationen von Binnenlachsen gibt es in vielen Seen im Osten der USA und in zwei Stauseen am oberen Tajo in Spanien (García de Jalón & Hervella, 1988). Binnenlachse wurden auch in mehreren Seen von Chile und Argentinien angesiedelt, doch gingen die Bestände zurück, nachdem die importierten Regenbogen- und Bachforellen sich etabliert hatten. Mehrere Versuche in den 1960er Jahren, Binnenlachse aus Kanada in

Stauseen des australischen Flusssystems von Murray-Darling heimisch zu machen, blieben erfolglos (Merrick & Schmida, 1984). In den 1990ern setzte man den Gullspång-Lachs des Vänern in den zweitgrößten See Schwedens ein, den Vättern, wo er sich vornehmlich von Zwergmaränen (*Coregonus albula*) ernährt und prächtig gedeiht.

5.1.2. Flussformen

Der Namsen in Mittelnorwegen ist berühmt für seine großen und zahlreichen anadromen Lachse, die ursprünglich nicht weiter als etwa 60 km den Fluss aufwärts bis zum 34 m hohen Wasserfall Fiskumfoss wanderten. Eine Lachsleiter, die durch den Felsen gebaut wurde, ermöglicht heute einen Aufstieg von weiteren 10 km. Oberhalb des Wasserfalls findet man auf einer etwa 90 km langen Strecke des Hauptflusses und in ein paar Seitenflüssen eine stationäre Lachsform, die hier „Småblank“ oder „Namsblank“ genannt wird. Dieser Binnenlachs ist der einzige in Europa, der nicht in einen See abwandert. Er ist seit etwa 9500 Jahren von den anadromen Populationen isoliert. Diese Binnenlachse halten sich bevorzugt in nicht allzu tiefen (<60 cm) Flussabschnitten mit moderater bis starker Strömung auf und unternehmen keine ausgedehnten Wanderungen. Der eingeschränkte Lebensraum und das fehlende Migrationsverhalten erklären das Vorhandensein von drei genetisch unterschiedlichen Subpopulationen mit limitiertem Genaustausch. Männliche Småblank werden im Alter von 2 bis 4 Jahren ab einer Länge von rund 12 cm geschlechtsreif, die Weibchen zwischen 3 und 5 Jahren mit einer Mindestlänge von 15 cm. Die Fische werden maximal bis zu 30 cm lang und bis zu etwa 7 Jahre alt (Davidson et al., 2020). Über die Wechselbeziehungen zwischen den Binnenlachsen und den ortsansässigen Forellen im Namsen wurde bisher nichts bekannt. Beide Arten bewohnen weitgehend denselben Lebensraum, die Forellen sind aber oft auch an strömungsschwachen Stellen anzutreffen und sie dringen weiter in die oberen Flussabschnitte vor. Seit Mitte des 20. Jahrhunderts wurden etliche Dämme errichtet, nicht nur zur Stromgewinnung, sondern zum Teil baute man auch niedere Wehre, um die Wasserfläche aus ästhetischen Gründen oder für die Sportfischerei bei verringerter Durchflussmenge zu vergrößern. Für den Betrieb von Kraftwerken wurden rund 60 % des jährlichen Wasservolumens vom oberen Teil des Hauptflusses abgeleitet. Mehr als die Hälfte der Flussstrecke verwandelte sich so von einem lotischen in ein lentisches Habitat, wovon allein die Forellen profitierten, der Lebensraum der Binnenlachse aber erheblich eingeschränkt wurde (Sandlund et al., 2014). Im Allgemeinen macht der Anteil der Småblank-Bestände verglichen zu den Forellen meist weniger als 20 % aus, nur in zwei Seitenflüssen liegt er um die 50 %. Der Småblank unterscheidet sich als Jungfisch kaum von gleichaltrigen anadromen Lachsen, erst ältere Exemplare zeigen ein spezifisches Fleckenmuster: mittelgroße Flecken, die hauptsächlich an der oberen Körperhälfte verteilt sind und entweder ausschließlich eine braune Farbe haben oder entlang der Flankenmitte auch rötlich gefärbt sein können. Deutlich sichtbar bleiben die Jugendflecken auch bei adulten Tieren. Die Bachforellen des Namsen zeigen meist kleinere und zahlreichere, oft hell umrandete rote und schwarze Flecken, die sich weit bis unter die Seitenlinie verstreuen. Ihr Körperbau ist gedrungener (höherer Korpulenzfaktor) als der der Lachse und sie können über 50 cm lang werden. In den Seen der Quellgebiete des Gewässersystems leben neben den (wahrscheinlich) eingesetzten Elritzen (*Phoxinus phoxinus*) nur Forellen und stationäre Saiblinge (*Salvelinus alpinus*) (E. B. Thorstad, pers. Mitt.).

Im Südosten der Insel Neufundland (Kanada) gibt es ebnefalls ein paar Populationen von Binnenlachsen, die ihr ganzes Leben in Flüssen verbringen. Sie erreichen die Geschlechtsreife im Alter von 2 Jahren mit 7-15 cm Länge, werden kaum älter als 4 Jahre und bis zu 18 cm groß (Hutching et al., 2019). Experimente zeigten, dass sie sich nur schwer an Salzwasser anpassen können (Burton & Idler, 1984). Gemeinsam mit Bachsaiblingen bewohnen sie saure, nährstoffarme Fließgewässer.

Weit außerhalb des aktuellen Verbreitungsgebietes anadromer Lachse befindet sich die erwähnte geografisch isolierte Population des Kogaluk-Flusses in Québec. In diesem Fall sind es nicht physische Barrieren, die eine reguläre anadrome Lebensweise verhindern, sondern die für Lachse ungeeigneten, niederen Wassertemperaturen, die in den angrenzenden Meeresgebieten gegenwärtig herrschen und ausgedehnte Wanderungen unterbinden. Die Lachse ziehen wohl während des Sommers für kurze Zeit in die Flussmündung, ohne dabei aber die für anadrome Formen typische silbrige Färbung anzunehmen oder ein besondes Wachstum zu erfahren. Auch bei den Lachsen in den Zuflüssen der Ungava Bay wurde beobachtet, dass sie in kälteren Jahren nur bis in die Mündungsbereiche wandern, anstatt die Meeresgebiete zu durchstreifen. Einige der Populationen haben bereits gänzlich diesen Lebensstil angenommen, unabhängig von klimatischen Bedingungen. Vorübergehende globale Kälteperioden führten vermutlich auch in weiter südlich gelegenen Gebieten (z.B. in Neufundland) zur Einstellung der Meereswanderung von Lachsen und zur Entstehung stationärer Süßwasserformen. Das erblich festgelegte Verhalten, nicht ins Meer zu wandern, wurde von den Fischen auch nach erneutem Temperaturanstieg beibehalten. Die reproduktive Isolation verhinderte einen Genfluss zwischen den stationären und den später aus südlicheren Regionen zugewanderten anadromen Lachsen (Webb et al., 2007; Hutchings et al., 2019).

6. Forellen - Geografische Einheiten

6.1. Fennoskandinavien und Nordosteuropa

Fennoskandinavien oder Fennoskandien, geologisch dem Baltischen Schild zugehörig, umfasst die skandinavische Halbinsel, Finnland, Karelien und die Halbinsel Kola.

Hydrografische Karte von Fennoskandinavien und Nordosteuropa

1 Otra, 2 Hardangervidda-Plateau, 3 Stor-Stensjön (See), 4 Mjøsa, 5 Jølster-See, 6 Övre Daddsjön (See), 7 Bunnersjöarna (zwei Seen), 8 Trollsvattnen (zwei Seen), 9 Krabpajaevire od. Klingervattnet (See), 10 Lulejaure-See, 11 Pjaozero-See, 12 Umba, 13 Jokanga, 14 Charlowka, 15 Kolwizkoje-See, 16 Indiga, 17 Mesen, 18 Nördliche Dwina, 19 Onega (Fluss), 20 Koscha, 21 Onegasee, 22 Ladogasee, 23 Msta, 24 Wolga (Quellregion), 25 Twerza, 26 Dnjepr, 27 Daugava (Düna od. Westliche Dwina), 28 Memel (Nemunas), 29 Kvaløya-Insel, 30 Inari-See.

Fennoskandinavien und das Baltikum waren bis vor etwa 10 000 Jahren von Eis bedeckt. Das Abschmelzen der Eismassen, die die Erdkruste niedergedrückt hatten, führte zu einer allmählichen Anhebung der skandinavischen Halbinsel um 800 m. Dabei entstanden hohe Wasserfälle, die die zuerst zugewanderten Forellenpopulationen von den später nachfolgenden isolierten. Nach dem Rückzug der Eisdecke stiegen die Temperaturen rapide an und lagen während der folgenden 6000 Jahre bis zu 3° über dem heutigen Durchschnitt. Nach einer erneuten Abkühlung, die etwa 1000 Jahre anhielt, folgten wärmere und kühlere Perioden, mit den tiefsten Temperaturen während der kleinen Eiszeit (ca. 1550 bis 1850). Die Lebensräume und die Wanderrouten der Forellen waren im Verlauf der postglazialen Perioden erheblichen Veränderungen unterworfen. Das Verbreitungsgebiet der Forellen wurde wiederholt reduziert, wodurch es zu Populationsengpässen oder zur Auslöschung von Populationen kam, mit anschließender Wiederbesiedelung vieler Gewässer. Diese Dynamik beeinflusste maßgeblich die genetische Vielfalt der skandinavischen Forellen.

Die Forellenpopulationen Skandinaviens können nach ihrer Verbreitung in zwei Gruppen geteilt werden:

a) Populationen aus Gewässern mit freiem Zugang vom und zum Meer: Küstenpopulationen.
b) Populationen aus isolierten Binnengewässern, wo Barrieren (Wasserfälle) den Zugang vom Meer verhindern: Binnenpopulationen.

Wenngleich diese Einteilung im gesamten Verbreitungsraum Anwendung findet, ist sie in Skandinavien aufgrund der markanten Landhebung von besonderer Bedeutung. Es muss noch erwähnt werden, dass zahlreiche Gewässer oberhalb unpassierbarer Wasserfälle schon früh auch vom Menschen mit Bachforellen und/oder Saiblingen (*Salvelinus alpinus*) besetzt wurden. Besatzmaßnahmen in kleineren Hochgebirgsseen wurden z. B. traditionell von den Samen durchgeführt, um bei ihren Wanderungen mit den Rentierherden auf diese Nahrungsreserven zurückgreifen zu können. In Norwegen dominierten dabei die Bachforellen und in Schweden die Saiblinge (Rasmussen et al., 2019).
Die Küstenpopulationen variieren von stationären Süßwasserformen über gemischte Populationen mit anadromen und stationären Individuen bis zu hauptsächlich anadromen Populationen. In gemischten Populationen dominieren meist die Männchen bei den stationären und die Weibchen bei den anadromen Artgenossen. Je nach Gewässer können anadrome und stationäre Tiere separate oder gemeinsame Laichplätze benutzen. Wenn sie am selben Ort laichen, kommen die stationären

Weibchen später zur Eiablage, wodurch eine Überlagerung durch die größeren anadromen Weibchen, die tiefere Nester graben, vermieden wird. Meerforellen wachsen schneller als stationäre Formen und verfügen über mehr Energie- und Fettreserven zur Gonadenentwicklung, jedoch haben stationäre Weibchen größere Eier im Vergleich zu gleich großen anadromen Weibchen. Diese Adaption dient offensichtlich dazu, den Konkurrenzkampf der jungen stationären Forellen mit den Nachkommen der meist größeren Meerforellen auszugleichen. In vielen Flüssen laichen die Meerforellen in den unteren Abschnitten und deren Zuflüssen, während die stationären Forellen die oberen Abschnitte benutzen, wobei es zu einer gewissen Überschneidung in den mittleren Abschnitten kommen kann. Anadrome und stationäre Forellen, die dieselben Laichareale benutzen, sind genetisch ident[1], gehören also derselben Population an. Genetische Unterschiede bestehen immer zwischen den Populationen verschiedener Flüsse. Eine bedeutend größere genetische Differenz findet man aber zwischen zwei geografisch getrennten Populationen eines Flusses, unterhalb und oberhalb unüberwindbarer Barrieren (Hindar et al., 1991; Jonsson & Jonsson, 2006).

Die meisten Meerforellen wandern zwischen April und Juli mit einem Alter von zwei oder mehr Jahren und einer Größe von 12 bis 25 cm erstmals ins Salzwasser. In Regionen mit relativ geringem Salzgehalt, wie in der Ostsee, können die Jungfische bereits innerhalb des ersten Jahres mit einer Länge von 6 bis 8 cm ins Meer wandern. Aus dem kleinen Fluss Arån auf der schwedischen Insel Gotland ziehen die jungen Meerforellen sogar schon im Alter von 3 Monaten mit einer Länge von ca. 3 cm in die Ostsee, die hier einen Salzgehalt von nur 5-7 ‰ aufweist (Landegren, 2001). Das Alter bei der ersten Wanderung ins Salzwasser variiert sowohl innerhalb der Populationen als auch zwischen diesen. Innerhalb einer Population sind langsam wachsende Tiere meist älter und größer, wenn sie ins Meer wandern, als schneller wachsende Individuen. An der europäischen Atlantikküste nimmt das Alter der ersten Meerwanderung von Norden nach Süden kontinuierlich ab. In Norwegen, um den 70. Breitengrad, wandern die Forellen mit einem Alter von 4 bis 6 Jahren ins Meer, im südlichen Norwegen (50. bis 60. Breitengrad) in der Regel mit 2 bis 3 Jahren, ebenso in Dänemark und auf den Britischen Inseln. In Frankreich und in Spanien findet die erste Meerwanderung gewöhnlich im Alter von 1 bis 2 Jahren statt. Die Tiere bleiben in den südlichen Regionen meist bis zum Eintritt der Geschlechtsreife im Meer, in Norwegen 3 bis 4 Jahre, in Frankreich und Spanien nur 1 bis 2 Jahre, bevor sie zum Laichen in ihre Geburtsgewässer zurückkehren. In den nördlichen Gebieten Norwegens überwintern sie generell im Süßwasser und die Dauer des sommerlichen Aufenthalts im Meer verringert sich mit zunehmendem Breitengrad. In Südskandinavien und vor allem in Dänemark kehrt ein Teil der noch nicht geschlechtsreifen Tiere aus dem Salzwasser zurück und verbringt den Winter in den Flüssen. Die zur Überwinterung genutzten Gewässer müssen nicht immer die Geburtsorte sein; manche Individuen überwintern bis zu viermal in anderen Flüssen, bevor sie an den Ort ihres Schlüpfens zur Reproduktion zurückkommen. Die Lebensdauer der Meerforellen nimmt mit steigenden Wassertemperaturen ab. In südlichen Gewässern (43° - 50° N) werden die meisten Meerforellen nicht älter als 5 Jahre, im Norden (68° - 70° N) leben sie ungefähr 10 Jahre. Wie auch bei anderen Salmonidenarten sinkt die Lebenserwartung mit steigenden Wachstumsraten (Berg, 1948a; L'Abée-Lund et al., 1989; Caballero et al., 2006; Aarestrup et al., 2018).

Im Meer nehmen die Forellen eine für pelagische Fische typische Tarnfärbung an, mit silbrigen oder silbrig-grauen Flanken, dunklem Rücken, weißem Bauch und schwarzen Flecken. Sie ernähren sich hauptsächlich von marinen Krebstieren, Vielborstern (Polychaeta), Fischen und Insekten von der Wasseroberfläche. Die Entfernungen, die Forellen im Salzwasser zurücklegen, sind sehr unterschiedlich. Manche Tiere halten sich nur in der Flussmündung auf, andere bewegen sich im Küstenbereich, einige schwimmen sogar hunderte Kilometer über das offene Meer. In Norwegen bleiben die Meerforellen gewöhnlich in den Fjorden.

Unter den isolierten Binnenpopulationen Skandinaviens gibt es eine Forellenform mit atypischem Farbmuster, die nur in gewissen Abschnitten des Otra-Flusses vorkommt. Die außergewöhnliche Variabilität der Färbung innerhalb dieser Population ist schon seit mehr als 100 Jahren bekannt. Neben Individuen mit normaler Fleckenzeichnung, mit roten und schwarzen Flecken, findet man Exemplare mit einer marmorierten Zeichnung, ähnlich der Marmorforelle aus dem adriatischen Raum, zusammen mit einer großen Anzahl von Übergangsformen. Die Häufigkeit der verschiedenen Farbvarianten unterscheidet sich je nach Lokalität. Während in einigen Flussabschnitten die atypische Form völlig fehlt, dominiert sie an anderen Plätzen. Die Otra ist ein 245 km langer Fluss in Süd-Norwegen. Sie entspringt im oberen Setesdal, durchfließt zwei große Seen und mündet bei Kristiansand in die Nordsee. Nur wenige Kilometer von der Mündung landeinwärts bildet der Wasserfall Vigelandsfoss eine natürliche Barriere für vom Meer aufsteigende Fische. Mehrere Hypothesen zur Erklärung des Auftretens der marmorierten Form wurden aufgestellt. Zwei Hypothesen erklären die marmorierte Forelle der Otra als Hybrid zwischen zwei Arten: die erste zwischen der heimischen Forelle und dem eingeführten Bachsaibling (*Salvelinus fontinalis*), die zweite zwischen Forelle und dem in der Otra ansässigen

Binnenlachs (*Salmo salar*). Beide Theorien konnten widerlegt werden. Neuere Untersuchungen deuten darauf hin, dass die Otra von zwei oder mehreren verschiedenen genetischen Sublinien der Atlantik-Linie besiedelt wurde, welche sich allmählich vermischten (Skaala & Solberg, 1997; Schöffmann, 2010b).

Nördlich des Ursprungs der Otra befindet sich das Hardangervidda-Plateau, die größte Hochebene Europas. Hier liegen die zwei abgelegenen Seen Svartavasstjønn (0,5 km²) und Svartavatn (1,2 km²) ziemlich isoliert in der Quellregion eines Flusssystems, das über den Numedalslågen in den Skagerrak entwässert. In diesen durch einen etwa ein Kilometer langen Flusslauf verbundenen Seen leben drei morphologisch unterschiedliche Forellenformen. Eine Form zeigt eine ungewöhnlich hohe Anzahl kleiner schwarzer Flecken an den Seiten und an den Kiemendeckeln. Diese Tiere haben auch 4 bis 7 schwarze Flecken rund um die Pupille des Auges. Die zweite Form trägt eine normale Anzahl großer schwarzer Flecken an den Flanken und an den Kiemendeckeln, es fehlen jedoch die schwarzen Flecken um die Pupille. Die dritte Form stellt eine Zwischenstufe zwischen den zwei ersten Formen dar, mit großen Flecken entlang der Seiten und mehreren schwarzen Flecken um die Pupille. Ähnlich wie für die Situation in der Otra nimmt man auch hier an, dass zwei verschiedene genetische Sublinien einwanderten, wobei die Form mit den kleinen Flecken einem älteren Stamm angehört. Diese Form macht im Svartavasstjønn 35 % der Population aus, im Svartavatn nur 16 %. In den letzten Jahrzehnten hat sich ihr Bestand stark verringert, wodurch man heute bestrebt ist, diese Form durch künstliche Nachzucht vor dem Aussterben zu bewahren (Skaala & Jørstad, 1987, 1988). Erstmals berichtet Iacob D. Sømme (1941), der viele Jahre lang die Forellen Norwegens studierte, in seinem Ørretboka (Forellenbuch) über die klein gefleckte Forelle, die zu jener Zeit noch in einigen anderen Seen der Region vorkam. Die Bedrohungen für den Fortbestand sind unterschiedlicher Natur. Das Laichareal beschränkt sich auf weniger als 20 m² und der saure Regen senkt den pH-Wert unter 5, was besonders für Jungfische tödlich ist. Überdies setzte man in die Gewässer einige Kilometer flussabwärts Elritzen und Seesaiblinge ein. Beide Arten treten mit den Forellen in Nahrungskonkurrenz und könnten bei ihrem wahrscheinlichen Vordringen die Forellenbestände weiter verringern (Skaala et al., 1991).

Forellen mit ungewöhnlicher Fleckenzeichnung kennt man auch aus drei kleineren Seen in Schwedens historischer Provinz Jämtland im südwestlichsten Teil von Nordschweden (Norrland). Sie befinden sich im Einzugsgebiet des Sees Stor-Stensjön, welcher in den Indalsälven entwässert. Die drei Populationen sind durch unüberwindbare Wasserfälle in den Abflüssen der Seen geografisch isoliert. Der größte dieser Seen, der Raragaisenjaure, hat eine Fläche von 1,37 km² und liegt auf 868 m Seehöhe. Die Forellen dieser Population kennzeichnet ein dichtes, schwarzes Fleckenmuster, das sich über den gesamten Fisch erstreckt, einschließlich der Schnauze und Schwanzflosse. Gewöhnlich werden sie bis zu etwa 0,5 – 0,6 kg schwer, manche Exemplare wiegen auch bis zu 1 kg. Die Forellen der beiden kleineren Seen Sjnåltjen (700 m Seehöhe) und Durrie (830 m Seehöhe) hingegen zeichnen sich durch eine Vielzahl kleiner roter und brauner Flecken aus.

Etwas weiter südlich, im Zentrum von Jämtland, liegt der Storsjön. Mit einer Fläche von 456 km² ist dieser See der fünftgrößte in Schweden und beherbergt Seeforellen, die weite Strecken (mehr als 40 km) zu ihren Laichplätzen in den Zuflüssen zurücklegen. Leider verhindern heute Dämme zur Stromgewinnung in vielen dieser Flüsse den Laichaufstieg. Einer der wichtigsten Laichflüsse ist der Dammån, an dem in den 1920er Jahren ein Damm errichtet wurde, sodass die Seeforellen nur noch unterhalb der Staustufe laichen konnten. Erst nach der Fertigstellung einer Fischleiter mehr als zehn Jahre danach war es den Forellen wieder möglich, die oberen Flussabschnitte zu erreichen. Ein Laichstamm großwüchsiger Seeforellen, die über 15 kg schwer wurden, ging in der Zwischenzeit allerdings verloren. Maßnahmen zur Verbesserung des Habitats führten dazu, dass die Laichzüge in den letzten Jahren wieder an Intensität zunahmen. So stiegen im Jahr 2019 mehr als 1400 Seeforellen in den Dammån zum Laichen auf. Die Aufstiege beginnen Ende Mai und dauern meist bis Mitte September, wobei die stärkste Laichwanderung zwischen Mitte Juli bis Mitte August stattfindet. Jedes Jahr werden Exemplare von 6-8 kg im Storsjön und seinen Zubringern gefangen; vor dem Bau der Dämme waren Seeforellen um die 10 kg keine Seltenheit.

Einige Seen im Süden der Skandinavischen Halbinsel beherbergen besonders großwüchsige Forellen, wie zum Beispiel Norwegens größter See, der Mjøsa. Er liegt etwa 80 km nördlich von Oslo auf einer Seehöhe von 123 m, ist 117 km lang und bis zu 449 m tief. Von den etwa einem Duzend genetisch unterscheidbarer piscivorer (fischfressender) Seeforellenpopulationen, die in verschiedenen Zuflüssen des Sees laichen (Skaala, 1992), weist die Population der sogenannten Hunder-Forelle (Hunderørret) die größten Exemplare auf. Im Alter von ca. 7 Jahren, bei einer Länge von 55-75 cm und einem Gewicht von 3-5 kg laichen die Fische zum ersten Mal. Sie können 15-20 Jahre alt werden und mehr als 17 kg wiegen. Die Laichplätze befinden sich im Hauptzufluss, dem Gulbrandsdalslågen, oberhalb des Wasserfalls Hunderfossen. Da vor dem Bau eines Dammes (1961-1964) und einer Fischleiter

(1966) nur große Individuen den Wasserfall überwinden konnten, bestand eine natürliche Auslese zu Großwuchs innerhalb der Population im Vergleich zu den anderen Populationen des Sees. Nach der Laichablage im Herbst bleiben die Hunder-Forellen entweder den Winter über im Fluss oder sie kehren gleich in den See zurück. Normalerweise steigen sie nach zwei Jahren wieder zum Laichen auf. Die Jungfische verbringen 3-5 Jahre im Fluss, bevor sie mit einer Länge von 25-27 cm in den See abwandern, wo sie sich bis zu ihrem ersten Laichaufstieg 2-4 Jahre von Fischen ernähren und rasch wachsen. Zu den Nahrungsfischen zählen Stinte (*Osmerus eperlanus*), Kleine Maränen (*Coregonus albula*) und Renken (*C. lavaretus*). Wahrscheinlich bleibt ein Teil der Jungfische, vor allem männliche Tiere, im Laichfluss und entwickelt sich zur stationären Form. Als Kompensation für das geringere natürliche Laichaufkommen im regulierten Fluss nach der Errichtung des Dammes wurde Mitte der 1960er ein Nachzucht- und Besatzprogramm ins Leben gerufen, bei dem jährlich zwischen 17 500 und 73 500 zweijährige Nachkommen von Wildfischen sowohl in den Fluss oberhalb und unterhalb des Dammes als auch direkt in den See entlassen wurden. Diese noch andauernde Maßnahme (Stand 2017) soll ab 2021 abgesetzt werden, da mittlerweile wieder genügend Wildforellen vorhanden sind. Die Fischleiter ermöglicht nun auch mittelgroßen Forellen den Zugang zu den oberen Laichgründen, was zu einer Veränderung der Populationsstruktur der Hunder-Forellen führte. Insbesondere die Größen der Jungfische bei der Abwanderung in den See und der adulten Tiere bei Erlangung der Geschlechtsreife, das heißt die Wachstumsraten während der ersten Jahre im See, haben sich in den letzten Jahrzehnten merklich verringert (Haugen et al., 2008; Aas et al., 2017).

Zur Sanierung der bedrohten Seeforellen im Siljan, dem sechstgrößten See Schwedens, begann man schon vor einigen Jahrzehnten mit der künstlichen Vermehrung für einen unterstützenden Besatz. Kürzlich durchgeführte Studien an markierten Exemplaren von wilden und eingesetzten Forellen weisen auf Unterschiede in den Bewegungsmustern zwischen den zwei Gruppen hin, sowohl im See als auch bei den Laichaufstiegen. Die Wildfische halten sich im nördlichen Teil des Sees auf und ziehen zum Laichen direkt in den Hauptzufluss Österdalälven, wohingegen die Zuchtfische eher im südlichen Teil des Sees anzutreffen sind, während der Laichzeit durch ihr Fehlverhalten oft ungeeignete Laichplätze in anderen Zuflüssen aufsuchen und somit einen geringeren Laicherfolg erzielen (Kaiskog, 2019). Dieses Beispiel führt einmal mehr die Problematik von Besatzmaßnahmen vor Augen.

Die beiden größten Seen in Schweden, den bis zu 106 m tiefen Vänern und den bis zu 128 m tiefen Vättern, bewohnen neben Binnenlachsen

auch Seeforellen[2]. Sie ernähren sich ab einer Größe von 20-25 cm fast ausschließlich von den hier massenhaft auftretenden Binnenstinten (*Osmerus eperlanus*) und können so ein Gewicht von mehr als 20 kg erreichen. Wasserverschmutzung und der Ausbau der Wasserkraft führten dazu, dass schon während des vergangenen Jahrhunderts einige Populationen großwüchsiger Seeforellen in Südschweden unwiederbringlich verloren gingen. Dazu gehören die Populationen, die einst ihre Laichgründe in den Abflüssen der Seen Vänern (Fluss Göta) und Vättern (Fluss Motola) hatten. Zwei weitere, inzwischen ausgestorbene Populationen mit außerordentlich großen Fischen gab es im See Mälaren (Fluss Arbogaån) und im See Mjörn (Fluss Säveån) (Ros, 1981). Im Jølster-See, einem etwa 30 km langen Fjordsee im Westen Norwegens, fehlen Beutefische wie Stinte, Coregonen oder Saiblinge. Den großwüchsigen, piscivoren Forellen steht hier dafür eine kleinwüchsige, planktonfressende Forellenpopulation als Nahrung zur Verfügung.
In mehreren Seen Schwedens findet man reproduktiv isolierte Subpopulationen, die sich genetisch und oft auch ökologisch (Ernährung), aber morphologisch nur geringfügig unterscheiden. Sie werden manchmal auch als Zwillingsarten bezeichnet. In einigen seltenen Fällen können trotz des genetischen Unterschiedes sichtbare phänotypische Unterscheidungsmerkmale gänzlich fehlen. Man spricht dann von kryptischen Arten bzw. Populationen. Eines der bekanntesten Beispiele dafür sind die Forellen des oligotrophen Gebirgssees Bunnersjöarna im bereits erwähnten Jämtland. Eigentlich handelt es sich, wie der schwedische Name (im Plural) anzeigt, um zwei Seen, die durch einen 50 m langen und etwa 1 m tiefen Kanal verbunden sind. Beide Seen haben eine Fläche von ca. 40 ha, der südliche ist sehr flach (0,5 bis 1,5 m), der nördliche etwas tiefer (1 bis 5 m). Zwei sympatrische Populationen mit kompletter reproduktiver Isolation bewohnen diese Gewässer. Obwohl sich die Populationen deutlich im Wachstum unterscheiden, lassen sich keine signifikanten Unterschiede in der Morphologie oder in der Ernährungsweise feststellen. Eine der Populationen laicht im Zufluss, der vom Süden kommt. Der Anteil dieser Population ist im südlichen See größer. Die andere Population sucht den Abfluss im Norden zum Laichen auf. Ihr Anteil ist größer im nördlichen See. Über den Ursprung der zwei Populationen gibt es verschiedene Spekulationen. Als eine der möglichen Erklärungen erscheint die, dass eine der Populationen die letzte Vereisung isoliert in einem Refugium der nördlichen Region überdauerte, während die zweite Population einer weit verbreiteten Sublinie angehört, die in niedrigeren Breiten die Eiszeit überlebte und erst in jüngerer Zeit zuwanderte. Die geschätzte Dauer der evolutionären Isolation der zwei Populationen beträgt etwa 125 000 Jahre. Diese Zeit stimmt mit

dem Beginn der letzten Vereisung in dieser Region überein (Allendorf et al., 1976; Ryman et al., 1979). Es kann aber auch der Einfluss durch den Menschen (Translokation) nicht gänzlich ausgeschlossen werden. So könnte eine der Populationen aus dem stromab gelegenen See Ånnsjön eingesetzt worden sein und die zweite aus einem anderen See stammen. Eine solche Umsiedlung hätte dazu führen können, dass sich die beiden Populationen in der neuen Umgebung nicht oder nur in sehr begrenztem Maße vermischten (Saha et al., 2021). Noch ein weiteres Beispiel von kryptischen, sympatrischen Populationen existiert in derselben Region: in den ebenfalls miteinander verbundenen, kleinen und flachen Gebirgsseen Västra (westlicher) Trollsvattnet und Östra (östlicher) Trollsvattnet. Während eine der beiden Populationen nur in diesen zwei Seen vorkommt und genetisch einzigartig ist, zeigt die zweite Population eine weitgehende genetische Übereinstimmung mit den Forellen benachbarter und flussabwärts liegender Gewässer. Diese Tatsache spricht ebenso wie im vorherigen Beispiel für eine parapatrische Entwicklung und mindestens zwei unterschiedlichen Zuwanderungen nach der letzten Vereisung vor ca. 7000 Jahren (Andersson et al., 2017).
In großen Seen mit vielen Zuflüssen, wie dem Lulejaure-See in Nordschweden, können gleich mehrere reproduktiv isolierte, morphologisch und genetisch unterscheidbare Subpopulationen vorkommen, wobei jede Subpopulation in einem anderen Zufluss laicht. Eine ähnliche Situation besteht im Einzugsgebiet des Inari-Sees (Inarijärvi) im Norden Finnlands, wo drei große Populationsgruppen erfasst wurden, die jeweils eine bestimmte Region des Sees und seiner Zuflüsse bewohnen. Ein Teil der Fische bleibt in den Wasserläufen in der Nähe der Laichplätze, viele aber nutzen den Inari-See oder die kleineren Seen des Flusssystems als Nahrungsgründe. Obwohl die in den 1980er Jahren begonnenen intensiven Besatzmaßnamen mit Nachkommen lokaler Forellen (von zwei der Populationsgruppen) zu einer leichten Veränderung der Populationsstrukturierung führten, blieben die signifikanten genetischen Unterschiede zwischen den Populationsgruppen bestehen (Swatdipong et al., 2010). Sogar innerhalb eines kleinen Flusssystems können manchmal genetisch unterschiedliche Einheiten auftreten. So wurden auf der norwegischen Insel Kvaløya, nördlich von Tromsø, im Fluss Nordre Finnvikelv und in einem seiner Zubringer mindestens drei Subpopulationen im Umkreis von 3 km festgestellt. Nicht nur in den Abschnitten, wo unüberwindbare Wasserfälle eine Migration flussaufwärts verhindern, sondern auch dort, wo es keine physikalischen Barrieren gibt, findet kaum ein Genfluss zwischen den einzelnen Einheiten statt. Die beobachtete genetische Gliederung ist das Ergebnis der geologischen Strukturierung des Flusssystems und der genetischen Drift

und wird wahrscheinlich aufrechterhalten, weil die Fische ihre jeweiligen Geburtsorte mit Hilfe der Geruchsprägung finden und zum Laichen aufsuchen (Carlsson et al., 1999). Ebenso kennt man auch Populationsaufsplitterungen aus größeren Flusssystemen. Der überwiegende Teil des Koutajoki-Flusssystems liegt in Russland (Karelien). Einige größere Zuflüsse kommen aus dem nordöstlichen Finnland und fließen in den Pjaozero-See, welcher ins Weiße Meer entwässert. Allein im finnischen Teil dieses Gewässersystems fand man fünf genetisch unterscheidbare Populationen mit drei separaten Laichgewohnheiten. Die Fische laichen entweder an ihrem Aufenthaltsort oder sie wandern flussaufwärts bzw. flussabwärts (Huusko et al., 1990). Die Gewässer der Tundrengebiete im äußersten Norden Skandinaviens und auf der Kola-Halbinsel weisen eine vom Humus bräunliche Färbung auf. Die Forellen dort zeichnen sich durch eine braune Grundfärbung und ein fast völliges Fehlen von roten Flecken aus. Viele Flüsse (wie z.B. Jokanga, Umba, Charlowka) entspringen aus flachen Tundrenseen, die sich im Polarsommer stark erwärmen, daher gibt es hier sehr großwüchsige und korpulente Fische. Das östliche Fennoskandinavien fungierte als postglaziale Kontaktzone zwischen Forellenpopulationen verschiedener eiszeitlicher Refugien. Am Ende der letzten Eiszeit dehnte sich über das Becken des heutigen Weißen Meeres und Teile Kareliens ein riesiger Eisstausee aus. Vor etwa 12 000 Jahren barst die Eisbarriere und ein Großteil des Wassers floss innerhalb nur kurzer Zeit in die Barentssee. In nicht mehr als 300 Jahren sank der Wasserspiegel des Weißmeerbeckens um mindestens 62 m. Vor rund 11 600 Jahren sank auch der Wasserspiegel des Baltischen Eisstausees, nachdem das Eis einen Weg in Richtung Kattegat freigegeben hatte. Die ehemals schmale Landbarriere zwischen den heutigen Becken des Weißen Meeres und der Ostsee wurde sukzessive von unterschiedlichen Forellenstämmen besiedelt: zuerst aus dem Westen zur Zeit des Ancylussees (Ostsee vor 9 500 bis 8 000 Jahren) und später aus dem Becken des Eisstausees des Weißen Meeres. Infolge der nacheiszeitlichen Landhebung verlagerte sich die Abflussrichtung vieler Gewässersysteme von West nach Ost, sodass die westlichen Zuwanderer in das Becken des Weißen Meeres gelangten. Gleichzeitig oder etwas später erreichten auch entlang der Nordküste Skandinaviens wandernde Forellen aus dem Atlantik das Weiße Meer. Die durch die Landhebung entstandenen Wasserfälle isolierten die meisten Populationen der ersten Einwanderungswelle von jenen der zweiten. So unterscheiden sich die gemischten Populationen (mit anadromen und stationären Individuen) der Kola-Halbinsel genetisch deutlich von den Binnenpopulationen Kareliens, da sie aus verschiedenen Refugien stammen (Lumme et al., 2005; Lunkka et al., 2012).

AT-Meerforelle beim Laichzug, Suldalsløgen (Westnorwegen)

AT-Bachforelle, ~28 cm; mit marmorierter Zeichnung, Otra (Südnorwegen)

AT-Bachforelle, ~26 cm; mit gewöhnlicher Zeichnung, Otra (Südnorwegen)

AT-Seeforelle mit kleingefleckter Zeichnung, Svartavasstjønn-See (Hardangervidda-Plat.)

AT-Seeforelle, männlich, aus einem kleineren See (Südnorwegen)

AT-Seeforelle, ~45 cm; Raragaisenjaure (Jämtland, Schweden). Foto: M. Sundberg

AT-Seeforelle, ~48 cm; Durrie-See (Jämtland, Schweden). Foto: M. Sundberg

AT-Seeforelle, ~49 cm; Siljan (Schweden). Foto: N. Wijkmark

AT-Seeforelle „Hunderforelle“, Gudbrandsdalslågen, Mjøsa-Zufluss. Foto: H. Pavels

AT-Bachforelle, ~40 cm; Yokanga-Becken (Kola-Halbinsel, Russland). Foto: C. Ratschan

AT-Seeforelle, Kolwizkoje-See (Kola-Halbinsel, Russland). Foto: E. Esin

AT-Meerforelle, Kundalakscha-Bucht, Weißes Meer (Russland). Foto: A. Veselov

Im Südosten Finnlands erstreckt sich die waldreiche Finnische Seenplatte, ein Glazialrelikt, das aus annähernd 50 000 Seen unterschiedlicher Größenordnung besteht und im Osten bis nach Karelien reicht. Hier befindet sich auch der größte See Finnlands, der Saimaa, welcher den südlichsten Teil des gleichnamigen Seensystems bildet. Dieses besteht aus mehr als 120 miteinander verbundenen Seen und wird über den Fluss Vuoksi in den Ladogasee entwässert. Im Saimaa und einigen anderen Seen leben noch die stark gefährdeten Saimaa-Ringelrobben. In den Gewässern des Seensystems findet man neben stationären Bachforellen auch Seeforellen, die zum Laichen in die Zu- oder Abflüsse der Seen wandern. Leider gingen zahlreiche dieser Populationen während des letzten Jahrhunderts verloren und die verbleibenden Bestände sind durch unkontrollierte Fischerei mit Schleppangel und Kiemennetzen immer noch stark gefährdet. Die Hauptursachen für das Verschwinden oder den drastischen Einbruch vor allem vieler Seeforellenpopulationen waren die Errichtung von Dämmen und das Ausbaggern der Flüsse für den Holztransport (seit Ende der 1980er eingestellt), wodurch ihnen der Zugang zu den Laichplätzen verwehrt wurde oder diese zerstört wurden. Einige stationäre Populationen fielen einer generellen Lebensraumverschlechterung aufgrund der Trockenlegung von Wäldern und Feuchtgebieten zum Opfer. Infolge von Besatzmaßnahmen mit ortsfremden Forellen ging die genetische Integrität etlicher Populationen und somit die biologische Vielfalt in diesem Gewässersystem verloren. Kaum besser ist die Situation der anadromen Forellen in Finnlands Küstenflüssen. Die meisten Populationen sind bereits verschwunden und die noch existierenden leiden unter den vom Menschen verursachten Umweltveränderungen, wie die Aufstauung von Stromschnellen, Zerstörung der Laichareale und Überfischung. In den letzten Jahrzehnten wurden Fischleitern in mehreren Flüssen installiert und man begann mit der Wiederansiedlung von Meerforellen mittels Besatzfischen aus den wenigen noch erhaltenen Populationen, die an ein paar Orten gezüchtet werden. Um Populationen zu schaffen, die so gut wie möglich an das jeweilige Gewässer angepasst sind, wird versucht, durch Einkreuzung von stationären Forellen aus demselben Flusssystem den spezifischen lokalen Genpool zu nutzen und aufrechtzuerhalten (Kallio-Nyberg et al., 2010; Syrjänen et al., 2018).

Im Osten von Karelien bis zur Tschoscha-Bucht münden zahlreiche kleinere und größere Flüsse ins Meer. In vielen von ihnen kommen entweder gemischte (anadrome und stationäre) oder reine stationäre Populationen vor. So fehlen die Forellen in den unteren und mittleren Abschnitten der größten Flüsse, wie der Nördlichen Dwina und des Mesen. Im Onega-Fluss, der zum Weißen Meer fließt und in keiner Verbindung zum gleichnamigen Onegasee steht, laichen die Forellen nur in einem Zufluss seines Unterlaufes, dem Koscha-Fluss. Die östlichste Verbreitungsgrenze der Europäischen Forelle in dieser Region ist die Indiga, ein etwa 200 km langer Fluss, der etwas östlich der Tschoscha-Bucht in die Barentssee mündet (Markevich & Esin, 2019). Das Verbreitungsgebiet des Atlantischen Lachses erstreckt sich noch rund 700 km weiter östlich, bis zu den Flüssen Petschora und Kara.

An der südöstlichen Grenze Fennoskandinaviens befindet sich der größte See Europas, der Ladogasee. Seine Wasserfläche beträgt beinahe 18 000 km² und seine maximale Tiefe liegt bei 230 m. Das Seebecken bildete sich mit dem Abschmelzen der Gletscher vor rund 15 000 Jahren. Der Ladogasee entwässert über die Newa in die Ostsee bzw. den Finnischen Meerbusen. Einer seiner Hauptzuflüsse, der Swir, kommt aus dem nur etwa halb so großen und bis zu 120 m tiefen Onegasee, dem zweitgrößten See Europas. Nahezu 50 Fischarten leben in diesen Seen und ihren Zuflüssen, davon zahlreiche Salmonidenarten: mehrere zum Teil endemische Arten bzw. Unterarten von Coregonen, eine Saiblingsart (*Salvelinus lepechini*), die Europäische Äsche (*Thymallus thymallus*), der Atlantische Lachs (*Salmo salar*) sowohl als anadrome Wanderform als auch als adfluviale Süßwasserform (*Salmo salar* morpha *sebago*, gemäß traditioneller Klassifikation). Seeforellen kommen in beiden Seen vor, im Ladogasee jedoch seltener als der Binnenlachs. Nach dem russischen Ichthyologen Leo S. Berg (1948a) werden die Seeforellen im Ladogasee 5 bis 6 kg schwer, im Onegasee bis zu 8 kg. Im Frühjahr, vereinzelt auch im Sommer und von September bis Oktober, steigen die Seeforellen in die Zuflüsse auf, um im Herbst desselben Jahres zu laichen. Ein Teil der Herbstaufsteiger besitzt noch unreife Gonaden und laicht erst im folgenden Jahr ab. Nach Berg (1948a) zeigen einige Seeforellen charakteristische Merkmale, die auf die Möglichkeit hindeuten, dass es gelegentlich zur Kreuzung zwischen Binnenlachsen und Seeforellen kommt. Der Bau von Wasserkraftwerken, die Holzflößerei in den Zuflüssen sowie die Überfischung und andere Faktoren haben die Bestände vieler Fischarten des Ladogasees in den letzten Jahrzehnten empfindlich dezimiert. Vor allem die Salmoniden leiden unter der Eutrophierung verursacht durch Abwässer und die Wasserverschmutzung durch Industrie und Landwirtschaft. Überall im See wurden organische Chlorverbindungen von Pestiziden und erhöhte Konzentrationen von Schwermetallen wie Kupfer und Zink nachgewiesen. Verschiedene planktische und benthische Lebewesen sind während der letzten paar Jahrzehnte verschwunden. Einige der am schlimmsten betroffenen Areale konnten sich allerdings wieder erholen, nachdem in den 1980er Jahren mehrere Zellstoff- und Papierfabriken

geschlossen wurden (Rumyantsev et al., 1999).
Vor nicht allzu langer Zeit waren in den Flüssen, die vom Süden zum Finnischen Meerbusen fließen, stationäre Forellen noch reichlich vorhanden. Ab der zweiten Hälfte des 20. Jahrhunderts gingen die Bestände drastisch zurück und die meisten Populationen verschwanden. In einer mindestens ebenso prekären Situation befinden sich die Forellenbestände an der südlichen Grenze des nordosteuropäischen Atlantikbeckens. Nur ganz wenige der ursprünglichen Populationen konnten überleben, wie in einem rechten Seitenfluss der mittleren Msta, dem Jaimlja-Fluss, oder in der Mescha, die an der Ostseite der Waldaihöhen entspringt und über die Düna (auch Westliche Dwina) in die Ostsee fließt. Außerdem soll es noch weitere vereinzelte Vorkommen in Bächen der Waldaihöhen geben (Markevich & Esin, 2019). Diese sind mit bis zu 351 m die höchste Erhebung im westlichen inneren Russland und bilden eine Wasserscheide zwischen den Einzugsgebieten des Atlantiks, des Schwarzen und des Kaspischen Meeres. Auf den Waldaihöhen entspringt neben dem Dnepr und der Wolga auch die Msta, die über den Ilmensee und dem Wolchow in den Ladogasee entwässert. Der Quellfluss der Msta heißt Zna und entspringt nahe der Wasserscheide zwischen Newa (Ostsee) und Wolga (Kaspisches Meer). Schon seit dem Mittelalter besteht durch einen Kanal eine künstliche Verbindung zwischen der Zna und der Twerza, einem Nebenfluss der Wolga. Fälschlicherweise wurde daher oftmals die Forellenpopulation der Zna als ein natürliches Vorkommen der Atlantik-Linie im Einzugsgebiet des Kaspischen Meeres angesehen (Osinov & Bernatchez, 1996). In Wirklichkeit wurden im Flusssystem der Wolga bisher niemals atlantikstämmige Forellen nachgewiesen. Es ist jedoch nicht auszuschließen, dass während oder kurz nach der letzten Eiszeit eine natürliche Verbindung zwischen den Einzugsgebieten des Atlantiks und der Wolga in dieser Region bestand, die als Migrationsweg diente, wodurch Forellen der Donau- und der Atlantik-Linie in Kontakt kamen. Diese These konnte aber noch nicht bestätigt werden (A. Osinov, pers. Mitt.).
In den baltischen Ländern wurden die Salmonidenbestände während des vergangenen Jahrhunderts durch Überfischung, Wasserverschmutzung, Flussbegradigungen und, vor allem in den größeren Flüssen, durch den Bau von Dämmen dramatisch dezimiert. Die Wasserqualität einiger Flüsse hat sich zwar in den letzten Jahren etwas verbessert, doch befinden sich die Gewässer bei weitem nicht im idealen Zustand. Estland besitzt etwa 75 Flüsse, in welche Meerforellen zum Laichen aufsteigen. Die Mehrzahl dieser Flüsse (40) mündet in den Finnischen Meerbusen, 19 in die Rigaer Bucht und 16 direkt in die Ostsee. Neben den genannten Habitatverschlechterungen und Wanderhindernissen

setzt den Meerforellen auch die intensive Befischung mit Kiemennetzen in den Küstenzonen zu. Auch in Lettland gibt es zahlreiche Flüsse und Bäche, die in die Rigaer Bucht oder unmittelbar zur Ostsee fließen, wo stationäre und anadrome Forellen vorkommen. In der Düna (lettisch: Daugava), dem größten Fluss der Region, wurde bis 1974 eine Kette von Wasserkraftwerken gebaut, die die Wanderungen von Lachsen und Meerforellen stoppte. Litauens Flüsse durchfließen vor allem Flachland und bieten bis auf gewisse Abschnitte aufgrund ihres trüben und warmen Wassers sowie der geringen Strömung wenig geeigneten Lebensraum für Salmoniden. Die meisten Populationen der 76 Flüsse, in die Meerforellen wandern, befinden sich in einem kritischen Zustand. Umfangreichere Besatzmaßnahmen mit Meerforellen begannen erst 1998, seit dem Jahr 2000 werden jährlich rund 200 000 Jungfische in litauische Gewässer ausgesetzt. Die Besatzfische sind Nachkommen von Meerforellen, die jedes Jahr direkt an den Laichplätzen oder auf dem Weg dorthin gefangen werden. Sich selbst erhaltende, originale Populationen von Meerforellen findet man noch in den Flüssen Windau (Venta), Minge (Minija), Akmena-Dangė, Schmeltelle (Smiltelė) und Žeimena. Letzterer ist ein Zufluss der Neris im Einzugsgebiet der Memel (litauisch: Nemunas, belarussisch: Njoman) in Ostlitauen an der Grenze zu Weißrussland (Belarus). In der Neris ziehen Meerforellen bis nach Weißrussland, wo der Fluss Wilija heißt, um in einigen ihrer kleinen Zuflüsse zu laichen. Nachdem die illegale Fischerei wenigstens in einigen Gebieten erfolgreich eingedämmt werden konnte, beobachtet man heute die höchsten Bestandsdichten im Fluss Tartak und regelmäßig erscheinen die Meerforellen auch in den Flüssen Kemelina, Dudka und Senkanka. Einer der besten Laichflüsse für Lachs und Meerforelle im Neris-Becken Weißrusslands war der Fluss Stratscha (Strača), bevor in den 1970ern ein Damm den Aufstieg versperrte. Der geplante Bau einer Fischtreppe könnte die frühere Situation zumindest teilweise wiederherstellen. In der Memel, dem Hauptfluss dieses Einzugsgebietes, kamen die Laichzüge der Salmoniden nach der Fertigstellung des Wasserkraftwerkes bei Kaunas (Weißrussland) im Jahre 1960 zum Erliegen (Samuiloviene et al., 2009; HELCOM, 2011).
Zurück nach Skandinavien, wo auch zahlreiche der ursprünglichen Forellenpopulationen verloren gingen oder stark reduziert wurden, und zwar infolge von saurem Niederschlag, Wasserverschmutzung und Flussregulierungen. Zudem wurde durch Besatzmaßnahmen vielerorts der genetische Charakter der wilden Populationen verändert (Ryman, 1981; Skaala et al., 1990, 1996). So sind beispielsweise in Schweden viele Populationen mehr oder weniger stark beeinflusst durch genetische Introgression eines für Besatzmaßnahmen oft verwendeten

Stammes aus dem finnischen See Konnevesi. In etlichen Seen und Flüssen des südlichen Norwegens sind Forellen aufgrund des niedrigen pH-Wertes infolge sauren Regens nicht mehr überlebensfähig (Knutsen et al., 2001). Als Abhilfemaßnahme setzte man den gegen niedrige pH-Werte resistenteren Bachsaibling (*Salvelinus fontinalis*) ein. Allerdings konnten sich nur wenige selbst reproduzierende Populationen etablieren, zumeist in den Oberläufen von Bächen und kleineren Flüssen. Ein Regierungsprogramm zur Wiederherstellung akzeptabler pH-Werte in den Gewässern Südnorwegens startete im Jahre 1983. Das Einbringen von Kalkmergel erwies sich an manchen Orten als erfolgreich und einige fischleere Seen und Flüsse erhielten so wieder einen gesunden Forellenbestand (Mant et al., 2013). Die Restaurierung der anadromen Populationen geschah oft ohne menschliche Unterstützung durch Besatzmaßnahmen, sondern allein infolge natürlicher Zuwanderung aus Populationen benachbarter Flüsse. Vor allem in den größeren Flüssen konnten die Forellen im Gegensatz zum Lachs der Versauerung standhalten. Seit dem Kalken der Flüsse konnten auch wieder Lachse angesiedelt werden. Der kalkhaltige Boden im Setesdal kompensiert die Übersäuerung im Fluss Otra auf natürliche Weise. Erst in seinem Unterlauf, wo Zuflüsse aus huminhaltigen Böden einmünden, fällt der pH-Wert unter 7. Die für saure Niederschläge verantwortlichen Schadstoffemissionen von Schwefeloxiden (SO_2) und Stickoxiden (NO_x) erreichten in Europa in den 1980er Jahren ihren Höhepunkt. Der Einbau von Filteranlagen in großen fossilen Kraftwerken und Industriebetrieben sowie die Entschwefelung von Kraftstoffen haben dazu beigetragen, dass der Ausstoß von Schwefeloxyden bis heute deutlich gesenkt werden konnte. Seit den 1990er Jahren sind sogar die Stickoxyde zurückgegangen, obwohl sie schwieriger zu entfernen sind (Grennfelt et al., 2020). Die Reduzierung der Emissionen von Schwefel- und Stickoxiden führte zu einer Erholung einiger Gewässer in Skandinavien und Mitteleuropa. Im Gegensatz zu Europa und Nordamerika hat die Luftverschmutzung jedoch anderswo, insbesondere in Teilen Asiens und Afrikas, zuletzt stark zugenommen.

[1]) Es gibt wahrscheinlich Unterschiede auf der Ebene der Genexpression; mit traditionellen Methoden, wie mtDNA-Sequenzierung und Mikrosatelliten-DNA-Analyse kann man diese Unterschiede nicht erkennen. Mit modernen Techniken, wie NGS (Next Generation Sequencing) zusammen mit neuen Konzepten in der Genetik (z.B. Epigenetik), werden diese Unterschiede jedoch aufgeklärt (A. Snoj, pers. Mitt.).

[2]) Für die beiden größten Seen Schwedens wurden zwei heute nicht mehr gültige Taxa beschrieben: *Salmo truttula* Nilsson, 1832 vom Vättern und *S. venernensis* Günther, 1866 vom Vänern.

Otra (Mittellauf) – hier kommen marmorierte und gewöhnlich gezeichnete Forellen vor

See Raragaisenjaure (Raaragaejsien jaevrie) in Jämtland (Schweden). Foto: M. Sundberg

Umba – im Süden der Kola-Halbinsel (Russland). Foto: C. Ratschan

6.2. Island

Island ist die größte Vulkaninsel der Erde und liegt etwa 300 km östlich von Grönland im Nordatlantik, knapp südlich des nördlichen Polarkreises und auf dem 20. westlichen Längengrad. An der Westküste der Insel befindet sich die westlichste natürliche Verbreitungsgrenze der Europäischen Forelle. In den Eiszeiten war Island fast vollständig vergletschert. Nach dem Abschmelzen der Gletscher am Ende der letzten Kaltzeit vor etwa 10 000 Jahren war die Insel beinahe gletscherfrei, bevor es vor rund 1000 Jahren wieder kühler wurde. Heute bedecken die Gletscher wieder etwa 11 % der Landesoberfläche.

Hydrografische Karte von Island

1 Laxá I Aðaldal, 2 Skjalftavatn, 3 Hafralónsá, 4 Vatnamót, 5 Grenlækur, 6 Tungulækur, 7 Geirlandsá, 8 Tungufjót, 9 Seen Veiðivötn, 10 See Thingvallavatn, 11 Norðura, 12 Seen Arnarvatnsheiði, 13 Seen Fýlingjavötn, 14 See Skorradalsvatn, 15 Varmá, 16 Stóra Laxá.

Vor der Besiedelung durch die Wikinger und ihrer Gefolgschaft (870-930) gab es auf Island noch eine üppige Vegetation und ein großer Teil war von Birken- und Weidenwäldern bedeckt. Abholzung und Überweidung (hauptsächlich durch Schafe) bis ins Landesinnere führten im Laufe der Jahrhunderte dazu, dass beinahe die gesamten Baumbestände und mehr als die Hälfte der einstigen Pflanzendecke verloren gingen. Die daraus resultierende Bodenerosion ist eines der schwerwiegendsten Umweltprobleme des Landes und beeinträchtigt auch die Flüsse durch vermehrte Hochwässer und Verschlammung (Arnalds, 1987). Der Großteil der zahlreichen Flüsse und Seen ist dank der spärlichen Besiedlungsdichte weder überfischt noch verunreinigt. Die Produktivität der Flüsse und damit der Fischreichtum sind je nach Lage aber sehr unterschiedlich. Flüsse, die aus einem See entspringen oder durch Seen fließen, sind im Allgemeinen produktiver als andere. Da die Ufer der Gewässer vegetationsarm sind, herrscht oft ein Mangel an terrestrischen und aquatischen Insekten, weshalb während des kurzen Sommers ein wesentlicher Teil der Forellen und Saiblinge aus barrierefreien Flüssen in die nahrungsreichen Küstengewässer zieht.

In Islands Süßgewässern waren ursprünglich nur fünf Fischarten heimisch: die Europäische Forelle (*Salmo trutta*), der Atlantische Lachs (*Salmo salar*), der Arktische Saibling (*Salvelinus alpinus*)*, der Dreistachlige Stichling (*Gasterosteus aculeatus*) und der Europäische Aal (*Anguilla anguilla*). Die Regenbogenforelle (*Oncorhynchus mykiss*) brachten Fischzüchter nach Island, sie vermehrt sich aber nicht in den Freigewässern. Vereinzelt trifft man auf den Buckellachs (*O. gorbuscha*), der durch Besatzmaßnahmen in weiten Teilen des Nordatlantiks eingebürgert wurde. Anders als auf der Kola-Halbinsel und in einigen Flüssen Finnlands und Norwegens, wo sich dieser pazifische Lachs etablieren konnte, wurde bisher nicht bekannt, dass er in den Flüssen Islands laicht, obwohl er manchmal gefangen wird. Anscheinend blieb Island nicht einmal von der Einfuhr ortsfremder Forellen der Gattung *Salmo* verschont. So sollen bereits 1918 Dottersacklarven von Forellen aus Norwegen im See Elliðavatn bei Reykjavik eingesetzt worden sein (Danielsdottir et al., 1998). Der Sinn dieser Maßnahme bleibt rätselhaft, da der See für Forellen und Lachse aus dem etwa 5 km entfernten Meer bis zum Bau eines Staudamms am Abfluss zur Energiegewinnung im Jahre 1928 frei zugänglich war und auch stationäre Forellen und Saiblinge im See vorkommen. Wie in so vielen anderen Regionen und Ländern der Welt glaubte man offenbar auch in Island, dass die Verbreitung von Exoten die heimische Fischfauna bereichern würde, ohne mögliche negative Konsequenzen zu berücksichtigen.

Meerforellen kommen in Flüssen rund um die Insel vor, die meisten jedoch im Südosten Islands. Die größten Exemplare werden ebenfalls im Südosten gefangen und können bis zu 5 kg, gelegentlich auch 10 kg wiegen. Einige Meerforellen können bis zu 16 Jahre alt werden. Zu den besten Meerforellenflüssen zählen Tungulækur, Geirlandsá, Grenlækur, Tungufljót und Vatnamót. Einer der produktivsten Meerforellenflüsse ist die Varmá, was „warmer Fluss“ bedeutet, ein von warmen Quellen gespeister kleiner Zufluss zum Unterlauf der Ölfusá, östlich von Reykjavik. Die jungen Meerforellen verbringen 2 bis 5 Jahre im Süßwasser, bevor sie im Frühjahr (Mai bis Juni) mit einer Durchschnittslänge von 26 cm erstmalig ins Meer wandern. Im Spätsommer oder Herbst (Juli bis September) desselben Jahres kehren sie in ihre Heimatgewässer zurück, um zu überwintern. Generell unternehmen die Meerforellen zwei oder drei Wanderungen ins Salzwasser, bevor sie geschlechtsreif werden und laichen. Danach können sie bis zu sechs Mal, in sehr seltenen Fällen noch öfter, in die Küstengewässer ziehen und gewöhnlich jedes Jahr zum Laichen aufsteigen. Während ihres Aufenthaltes im Meer ernähren sich die Meerforellen pelagisch und schwimmen meist in Tiefen bis zu 5 m, seltener zwischen 10 und 15 m und nur ausnahmsweise tiefer als 15 m. Bei 70 m lag die maximale Tiefe, in der eine Meerforelle jemals nachgewiesen wurde. Die bevorzugten Nahrungsgründe befinden sich nahe der Küste, wo eine geringere Salinität und höhere Temperaturen auftreten (Sturlaugsson, 2017).

Neben den anadromen Meerforellen leben in Islands Flüssen und Seen auch stationäre Forellenformen. So werden beispielsweise in der südlichsten Region der Insel, im See Heiðarvatn und seinem Einzugsgebiet, sowohl anadrome als auch stationäre Forellen mit einem Gewicht von 5-7 kg gefangen. Die stationäre Population des Flusses Laxá í Aðaldal im Norden Islands ist durch unüberwindbare Wasserfälle im Unterlauf von den anadromen Artgenossen getrennt und gilt als eine der wenigen großwüchsigen (mehr als 60 cm Körperlänge) Inlandspopulationen, die sich ausschließlich von Wirbellosen (Mückenlarven und Süßwasserschnecken) ernähren (Steingrímsson & Gíslason, 2002). Seeforellen findet man vorwiegend in den Seen von Veidivötn im Süden des zentralen Hochlandes und in den flachen Seen des im Nordwesten gelegenen Hochlandmoores Arnarvatnsheiði. Ulfsvatn, der zweitgrößte See in diesem ausgedehnten Moorgebiet, ist berühmt für seine großen Forellen, die hier bis zu 4 kg schwer werden können. In früheren Zeiten wurde der See, wie auch ein paar andere in dieser Region, intensiv mit Netzen befischt. Die vorhin erwähnten Seen von Veidivötn, die zum Großteil vulkanischen Ursprungs und daher Kraterseen sind, beherbergten ursprünglich nur Forellen. Sie gehören einem anzestralen Stamm an (Hamilton et al., 1989) und werden erst im Alter von 7-9 Jahren bei einer Körperlänge von etwa 40 cm geschlechtsreif. Als man in den vergangenen Jahren Seesaiblinge in angrenzende Gewässer einsetzte und diese sich in einigen der Seen etablierten, führte dies vermutlich aufgrund des Konkurrenzdrucks zu einer beträchtlichen Dezimierung der Forellen. Nachzucht und supplementäre Besatzmaßnahmen waren schließlich erfolgreich und stabilisierten die Populationen (Ferguson et al., 2019a).

AT-Meerforelle, ♀ ~60 cm; Varmá. Foto: R. P. Ovesen

AT-Seeforelle, ♂ ~92 cm; Thingvallavatn. Foto: G. B. Friðriksson

AT-Forelle mit normaler Fleckenzeichnung, Fýlingjavötn. Foto: L. Baccellini

AT-Forelle „Risafýlingur", Fýlingjavötn. Foto: J. Nevedel

Der im Südwesten Islands gelegene See Thingvallavatn (Þingvallavatn) ist mit seinen annähernd 84 km² der größte natürliche See der Insel. Er befindet sich innerhalb der Grabenbruchzone des mittelatlantischen Rückens, ist von vier Vulkansystemen umgeben und entstand vor annähernd 12 000 Jahren. Rund 90 % des Zuflusses stammt aus unterirdischen Quellen am Lavagrund des Sees, die eine konstante Temperatur von 3-4 °C aufweisen. Der Zugang vom Meer aus ist für wandernde Salmoniden seit rund 9000 Jahren durch Wasserfälle versperrt, die als Folge der Landhebung nach dem Abschmelzen der eiszeitlichen Gletscher entstanden sind. Die Forellen des Thingvallavatn und einiger anderer Seen der höher gelegenen Regionen des Binnenlandes werden in Island daher oft auch „Eiszeitforellen" (ísladarurriði) genannt. In dem bis zu 114 m tiefen See leben außerdem noch zwei Morphotypen (ein pelagischer und ein benthischer Morphotyp) von Seesaiblingen, die jeweils zwei Formen (große und kleine) aufweisen. Innerhalb dieser vier Formen besteht eine partielle reproduktive Isolation, was zur Beschreibung von zumindest drei eigenständigen Arten führte. Die Seeforellen stehen an der Spitze der Nahrungskette und können ein Gewicht von mehr als 13 kg und ein Alter von bis zu 19 Jahren erreichen. Sie werden spät geschlechtsreif und ernähren sich ab einem Alter von 3-7 Jahren ausschließlich von Fischen, hauptsächlich der kleinen pelagischen Form des Seesaiblings (*Salvelinus murta*), wodurch ihre Wachstumsraten rapide ansteigen. Die Laichablage erfolgt in drei relativ kleinen Zuflüssen, zum Teil auch im See an sublakustrischen Quellen in Ufernähe. Wichtige Laichplätze befanden sich einst im Abfluss des Sees, im Oberlauf des Sog, bevor der Zugang 1959 durch einen Damm blockiert wurde. Forellen dieser Subpopulation waren berühmt für besonders großes Wachstum. Da die Laichplätze im Abfluss wegfielen und die unnatürliche Fluktuation des Wasserstandes auch an den unterseeischen Quellen die Laichablage stark beeinträchtigte, gingen die Bestände der Seeforellen signifikant zurück. Daher begann man 1993 mit der Zucht für den Besatz mit Laichern aus dem Zufluss Öxará, wo sich heute die am stärksten frequentierten Laichgründe befinden. Im Jahre 1994 wurde mithilfe einer „Unterführung" der obere Sog für Laichfische wieder zugänglich gemacht und seit 2007 findet hier wieder eine begrenzte Laichablage statt. Außerdem machte man sich daran, die Schwankungen des Wasserstandes im See zu regulieren, um den Laicherfolg an den sublakustrischen Quellen im Uferbereich zu garantieren. Diese Maßnahmen führten zu einem merklichen Bestandsanstieg, sodass heute wieder mehr als 1000 Seeforellen jährlich geangelt werden. Betrug die Anzahl der in Zuflüssen laichenden Tiere 1999 nur um die 100, waren es 2019 bereits etwa 3000. Hinzu kamen noch ungefähr 1000 reife Exemplare, die gerade eine Laichpause machten (J. Sturlaugsson, pers. Mitt.). Aufgrund der enormen Größe, die die Forellen des Thingvallavatn erlangen können, wurden sie in ein paar anderen Seen Islands eingesetzt, allerdings oft mit negativen Folgen für die lokale Artenzusammensetzung. So ist im See Skorradalsvatn seit dem Besatz mit den großwüchsigen Prädatoren aus dem Thingvallavatn ein spürbarer Rückgang der Saiblingspopulation zu verzeichnen (G. B. Friðriksson, pers. Mitt.).

Seeforellen kommen in Island, abgesehen von ein paar Seen im zentralen Hochland, so gut wie immer gemeinsam mit Seesaiblingen vor. Einige der ökologischen Formen von Seesaiblingen können Exemplare ohne deutlich sichtbare, helle Flecken aufweisen – wie z.B. der pelagische Morphotyp des Thingvallavatn (*Salvelinus murta*), sowohl die großwüchsige piscivore als auch die kleinere planktivore Form. Entsprechend dieses Wissens hielt man bis vor kurzem eine ungewöhnliche, örtlich begrenzt vorkommende Forellenform ohne augenfällige Fleckenzeichnung für Saiblinge. Diese Forellen, lokal „Risafýlingur" genannt, bewohnen drei kleine und flache Seen im Nordwesten der Insel, nur etwa 3 km von der Küste entfernt. Die Fýlingjavötn, wie die Seen heißen, bestehen eigentlich aus 10 kleinen stehenden Gewässern, wovon nur drei groß genug sind, um Forellen einen Lebensraum zu bieten. Der Umfang des größten davon misst etwa 1700 m. Es gibt keine für Fische passierbare Verbindung zum Meer. Unklar sind die Orte der Laichablage, da außer einem 5 m langen Verbindungskanal, der die meiste Zeit des Jahres ausgetrocknet ist, nur in den Seen geeignete Stellen in Frage kommen. Die „fleckenlosen" Exemplare zeigen eine goldgelbe Färbung mit vielen kleinen, kaum sichtbaren Flecken am dunkleren Rücken und machen etwa 15 bis 20 % der Population aus. Der Rest besteht aus Forellen mit normaler Fleckenzeichnung. Beide Formen können trotz des beschränkten Nahrungsangebotes ein Gewicht von mehr als 2 kg erreichen. Saiblinge kommen in diesen Gewässern nicht vor (E. P. Thorarinsson, pers. Mitt.). Zu möglichen Reproduktionsbarrieren zwischen den zwei Forellenformen ist bis heute noch nichts bekannt.

Die Forellen Islands, sowohl die stationären als auch die anadromen, zeigen allgemein eine dichte Fleckenzeichnung. Zumeist sind bei adulten Tieren nur schwarze Flecken vorhanden, die entweder rundlich oder unregelmäßig geformt sind. Rote Flecken treten nur manchmal in geringerer Zahl zwischen den schwarzen verstreut auf. Bei genetischen Untersuchungen an 20 Populationen aus 8 über die gesamte Insel verteilten Flusssystemen konnte nur ein einziger Haplotypus festgestellt werden, ein weit verbreiteter, invarianter Haplotypus der Atlantik-Linie, der von den Britischen Inseln über Skandinavien bis zum Weißen Meer vor-

kommt (Bernatchez, 2001). Die Forellen Islands stammen offensichtlich, zumindest zum überwiegenden Teil, von einer einzigen Urpopulation ab, die erst in einer relativ jungen Vergangenheit durch einen genetischen Flaschenhals ging. Dieser Populationsengpass könnte durch eine dramatische Klima- bzw. Umweltverschlechterung verursacht worden sein, die möglicherweise als Folge übermäßiger vulkanischer Aktivitäten auf der Insel auftrat. Dennoch gibt es molekularbiologische Hinweise dafür, dass auch Island sukzessive von zwei unterschiedlichen Populationsgruppen, einer „Urrasse“ und einer „modernen Rasse“, besiedelt wurde. Der Monomorphismus der mitochondrialen DNA schließt also die Möglichkeit einer zweifachen Kolonisierung nicht aus (Hynes et al., 1996).
Soweit gibt es nur eine Artbeschreibung mit Bezug auf die Forellen in Island. Cuvier &Valenciennes beschreiben 1848 ein Exemplar, das sie vom französischen Naturforscher Joseph Paul Gaimard aus Island erhielten, als *Salar gaimardi.* Günther (1866) verwendet den Namen *Salmo fario gaimardi* für Bachforellen aus Island, Schottland, Irland und Skandinavien.

*) Der Arktische Saibling kommt in Island als anadrome Form in Flüssen wie auch als stationäre Form in Flüssen und Seen vor, wo er mancherorts die einzige Fischart darstellt. Die stationäre Form der Seen wird, wie in den vorangegangenen Kapiteln, als Seesaibling bezeichnet. Aus dem Thingvalla-See im Südwesten der Insel kennt man bis zu vier sympatrische, morphologisch und ökologisch unterschiedliche Formen, die von einigen Autoren als eigenständige Arten behandelt werden. Demzufolge müsste die Artenzahl der Süßwasserfische Islands um drei oder vier erweitert werden (Sandlund et al., 1992; Kottelat & Freyhof, 2007).

Laxá í Aðaldal (Nordisland). Foto: P. Reddish

6.3. Färöer-Inseln

Etwa in der Mitte zwischen Island, den Britischen Inseln und dem Südwesten Norwegens liegen die zu Dänemark gehörenden Färöer-Inseln im Nordatlantik. Sie sind Überreste eines großen Flachreliefplateaus aus tertiären Flutbasalten, das vor fast 60 Millionen Jahren vor der Öffnung des Nordatlantikbeckens durch Vulkanausbrüche entstanden ist. Glaziale Prozesse im Quartär haben das ehemalige Plateau in eine Hochrelieflandschaft verwandelt, charakterisiert durch tiefe Täler mit steilen Hängen und flachen Sohlen. Die Färöer bestehen aus 18 Hauptinseln mit vielen kleinen Seen und Flüssen, in denen stationäre und anadrome Forellen häufig vorkommen. Nur in einem der natürlichen Seen, dem Leynavatn auf der Insel Streymoy, leben auch Seesaiblinge (*Salvelinus faroensis*). Sie wurden in verschiedene Stauseen erfolgreich eingesetzt. Der Wandersaibling, also die anadrome Form von *Salvelinus alpinus*, fehlt in dieser Region. Die Anwesenheit des Atlanischen Lachses in einigen Flüssen und Seen ist allein auf Besatzmaßnahmen oder aus Netzgehegen entwichene Exemplare zurückzuführen. Zusätzlich findet man im Süßwasser der Inseln je nach Gewässer noch den Dreistacheligen Stichling, den Neunstacheligen Stichling (*Pungitius pungitius*), den Europäischen Aal und die Flunder (*Platichthys flesus*).
Bis vor etlichen Jahren war der Abfluss des Sees Leynavatn wegen mehrerer Wasserfälle für Fische aus dem Meer nicht passierbar. Forellen und Saiblinge besiedelten den See wahrscheinlich schon im frühen Holozän oder bald nach dem Abschmelzen der eiszeitlichen Gletscher und wurden später infolge der Landhebung von den anadromen Populationen isoliert. Erst nach der Errichtung von Fischleitern im Abfluss und im Zufluss des Sees im Jahre 1972 gelangten auch Meerforellen und Lachse in den Leynavatn und weiter bis in die beiden oberhalb gelegenen Seen Vestara (westlicher) und Eystara (östlicher) Mjáavatn.
Abgesehen von ein paar Studien über trophische Wechselwirkungen zwischen Forellen und Saiblingen im Leynavatn und zwischen Forellen und Dreistacheligen Stichlingen in einigen anderen Seen gibt es kaum wissenschaftliche Untersuchungen zu den Forellen der Färöer-Inseln. Im Leynavatn ernähren sich Forellen mehr von benthischen Organismen als in den übrigen Seen, wohingegen die Saiblinge sowohl benthische als auch pelagische Organismen aufnehmen. Außerdem sind der Konditionsfaktor und die Abundanz der Forellen am niedrigsten im Leynavatn, wo die Saiblinge zahlenmäßig um den Faktor 2,7 dominieren. Die Forellen werden hier mit einer durchschnittlichen Maximallänge von ca. 25 cm kaum größer als die Saiblinge mit etwa 21 cm. Der Konkurrenzdruck zwischen den zwei Arten sowie die knappen Nahrungsres-

sourcen dürften für die geringen Wachstumsraten und Größen der Fische verantwortlich sein. Die meisten Seen der Färöer beherbergen ausschließlich Forellen, aber in einigen der Seen kommen noch andere Arten vor, in erster Linie der Dreistachelige Stichling. In Seen mit dem Dreistacheligen Stichling fressen die Forellen hauptsächlich pelagische Nahrungstiere und frisch geschlüpfte Insekten von der Wasseroberfläche. Minimale aber signifikante morphologische Unterschiede lassen sich zwischen den Forellenpopulationen bedingt durch die verschiedenen Ernährungsweisen feststellen. So besitzen Forellen, die pelagische Nahrung bevorzugen, eine stärker gegabelte Schwanzflosse und jene, deren Hauptnahrungsquelle aus Benthos besteht, zeigen eine rundere Schnauzenform als die Forellen in anderen Seen. Bei allen stationären Populationen der Färöer sind die Wachstumsraten eher gering und das maximale Alter scheint mit etwa 9 Jahren bei einer Länge von selten mehr als 45 cm erreicht zu sein (Malmquist et al., 2002; Brodersen et al., 2012; Ferguson et al., 2019a).

AT-Seeforelle, ~35 cm; See Sandsvatn (Sandoy, Färöer). Foto: C. Flinker

6.4. Britische Inseln

Der Großteil der Britischen Inseln war während der letzten Eiszeit, ebenso wie weite Teile Nordwesteuropas, von Eis bedeckt. Die maximale Ausdehnung hatte das Eis vor etwa 18 000 Jahren und die meisten dieser Regionen waren zu dieser Zeit für Süßwasserfische ungeeignet.

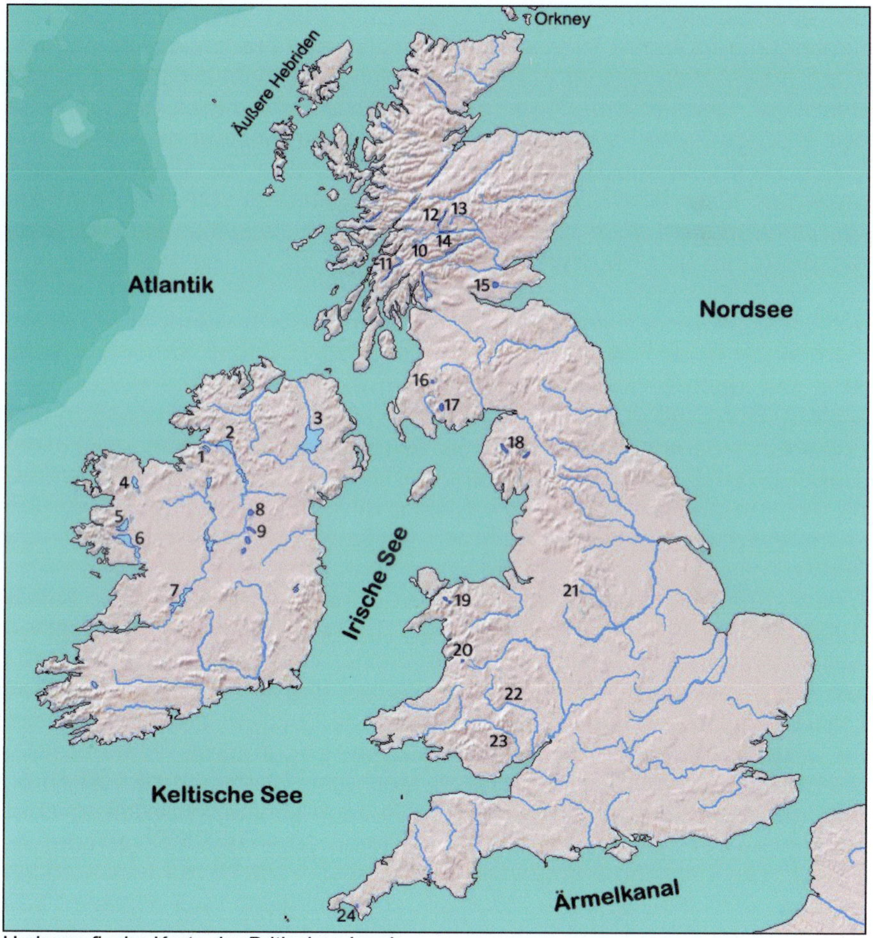

Hydrografische Karte der Britischen Inseln

1 Lough Melvin, 2 L. Erne, 3 L. Neagh, 4 L. Conn, 5 L. Mask, 6 L. Corrib, 7 L. Derg, 8 L. Sheelin, 9 L. Derravragh, 10 Loch Laidon, 11 L. Ave, 12 L. Ericht, 13 L. Garry, 14 L. Rannoch, 15 L. Leven, 16 L. Brecbowie, 17 L. Grannoch, 18 Lake District, 19 Llyn Padarn and L. Peris, 20 Llyn Bugeilyn, 21 River Lathkill, 22 R. Wye, 23 R. Usk, 24 The Loe (Loe Pool).

Bei den heute hier lebenden Forellenpopulationen handelt es sich größtenteils um Nachfahren von Meerforellen verschiedener genetischer Sublinien innerhalb der Atlantik-Linie, die sich in postglazialer Zeit auch über die Britischen Inseln verbreiteten. Man nimmt an, dass die Wiederbesiedelung der eisfrei gewordenen Gebiete von mindestens fünf verschiedenen Refugien ausging: Westfrankreich, Baltikum, Nordsee, Keltische See und Westirland (McKeown et al., 2010). Die Entwicklung von der anadromen Form zu stationären Fluss- und Seeformen geschah unabhängig in jedem Wassersystem. Nicht alle Nachkommen anadromer Forellen wandern ins Meer. Es ist daher oft nicht möglich, den Unterschied zwischen Meerforellen und Süßwasserformen klar zu definieren. Die wichtigste Eigenschaft der Meerforellen besteht darin, dass sie von ihrem Geburtsgewässer eher ins Meer wandern als nur in die Unterläufe der Flüsse oder in die Seen. Obwohl genetisch verankert, wird das Wanderverhalten auch maßgeblich von Umwelteinflüssen, wie Nahrungsangebot und Populationsdichte in den Flüssen, gesteuert. Je größer das Nahrungsangebot und somit auch die Wachstumsrate der Fische im Süßwasser sind, desto weniger Individuen wandern ins Meer. So kann in einer Population der Wanderinstinkt latent vorhanden sein, aber nur dann wirksam werden, wenn sich die Umweltbedingungen ändern. Der Ernährungsvorteil im Meer bringt größeres Wachstum und höhere Fruchtbarkeit und wird im Allgemeinen mehr von weiblichen Tieren genutzt als von männlichen. In Populationen, die oberhalb größerer Wasserfälle schon seit vielen Generationen isoliert leben, ging das Wanderverhalten durch Selektion weitgehend verloren (Ferguson, 2006).

Einst unterschied man zwischen zwei Arten von Meerforellen: *Salmo trutta* von der Ost- und Nordküste Großbritanniens und einem kleinen Teil Irlands, *S. cambricus* von den südlichen und westlichen Küstenteilen von England und Wales sowie von den meisten Küstenabschnitten Irlands. Zahlreiche weitere Synonyme finden sich in der Literatur des 18. und 19. Jahrhunderts. So bedachte man sogar unreife Meerforellen, die nach ihrem ersten Jahr aus dem Meer ins Süßwasser zurückkehren und auf den Britischen Inseln auch Finnock (Phinock), Whitling oder Herling heißen, mit den wissenschaftlichen Namen *S. albus* oder *S. phinoc.* Der britische Ichthyologe Francis Day (1887), der alle Forellen Europas einer Art, *S. trutta*, zuordnet, unterscheidet zwei „Rassen“ von Meerforellen, die um die Britischen Inseln vorkommen und den beiden eingangs erwähnten Taxa entsprechen: eine nördliche Rasse (northern sea race), die er auch Salmon-trout (Lachsforelle)[1] nennt, und eine südliche Rasse (southern sea race), die unter dem lokalen Namen Sewin bekannt ist. Seinen Angaben nach besitzt die nördliche Form generell

eine höhere Anzahl der Pylorusblindsäcke oder Pylorusschläuche (43-61) als die südliche Rasse (32-52). Die Unterschiede in Wachstum und Körperbau sind weniger genetisch bedingt als durch Umwelteinflüsse, wie Nahrung und Wassertemperaturen. Heute weiß man, dass sich die Meerforellenpopulationen der einzelnen Flusssysteme sowohl genetisch als auch in ihrer Morphologie, ihrem Wachstumspotenzial und ihrem Verhalten unterscheiden. Diese spezifischen Merkmale jeder Population entstanden durch die Anpassung an die Umweltbedingungen der jeweiligen Gewässer und werden von multiplen Genen in Verbindung mit verschiedenen Umweltfaktoren gesteuert (Ferguson et al., 2019b).
Stationäre Süßwasserformen entwickelten sich aus Nachkommen verschiedener Evolutionslinien (der Atlantik-Linie), die zu unterschiedlichen postglazialen Zeiten das eisfrei gewordene Festland eroberten. Dadurch entstanden oft sympatrische, reproduktiv isolierte Populationen. Eines der bekanntesten und am besten erforschten Beispiele dafür sind die drei Forellenformen des irischen Sees Lough Melvin, die von einigen Autoren als eigenständige Arten[2] eingestuft werden (Ferguson, 2004; Kottelat & Freyhof, 2007). Entsprechend ihrer Häufigkeit unterscheidet man Sonaghen (*Salmo nigripinnis*), Gillaroo (*Salmo stomachicus*) und Ferox (*Salmo ferox*). Diese Formen können klar voneinander unterschieden werden, und zwar aufgrund ihrer morphologischen (Färbung, Fleckenzeichnung, Körperbau), meristischen (z. B. Anzahl der Zähne am Pflugscharbein und am Unterkiefer, Anzahl der Kiemenreusendornen) und biochemisch festgelegten genetischen Charaktere. Das Ausmaß der genetischen Unterschiede zwischen den drei Populationen belegt, dass der Grad der Vermischung sehr gering ist. Wahrscheinlich weniger als ein Individuum kreuzt sich jährlich mit einer anderen Form. Diese hohe reproduktive Isolation lässt sich auf die unterschiedlichen Laichareale der einzelnen Populationen zurückführen. Aufrechterhalten wird diese reproduktive Abgrenzung durch das angeborene Verhalten der Fische, an den Ort ihrer Geburt zurückzukehren. Der Sonaghen laicht in den Zuflüssen, der Gillaroo im Abfluss und in der davor liegenden flachen Bucht, möglicherweise auch in ein paar anderen Buchten des Sees. Der Ferox scheint nur in den tieferen Abschnitten des Unterlaufs des Glenariff-Flusses, des größten Zubringers des Sees, zu laichen. Weiter flussaufwärts laicht auch der Sonaghen, aber erst später als der Ferox (Ferguson, 1986). In diesem Fluss liegen ebenfalls die Laichgründe eines besonderen Stammes des Atlantischen Lachses. Als weitere Salmoniden findet man im Lough Melvin noch den Seesaibling (*Salvelinus grayi*) und gelegentlich Meerforellen. Der Pollan (*Coregonus pollan*), eine in ein paar anderen Seen Irlands noch vorkommende Coregonenart, starb im Lough Melvin bereits im 19. Jahrhundert aus.

Der Lough Melvin ist ein mesotropher See im Nordwesten von Irland. Er ist ungefähr 12 km lang, kaum 3 km breit und bis zu 45 m tief. Der größte Teil des Sees hat aber nur eine Tiefe von 5 bis 20 m. Der See liegt in einem typischen von Gletschern geformten Tal und wird von mehreren Zuflüssen gespeist. Sein Abfluss, der River Drowes, mündet nach etwa 7 km in den Atlantik. Vor allem Lachse, seltener Meerforellen steigen zum Laichen in den Fluss auf, der jedoch einen guten Bestand an stationären Bachforellen aufweist.

Die sympatrischen Forellenformen des Lough Melvin stammen aus verschiedenen glazialen Refugien. Der Sonaghen kommt aus einem Refugium im Westen Irlands, der Gillaroo wahrscheinlich aus einem Refugium im heutigen Keltischen Meer. Der Sonaghen ist silbrig-bläulich gefärbt, mit zahlreichen großen schwarzen Flecken. Wegen seiner schwarzen Flossen wird er auch „black-finned trout" genannt. Der lateinische Name, *nigri* – schwarz, *pinnis* – Flossen, ist eine direkte Übersetzung dieses Alternativnamens. Gillaroo leitet sich vom gälischen Begriff „giolla rua" (roter Gefährte) ab und deutet auf die Färbung des Fisches hin: eine hohe Anzahl großer, schwarzer und roter Flecken auf gelblichen Untergrund. Außerdem besitzt der Gillaroo, wie schon sein lateinischer Name (abgeleitet von stomachus – Magen) andeutet, ein besonderes anatomisches Merkmal: verdickte Magenwände, um die Verdauung von hartschaligen Tieren zu erleichtern. Aufgrund der morphologischen Merkmale und des Laichverhaltens (Seeabfluss-Laicher) wurde ein Vorkommen des Gillaroo auch in einigen anderen Seen Irlands beschrieben (Loughs Neagh, Corrib, Mask, Derg und Conn), wo er aber heute verschwunden oder rar geworden ist. Eine weitgehende genetische Übereinstimmung mit dem Lough Melvin-Gillaroo konnte zumindest bei den Forellen des Lough Mask nachgewiesen werden. Der Ferox des Lough Melvin hat einen braunen oder silbrigen Körper mit kleinen schwarzen Flecken. Der Kopf ist relativ lang und der Oberkiefer reicht bis weit hinter das Auge. Die drei Forellenformen des Lough Melvin unterscheiden sich auch durch ihre Ernährungsgewohnheiten. Während der Sonaghen sich in den mittleren Wasserschichten von Wasserflöhen und Mückenlarven ernährt, bevorzugt der Gillaroo, außer im Spätsommer, fast ausschließlich Bodenbewohner der ufernahen Flachwasserzonen, wie Schnecken, Flohkrebse und Köcherfliegenlarven. Beide Formen nehmen auch Insektennahrung von der Wasseroberfläche, jedoch ist der Anteil beim Sonaghen größer als beim Gillaroo. Die Nahrung des Ferox besteht ab dem dritten Lebensjahr in erster Linie aus Fisch, wie Barsch, Seesaibling und Forellen. Die Wachstumsrate ist beim Sonaghen geringfügig höher als beim Gillaroo. Beide Formen werden kaum älter als 4 bis 5 Jahre. Der Sonaghen erreicht ein Endgewicht von etwa 0,5 kg und der Gillaroo von 1,5 kg. Die Lebensspanne des Ferox beträgt 12 bis 13 Jahre, dementsprechend größer ist auch sein Wachstumspotential. Exemplare mit einem Gewicht von 3 bis 6 kg sind keine Seltenheit (Ferguson, 1986; Ferguson & Taggart, 1991).

Ferox kommt vom lateinischen Wort für „wild" und ist ein weit verbreiteter Name für großwüchsige, spät geschlechtsreif werdende und langlebige Forellen mit räuberischer Lebensweise, welche die Seen von Irland und Schottland bewohnen (Yarrell, 1836). Wie genetische Untersuchungen dokumentieren, gehören die Ferox-Forellen einem älteren phylogenetischen Stamm an, der die Britischen Inseln unmittelbar nach dem Rückzug der Gletscher besiedelte und vermutlich in einem Refugium auf dem Gebiet der heutigen Nordsee die letzte Vereisung überdauerte. Allerdings zählen zu dieser stammesgeschichtlichen Sublinie auch etliche Populationen, die keine charakteristischen Eigenschaften der Ferox-Forellen aufweisen. Dieser „Urstamm" wurde großteils von den später eintreffenden „modernen" Stämmen verdrängt. In vielen Fällen konnte der ursprüngliche Stamm nur in durch unüberwindbare Wasserfälle isolierten Regionen überleben. Im Hochland von Schottland befinden sich zahlreiche solcher Populationen, in Irland nur wenige. Lough Melvin ist einer der wenigen Plätze, wo der „Urtyp" neben anderen Forellenstämmen erhalten blieb (Cawdery & Ferguson, 1988). Im nahe gelegenen Lough Erne lebt eine homologe Population der Ferox-Forelle in Sympatrie mit einer Forellenform der „modernen" Rasse. Als die Vorfahren der heutigen Ferox-Forellen in die vom Eis befreiten Zonen der Britischen Inseln vordrangen, hatten sich dort bereits Populationen des Arktischen Saiblings etabliert, dessen Wanderform während der Eiszeit in die Flüsse der Randregionen der Gletscher von Irland und England zum Laichen aufstieg. Die kälteresistenteren Saiblinge folgten als Erste dem Rückzug des Eises nach Norden und bildeten viele stationäre Seeformen, die dann zur Nahrungsgrundlage der Forellen wurden, welche erst später aus den klimatisch milderen Refugien hinzukamen (Campbell, 1979).

Die sogenannte „Große Seeforelle" (Great Lake Trout) oder „Große Graue Forelle" (Great Grey Trout) einiger Lochs im Norden Schottlands wurden 1835 erstmals von Sir William Jardine als *Salmo ferox* beschrieben. Großwüchsigkeit und Langlebigkeit stellt sich nur bei solchen Individuen ein, die sich von Insekten- auf Fischnahrung umstellen. In den Seen Großbritanniens erfolgt dies in der Regel bei einer Körperlänge von 30 bis 35 cm. Ein weiteres Merkmal ist die späte Geschlechtsreife, die meist im Alter von acht (7+) Jahren eintritt. Die Höhe des Anteils der Ferox-Forellen an der Gesamtpopulation hängt von verschiedenen Umweltfaktoren ab, übersteigt aber kaum jemals 6 % (Mangel & Abra-

hams, 2001). Die größten Ferox-Forellen werden im Loch Awe im südwestlichen Hochland Schottlands gefangen. Sie können hier ein Gewicht von 15 bis 20 kg erreichen und mehr als 20 Jahre alt werden. Die Ferox laichen im Abfluss, dem Awe-Fluss, während die sympatrisch vorkommenden Artgenossen in den zahlreichen Zuflüssen des Sees ihr Laichgeschäft verrichten (Duguid et al., 2006). Auch von den Loughs Corrib und Mask im Westen Irlands wurden Ferox-Forellen beschrieben, die ausschließlich im River Cong laichen, dem Fluss, der die beiden Seen verbindet. Über 75 % der in Irland gefangenen Ferox stammen aus diesen zwei Seen (Massa-Gallucci et al., 2010; Gargan et al., 2021). Die Ferox-Forellen von Loch Awe und Loch Laggan in Schottland sowie von den Loughs Melvin, Corrib und Mask in Irland weisen mehrheitlich einen speziellen gemeinsamen Haplotyp auf, der bei den normalwüchsigen Forellen dieser Gewässer nur in sehr geringem Maße vorhanden ist. Auch in einer Reihe anderer Seen in Irland und Schottland, wo Ferox vorkommen, ist dieser Haplotyp in hoher Häufigkeit zu finden. Dies deutet auf eine gemeinsame Abstammung und damit auf eine genetische Veranlagung zur Lebensweise der Ferox hin (Duguid et al., 2006; McKeown et al., 2010).
Eine bemerkenswerte und morphologisch spezifische Seeforellenform ist der Croneen aus dem Lough Derg im mittleren Westen der irischen Insel. Er steigt ab Mitte Juli in einige der Zuflüsse auf, um im Spätherbst in deren Quellregionen zu laichen. Aus dem Lough Neagh, Irlands größtem See, wurden vier verschiedene Forellenformen bekannt: Ferox, hier auch Buddagh genannt, Gillaroo, Dollaghan und Salmon-Trout, die wegen ihrer silbrig glänzenden Färbung und des tiefroten Fleisches hier so bezeichnet wird. Eutrophierung, die Zerstörung der Laichareale und wahrscheinlich auch Überfischung sowie der Besatz mit domestizierten Forellen haben Ferox und Gillaroo zum Verschwinden gebracht. Andererseits lassen genetische Untersuchungen erkennen, dass es heute noch mehrere reproduktiv isolierte Subpopulationen im Lough Neagh und dessen Einzugsgebiet gibt (Crozier & Ferguson, 1986).
Ferox-Forellen findet man nicht nur in den tiefen Seen Irlands und Schottlands, sondern anscheinend auch im Lake District der Grafschaft Cumbria[3] im Nordwesten Englands (Lake Ullswater, Lake Bassenthwaite) und in Wales (Llyn Padarn, Llyn Peris). Laut Day (1887) erreichten die Forellen in den Seen des Lake Districts im 19. Jahrhundert noch ein Gewicht von 50 oder 60 Pfund (23-27 kg). Allerdings besitzen nicht alle großen Seeforellen die typischen Eigenschaften der Ferox-Forellen wie Langlebigkeit, späte Geschlechtsreife und Fischnahrung. In manchen Seen ergibt sich die außerordentliche Größe der Fische als Folge von sehr hohen Wachstumsraten durch ein erhöhtes Nahrungsangebot.

Sonaghen (*S. nigripinnis*), Lough Melvin (Irland). Foto: A. Ferguson

Gillaroo (*S. stomachicus)*, Lough Melvin (Irland). Foto: A. Ferguson

Ferox (*S. ferox*), ~78 cm; Loch Rannoch (Schottland). Foto: A. Thorne

Lochleven-Forelle, Loch Leven (Schottland). Foto: D. Stewart

AT-Forelle „Goldforelle“, Loch Brecbowie (Schottland). Foto: A. Ferguson

AT-Forelle, Loch Grannoch (Schottland). Foto: A.Ferguson

AT-Forelle, Lough Conn (Irland). Foto: A. Ferguson

AT-Forelle, Lough Mask (Irland). Foto: A. Ferguson

Im Laufe des letzten Jahrhunderts sind die Bestände der Ferox-Forellen merklich zurückgegangen, in erster Linie verursacht durch die Verschlechterung der Umwelt. Die fortschreitende Industrialisierung und Agrarwirtschaft sowie Urbanisierung, verbunden mit der großflächigen Zerstörung der ursprünglichen Wälder und der Aufforstung mit Nadelbäumen, haben das Ökosystem etlicher Gewässer schwerwiegend beeinträchtigt. Die daraus resultierende Wasserverschmutzung und Eutrophierung der Seen hat vielerorts nicht nur die Bestände an Coregonen und Saiblingen, der Hauptnahrungsquelle der Ferox-Forellen, stark reduziert oder vernichtet, sondern auch die Laichhabitate der Forellen in den Zu- und Abflüssen geschädigt. Die Errichtung von Dämmen für die Stromgewinnung hat ebenso zum Verlust mancher Laichplätze geführt (Greer, 1995). In Irland sind zwei berühmte und hoch produktive Forellenseen, Loughs Sheelin und Derravragh, durch Nitrate und Phosphate aus landwirtschaftlicher Düngung stark belastet. In Schottland sind Anzeichen desselben Problems im wohl bekanntesten Forellensee, dem Loch Leven, zu verzeichnen.
Loch Leven liegt im Südosten Schottlands, besitzt eine beinahe dreieckige Form und misst mit seinem längsten Durchmesser etwa 6 km. Das relativ flache Gewässer weist eine maximale Tiefe von 25,5 m auf und bedeckt eine Fläche von ungefähr 13,3 km². In den vorangegangenen Jahrhunderten war die Seefläche noch um ein Viertel größer und der Wasserstand um etwa 3 m höher. Nach der Fertigstellung des Bewässerungssystems und der Kanalisation des Abflusses, des River Leven, im Jahre 1830 veränderte sich neben der Größe des Sees auch sein Ökosystem. Während des letzten Jahrhunderts kam noch die zunehmende Wasserverschmutzung durch die massive industrielle und landwirtschaftliche Entwicklung hinzu. Die Seesaiblinge starben um 1837 aus und seit den 1960ern verringerte sich die Population der Seeforellen dramatisch. Durch die Absperrung des Wanderweges verschwanden bereits im 18. Jahrhundert die Meerforellen und Lachse ebenso wie die Flundern, die im River Leven aufstiegen. Seit 1873 wird die Lochleven-Forelle (Lochleven Trout) künstlich vermehrt. Erst 1983 begann man zur Stärkung des Bestandes die nachgezüchtete Brut in den See und seine Zuflüsse einzubringen. Zwischen 1993 und 2004 versuchte man mit dem Besatz von Regenbogenforellen die fischereilichen Erträge im See zu verbessern. Glücklicherweise konnten sich die Nordamerikaner hier nicht selbständig reproduzieren und so wurden bis heute alle 370 000 eingesetzten Regenbogenforellen entnommen oder sind verendet. Wenn auch die Population der Lochleven-Forelle einen langfristigen Rückgang erlitt, sind die Individuen derzeit in sehr gutem Zustand (Winfield et al., 2012). Schon vor langer Zeit wurde die Lochle-

ven-Forelle nicht nur in Flüsse und Seen Großbritanniens eingesetzt, sondern auch in verschiedene Regionen der Erde, von Neuseeland bis Nord- und Südamerika, gebracht.

1808 beschreibt Neill erstmals die Lochleven-Forelle als eigene Spezies, *Salmo levenensis.* Dieser Name und auch die von Walker 1812 angeführten Synonyme (*S. taurinus, S. montana*) genügen nicht den Anforderungen des Nomenklatur-Codes und sind daher *nomina nuda* (nackte Namen) und als solche nicht verfügbar. Das Farbkleid der Lochleven-Forelle entspricht ihrer lakustrischen Lebensweise: Der Rücken ist dunkel olivgrün, die Seiten sind heller, meist silbrig glänzend, die Unterseite zeigt sich gelblich gefärbt, zahlreiche schwarze Flecken sind hauptsächlich an der oberen Körperhälfte und an den Kiemendeckeln verteilt, rote nur bei juvenilen Tieren vorhanden. Alle Strahlenflossen besitzen spitze Enden. Das Fleisch erwachsener Individuen ist dunkelrot. Die vergleichsweise hohe Anzahl von bis zu 90 Pylorusschläuchen (engl.: pyloric caeca) – das sind Blindschläuche am Mitteldarm – veranlasste Parnell 1838 den Namen *Salmo caecifer* vorzuschlagen. Im Loch Leven erreichen die Forellen kaum beeindruckende Größen. Selten werden sie schwerer als etwa ein halbes Kilogramm. Exemplare mit 2 bis 3 kg bilden die Ausnahme. In fremde Gewässer eingebracht kann die Lochleven-Forelle nicht nur ihr Aussehen verändern, sondern auch ein bedeutend größeres Wachstum erzielen (Day, 1887). Gelegentlich ändert sich auch ihr Verhalten. In Neuseeland, Neufundland und auf den Falkland-Inseln wanderten Nachkommen der in die Binnengewässer eingesetzten Lochleven-Forellen ins Meer und besiedelten in der Folge andere Flüsse und Seen. Dieses Phänomen der Eroberung neuer Lebensräume und geeigneter ökologischer Nischen ist allerdings eine elementare Charaktereigenschaft der Europäischen Forelle und trug maßgeblich zur erfolgreichen Verbreitung und postglazialen Wiederbesiedelung bei.

Der schottische Arzt, Naturwissenschaftler und Verfasser mehrerer zoologischer Schriften, Robert Knox, beschreibt 1854 die Forellen aus den Flussmündungen von River Tyne im Nordosten Englands und River Nith im Südwesten Schottlands als *Salmo estuarius.* Er vertritt die Auffassung, dass es sich bei dieser rot gefleckten „Mündungsforelle“ (estuary trout), die sich deutlich von Lachs und Meerforelle unterscheidet, um eine intermediäre Form zwischen der Lochleven-Forelle und der gemeinen Bachforelle handelt.

Die zahlreichen Seen der Region Galloway im Südwesten Schottlands beherbergen Forellenpopulationen, die sich nicht nur durch ihr Farbmuster, sondern auch genetisch stark voneinander unterscheiden. Im vergleichsweise eher kleinen Loch Brecbowie lebt eine Form mit auffallend goldenen Flanken. Der Name Brecbowie leitet sich vom Gälischen ab und bedeutet „Goldforelle", ein Hinweis darauf, dass diese Population schon seit Langem bekannt ist. Die Forellen des Loch Grannoch weichen genetisch am meisten von jenen der anderen Seen ab. Zudem konnten im Loch Grannoch mindestens zwei Populationen nachgewiesen werden, die reproduktiv voneinander isoliert sind. Wie Studien belegen, weisen diese Forellen eine genetisch verankerte Toleranz für niedrige pH-Werte auf. So überlebten sie pH-Werte unter 4,5, wie sie Mitte des letzten Jahrhunderts infolge sauren Regens in diesen Seen noch häufig auftraten. Die Versauerung betraf viele Gewässer in Schottland, vor allem in Galloway, was dazu führte, dass die Fischbestände einiger Lochs gänzlich verschwanden (Ferguson et al., 2013).

Eine unerwartete Vielfalt reproduktiv voneinander getrennter Forellenformen, sogar noch umfangreicher als im Lough Melvin, wurde erst kürzlich in einem See in den westlichen schottischen Highlands entdeckt. Loch Laidon ist ein 8 km langer und durchschnittlich etwa 800 m breiter See mit einer maximalen Tiefe von 39 m. Er befindet sich ungefähr 40 km nordöstlich von Loch Awe in einer völlig unbewohnten Umgebung und entwässert nach Osten in den etwa 10 km entfernten größeren See Loch Rannoch, der auch für seine kapitalen Ferox-Forellen berühmt ist. Im Loch Laidon leben außer den Ferox noch drei verschiedene Populationen mit unterschiedlichen Ernährungsgewohnheiten und speziellen Habitatansprüchen: Eine Form ernährt sich von Makrozoobenthos in den Tiefwasserzonen, eine ernährt sich pelagisch in uferfernen Zonen und eine Form mit generalistischer Ernährungsweise bewohnt die Flachwasserbereiche. Unterschiede zwischen den drei Formen bestehen auch genetisch und durch morphologische Merkmale. Die benthivore Tiefwasserform hat eine kompaktere Körperform, einen größeren Kopf und größere Augen als die übrigen Formen, außerdem eine hellere Färbung mit wenigen dunklen und hellroten Flecken an den Flanken und relativ kurze, weit voneinander liegende Kiemenreusendornen. Im Gegensatz dazu zeigt die pelagische Form einen schlankeren, stromlinienförmigen Körper, kürzere Brustflossen und eine lange, stark gegabelte Schwanzflosse. Sie ist dunkler gefärbt, besitzt zahlreiche große dunkle Flecken an den Seiten und längere Kiemenreusendormen, die enger beieinander liegen. Phänotypisch und ökologisch ist sie vergleichbar mit dem Sonaghen von Lough Melvin. Die dritte Form der Flachwasserzone liegt bezüglich ihres Körperbaus zwischen den zwei zuvor beschriebenen Formen, hat aber längere Brustflossen als diese und kleinere dunkle Flecken. Auf Benthos spezialisierte Tiefwasserformen, die in Sympatrie mit anderen ökologischen Formen derselben Art vorkommen, waren bisher nur bei Salmoniden anderer Gattungen (z.B. *Salvelinus*) bekannt. Diese erstmals bei *Salmo* nachgewiesene Spezialisierung könnte auf die Abwesenheit der ansonsten in dieser Region weitverbreiteten Seesaiblinge im Loch Laidon zurückzuführen sein. Die unterschiedlichen Forellenformen des Sees entstanden erst nach dem Höhepunkt der letzten Eiszeit, wahrscheinlich infolge von Zuwanderung zweier verschiedener genetischer Sublinien (Ferox und die Vorfahren der drei übrigen Formen) und anschließender sympatrischer Differenzierung (Verspoor et al., 2019). Die Vorteile solcher Spezialisierung und der Bildung separater ökologischer Nischen liegen auf der Hand: Die vorhandenen Ressourcen des begrenzten Lebensraumes können dadurch effizienter genutzt werden und ein Konkurrenzdruck zwischen den Populationen wird vermieden.

Loch Eck befindet sich auf der dünnbesiedelten Halbinsel Cowal im Westen Schottlands. Dieser See ist 9,5 km lang, etwa 500 m breit und bis zu 42 m tief. Er entwässert über den etwa 6 km langen River Eachaig in das Holy Loch, eine Meeresbucht des Firth of Clyde. Im See findet sich eine einzigartige Zusammensetzung von Salmoniden, wie man sie sonst nirgends in Großbritannien antrifft. Neben stationären und anadromen Forellen findet man hier den Atlantischen Lachs, den Seesaibling (*Salvelinus youngeri*) und den Powan (*Coregonus clupeoides*).

Vier bekannte Inselgruppen liegen nordwestlich und nördlich von Schottland: die Äußeren Hebriden, die Inneren Hebriden[4], die Shetlands und Orkney[5]. Die zahlreichen kleinen bis mittelgroßen Seen (Lochs) und kurzen Bachläufe (Burns) dieser Inseln sind reich an stationären Forellenpopulationen, in vielen Gewässern mit unbehindertem Zugang zum Meer kommen auch Meerforellen dazu. Allerdings nahmen in den letzten Jahren die Meerforellenbestände, wie auch die der Lachse, in ganz Schottland kontinuierlich ab. Die Gründe dafür sind vielfältig und oft global auftretende Missstände. Zu den möglichen Ursachen im marinen Bereich zählen die Ausbreitung von Krankheiten oder Parasiten aus kommerzieller Lachszucht in Netzgehegen, Raubdruck durch Robben und andere Fischfresser, Nahrungsmangel und die durch den Klimawandel verursachte Erwärmung der Meere. Ein Anstieg der Wassertemperaturen macht sich auch im Süßwasser bemerkbar. Hinzu kommen noch Wasserverschmutzung, Habitatverschlechterung, vom Menschen errichtete Migrationsbarrieren, Überfischung und das vorsätzliche oder unbeabsichtigte Einbringen nicht heimischer Arten oder der Besatz mit ungeeigneten Zuchtforellen. Der Verlust ist nicht nur ein ökonomischer, sondern betrifft auch die biologische Vielfalt der aquatischen Ökosysteme (Thomson, 2015). Auf den Orkneyinseln wurden einige kleinere Lochs ohne natürliche Forellenvorkommen mit Forellen aus anderen Seen besetzt. Viele der Seen auf den Äußeren Hebriden be-

herbergen neben den Forellen auch Seesaiblinge (*Salvelinus maxillaris*) und in einigen der Flüsse gibt es noch relativ gute Lachsaufstiege. Nur ein Vorkommen von Seesaiblingen (*Salvelinus gracillimus*) ist von den Shetlandinseln bekannt, und zwar im Loch of Girlsta. Autochthone Forellen, die ebenso diesen See bewohnen und sich gelegentlich auch von Saiblingen ernähren, stellen offensichtlich keine Bedrohung für die endemische Saiblingsform dar. Die Anreicherung von Nährstoffen im See durch Landwirtschaft und Abwässer sowie der Besatz mit allochthonen Forellen und Seesaiblingen könnten jedoch den Fortbestand der ursprünglichen Fischgemeinschaft des Sees gefährden. Die letzte Population von Seesaiblingen (*Salvelinus inframundus*) auf den Orkneys, im Heldale Water, verschwand als Folge von Forellenbesatz für die Angelfischerei wahrscheinlich bereits Anfang des letzten Jahrhunderts. In diesem Gewässer lebten davor allerdings keine Forellen.
Salmo cornubiensis stammt aus einem Gewässer im äußersten Südwesten Englands und ist eine weitere der zahlreichen „Forellenarten", die von den Britischen Inseln beschrieben wurden – zu finden in einem vom deutschen Taxonomen Johann Julius Walbaum in lateinischer Sprache verfassten und 1792 erschienenen Werk. In diesem Band steht nur vier Seiten zuvor allerdings auch *„Salmo Fario Loënsis"* mit demselben Typusfundort. Dieser ist Cornwalls größter natürlicher See The Loe (kornisch: An Lough), auch Loe Pool genannt. Die Oberfläche des etwa 50 ha großen Süßwassersees befindet sich auf Meeresniveau. Er entstand, nachdem die Mündungsbucht (Ria) des River Cober durch eine Kies- und Sandbarriere vom Meer getrennt wurde. Das Alter dieser Barriere wird zwischen 700 und mehreren tausend Jahren geschätzt. Die Forellenpopulation des Sees und seiner Zuflüsse stellt infolge langanhaltender geografischer Isolation einen einzigartigen Genpool dar. Der englische Altertums- und Naturforscher William Borlase erwähnt schon 1758 die Forellen dieses Sees in seinem Werk „The natural history of Cornwall": Dieser See ist bemerkenswert für eine ausgezeichnete und eigenartige Forelle („This lake is remarkable for an excellent and peculiar trout"). Walbaums Beschreibungen, zuerst der Unterart und dann der Art, stützen sich auf diese Referenz. Das markanteste Merkmal der Fische scheinen die „sechseckigen, scharlachroten Flecken" zu sein. Heute sind die Forellen aus dem See fast verschwunden und nur im River Cober blieb ein Restbestand noch einigermaßen erhalten. Die Bergbauindustrie, die besonders intensiv zwischen 1920 und 1938 betrieben wurde, richtet bis heute beträchtlichen Schaden am Ökosystem des Sees und seiner Zuflüsse an. Hinzu kam die Eutrophierung der Gewässer durch Landwirtschaft und urbane Abwässer, wobei zum Höhepunkt einer Algenblüte in den späten 1970ern bis zu 2000 Fische,

hauptsächlich Forellen, verendeten. Die Laichareale im unteren River Cober wurden größtenteils durch Flussbegradigungen zerstört. An den letzten noch erhaltenen Laichplätzen wird die natürliche Reproduktion empfindlich durch die große Anzahl von Hunden gestört, die, ermutigt von deren Haltern, ganzjährig im Wasser herumtollen. Die Auswirkungen der immer noch ausgeübten illegalen Fischerei mit Netzen und Spinnangeln lassen sich nur schwer abschätzen. Zu allem Überfluss wurden 1943 Rotfedern (*Scardinius erythrophthalmus*), 1994/1995 Flussbarsche (*Perca fluviatilis*) und 2006 Rotaugen (*Rutilus rutilus*) eingesetzt, die als Nahrungskonkurrenten und Prädatoren junger Forellen zusätzlich den Fortbestand der lokalen Forellenpopulation gefährden.
In den dichter bevölkerten Regionen Großbritanniens, wo der fischereiliche Druck durch Sportangler groß ist, werden viele der Forellenbestände durch Besatz mit domestizierten Bachforellen aus Brutanstalten aufgestockt. Dies führt naturgemäß zur genetischen Beeinträchtigung der nativen Populationen. Um diesen negativen Einfluss möglichst gering zu halten, setzt man vermehrt Regenbogenforellen oder triploide (sterile) Bachforellen aus. Ein Teil der ursprünglichen Populationen auf den Britischen Inseln ging unwiederbringlich verloren. Dennoch ist die Situation entschieden weniger dramatisch als in weiten Teilen Mitteleuropas und es existiert weiterhin eine beachtliche genetische Vielfalt, sowohl innerhalb der noch bestehenden natürlichen Populationen als auch zwischen ihnen. Insbesondere die unzähligen kleineren und größeren Seen im Norden und Westen des Vereinigten Königreiches (wie z.B. die Lochs der Äußeren Hebriden und verschiedene Bergseen in Wales) blieben von Besatzmaßnahmen weitgehend verschont. Zwei bedeutende Forellenflüsse in Wales, der Usk und der Wye, münden in den Bristolkanal. In Mittelengland (Midlands) gibt es im Einzugsgebiet des Trent, der zusammen mit dem Ouse in das zur Nordsee offene Humber-Ästuar mündet, mehrere wegen ihres Forellenreichtums berühmte Kreideflüsse[6]. Zu diesen Flüssen zählen der Dove und der Derwent mit seinen Nebenflüssen Wye (nicht zu verwechseln mit dem Wye in Wales), Lathkill und Bradford. Aus dem Lathkill wurden Forellen mit ungewöhnlich rot gefärbten Körperseiten bekannt (Prosek, 2003). In Irland führte der Besatz mit nicht heimischen Arten, wie Hecht (*Esox lucius*), Rotfeder und Rotauge, vereinzelt zur Reduktion der Salmonidenvielfalt. Der Hecht, der in Irland wahrscheinlich bereits in der Bronzezeit vom Menschen eingeschleppt wurde (Ensing, 2014) und auch im Norden Schottlands ursprünglich fehlte (Kottelat & Freyhof, 2007), ersetzte mancherorts die Ferox-Forelle als Spitzenprädator. Die steigende Anzahl an planktonfressenden Cypriniden ebenso wie die eingeschleppte Zebramuschel (*Dreissena polymorpha*) können das ökologische Gleichgewicht aus

dem Lot bringen und die Bestände an planktivoren Salmoniden, wie zum Beispiel Sonaghen und Seesaiblinge (*Salvelinus* spp.), ernsthaft gefährden. Negative Effekte auf das Ökosystem bewirkte in einigen Gewässern Schottlands auch die Einschleppung des anpassungsfähigen und invasiven Kaulbarsches (*Gymnocephalus cernura*).
Literatur bezüglich Lachsfische und deren Fang hat in England eine lange Tradition. Der Schriftsteller Izaak Walton veröffentlicht im Jahre 1653 die erste Fassung seines berühmten Werkes über die Angelfischerei „The Complete Angler or the Contemplative Man's Recreation" (deutsch: „Der vollkommene Angler oder eines nachdenklichen Mannes Erholung", 1859). Weitere vier Ausgaben folgen. Die letzte, von 1676, beinhaltet anstatt der ursprünglich 13 Kapitel nun 21 und einen zweiten Teil, hinzugefügt von seinem Angelfreund Charles Cotton. „The Complete Angler" wurde nach der Bibel und den Werken von Shakespeare zum meist gedruckten Buch in englischer Sprache und in über 400 Auflagen weltweit verlegt.
Der deutschstämmige Zoologe Albert C. L. G. Günther arbeitet ab 1857 als Ichthyologe am Naturhistorischen Museum von London und wird 1875 Direktor der Zoologischen Abteilung, eine Position, die er bis 1895 beibehält. Er erstellt zwischen 1859 und 1870 die 8 Bände des „Catalogue of Fishes in the British Museum". Im 6. Band (1866) schreibt er eingehend über verschiedene Forellenarten aus dem In- und Ausland, darunter die „Große Seeforelle" (*Salmo ferox*), den irischen „Gillaroo" (*S. stomachicus*) und insbesondere die „Schwarzflossen-Forelle" (*S. nigripinnis*) von kleinen Bergseen in Wales (Llyn Bugeilyn und Llyn Gadr) und dem Lough Melvin in Irland, welche an beiden Fundorten ähnliche äußerliche Merkmale aufweist, wie man aber heute weiß, sich genetisch klar unterscheidet. Zu den von Günther erstmals beschriebenen Arten zählen neben den beiden letztgenannten noch die bereits oben angeführte Orkney-Forelle (*S. orcadensis*), zwei anadrome Formen, *S. brachypoma* aus drei Zuflüssen der Nordsee (Forth, Tweed und Ouse) im Osten Schottlands bzw. im Nordosten Englands und *S. gallivensis* von West-Irland (Galway[7]), sowie zwei Arten von Skandinavien, *S. mistops* aus dem Südwesten Norwegens (Fluss Eidfjord) und *S. polyosteus* aus Finnland.
Eine weitere Autorität der Viktorianischen Epoche ist der Militärchirurg, Ichthyologe und Fischereiinspektor für Indien und Burma, Francis Day. Neben seinen Arbeiten über die Fischfauna von Indien und Burma veröffentlicht er 1887 sein umfangreiches Werk über die Salmoniden der Britischen Inseln, „British and Irish Salmonidae". Day ist der Erste, der mit voller Überzeugung erklärt, dass alle europäischen Forellen derselben Art angehören, nämlich *Salmo trutta*. Erwähnenswert ist noch der

britische Ichthyologe Charles Tate Regan mit seiner hervorragenden Arbeit von 1911 „The Freshwater Fishes of the British Isles“, in der natürlich auch die Salmoniden der Inseln ausführlich behandelt werden.

[1]) Der Terminus Salmon-trout (Lachsforelle) wurde ursprünglich unter der Annahme eingeführt, dass einige Formen von Meerforellen (wenn nicht sogar alle) Hybriden zwischen Lachs und Forelle seien. Doch schon 1772 beschreibt der englische Naturforscher John Rutty (An Essay towards the Natural History of the County of Dublin) die Meerforelle, die er „Salmon Trout“ oder „White Trout“ nennt, vom Fluss Liffney (Dublin County, Irland) als „*Trutta Salmonata*“. Allerdings ist die Arbeit nicht durchgängig binominal und der Name daher nicht verfügbar (Kottelat, 1997).

[2]) Nach Ferguson & Prodöhl (2021) ist die Ausweisung der drei Melvin-Populationen als eigenständige Arten im Rahmen einer integrativen Taxonomie vertretbar. Sowohl präzygotische als auch, was noch wichtiger ist, postzygotische Isolationsmechanismen sind vorhanden. Die präzygotische reproduktive Isolation besteht in Form der getrennten Laichareale, während postzygotische Isolationsmechanismen die offensichtliche Sterilität von F1-Hybriden und/oder die geringe Überlebensfähigkeit und/oder Unfruchtbarkeit von Rückkreuzungen und F2-Hybriden umfassen. Zudem ist die Unterscheidung anhand genetischer, morphologischer und meristischer Merkmale eindeutig möglich.

[3]) Aus Seen von Cumberland (nördwestlicher Teil von Cumbria) und von Schottland beschreibt 1803 der französische Naturforscher und Ichthyologe Bernard Germain de Lacépède (auch La Cépède) eine neue Forellenart, *Salmo cumberland*, ohne Nennung eines genauen Typusfundorts oder die Konservierung von Typusmaterial.

[4]) Aus einem der zahlreichen Lochs von Islay, der südlichsten Insel der Inneren Hebriden, beschreibt J. Thomson (1873) eine „eigenartige“ (peculiar) Forelle als *Salmo islayensis.* Diese Forelle kommt in einem winzigen (76 x 71 m), geografisch isolierten Loch (Na-Maorichen bzw. „Shelly Loch“) vor und wurde wegen der seltsam geformten (deformierten) Schwanzflosse beschrieben. Die relativ kleine Schwanzflosse ist nicht gegabelt, sondern abgerundet oder in der Mitte sogar zugespitzt. Jedenfalls zeigen die beiden beigefügten Zeichnungen abnorme Deformationen der Schwanzflosse, ohne eine plausible Erklärung dafür zu liefern.

[5]) Günther (1866) beschreibt eine „wahrscheinlich nicht anadrome Forellenform aus dem Loch Stennis“ als *Salmo orcadensis* und stellt eine große Ähnlichkeit mit *S. nigripinnis* fest. Loch Stennis heißt heute Loch of Stenness und ist ein großer Brackwassersee von geringer Tiefe (bis 5,2 m) auf der Hauptinsel von Orkney (Mainland), unmittelbar südlich von Loch of Harray, dem größten See der Insel.

[6]) Kreideflüsse entspringen aus Quellen in Regionen mit Kalksteinböden. Da Kreide durchlässig ist, versickert Wasser leicht durch den Boden bis zum Grundwasserspiegel und Kreideflüsse erhalten daher wenig Oberflächenabfluss. Dadurch enthält das Wasser in den Bächen und Flüssen wenig organische Stoffe und Sedimente und ist im Allgemeinen sehr klar. Der Lebensraum ist ideal für Makrophyten (z.B. Flutender Wasserhahnenfuß) und bietet aufgrund des üppigen Nahrungsangebots (Flohkrebse, Insekten), des hohen Sauerstoffgehalts und der reichlich vorhandenen Laichareale günstige Lebensbedingungen für Salmoniden. Forellen in Kreideflüssen sind schnellwüchsig und werden relativ groß, haben aber eine kurze Lebensdauer (Mann et al., 1989). Die meisten der weltberühmten Kreideflüsse befinden sich in England.

[7]) Der etwa 6 km lange Fluss Corrib fließt aus dem Lough Corrib durch die Stadt Galway in die Galway Bay (Atlantik). Im Fluss ziehen die Meerforellen und die Lachse bis zum Lough Corrib, Irlands zweitgrößtem See und einem der berühmtesten Forellengewässer der Insel.

Loch Stilligarry – See auf der Insel South Uist (Hebriden). Foto: P. Reddish

Llyn Bugeilyn – See in Wales. Foto: P. Reddish

River Wye – Fluss in Wales. Foto: P. Reddish

6.5. Zentraleuropas Atlantikbecken

Diese Region umfasst die Einzugsbereiche von Atlantik, Nordsee und Ostsee von Frankreich im Westen bis Polen im Osten. Hier befinden sich die bereits frühzeitig industrialisierten Räume und die am dichtesten besiedelten Gebiete des Kontinents. Die anthropogenen Einflüsse auf die Forellenbestände und deren Biotope haben in diesem Teil Europas wohl die deutlichsten Spuren hinterlassen. Die Verbauung der Fließgewässer, die Wasserverschmutzung durch Industrie- und Haushaltsabwässer ebenso wie die der Landwirtschaft durch Düngemittel und Pestizide verschlechterten den ökologischen Zustand der Binnengewässer. Während des letzten Jahrhunderts gingen die meisten Fischbestände drastisch zurück. Viele Forellenvorkommen wurden durch Biotopverschlechterung oder aufgrund fehlender Laichmöglichkeiten ausgelöscht. Die zahlenmäßig geschwächten Restpopulationen hielten oft dem fischereilichen Druck nicht stand. Um die Erträge für Berufs- und Freizeitfischerei zu sichern und zu steigern, wurde schon vor mehr als 150 Jahren mit der künstlichen Reproduktion und dem Fischbesatz begonnen. Die jahrzehntelangen intensiven Besatzmaßnahmen haben zum Verlust der natürlichen genetischen Vielfalt der Forellenpopulationen geführt. Erst in den letzten Jahren ist man bestrebt, nachdem auch viele Flüsse wieder renaturiert werden konnten, sich selbst erhaltende Populationen zu etablieren. Die ursprünglichen autochthonen Forellen und somit der lokal angepasste Genpool gingen jedoch in den meisten Fällen unwiederbringlich verloren. In jüngerer Zeit versucht man, noch rein erhalten gebliebene autochthone Populationen oder wenigstens Individuen ausfindig zu machen, um Laichfische für den Wiederaufbau einer bodenständigen Population bereitzustellen. An manchen Orten wurde man tatsächlich fündig. Ein erstaunliches Beispiel bietet die „Zwergpopulation" eines kleinen Baches im Einzugsgebiet der Dender (Schelde) in Belgien. In diesem naturbelassenen Gewässer nahe der Ortschaft Brakel, etwa 50 km westlich von Brüssel, konnte erst vor wenigen Jahren eine autochthone Restpopulation ausgemacht werden. Der Bach schlängelt sich durch ein kleines Waldstück, ist nur wenige Zentimeter tief und kaum breiter als einen halben Meter. Die Forellen werden hier selten länger als 12 cm. Mit dieser Größe sind sie zwei bis drei Jahre alt und somit geschlechtsreif. Sie bewohnen das Gewässer in Gemeinschaft mit Koppen und Neunaugen. Für Angler war dieser unscheinbare Bach niemals von Interesse, zumal dichte Ufervegetation den Zugang erschwert, die Forellen klein sind und die Populationsdichte sehr gering ist. Besondere Schutzmaßnahmen sollen den Fortbestand nun sichern (D. De Bruyn, pers. Mitt.).

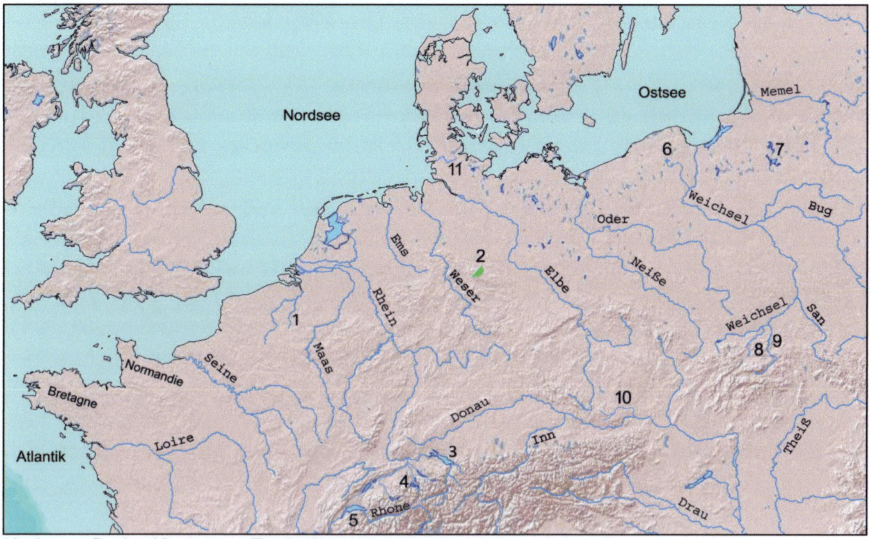

Hydrografische Karte von Zentraleuropa

1 Dender (Schelde), 2 Nationalpark Harz, 3 Bodensee, 4 Vierwaldstättersee, 5 Genfer See (siehe Kapitel 6.8.), 6 Wdzydze-See, 7 Masurische Seenplatte, 8 Raba mit Kobylok-Bach, 9 Dunajec (Poprad), 10 Kamp u. Lohnbach (siehe Kap. 6.16.), 11 Eider.

Das ungewöhnliche Beispiel einer natürlichen Wiederbesiedelung ihres ehemaligen Verbreitungsraumes durch den Restbestand autochthoner Bachforellen wurde aus dem Nationalpark Harz berichtet. Die durch zivilisatorische Einflüsse verursachte Luftverschmutzung führte in der Vergangenheit europaweit zu einer Erhöhung der Konzentration von Schwefelsäure und Salpetersäure im Niederschlag. Der Harz gehörte wegen seiner exponierten Lage zu den am meisten belasteten Gebieten in Deutschland. Der saure Niederschlag und die damit verbundene Versauerung der Gewässer führten dazu, dass die Bachforellen aus den meisten Bächen der Hochlagen des Harzes verschwanden. Durch umfassende Maßnahmen zur Luftreinhaltung seit Mitte der 1980er Jahre gingen die sauren atmosphärischen Depositionen stark zurück. Als sich ab 1990 die pH-Werte der Gewässer wieder verbesserten, eroberten die Forellen, die in ein paar Refugien der Unterläufe überlebt hatten, ihr ursprüngliches Verbreitungsgebiet in den Quellbächen zurück. Dank der Nähe zum Eisernen Vorhang fanden hier keine Besatzmaßnahmen statt und die Restpopulationen blieben so von fremden genetischen Einflüssen verschont (Kohlmann & Wüstemann, 2012; Wüstemann, 2013). Restbestände genetisch reiner, autochthoner Bachforellen kommen auch noch in ein paar kleinen Bächen in den Hochlagen des Schwarz-

waldes im Südosten Deutschlands vor. Die eher kleinwüchsigen Fische haben sich an diese vergleichsweise sauren, kalten und gefällereichen Fließgewässer im Einzugsgebiet des Rheins angepasst. Aus derselben Gegend stammten vermutlich auch die Elterntiere der 20 000 befruchteten Bachforelleneier, die erstmals 1883 nach Amerika verschifft wurden und die Überfahrt überstanden haben (siehe auch Kapitel 7.6.).
Bereits Ende des 18. Jahrhunderts wurde damit begonnen, die Formenvielfalt der Forellen von Nordwest- und Mitteleuropa wissenschaftlich zu erforschen und zu benennen. Der deutsche Naturforscher und Arzt Marcus Élieser Bloch verfasst von 1782 bis 1795 ein für jene Zeit einzigartiges und umfassendes Werk zur Naturgeschichte der Fische in 12 Bänden. Der erste Teil (1782), „Oeconomische Naturgeschichte der Fische Deutschlands", enthält unter anderem ausführliche Beschreibungen der in Deutschland und in den angrenzenden Regionen heimischen Forellen. Neben Informationen zur Biologie der Fische gibt er auch detaillierte Auskunft über die Fischerei, die wirtschaftliche Bedeutung sowie die kulinarische Verwertung und schreibt sogar Anleitungen für die Haltung, den Lebendtransport und die künstliche Fortpflanzung. Das Anführen einiger deutscher Trivialnamen[1] der jeweiligen Forellenformen sowie die Bezeichnungen in mehreren anderen europäischen Sprachen ergänzen die Beschreibungen. Drei von ihm beschriebene Forellenformen sind auch auf Farbtafeln (handkolorierten Kupferstichen) abgebildet. Die Meerforelle nennt er Lachsforelle und klassifiziert sie nach Linné als *Salmo trutta.* Von den stationären Süsswasserformen beschreibt er die „Teichforelle", *Salmo fario*, die sich durch die roten runden, hell umrandeten Flecken und die goldfarbenen Seiten unterhalb der Seitenlinie von den „übrigen Forellenarten" unterscheidet. Trotz des deutschen Begriffs, den er verwendet, betrachtet er schnellfließende, kalte Gebirgsbäche als den bevorzugten Lebensraum dieser Fische. Der Beschreibung der „Teichforelle" folgt die der „Wald- oder Steinforelle", *Salmo fario*, welche eine „Abänderung" der vorhergehenden darstellt und von dieser durch die dunklere Farbe, die Anzahl der Strahlen in den Flossen und einen größeren Kopf sowie den Ort ihres Aufenthalts („schattige Gegend") abweicht. Letztere Forellenform dient dem deutschen Mediziner und Naturforscher Johann Friedrich Gmelin 1789 zur Beschreibung von *Salmo sylvaticus*, einer in Norwegen, Deutschland und Polen verbreiteten Art. Ebenso auf Blochs „Wald- oder Steinforelle" bezogen ist die Einführung des Namens *Salmo saxatilis* durch den bairischen Botaniker, Insektenforscher und Theologen Franz de Paula Schrank (Ritter von Schrank) im Jahre 1798. Die französischen Ichthyologen Georges Cuvier und Achille Valenciennes beschreiben 1848 die „Gewöhnliche Forelle" (truite vulgaire), also die Bachforelle, als *Salar*

ausonii. Als Fundorte proklamieren sie verschiedene Flüsse in der Normandie, die in der Nähe von Dieppe und Caen ins Meer münden, außerdem zahlreiche weitere Orte, wie z.B. viele Wasserläufe um Paris oder anderer europäischer Länder. Die österreichischen Ichthyologen Jakob Heckel und Rudolf Kner übernehmen dieses Taxon in ihrem 1858 veröffentlichten Werk „Süsswasserfische der Österreichischen Monarchie" für die Bachforellen der meisten Regionen Europas.
Cuvier & Valenciennes (1848) beschreiben die Meerforellen der Atlantikküste Frankreichs und die Forellen der großen Seen (des europäischen Atlantikbeckens) als *Fario argenteus.* Der Artname soll wohl auf die Färbung der Fische hindeuten: „Die Flanken und der Bauch leuchten mit einem schönen silbernen Glanz". Die Meerforellen aus der Somme im Nordosten Frankreichs (Region Hauts-de-France) beschreiben dieselben Autoren (1848) aufgrund einiger morphologischer Eigenheiten als *Salar bailloni* und vermuten, dass diese Fische aus nördlicheren Regionen stammen. Anhand von drei Exemplaren, welche sie aus Russland erhalten haben, beschreiben Cuvier & Valenciennes (1848) eine weitere neue Forellenart: *Salar spectabilis.* Der Beschreibung nach könnte die „elegante Forelle", wie sie von den Autoren auch genannt wird, aus einer anadromen Population von See- oder Meerforellen stammen. Jedenfalls wurde nichts zum genauen Typusfundort bekannt. Erst Heckel & Kner (1858) führen an, dass diese Art hauptsächlich in Nordosteuropa, „namentlich durch Russland", verbreitet zu sein scheint. Innerhalb der Österreichischen Monarchie kennen sie nur ein Vorkommen bei Teschen, der heutigen polnisch-tschechischen Grenzstadt Cieszyn bzw. Těšín. Die Doppelstadt durchfließt und teilt der Grenzfluss Olsa (Olza), ein rechter Nebenfluss der Oder. Die beiden österreichischen Autoren beschreiben die Färbung der Exemplare aus diesem Gebiet, wie man sie von Meerforellen kennt: „Rücken stahlblau, die Seiten gegen den Bauch silberglänzend; der Deckel (Kiemendeckel, Anm.) mit grossen runden, schwarzen Flecken besetzt, desgleichen die Rückenflosse und die Seiten, an letzteren nehmen sie oft X-Form an, …". Heute kommen die Meerforellen in der Oder nur mehr bis Breslau in Polen (siehe unten). Einen weiteren Namen für die Meerforelle, *Trutta marina*, führt 1881 der französische Ichthyologe Émile Moreau ein, wobei er sich auf die Vorkommen in den Flüssen Meuse (Maas), Seine und Loire bezieht. Dieser Name für anadrome und der Name *Trutta fluviatilis* für stationäre Forellen wurden schon 1771 vom Botaniker und Agraringenieur Henri Louis Duhamel du Monceau in seinem Werk „Traité général des pesches, et histoire des poissons" vorgeschlagen, danach aber für ungültig erklärt, da die Arbeit nicht den Regeln der zoologischen Nomenklatur entspricht. Allerdings wurde der Name „*Trutta Fluvi-*

atilis" bereits 1558 vom Schweizer Naturforscher Conrad Gessner in seiner Enzyklopädie „Historia animalum" (Liber IV) für die Bachforelle („Bachforen") verwendet.

Die Meerforellen sind, wie alle Wanderfische, die ersten Opfer von Flussbegradigungen. Selbst wenn noch intakte Laichareale in den Oberläufen und Quellregionen vorhanden sind, bleibt den laichbereiten Meerforellen der Zugang zu diesen oft durch Dämme oder kontaminiertes Wasser in den Unterläufen versperrt. So sind Anfang des 20. Jahrhunderts Lachs und Meerforellen aus fast allen Flüssen verschwunden. Die etwas widerstandsfähigeren Meerforellen konnten in den Flüssen der Normandie und der östlichen Cotentin-Halbinsel überleben (Keith & Allardi, 1996). Seit rund vier Jahrzehnten laufen, vor allem in Deutschland, Wiederansiedelungsprogramme für Lachs und Meerforelle (Dirksmeyer et al., 2011). Die Wasserqualität des Rheins und vieler anderer Flüsse Deutschlands hat sich in letzten Jahren deutlich verbessert. Die Errichtung von Fischtreppen ermöglicht es den Wanderfischen, wieder über die Staustufen hinweg weiter aufzusteigen. So mehren sich bis heute die Erfolgsmeldungen über die Rückkehr von Meerforellen zu ihren „angestammten" Laichgewässern. Gegenwärtig gibt es in sechs größeren Flusssystemen der Region wieder Meerforellen: Maas, Rhein, Ems, Weser, Elbe und Eider. Zahlreiche kleinere Flüsse und Bäche, in die Meerforellen zum Laichen aufsteigen, befinden sich auch noch in Dänemark. Die Laichplätze liegen zwischen weniger als 1 km und 160 km vom Meer entfernt. Ein Großteil der Populationen, vor allem in den kleineren Gewässern, ging hier während des letzten Jahrhunderts infolge anthropogener Aktivitäten (z.B. Landwirtschaft) und Eingriffe (Flussverbauungen) verloren. Allerdings gelang es in den letzten Jahren durch Restaurierungsarbeiten, die Wasserqualität erheblich zu verbessern und die Durchgängigkeit der Fließgewässer meist wiederherzustellen. Groß angelegte Besatzprogramme mit domestizierten Fischen seit den 1980ern beeinflussten die genetische Integrität der Populationen, obgleich nicht alle gleichermaßen betroffen zu sein scheinen. Bei einigen Populationen blieb der ursprüngliche Genpool je nach Intensität des Besatzes mehr oder weniger erhalten. Nachkommen domestizierter Forellen verbleiben eher permanent im Süßwasser, anstatt einen anadromen Lebensstil anzunehmen, oder ihre Wanderungen im Meer beschränken sich auf kürzere Distanzen. Außerdem zeigen sie ein weniger ausgeprägtes Heimfindevermögen, d. h. sie kehren zum Laichen seltener in ihr Ursprungsgewässer zurück als Wildfische. Seit 2006 werden nur mehr die ersten Nachkommen von Wildfischen (F1-Generation) für den Besatz verwendet und in dieselben oder in benachbarte Gewässer entlassen, aus denen ihre Eltern stammen. In den letzten Jahren findet in jenen Gewässern kein Besatz mehr statt, wo eine ausreichende natürliche Eigenproduktion beobachtet wird. Wie sich herausstellte, hatten die Besatzmaßnahmen in den meisten Fällen nur limitierte Langzeitauswirkungen auf die genetische Zusammensetzung der lokalen Wildpopulationen, da domestizierte Fische in den Freigewässern häufig niedrigere Überlebensraten und weniger Fortpflanzungserfolg aufweisen als ihre wilden Artgenossen. Historische Fangdaten veranschaulichen, wie stark die Meerforellenbestände einst waren. Zwischen 1945 und 1954 fing man im Sneum Å, einem Nordseezufluss im Süden Dänemarks, jährlich bis zu 3000 kg Meerforellen, das bedeutet mehrere tausend Individuen (Hansen et al., 1993, 2009). Heute kommen gerade mal ein paar hundert Exemplare zum Laichen in den Fluss, der bei Lachs- und Forellenanglern dennoch sehr beliebt ist. Eine der größten Meerforellen wurde 1935 im Norden Dänemarks im Fluss Simested Å geangelt. Das Exemplar war 17,5 kg schwer und etwa 120 cm lang. Der 3-8 m breite Fluss mit moderatem Gefälle befindet sich auch heute noch in einem relativ naturnahen Zustand und ist berühmt für seine zahlreichen und großen Meerforellen.

Gleichfalls zu den Wanderfischen gehören die Seeforellen des 536 km² großen und bis zu 251 m tiefen Bodensees. Ihre wichtigsten Reproduktionsgebiete befinden sich im Alpenrhein und in seinen Zubringern, wie der Ill. Hier wird die Seeforelle während ihres Aufenthalts in diesen Laichflüssen auch „Rheinlanke" bzw. „Illanke" genannt. Letzterer Bezeichnung verdankt der von Wartmann 1783 beschriebene *Salmo illanca* seinen Namen und 1866 benennt Günther die „Grund-Forelle" des Bodensees als *Salmo rappii* und die „Schweb-Forelle" als *Salmo lacustris*[2]. Weitere Seezuflüsse, in die die Seeforellen zum Laichen aufsteigen, sind die Bregenzer Ach sowie einige kleinere Zuflüsse, wie Rotach, Leiblach, Steinach und Goldach. Aufstiegshindernisse, wie Wehre für Mühlwerke, unzureichende Wasserqualität oder zu geringer Wasserstand infolge von Grundwassersenkung machten jedoch schon früh viele der kleineren Zubringer als Laichgewässer unbrauchbar. Mit dem Bau des Kraftwerkes Reichenau am Alpenrhein (1959 bis 1962) begann der endgültige Rückgang der Seeforellenbestände. Zudem wurde 1978 das Mindestfangmaß für Seeforellen von 45 cm auf 35 cm reduziert, mit dem Resultat, dass die Laichreife nicht mehr erreicht wurde. Als Folge davon brach gegen Ende der 1970er Jahre der Bestand im See zusammen und an den wenigen noch zugänglichen Laichplätzen blieben die fortpflanzungsfähigen Fische bis auf vereinzelte Individuen aus. Der Besatz mit Regenbogenforellen sollte den Verlust kompensieren (Rulé et al., 1984).

AT-Bachforelle, ~32 cm; Zufluss-Bregenzer Ach, Rhein-Becken. Foto: N. Schotzko

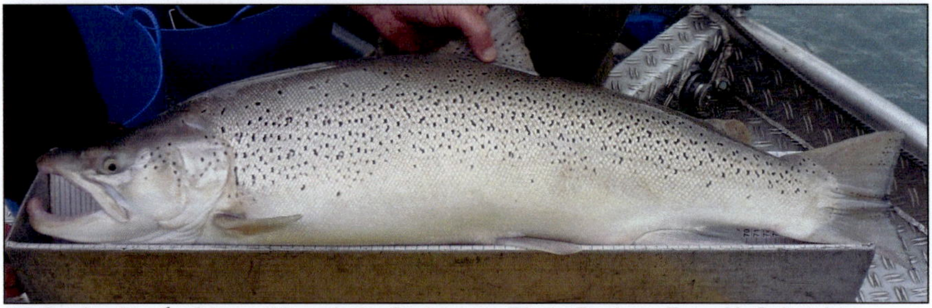

AT-Seeforelle, ♂ ~84 cm; Alpenrhein, Bodensee, Rhein-Becken. Foto: N. Schotzko

AT-Seeforelle, ♂ ~57 cm; Muota, Vierwaldstättersee, Rhein-Becken. Foto: J. Brodersen

AT-Seeforelle, ♀ ~68 cm; Reuss, Vierwaldstättersee, Rhein-Becken. Foto: J. Brodersen

AT-Bachforelle,~21 cm; Kobylok, Seitenbach der Raba, Weichsel-Becken (Polen)

AT-Bachforelle, ~37 cm; Raba, Weichsel-Becken (Polen)

AT-Bachforelle, Dunajec, Weichsel-Becken (Polen). Foto: M. Pieślak

AT-Bachforelle, Charentonne, Zufluss-Risle (Normandie, Frankreich). Foto: P. Affre

Aufgrund dieser dramatischen Entwicklung wurde Anfang der 1980er Jahre, gerade noch rechtzeitig, ein grenzüberschreitendes Sanierungsprogramm ins Leben gerufen. Weitgehend zeitgleich verschärfte man die Schonbestimmungen im See, baute die Aufstiegshindernisse in den Zuflüssen ab und verbesserte die Beschaffungsmöglichkeiten für autochthones Besatzmaterial. Das Schonmaß wurde auf 50 cm erhöht und damit gewährleistet, dass wenigstens 20 % aller Seeforellen die Fortpflanzungsfähigkeit erlangen. Zudem wurden zeitlich und räumlich begrenzte Schongebiete vor den Mündungen verschiedener Laichflüsse ausgewiesen. Seit dem Bau der Fischtreppe beim Kraftwerk Reichenau im Jahre 2000 können die Seeforellen auch wieder die Laichgebiete im Vorder- und Hinterrhein aufsuchen. All diese Schon- und Fördermaßnahmen blieben nicht ohne Erfolg. Die Fangerträge im See stiegen bald wieder an und in mehreren Zuflüssen kommen heute Seeforellen in beachtlichen Zahlen zur Fortpflanzung (Rulé et al., 2005). Leider fand während der kritischen Zeit auch Besatz mit Seeforellen aus anderen Einzugsgebieten (z.B. Walchensee) statt, sodass die ursprüngliche genetische Identität der Population des Bodensees wahrscheinlich verändert wurde. Weitgehend ungelöst ist schließlich noch das Problem der Laufkraftwerke, die eine tödliche Falle für die großen Fische bei der Rückwanderung nach dem Laichen darstellen.
Nördlich des Alpenhauptkammes gibt es innerhalb der Schweiz mehrere große und tiefe Seen, die wie der Bodensee ihre Entstehung dem Rückzug der Gletscher nach der letzten Eiszeit verdanken. Sie werden alle über die Aare zum Rhein entwässert und beherbergen mehr oder weniger gute Bestände an Seeforellen. Zu den bekanntesten Seeforellengewässern gehören Neuenburgersee, Vierwaldstättersee, Zürichsee, Thunersee, Zugersee, Brienzersee und Walensee. Wenn auch noch immer kapitale Exemplare gefangen werden, sind die Bestände in den letzten Jahrzehnten besorgniserregend zurückgegangen. Die Gründe dafür sind vor allem die Wanderhindernisse durch Wasserkraftwerke sowie eine unzureichende Wasserqualität und andere Habitatbelastungen in den Laichgewässern. Mithilfe von Besatzmaßnahmen versucht man schon seit längerem, dem Rückgang entgegenzuwirken. Als der Lachs bis zum Anfang des letzten Jahrhunderts noch in den Hochrhein aufsteigen konnte, drang er auch ins Einzugsgebiet der Aare bis unterhalb der großen Alpenrandseen vor, um zu laichen. Es ist jedoch unwahrscheinlich, dass auch die Meerforelle bis in den Hochrhein gelangte.
Der Vierwaldstättersee ist 114 km² groß, bis zu 214 m tief und hat aufgrund seiner verzweigten Form einen relativ großen Umfang von etwa 151 km. Die Seeforellen laichen in den großen Zuflüssen, wie Reuss und Muota, und in verschiedenen kleineren Zuflüssen[3], wo sie jeweils

eigenen, genetisch unterscheidbaren Populationen angehören. Einige dieser Laichablagen scheinen recht erfolgreich zu sein, besonders dort, wo die Bäche noch unverbaut sind. So wandern alljährlich hunderte von Jungfischen in den See und entwickeln sich zu Seeforellen, während ein Teil der jeweiligen Populationen sein Leben als Bachforellen in den Zuflüssen verbringt. In den meisten dieser Bäche wird auch Besatz mit Fischen durchgeführt, die entweder aus dem Bach selber oder zumindest aus der Region stammen. Beobachtungen deuten aber darauf hin, dass die Besatzfische eine deutlich geringere Überlebenschance aufweisen als die naturverlaichten Forellen. Wie Untersuchungen an Seeforellen in einigen der großen Seen gezeigt haben, nimmt die Mehrzahl der Fische nur einmal in ihrem Leben am Laichvorgang teil. Mehrfachlaicher sind also äußerst selten und machen weniger als 10 % der Laichfische aus (P. Dermond, pers. Mitt.).
Einige entlegene Gebirgsseen in der Schweiz, die von Natur aus fischfrei wären, wurden schon vor langer Zeit mit Forellen aus anderen Gewässern der Region besetzt. So erfolgte bereits im Jahr 1664 ein Besatz mit Bachforellen im Diesthalersee und zu Beginn des 19. Jahrhunderts im Oberblegisee (Hartmann, 1827). Beide Seen befinden sich im Kanton Glarus in der Deutschschweiz, im Einzugsbereich der Aare.
In Polen sind die Fließgewässer schon seit Langem ähnlichen anthropogenen Einflüssen unterworfen wie in den westlichen Ländern. So sind der Oberlauf der Oder und einige ihrer Zuflüsse durch Industrie, Bergbau und urbane Abwässer verschmutzt, der Unterlauf wird hauptsächlich durch Landwirtschaft und Städte beeinträchtigt. Die historisch bedeutendsten Laichgebiete der Meerforellen in der Oder lagen im Riesengebirge und in ihrem längsten Nebenfluss Warthe (Warta) sowie deren Zuflüssen. Ab Beginn des 20. Jahrhunderts gingen die Bestände stetig zurück und nach dem Zweiten Weltkrieg wurden in der mittleren und oberen Oder keine Meerforellen mehr nachgewiesen. Inzwischen steigen Meerforellen in der Oder wieder bis Breslau (Wrocław) und in größeren Zahlen in den unteren Bober (Bóbr) bis an den Staudamm bei Alt Rehfeld (Stary Raduszec) (Wolter & Freyhof, 2005). Die letzte originale Lachspopulation Polens befand sich im Drawa-Fluss im unteren Becken der Oder. Die Population verschwand Ende der 1980er Jahre, obwohl schon seit den 1950ern versucht wurde, den Bestand durch Kompensationsbesatz zu stärken. Überfischung in der Ostsee, Befischung während des Laichaufstiegs und die Wilderei an den Laichplätzen haben maßgeblich zur Ausrottung der Lachse beigetragen. Dasselbe Schicksal war den meisten Populationen von Meerforellen beschieden, die jedoch in früheren Fangstatistiken oft nicht vom Lachs getrennt erfasst wurden. Intensive Besatzmaßnahmen seit den 1960ern verbes-

serten die Situation der Meerforellen in einigen Gewässern Polens, wenngleich der Laichzug noch in vielen Flüssen durch Dämme mit nicht funktionierenden Fischtreppen behindert wird. Die Besatzfische stammen zumeist aus der unteren Weichsel und aus dem Zufluss Drwęca oder aus den kleineren Küstenflüssen Rega, Parsęta, Wieprza, Słupia und Łeba. In diesen Ostseezuflüssen Pommerns blieb eine mehr oder weniger stabile natürliche Reproduktion erhalten. Gelegentliche Besatzmaßnahmen mit Meerforellen wurden in Polen schon seit ungefähr 120 Jahren durchgeführt. Da bis in die 1990er Jahre in den Brutanstalten Eier von Laichfischen aus verschiedenen Flüssen verwendet wurden, kam es zu einer Vermischung des Genpools. Erst danach begann man, die Populationen getrennt zu reproduzieren und die Jungfische in die Flüsse ihrer Eltern zu entlassen. Die größte Meerforellenpopulation Polens beherbergte einst die Weichsel, als ihre Oberläufe in den Karpaten für Laichfische noch frei zugänglich waren. Aus dieser Population kamen auch die größten Exemplare, die in der Ostsee gefangen wurden. Seit den 1970ern ging der Bestand jedoch drastisch zurück und existiert heute hauptsächlich dank künstlicher Vermehrung und Besatz. In der Weichsel unterscheidet man zwei Meerforellenstämme: Winter- und Sommerstamm. Fische, die dem Sommerstamm angehören, beginnen den Laichaufstieg im Juni. Die Laichwanderung nimmt in den folgenden Monaten an Intensität zu und endet im Oktober. Die ersten Exemplare des Winterstammes erscheinen im September in der Weichselmündung. Die intensivste Wanderung flussaufwärts setzt im November ein und dauert bis zum Februar. Meerforellen des Sommerstammes laichen im selben Jahr, in dem ihre Wanderung beginnt, die des Winterstammes erst im darauffolgenden Herbst. Diese Fische machten früher den Hauptanteil der Meerforellen im Einzugsbereich der Weichsel aus und hatten ihre Laichgründe meist in den Flüssen der Karpaten, wie Dunajec, Sola, Skawa, Raba, Wisłoka und San. Fische des Sommerstammes hingegen laichten in den Zuflüssen der unteren Weichsel, die aber gelegentlich auch von Winterfischen genutzt wurden. Nach der Modernisierung der Fischtreppe am Włocławek-Damm an der unteren Weichsel im November 2014 passierten im folgenden Jahr 1566 Meerforellen die Aufstiegshilfe. Die Anzahl der aufsteigenden Fische hat aber in den darauffolgenden Jahren wieder abgenommen. In Polen halten sich die jungen Meerforellen ein bis drei Jahre in den Flüssen auf, bevor sie mit einer Körperlänge zwischen 11 und 30 cm ins Meer wandern. Wie man anhand markierter Individuen feststellte, durchstreifen die Meerforellen aus den polnischen Flüssen die ganze Ostsee bis in den Bottnischen Meerbusen und erreichen sporadisch sogar den Skagerrak. Nach ein bis vier Jahren kehren sie in die Flüsse zurück, der überwiegende Teil nach zwei bis drei Jahren. Die Meerforellen der Weichsel weisen nach einem Jahr im Meer eine Länge von 45 bis 55 cm auf, nach zwei Jahren 63 bis 70 cm, nach drei Jahren 75 bis 81 cm und nach dem vierten Jahr mehr als 100 cm. Im Dezember 1962 wurde ein weibliches Exemplar mit einer Länge von 107,5 cm und einem Gewicht von 19,2 kg gefangen (Bartel, 1988; Wenne et al., 2016; Dębowski, 2018).

Stationäre Forellenpopulationen bzw. Bachforellen findet man in Polen im Süden in den Bächen und Flüssen der Sudeten, der Karpaten und des Krakau-Tschenstochauer Jura sowie im Norden in den Flüssen von Mittel- und Westpommern, in einigen Flüssen von Ermland, der Masuren und des Suwalki-Landes (Bartel, 1988). Unberührte autochthone Bachforellenpopulationen sind als Folge der intensiven Besatztätigkeit kaum mehr vorhanden. Vor wenigen Jahren fand man allerdings eine autochthone Population in einem kleinen Bach der Westkarpaten (Kobylok-Bach), oberhalb eines für Forellen unpassierbaren Wasserfalls. In diesen Zufluss der Raba (Weichsel-Becken) wurden niemals Besatzfische eingebracht. Die Forellen des Kobylok-Baches werden nun in geringem Umfang gezüchtet, um authentisches Besatzmaterial für andere Gewässer der Region zu erhalten (J. Jeleński, pers. Mittl.). Mehr als fragwürdig ist jedoch die Benennung als eigene Unterart, *Salmo trutta dorothea* (altgriechisch: dorothea = Gottes Geschenk), und wohl eher symbolisch zu verstehen. Seeforellen kommen in sieben Seen der Kasubischen Seenplatte vor. Die meisten leben im Wdzydze-See. Der etwa 14 km² große, bis zu 68 m tiefe und stark verzweigte See liegt im Einzugsbereich der Weichsel. Die Seeforellen wandern zum Laichen in zwei der Zuflüsse. Im Frühjahr halten sie sich in der Litoralzone des Sees auf, wo sie sich von den dort laichenden Rotaugen ernähren. Von Sommer bis Herbst bleiben sie in den tieferen Wasserschichten und ernähren sich hauptsächlich von Barschen und Lauben. Im Winter kehren die Seeforellen wieder in die seichteren Stellen des Sees zurück (Radtke, 1999). Der Stamm des Wdzydze-Sees wird aufgrund seines guten Wachstums zum Besatz verschiedener Stauseen verwendet. Die größte jemals im See gefangene Forelle war über 90 cm lang und 7,1 kg schwer. Ein Männchen aus dem Solina-Stausee wog beinahe doppelt so viel (14 kg) (Bartel, 1988).

Neuere genetische Untersuchungen haben gezeigt, dass trotz jahrzehntelanger Besatzmaßnahmen immer noch ein deutlicher genetischer Unterschied zwischen den Forellenpopulationen in Nordpolen und im oberen Weichselbecken besteht (Bernaś & Wąs-Barcz 2020). Im gesamten Einzugsbereich des Atlantiks, einschließlich der Ostsee, kommt eigentlich nur die Atlantik-Linie natürlich vor. Eine Ausnahme davon wurde aber offensichtlich durch eine andere genetische Studie (Kohout et al. 2012) nachgewiesen. Zum Flusssystem der Weichsel haben nach der letzten Eiszeit Forellen aus dem Donaubecken Zugang gefunden. Ähnlich wie die Karpatische Barbe (*Barbus carpathicus*) gelangten auch danubische Forellen (Donau-Linie) mithilfe von Flussanzapfungen in das Einzugsgebiet der oberen Weichsel, wo sie sich wahrscheinlich mit atlantikstämmigen Forellen (Atlantik-Linie) vermischten. Ein Indiz dafür ist die starke Präsenz von Haplotypen der Donau-Linie im Einzugsbereich des Poprad in der Slowakei (Kohout et al., 2012). Der Poprad entspringt an der Südseite der Hohen Tatra und mündet in Polen in den Dunajec, einen der wichtigsten Nebenflüsse der oberen Weichsel.

[1]) Zahlreiche, heute nicht mehr in Gebrauch stehende deutsche Trivialnamen für die Forelle, insbesondere für die Bachforelle, finden sich in älteren Schriften, wie etwa Fohre, Föhre, Föhrche, Ferchen, Fahren, Fährin, Förne, Fore, Bachfore, Fluss-, Berg-, Alp-, Stein-, Gold-, Silber-, Weiß- und Schwarzforelle. Berg- und Alpforelle werden allerdings mitunter auch für den Seesaibling verwendet. Um eine einheitliche und unmissverständliche Namensgebung zu gewährleisten, schlägt der deutsche Zoologe Carl Benjamin Klunzinger in seinem Artikel „Über Bach- und Seeforellen" (Jahreshefte des Vereins für vaterländische Naturkunde in Württemberg 1885) vor, folgende Bezeichnungen zu verwenden: „Bach-, Meer- und Landseeforellen, welch letztere wieder in Grund- und Schwebforellen unterschieden werden".

[2]) Der Schweizer Publizist naturwissenschaftlicher Schriften Georg Leonhard Hartmann beschreibt 1827 die „Grundforelle", die er *Salmo lacustris* nennt, für den Bodensee und die meisten großen Schweizer Seen, darunter den Genfersee und den Langensee (Lago Maggiore). Die „Schwebförne" (Schwebforelle) des Bodensees hält er für eine „Spielart der Grundforelle", die meist etwas kleiner bleibt und wahrscheinlich auch in allen größeren Schweizer Seen zu finden ist. Fälschlicherweise behauptet er, dass die Schwebforelle „nie in die Flüsse zum Laichen geht, sondern ihren Laich, zwischen Mitte Novembers bis Mitte Dezembers, in der Tiefe des Sees ablegt". Nach Siebold (1863) ist die Grundforelle die fortpflanzungsfähige Form und die Schwebforelle eine sterile Form derselben Art, *Trutta lacustris* (siehe Kapitel 6.16.). Linné (1758) hat den Namen *Salmo lacustris* dezidiert für die Seeforellen der Schweizer Seen vorgegeben („Habitat in Helvetia"). Der schweizerisch-amerikanische Ichthyologe Louis Agassiz (1839) übernimmt diese Bezeichnung für die Seeforellen des Bodensees, betrachtet aber die „Lachsforelle" des Neuenburgersees (Lac de Neuchâtel) als eine andere Art und nennt sie *Salmo trutta*.

[3]) Laut Hartmann (1827) gehen die „Grundforellen" aus dem Vierwaldstättersee bei Alpnach in die Aa zum Laichen und heißen dann „Aawasserförnen". Die Aa, auch Sarner Aa genannt, ist ein etwa 10 km langer Zufluss des Vierwaldstättersees, entspringt dem Lungernsee und fließt durch den Sarnersee. Heute ist die Sarner Aa kanalisiert und durch das Wehr Wichelsee für Fische nicht mehr auf ihrer gesamten Strecke durchgängig. Da viele der Laichplätze, auch in den Seitenflüssen, verloren gingen, werden jährlich große Mengen an Bachforellen mit Längen von mehr als 25 cm für die Sportfischerei in die Sarner Aa eingesetzt.

Bregenzer Ach, Bodensee-Zufluss (Rhein-Becken, Österreich). Foto: N. Schotzko

Dunajec (Weichsel-Becken, Polen). Foto: C. Ratschan

Kobylok – durch Wasserfälle isolierter Seitenbach der Raba (Weichsel-Becken, Polen)

6.6. Iberische Halbinsel

Die geografisch isolierte Lage der Iberischen Halbinsel, mit dem gewaltigen Gebirgszug der Pyrenäen als Barriere zum übrigen Kontinent, führte zur Entstehung einer Fischfauna, die durch einen hohen Grad an Endemismen und eine geringe Artenzahl gekennzeichnet ist. Wie auch auf den anderen südeuropäischen Halbinseln dominieren hier die karpfenähnlichen Fische (Cypriniden). Dennoch gilt die Pyrenäenhalbinsel als eines der wichtigsten eiszeitlichen Rückzugsgebiete der Europäischen Forelle. Die Besiedelung kann nur über das Meer durch anadrome Populationen stattgefunden haben. Die tropisch warmen Gewässer, welche die Iberische Halbinsel umgaben, verhinderten eine Zuwanderung vor der Wende Pliozän/Pleistozän und der globalen Abkühlung vor 2 bis 3 Mio. Jahren (García-Marín & Pla, 1996).

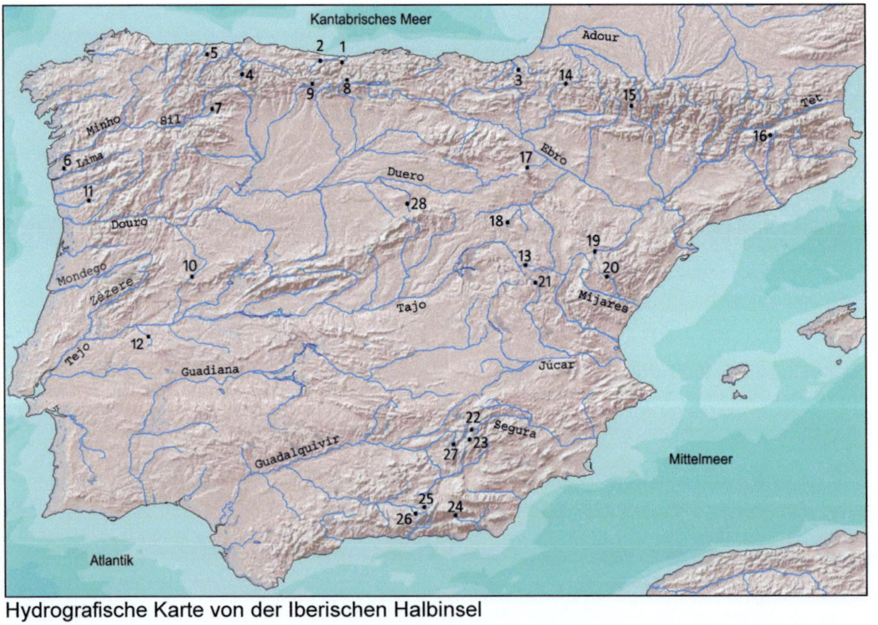

Hydrografische Karte von der Iberischen Halbinsel

1 Río Purón, 2 Río Sella, 3 Leitzaran Ibaia, 4 Río Trubia, 5 Río Chabatchos, 6 Rio Estorãos, 7 Río Boeza, 8 Río Pisuerga, 9 Río Yuso (Esla), 10 Río Águeda, 11 Rio Ave, 12 Rio Sever, 13 Río de la Hoz Seca, 14 Irati, 15 Río Ara, 16 Riutort, 17 Río Huecha, 18 Río Mesa, 19 Río Guadalope, 20 Río Linares, 21 Río Cabriel, 22 Río Madera, 23 Río Zumeta, 24 Río Andarax, 25 Río Genil, 26 Río Dilar, 27 Arroyo de las Truchas, 28 Río Riaza.

Die atlantikstämmigen Forellen Iberiens (gekennzeichnet durch das *LDH-C*100* Allel) bilden seit mindestens 200 000 Jahren (nach einigen Autoren sogar seit bis zu 2,2 Mio. Jahren) eine eigenständige, von den nördlichen Atlantikforellen (*LDH-C*90* Allel) getrennte Gruppe, obgleich ein gewisser Grad an Introgression durch nördliche Populationen, die während der nachfolgenden Kälteperioden südwärts wanderten, in den kantabrischen Zuflüssen zu verzeichnen ist. Das Überschneidungszentrum zwischen dem nördlichen und dem südlichen Zweig der Atlantik-Linie liegt im Südwesten Frankreichs, in den Einzugsgebieten von Adour und Garonne. Von hier aus erfolgte vermutlich auch die postglaziale Wiederbesiedelung Nordwesteuropas durch südliche Populationen vor der Ausbreitung der nördlichen Populationen (Atunes et al., 1999, 2001; Sanz et al., 2000; Cortey et al., 2004, 2009).

Im Einzugsgebiet des Atlantiks, vom Golf von Biskaya bis zum Tajo, findet man drei genotypisch und phänotypisch unterscheidbare geografische Gruppen von Atlantikforellen, die der Atlantik- (AT) und der Duero-Linie (DU) angehören:

a) in den Küstenflüssen Nordspaniens von der Biskaya bis Galizien und bis zum Lima im Norden Portugals,
b) im Duero (Douro)-Becken,
c) im Tajo (Tejo)-Becken und in den Küstenflüssen Portugals südlich des Lima.

Im Osten Spaniens, im Mittelmeerbecken von den Pyrenäen bis nach Andalusien, sowie im Einzugsgebiet des Guadalquivir lassen sich zwei mediterrane Evolutionslinien nachweisen: die Mittelmeer-Linie (ME) mit dem Verbreitungszentrum im Nordosten Spaniens und die Adria-Linie (AD) mit dem Zentrum in Andalusien. Dazwischen befinden sich disjunkte Vorkommen beider Linien (Machordom et al., 2000). Das Guadiana-Becken ist das einzige der fünf großen Einzugsgebiete Iberiens, aus dem keine historischen Forellenvorkommen bekannt wurden (Doadrio, 2001). Der einzige aktuelle Nachweis aus dem Zufluss Río Gévora (portugiesisch: Rio Xévora), dessen Ursprung im östlichen Alentejo liegt, beruht ausschließlich auf Besatzmaßnahmen (Hermoso et al., 2008). Es scheint jedoch eher unwahrscheinlich, dass es im Guadiana zwar den Atlantischen Lachs gab, aber niemals heimische Forellen.

6.6.1. Die Küstengebiete von der Biskaya bis zum Lima-Becken

Entlang der Nordküste Spaniens, vom Baskenland bis Galizien, erstreckt sich das Kantabrische Gebirge. Die höchsten Erhebungen befinden sich in den zentral gelegenen Picos de Europa (Gipfel Europas), deren höchster Gipfel der Torre de Cerredo mit 2648 m ist. Das Kantabrische Gebirge fängt die feuchten Luftmassen, die vom Atlantik kommen, ab und sorgt für reichlich Niederschlag. Von den üppig bewachsenen Nordhängen fließt eine beträchtliche Anzahl von meist kurzen, aber wasserreichen Flüssen zum Kantabrischen Meer. Viele dieser Flüsse nützt der Atlantische Lachs zur Fortpflanzung. Bedeutend zahlreicher steigen jedoch Meerforellen zum Laichen in die kantabrischen Flüsse auf. Die Meerforelle, hier auch Reo genannt, trifft man am häufigsten in den Flüssen Galiziens an. Aber auch aus dem angrenzenden Asturien kennt man ein paar berühmte Lachs- und Meerforellenflüsse, wie den Río Sella, der westlich der Picos de Europa entspringt. Hinzu kommen noch viele kleine Küstenflüsse mit einer Länge von weniger als 15 km, in denen Meerforellen laichen. Während die südlichste Verbreitungsgrenze für den Lachs der Minho (spanisch: Miño) darstellt, wandern die anadromen Forellen bis zum Lima im Norden Portugals. Allerdings kamen Meerforellen bis vor wenigen Jahren noch weiter südlich, bis zum Rio Mondego, vor (Caballero et al., 2006; Caballero Javiere et al., 2018). Im Douro (Duero) kam der Laichaufstieg infolge von Wasserverschmutzung und der Errichtung von Staustufen schon vor längerer Zeit zum Erliegen. Durch das den Forellen angeborene Verhalten, zum Laichen die Gewässer ihrer Herkunft aufzusuchen, verfügt jeder Fluss über seine spezifische Population. Es kommt jedoch immer wieder vor, dass einige Individuen als so genannte „Streuner" zur Laichablage in andere Flusssysteme ziehen und so zur weiteren Verbreitung des Genpools der Population beitragen (Morán et al., 1995). Die jungen Meerforellen bleiben zumeist zwei Jahre im Süßwasser, bevor sie im Frühjahr (März-Mai) ins Meer wandern. Nach wenigen Monaten bis zu zwei Jahren im Salzwasser beginnen sie üblicherweise während der Sommermonate in ihre Laichflüsse zu ziehen. Tiere, die nur wenige Monate im Meer verbrachten, treffen in der Regel als Erste ein. Die großen Exemplare kehren vorwiegend erst im Winter zurück, manchmal bereits Anfang Oktober. Im Gegensatz zum Lachs nehmen die Meerforellen im Süßwasser weiterhin unvermindert Nahrung auf. Bald nach ihrem Eintritt in die Flüsse weicht die silbrig glänzende Färbung dunklen Brauntönen. Gleichzeitig nehmen die sternförmigen Flecken eine rundliche Form mit heller Umrandung an. Der Laichvorgang vollzieht sich in den Oberläufen der Flüsse und erstreckt sich von Dezember bis Februar (Toledo et al., 1993). Die Rückkehr ins Meer findet zwischen Dezember und Juni statt. Die anadromen und die stationären Forellen eines Flusses gehören im Grunde genommen zur selben Population. Der genetische Unterschied zwischen Forellen aus verschiedenen Flusssystemen ist demnach größer als zwischen Ökoformen desselben Flusses (Morán et al., 1995).

AT-Forelle, ~25 cm; Leitzaran Ibaia, Zufluss des Río Oría (Baskenland)

AT-Forelle, ~23 cm; Río Chabatchos, Zufluss des Río Esva (Asturien)

AT-Forelle, ~22 cm; Rio Estorãos, Zufluss des Lima (Portugal)

DU-Forelle, ~18 cm; Río Boeza, Miño-Becken (León)

Im Verbreitungsraum der anadromen Form lassen sich bei den stationären Populationen einige phänotypische Gemeinsamkeiten feststellen, die sie von den Forellen der weiter südlich gelegenen Einzugsgebiete der Iberischen Halbinsel unterscheiden. Auffallend ist die spitze Schnauze mit dem langen Maul. An den Flanken, oft auch am Rücken und an der Oberseite des Kopfes, befinden sich mittelgroße bis große rundliche Flecken mit einer deutlichen hellen Umrandung, bei juvenilen Tieren (bis zu einer Körperlänge von etwa 20 cm) außerdem 8 bis 10 runde Jugendflecken entlang der Seiten. Bei adulten Exemplaren können vier dunkle Flächen an den Flanken sichtbar werden. Eine abweichende Fleckenzeichnung zeigen nur Forellen aus Populationen, die durch große Entfernung von der Küste geografisch isoliert sind, wie z. B. im oberen Becken des Miño (Minho). Die schwarz gesäumte weiße Vorderkante an der Rücken- und an der Afterflosse stellt hingegen ein charakteristisches Merkmal der stationären Populationen des gesamten Gebietes dar. Bei großen und vor allem bei den ins Meer wandernden Tieren geht dieses Merkmal allerdings verloren (Schöffmann, 2002b).

6.6.2. Das Duero-Becken

Die Forellen des Duero-Beckens gehören einer auf der Iberischen Halbinsel endemischen Gruppe an, welche sich schon lange vor der letzten Vereisung (vor ca. 570 000 Jahren) von der Atlantik-Linie absonderte und als eigene phylogenetische Linie – Duero-Linie (DU) – eingestuft wird (García-Marín & Pla, 1996; Sanz et al., 2000; Vera et al., 2010). Man geht davon aus, dass die DU-Linie schon lange vor den übrigen phylogenetischen Linien (AT, AD, ME) die iberischen Gewässer besiedelte und ursprünglich weiter über die Halbinsel verbreitet war. Dafür spricht auch das Vorhandensein spezifischer Haplotypen der DU-Linie im nordöstlich angrenzenden Einzugsgebiet der Oberläufe von Miño und Sil in Galicien, welche im Duero-Becken fehlen und eine separate Entwicklung dieser Populationen schon seit der letzten Zwischeneiszeit (vor 110 000 bis 120 000 Jahren) belegen (Vera et al., 2015). Die bis heute anhaltende genetische Eigenständigkeit der DU-Linie lässt sich auf die geologische Besonderheit dieses Gebietes zurückführen. Der Duero durchfließt die höchstgelegene Beckenlandschaft Spaniens. Markante Änderungen des Gefälles könnten den Zugang vom Unterlauf in das obere Duero-Becken unterbrochen haben, was zu einer geografischen Isolation der Populationen des Hochlandes führte. Eine genetische Divergenz wurde jedoch zwischen den nördlichen und den südlichen Populationsgruppen des Duero-Beckens festgestellt. Die genetische Charakteristik der südlichen Populationen lässt einen sekundären Kontakt mit migrierenden Forellen der Atlantik-Linie vermuten (Bouza et

al., 2001). Nach Steindachner (1866) stiegen die Meerforellen im Duero-Becken einst bis Palencia auf. Die südlichen Zuflüsse des Duero weisen ein geringeres Gefälle auf als die nördlichen Zubringer aus dem Kantabrischen Gebirge und ermöglichten so eher den Zugang für die anadromen Forellen. Andererseits wurde der Einfluss der DU-Linie auch bei Populationen des benachbarten oberen Tajo-Beckens festgestellt, ebenso wie AT-Haplotypen in einigen Quellflüssen des angrenzenden Duero-Beckens gefunden wurden. Dies deutet auf einen begrenzten Genfluss zwischen den zwei Einzugsgebieten aufgrund von Flussanzapfungen währen des Pleistozäns hin (Suárez et al., 2001; Cortey et al., 2009). Einige typische äußere Merkmale kennzeichnen die Duero-Forellen: eine kurze Schnauze mit einem leicht unterständigen Maul; an den Flanken einige rote, hell umrandete Flecken sowie eine dichte braune Fleckenzeichnung, die eher einer Marmorierung gleicht; viele längliche Flecken an der Schwanzflosse. Die dicht gefleckte Schwanzflosse ist eigentlich untypisch für die Europäische Forelle. Adulte Tiere (ab einer Körperlänge von 15 bis 20 cm) zeigen vier große dunkle Flecken an den Seiten, und zwar jeweils eine hinter dem Kopf, zwischen der Rücken- und der Bauchflosse, zwischen der Fett- und der Afterflosse und am Schwanzstiel. Ähnliche Flecken findet man auch bei Forellen aus dem Tajo-Becken, aus Marokko und aus dem Mittelmeerraum (Schöffmann, 2002b).
Im Einzugsgebiet des Río Esla, eines der zwei großen nördlichen Zuflüsse der Duero, wurde ein ausgefallenes Phänomen beobachtet, nämlich Forellen mit einer ausgeprägten Marmorierung über den gesamten Körper, wie sie sonst nur bei der Marmorforelle (*Salmo marmoratus*) aus dem Adriaraum vorkommt. Diese extreme Fleckenzeichnung tritt ausschließlich bei älteren Milchnern auf, vor allem während der Laichzeit zwischen Januar und März (C. Rodriguez, pers. Mitt.). Das erklärt wohl auch, warum dieses Kuriosum bei Sportanglern so gut wie unbekannt ist. Bei Studien zum Laichverhalten von Forellen in einem kleinen Seitenbach des Río Riaza im südöstlichen Einzugsgebiet des Duero mithilfe von Unterwasserkameras wurde diese marmorierte Fleckenzeichnung bei männlichen Forellen ebenso beobachtet (M. Esteve, pers. Mitt.). Eine ähnliche, dennoch unterschiedlich strukturierte Marmorierung kennt man bei Forellen vom norwegischen Fluss Otra und bei Hybriden zwischen Bachforellen und Bachsaiblingen. Für das Auftreten der marmorierten Forellen im Duero-Gebiet kann allerdings jeder Einfluss durch Besatzmaßnahmen ausgeschlossen werden, da hier weder Marmorforellen noch Bachsaiblinge eingebracht wurden. Im zweiten großen nördlichen Zubringer und seinen Nebenflüssen, dem Pisuerga, scheint bei größeren Exemplaren oft eine deutliche marmorierte Zeich-

nung an der hinteren Körperhälfte auf. Forellen mit einer mehr oder weniger deutlichen marmorierten Hintergrundfärbung werden häufig auch in einigen Zuflüssen des Río Sil, der in den Miño mündet, gefangen (Schöffmann, 2015a). Das Auftreten des marmorierten Farbmusters sowohl auf der Iberischen Halbinsel als auch in Norwegen könnte mit der Abstammung der Marmorforellen und der Atlantikforellen von einem gemeinsamen Vorfahren zusammenhängen, wie es jüngste Ergebnisse von Analysen der nuklearen DNA nahelegen (siehe Snoj et al., 2021).

DU-Forelle, ~26 cm; Río Yuso, Zufluss des Río Esla, Duero-Becken

DU-Forelle, ♂; Río Curueño, Zufluss des Pormo-Esla, Duero-Becken. Foto: C. Rodriguez

DU-Forelle, ~23 cm; Río Agueda, Duero-Becken

6.6.3. Portugal südlich des Lima und das Tajo-Becken

Die Region Portugals zwischen dem Lima im Norden und dem Tejo (Tajo) im Süden beherbergt einige genetisch einzigartige Forellenpopulationen, die auf eine lange Isolation von den übrigen Atlantikforellen Südwesteuropas schließen lassen. Das Tajo-Becken wurde während verschiedener Kaltperioden von südwärts wandernden Forellen besiedelt. Die meisten Populationen dieses Beckens stammen jedoch von einer Kolonisationswelle, die erst in der letzten Eiszeit stattfand, da sie einer genetischen Gruppe (Haplogruppe) angehören, die eng mit der des Kantabrischen Beckens verwandt ist (Sanz et al., 2000). Das Riss/Würm-Interglazial war die letzte Warmzeit vor der heutigen. Sie begann vor etwa 130 000 Jahren und endete vor etwa 114 000 Jahren. Der rasche und dramatische Temperaturanstieg während dieser Zwischeneiszeit ließ innerhalb weniger Jahrtausende die Wassertemperaturen um die westliche Iberische Halbinsel von subpolaren zu subtropischen Konditionen wechseln. Das Klima wurde also bedeutend wärmer als es heute ist. Unter diesen Bedingungen starben viele der Forellenpopulationen der Küstenflüsse im Westen Iberiens aus oder wurden stark dezimiert. Nur die Populationen in den höher gelegenen Quellregionen konnten überleben. Physische Barrieren, wie unüberwindbare Wasserfälle, isolierten diese Populationen von den während späterer Kaltzeiten aus den nördlicheren Küstenregionen vordringenden Populationen. Diese Zuwanderer aus dem Norden Spaniens besiedelten dann auch weiter südlich gelegene Gebiete. Die nahe Verwandtschaft einiger Populationen Kantabriens mit Populationen aus dem Atlas-Gebirge in Marokko und jenen Siziliens beweist die Verbreitung der Forellen vom Norden der Iberischen Halbinsel bis nach Nordafrika und in den südlichen Mittelmeerraum. Isolierte Populationen mit höchst divergenten Haplotypen des südlichen Zweiges der Atlantik-Linie fand man im Oberlauf des Ave im Norden Portugals und im Oberlauf des Zêzere im Osten Zentralportugals (Weiss et al., 2000; Atunes et al., 2006). Adulte Tiere beider Populationen weisen an den Flanken vier dunkle Flecken auf, so wie man sie von den Inlandspopulationen der Iberischen Halbinsel kennt. Zur südlichsten Verbreitung der heimischen Forellen Portugals zählt das Gebiet der Serra do Estrela, das mit einer Höhe bis zu 1993 m höchste Gebirge des portugiesischen Festlandes. Forellen bewohnen die Quellregionen des nach Westen zum Atlantik entwässernden Mondego an der Nordseite und seiner Nebenflüsse Alva und Ceira an der Westseite der Serra. Der Zêzere entspringt am Osthang und fließt nach Süden zum Tejo. Noch weiter südlich existierte bis noch vor wenigen Jahren ein Vorkommen in der Ursprungsregion des Rio Sever, der in der bis zu 1025 m hohen Serra de São Mamede entspringt und bei seinem Lauf nach Norden zum Tejo die Grenze zwischen Portugal und Spanien bildet. Sowohl Habitatverschlechterung infolge Grundwasserschwunds als auch Überfischung dürften zum Verschwinden dieses bereits von Steindachner (1866) erwähnten Vorkommen geführt haben.

AT-Forelle, ~22 cm; Rio Ave (Portugal)

AT-Forelle, ~17 cm; Rio Zêzere, Zufluss des Tajo (Portugal)

AT-Forelle, ~34 cm; Río de la Hoz Seca, Tajo-Quellregion

6.6.4. Das iberische Mittelmeerbecken und Andalusien

Im mediterranen Einzugsbereich Spaniens und im Einzugsgebiet des Guadalquivir, der in den Atlantik mündet, kommen zwei der mediterranen Forellenlinien vor: Die Gebiete südlich des Segura-Flusses in Südspanien werden ausschließlich von der Adria-Linie (AD) bewohnt, nördlich des Segura findet man sowohl Populationen der Adria-Linie als auch der Mittelmeer-Linie (ME), wobei im Nordosten Spaniens letztere vorherrscht (Cortey et al., 2004). Das ursprüngliche Verbreitungszentrum der Mittelmeer-Linie liegt wahrscheinlich in dieser Gegend oder nördlich der Pyrenäen, im heutigen Roussillon (Bernatchez, 2001). Aufgrund früherer Studien ging man davon aus, dass der anzestrale Haplotyp der Adria-Linie (ADcs1) auf die Iberische Halbinsel beschränkt ist und vermutete daher auch den Ursprung der Adria-Linie in dieser Region (Cortey et al., 2004). Nachfolgende Untersuchungen (Snoj et al., 2009; Pustovrh et al., 2014) zeigten jedoch, dass dieser Haplotyp im gesamten Verbreitungsraum der Adria-Linie vorkommt und somit wurde die ursprüngliche These der Herkunft aus der Adria-Balkan-Region bekräftigt. Interessanterweise fand man diesen Haplotyp auch im Einzugsbereich des Atlantiks im Baskenland Spaniens (Artesiaga, ein Zufluss des Bidasoa) und sogar nördlich der Pyrenäen (Lac de Gaube) im Einzugsgebiet des Adour in Frankreich (Bernatchez, 2001). Während ersteres Vorkommen sich nahe an der Wasserscheide zum Ebro-Becken befindet und somit eine natürliche Verbreitung plausibel erscheint, bleibt es bei dem isolierten Auftreten des AD-Haplotyps weiter östlich unklar, ob es nicht doch auf Besatz bzw. Translokation zurückzuführen ist. Jedenfalls bestätigen genetische Studien die Kolonisation des mediterranen Einzugs der Iberischen Halbinsel durch Forellen schon seit langer Zeit, wahrscheinlich zugleich mit der ersten Besiedelung des Duero-Beckens durch die DU-Linie (García-Marín et al., 2018).

Die warmen und trockenen Perioden der Zwischeneiszeiten im Mittelmeerraum verringerten den Lebensraum der Forellen und beschränkten die Vorkommen auf die Oberläufe und Quellregionen der Flüsse. Die geografische Isolation über viele Generationen hinweg förderte die eigenständige genetische Entwicklung. Anders als in den nördlichen Regionen kam es im Mittelmeerraum während der kälteren Perioden zur erneuten demografischen Ausbreitung und zu sekundären Kontaktzonen genetisch unterschiedlicher Populationen. Man findet daher im mediterranen Raum Spaniens auch eine Anzahl gemischter Populationen.

Eine genetisch verankerte, klimatisch bedingte Anpassung des Laichverhaltens konnte bei den Forellen Andalusiens nachgewiesen werden (Larios-López et al., 2015).

ME-Forelle, ~23 cm; Río Ara, Zufluss des Cinca, nördl. Ebro-Becken (Spanien)

ME-Forelle, ~23 cm; Río Guadalope, südl. Ebro-Becken (Spanien)

ME-Forelle, ~19 cm; Río Linares, Mijares-Becken (Spanien)

ME-Forelle, ~19 cm; Río Cabriel, Júcar-Becken (Spanien)

AD-Forelle, ~22 cm; Río Madera, Segura-Becken

AD-Forelle, ~21 cm; Río Andarax (Südhang der Sierra Nevada, Andalusien)

AD-Forelle, ~19 cm; Arroyo de las Truchas, Guadalquivir-Quellregion

AD-Forelle, ~33 cm; Río Dilar, Guadalquivir-Becken

Bei vielen Populationen dieser Region beginnt die Laichperiode im Oktober oder November und dauert bis Ende April oder Anfang Mai. In anderen Gebieten Europas erstreckt sich die Zeit der möglichen Fortpflanzung innerhalb einer Population nicht über drei Monate. Unvorhersehbare markante Wetterereignisse, wie Trockenheit oder Starkniederschläge, können in dieser mediterranen Umwelt extreme Schwankungen der Wasserführung verursachen, was wiederum verheerende Auswirkungen auf den Reproduktionserfolg haben kann. Die verlängerte Laichzeit vergrößert die Chance einer erfolgreichen Fortpflanzung und damit das Überleben der Population. Dieses Beispiel veranschaulicht die Bedeutung der Erhaltung lokaler Genpools zusammen mit adaptiven Genen, die Forellen dabei halfen, über Jahrtausende erfolgreich mit sich verändernden Umweltbedingungen zurechtzukommen. Der Besatz mit nicht heimischen Forellen kann die genetische Integrität dieser Populationen schädigen und dazu führen, dass sie ihre speziell entwickelten Anpassungen verlieren.

6.6.5. Konservierungsstatus

Wie in vielen anderen Regionen innerhalb des Verbreitungsgebietes der Europäischen Forelle wurde auch auf der Iberischen Halbinsel ihr Lebensraum während der letzten zwei Jahrhunderte stark beeinträchtigt oder zerstört. Zur Steigerung des fischereilichen Ertrages werden seit Jahrzehnten in den meisten Gewässern Besatzmaßnahmen mit domestizierten Bachforellen durchgeführt. Das Ausbringen von Besatzfischen zentral- und nordeuropäischer Abstammung hat die genetische Struktur vor allem in den bereits durch anthropogene Einflüsse stark geschwächten Populationen signifikant verändert (García-Marín et al., 1991; Vera et al., 2013). Diese Situation trifft hauptsächlich auf die mediterrane Einzugsregion zu, der genetische Einfluss durch Besatz blieb hingegen bei den Populationen des iberischen Atlantikbeckens generell gering (Corujo et al., 2004; Almodóvar et al., 2006). Die letzten genetisch reinen autochthonen Bestände befinden sich meist in entlegenen Quellregionen, durch natürliche (Wasserfälle) oder künstliche (Dämme) Barrieren gegen eine Zuwanderung von Hybridfischen aus den unteren Flussbereichen geschützt. Heute versucht man, diese genetischen Ressourcen mittels rigoroser Fischereigesetze zu erhalten und die Überlebenschance der Populationen durch deren Vergrößerung zu erhöhen. Für Gewässer mit schützenswerten Forellenbeständen gilt daher entweder ein totales Fangverbot oder „pesca sin muerte“, das heißt, die Fische müssen nach dem Fang zurückgesetzt werden. Die zunehmende Wasserknappheit in großen Teilen Iberiens durch menschliche Aktivitäten in Verbindung mit übermäßiger Entnahme von Grundwasser sowie Um-

weltveränderungen infolge der globalen Erwärmung könnten den Fortbestand vieler autochthoner Populationen gefährden.
Die Translokation von Forellen in fischleere Gewässer hat im Norden Spaniens und dem unmittelbar angrenzenden Teil Frankreichs eine lange Tradition. Schon im Mittelalter wurden Gebirgsseen in den Pyrenäen, die für Fische auf natürlichem Wege nicht erreichbar sind, mit Forellen aus nahe gelegenen Flüssen besetzt. Die älteste schriftliche Überlieferung stammt aus dem Jahre 1371*, doch geht man davon aus, dass Besatzmaßnahmen als zusätzliche Ernährungssicherung bereits im frühen Mittelalter stattgefunden haben, als die Pyrenäen relativ dicht besiedelt waren. Während der Maurenherrschaft diente der gebirgige Norden der Iberischen Halbinsel als Rückzugsgebiet für die christliche Bevölkerung. In vielen Seen der Hochgebirge wurden aber erst seit Mitte des letzten Jahrhunderts Forellen eingebracht, teilweise mithilfe von Hubschraubern. Diese Fische entstammten wohl kaum einheimischen Populationen, sondern waren vorwiegend der Nachwuchs domestizierter Stämme allochthonen Ursprungs. Hauptsächlich wurde die Europäische Forelle für den Besatz verwendet, in geringerem Umfang auch Regenbogenforellen und Bachsaiblinge. Aus einigen Seen verschwanden die eingesetzten Forellen aufgrund ungünstiger Umweltbedingungen nach zwei oder drei Jahrzehnten wieder. Heute zählt man in den spanischen Pyrenäen in Höhen zwischen 2000 und knapp unter 2700 m mehr als 260 Seen, die mit Salmoniden besiedelt sind. Der höchste dieser Seen, Estany Vidal d'Amunt, liegt auf 2688 m Seehöhe. Das Überleben der Forellen in derartig hohen Lagen ist wohl der perfekten Südlage zu verdanken. In mehrere fischlose Seen im Kantabrischen Gebirge wurden Ende des 19. Jahrhunderts Forellen eingesetzt, in neuerer Zeit auch im Iberischen Gebirge (Sistema Ibérico) und im Iberischen Scheidegebirge (Sistema Central) (Miró & Ventura, 2013).
Wie Besatzaktivitäten nicht nur die genetische Integrität lokaler Forellenpopulationen gefährden, sondern auch Auslöser für interspezifische Hybridisation sein können, wurde bereits im Kapitel 5 behandelt. In Zuflüssen des Kantabrischen Meeres, wo der Atlantische Lachs seit jeher gemeinsam mit der ortsansässigen Forelle vorkommt, wurden in der zweiten Hälfte des 20. Jahrhunderts zur Aufstockung der Bestände domestizierte Lachse und Forellen aus nordeuropäischen Ländern eingesetzt. In der Folge nahm die Hybridisierung zwischen den beiden Arten zu, wobei hauptsächlich weibliche Lachse und männliche Forellen beteiligt waren. Wie eine Untersuchung zeigt, betrug der Anteil von Hybriden der F1-Generation zu jener Zeit durchschnittlich 3,5 %. Erst nach der Einstellung der Besatzmaßnahmen Anfang der 1990er ging der Anteil an Hybriden auf etwa 0,6 % zurück (Castillo et al., 2008). In einer

anderen Studie, ausgeführt in den westlichen Zuflüssen des Kantabrischen Meeres, fand man Anfang dieses Jahrhunderts bis zu 9,8 % Hybriden (Hórreo et al., 2011). Im Flusssystem von Nalón-Narcea wurde festgestellt, dass der Anteil der Hybriden in den Jahren höher lag, die einem Jahr mit vermehrten Lachsaufstiegen folgten. Durch den Bau von Aufstiegshilfen bei den Dämmen erreichen die Lachse wieder die oberen Flussabschnitte, wo jedoch nur beschränkte Laichareale zur Verfügung stehen. Der Mangel an geeigneten Laichplätzen führte vor der Errichtung von Fischleitern bereits im Unterlauf zu vermehrter Hybridisierung. Anhand von experimentellen Kreuzungen konnte man feststellen, dass eine Introgression von Forellengenen in den Genpool des Atlantischen Lachses eher wahrscheinlich ist als umgekehrt. Da die natürlichen Hybriden fruchtbar sind und an der Fortpflanzung teilnehmen, kann die Introgression in den Genpool der Wildlachse und möglicherweise auch in den der Forellen erst in nachfolgenden Generationen verdünnt werden, sofern nicht neuerlicher Besatz mit domestizierten Fischen stattfindet.

*) Die ältesten schriftlichen Hinweise auf die Anwesenheit von Forellen in isolierten Gletscherseen stammen aus dem Spätmittelalter und dem Anfang der Neuzeit. 1371 und 1423: Estany d'Èvol (auch Gorg Nègre genannt), ein kleiner See an der Nordseite der Pyrenäen (Frankreich), der sich auf einer Seehöhe von 2085 m im Einzugsgebiet der Têt befindet. 1581: Estany Major de Saboredo und Estany Naut de Saboredo (Spanien); zwei eng beieinander liegende Seen in der Quellregion der Garonne auf etwa 2340 m Seehöhe. 1624: Ibón de Piedrafita; der kleine See im äußersten Norden Aragoniens liegt nur wenig über 1600 m und entwässert über den Río Gállego zum Ebro. 1674: ein paar Seen im Einzugsgebiet der Bergbäche Escrita und Peguera (Segre-Ebro-Becken) im 1955 gegründeten Nationalpark Aigüestortes i Estany de Sant Maurici in Katalonien. Die lokalen Bezeichnungen für Gletschersee sind „ibón“ in Aragonien, „estany“ in Katalonien und „ètang“ auf der französischen Seite der Pyrenäen.

Río Agueda – südliches Duero-Becken, im Grenzbereich von Portugal und Spanien

6.7. Nordafrika

Die Fauna der Binnengewässer im Nordwesten Afrikas hatte bis zum Miozän einen tropischen Charakter, erst danach wurde sie von einem europäischen Charakter geprägt (Greenwood, 1974). Die Süßwasserfische Nordwestafrikas weisen einen noch geringeren Artenreichtum auf als die der Iberischen Halbinsel. Einen wesentlichen Anteil der Arten machen die Barben (mehrere Arten der Gattung *Luciobarbus*) aus.

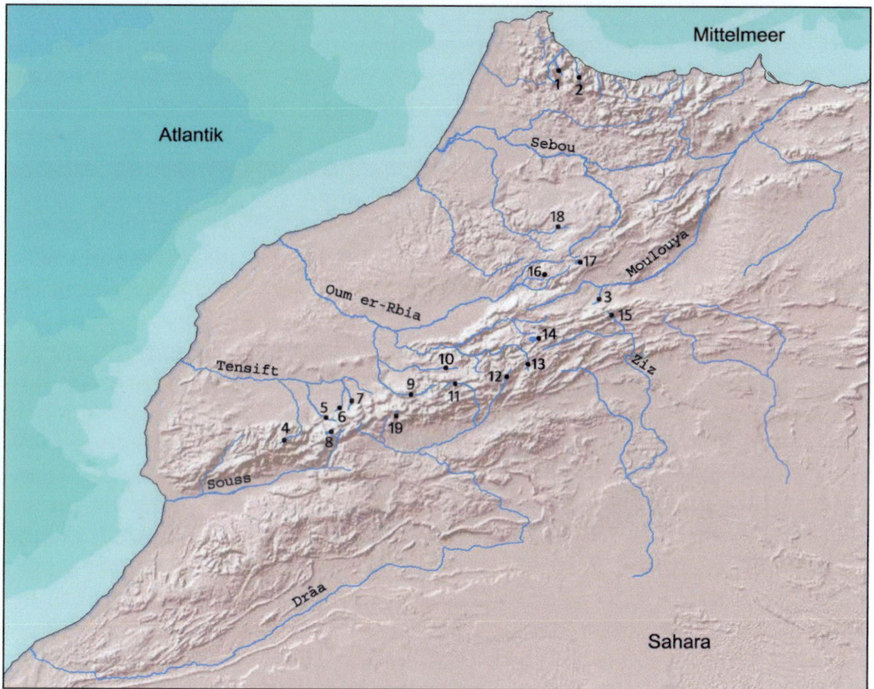

Hydrografische Karte von Nordwestafrika (Marokko)

1 Oued Talembote, 2 Oued el-Kanar (Adelma), 3 Oued Berrem, 4 Oued Nfiss, 5 Asif Aït Mizane, 6 Oued Ourika, 7 Oued Zat, 8 Lac d'Ifni, 9 Oued Tessaout, 10 Oued Lakhdar, 11 Asif M'Goun, 12 Oued Dadès, 13 Asif Melloul, 14 Lac d'Isli, 15 Zaouïa Sidi Hamza, 16 Miaami-Lagune, 17 Aguelmame Sidi Ali, 18 Oued Tigrigra, 19 Tamda-See.

Geografisches Glossar zu den Binnengewässern Marokkos:
Oued wird in Nordwestafrika für das hocharabische Wort „Wadi“ verwendet und bedeutet so viel wie Tal oder Fluss. **Asif** ist im Hohen Atlas die lokale Bezeichnung (Berbersprache) für Fluss oder Bach. **Aguelmame** ist die im Mittleren Atlas gebräuchliche Bezeichnung (Berbersprache) für Gebirgssee. **Tiguelmamine** ist das Diminutiv von Aguelmame und benennt 3 kleine Bergseen im Mittleren Atlas. **Lac** ist das französische Wort für See.

Die Europäische Forelle ist auf dem Gebiet des heutigen Marokko seit mindestens 1,2 Mio. Jahren heimisch, also seit Beginn des gegenwärtigen Eiszeitalters (Snoj et al., 2011). Manche Autoren vertreten indes die Meinung, dass die ersten Forellen bereits während des späten Pliozäns (vor rund 3 Mio. Jahren) in Nordwestafrika eintrafen. Die Wärmeperioden, mit einem zum Teil bedeutend wärmeren Klima als heute, überlebten sie in höher gelegenen Lagen, vor allem im Hohen Atlas. Molekularbiologische Untersuchungen lassen erkennen, dass die Besiedelung der Binnengewässer Marokkos auf mehrere sukzessive Einwanderungswellen zurückzuführen ist. Vor mehr als 1,2 Mio. Jahren erreichten erstmals Forellen, die aus dem östlichen Mittelmeerraum stammten und einer anzestralen „mediterranen Linie“ angehörten, Nordwestafrika und drangen nach Süden bis zum Einzugsgebiet des Drâa vor. Die nächsten zwei Einwanderungswellen erfolgten vor 400 000 bis 200 000 Jahren aus dem Atlantikbecken Südwesteuropas mit Forellen einer anzestralen Atlantik-Linie. Es ist denkbar, dass die erste dieser Zuwanderungen entlang der Atlantikküste stattfand und hauptsächlich den westlichen Hohen Atlas betraf, wo die genetischen Spuren dieser Invasoren im Einzugsgebiet des Tensift zu finden sind. Wahrscheinlich erreichte die zweite Einwanderung den Mittleren und den zentralen Hohen Atlas und führte entweder über das Mittelmeer in den Moulouya und von dort in die angrenzenden Becken von Sebou und Oum er-Rbia oder auch umgekehrt entlang der Atlantikküste in den Sebou und vielleicht auch in den Oum er-Rbia und weiter in das Einzugsgebiet des Moulouya. Infolge der introgressiven Hybridisierung der später eingewanderten Atlantikforellen mit den bereits ansässigen Populationen wurde deren ursprüngliches mitochondriales Genom durch das der atlantikstämmigen Eindringlinge ersetzt. Fast alle marokkanischen Forellen besitzen daher heute Haplotypen der Atlantik-Linie. Eine Ausnahme bilden lediglich die Populationen aus dem Einzugsbereich des Drâa (Dadès), die einen höchst divergenten Haplotyp aufweisen und einer eigenständigen Linie, der Dades-Linie (DS), zugeordnet werden. Vermutlich aufgrund veränderter klimatischer oder geologischer Bedingungen gelangten die Atlantikforellen nicht bis in diesen südlichen Verbreitungsraum, weshalb die ursprüngliche evolutionäre Position der Dades-Forellen erhalten blieb. Frühestens vor etwa 100 000 Jahren fand schließlich die letzte Einwanderung durch Forellen einer jüngeren Atlantik-Linie aus dem Nordwesten der Iberischen Halbinsel statt. Im Süden Marokkos gelangten sie bis zum Einzugsgebiet des Souss und im Norden besiedelten sie die mediterranen Küstenflüsse des Rifgebirges (Snoj et al., 2011, 2021). Von hier aus setzte sich die Kolonialisierung entlang der nordafrikanischen Küste zumindest bis nach Sizilien fort, wo noch heute atlantikstämmige

Forellen vorkommen (Schöffmann et al., 2007). Geht man davon aus, dass die Besiedelung des Drâa-Beckens (Dades-Forelle) über den Atlantik erfolgt war, befände sich die südlichste prähistorische Verbreitungsmarke der Gattung *Salmo* bei etwa 28° nördlicher Breite. Es muss jedoch auch eine Zuwanderung über den Hohen Atlas in Betracht gezogen werden. Durch die starke Hebung des Hohen Atlas seit dem Pliozän und während des Pleistozäns kam es zur Umgestaltung von Einzugsgebieten und zu Veränderungen der Wasserscheiden (Babault et al., 2012), was eine Verbreitung der Forellen über Flussanzapfungen ermöglichte. Die südlichste natürliche Verbreitungsgrenze der Europäischen Forelle liegt gegenwärtig bei 30° 50´ (Oued Nfiss) und 31° 02´ (Lac d'Ifni). Beide Vorkommen befinden sich im westlichen Hohen Atlas südlich von Marrakesch im Einzugsbereich der Atlantikzuflüsse Tensift bzw. Souss.

Auf der Basis phänotypischer Unterschiede wurden bisher sechs Arten aus Nordafrika beschrieben: *Salmo macrostigma* (Duméril, 1858a), *S. pallaryi* Pellegrin, 1924, *S. pellegrini* Werner, 1931, *S. akairos* Delling & Doadrio, 2005, *S. viridis* und *S. multipunctatus* Doadrio, Perea & Yahyaoui, 2015. Duméril beschreibt 1858 zwei Exemplare aus einem Zufluss des Oued Zehour[1], dem Oued el-Abaïch im Nordosten Algeriens nahe der Küstenstadt Collo, als *Salar macrostigma.* Spätere Autoren verwenden allgemein den Namen *Salmo macrostigma* bzw. *S. trutta macrostigma* für die Forellen Nordafrikas. Ebenfalls 1858 beschreibt M. Zill Forellen vom selben Typusfundort als *Salmo lapasseti*, benannt nach dem französichen Soldaten Lapasset, der diese Forellen für die Wissenschaft entdeckte.[2] Joleaud erwähnt 1938 ein weiteres Vorkommen in Algerien, im Oued Amizour südlich der Hafenstadt Bougie (Bejaïa), und bestätigt die Vorkommen im Rifgebirge, im Mittleren und im Hohen Atlas Marokkos. Die heute ausgestorbene Forellenform des Sees Sidi Ali im Mittleren Atlas klassifiziert Pellegrin (1924a) als *Salmo pallaryi.* Eine weitere Beschreibung der Art folgt im selben Jahr (Pellegrin, 1924b). Der österreichische Zoologe Franz Werner erhält 1930 zwei Forellen aus dem Ourika-Tal südlich von Marrakesch und stellt sie aufgrund morphologischer Merkmale zwischen *S. macrostigma* und *S. pallaryi.* Aus Dankbarkeit gegenüber seinem französischen Kollegen Jacques Pellegrin für die ihm vielfach erwiesene Hilfe benennt er sie 1931 „*Salmo Trutta* var. *Pellegrini*". Erst 2005 wird die endemische Forellenform des Hochgebirgssees Lac d'Ifni als neue Spezies, *S. akairos,* beschrieben und 2015 folgen die „Grüne Forelle" des ebenfalls im Hohen Atlas gelegenen Sees Lac d'Isli, *S. viridis*, und die Forellen aus dem Drâa-Becken, *S. multipunctatus.*

Marokko I oder **M1** (Einzugsgebiet des Souss: Lac d'Ifni u. Tifnoute; Talembote, Adelma) Färbung: mittelgroße bis große, schwarze und rote Flecken von rundlicher Form und mit heller Umrandung an den Flanken; nur schwarze Flecken bei älteren Individuen (Lac d'Ifni: wenige oder keine Flecken); dunkler postokularer Fleck (hinter dem Auge) und mehrere schwarze Flecken am Kiemendeckel; relativ große schwarze Flecken an der Rückenflosse; generell (außer Lac d'Ifni) 1-5 kleine schwarze Flecken an der Fettflosse, die bei Juvenilen zusätzlich rot gesäumt ist; rundliche oder oval geformte (vertikal länglicher im Einzugsgebiet des Souss) Jugendflecken (9-13), die weniger deutlich am vorderen Körperteil sind; die Jugendflecken bleiben bei Adulten erhalten, können aber bei sehr großen Exemplaren (>40 cm TL) verschwinden – jedoch werden sie niemals durch 4 dunkle Querbinden ersetzt; Rücken- und Afterflosse mit weißer, schwarz gesäumter Vorderkante, manchmal weniger stark ausgeprägt auch an den Bauchflossen; diese Färbung der Flossen ist bei alten Tieren weniger gut sichtbar oder verschwindet ganz. Körperform: Körper meist hoch; Kopf lang mit spitzer Schnauze; endständiges Maul; langer Oberkiefer. (Die meisten dieser Merkmale finden sich auch bei den Forellen Siziliens und bei dem abgebildeten Exemplar in Dumérils Erstbeschreibung von *Salmo macrostigma*, ebenso wie bei den Museumsexemplaren aus Algerien.)
Marokko II oder **M2** (Einzugsgebiete von Oum er-Rbia, Tensift, Moulouya und Ziz) Färbung: zahlreiche kleine, schwarze und rote Flecken von unregelmäßiger Form an den Flanken (rote Flecken oft mit heller Umrandung); dunkler oder bläulicher postokularer Fleck (häufig ein bis vier ähnliche Flecken am Kiemendeckel); viele kleine, schwarze oder bräunliche Flecken am Kiemendeckel; Rückenflosse mit kleinen schwarzen Flecken und am unteren Teil mit einigen roten Flecken; vertikal längliche Jugendflecken (11-16), die sich bei größeren Individuen meist zu vier dunklen Flächen oder Querbinden umformen; weiß-schwarz gesäumte Vorderkanten an den Flossen fehlen, jedoch mitunter eine zarte weiße Vorderkante an der Afterflosse und den Bauchflossen; rot gesäumte Fettflosse bei Juvenilen und manchmal bei Adulten; keine Flecken an der Fettflosse; öfters rote Vorderkante an der Afterflosse sowie an der unteren oder oberen und unteren Schwanzflosse. Körperform: sehr hoher Körper; abgerundete oder stumpfe Schnauze; Maul oft leicht unterständig; kurzer, breiter Oberkiefer. (Lac d'Isli: völliges Fehlen einer Fleckenzeichnung und der Jugendflecken; Körperform entspricht der Gruppe M2).
Dades oder **DS** (Einzugsgebiet des Drâa: Dadès und M'Goun) Färbung: bei Adulten (>20 cm TL) zahlreiche kleine, dunkle Flecken von außergewöhnlich unregelmäßiger Form; mit Ausnahme der eher rundlich geformten, schwarzen Flecken am oberen Teil der Seiten zeigen alle Flecken einen weinroten Untergrund, der teilweise von schwarzer Pigmentierung überlagert ist; rote Flecken sind bei Juvenilen noch deutlich sichtbar, besonders entlang der Seitenlinie und konzentrierter an der hinteren Körperhälfte; am Kiemendeckel zahlreiche kleine, orange Flecken mit weitgehender schwarzer Überlagerung; zwei bis drei horizontal verlängerte, schwarze Flecken am oberen Kopf, zwischen Auge und Kiemenöffnung; blasser postokularer Fleck (oft ein oder zwei ähnliche Flecken am Kiemendeckel); schmale, teilweise fragmentierte Jugendflecken (15-18) bei jüngeren Tieren; beginnende Bildung von vier dunklen Binden bei Exemplaren ab 23 cm TL; vertikale Reihen kleiner schwarzer Flecken am unteren Teil der Rückenflosse, viele kleinere dunkle und ein paar orange Flecken am oberen Teil der Rückenflosse; einige winzige dunkle Flecken am vorderen Teil der Schwanzflosse; keine Flecken an der Fettflosse; untere Flossen (ebenso die Schwanzflosse bei Juvenilen) orange oder leuchtend gelb; weiße Vorderkanten an Bauchflossen und Afterflosse; blasse helle Spitze an der Rückenflosse; oberer und unterer Rand der Schwanzflosse und die Fettflosse bei jüngeren Tieren (<20 cm TL) rot gesäumt. Körperform: Körper eher schlank, etwas höher bei Adulten; stark gewölbte Stirn; Maul leicht unterständig; kurzer, breiter Oberkiefer.

Bei Untersuchungen der mitochondrialen DNA fanden sich zahlreiche endemische und beinahe für jedes Flusssystem eigene Haplotypen, die bis auf die bereits erwähnte Ausnahme (Drâa/Dadès) allesamt der Atlantik-Linie angehören. Analysen der nuklearen DNA offenbaren hingegen eine abweichende stammesgeschichtliche Entwicklung der Forellen Nordafrikas. Diesen Ergebnissen zufolge können die marokkanischen Forellen zwei großen phylogenetischen Gruppen zugeordnet werden: einer Gruppe (Marokko I oder M1), die dem sogenannten südlichen Zweig der Atlantik-Linie angehört, und einer vermutlich älteren Gruppe (Marokko II oder M2; inkl. Dades oder DS), die bereits vor der endgültigen Aufspaltung der phylogenetischen Hauptlinien des *Salmo trutta*-Komplexes (Adria-, Mittelmeer-, Donau-, Marmoratus- und Atlantik-Linie) existierte. Zur ersteren Gruppe (M1) zählen die Forellen des Rifgebirges und des Einzugsgebietes des Souss mit ihren nächsten Verwandten in Algerien und Sizilien. Dieser südliche Atlantikzweig bildet gemeinsam mit der Duero-Linie eine Schwesterlinie zum nördlichen Atlantikzweig, der im Atlantikbecken nördlich der Iberischen Halbinsel vorkommt. In Nordafrika verbreitete sich der südliche Atlantikzweig erst innerhalb der letzten 100 000 Jahre. Die ältere Gruppe (M2/DS) umfasst alle übrigen rezenten Populationen im Mittleren und im Hohen Atlas; deren Vorfahren stammen, wie eingangs angeführt, aus zwei verschiedenen Regionen und besiedelten die Binnengewässer Marokkos in mehreren Zeitabschnitten von vor 1,2 Mio. bis vor 200 000 Jahren. Während die Dades-Forelle (DS) einen stark abweichenden, individuellen Haplotyp aufweist, bestehen innerhalb des restlichen Teils der älteren Gruppe (M2) einzigartige, nur in Marokko nachweisbare Haplotypen der Atlantik-Linie, die eine frühe Abspaltung von der anzestralen Linie nahelegen. Diese eigene Haplogruppe war offenbar einst weiter verbreitet in der südwestlichen Region Europas und repräsentiert vielleicht sogar den ältesten noch erhaltenen Zweig der Atlantik-Linie (Snoj et al., 2011, 2021). Das könnte wiederum die These bekräftigen, wonach das Entstehungszentrum der Atlantik-Linie im südlichen Teil ihres heutigen Verbreitungsraumes lag.

Aufgrund einiger phänotypischer Merkmale, wie Färbung und Körperform, können die Forellen Marokkos drei Kategorien zugeordnet werden, welche auch den drei genetischen Gruppierungen entsprechen (Schöffmann, 1993, 2007a, 2011a; siehe vorhergehender Textkasten).

In Marokko bewohnen die autochthonen Forellen beide großen Einzugsbecken, sowohl das des Atlantiks als auch das des Mittelmeeres. Die Vorkommen des Atlantikbeckens befinden sich im Mittleren Atlas in den Einzugsgebieten der beiden wasserreichsten Flüsse Marokkos, Sebou und Oum er-Rbia, an der Nordflanke des Hohen Atlas im Einzugsbereich von Oum er-Rbia und Tensift und an dessen Südflanke in den Quellregionen von Souss und Drâa. Aus dem Atlantikbecken wurden auch drei endemische Seeformen bekannt: der heute ausgestorbene *S. pallaryi* aus dem See (Aguelmame) Sidi Ali im Mittleren Atlas und aus zwei kleineren Seen (Tiguelmamine N'Aït Mahi), ca. 35 km südwestlich vom Typusfundort gelegen (Vivier, 1948), die sogenannte „Zwergforelle" (französich: truite naine) aus dem Lac d'Ifni im westlichen Hohen Atlas (Mouslih, 1987) und die „Grüne Forelle" (truite verte) des Lac d'Isli im zentralen Hohen Atlas (Vivier, 1948). Kurioserweise gibt es sogar eine Forellenpopulation in der Quellregion des Ziz, der an der Südflanke des Hohen Atlas entspringt und nach Süden in die Sahara entwässert. Vor etwa 10 000 Jahren war der Ziz noch Teil eines riesigen Einzugsgebietes alter Seensysteme, das bis zum Niger reichte (Drake et al., 2011). Im mediterranen Becken kommen Forellen in einigen Quellflüssen des Moulouya vor, die im zentralen Hohen Atlas entspringen. Auch in einigen seiner Zuflüsse aus dem Mittleren Atlas gibt es Forellen. Der Moulouya ist mit 520 km der längste Mittelmeerzubringer Marokkos und mündet nahe der Grenze zu Algerien. In mindestens zwei Mittelmeerzuflüssen des Rifgebirges, auch Rif-Atlas genannt, findet man noch autochthone Forellen (Schöffmann, 2011a).

[1]) Für (Oued) Zehour gibt es auch verschiedene andere Schreibweisen: Zhour, Z'hour, Zhor, Z'hor.

[2]) Offenbar denselben Fisch, den Zill beschreibt, bildet später Duméril (1858b) als *Salar macrostigma* ab, denn die Exemplare wurden alle von Lapasset geliefert. Zills Name, *Salmo lapasseti*, sollte eigentlich Priorität haben, doch ist nur Duméril davon überzeugt, eine neue Art zu beschreiben, während Zill glaubt, die algerischen Forellen nicht von der „Europäischen Forelle, *Salmo fario* L.", unterscheiden zu können (Troschel, 1859).

Lac d'Ifni – hier kommt die Zwergforelle (*S. akairos*) vor. Foto: C. Ratschan

6.7.1. Mittelmeerbecken

Die beiden Karstflüsse Oued Laou und Oued Adelma fließen vom westlichen Rifgebirge zum Mittelmeer. Die Forellenvorkommen im Einzugsbereich des Oued Laou beschränken sich auf die Quellregion des Zuflusses Oued Talembote, ab einer Seehöhe von etwa 400 m. Im benachbarten Oued Adelma (auch Oued el-Kanar genannt) kommen die Forellen bereits bei etwa 200 m über dem Meer vor. Die phänotypischen Merkmale der beiden Populationen entsprechen der Gruppe M1 (siehe auch Textfeld): Entlang der Flanken befinden sich große schwarze und rote Flecken mit heller Umrandung sowie runde bis ovale „Jugendflecken", die bei Exemplaren mit einer Körperlänge von mehr als 30 cm noch vorhanden sind. Die Rückenflosse besitzt einen weißen vorderen Rand (O. Talembote) oder eine weiße Spitze (O. Adelma) mit einem schwarzen Saum, der weiße vordere Rand der Afterflosse ist schwarz oder rot gesäumt. Diese farblichen Merkmale an der Rücken- und an der Afterflosse, die bei älteren Tieren oft weniger ausgeprägt erscheinen oder ganz verschwinden können, kennzeichnen neben vielen europäischen Atlantikpopulationen auch die Forellen des Lac d'Ifni und Siziliens. Die vergleichsweise kleine Fettflosse weist gewöhnlich mehrere schwarze Flecken auf. Der Kopf ist lang und spitz zulaufend, das Maul tief gespalten. Ganz anders präsentiert sich dazu der Phänotypus aus dem Oued Berrem, einem Zufluss des oberen Moulouya, der im Hohen Atlas nahe der Stadt Midelt entspringt: Die Flanken dieser Fische sind mit kleinen Flecken übersät, die „Jugendflecken" sind schmal und hoch. Die Rücken- und die Afterflosse zeigen keine weißen, dunkel gesäumten vorderen Kanten. Das Maul ist verhältnismäßig klein, das obere Kopfprofil stark abgerundet. Sie gleichen somit den Forellen aus den Flüssen des Atlantikbeckens und entsprechen wie diese dem Phänotypus der Gruppe M2.

Genetische Daten bestätigen, dass die Forellen des oberen Moulouya-Beckens zur alten Gruppe gehören, während die des Rifgebirges Vertreter der jüngeren Gruppe darstellen. Wie eingangs erläutert, erreichte eine der Zuwanderungen der anzestralen Atlantik-Linie den Mittleren und den zentralen Hohen Atlas entweder über den Moulouya oder über den Sebou und den Oum er-Rbia. In der Region zwischen Hohem und Mittlerem Atlas und insbesondere auf dem Gebiet um den Aguelmame Sidi Ali befinden sich in unmittelbarer Nachbarschaft die Ursprünge sowohl des Moulouya als auch der Atlantikzuflüsse Oum er-Rbia und Sebou. Die relativ niedrigen Erhebungen (Bergpässe), die zwischen den einzelnen Quellregionen liegen, lassen eine Verbreitung der Forellen über die Wasserscheiden hinweg mithilfe von Flussanzapfungen plausibel erscheinen.

M1-Forelle, ~21 cm; Oued Talembote, Zufluss des Oued Laou (Rif-Gebirge)

M1-Forelle, ~32 cm; Oued Adelma (Rif-Gebirge)

M2-Forelle, ~20 cm; Oued Berrem, Moulouya-Becken (Hoher Atlas)

M1-Forelle, ~14 cm; Asif Tifnoute, Souss-Becken (Hoher Atlas)

6.7.2. Atlantikbecken

Die Mehrheit der Forellenvorkommen Marokkos findet man im Einzugsbecken des Atlantiks. Die Einzugsgebiete von Oum er-Rbia und Tensift wurden von je einer eigenen Einwanderungswelle von Forellen der bereits angesprochenen anzestralen Atlantik-Linie besiedelt, doch zählen die Populationen beider Flusssysteme zur Gruppe M2 und lassen dementsprechend einige gemeinsame phänotypische Merkmale erkennen: eine meist hohe Anzahl kleiner Flecken an den Seiten und an der Rückenflosse, das Fehlen von weißen, schwarz gesäumten vorderen Kanten an der Rücken- und der Afterflosse, hohe und schmale Jugendflecken (11-16), die bei älteren Tieren zu vier dunklen Flächen verschmelzen, ein gedrungener Körperbau und ein relativ kleines Maul. Die Fettflosse zeigt keine Flecken und nur bei jüngeren Tieren einen roten Rand. Eine außerordentlich geringe Wirbelzahl von 51 bis 57 kennzeichnet die Forellen aus dem Becken des oberen Oum er-Rbia im Vergleich zu den übrigen Populationen Marokkos (55-58). Zudem existiert in diesem Einzugsgebiet im Mittleren Atlas noch eine bemerkenswerte Forellenpopulation, die dem Phänotyp M2 zwar grundsätzlich entspricht, aber ein gänzlich abweichendes Fleckenmuster aufweist: nicht sehr zahlreiche, relativ große rote Flecken und eine geringe Anzahl rundlich geformter Jugendflecken (9-10). Die Forellen bewohnen einen kleinen Quellsee, die Miaami-Lagune, und seinen Abfluss – genauer gesagt handelt es sich um den Ursprung des Oued Chbouka, eines Zuflusses des Serrou, der in den Oberlauf des Oum er-Rbia fließt. Genanalysen bestätigen durchaus ihre Zugehörigkeit zur älteren Gruppe, doch deutet das Vorhandensein von zwei sehr unterschiedlichen Haplotypen auf eine mögliche Besatzmaßnahme hin.

Ein den allgemeinen Regeln von M2 entsprechendes Erscheinungsbild weisen hingegen die Forellen aus der Quellregion des Ziz (bei der Ortschaft Zaouïa Sidi Hamza) am Südhang des Hohen Atlas auf. Wie genetische Untersuchungen darlegen, besteht eine enge Verwandtschaft zwischen der „Grünen Forelle“ des Lac d'Isli und zumindest einem Teil der Population des Ziz. Die Quellgebiete des Melloul und eines Zuflusses des Ziz liegen in naher Nachbarschaft. Der Melloul fließt von seiner Quelle nach Norden und biegt unweit vom Lac d'Isli nach Westen ab, um durch ein sich stetig verengendes Tal mit vielen Windungen weiter in Richtung Oum er-Rbia zu fließen. Aufgrund der geografischen und geologischen Gegebenheiten wäre es durchaus denkbar, dass der Lac d'Isli zeitweise mit dem gegenwärtigen Oberlauf des Melloul in Verbindung stand, der vor dem Entstehen des Durchbruchs nach Westen noch in Richtung Osten zum Ziz entwässert haben könnte. Der Wasserspiegel des heute abflusslosen Lac d'Isli lag gegen Ende der letzten Eiszeit

um 50 m höher, wodurch ein Abfluss in Richtung Nordosten über das Oued el-Abid zum Oum er-Rbia bestand (Lamb et al., 1994). Die Zuwanderung der Forellen aus dem Atlantikbecken in das abflusslose Becken am Rande der Sahara könnte demnach mithilfe von Flussanzapfungen über den Hohen Atlas stattgefunden haben. Alternativ sollte aber gleichfalls eine Zuwanderung aus dem nördlich angrenzenden Becken des Moulouya in Betracht gezogen werden, da einer der Haplotypen der Ziz-Population auch bei den Forellen des Berrem vorkommt. Das Teilen eines gemeinsamen Haplotyps, der ebenso bei weiteren Populationen gefunden wurde, spricht jedoch eher für eine Einflussnahme durch den Menschen. Jedenfalls wurden verlässlichen Quellen zufolge Forellen aus dem Ziz früher (zumindest bis in die 1990er Jahre) für die Zucht und die Verbreitung in andere Gewässer durch eine staatliche Institution verwendet. Andererseits könnten in jüngerer Zeit wiederum Besatzfische aus der einzigen staatlichen Zuchtanstalt in dieses leicht zugängliche Gewässer gelangt sein (mehr dazu weiter unten).
Der auf 2270 m Seehöhe liegende Lac d'Isli ist ein endorheischer (abflussloser), mesosaliner (leicht salzhaltiger) See mit einer Fläche von 215 ha und einer maximalen Tiefe von 95 m. Obwohl man von der Existenz der endemischen Forelle des Lac d'Isli schon seit längerer Zeit wusste und der französische Forscher Paul Vivier 1948 kurz darüber berichtet, ist bis heute nur wenig über ihre Lebensweise bekannt. Vivier nennt die „Grüne Forelle“ *Salmo pallaryi,* weist jedoch auf ihre grüne Färbung hin sowie auf das Fehlen einer Fleckenzeichnung und auf das rötlich gefärbte Fleisch, das er auf die Ernährung mit Copepoden (Ruderfußkrebse) zurückführt. Ergänzend zu dieser knappen Beschreibung kann noch hinzugefügt werden: Der Rücken ist dunkel olivgrün oder graugrün, die Flanken sind silbrig-grau und zum Bauch hin gelb gefärbt. Jugendflecken sind zumindest bei adulten Tieren nicht vorhanden. Laichbereite Männchen bekommen über den ganzen Körper eine intensivere Färbung, wobei an den Seiten dunkelgelbe und zum Rücken hin meist grünliche Töne vorherrschen. Das leicht unterständige Maul deutet auf eine Ernährungsweise, die auf benthischen Lebewesen basiert, hin. Während des Sommers halten sich die Forellen in tieferen Wasserschichten des Sees auf, wo sie sich überwiegend von Ruderfuß- und Flohkrebsen ernähren. Ab Anfang November kommen sie in Ufernähe, um auf kiesigem Grund zu Laichen. An welchen Stellen des Sees sie den Winter überdauern, wurde bislang noch nicht erforscht. Die Forellen des Lac d'Isli werden in der Regel 30 bis 40 cm lang und etwa 800 g schwer, mitunter werden aber auch Exemplare mit einem Gewicht bis zu 5 kg gefangen. Vor wenigen Jahren wurde die „Grüne Forelle“ als neue Art beschrieben: *Salmo viridis* Doadrio, Perea & Yahyaoui, 2015.

M1-"Zwergforelle" (*S. akairos*), ~15 cm; Lac d'Ifni, Souss-Becken (Hoher Atlas)

M2-Forelle (*S. pellegrini*), ~21 cm; Oued Ourika, Tensift-Becken (Hoher Atlas)

M2-Forelle, ~16 cm; Oued Tessaout, Oum er-Rbia-Becken (Hoher Atlas)

M2-Forelle, ~18 cm; Miaami-See, Oum er-Rbia-Becken (Mittlerer Atlas), Foto: I. Doadrio

M2-Forelle, ~22 cm; Zaouia Sidi Hamza, Ziz-Becken (Hoher Atlas)

M2-„Grüne“ Forelle (*S. viridis*), Lac d‘Isli (Hoher Atlas). Foto: M. Esteve

DS-Forelle (*S. multipunctatus*), ~24 cm; Oued Dadès, Drâa-Becken (Hoher Atlas)

DS-Forelle (*S. multipunctatus*), ~14 cm; Oued Dadès, Drâa-Becken (Hoher Atlas)

Der Aguelmame Sidi Ali, der größte See im Mittleren Atlas, liegt auf einer Seehöhe von 2078 m, hat eine Fläche von 250 ha und eine maximale Tiefe von 35 m. Der bekannte französische Ichthyologe Jacques Pellegrin benennt 1924 (a-b) erstmals die endemische Seeforelle des Aguelmame Sidi Ali mit *Salmo pallaryi* und beschreibt sie als Forelle mit kleinen und zahlreichen Schuppen, schlankem Körper, großen Augen, kurzen Kiefern und ohne Fleckenzeichnung an den Seiten, aber mit gefleckten oder marmorierten Markierungen am Kopf. Er glaubt, diese Art stehe als Zwischenform zwischen den Gattungen *Salmo* und *Salvelinus* und bezeichnet sie deshalb auch „Truite-Omble" (Saiblingsforelle). Erst Vivier widerlegt 1948 diese These und betrachtet *S. pallaryi* lediglich als eine Forellenvariation. Weiteres berichtet er von zwei kleinen Seen, Tiguelmamine N'Aït Mahi, im südlichen Mittleren Atlas auf 1650 m Seehöhe, wo ebenfalls *S. pallaryi* vorkommen soll. Die Beschreibung dieser Forellen (fehlende Fleckenzeichnung) stimmt mit der Originalbeschreibung überein, nur dass sie einen noch kleineren und schlankeren Körperbau aufweisen und die Augen groß und hervorquellend sind, wie man es gelegentlich bei Exemplaren in Zuchtanstalten beobachtet, wenn die Lebensbedingungen mangelhaft erscheinen. Vivier glaubt, dass die ungünstigen Umweltbedingungen in diesem Gewässer (z.B. zu geringer Calziumgehalt) für diese angeborene Fehlbildung und das schlechte Wachstum der Fische verantwortlich sind. Im Aguelmame Sidi Ali ist *S. pallaryi* vermutlich um 1938 wegen veränderter trophischer Bedingungen durch den Besatz mit Karpfen ausgestorben (Mouslih, 1987; Schöffmann, 1993). Über das Schicksal der Forellen aus den zwei kleinen Seen wurde nichts mehr bekannt.
Der etwa 30 ha große und bis zu 60 m tiefe Lac d'Ifni befindet sich rund 100 km vor dem westlichen Ende des Hohen Atlas auf einer Seehöhe von 2300 m. Der See wurde durch einen natürlichen Damm im Tal des Asif n'Moursaine gebildet, der an der Südabdachung des Toubkal (4167 m), der höchsten Erhebung Nordafrikas, entspringt. Die Zuflüsse des Sees führen nur während der Schneeschmelze und nach schweren Regenfällen Wasser, der Abfluss ist unterirdisch. Dadurch sinkt der Wasserspiegel während des Sommers um mindestens 7 m. Die Forellen des Lac d'Ifni wurden vor 4000-5000 Jahren durch einen Bergrutsch, der zur Entstehung des Sees führte, von der weiter flussabwärts lebenden Population isoliert (Panouse, 1963). Der Abfluss des Sees mündet in den Asif Tifnoute, einen Zubringer des Oued Souss, welcher bei Agadir in den Atlantik fließt. Im Lac d'Ifni stellen die endemischen Forellen die einzige Fischart dar. Ihre große Populationsdichte, das knappe Nahrungsangebot und das Fehlen von Fressfeinden – auch die Fischerei wird in diesem schwer zugänglichen See kaum betrieben – führten

zu Kleinwüchsigkeit. Gewöhnlich erreichen die Fische eine maximale Länge von 8 bis 16 cm, in seltenen Fällen bis zu 22 cm. Sie werden kaum älter als 5 Jahre. Während der Sommermonate kann man die Forellen nahe der Oberfläche bei der Nahrungsaufnahme beobachten. Sie ernähren sich von Ruderfußkrebsen (Cyclopoida), terrestrischen Gliederfüßern (Arthropoda) sowie von Kiesel- und Fadenalgen (Gee & Duigan, 1993). Da der Lac d'Ifni weder über geeignete Zuflüsse noch über einen oberirdischen Abfluss verfügt, kann die Laichablage nur im See stattfinden. Die äußeren Merkmale, besonders aber die Färbung, unterscheiden die sogenannte „Zwergforelle“ (franz.: truite naine) klar von allen anderen Forellen des Hohen und des Mittleren Atlas: Die Rücken- und die Afterflosse sind ungewöhnlich lang und mit einem deutlichen weißen, schwarz gesäumten vorderen Rand versehen. Alle Exemplare haben 9 bis 11 ovale oder längliche Jugendflecken. Einige Individuen zeigen zudem wenige größere bis kleine schwarze oder rötliche Punkte mit breiter, heller Umrandung entlang der Seitenlinie. Vielen Tieren fehlt allerdings diese Fleckenzeichnung. Gelegentlich ist eine leichte Marmorierung an den Seiten und am Rücken zu erkennen. Die vergleichsweise kleine Fettflosse ist rot umrandet, die Rückenflosse schwarz gefleckt. Aufgrund einiger diagnostischer morphologischer Merkmale wurde die Zwergforelle als eigene Art beschrieben: *Salmo akairos* Delling & Doadrio, 2005. Einige gemeinsame Merkmale mit der Zwergforelle zeigen allerdings auch die Forellen aus dem Oberlauf des Tifnoute, wie die weißen, schwarz gesäumten Vorderkanten an Rücken- und Afterflosse. Rote und schwarze Flecken sind zwar zahlreicher bei dieser Flusspopulation vorhanden, doch immer noch in weit geringerer Anzahl als bei den Populationen der angrenzenden Einzugsgebiete im Norden (Tensift), Nordosten (Oum er-Rbia) und Osten (Dadès/Drâa), die alle eine große Anzahl kleiner Flecken aufweisen. Auch genetisch unterscheiden sich die Forellen des Lac d'Ifni und des Tifnoute nur geringfügig voneinander, was auf die relativ kurze Zeitspanne der räumlichen und reproduktiven Trennung (ca. 4500 Jahre) zurückzuführen ist. Die Forellen im Einzugsgebiet des Souss sind die am weitesten nach Süden vorgedrungenen Vertreter der letzten Zuwanderungswelle (Gruppe M1) und stellen die Wissenschaft ob ihres isolierten Vorkommens inmitten von Populationen der älteren Gruppe (M2/DS) vor ein bislang noch ungelöstes Rätsel.

Im Hohen Atlas existiert noch ein dritter Gebirgssee mit einem Forellenbestand: Der Tamda-See liegt etwa 90 km Luftlinie östlich des Lac d'Ifni auf einer Seehöhe von 2665 m. Dies ist zwar das höchstgelegene Forellenvorkommen Marokkos, doch profitieren die Fische vom reichen Nahrungsangebot, das sie vor allem in der dicht mit submerser Vegetation bedeckten Uferzone vorfinden, und können so trotz der großen Bestandsdichte Längen bis zu 40 cm erreichen. Der See besitzt weder einen oberirdischen Zu- noch Abfluss und war vor dem Forellenbesatz, der wahrscheinlich erstmals 1970 stattfand, ohne Fische. Zur genauen Herkunft der Forellen gibt es keine Aufzeichnungen. Ihr Zeichnungsmuster ist sehr variabel, zeigt aber jedenfalls die typischen Merkmale der Gruppe M2 (Schöffmann, 2019c), was auch durch Genanalysen bestätigt wurde. Die Population weist Haplotypen aus mindestens drei verschiedenen Flusssystemen auf: Tensift, Moulouya und Ziz (Snoj et al., 2021). Da eine direkte Translokation aus diesen Flüssen eher unwahrscheinlich erscheint, ist ein Besatz mit Jungfischen aus der staatlichen Fischzucht „Ras el-Ma" bei Azrou im Mittleren Atlas die plausibelste Erklärung. In dieser 1957 gegründeten Einrichtung werden schon seit längerer Zeit unterschiedliche Stämme der marokkanischen Forellen gezüchtet und leider auch gekreuzt. Die resultierenden Hybriden wurden und werden immer noch zur Bestandsaufstockung hauptsächlich in die umliegenden Flüsse des Mittleren Atlas eingesetzt. Die Auswertung genetischer Daten legt nahe, dass auch in einigen leichter zugänglichen Gewässern des Hohen Atlas Besatzmaßnahmen durchgeführt wurden. Über deren Ausmaß und den Einfluss auf die genetische Struktur dieser Populationen liegen nicht genügend gesicherte Erkenntnisse vor. Älteren Berichten zufolge gab es schon ein paar Jahrzehnte vor der Gründung von „Ras el-Ma" eine kleine Zuchtanlage in Azrou und zwei weitere im Hohen Atlas, nämlich eine bei Midelt im Einzugsbereich des Moulouya und eine südlich von Marrakech am Bach Issil, einem Zufluss des Tensift. Ein kurioses Beispiel stammt aus dieser Zeit: die angebliche Kreuzung von *„Salmo pallaryi"* mit *„S. macrostigma"* in der vormaligen Zuchtanstalt von Azrou (Vivier, 1948). Inwieweit dieser Versuch erfolgreich war und ob solche Hybriden in freie Gewässer gelangten, bleibt indes unklar.

Der ursprüngliche Phänotypus aus dem Becken des Sebou, des nördlichsten Atlantikzuflusses mit Forellenvorkommen, lässt sich heute nicht mehr mit Sicherheit bestimmen. Im Laufe der letzten Jahrzehnte wurden diese Gewässer intensiv mit Material aus der staatlichen Fischzucht „Ras el-Ma" besetzt. Zwei konservierte Exemplare aus dem Naturhistorischen Museum in Paris (Muséum National d'Histoire Naturelle) geben jedoch Aufschluss über die äußeren Kennzeichen der ursprünglichen Population des Tigrigra, eines Zuflusses des Beht, der wiederum einen der Hauptzuflüsse des Sebou darstellt. Beide Exemplare (MNHN 1920-0200, MNHN 1926-0013) wurden anscheinend in den 1920er Jahren gesammelt und präsentieren einige charakteristische Merkmale, die sonst nur bei den Forellen des Rifgebirges auftreten: große rundliche

Flecken an den Flanken; Rücken- und Afterflosse mit weißen, dunkel gesäumten Vorderkanten; spitze Schnauze mit weit gespaltenem Maul. Die Übereinstimmung der äußeren morphologischen Merkmale mit den Forellen aus dem nördlichsten Verbreitungsraum von Marokko könnte auf eine engere Verwandtschaft mit diesen hinweisen und somit würden die Forellen des Sebou der jüngeren Gruppe M1 angehören. Zwei Museumsexemplare (MNHN-IC-1977-0272), die mit dem Sammeldatum 1923 beschriftet sind und ebenfalls aus dem Tigrigra stammen, zeigen hingegen ein gänzlich anderes Erscheinungsbild und gleichen dem Phänotypus M2. Mindestens eines dieser Exemplare besitzt dementsprechend auch einen Haplotypus, der bei Populationen der älteren Gruppe nachgewiesen wurde. Die unterschiedlichen Phänotypen könnten auf einen undokumentierten Besatz zurückzuführen sein. Allerdings fehlen von den zwei Exemplaren, die vermutlich M1 zugeordnet werden können, bislang noch genetische Daten. Berichtet wurde nur von einem einmaligen Besatz mit Bachforellen aus Frankreich in einem Zufluss des Tigrigra (Oued Boumelloul) nahe bei Azrou im Jahre 1952 (Mouslih, 1987). Über den Verbleib dieser Fische ist nichts bekannt. Es wurden auch nirgends in Marokko jemals genetische Spuren von Forellen europäischer Herkunft festgestellt. Obgleich eine Zuchtanlage in Azrou bereits seit 1924 besteht und 1925 erstmals Regenbogenforellen in freie Gewässer entlassen wurden, gibt es keinen Hinweis für die Einfuhr von Bachforellen in Marokko vor 1952.

Eine sowohl phänotypisch als auch genotypisch einzigartige Forellenpopulation bewohnt die Quellregionen des Dadès und seines Nebenflusses M'Goun im zentralen Hohen Atlas. Der Dadès ist der größte Zubringer des Drâa. Mit einer Länge von etwa 1100 km ist der Drâa der längste Fluss Marokkos. Sein übliches Wasservolumen reicht aber schon lange nicht mehr aus, um den Atlantik zu erreichen. Nur außergewöhnlich hohe Niederschläge können das Flussbett bis zum Unterlauf mit Wasser füllen. Die äußeren Merkmale, insbesondere die Fleckenzeichnung der Forellen aus dem Dadès und aus dem M'Goun, unterscheiden diese von den Forellen aus den übrigen Einzugsgebieten Marokkos. Die goldgelb oder silbrig glänzenden Flanken sind bei adulten Tieren dicht mit unregelmäßig geformten schwarzen Flecken besetzt. Bei näherer Betrachtung zeigt es sich jedoch, dass diese Flecken, mit Ausnahme der eher rundlich geformten an der Oberseite, einen weinroten Untergrund mit netzförmigen schwarzen Überlagerungen aufweisen. Bei jüngeren Tieren bis zu einer Körperlänge von etwa 18 cm tritt ein roter Untergrund, vor allem entlang der Seitenlinie, noch deutlicher hervor. Außerdem haben juvenile Tiere 16 bis 19 schmale, teilweise fragmentierte Jugendflecken, die bei älteren Tieren allmählich durch vier dunkle Flächen ersetzt werden. An den Kiemendeckeln befinden sich mehrere kleine rötlichbraune oder schwarze Flecken, am Kopf zwei oder drei größere schwarze Flecken. Die Flossen sind gelb bis orange gefärbt, der obere und untere Rand der Schwanzflosse ist rot, die Bauchflossen und die Afterflosse sind weiß gesäumt. Die mit kleinen schwarzen, bei Jungtieren auch roten Flecken übersäte Rückenflosse zeigt eine helle Spitze und eine dunkle Vorderkante. Das obere Schnauzenprofil ist stark abgerundet, das Maul vergleichsweise klein. Wenn auch vergleichende morphologische und meristische Untersuchungen keine nennenswerten Eigenheiten aufzeigen konnten, belegen die Ergebnisse molekulargenetischer Analysen, dass sich diese Forellen seit annähernd 1,2 Mio. Jahren von allen anderen Populationen isoliert entwickelt haben. Da sie auch innerhalb der älteren Gruppe einen spezifischen Status aufgrund eines höchst divergenten Haplotypus aufweisen, etablierte man die eigene Evolutionslinie „Dades", benannt nach dem Fundort (Snoj et al., 2011). Zusammen mit der „Grünen Forelle" des Lac d'Isli beschreiben 2015 die Autoren Doadrio, Perea und Yahyaoui die Dades-Forelle, die sie als Draa-Forelle bezeichnen, als neue Spezies: *Salmo multipunctata.* Dieser Name ist jedoch falsch geschrieben; da das Substantiv *Salmo* im Genus maskulin ist, sollte es auch das Adjektiv sein. Der Name lautet also richtig *Salmo multipunctatus.* Zudem untersuchten die Autoren nur juvenile Exemplare bis zu einer Standardlänge von 161 mm, wodurch die Färbung von adulten Tieren nicht korrekt angegeben wurde, denn ab einer Standardlänge von etwa 200 mm treten an Stelle der Jugendflecken vier dunkle Flächen.

Wie schon im vorangegangenen Kapitel über die Iberische Halbinsel erörtert wurde, zeigen adulte Tiere vieler atlantikstämmiger Forellenpopulationen Iberiens ebenso wie fast aller Populationen der mediterranen Linien (AD, ME, MA), von Spanien bis Anatolien, vier dunkle Flächen oder Querbänder an den Körperseiten. Da dieses Farbmuster auch bei der Reliktpopulation des Dadès und ihren nächsten Verwandten in Erscheinung tritt, kann man davon ausgehen, dass es sich hierbei um ein plesiomorphes (ursprüngliches) Merkmal handelt, welches von einem gemeinsamen Vorfahren aus dem südlichen atlantischen Raum Europas oder aus der mediterranen Region stammt – möglicherweise ein Anzeichen für die basale Stellung der anzestralen „mediterranen Linie" bei der evolutionären Entwicklung der Europäischen Forelle.

6.7.3. Konservierungsstatus

Die Bedrohungen, die den Fortbestand der autochthonen Forellenpopulationen im Nordwesten Afrikas gefährden, entsprechen im Großen und

Ganzen denen anderer arider Zonen im Verbreitungsraum der Europäischen Forelle, wenngleich einige spezifische Risikofaktoren für dieses Gebiet am Rande der Sahara in Betracht zu ziehen sind. Anders als in weiten Teilen Südeuropas, wo die Besiedlungsdichte in den ländlichen Regionen in den letzten Jahrzehnten kontinuierlich abnahm, gibt es in Marokko trotz Abwanderung in die Städte einen erheblichen Bevölkerungszuwachs auch auf dem Lande zu verzeichnen. Die Folgen des anhaltenden Bevölkerungsdrucks sind die vermehrte Nutzung von Agrar- und Weideflächen sowie die Abholzung der Wälder zur Flächen- und Brennstoffgewinnung. Dies führt zu erhöhter Bodenerosion und zu einer empfindlichen Störung des Wasserhaushalts. Der Wasserverbrauch für die Bewässerung verringert die Abflussmenge der Flüsse, wodurch höhere Wassertemperaturen während des Sommers auftreten. Extreme Trockenjahre, wie sie immer wieder vorkommen, verstärken dieses Problem. Mitte des letzten Jahrhunderts lag die untere Verbreitungsgrenze der Forellen im Mittleren Atlas noch bei 900 m (Kerans, 1962), heute befindet sie sich bei etwa 1200 m im Mittleren Atlas und bei 1500 m im Hohen Atlas. Zumeist aber findet man im Hohen Atlas die Forellen erst ab einer Seehöhe von 1800 m. Die Auswirkungen des Bevölkerungswachstums und des Klimawandels verbunden mit einer Abnahme der Niederschläge stellen, neben den Beeinträchtigungen durch den Bau von Straßen und Dämmen, die größten Bedrohungen für den ökologischen Lebensraum der marokkanischen Forellen dar. Die meisten Populationen konnten nur in kleinen Arealen der Quellregionen überleben. Als Folge der verminderten Niederschlagsmengen im südlichen mediterranen Raum wird der Grundwasserspiegel in den nächsten Jahrzehnten dramatisch sinken. Nach offiziellen Schätzungen sind heute bereits 93 % des Staatsgebietes von Marokko in unterschiedlichem Ausmaß von fortschreitender Desertifikation betroffen (Bardaoui, 2005).
Im Hohen Atlas ist die ursprüngliche Bewaldung der Nordflanke durch Abholzung stark zurückgegangen, was zu einer beträchtlichen Erosion und Degradierung der Böden führte. An der Südabdachung gibt es durch die geringen Niederschläge kaum Vegetation. In den Tälern, deren Flüsse ganzjährig genügend Wasser aus den niederschlagsreichen Hochlagen bringen, wird intensiver Bewässerungsfeldbau betrieben (Hammi et al., 2010). Trotz der höheren Niederschlagsmengen im Norden werden die Landnutzungsmöglichkeiten dort sehr oft durch die steilen Hangneigungen erschwert, womit die Täler einem massiven Agrardruck ausgesetzt sind. Im Sommer kommt es in den letzten Jahrzehnten immer häufiger zu gewittrigen Starkniederschlägen, die vorwiegend an der Nordseite des westlichen und des zentralen Hohen Atlas auftreten und Überschwemmungen und damit verbunden flächenhafte Bodenero-

sion auslösen können (Marchane et al., 2017). Besonders betroffen davon sind die Täler im Einzugsgebiet des Tensift, wie Oued Zat, Ourika und Nfiss, wo verheerende Hochwasser verbunden mit Geröll- und Schlammlawinen während der letzten Jahre fast die gesamten Forellenbestände ausgelöscht haben. Die negativen Auswirkungen dieser Entwicklung auf die Fließgewässer haben dazu geführt, dass die heutigen Forellenvorkommen, bis auf wenige Ausnahmen, nur noch auf kurze Abschnitte in den Quellregionen beschränkt sind. Stabile, durch rigorose Fischereiregelungen und mehr oder weniger strenge Kontrollen geschützte Bestände weisen noch die Oberläufe folgender Flüsse im zentralen Hohen Atlas im Einzugsgebiet des Oum er-Rbia auf: Tessaout, Lakhdar und Melloul mit seinem Nebenfluss Ahansal (Taghia). Abgesehen vom Tessaout, wo die Population völlig unbeeinflusst von Besatzmaßnahmen blieb, lässt die genetische Zusammensetzung der übrigen Populationen auf einen gewissen Einfluss durch Besatzfische aus der staatlichen Fischzucht „Ras el-Ma“ schließen.
Bisher wurde auch die genetisch einzigartige Dades-Forelle vollständig von Besatzmaßnahmen verschont. Dennoch ist der Fortbestand der beiden geografisch getrennten Populationen keineswegs gesichert. Ihre gesamte Verbreitung beschränkt sich auf Flussabschnitte von insgesamt nicht mehr als 22 km, die sich alle auf Seehöhen zwischen 2150 m und 2370 m befinden (Clavero et al., 2017). Die bereits oben angeführten Gefährdungsursachen durch Erosion und die Sedimentation der Gewässer infolge der Vegetationsverarmung unter Einfluss des Menschen betreffen ganz besonders diese verbliebenen Bestände. Nach der internationalen Roten Liste (IUCN) gilt die Dades-Forelle mittlerweile als vom Aussterben bedroht.
Im Mittleren Atlas befinden sich einige für Sportangler leichter zugängliche Forellengewässer, wo neben den Regenbogenforellen auch heimische Bachforellen vorkommen. Wie bereits erwähnt, stammen diese Forellen hauptsächlich von Besatz mit hybridisierten Tieren aus der staatlichen Zuchtstation. Die genetische Integrität der einzelnen Populationen ging infolge dieser Manipulation weitgehend verloren.
Zum aktuellen Stand der Forellenpopulationen in den beiden etwa 130 km voneinander entfernten Flusssystemen Oued Amizour und Oued Zehour im Nordosten Algeriens gibt es keine verlässlichen Hinweise. Die anthropogen versursachten Umweltschäden (z.B. durch Entwaldung und Überweidung) in diesen relativ dicht besiedelten Gebieten und der unkontrollierte Fischfang in den eher leicht zugänglichen Gewässern geben jedoch wenig Anlass zur Hoffnung auf ein rezentes Vorkommen der Art (Schöffmann, 1993). Bereits 1881 vernichtete ein gigantisches Feuer die Vegetation eines großen Teils des Collo-Massivs, in dem sich

auch die Quellbäche des Oued Zehour befinden. Ein Jahrhundert später, 1983, erlebte diese Region einen zweiten Brand, den größten, der jemals verzeichnet wurde. Nicht nur diese Katastrophe war ein schwerer Schlag für die Fischbestände, sondern auch die wenige Monate danach folgenden immensen Hochwässer, die abgelegte Eier und Larven der Forellen vernichteten. Dass die heimischen Forellen Algeriens schon bei der französischen Kolonialverwaltung einen hohen Stellenwert besaßen, zeigt die Translokation von einigen Individuen aus dem Einzug des Oued Zehour in den Oberlauf des Oued Zadra, südlich der Stadt Collo, im Jahr 1869. In der Folge gelang es, die Forellen in mehreren Nebenflüssen des Oued Zadra anzusiedeln. Nachdem man die Regenbogenforelle 1930 aus Frankreich eingeführt hatte, wurde nur noch diese Art für Besatzmaßnahmen in den Gewässern des Landes verwendet (Anonymus, 2016). Die seit Ende des vergangenen Jahrhunderts andauernden terroristischen Aktivitäten, die ein erhöhtes Sicherheitsrisiko auch in den genannten ländlichen Gebieten und Bergregionen bedeuten, machen es derzeit und wohl auch in absehbarer Zukunft unmöglich, wissenschaftliche Nachforschungen zu betreiben, um eventuelle Restbestände heimischer Forellen nachzuweisen.

Asif M'Goun – Quellregion (links) und Oued Dadès – Oberlauf (rechts)

6.8. Frankreichs Mittelmeerbecken

Abgesehen vom Genfer See wird das Mittelmeerbecken Frankreichs, von den Pyrenäen bis zu den Seealpen, fast ausschließlich von Forellen der Mittelmeer-Linie bewohnt. Haplotypen der Adria-Linie wurden bislang nur in etwa fünf Seitenflüssen und Quellregionen der Durance (Rhone-Becken) und in zwei Mittelmeerzuflüssen im Südwesten Frankreichs nachgewiesen (Reynaud et al., 2011). Die weitgehende Abwesenheit der Adria-Linie in dieser Region lässt sich vielleicht mit der Verdrängung der ursprünglichen Adria-Populationen durch die sich später ausbreitende Mittelmeer-Linie erklären. Der Genfer See konnte aufgrund einer seit dem Ende des Würmglazials bestehenden Barriere unterhalb von Genf (Pertes du Rhône*) von der Mittelmeer-Linie nicht erreicht werden. In der Dranse, dem zweitgrößten Zufluss des Genfer Sees, wurde hingegen eine Adria-Population gefunden (Bernatchez, 2001). Dieses isolierte Vorkommen sowie die Anwesenheit von Adria-Haplotypen in den relativ abgesonderten Oberläufen einiger Seitenflüsse der Durance, während in den unteren Abschnitten und im Hauptfluss Mittelmeer-Haplotypen vorherrschen, sprechen für eine Erstbesiedelung des Rhone-Beckens durch die Adria-Linie. Für die Präsenz von Adria-Haplotypen im Einzug der Durance wurde allerdings noch eine andere Erklärung vorgeschlagen (siehe unten am Ende des Kapitels). Erst über postglaziale Verbindungswege gelangten auch atlantikstämmige Forellen aus dem Rheintal in den Genfer See und in das obere Rhonetal. Im Genfer See entstand eine lakustrische Form, die in die Zuflüsse zum Laichen aufsteigt. Sie wurde vom französischen Naturforscher Georges Cuvier 1829 als *Salmo lemanus* beschrieben. Als Typusfundort wird der „Genfer See und einige benachbarte Seen" in der Schweiz und in Frankreich angegeben. Im Werk von Cuvier und Valencienne (1848) findet sich eine Zeichnung, die ein offensichtlich größeres (älteres), aber auffallend schlankes Exemplar aus dem Genfer See darstellt: Die Kiemendeckel und die Flanken sind dicht mit sehr kleinen, unregelmäßig geformten Flecken übersät; an der Schwanzflosse befinden sich zahlreiche größere, rundlich geformte Flecken. Der Schweizer Zoologe und Kurator des Naturkundemuseums in Genf, Godefroy Lunel, beschreibt 1874 die Forellen mit dem Typusfundort Genfer See, einschließlich eines seiner Zuflüsse (Versoix) und des Abflusses (Rhone) mit einem auf Schweizer Territorium mündenden Seitenfluss (Allondon) als *Trutta variabilis* und schlägt diesen Namen für alle Forellenformen vor, die in den Seen und Fließgewässern der Schweiz leben. Den Artnamen wählt er, um auf die morphologische „Variabilität" der vier vermeintlichen Forellenarten, die zuvor aus dieser Region beschrieben wurden, hinzuweisen und sie unter einem einzigen wissenschaftlichen Namen zu benennen. Bis dahin kannte man neben *Salmo lemanus* aus dem Genfer See noch *Salmo rappii* und *Salmo lacustris* aus dem Bodensee sowie *Salmo fario ausonii* aus Bächen und Flüssen. Lunel vertritt die Auffassung, dass nicht nur die Forellen der Schweiz, sondern auch jene in vielen anderen Gebieten Europas zur selben Art gehören. Die Erstbeschreibung von Lunel enthält drei sorgfältig gemalte Abbildungen (Chromolithographie), die fünf Beispiele von *Trutta variabilis* darstellen, ohne deren genauen Fundort anzugeben. Obwohl sie unterschiedlichen Altersklassen angehören, zeigen alle Individuen eine große Anzahl kleiner bis mittelgroßer, schwarzer Flecken an den Seiten und an der Rückenflosse; lediglich die zwei juvenilen Tiere (mit Jugendflecken) haben ein paar rötliche Flecken entlang der Seitenlinie und eine rot umrandete Fettflosse.

Der bis zu 309 m tiefe Genfer See (franz.: Lac Léman) verdankt seine Entstehung dem wiederholten Vorrücken des Rhonegletschers während mehrerer Eiszeiten. Die früheste Besiedelung dieses Sees durch Fische könnte während des Rückzugs des Gletschers zu Beginn der gegenwärtigen Warmzeit vor 10 000 bis 15 000 Jahren stattgefunden haben. Die Fläche des Sees beträgt etwa 580 km², wovon 59 % zur Schweiz und 41 % zu Frankreich gehören. Seine größten Zuflüsse sind die obere Rhone (deutsch: Rotten; walliserdeutsch: Rottu) am südöstlichen Ende des Sees und die Dranse an seinem Südufer; die Rhone fließt bei Genf aus dem See ab. Außer den zwei Hauptzuflüssen mit ihren Nebenflüssen nutzen die Seeforellen noch bis zu 10 kleinere Zuflüsse als Laichgewässer. In allen diesen Gewässern leben auch stationäre Bachforellen. Neben den adfluvialen Seeforellen bewohnen den Genfer See noch andere Salmonidenarten: Seesaiblinge (*Salvelinus umbla*) und Coregonen (*Coregonus lavaretus*). Zwei weitere Coregonenarten (*C. fera, C. hiemalis*), die im See vorkamen, sind heute ausgestorben (Kottelat & Freyhof, 2007). Das natürliche Vorkommen dieser Arten bestätigt die ehemalige Existenz postglazialer Zuwanderungskorridore aus dem Norden bzw. aus dem Rhein-Becken. Der relativ große Anteil der Atlantik-Linie von über 90 % bei den Seeforellen könnte allerdings auch die Konsequenz des Besatzes mit domestizierten atlantikstämmigen Forellen sein, der fast ein Jahrhundert lang praktiziert wurde (Largiadèr et al., 1996). Andererseits gibt es Hinweise darauf, dass Besatzfische aus domestizierten Stämmen weit weniger erfolgreich sind und geringere Überlebensraten aufweisen als Nachkommen von im See gefangenen Laichfischen. Vor allem bei der Rückkehrquote in die Laichflüsse, wo man sie als Jungfische aussetzte, sind letztere klar überlegen. Der Seeforellenbestand wird heute hauptsächlich durch natürliche Reproduktion aufrechterhalten. Es bleibt dennoch unklar, wie viel vom ursprünglichen Genpool noch erhalten ist und ob es vielleicht einmal verschiedene, reproduktiv voneinander getrennte Populationen gab, wie sie von einigen anderen Seen – z.B. auf den Britischen Inseln – bekannt sind. Ausgehend von der nicht unumstrittenen Annahme, dass ausschließlich Forellen der Adria-Linie die ursprünglichen Bewohner im Einzugsbereich des Genfer Sees waren, begannen französische Fischzüchter Anfang dieses Jahrhunderts mit einem eher fragwürdigen Besatzprogramm, das letztendlich scheiterte. Nachkommen autochthoner stationärer Forellen aus der Dranse d'Abondance, einem durch unpassierbare Hindernisse isolierten Nebenfluss der Dranse, wurden im Unterlauf der Dranse und in drei weiteren traditionellen Seeforellen-Laichflüssen auf der französischen Seite des Genfer Sees ausgesetzt. Langandauernde Untersuchungen an Laichfischen in diesen Gewässern vor und nach dem Besatz zeigten keine wesentlichen Veränderungen bei deren genetischer Zusammensetzung (Caudron et al., 2009). Dieser offenkundige Misserfolg führt wohl vor Augen, wie wenig sinnvoll es ist, Abkömmlinge einer an eine stationäre Lebensweise angepassten Population für die Aufstockung einer von saisonaler Migration abhängigen Seeforellenpopulation zu verwenden. Solange die juvenilen Seeforellen sich in den Zuflüssen des Genfer Sees aufhalten, sind sie von den stationären Artgenossen nicht zu unterscheiden. Nach ein oder zwei Sommern im Fluss wandern die jungen Seeforellen mit einer Größe von ca. 8-20 cm, meist zwischen Herbst und Anfang Frühjahr, in den See. Hier ernähren sie sich hauptsächlich von kleinen Rotaugen (*Rutilus rutilus*), Lauben (*Alburnus alburnus*) und Barschen (*Perca fluviatilis*). Der Umstieg auf Fischnahrung bewirkt einen rasanten Anstieg ihres Wachstums. So erreichen sie im Alter von 3 (2+) Jahren eine Länge von fast 40 cm, mit 5 (4+) Jahren etwa 60 cm und mit 7 (6+) Jahren über 70 cm. Der deutliche Wachstumsvorsprung der früher abgewanderten (0+) Fische kann von denen, die ein Jahr später folgen, nicht mehr aufgeholt werden. Geschlechtsreif werden die Seeforellen ab einem Alter von 3 Jahren, manche Männchen auch mit 2 Jahren. Die meisten Fische laichen allerdings erstmals im Alter von 4 oder 5 Jahren, einige erst von 7 Jahren. Der Laichaufstieg in die Flüsse erfolgt zwischen November und Ende Januar, gewöhnlich während oder kurz nach Hochwässern. Wie im Redon, einem der kleineren Laichflüsse auf der französischen Seite des Sees, beobachtet wurde, findet die Laichablage der stationären Forellen etwas früher (von Anfang November bis Mitte Dezember) statt, als die der Seeforellen (von Anfang Dezember bis Anfang Jänner). Es wurde nachgewiesen, dass die Seeforellen an bis zu vier hintereinander folgenden Laichperioden aktiv teilnehmen können, wobei fast immer dieselben Laichflüsse aufgesucht werden. Allerdings ist der Anteil der Mehrfachlaicher, wie auch in anderen großen Seen der Voralpen, nur sehr gering. Außerdem stellte man fest, dass sich die Fische außerhalb der Laichzeit in einem Seegebiet von 90-300 km² in der Umgebung der Mündung ihres Laichflusses aufhalten (Champignuelle et al., 1999). Der Fang von Seeforellen im Genfer See durch Berufs- und Sportfischer betrug von 1984 bis 1993 im Durchschnitt 25 t jährlich, danach sanken die Fangzahlen auf ein Niveau um die 10 t. Die größte bekannte Forelle aus dem Genfersee wog 62 Pfund (28 kg) und wurde 1663 gefangen (Cuvier & Valenciennes, 1848).

Vier weitere voralpine Seen glazialen Ursprungs im Einzugsbereich der Rhone beherbergen autochthone Seeforellen: Der Lac du Bourget ist mit einer Fläche von 44,5 km² der größte natürliche See, der vollständig innerhalb Frankreichs liegt. So wie im Genfer See gehören auch hier Seesaiblinge (*Salvelinus umbla*) und Coregonen (*Coregonus lavaretus*) zur ursprünglichen Fischfauna. Die starke Eutrophierung des Sees durch Abwässer in den 1970ern und 1980ern führte zu einem dramatischen Rückgang der Salmonidenbestände. Für die zwei im See laichenden Arten, Seesaibling und Coregone, war die verringerte Überlebensrate der Eier das Hauptproblem. Die Seeforellen hingegen litten eher unter der erschwerten Zugänglichkeit zu den Laichflüssen und deren schlechtem ökologischen Zustand. Während sich die Wasserqualität des Sees bis Ende der 1990er Jahre dank Sanierungsmaßnahmen wieder verbesserte, unternahm das Fischereimanagement auch große Anstrengungen zur Bestandsaufstockung der Salmoniden. Insbesondere die zwei für die Fischerei wichtigsten Arten, Seesaibling und Coregone, wurden durch künstliche Nachzucht und Besatz unterstützt. Die Laichfische der Coregonen stammten ausschließlich aus dem See, wohingegen Eier von Seesaiblingen gelegentlich auch aus dem Genfer See und einmal sogar aus Skandinavien hinzukamen. Der deutlich spürbare Rückgang der Seeforellen im Bourget gegen Ende der 1990er wurde in erster Linie durch die Verbauungen und die Degradierung der Zuflüsse des Sees verursacht. Zwischen 1984 und 2004 durchgeführte Besatzmaßnahmen mit Seeforellen verschiedener Altersstufen führten zu keiner Zunahme der Laichfische in den noch frei zugänglichen Laichflüssen. Umfangreiche Restaurierungsarbeiten, die während des letzten Jahrzehnts in den zwei Hauptzuflüssen und wichtigsten Laichflüssen, Leysse und Sierroz, durchgeführt wurden, brachten bisher nur einen geringfügigen Anstieg der natürlichen Reproduktion in diesen Gewässern. Dennoch will man das Renaturierungsprojekt weiterführen, um wieder vermehrt eine erfolgreiche Laichablage zu gewährleisten. Wie Genanalysen zeigen, hat der jahrelange Besatz mit domestizierten Fo-

rellen die mittelmeerstämmige Ausgangspopulation fast gänzlich zum Verschwinden gebracht; 34 % der untersuchten Seeforellen sind rein atlantikstämmig und 60 % sind Hybriden (Proner et al., 2017). Ähnliche Bedingungen gelten auch für den Lac d'Annecy, nur dass hier die Seeforellen ursprünglich die einzigen Salmoniden im See waren und die Seesaiblinge und Coregonen erst durch Besatz heimisch wurden. Die Introgression durch Besatzforellen der Atlantik-Linie ist bei den Seeforellen des Annecy vergleichbar mit der des Bourget. Nur in den Oberläufen einiger Zuflüsse des Annecy, die für Seeforellen unerreichbar sind, findet man bei den stationären Populationen noch einen höheren Anteil an Haplotypen der Mittelmeer-Linie (Chasserieau & Caudron, 2011). Der Lac d'Aiguebelette ist bedeutend kleiner als die vorherigen Seen, aber mit einer Tiefe von bis zu 71 m fast so tief wie diese beiden mit jeweils etwa 80 m Tiefe. Vor dem Besatz mit Seesaiblingen, Coregonen und in jüngerer Zeit auch mit Regenbogenforellen waren die Seeforellen die einzigen Salmoniden im See, der sich etwa 10 km südwestlich des Bourget befindet. Noch weiter im Südwesten liegt der etwas kleinere und nur bis zu 36 m tiefe Lac de Palandru. Auch hier leben neben den heimischen Seeforellen die schon vor langer Zeit eingesetzten Seesaiblinge und Coregonen. Der Besatz mit domestizierten Forellen der Atlantik-Linie hat höchstwahrscheinlich auch die Populationszusammensetzungen in den Seen Palandru und Aiguebelette verändert.
Drei kleine Gebirgsseen mit Forellenvorkommen befinden sich auf etwas über 2200 m Seehöhe im Nationalpark Mercantour in den französischen Seealpen nahe der Côte d'Azur. Der Lac d'Allos ist mit 54 ha der größte dieser Seen und beherbergt offensichtlich eine spezielle Population der Mittelmeer-Linie, obwohl zumindest 1981 Besatz mit domestizierten Forellen der Atlantik-Linie vorgenommen wurde. Der See liegt zwischen den Quellregionen der Flüsse Verdon und Var. Er entstand durch eine Karstdepression und hat keinen Abfluss an der Oberfläche, somit können die Forellen nur mit menschlicher Hilfe in das Gewässer gelangt sein. Die Herkunft dieser Fische bleibt indes rätselhaft, da sie keine genetische Übereinstimmung mit anderen natürlichen Populationen der Region aufweisen. Der nur 3,2 ha große Lac du Lanzanier besitzt einen Abfluss zum Ubaye, einem Seitenfluss der Durance. Zwar wäre es für Forellen heute schwierig, über diesen Abfluss in den See aufzusteigen, doch kann eine Besiedelung auf natürlichem Wege nicht ganz ausgeschlossen werden. Die hier vorkommenden Forellen weisen mehrheitlich (70- 80 %) Haplotypen der Adria-Linie auf, die auch bei der Population des Ubaye dominieren. Die übrigen Individuen im See gehören zur Mittelmeer-Linie oder weisen einen Haplotyp der domestizierten Atlantik-Linie (ca. 5 %) auf. Obwohl bis 1996 mehrmals Besatzmaß-

nahmen mit domestizierten Forellen durchgeführt wurden, blieb ihr Anteil erstaunlich gering. Möglicherweise waren die ökologischen Bedingungen für die Zuchtfische ungeeignet und sie konnten sich nicht fortpflanzen oder sie waren einem zu starken Konkurrenzdruck durch die besser angepassten lokalen Forellen ausgesetzt. Nach Berichten von Sportfischern erfolgt die Laichablage im See, wahrscheinlich an seinem Zufluss oder beim Abfluss. Der weitaus kleinere See Lac de Fenestre liegt im Einzugsbereich des Var, welcher bei Nizza ins Meer mündet. Die Forellen des Sees entsprechen genetisch zu einem Großteil der Mittelmeer-Linie, wie man sie im gesamten Flusssystem des Var vorfindet. Demnach könnte auch hier eine natürliche Zuwanderung über den kleinen Abfluss stattgefunden haben. Der Besatz mit domestizierten Forellen hat allerdings ebenfalls nachweisbare Spuren hinterlassen (Berrebi et al., 2006, 2015; Reynaud et al., 2011).

Die der Mittelmeer-Linie angehörenden Forellen im Einzugsgebiet der Rhone zeigen eine besonders deutliche Zeichnung der vier dunklen vertikalen Binden hinter der Kiemenöffnung, unter der Rückenflosse, über dem Ansatz der Afterflosse und an der Wurzel der Schwanzflosse. Von den Einheimischen werden sie deshalb auch „truite zébrée" (Zebraforelle) genannt. Im Jahre 1923 schuf Roule einen Namen für die Rhone-Forellen, *Salmo trutta* forma *major* facies *rhodanensis*, der wegen seines infrasubspezifischen Charakters nicht verfügbar ist. Fowler erklärte 1974 die Rhone-Forelle als eigene Unterart, *Salmo eriox rhodanensis,* und schließlich wurde sie von Kottelat 1997 als eigenständige Art, *Salmo rhodanensis,* anerkannt. Das Entstehungszentrum der Mittelmeer-Linie wird im Nordosten der Iberischen Halbinsel oder auch in Südfrankreich, in Rousillon, vermutet. Hier am Fuße der Pyrenäen, im Oberlauf des Têt, findet man Forellen, die jenen des Rhone-Beckens sehr ähneln. Sogar im Einzugsgebiet des oberen Tarn, eines rechten Zuflusses der Garonne (Atlantikbecken), gibt es Forellen mit den vier dunklen Binden. Eine Zuwanderung aus dem Rhone-Becken zum Tarn erfolgte anscheinend über ehemalige Verbindungen der zwei Flusssyteme während oder nach der letzten Eiszeit. Die Verbreitung der Mittelmeer-Linie nach Osten erfolgte entlang der Ligurischen Küste auf die Apenninenhalbinsel und nach Korsika. Die östlichsten Populationen befinden sich auf der südwestlichen Balkanhalbinsel. In das Becken des Po gelangte die Mittelmeer-Linie entweder über den nördlichen Apennin mittels Flussanzapfungen, die eine Verlagerung der Wasserscheide zur Folge hatten, oder auch durch migrierende Populationen über das im Spätglazial kühlere und weniger salzhaltige Meer. Einige Autoren (Splendiani et al., 2020) vertreten die Meinung, dass erst nach der letzten Eiszeit Forellen der Adria- und der Mittelmeer-Linie aus dem Po-

Becken über die südwestlichen Alpen (Cottische Alpen und Seealpen) in das Rhone-Becken (Einzugsgebiet der oberen Durance) zugewandert sind. Sie begründen ihre These mit der Verbreitung gemischter Populationen (AD- und ME-Hapoltypen) in den Quellregionen entlang beider Seiten des Gebirgszugs. Die Migrationsrichtung erklärt sich daraus, dass die Westseite der südwestlichen Alpen länger von mächtigen Gletschern bedeckt war als die Ostseite, wo die Forellen in den südwestlichen Zuflüssen des Po die widrigen Phasen des Oberen Pleistozäns überdauerten. Während der wärmeren Phasen könnten sich die Populationen in die höheren Lagen des südwestlichen Po-Beckens zurückgezogen haben. Wahrscheinlich wurde dieses Gebiet auch als Refugium in kälteren Phasen genutzt, als der Rest der Alpenregion unter einer massiven Eisdecke lag.

*) Die „Perte(s) du Rhône“ (das Wort „Perte“ wird abwechselnd im Singular und im Plural verwendet und bedeutet auf Deutsch „Verlust(e)“, also so viel wie „Verschwinden“) ist/sind ein Flussabschnitt an einer 60 m tiefen geologischen Verwerfung 40 km unterhalb des Ausflusses der Rhône aus dem Genfer See, wo der Fluss früher bei Niedrigwasser nach einem Wasserfall auf einer Strecke von 50 m vollständig im Untergrund verschwand. Der 1948 fertiggestellte Staudamm „Barrage de Génissiat“ verwandelte die Pertes du Rhône in einen 23 km langen Stausee.

Durance, Zufluss der Rhône (Südost-Frankreich)

ME-Forelle (*S. rhodanensis*), ~34 cm; Doubs, Rhône-Becken. Foto: M. Kottelat

ME-Forelle (*S. rhodanensis*), ~22 cm; Carança, Têt-Becken

ME/AD-Forelle (*S. rhodanensis*), ~30 cm; Durance, Rhône-Becken

AT/AD-Seeforelle, ♂ ~95 cm; Dranse, Genfersee-Zufluss (Frankreich). Foto: F. Zanella

6.9. Korsika

Lediglich drei Mittelmeerinseln – Korsika, Sardinien und Sizilien – weisen autochthone Forellenvorkommen auf. Korsika ist die kleinste dieser Inseln. Der Charakter Korsikas wird durch die steil aufragenden, meist dicht bewaldeten Bergketten geprägt. Der Monte Cinto im Nordwesten Korsikas stellt mit 2706 m die höchste Erhebung dar. Eine Vielzahl sauberer Fließgewässer mit Forellenvorkommen findet man über die ganze Insel verteilt. Bis vor nicht allzu langer Zeit beherbergten die meisten Flüsse noch reine autochthone Populationen. Jedoch kam es in den vierziger und fünfziger Jahren des letzten Jahrhunderts zu großflächigem Einsatz von DDT zur Bekämpfung der Anopheles-Mücke. Dieser Eingriff in den Naturhaushalt und die darauffolgenden Besatzmaßnahmen mit domestizierten Bachforellen der Atlantik-Linie haben die heimischen Bestände in die Rückzugsgebiete, meist schwer zugängliche Bergregionen, verdrängt. Glücklicherweise besitzt das relativ dünn besiedelte Korsika noch zahlreiche solcher Refugien. Einige native Populationen konnten so bis heute überleben und man ist nun bestrebt, sie durch lokale Schutzzonen mit Fischereiverbot weiterhin zu erhalten. Zunächst wurde auch versucht, die Fischbestände mithilfe künstlicher Nachzucht und Wiederbesiedelung zu erhöhen. Aufgrund des Mangels an verfügbaren Laichfischen und ihrer schwierigen Haltung in Gefangenschaft war dieses Projekt nicht besonders erfolgreich und wurde daher bald eingestellt (Muracciole, 2007). Seit Beginn des 21. Jahrhunderts ist der Besatz mit allochthonen Forellen zwar offiziell verboten, doch konnten einzelne, diesen Vorgaben widersprechende Aktionen bis in jüngste Zeit nicht verhindert werden. Wie neuere molekularbiologische Untersuchungen zeigten, hielt sich der genetische Einfluss durch die Besatzmaßnamen in Grenzen, wenn auch beinahe alle Populationen in den zugänglicheren Gebieten der Insel wenigstens einen geringen Anteil von Haplotypen der Atlantik-Linie aufweisen. Bei manchen Populationen wurde allerdings der ursprüngliche Genotypus fast gänzlich durch die Atlantik-Linie ersetzt. Die bis zu zwei Duzend rein erhalten gebliebenen, isolierten Vorkommen in den abgelegenen Quellregionen sind wegen ihrer geringen Populationsgröße besonders gefährdet, sowohl durch menschliche Einflüsse (z.B. Wilderei) als auch durch klimatisch bedingte Ereignisse (Trockenheit, Flut). Das Einbringen ortsfremder Forellen in diese Gewässer hätte schwerwiegende Folgen für die letzten genetisch unverfälschten Populationen.
Ähnlich wie das westmediterrane Festland Europas wurde auch die Insel zuerst von der Adria-Linie kolonialisiert, welche später von den Einwanderern der Mittelmeer-Linie teilweise ersetzt wurde.

Hydrografische Karte von Korsika

1 Tassinetta, 2 Ventosi, 3 Manica, 4 Corbica, 5 Longoniellu, 6 Zoicu, 7 Ese, 8 Paratella, 9 Carnevale, 10 Ghiraldinu, 11 Veracolongu, 12 Chjuvone, 13 Calderamolla, 14 Cruzzini, 15 Fiume Grossu, 16 Vecchio, 17 Olmeta.

Populationen der Adria-Linie findet man daher meist nur oberhalb von natürlichen Barrieren, die zur Zeit der ersten Immigration noch nicht vorhanden waren. Die Flussabschnitte unterhalb der Barrieren wurden von der Mittelmeer-Linie oder von Hybriden aus mittelmeerstämmigen und adriastämmigen Forellen eingenommen (Berrebi, 2015).
Bis vor etwa 15 000 Jahren waren die Gebirge Korsikas mit Eis bedeckt. Erst nach dem Abschmelzen der Gletscher konnten die Forellen in die Gewässer des Landesinneren vorstoßen. An den steilen Berghängen Korsikas bildeten sich immer wieder unüberwindbare Kaskaden, die viele kleine Populationen einer isolierten Entwicklung zuführten. Anhand genetischer Daten (Mikrosatelliten[1]) lassen sich bei den autochthonen Forellen Korsikas mindestens sechs Typen (Sublinien) unterschieden, die nach den Flüssen benannt sind, in denen sie vorkommen: „Prunelli", „Fangu", „Taravu", „Rizzanese", „Fium'Orbu" und „Tavignanu" (Tougard & Shao, 2012). Gelegentlich findet man phänotypisch und genotypisch unterscheidbare Populationen auf engstem Raum, wie zum Beispiel im Tal des Ascu. Der Ascu hat seinen Ursprung am Nordhang des Monte Cinto und fließt in den Golu, welcher südlich von Bastia ins Meer mündet. Mindestens fünf der Seitenbäche des Ascu beherbergen isolierte Forellenpopulationen: Manica, Tassineta, Ventosi, Corbica und Logoniellu. Es scheint aber offensichtlich, dass in der Corbica die Forellen ohne menschliche Hilfe nicht in den Abschnitt oberhalb der hohen und steil abfallenden Kaskaden gelangen konnten, wenn auch keine bestätigten Meldungen oder Aufzeichnungen dazu vorhanden sind. Erwiesen sind hingegen die Besatzmaßnahmen in den Bächen Manica und Ventosi mit Forellen aus dem Prunelli-Becken, insbesondere dem Fluss Calderamolla (Muracciole, 2007). Translokationen von heimischen Forellen wurden auch aus anderen Gewässern der Insel bekannt. So wurde der „Prunelli"-Typ in den Bach Olmeta am Cap Corse, dem nördlichsten Teil der Insel, eingesetzt (L. Baccellini, pers. Mitt.). Dieser Forellentyp zeichnet sich ob seiner einzigartigen Fleckenzeichnung aus, bei der die roten Flecken oft große, blütenartige Strukturen bilden. Die ursprüngliche Population des Calderamolla, eines kaum 8 km langen Zuflusses des Ese, ging während einer außergewöhnlichen Trockenperiode im Jahre 2004 fast gänzlich verloren. Um den Fischbestand zu regenerieren, beschloss am 9. Dezember 2011 das Wissenschaftskomitee für die Erforschung und Erhaltung der korsischen Forellen die Wiederbesiedelung des Calderamolla mit Forellen aus dem Manica-Bach. Offenbar wurde dieses Vorhaben in inadäquater Weise durchgeführt; jedenfalls findet man heute im Calderamolla auch Forellen, die dem Phänotyp der Atlantik-Linie entsprechen (L. Baccellini, pers. Mitt.).

ME/AD-Forelle, ~29 cm; Golu, Mittellauf

AD/ME-Forelle, ~21 cm; Corbica, Ascu-Zufluss, Golu-Becken

ME-Forelle, ~15 cm; Ghiraldinu, Taravu-Becken

AD-Forelle, ~22 cm; Ese, Prunelli-Becken

MA-Forelle, ~15 cm; Paratella, Prunelli-Becken

ME-Forelle, ~17 cm; Zoicu, Liamone-Becken

AD-Forelle, ~18 cm; Chjuvone, Rizzanese-Becken

MA/AD-Forelle, Carnevale, Prunelli-Becken. Foto: L. Baccellini

Die Fließgewässer Korsikas werden nach Höhenlage und Biozönose in drei Zonen unterteilt (Roché, 1988):

a) Die obere Forellenregion befindet sich über 500 m Seehöhe. Hier leben ausschließlich Forellen.
b) Die untere Forellenregion liegt zwischen 500 m und 200 m über dem Meer. Neben den Forellen gibt es hier bis zu 30 % Aale.
c) Die Aalregion erstreckt sich von 200 m Seehöhe bis zur Küste. Hier ist der Aal die dominante Art. Außerdem findet man noch den Süßwasser-Schleimfisch (*Salaria fluviatilis*), in einigen Flüssen auch den Stichling (*Gasterosteus gymnurus*) und im Mündungsbereich den Zebrakärpfling (*Aphanius fasciatus*) ebenso wie einige ins Süßwasser wandernde Meeresfische (Ährenfische, Meeräschen, Wolfsbarsche, Finten). Vor allem während des Winters trifft man hier gelegentlich größere (3- bis 6-jährige) Forellen an. Des Weiteren wurde von Forellenfängen in der Brackwasserlagune von Biguglia südlich von Bastia berichtet. Allerdings ist nicht bekannt, ob es sich dabei um autochthone oder eingeführte (domestizierte) Forellen handelte. Letztere wurden nämlich schon in anderen Mittelmeerregionen im Meer nachgewiesen.

Die Abwesenheit von primären Süßwasserfischen, wie den Karpfenfischen (Cyprinidae), erlaubte den Forellen das Vordringen in wärmere Flussregionen. Durch den fehlenden Konkurrenzdruck der an höhere Wassertemperaturen besser adaptierten Karpfenfischarten war es den Forellen möglich, auch die sommerwarmen Mittel- und Unterläufe der Flüsse zu besetzen – zumal ein Großteil der Flüsse klares und sauerstoffreiches Wasser bis in die Mündungsbereiche führt. Im Gegensatz dazu werden in den Fließgewässern des mediterranen Festlandes die Forellen in den Flussabschnitten mit Höchsttemperaturen von mehr als 20 °C von rheophilen Cypriniden (z.B. Barben) abgelöst. Wie hervorragend die Anpassung an hohe Wassertemperaturen erfolgt ist, kann man in mehreren korsischen Flüssen beobachten: bei 25 bis 26 °C nehmen die Forellen noch aktiv Nahrung auf (Schöffmann, 1997a). Die Letaltemperatur liegt offensichtlich weit darüber. Bedingt durch den geringen Nährstoffgehalt der korsischen Gewässer ist das Wachstum der Forellen eher bescheiden. Weibliche Tiere werden bereits mit etwa 14 cm geschlechtsreif, Männchen schon früher. Eine Körperlänge von 30 cm wird selten überschritten. Das karge Nahrungsangebot wird von den Forellen so weit wie möglich genutzt. So findet man bei Magenuntersuchungen neben terrestrischen und aquatischen Insekten hauptsächlich kleine Muscheln und Schnecken. Ähnlich wie Barben „weiden" die kor-

sischen Forellen die Mollusken von den Steinen. Eine morphologische Besonderheit der Forellen Korsikas und eine mögliche Anpassung an die Umweltbedingungen ist die niedrige Anzahl von Pylorusanhängen (20-37)[2]. Einige Wissenschaftler (Olivari & Brun, 1988) vertreten die Ansicht, dass die Populationen mit der geringen Anzahl der ursprünglichen Form angehören, während die Populationen mit höherer Anzahl (25-51) durch Besatz genetisch kontaminiert sind. Jedenfalls wurden bei den meisten Populationen neben einem gewissen Anteil an Haplotypen der nicht heimischen Atlantik-Linie mehrere Haplotypen der Adria- und/oder der Mittelmeer-Linie nachgewiesen. Zwei spezielle Haplotypen der Marmoratus-Linie (MA) fand man zusätzlich in mindestens zwei Bächen des Prunelli-Beckens (Paratella und Carnevale[3]) sowie im Einzugsgebiet des Liamone (Fiume Grossu) (Tougard et al., 2013). Das Auftreten eines MA-Haplotyps im Golo-Becken (Ventosi) ist auf die bereits erwähnte Translokation aus dem Prunelli-Becken zurückzuführen.
Welche kulturelle Bedeutung die heimische Forelle auf Korsika entwickelt hat, lässt sich schon allein daran erkennen, dass sie von den Einheimischen sehr oft als „a pescia“ (der Fisch) bezeichnet wird – so als gäbe es keine andere Fischart auf der Insel. Seit Mitte des 20. Jahrhunderts wurden an die 20 fremde Fischarten eingeführt; neben Salmoniden, wie Regenbogenforelle und Bachsaibling, auch Döbel, Rotauge und viele weitere (Roché & Mattei, 1997). Diese fragwürdige Bereicherung der Biodiversität bedeutet zweifellos eine zusätzliche Bedrohung für die heimische Fischfauna der Binnengewässer Korsikas.
Auch in einigen Gebirgsseen Korsikas gibt es Forellenvorkommen. Die meisten dieser Seen liegen auf Seehöhen zwischen 1700 und 2300 m und sind 5 bis 7 Monate im Jahr mit Eis bedeckt. Sie alle sind eiszeitlichen Ursprungs, sogar solche, die sich im vulkanischen Gestein befinden und deren kreisrunde Form einen Kratersee vermuten lässt. Vor der Gründung des Regionalen Naturparks Korsikas (Parc naturel régional de Corse) im Jahre 1972 galten die Seen als fischleer, mit Ausnahme des Melu und des Ninu, die für ihre Forellenpopulationen bekannt waren. Bis vor dem Zweiten Weltkrieg soll es auch im See Bastani einheimische Forellen gegeben haben, die dann von den italienischen Besatzungstruppen mit Sprengstoff und verschiedenen chemischen Mitteln ausgerottet wurden. In die Seen Crenu und Vitalaca setzte man im Jahr 1958 Forellen ein. Im September 1971 wurden weitere Besatzmaßnahmen per Hubschrauber in einer Reihe von Seen durchgeführt: Melu, Capitellu, Goria, Ritondu, Oriente, Bastani, Bracca und Vitalaca. Insgesamt entließ man 6000 Bachsaiblinge und 24 000 Bachforellen der nicht heimischen Atlantik-Linie in diese Gewässer. Im Gegensatz dazu wurde die Population des Sees Ninu kaum durch Besatzfische beeinträchtigt

(Rivier & Dumont, 1987, 1988). Der einzige See, der vollständig von Besatz verschont blieb und in dem sich bis heute eine reine autochthone Population (AD) halten konnte, ist der Rina Sottano im Einzugsgebiet des Fium'Orbu (Tougard & Shao, 2012). Eigentlich besteht dieses auf 1806 m Seehöhe liegende Gewässer aus mehreren bis zu etwa 2 m tiefen Tümpeln, die durch einen Bachlauf (Ruisseau de Lischetto) miteinander verbunden sind. Erstaunlicherweise findet man hier noch eine beachtliche Anzahl an Forellen mit Längen bis zu etwa 35 cm. Die auffallendsten äußeren Merkmale dieser Fische sind die großen, leuchtend roten Flecken und die ungewöhnlich kleine Fettflosse, deren Länge in etwa dem Durchmesser der Pupille entspricht. Jugendflecken sind selbst bei großen Exemplaren (>30 cm) noch undeutlich sichtbar. Die Rückenflosse hat eine helle Spitze und die Afterflosse eine weiße vordere Kante ohne schwarzen Rand (Schöffmann, 2021).

[1]) Mikrosatelliten sind nicht kodierende Abschnitte auf der DNA, die aus kurzen, sich wiederholenden Motiven von normalerweise zwei oder drei Nukleotiden (Grundbausteine der Erbinformation) bestehen. Da die Anzahl der Motive zwischen Individuen stark variiert, sind sie ein effizientes Werkzeug zur Untersuchung von Populationspolymorphismus.

[2]) Die geringere Anzahl von Pylorusanhängen bei Forellen aus südlichen Regionen im Vergleich zu denen aus nördlicheren Breiten stellte bereits Günther (1866) fest, als er ein Museumsexemplar (*Salmo macrostigma*) aus Algerien (Oued-el-Abaïch) untersuchte und 28-31 Pylorusanhänge zählte.

[3]) Da das heutige Vorkommen im Carnevale auf einen kurzen Abschnitt oberhalb eines etwa 10 m hohen Wasserfalls (Cascade Saint' Albertu) beschränkt ist, kann man von einer einstmaligen Translokation aus dem Unterlauf bzw. aus in diesen mündenden Paratella ausgehen. Das Auftreten von zwei sehr unterschiedlichen Haplotypen (AD- und MA-Linie) in der kleinen Population des Carnevale bestärkt diese Vermutung, denn die geografische Isolation durch die Kaskade entstand wahrscheinlich vor mehreren Tausend Jahren und in dieser Zeitspanne hätte schon längst die Fixierung eines Haplotpyps stattfinden müssen.

Ascu – Zufluss des Golu (links) und Paratella – Prunelli-Becken (rechts)

6.10. Sardinien

Im Gegensatz zu Korsika sind die Gebirgszüge in Sardinien niedriger und das Klima ist trockener. Die höchste Erhebung im zentralen Massiv des Gennargentu erreicht gerade einmal 1834 m. Die Auswirkungen anthropogener Einflüsse auf die heimischen Forellenpopulationen kommen in Sardinien stärker zum Tragen als auf der Nachbarinsel. Bereits im 19. Jahrhundert wurden die einst riesigen Waldflächen systematisch gerodet, um Holz und Holzkohle zu gewinnen. Heute beeinträchtigen weidende Schafe und Ziegen die noch verbliebenen Waldreste. Die Entwaldung wirkte sich neben dem zunehmenden Wasserbedarf negativ auf den Wasserhaushalt der Insel aus. Es gibt daher nur noch wenige Flüsse und Bäche, die ganzjährig genügend Wasser führen, um ein Forellenvorkommen zu sichern. Zudem werden hier schon seit langem exotische Fischarten eingeführt. Vor allem in die zahlreichen Stauseen wurden neben der Regenbogenforelle auch Hecht, Karpfen, Schleie und Schwarzbarsch (*Micropterus dolomieu*) eingesetzt. Den autochthonen Forellen am meisten geschadet haben die leider auch heute noch praktizierten Besatzmaßnahmen mit ortsfremden Bachforellen (Zanetti et al., 2010). So trifft man auf Sardinien nur noch vereinzelt auf rein erhalten gebliebene ursprüngliche Forellenpopulationen.

Die große genetische Variation zwischen den Populationen, wie man sie von Korsika kennt, fehlt auf Sardinien. Das Vorkommen einiger weniger, eng miteinander verwandter Haplotypen der Adria-Linie (Zaccara et al., 2015) legt die Vermutung nahe, dass die autochthonen Forellen Sardiniens Nachkommen einer einmaligen Kolonisierung darstellen. Die Vorfahren dieser adriastämmigen Forellen besiedelten zum Letzteiszeitlichen Maximum (LGM) Sardinien und Korsika, wo zum Teil identische Haplotypen vorkommen. Am Ende oder nach der letzten Eiszeit drangen Forellen der Mittelmeer-Linie in diese Region vor. Begünstigt durch die hydrogeologischen Eigenheiten Korsikas konnten sie auf der Insel Fuß fassen, wohingegen diese Immigrationswelle Sardinien entweder gar nicht erreichte oder die Spätankömmlinge in den durch klimatische Veränderungen zu warmen oder periodisch trockenfallenden unteren Flussabschnitten ausstarben. Nur in den höher gelegenen Gebieten konnte ein Teil der bereits zuvor etablierten Forellen der Adria-Linie Wärmeperioden überstehen. Die heutigen hydrologischen Bedingungen führen ein entsprechendes Szenarium vor Augen: Zahlreiche Flüsse Sardiniens trocknen während des Sommers aus und die Forellen überleben oft nur in kleinen Tümpeln, die von unterirdisch noch fließendem Wasser erhalten werden.

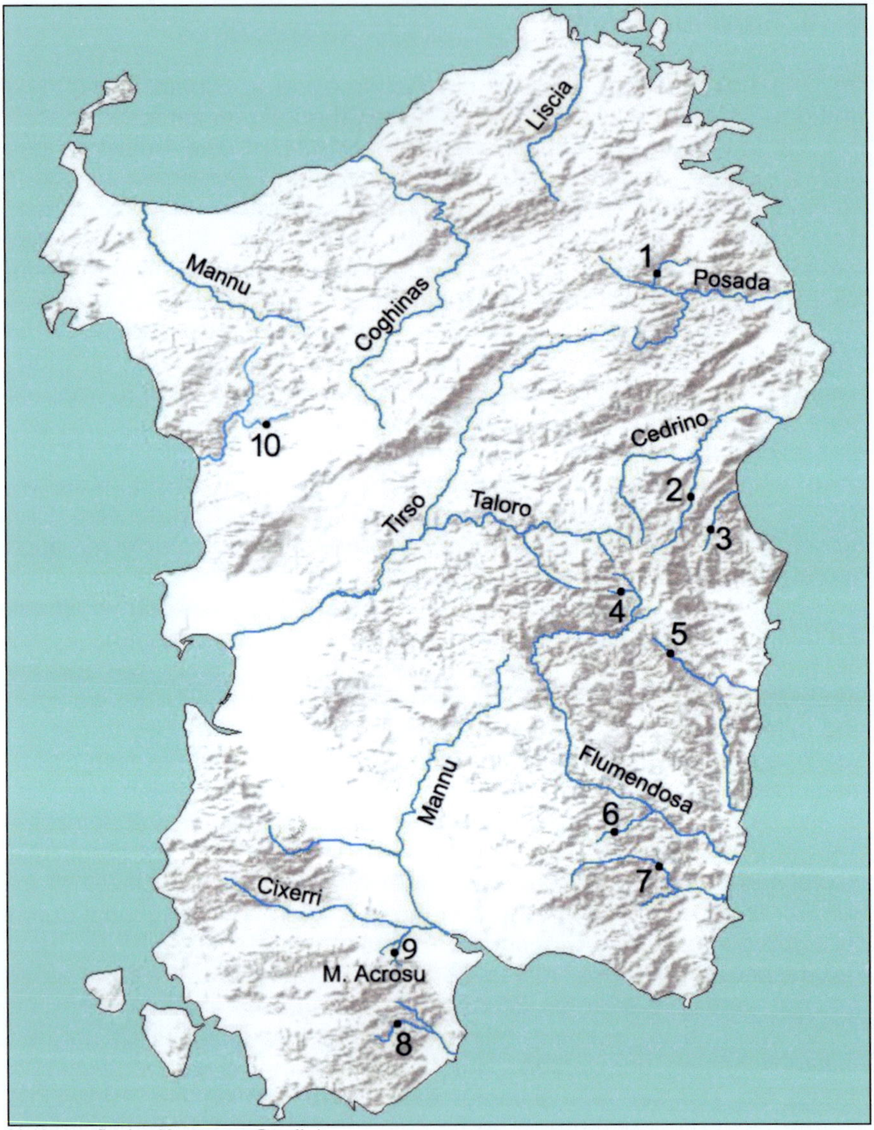

Hydrografische Karte von Sardinien

1 Riu Punta Ittia, 2 Riu Fluminéddu, 3 Riu Códula di Luna, 4 Riu Chiedossu, 5 Riu Pardu, 6 Riu s'Acqua Callenti, 7 Riu Ollastu, 8 Canale is Canargius, 9 Riu Camboni, 10 Riu Ponte Enas.

In vielen Gewässern liegen die maximalen Wassertemperaturen weit über 20 °C. Da auch auf Sardinien die Karpfenfischarten ursprünglich fehlten, konnten sich die Forellen an die höheren Temperaturen anpassen. Die Ernährungs- und Umweltbedingungen gleichen denen auf Korsika. Auch bei den sardischen Forellen besteht der Mageninhalt vorrangig aus Anflug und Mollusken. Die Anzahl der Pylorusanhänge ist ähnlich niedrig wie bei den korsischen Verwandten (Schöffmann, 1997a). Die Fleckenzeichnung der sardischen Forellen besteht zumeist aus rundlichen bis unregelmäßig geformten schwarzen Flecken, die oft hell umrandet sind. Manchmal treten auch einige rötliche Flecken auf, insbesondere bei jüngeren Tieren. Die Forellen des Riu Posada zeigen ab einer Körperlänge von etwa 8 cm nur mehr schwarze Flecken. Bei allen Populationen scheinen bis zu einer Länge von etwa 22 cm 10-14 ovale bis längliche Jugendflecken auf, die bei älteren Tieren von vier großen dunklen Flecken oder Querbinden abgelöst werden.
Anfang des letzten Jahrhunderts untersucht der britische Ichthyologe G. A. Boulenger einige sardische Forellen aus dem Britischen Museum und kommt zu der Auffassung, dass es sich um *Salmo macrostigma* handle. In seinem 1901 veröffentlichten Artikel schreibt er: „Die sardischen Forellen stimmen in jeder Hinsicht mit den algerischen und marokkanischen Exemplaren des Museums überein, sogar in der geringen Anzahl der Pylorusschläuche, von denen ich nur 20 zählte“. Diese Ansicht wurde mittlerweile jedoch durch genetische Daten widerlegt. Nach einigen Autoren (Hashemzadeh Segherloo et al., 2021) bilden die Forellen Sardiniens einen eigenen Zweig der AD-Linie, was die Anerkennung eines bestimmten wissenschaftlichen Namens rechtfertigen würde.
Im Jahre 1940 veröffentlicht Francesco Pio Pomini eine sorgfältige Beschreibung mit detaillierten Zeichnungen von sardischen Forellen aus acht verschiedenen Flusssystemen. Von diesen Populationen haben nur ein paar überlebt. Die einzige nennenswerte Population befindet sich im Riu Flumineddu (nicht zu verwechseln mit dem gleichnamigen Zufluss des Flumendosa), einem Nebenfluss des Cedrino, der in den Golf von Orosei mündet. Infolge eines verheerenden Hochwassers, begleitet von einem Bergrutsch, wurde im Winter 2005/2006 ein Großteil der Population ausgelöscht. Zuvor sah ich hier neben unzähligen Jungfischen noch einige größere Exemplare mit einer Körperlänge bis zu 40 cm. Der Bestand scheint sich danach wieder stabilisiert zu haben. In den schwer zugänglichen Abschnitten des Riu Posada, im Nordosten Sardiniens, konnte sich eine weitere Restpopulation bis heute halten.

AD-Forelle, ~28 cm; Riu Punta Ittia, Posada-Becken

AD-Forelle, ~21 cm; Riu Flumineddu

AD-Forelle, ~22 cm; Riu Códula di Luna

AD-Forelle, ~20 cm; Riu Pardu, Pelau-Becken

AD-Forelle, ~23 cm; Riu s'Acqua Callenti, Flumendosa-Becken

AD-Forelle, ~14 cm; Riu Ollastu, Cannas-Picocca-Becken

AD-Forelle, ~23 cm; Canale di Canargius, Pula-Becken

AD-Forelle, ~19 cm; Riu Camboni, Cixerri-Becken. Foto: L. Baccellini

Die Population des Riu di Cannas und des einmündenden Riu Ollastu ist so gut wie verschwunden. Im Herbst 2000 gelang es mir noch, drei kleinere Exemplare im Unterlauf des Ollastu zu fangen, die in zwei Tümpeln des ausgetrockneten Flussbetts den Sommer überlebt hatten. Nach dem Fotografieren in einem Aquarium wurden sie wieder schonend zurückgesetzt. In den darauffolgenden Jahren konnte ich in den beiden Flüssen, trotz intensiver Suche, keine weiteren Forellen mehr finden. Zwar bestehen im oberen und mittleren Abschnitt des Ollastu für Forellen geeignete Habitate (tiefere Tümpel, gespeist mit klarem und kühlem Wasser aus dem Untergrund), ganz offensichtlich wurden die heimischen Forellen hier dennoch von Bioinvasoren wie Schleien und Katzenwelsen (*Ameirurus melas*) abgelöst. Vor allem die Katzenwelse, die dieselben Unterstände wie die Forellen bevorzugen, tragen durch ihr aggressives Verhalten und ihre laichräuberische Lebensweise maßgeblich zum Verschwinden der Forellenbestände bei. Der Rio Chiedossu entspringt am Osthang des Gennargentu-Massivs und mündet in den oberen Flumendosa. In seiner Quellregion existiert noch eine kleine Population, die aber bereits durch Besatzfische aus dem Unterlauf kontaminiert anmutet. Das äußere Erscheinungsbild der Forellen aus all den genannten Flüssen entspricht im Großen und Ganzen Pominis Beschreibung. Neben diesen angeführten Populationen gibt es noch weitere Vorkommen autochthoner Forellen: im Riu Códula di Luna am Golf von Orosei; etwas weiter südlich im Riu Pardu; im Riu s'Acqua Callenti, einem Zufluss des unteren Flumendosa; und schließlich, im Südwesten der Insel, im Becken des Riu Pula. Alle diese Populationen sind gefährdet, entweder durch Überfischung oder durch den Besatz mit domestizierten Bachforellen der Atlantik-Linie und Regenbogenforellen. Vor wenigen Jahren wurden in Quellbächen des Riu Camboni im Einzugsgebiet des Riu Cixerri im Nationalpark Monte Acrosu, westlich von Cagliari, ursprüngliche Forellenpopulationen entdeckt. Durch künstliche Nachzucht soll nun authentisches Besatzmaterial für die Wiederbesiedelung von vorher leergefischten Bächen in verschiedenen Quellregionen Sardiniens beschafft werden (Sabatini et al., 2011).
Eine bisher wenig bekannte, rein erhalten gebliebene Forellenpopulation befindet sich noch im Nordwesten der Insel. Der Riu Ponte Enas, ein Zufluss des Temo, entspringt aus mehreren Quellen in Lagen über 500 m und ist durch dichte Ufervegetation gut geschützt. Trotz der leichten Zugänglichkeit fischt kaum jemand in diesem Bach und daher gibt es immer noch einen stabilen Forellenbestand.

6.11. Sizilien

Die größte Mittelmeerinsel ist im Vergleich zu Korsika und Sardinien dicht besiedelt und war daher immer schon stärker den menschlichen Einflüssen auf die Umwelt ausgesetzt. Vorkommen autochthoner Forellen findet man heute nur noch im Südosten Siziliens, in vier Flüssen, die im Hybläischen Plateau (Monti Iblei) südlich des Ätna entspringen. Historische Daten aus dem 19. Jahrhundert belegen zehn weitere, ausschließlich über den Osten der Insel verteilte Vorkommen (Zava et al., 1991). Die Gründe für ihr Verschwinden sind vielfältig: vermehrte Grundwassernutzung, Wasserverschmutzung, Bodenerosion durch Entwaldung und Beweidung, Überfischung und nicht zuletzt der Besatz mit ortsfremden Arten. So wurde der Licopeti, ein Zufluss des Alcántara nördlich des Ätna, massiv mit Regenbogenforellen besetzt. Zudem stehen kaum mehr geeignete Laichplätze zur Verfügung, da der Gewässergrund bis in die Quellregionen Schlammablagerungen infolge von Viehhaltung aufweist. Die vier Flussläufe mit weitgehend rein erhalten gebliebenen Beständen ursprünglicher Forellen sind der Ánapo, der Cassíbile, der Irmínio und der Tellesimo, ein Zubringer des Tellaro. Sie werden von tiefen Quellen, die sich in relativ geringer Seehöhe befinden, gespeist. Ein großer Teil der Flussstrecke verläuft durch breite Schluchten mit üppiger Vegetation, gesäumt von steilen Felswänden. Die durch dichtes Dornengestrüpp unzugänglichen Abschnitte dieser auf Sizilien „Cava“ genannten Schluchten stellen ein natürliches Refugium dar. In drei der vier Flüsse wurden wenige, glücklicherweise nicht sehr erfolgreiche Besatzmaßnahmen mit allochthonen Bachforellen durchgeführt. Nur der kleinste dieser Flüsse, der Tellesimo, blieb von solchen Eingriffen verschont (Duchi, 1988, 1991). Die Population dieses Gewässers ist aber auch die am meisten gefährdete. Der zunehmende Wasserbedarf für die Landwirtschaft trug maßgeblich zur Senkung des Grundwasserspiegels bei, wodurch zu wenig Wasser in die Flüsse gelangt. Am Ende der sommerlichen Trockenperiode bleiben oft nur wenige Tümpel mit ausreichend Wasser zurück. Im Sommer 2004 sah ich im Oberlauf des Tellesimo einige kleine Pfützen mit offensichtlich zu geringem Sauerstoffgehalt und vielen toten und sterbenden Jungfischen. Heute versucht man diese wertvolle biologische Ressource zu erhalten, indem man Forellen aus dem Tellesimo künstlich vermehrt und in andere geeignete Gewässer einbringt. So wie auf Sardinien und Korsika gehören auch auf Sizilien die Karpfenfische nicht zur ursprünglichen Fauna und die heimischen Forellen haben sich auch hier im Laufe der Jahrtausende an die besonderen Umweltbedingungen angepasst. Besatzforellen fremder Herkunft konnten sich nur an wenigen Stellen behaupten.

Charakteristisch für die sizilianischen Forellen ist die gedrungene Körperform mit dem steil ansteigenden Rücken. Die Schwanzflosse ist auch bei älteren Exemplaren noch deutlich gegabelt. Die sogenannten Jugendflecken treten bei Tieren aller Altersklassen in Erscheinung. Die bei Jungfischen noch schmalen vertikalen Jugendflecken (meist 9-11) nehmen mit zunehmenden Jahren eine ovale bis runde Form an, wobei die Jugendflecken an der vorderen Körperseite oft ineinander verfließen. Ein weiteres Kennzeichen sind die, meist nicht sehr zahlreichen, rundlichen schwarzen Flecken mit heller Umrandung an den Flanken. Nur wenige Exemplare zeigen auch ein paar rötliche, schwarz überlagerte Flecken entlang der Seitenlinie an der hinteren Körperhälfte. Die Rücken- und die Afterflosse haben deutliche weiße, schwarz gesäumte Spitzen oder Vorderkanten. Dieses Merkmal besitzen generell nur Forellen des Atlantikstammes. Eine Ausnahme bilden bloß einige Populationen Korsikas, die oft ähnlich gefärbte Flossen aufweisen. Ob diese Abweichung auf anthropogen verursachten oder auf natürlichen Einfluss durch Atlantikforellen zurückzuführen ist oder ob es sich dabei um ein überliefertes plesiomorphes Merkmal handelt, konnte bisher noch nicht geklärt werden.
Ein deutlich abweichendes Aussehen charakterisiert die Forellen aus dem Fluss Manghisi, einem der Zuflüsse zum Oberlauf des Cassíbile. Die weiß und schwarz gesäumten Vorderkanten an Rücken- und Afterflosse sind nur undeutlich sichtbar oder fehlen ganz. Ebenso treten die Jugendflecken bei adulten Tieren kaum in Erscheinung. Bezüglich der Fleckenzeichnung findet man hier zwei Varianten: eine mit nur wenigen, hauptsächlich roten Flecken entlang der Flanken und eine mit einer großen Anzahl schwarzer Flecken, verteilt über den gesamten oberen Körperteil einschließlich des Rückens, sowie vielen roten Flecken an den Seiten. Vor allem die letztere Variante entspricht dem Bild domestizierter Forellen der Atlantik-Linie. Die Population des Cassíbile wurde wahrscheinlich am meisten durch Besatzmaßnahmen mit nicht heimischen Forellen beeinflusst.
Jedenfalls offenbaren genetische Untersuchungen, dass die autochthonen Forellen Siziliens dem südlichen Zweig der Atlantik-Linie angehören und eine nahe Verwandtschaft mit einigen Populationen Marokkos und der Iberischen Halbinsel aufweisen (Schöffmann et al., 2007; Snoj et al., 2011; Fruciano et al., 2014). So wurde der im Fluss Manghisi gefundene Haplotypus auch im Einzugsgebiet des Tajo in Spanien, im Fluss Jerte, nachgewiesen (Berrebi et al., 2019), während die restlichen Populationen Siziliens einen spezifischen Haplotyp aufweisen, der einigen in Marokko gefundenen Haplotypen nahesteht (siehe Kapitel 6.7.). Keiner dieser Haplotypen wurde jemals bei domestizierten Stämmen nachge-

wiesen. Die Kolonialisierung des südwestlichen mediterranen Raumes muss infolgedessen, von einem Refugium Südwesteuropas oder Nordwestafrikas ausgehend, entlang der nordafrikanischen Küste bis nach Sizilien erfolgt sein (Schöffmann, 2007b). Ungeklärt bleibt hingegen die demografische Frage, warum in benachbarten Regionen, wie Sardinien und Süditalien, nur Populationen der Adria- und der Mittelmeer-Linie nachgewiesen wurden. Eine mögliche Erklärung dafür wäre, dass die ursprünglichen Populationen einer mediterranen Evolutionslinie auf Sizilien während einer trockenen Periode oder infolge vulkanischer Aktivitäten ausstarben. Die Neubesiedelung erfolgte darauf vom Westen mit atlantikstämmigen Forellen. Eine kühle Meeresströmung vom Atlantik entlang der nordafrikanischen Küste, beeinflusst durch den kalten Kanarenstrom, ist bis heute erhalten geblieben. Sie könnte noch während postglazialer Perioden eine Zuwanderung aus dem Westen ermöglicht haben, zumal auch abschmelzendes Gletscherwasser aus dem Atlasgebirge für einen verringerten Salzgehalt der küstennahen Gewässer sorgte. An fossilen Knochenfunden durchgeführte DNA-Analysen bestätigen das Vordringen atlantikstämmiger Forellen bis zum süditalienischen Festland (siehe nächstes Kapitel).

AT-Forelle (*S. cettii*), ~15 cm; Tellesimo

AT-Forelle (*S. cetti*), ~29 cm; Irminio

Im Jahre 1858 beschreibt der französische Zoologe Auguste Duméril zwei Forellen aus einem Küstenfluss, dem Oued el-Abaïch, im Nordosten Algeriens als neue Art: *Salar macrostigma*. Die Bezeichnung „macrostigma" (großer Fleck) bezieht sich nicht, wie oft behauptet, auf den Fleck hinter dem Auge, der mehr oder weniger deutlich bei allen Vertretern der Europäischen Forelle auftritt, sondern auf die Jugendflecken. Die Zeichnung der Forelle in Dumérils Originalbeschreibung zeigt eine erstaunliche Ähnlichkeit mit den Forellen Siziliens. Ebenso lassen die konservierten algerischen Exemplare aus den Naturhistorischen Museen von Paris und Wien eine deutliche Übereinstimmung mit den typischen Merkmalen der sizilianischen Forellen erkennen. Die im 20. Jahrhundert stark reduzierten Restpopulationen in Algerien sind heute wahrscheinlich ausgestorben. Einige morphologische Daten der Museumsexemplare und die phänotypische Ähnlichkeit mit den sizilianischen Forellen sowie das geografische Verbreitungsmuster – atlantikstämmige Populationen bewohnen auch die mediterranen Zuflüsse Marokkos – sprechen für eine atlantische Abstammung der algerischen Forellen. Die Bestätigung dieser Hypothese wurde erst kürzlich auf der Grundlage genetischer Analysen an aus Algerien stammenden Museumsexemplaren erbracht; sie belegen eine nahe Verwandtschaft zwischen den Forellen von Algerien, Sizilien und Marokko (Tougard et al., 2018).
Seit Jahrzehnten benutzten viele Autoren den Namen *Salmo macrostigma* bzw. *Salmo trutta macrostigma* zur Klassifikation von Forellenpopulationen aus dem tyrrhenischen Becken der italienischen Halbinsel, aus Korsika, Sardinien und Sizilien, aus Marokko, Algerien und Griechenland sowie aus dem Mittelmeerbecken Bulgariens und der Türkei. Doch bereits im Jahre 1810 beschreibt der US-amerikanische Universalgelehrte Constantine S. Rafinesque Schmalz Forellen von zwei Fundorten in Sizilien als *Salmo cettii*. Die Angabe der Fundorte ist ungenau, da die Namen „Val* Demone" und „Val di Noto" nur Bezeichnungen historischer Regionen – ehemalige Verwaltungseinheiten der arabischen Besatzer – im Nordosten bzw. im Südosten Siziliens darstellen. Einige Autoren geben heute dem älteren Namen den Vorzug und betrachten *S. macrostigma* als Synonym von *S. cettii*. Wie die vorangegangenen Ausführungen darlegen, gehören die Forellen Siziliens wie auch die heute womöglich ausgestorbenen Populationen Algeriens der Atlantik-Linie an. Weder das traditionelle Taxon *S. macrostigma* noch der ältere Name *S. cettii* können daher für die Forellen des übrigen Mittelmeerraumes angewendet werden.

* Der Begriff stammt nicht vom italienischen Wort „valle" (Tal), oft mit Val abgekürzt, sondern von der Bezeichnung „vallo" (arabisch: wilaya), der Provinzeinteilung aus der Zeit der arabischen Besetzung Siziliens, welche bis 1818 erhalten blieb.

6.12. Apenninische Halbinsel u. nördliches Adriabecken

Der Einfluss des Menschen auf die heimischen Forellenpopulationen und deren Biotope war auf dem Festland von Italien bei weitem gravierender als auf den Inseln. Seit dem Ende des 19. Jahrhunderts fand in fast jedem für Salmoniden geeigneten Gewässer Besatz mit Forellen der Atlantik-Linie nordeuropäischer Herkunft statt. So gibt es kaum noch rein erhalten gebliebene ursprüngliche Forellenpopulationen.

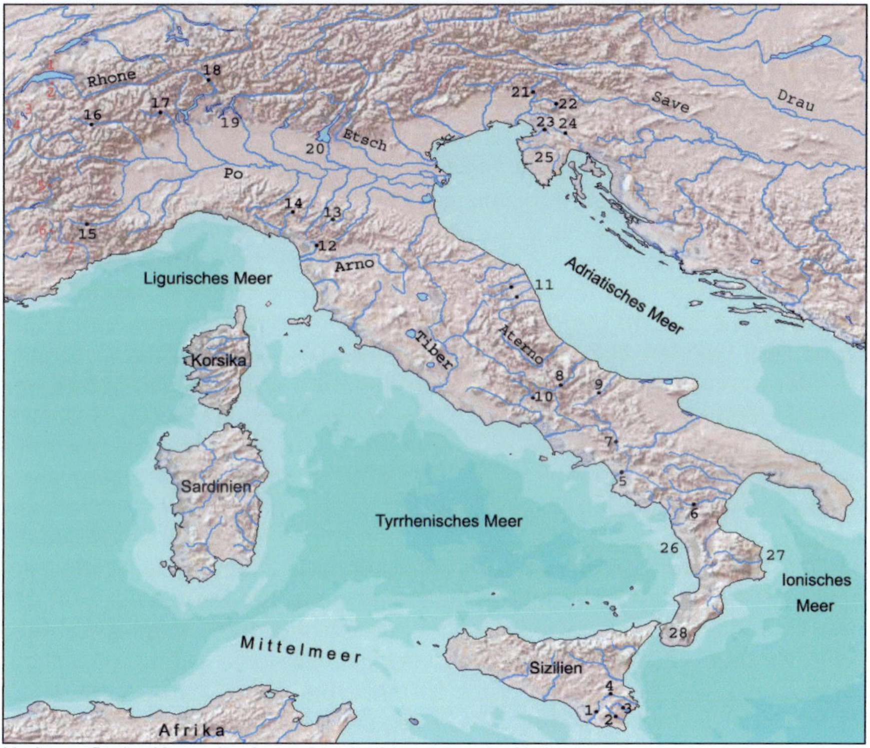

Hydrografische Karte der Apenninenhalbinsel (sowie Sizilien)

Schwarze Nummern: 1 Irmínio, 2 Tellaro, 3 Cassíbile, 4 Ánapo, 5 Sele-Tanagro, 6 Sinni, 7 Calore, 8 Sangro, 9 Biferno, 10 Lago di Posta Fibreno, 11 Chienti (nördlich) und Tenna (südlich), 12 Sérchio, 13 Panàro, 14 Magra, 15 Stura di Demonte, 16 Dora Baltea (Aostatal), 17 Sésia, 18 Ticino (Lago Maggiore), 19 Lago di Como, 20 Gardasee, 21 Soča (Isonzo), 22 Idrijca, 23 Rižana, 24 Nostranjska Reka, 25 Istrien (Dragonja, Mirna, Raša), 26 tyrrhenische Zuflüsse (von Nord nach Süd: Bussento, Noce, Lao, Abatemarco), 27 ionische Zuflüsse (von Nord nach Süd: Crati, Neto, Ancinale, Stilaro), 28 Aspromonte.
Rote Nummern (Kapitel 6.8.): 1 Genfer See, 2 Dranse, 3 Lac d'Annecy, 4 Lac du Bourget, 5 Durance, 6 Verdon, 7 Var.

Die genetischen Untersuchungen der Restbestände geben nur ein unzureichendes Bild von der einstigen Vielfalt der italienischen Forellenpopulationen. Die Beschreibung einer Anzahl von hypothetischen Arten spiegelt den Polymorphismus dieser Forellen wider. So nannte man, unter anderem, die Bachforellen aus dem tyrrhenischen Becken der italienischen Halbinsel *Salmo macrostigma* oder *S. cettii,* aus dem mittleren Adriabecken *S. ghigii* und für die Bachforellen des nördlichen Adriabeckens wurde der Name *S. cenerinus* vorgeschlagen. Außerdem kennt man noch zwei Seeformen, *S. carpio* aus dem Gardasee in Norditalien und *S. fibreni* aus dem See von Posta Fibreno in Mittelitalien.

6.12.1. Die Apenninische Halbinsel

In einer ehemals von Menschen bewohnten Grotte an der tyrrhenischen Küste, nahe der süditalienischen Küstenstadt Praia a Mare im Norden Kalabriens, fand man in Schichten aus dem Jungpaläolithikum und teilweise auch aus dem Mesolithikum fossile Fischüberreste (von 8290 Exemplaren), die beinahe alle von Forellen stammten. Die gut erhaltenen Vomer-Knochen bestätigten die Zuordnung zu *Salmo.* Die Größe der Fische lässt vermuten, dass es sich um anadrome Meerforellen handelte, die in dem gegen Ende der Eiszeit noch wasserreichen Fluss Noce zum Laichen aufstiegen (Durante, 1978). Im Spätglazial waren die mediterranen Küstengewässer kühler als heute und der Salzgehalt war ähnlich niedrig wie im heutigen Schwarzen Meer (18-20‰), wo jetzt noch anadrome Populationen vorkommen. Ein hypothetisches Taxon für die historische Meerforelle des Mittelmeeres, *Salmo trutta mediterranea*, stellte Balon (1968) auf. Höchst interessante Erkenntnisse zur Verbreitungsgeschichte der Forellen im südlichen Mittelmeerraum liefern neuere DNA-Analysen anhand dieser Knochenreste. Demnach lebten zwischen 12 820 und 8 340 Jahren vor unserer Zeit in den Gewässern um den Fundort Forellen dreier stammesgeschichtlicher Linien (AD, ME, AT). Der hier gefundene Haplotypus der Atlantik-Linie gehört zum südlichen Zweig, welcher in Spanien, Nordafrika und Sizilien verbreitet ist. Er konnte nur zu Beginn und am Ende der erwähnten Periode nachgewiesen werden, aus der Epoche dazwischen (12 800-11 600 v. Chr.) stammen ausschließlich Haplotypen der Adria- und der Mittelmeer-Linie (Splendiani et al., 2016b). Diese Forschungsergebnisse bezeugen ein komplexes Szenario der Besiedelungsgeschichte im zentralen südlichen Mittelmeerraum. So repräsentieren die heutigen Forellenpopulationen Siziliens ein Relikt der pleistozänen Kolonisation aus dem Atlantik, die bis zum italienischen Festland vordrang. Die Quellregion des Noce, oberhalb der Stadt Lagonegro, bewohnen heute noch Bachforellen. Leider wurde hier durch Besatz die genetische Identität untergraben.

Knochen von *Salmo* wurden auch an mehreren archäologischen Fundstätten aus dem Jungpaläolithikum im Zentralen Apennin der Abruzzen entdeckt. Südöstlich der Stadt Avezzano auf einer Seehöhe von etwa 700 m befand sich bis zu seiner vollständigen Trockenlegung im Jahre 1875 ein riesiger See, der Lago del Fùcino (lat.: Fucinus Lacus), der während des 19. Jahrhunderts noch eine Fläche von bis zu 155 km² hatte. Schon die Römer versuchten mit dem Bau eines Tunnels zum westlich gelegenen Liri-Fluss den See trockenzulegen, um Überflutungen zu verhindern und Ackerland zu gewinnen. Im Pliozän, während seiner größten Ausdehnung, besaß er noch einen Abfluss, der über die Flüsse Salto, Velino und Nera zum Tiber entwässerte. Irgendwann später, als der Wasserstand wahrscheinlich infolge seismischer Ereignisse sank, entstand ein isoliertes Seebecken mit unterirdischen Abflüssen. Vor 18 000 bis 14 000 Jahren, als der Wasserstand bereits beträchtlich gesunken war, siedelten Menschen an den Ufern des Sees. Funde von Forellenknochen bezeugen, dass diese Fische vor etwa 13 000 bis 11 000 Jahren einen wichtigen Nahrungsbestandteil der ansässigen Bevölkerung darstellten. Offensichtlich waren zu jener Zeit die Forellen die einzige Fischart im See und in seinen Zuflüssen. Wie man feststellen konnte, wurden die bis zu 30-40 cm großen Forellen während des Frühjahrs deutlich häufiger konsumiert (Wilkens, 1994; Russ & Jones, 2013). Möglicherweise war die Laichzeit, wie bei vielen südlichen Populationen, nach hinten verschoben und der Fang an den Laichplätzen ertragreicher oder leichter. Ein Relikt dieser ausgestorbenen Seeforellen könnten die rezenten Forellen des Flusses Giovenco sein. Der Fluss entspringt auf 1250 m Seehöhe und ist der Hauptzubringer des heutigen Fucino-Beckens, das intensiv landwirtschaftlich genutzt wird und über ein System von künstlichen Kanälen verfügt, die unterirdisch durch einen Sammelkanal zum Liri entwässert werden. Im Giovenco findet man drei unterschiedliche Phänotypen: einen mit ausschließlich roten Flecken, einen mit roten und schwarzen Flecken sowie einen mit nur schwarzen Flecken. Es ist jedoch ungewiss, ob und inwieweit die genetische Struktur der ursprünglichen Population bewahrt wurde. Ebenso fraglich ist der aktuelle genetische Status der Forellen in den Pontischen Sümpfen, einem historisch bekannten Vorkommen (Vinciguerra, 1902) in Latium etwas südlich von Rom. Am Ursprung des kurzen Küstenflusses Fiume Sisto, im berühmten Garten von Ninfa, kann man immerhin noch einen guten Bestand an scheinbar nativen Forellen beobachten. Forellenvorkommen wurden auch aus den Quellregionen zweier weiterer Flüsschen der Pontinischen Sümpfe, Amaseno und Uffente, gemeldet (Zerunian, 1984). Die mittleren und unteren Abschnitte dieser Flussläufe sind durch menschliche Aktivitäten seit langem beeinträchtigt.

Die Flusssysteme der Apenninen-Halbinsel entwässern im Westen ins Ligurische und ins Tyrrhenische Meer, im Osten in die Adria und im Südosten in das Ionische Meer. Ernesto Sommani publiziert 1950 eine genaue Beschreibung mit Fotografien toter Exemplare von elf Forellenpopulationen aus Süditalien, zwischen Pescara im Norden und Cosenza im Süden. Die meisten dieser ehemals vermutlich autochthonen Populationen sind heute durch Besatzmaßnahmen genetisch kontaminiert oder ausgelöscht. Mehrere molekularbiologische Studien an verschiedenen Forellenpopulationen der Apenninen-Halbinsel ergaben, dass sowohl in den westlichen als auch in den östlichen Entwässerungsgebieten Haplotypen der Adria-Linie, der Mittelmeer-Linie und der Marmoratus-Linie ursprünglich vorkamen, die heute jedoch nur noch in wenigen Restpopulationen, oft gemeinsam mit Haplotypen der allochthonen Atlantik-Linie, anzutreffen sind (Nonnis Marzano et al., 2003; Caputo et al., 2004; Lucentini et al., 2006; Penserini et al., 2006; Splendiani et al., 2006, 2016a; Meraner & Gandolfi, 2018; Rossi et al., 2019). In den letzten Jahren wurden an verschiedenen Orten Projekte ins Leben gerufen, deren Ziel es ist, die verbliebenen natürlichen Populationen der allgemein so benannten „Mittelmeerforelle“ (ital.: trota mediterranea) künstlich zu vermehren, um geeignete Gewässer in der jeweiligen Region mit authentischen Besatzfischen zu versorgen. Leider birgt die Verbreitung domestizierter, mutmaßlich autochthoner Forellen, die ungeachtet ihrer geografischen Herkunft in verschiedene Gewässer eingesetzt werden, eine weitere Gefahr für den Erhalt der natürlichen genetischen Vielfalt der heimischen Populationen (Splendiani et al., 2019b). In einem für Besatzmaßnahmen verwendeten Zuchtstamm mit angeblich autochthonen Forellen wurde sogar ein Anteil von 44 % der nicht heimischen Atlantik-Linie nachgewiesen. In den meisten Fällen sind jedoch keine genetischen Daten zu den Besatzfischen verfügbar (Splendiani et al., 2019a). Besatz mit „Mittelmeerforellen“ wurde in der Vergangenheit auch im Flusssystem von Sele-Tanagro (Tyrrhenisches Becken) durchgeführt, um den Verlust von Laichplätzen infolge von Verbauungen und Wasserentnahme zu kompensieren. Heute ist die Population jedoch autark. Die Forellen können in diesen wasserreichen Flüssen besonders groß werden, was vermutlich auf das reiche Nahrungsangebot, bereitgestellt durch eine Fülle von Insekten und Cypriniden, zurückzuführen ist. Zur Laichablage, die von Februar bis März in den Oberläufen und kleinen Zuflüssen stattfindet, legen die Forellen oft weite Strecken zurück (L. Baccellini, pers. Mitt.). Die späte Laichzeit ist bei Populationen im südlichen Verbreitungsraum nicht ungewöhnlich (Sommani, 1950), erstreckt sich hingegen andernorts meist über eine längere Periode – vom Winter bis Anfang Frühjahr (Schöffmann et al., 2019).

AD-Bachforelle, ~40 cm; Abatemarco (Kalabrien)

AD-Bachforelle (*S.* cf. *ghigii*), ~30 cm; Sangro (Abruzzen)

MA/AD/ME-Bachforelle, ~24 cm; Fiastrone, Chienti-Zufluss (Marken)

ME-Bachforelle, ~23 cm; Calore, Volturno-Becken (Kampanien)

ME-Bachforelle, ~16 cm; Fegana, Sérchio-Becken (Toskana)

ME-Bachforelle, ~15 cm; Magra (Toskana/Ligurien)

AD-Forelle "carpione" (*S. fibreni*), ~22 cm; Lago di Posta Fibreno (Latium)

AD-Forelle "trota", ~34 cm; Lago di Posta Fibreno (Latium)

Im Jahre 1941 beschreibt Pomini die Forellen aus dem Fluss Sagittario in den Abruzzen als neue Spezies: *Salmo ghigii.* Doch bereits Gridelli (1935) untersucht die Forellen des Sagittario und bemerkt eine große Ähnlichkeit bezüglich der Färbung und der geringen Wirbelzahl (56) mit sechs Exemplaren, die er aus dem Fluss Krka in Dalmatien erhielt. Er glaubt, diese Forellen auf die von Heckel (1852) als „*dentex*" beschriebene Art beziehen zu können und grenzt sie entschieden von *S. marmoratus* und *S. trutta* ab (Gridelli, 1936). Sommani (1950) bezweifelt hingegen die Eigenständigkeit der Forellen des Sagittario und betrachtet *S. ghigii* als Synonym von *S. trutta.* Der Sagittario ist ein Zufluss des Aterno-Pescara, der bei Pescara in die Adria mündet. Pomini ist der Ansicht, dass diese Art auch in anderen Flüssen des Adriabeckens der italienischen Halbinsel vertreten ist. Neben einigen morphologischen Merkmalen, wie eine lange Schnauze mit großem Maul, wird die Fleckenzeichnung als charakteristisches Kennzeichen von *S. ghigii* angegeben: eine hohe Anzahl kleiner bis mittelgroßer schwarzer und vereinzelt auch roter Flecken von unregelmäßiger Form. Die originale Form des Sagittario ist heute verschwunden. Forellen, die der Beschreibung von *S. ghigii* entsprechen, gibt es aber noch im Oberlauf des Sangro, eines Adriazubringers südlich des Flusssystems Aterno-Pescara. Den hier nachgewiesenen Haplotyp der Adria-Linie findet man außerdem noch im Sinni, einem Fluss Süditaliens, der ins Ionische Meer mündet, sowie im Einzugsgebiet der Zrmanja in Dalmatien (Bernatchez, 2001). Nach Auffassung einiger italienischer Ichthyologen bilden der Oberlauf des Sinni, der Noce und, etwas weiter westlich, der Bussento die südlichste Verbreitungsgrenze natürlicher Forellenvorkommen auf der Apenninen-Halbinsel (Bianco, 2014). Die Populationen in den Flüssen Kalabriens, wie Lao, Abatemarco, Crati, Savuto bis zu den Bergbächen des Aspromonte, wären demnach auf Besatzmaßnahmen zurückzuführen. Ein geeignetes Habitat und der einwandfreie ökologische Zustand in den genannten Fließgewässern lassen jedoch nur schwer begründen, weshalb hier nicht wenigstens in historischer Zeit autochthone Forellen vorgekommen sein sollten. Langanhaltende Trockenperioden oder seismische und vulkanische Ereignisse könnten in dieser südlichsten Region der Halbinsel, so wie wahrscheinlich auch auf Sizilien, zu einer vorübergehenden Habitatveränderung geführt haben. Das Verbreitungsmuster des Bachneunauges (*Lampreta planeri*) mit dem Bussento als südlichste Grenze spricht ebenfalls für diese Theorie (G. P. Bianco, pers. Mitt.). Das würde aber auch bedeuten, dass schon im Laufe des letzten Jahrhunderts Translokationen aus nördlichen Regionen durchgeführt wurden. Einen Hinweis dafür könnte ein Museumsexemplar von 1947 aus dem kalabrischen Fluss Ancinale liefern, das laut genetischer Analysen einen im tyrrhenischen Raum weit verbreiteten Haplotyp der Adria-Linie aufweist. Ergebnisse neuerer genetischer Studien, durchgeführt an verschiedenen Forellenpopulationen Kalabriens, dokumentieren allerdings die Präsenz spezifischer Haplotypen der Adria-Linie in dieser Region, insbesondere im Fluss Stilaro, was wiederum für die Authentizität dieser Forellen spricht (Berrebi et al., 2019; S. Marić, pers. Mitt.). Die Mehrheit der Forellen in diesen Flüssen weist indes die für Besatzfische typischen Haplotypen der Atlantik-Linie auf, die man auch in den meisten Fischzuchten vorfindet. Bisher nicht nachgewiesen werden konnten hingegen Haplotypen des südlichen Zweiges der Atlantik-Linie, die in Sizilien natürlich vorkommen und auch bei den oben erwähnten fossilen Fischknochen aus dem Norden Kalabriens gefunden wurden. Ebenso fehlt der rezente Nachweis der Mittelmeer-Linie in Kalabriens Flüssen. Im adriatischen Einzugsgebiet Italiens stellt der Fluss Biferno in der Region Molise die südlichste Verbreitungsgrenze der autochthonen Forellen dar.

Östlich von Rom, am Fuße der Abruzzen, liegt der kleine Karstsee Lago di Posta Fibreno. Der hauptsächlich von starken sublakustrischen Quellen gespeiste See entwässert über den Fiume Fibreno und die Flüsse Liri-Garigliano in das Tyrrhenische Meer. In diesem hydrologischen System leben zwei unterschiedliche Forellenformen. Aus Berichten über die Geschichte und die Traditionen des Gebietes lässt sich ableiten, dass seit wenigstens 350 Jahren die beiden Formen „Trota“ und „Carpione“ bekannt sind. Die erste schriftliche Aufzeichnung vom Vorkommen des „Carpione“ stammt aus dem Jahre 1554. Erst 1990 wird diese Forellenform von den Ichthyologen S. Zerunian und G. Gandolfi als neue Art, *Salmo fibreni,* beschrieben. Die zweite Form, einfach „Trota“ (Forelle) genannt, wird als *S. macrostigma* klassifiziert (Zerunian & Gandolfi, 1990). Nachfolgende Autoren bevorzugen hingegen das Taxon *S. cettii*. Sowohl phänotypische als auch ökologische Unterschiede kennzeichnen die zwei sympatrischen Populationen. Der Carpione des Lago di Posta Fibreno (*S. fibreni*), nicht zu verwechseln mit dem Carpione des Gardasees (*S. carpio*), ist mit einer durchschnittlichen Körperlänge von 17 bis 18 cm eine kleinwüchsige Salmonidenform. Nur wenige Exemplare werden bis zu 22 und 23 cm groß. Die männlichen Tiere sind mit 11 bis 12 cm geschlechtsreif, die weiblichen mit 13 bis 14 cm. Man nimmt an, dass beide Geschlechter im ersten Lebensjahr die Geschlechtsreife erreichen und nicht älter als 2 bis 3 Jahre werden. Die Flanken der Fische zieren 10 bis 20 rundlich geformte schwarze und orange oder violette Flecken, meist mit heller Umrandung. Typisch sind auch die 7 bis 10 elliptischen Jugendflecken, die bei alten Tieren manchmal durch vier große dunkle Flecken ersetzt werden. Das Kopfprofil ist abgerundet, die

Augen sind relativ groß und der Oberkiefer reicht kaum bis unter den hinteren Augenrand. Es gibt keinen sichtbaren Sexualdimorphismus. *S. fibreni* bewohnt in erster Linie den See, gelegentlich den Anfang des Abflusses und einen kleinen Zufluss, den Fosso (Graben) di Dova. Die Laichperiode erstreckt sich von Oktober bis April, jedoch laichen die meisten Exemplare der Population im Dezember und Januar in einer kreisförmigen Senke mit Kiesgrund. Hier befindet sich mit 15 m auch die tiefste Stelle des Sees mit zahlreichen unterirdischen Quellen. Weitere Laichplätze liegen etwas weiter südlich an sublakustrischen Quellen um den Zufluss Dova. Der Carpione des Fibreno wird von September bis März befischt. Während der übrigen Monate des Jahres hält er sich, nach Aussagen lokaler Fischer, im unterirdischen Karstsystem auf. Der Fisch zeigt ein lichtscheues Verhalten, da er auch außerhalb der Höhlen die tiefsten und dunkelsten Stellen des Sees aufsucht. Die zweite Forellenform, *S. macrostigma,* unterscheidet sich in vielerlei Hinsicht von *S. fibreni,* vor allem aber durch ihre Größe. Geschlechtsreife Männchen von *S. macrostigma* findet man ab einer Körperlänge von 17 bis 19 cm, geschlechtsreife Weibchen von 28 bis 30 cm. Die maximale Größe liegt um die 50 cm bei einem Gewicht von 1 bis 1.5 kg. Die meist nur schwarzen mittelgroßen bis großen Flecken (20-60) an den Flanken zeigen eine sehr unregelmäßige Form. Zum Rücken hin sind die Flecken klein. Die 9 bis 13 Jugendflecken erscheinen oft fragmentiert und unregelmäßig verteilt. Bei älteren Exemplaren werden vier dunkle Flächen sichtbar. Die „Trota" des Fibreno laicht von Ende Dezember bis Anfang März vermutlich an anderen Plätzen als der Carpione, wie etwa im Abfluss oder im größeren der zwei Seezuflüsse, dem Fosso di Carpello (Gandolfi et al., 1991; Zerunian et al., 1994; Gratton et al., 2013). Die größere Form wird auch künstlich vermehrt und oft für Besatzmaßnahmen verschiedener Gewässer im tyrrhenischen Einzugsgebiet der Apenninenhalbinsel verwendet.

Die genetischen Unterschiede zwischen den zwei sympatrischen Populationen sind nur gering. Beide Formen weisen denselben Haplotyp der Adria-Linie auf (Bernatchez, 2001).* Daraus lässt sich schließen, dass das Fibreno-Becken nicht von zwei unterschiedlichen Forellenstämmen besiedelt wurde, sondern dass die Aufspaltung in die zwei Formen zumindest im selben Gewässersystem stattgefunden hat. Eine Hypothese zur Entstehung von *S. fibreni* liefern die Autoren in der Originalbeschreibung: Infolge einer längeren Trockenperiode wurden die im See lebenden Forellen von der übrigen Population des Liri-Garigliano-Beckens isoliert. Die Forellen des Sees könnten Zuflucht im unterirdischen Karstsystem gesucht haben und sich allmählich an die Bedingungen des partialen Höhlenlebens angepasst haben. Nachdem das

Klima wieder feuchter wurde, kam es zum sekundären Kontakt zwischen den separat entwickelten Populationen, wobei die reproduktive Isolation aufrecht erhalten blieb.

*) Bernatchez (2001) unterschied bei den sechs von ihm untersuchten Exemplaren aus dem See Posta Fibreno nicht zwischen den beiden Forellenformen. Tatsächlich erhielt er 1996 und 1997 vier Proben von *S. macrostigma* und zwei Proben von *S. fibreni* von mir.

6.12.2. Das nördliche Adriabecken

Im Becken des Po in Norditalien sind Populationen aller drei mediterranen Linien verbreitet, zum Teil sympatrisch, zum Teil isoliert. Neben der Marmorforelle (*Salmo marmoratus*), die erst später behandelt wird, findet man hier Forellenformen der Adria- und der Mittelmeer-Linie. Die rechten Zuflüsse des Po, die im nördlichen Apennin entspringen, werden fast ausschließlich von Populationen der Mittelmeer-Linie bewohnt (Bernatchez et al., 1992; Giuffra et al., 1994). Die Marmorforelle, die sonst im gesamten Po-Becken vertreten ist, fehlt in diesen Flüssen (Sommani, 1960). Reine ursprüngliche Populationen sind auch hier rar und nur noch in wenigen Quellregionen der Flüsse Enza, Secchia und Panàro vorhanden. Das charakteristische äußere Merkmal dieser Forellen sind die dicht gefleckten Flanken mit kleinen, in der Mehrzahl roten Punkten. Auch die Kiemendeckel sind mit vielen dunklen Flecken übersät. Tiere bis zu einer Körperlänge von etwa 25 cm zeigen 14 bis 17 vertikale längliche Jugendflecken, die oft fragmentiert sind. Bei älteren Exemplaren werden vier dunkle Flächen sichtbar. Aus dem Jahre 1847 stammt die Beschreibung einer Forellenform von unbekanntem Typus aus Norditalien. Der Abt von Chioggia, Stefano Chiereghin, nennt die neue Art *„Salmo Cenerinus"*, gibt aber nur einen unzulänglichen Hinweis auf den Typus-Fundort: „... nicht weit vom Meer, in Flüssen, die in die Lagune von Venedig münden". Obwohl aus dieser Originalbeschreibung nicht eindeutig hervorgeht, ob sie eine Bachforellenform oder die Marmorforelle betrifft, schlägt Maurice Kottelat (1997) diesen Namen für die Bachforelle aus dem nördlichen Adriabecken Italiens vor. Erst im Jahre 2001 wird das monumentale Werk Chiereghins in zwei Bänden veröffentlicht. Die Beschreibung und die Abbildung des Exemplars lassen durchaus darauf schließen, dass es sich um eine Marmorforelle handeln könnte, welche eine Zeit lang in der Lagune von Venedig zugebracht hatte und in einem der Zuflüsse auf dem Weg zu ihrem Laichplatz war. Somit wäre der Name *Salmo cenerinus* als jüngeres Synonym von *S. marmoratus* nicht gültig. Einige Autoren empfehlen daher *S. farioides* für die Benennung der Bachforellen des gesamten Adriabeckens (Bianco, 2014; Splendiani et al., 2019). Andere Autoren (Polgar et al., 2022) wiederrum schlagen den Namen *S. ghigii* für alle autochthonen Bachfo-

rellen des italienischen Festlandes vor. Allerdings gab es auch Meldungen von Bachforellen in den Küstengewässern bei Ancona. Diese von Nümann (1964) untersuchten Exemplare standen durchwegs im zweiten Lebensjahr und befanden sich dem Schuppenkleid nach höchstens ein Jahr im Meer, wo sie sich vorwiegend von Nereiden (Seeringelwürmern) ernährten.
Die westlichen Zubringer und Quellflüsse des Po, die aus den Alpen zwischen dem Aosta-Tal im Norden und den Seealpen im Süden kommen, ebenso wie die nördlichen Zuflüsse bis zum Gardasee im Osten, beherbergen Populationen sowohl der Mittelmeer- als auch der Adria-Linie. Dabei beschränken sich diese Populationen meist auf die Quellregionen, wohingegen die oberen und mittleren Flussläufe für die Marmorforelle reserviert sind (Pomini, 1937; Sommani, 1960; Giuffra et al., 1996; Gratton et al., 2014). Natürlich kommt es auch zu Kontaktzonen. Ursprünglich wurde jedoch die reproduktive Isolation zwischen den nativen Bachforellen und den Marmorforellen durch unterschiedliche Laichplätze und zum Teil auch Laichzeiten aufrechterhalten. Während die Bachforellen in den Seitenbächen laichen, bevorzugen die Marmorforellen die Oberläufe der Hauptflüsse zur Laichablage (Forneris et al., 1990). Durch den Besatz mit ortsfremden Forellen wurde diese reproduktive Barriere oftmals unterbrochen, und so findet man heute im gesamten alpinen Einzugsbereich des Po viele Hybridenschwärme. Lange umstritten war die historische Verbreitung der Bachforellen in den westlichen und nördlichen alpinen Zuflüssen des Po sowie im nördlichen und nordöstlichen Adriabecken. Vielfach wurde angenommen, dass ursprünglich die Marmorforelle als einzige Salmonidenart diese Gewässer bewohnte und die Bachforellen erst durch Besatzmaßnahmen heimisch wurden. In vielen Gebieten Oberitaliens war die Marmorforelle bei den ansässigen Fischern auch als „trota nostrana" (unsere Forelle), im nördlichen Piemont als „trüta vieia" (alte Forelle) bekannt. Im Gegensatz dazu nannte man die Bachforellen „fremde" respektive „neue" Forelle. Jedenfalls zitiert Edoardo Gridelli in seinem Bericht über die Forellen von Julisch Venetien im Jahre 1935 die deutschen Autoren K. Altnöder und H. Henking: In Julisch Venetien kamen Bachforellen ursprünglich nur im Becken von Tarvis vor, in Bächen, die zur Donau (Drau) fließen. Julisch Venetien ist eine historische Region der oberen Adria und umfasst die Einzugsgebiete von Tagliamento, Isonzo und Istrien. Erst in jüngerer Zeit durchgeführte Untersuchungen ließen erkennen, dass autochthone Bachforellen in den Quellregionen des gesamten Po-Beckens heimisch sind bzw. waren (Bernatchez et al., 1992; Patarnello et al., 1994; Splendiani et al., 2016a, 2017). Das Fehlen dieser Bachforellen in den Adriazuflüssen von der Etsch im Westen bis zum Isonzo im

Osten lässt sich durch die unterschiedlichen postglazialen Umweltbedingungen, verursacht durch das Abschmelzen der Gletscher, erklären. Die östlichen Alpen waren während der letzten Eiszeit von viel mächtigeren Gletschern bedeckt als die westlichen Alpen. Das westliche hydrografische System Oberitaliens war infolge des rascheren nacheiszeitlichen Abtauens der Gletscher früher zugänglich für die anpassungsfähigen mediterranen Bachforellen, welche entweder aus Refugien des südlichen Po-Beckens oder als anadrome Stämme vom Meer her die oberen Flussgebiete wieder besiedelten (Gibertoni et al., 2010). Die Marmorforelle hingegen verweilte in den nahrungsreichen Gewässern des Tieflandes und folgte erst in die Oberläufe, als dort die Ernährungsgrundlagen vorhanden waren. In den östlichen Tieflandgewässern hatte sich die dominante Marmorforelle bereits etabliert, bevor die Oberläufe der Flüsse von Salmoniden erschlossen werden konnten. Nachdem das Eis auch in den östlichen Alpen geschmolzen war, drangen die Marmorforellen bis in die oberen Flussläufe vor. Höchstwahrscheinlich stiegen während postglazialer Epochen auch Bachforellen bzw. Meerforellen in diese Gewässer auf, konnten aber keine sympatrischen Populationen bilden, da sie mangels ökologischer und reproduktiver Abgrenzungsmöglichkeiten von den Marmorforellen entweder verdrängt wurden oder sich mit ihnen vermischten.

Der Gardasee ist der südlichste der von eiszeitlichen Gletschern gebildeten großen Seen Oberitaliens und gleichzeitig der größte See Italiens, wo er auch unter dem Namen Benaco bekannt ist. Der 51,6 km lange und bis zu 17,2 km breite See ist bis zu 346 m* tief und wird neben vielen sublakustrischen Quellen von einem starken Zufluss, der Sacra, gespeist. Zwei ökologisch und morphologisch unterschiedliche Forellenformen wurden aus dem Gardasee beschrieben. Der endemische Carpione, vor Ort auch Carpioo oder Carpiù genannt, wird meist als eigenständige Art klassifiziert: *Salmo carpio.* Der Carpione erreicht eine maximale Länge von 50 bis 60 cm und ein Gewicht von 1 kg, wird aber gewöhnlich 35 bis 40 cm lang und etwa 500 g schwer. Er ist kein Einzelgänger, sondern lebt immer in Schulen zusammen mit Artgenossen. Außerhalb der Laichzeit zeigen beide Geschlechter silbrige Flanken mit wenigen, sehr kleinen schwarzen, unregelmäßig geformten Flecken. Ein paar runde Flecken befinden sich an den Kiemendeckeln. Jugendflecken fehlen bei adulten Tieren. Weibliche Tiere behalten in der Laichzeit ihr silbrig-graues Farbkleid. Die Männchen bekommen ein dunkelgraues, bronzefärbiges Aussehen mit schwarzen Flossen, wobei die Fleckenzeichnung verschwindet. Bei einigen Milchnern erscheint eine dunkle Marmorierung. Der Carpione hat zwei getrennte Laichzeiten: eine längere im Winter (Dezember bis Februar) und eine kurze im

Sommer (Juli/August). Die Winterlaichplätze liegen am Westufer des nördlichen Teiles des Sees. Die Tiere suchen Stellen mit Kiesgrund bei unterseeischen Quellen auf, meist in einer Tiefe von etwa 200 m. Die Sommerlaichplätze befinden sich im Zentrum des südlichen Seeteiles, in Tiefen unter 50 m. Die männlichen Tiere werden mit zwei Jahren geschlechtsreif, die weiblichen mit drei Jahren, obgleich beide Geschlechter erst im folgenden Jahr die volle Laichkapazität erlangen. Der im Winter geborene Nachwuchs erreicht im ersten Jahr eine Länge von ca. 18 cm, im zweiten Jahr ca. 26 cm, im dritten ca. 32 cm, im vierten ca. 39 cm und im fünften ca. 42 cm, während die im Sommer geschlüpften Fische jedes Jahr 4 bis 5 cm kleiner bleiben. Das Höchstalter liegt bei fünf Jahren. Zur Nahrungsaufnahme hält sich der Carpione den größten Teil des Jahres im Pelagial des mittleren und des südlichen Teiles des Sees auf. Die Nahrung besteht von Juli bis September hauptsächlich aus planktonischen Krustazeen (*Bythotrephes longimanus*) und von Oktober bis Juni meist aus Benthosorganismen (*Asellus aquaticus, Enchinogammarus* sp.) und schlüpfenden Zuckmücken (Chironomidae) (Melotto & Oppi, 1987; Melotto, 1988; Melotto & Alessio, 1990; Schöffmann, 1994a). Der Ernährungsweise entsprechend ist auch die Anzahl der Kiemenreusendornen (22-25) relativ hoch (Confortini, 1997). Wissenschaftliche Untersuchungen ergaben, dass die Teilnahme am Laichgeschäft im Sommer oder im Winter unabhängig von der jeweiligen Geburtszeit (Sommer oder Winter) der teilnehmenden Individuen ist – mit anderen Worten, es gibt keine zwei verschiedenen Populationen des Carpione (Gandolfi et al., 1991). Seit Mitte des letzten Jahrhunderts haben die Bestände des Carpione dramatisch abgenommen. Hauptursachen sind neben der exzessiven Befischung auch die durch Abwässer verursachte Eutrophierung, die zur Veralgung vieler Laichgründe führte, sowie das Einbringen allochthoner, konkurrierender Arten wie Renken (*Coregonus lavaretus*), die heute einen beträchtlichen Anteil des fischereilichen Ertrages im See ausmachen (Pomini, 1937; Schöffmann, 1994a). Versuche der künstlichen Aufzucht des Carpione für den Besatz sind allzu oft gescheitert. Ebenso blieben zahlreiche Anläufe, den Carpione in anderen oberitalienischen Seen oder in Deutschland und Neuseeland einzubürgern, ohne Erfolg (Melotto & Oppi, 1987). Die Entwicklungsgeschichte von *S. carpio* wird als relativ jung eingestuft. Die Adaption an das Leben in großen Tiefen geschah erst nach dem Rückzug der südlichen alpinen Gletscher vor 15 000 bis 18 000 Jahren (D'Ancona & Merlo, 1959; Bernatchez et al., 1992). Bis vor nicht allzu langer Zeit ging man davon aus, dass der Carpione infolge sekundären Kontaktes verschiedener phylogenetischer Linien (AD, ME, MA) und deren Hybridisierung entstanden ist (Giuffra et al., 1994).

ME-Bachforelle (*S.* cf. *cenerinus*), ~23 cm; Tagliole, Panaro-Zufluss, südl. Po-Becken

AD/ME-Bachforelle (*S.* cf. *cenerinus*), ~35 cm; Séssera, Sésia-Zufluss, nördl. Po-Becken

Carpione (*S. carpio*), ♂ ~27 cm; Gardasee, nördl. Po-Becken. Foto: B. Delling

Carpione (*S. carpio*), ♀ ~28 cm; Gardasee, nördl. Po-Becken. Foto: B. Delling

Neuere genetische Untersuchungen führen seinen Ursprung auf eine isolierte Population der Adria-Linie zurück, möglicherweise mit einem limitierten Beitrag der Marmoratus-Linie. Im Widerspruch zu früheren Untersuchungsergebnissen kann der Einfluss von atlantikstämmigen Forellen beim Carpione gänzlich ausgeschlossen werden (Gandolfi et al., 2006). Dank der präzygotischen Fortpflanzungsbarriere aufgrund der speziellen Laichgründe blieb der Genpool des Carpione bis heute von fremden Einflüssen verschont.
Die zweite ökologische Forellenform des Gardasees war die autochthone Seeforelle, die seit den Sechzigern des letzten Jahrhunderts verschwunden ist. Im Gegensatz zu den später eingesetzten, eher kleinwüchsigen ortsfremden Forellen erreichte die ursprüngliche Seeforelle ein Gewicht von mehr als 20 kg. Wie in den anderen großen Seen Norditaliens handelte es sich dabei möglicherweise um eine lakustrische Form der Marmorforelle (siehe nächstes Kapitel). Die Ichthyologin I. Delpino (1935) hingegen berichtet über das Vorkommen der Marmorforelle im Zufluss des Gardasees und nur gelegentlich auch im See selbst. Die Seeforelle des Gardasees unterschied sich vom Carpione nicht nur morphologisch und durch größeres Wachstum, sondern auch durch ihre Lebensweise. Adulte Seeforellen ernährten sich hauptsächlich von Fischen (*Alburnus arborella, Alosa agone*) und laichten nur einmal im Jahr im Zufluss (Sacra) oder im Abfluss (Mincio) des Gardasees. Die beiden Populationen unterschieden sich durch die Fleckenzeichnung: Während die Population des Mincio nur wenige unregelmäßig geformte oder x-förmige schwarze, selten rote Flecken aufwies, zeigte die Population der Sacra eine dichte schwarze Fleckenzeichnung, oft mit rötlichen Flecken dazwischen (Pomini, 1937, 1939; Bruno, 1987). Die Forellen der Sacra-Population wurden von den einheimischen Fischern als „truta sarcarola“, die Seeforellen im Allgemeinen als „truta di lago“ bezeichnet. Da aber bereits um 1900 damit begonnen wurde, ortsfremde Forellen in den See einzusetzen, waren die ursprünglichen Seeforellenbestände schon seit längerem der Introgression durch nicht heimisches Genmaterial ausgesetzt. Die Zerstörung der Laichareale war maßgebend für das Verschwinden der beiden Populationen mitverantwortlich. Genetische Untersuchungen am rezenten Seeforellenbestand dokumentieren neben der vorherrschenden Atlantik-Linie auch einen geringen Anteil der Marmoratus-Linie. Infolge von Nachzucht- und Besatzmaßnahmen nahm der Bestand an Seeforellen in den letzten Jahrzehnten wieder stark zu und leistet somit einen wichtigen Beitrag zu den Fängen der Berufs- und Sportfischerei.

*) Wie alle großen Seen in Norditalien ist der Gardasee eine Kryptodepression, was bedeutet, dass der Boden des Sees unter dem heutigen Meeresspiegel liegt.

6.12.3. Die Marmorforelle des nördlichen Adriabeckens

Der bedeutende französische Naturforscher Georges Cuvier beschreibt die Marmorforelle als *Salmo marmoratus* erstmals im Jahre 1829 und nicht wie fälschlicherweise oftmals angegeben 1816 bzw. 1817. Als Typus-Fundort werden nur die „Seen der Lombardei“ angeführt, erst später, im Jahre 1848, erwähnen G. Cuvier und A. Valenciennes das Vorkommen von *S. marmoratus* im Po und im Lago Maggiore. Die Beschreibungen der Spezies sind sehr kurz und beziehen sich nur auf die Färbung und die Marmorierung. Im Buch „Die Süsswasserfische der Österreichischen Monarchie“ von Jakob Heckel und Rudolf Kner aus dem Jahre 1858 findet man die Skizze einer Marmorforelle und die Beschreibung eines Exemplars als neue Art, *Salar genivittatus*. Der Fisch maß knapp 50 cm und stammte aus der Sala (Zala), einem Nebenfluss der Idrijca im Soča-Becken. Bald darauf, im Jahre 1863, bezeichnet der deutsche Zoologe C. Th. Ernst von Siebold in seinem Buch „Die Süsswasserfische von Mitteleuropa“ dieselbe Spezies als *„Trutta Fario* var. *marmorata“* und gibt als Verbreitungsgebiet alle Flüsse am Südhang der Alpen, die zur Adria entwässern, an. Der angesehene Ichthyologe der Österreichischen Monarchie, Franz Steindachner, schildert in seinem Sitzungsbericht von 1882 das Vorkommen der Marmorforelle in der Narenta (Neretva) in Bosnien. Gleichzeitig erwähnt er, dass im Isonzo (Soča) und seinen Nebenflüssen beide „Varietäten der Bach- oder Flussforelle“ vorkommen: die Bachforelle, *„Salmo (Trutta) fario“* und die Marmorforelle *„Variatio marmorata“*. Da der erste Besatz mit Bachforellen in der Soča erst 1906 stattfand, handelte es sich bei den vermeintlichen Bachforellen Steindachners wohl nur um jüngere Exemplare der Marmorforelle, welche noch die rote Pigmentierung entlang der Seiten aufweisen. Steindachner weist auch darauf hin, dass der Name *Salar genivittatus* ungültig sei. In ihrer Arbeit von 1935 präsentiert I. Delpino erstmals genauere morphologische Daten und die exakte Darstellung der Verbreitung der Marmorforelle in Oberitalien und dem angrenzenden Slowenien. Außerdem stellt die Ichthyologin klar, dass *Salar genivittatus* ein Synonym von *Salmo marmoratus* darstellt. Edoardo Gridelli bestätigt in den „Notizen des Deutsch-Italienischen Institutes für Meeresbiologie in Rovigno d'Istria“ von 1935 die Priorität des Namens *Salmo marmoratus* vor *Salar genivittatus.* Außerdem hegt er einige Zweifel daran, dass dieselbe Art auch in den Flüssen Dalmatiens vorkommen könnte.

Die Marmorforelle, auch Marmorierte Forelle oder nach der italienischen Bezeichnung „trota marmorata“ Marmorata-Forelle genannt, wird heute von den meisten Autoren als eigene Art, *Salmo marmoratus,* angesehen, was auch durch molekularbiologische Studien gestützt wurde. Ihr

Verbreitungsgebiet ist das Po-Becken – daher auch die oft verwendete lokale Bezeichnung „trota padana“ – mit den alpinen Zuflüssen bis zur Stura di Demonte im Süden sowie das übrige nordadriatische Becken von der Etsch bis zur Soča (Isonzo) und bis zu dem kleinen Küstenfluss Rižana in Slowenien. Außerdem kam die Marmorforelle im Fluss Timavo vor, sowohl in seinem kurzen Unterlauf (ca. 2 km), der bei Monfalcone (San Giovanni di Duino) in die Adria mündet, als auch in seinem Oberlauf (ca. 50 km), der auf einer Strecke von rund 35 km unterirdisch mit dem Unterlauf verbunden ist, in Kroatien als Vela Voda entspringt und in Slowenien Notranjska Reka oder einfach Reka (Fluss) heißt (Delpino, 1935; Gridelli, 1936; Nümann, 1964; Ocvirk & Voljč, 1981c). Die letzte phänotypisch reine Marmorforelle wurde 1974 in der Reka gefangen (Povž et al., 1996). Weiter südlich, auf der Halbinsel Istrien, soll es noch Anfang des letzten Jahrhunderts Vorkommen in den Flüssen Dragonja, Mirna und Raša gegeben haben. Gridelli (1936) berichtet von Forellenbeständen ohne genauere Artbezeichnung in der Mirna (ital.: Quieto) und ihren Zuflüssen sowie im Einzugsgebiet der Raša (Arsa), insbesondere im Čepić-See (Lago d´Arsa). Dieser einzige natürliche See Istriens wurde 1932 mithilfe eines ca. 4 km langen Tunnels zur Adria trockengelegt und in fruchtbares Ackerland umgewandelt. Heute findet man zwar in den Gewässern der Halbinsel keine Forellen mehr, dafür gibt es aber etwas weiter östlich, im Fluss Rječina, dank guter Wasserqualität und Besatzmaßnahmen noch einen stabilen Bachforellenbestand. Der etwa 19 km lange Fluss entspringt in einer Karsthöhle und mündet in der Hafenstadt Rijeka ins Meer. Ebenso wie die Stadt wurde auch der Fluss früher schlicht Fiume genannt, das italienische Wort für Fluss. Unklar ist jedoch, welche Art in der Rječina ursprünglich beheimatet war. Nach Gridelli (1936) soll es hier Forellen sowohl mit roten Flecken als auch ohne solche gegeben haben. Er vermutete, dass es sich bei den letzteren um Marmorforellen handeln könnte, obwohl er selber kein Exemplar aus diesem Gewässer gesehen hatte. Eine historische Verbreitung der nördlichen Populationen von *S. marmoratus* südlich der slowenischen Flüsse Rižana und Notranjska Reka bleibt also ungewiss.

In Slowenien ist die Marmorforelle unter dem Namen „soška postrv“ (Soča-Forelle) bekannt. Intensive Besatzmaßnahmen mit ortsfremden Bachforellen bewirkten die Hybridisierung und den Verlust der genetischen Reinheit der meisten Bestände. 1906 wurden erstmals Bachforellen der Donau-Linie aus Bosnien-Herzegowina in die obere Soča und ein paar Nebenflüsse eingesetzt. Weitere Besatzmaßnahmen, bis 1912 finanziert von der österreichischen Forstverwaltung, fanden mehrmals jährlich statt. Nach dem ersten Weltkrieg wurde diese für die Marmorforellen fatale Vorgehensweise bis zum gesetzlichen Verbot im Jahr 1996 fortgesetzt, wobei vor allem Bachforellen der Atlantik-Linie zum Einsatz kamen (Povž et al., 1996). Unbeeinflusst von fremdem Besatzmaterial blieben nur einige Populationen in abgeschiedenen und durch natürliche Barrieren isolierten Bächen im Einzugsgebiet der Soča in Slowenien. Schon seit einigen Jahrzehnten gibt es in Slowenien und in Italien Zuchtprogramme zur Erhaltung unvermischter Bestände. Wenn es auch oft schwierig bis unmöglich war, vollkommen genetisch reine Elterntiere für die Reproduktion zu bekommen, versuchte man, wenigstens den Phänotypus zu bewahren. Besonders verdient um den Erhalt und die Restaurierung der Marmorforellenbestände in Slowenien machte sich der Angelverein Tolmin unter der Leitung des Fischzüchters Dušan Jesenšek. Anfangs verwendete man für die Zucht von Besatzfischen vor allem Elterntiere aus der Zadlaščica. In diesem durch Wasserfälle isolierten Bach wurde die erste reine, von Besatz verschont gebliebene Population im Einzugsgebiet der Soča entdeckt (Ocvirk, 1989). Bald wurden auch mittels Genanalysen geeignete Laichtiere in der sogenannten Hybridzone aussortiert. Dank der Besatzmaßnahmen mit nachgezüchteten Marmorforellen und der Einstellung des Besatzes mit Bachforellen hat sich die Situation im gesamten Einzugsbereich der oberen und mittleren Soča bedeutend verbessert. In den Hybridzonen, wo bis Ende des letzten Jahrhunderts noch Hybriden und Bachforellen dominierten, findet man heute wieder hauptsächlich Marmorforellen (Sušnik Bajec et al., 2015; Schöffmann, 2019d). In einigen italienischen Gewässern konnten aufgrund von strengeren Regelungen und vermehrten Nachzuchtbemühungen die Populationen der Marmorforellen wieder etwas stabilisiert werden. Allerdings muss auch darauf hingewiesen werden, dass der Großteil der Populationen in Italien bereits in den vergangenen Jahrzehnten besonders stark von Hybridisierung betroffen war (Turin et al., 2006) und daher kaum eine Wiederherstellung der ursprünglichen Bestände möglich sein wird.

Die typischen äußeren Merkmale der Marmorforelle sind neben der braungelben Marmorierung über Kopf, Rücken und Seiten – ohne isolierte dunkle oder rote Flecken – die lang gestreckte Körperform, ebenso der breite, abgeflachte Kopf und das weit gespaltene Maul mit kräftigen Kiefern. Der Oberkiefer reicht bei adulten Tieren bis weit hinter das Auge. Die Anzahl der Wirbel ist mit 60 bis 62 relativ hoch – bei allen anderen Formen der Europäischen Forelle zählt man gewöhnlich 55 bis 61 Wirbel (Behnke, 1968). Der Bauch ist hellgrau bis gelb und die Flossen sind dunkler gefärbt. Je nach Standort und Untergrund variiert die Färbung von silbrig-weiß bis gelb-grau. Bisweilen trifft man sogar auf Exemplare ohne erkennbare Marmorierung oder Fleckenzeichnung.

MA-Marmorforelle (*S. marmoratus*), ~34 cm; Zadlaščica, Tolminka-Soča-Becken

MA-Marmorforelle (*S. marmoratus*), ~32 cm; Huda Grapa, Idrijca-Soča-Becken

MA-Marmorforelle (*S. marmoratus*), ~33 cm; Predelica, Koritnica-Soča-Becken

MA-Marmorforelle (*S. marmoratus*), juv. ~12 cm; Soča (Nachzucht)

Geschlechtsunterschiede in der Färbung werden insbesondere in der Laichzeit sichtbar. Die Marmorierung am Rücken und an den Seiten sowie der Bauch der Männchen verfärben sich dunkel grünbraun bis schwarz. Brust- und Bauchflossen sowie After- und Schwanzflosse nehmen eine schwärzliche Färbung an. Die Weibchen behalten ihre braungraue, deutlich hellere Marmorierung. Juvenile Tiere unterscheiden sich während der ersten Lebensmonate nur geringfügig von gleichaltrigen Bachforellen. Entlang der Seiten befinden sich rote Flecken und am Rücken braune. Die Jugendflecken zeigen eine außergewöhnlich unregelmäßige Form. An der Rückenflosse sind neben braunschwarzen Flecken auch ein paar rötliche vorhanden. Die Fettflosse ist noch rot umrandet, die Schwanzflosse rötlich-gelb gefärbt. Am Ende des ersten Jahres beginnt sich allmählich die Marmorierung auszubilden, zuerst am Kopf und am Rücken und später auch an den Flanken. Die rote Pigmentierung in der Marmorierung an den Seiten, an der Rücken- und der Fettflosse verliert sich erst im zweiten und dritten Jahr. Das Wachstum verläuft anfänglich wie bei Bachforellen aus Gewässern mit ähnlichen Umweltbedingungen. Marmorforellen messen am Ende des dritten Lebensjahres zwischen 20 und 37 cm. Die Wachstumsrate nimmt rasant zu, sobald sich ihre Lebensweise ändert und die Nahrung hauptsächlich aus Fischen besteht. Die Marmorforelle kann über einen Meter lang und mehr als 20 kg schwer werden. Am 30. April 1997 wurde ein verendetes männliches Exemplar mit einer Länge von 121 cm und einem Gewicht von 25 kg in der Soča bei Most na Soči in Slowenien gefunden. Sein Alter wurde mit 17 Jahren bestimmt (Fumagalli et al., 2002). Im Jahre 1925 wurde in der Soča in der Nähe derselben Stelle ein Exemplar mit 140 cm Länge und 20 kg Gewicht gefangen. Ein neuerer Rekordfang gelang am 19. Juni 2009 etwas weiter flussaufwärts bei Tolmin; das weibliche Exemplar hatte eine Länge von 120 cm und wog 22,5 kg. Die Geschlechtsreife tritt beim Männchen gewöhnlich im dritten Jahr (2+ Jahre) und beim Weibchen im vierten Jahr (3+ Jahre) ein, also ein Jahr später als bei den meisten Bachforellen.

Entsprechend ihrer räuberischen Lebensweise bewohnt die Marmorforelle vornehmlich die Mittel- und Oberläufe der Hauptflüsse, wo genügend Nahrung, wie junge Äschen und rheophile Cypriniden, zur Verfügung steht. In vergangenen Epochen, als die Flüsse noch nicht so verschmutzt und von Staustufen zerschnitten waren, zogen diese großwüchsigen Prädatoren nach dem Laichen bis in die Unterläufe und in der Etsch sogar bis in die Mündungslagunen der Adria, um das reiche Nahrungsangebot zu nutzen. Im Frühjahr kehrten sie wieder in die kühleren oberen Flussregionen zurück, um dann im Herbst zu den Laichplätzen in den Oberläufen aufzusteigen. Die kurze Laichzeit erstreckt

sich von Anfang Dezember bis Anfang Jänner. Nach dem Ablaichen wandern die meisten Fische wieder flussabwärts. Heutzutage sind Laichwanderungen nur mehr sehr begrenzt möglich. Bewohnt die Marmorforelle zwar generell die kalten und klaren Flüsse der Niederungen, so kann sie in einigen größeren Oberläufen der Bergregionen bis zu einer Seehöhe von etwa 1500 m vordringen. Die Flussläufe der alpinen Karstregionen erodieren oft große und tiefe Gumpen, die ihr als Unterstand dienen. Die Abwesenheit der Marmorforelle im südlichen Po-Becken, zwischen dem Belbo im Westen und dem Panàro im Osten, ist auf die unterschiedlichen geologischen Verhältnisse zurückzuführen (Sommani, 1948). Der Untergrund der alpinen Zuflüsse besteht vorwiegend aus kristallinem Gestein (Granit und Dolomit), welches eine weit größere Härte aufweist als das Substrat in den südlichen Zuflüssen aus dem Apennin, wo Ton und Sand sowie junges Kalkgestein vorherrschen. Sand- und Schlammablagerungen bilden sich im südlichen Becken bereits in den Oberläufen der Hauptflüsse und verhindern so die Laichmöglichkeiten für Salmoniden. In den vor allem während der sommerlichen Trockenperiode seichten Quellflüssen konnten sich nur die weniger anspruchsvollen Bachforellen, die hier hauptsächlich der Mittelmeer-Linie angehören, etablieren.
Erstaunlicherweise gibt es kaum Berichte über Vorkommen der Marmorforelle im Meer, obwohl mehrfach darauf hingewiesen wird, dass dieser Großsalmonide häufig bis in die Brackwasserzonen wandert. Meldungen von wiederholten Forellenfängen in der oberen Adria, zumeist in den Küstengewässern von Ancona, werden zwar 1964 von Nümann bestätigt, es soll sich dabei aber ausschließlich um Bachforellen gehandelt haben, die durchwegs im zweiten Lebensjahr standen und sich dem Schuppenbild nach höchstens ein Jahr im Meer befunden hatten. Im Frühjahr 2013 fingen Berufsfischer vor der Küste der slowenischen Hafenstadt Piran neben verschiedenen Meeresfischen eine 2 kg schwere Marmorforelle (Schöffmann, 2013). Ihre Herkunft ist ungeklärt, doch dürfte sie aus dem etwas mehr als 20 km nördlich mündenden Isonzo eingewandert sein. Ein historisches Vorkommen ist, wie bereits erwähnt, auch aus der nahe von Piran ins Meer fließenden Rižana bekannt, allerdings wurden hier in den letzten Jahrzehnten nur noch vereinzelte Hybriden (*S. marmoratus* x *S. trutta*) nachgewiesen.
Wie zuvor schon angesprochen, wurden in der Erstbeschreibung von *S. marmoratus* die Seen der Lombardei als Typusfundort angegeben. Später, im Jahre 1940, bestätigt Pomini das Vorkommen dieser Art in den Seen Lago Maggiore und Lago di Como. Danach galt die lakustrische Form der Marmorforelle als ausgestorben. Erst vor Kurzem gelang aber der Nachweis dieser für verschollen gehaltenen ökologischen Form im

Lago Maggiore, auch Lago Verbano genannt (Gibertoni et al., 2014). Sie unterscheidet sich von der stationären Flussform durch eine silbrige Färbung, eine feinere Marmorierung am Rücken und eine stärker gegabelte Schwanzflosse. Zudem stellte man fest, dass es sich bei den im See gefangenen Exemplaren fast ausschließlich um Weibchen handelte, ein Trend, der bei migrierenden Forellenpopulationen oft zu beobachten ist. Das höhere Nahrungsangebot (Fische) verbunden mit einer verminderten Konkurrenz durch Artgenossen im See fördert das Wachstum und somit die Eiproduktion, ein klarer Vorteil gegenüber den in den Flüssen verbleibenden Tieren. Zur Laichablage ziehen die Marmorforellen vom See in den im Westen einmündenden Fluss Toce. Bis ins 19. Jahrhundert befischte man noch mit Netzen und permanenten Fischfallen die in großen Mengen zum Laichen aufsteigenden Marmorforellen in den nördlichen Zuflüssen Ticino, Maggia und Melezza. Mitte des letzten Jahrhunderts verschwanden die Populationen aus den Schweizer Zubringern des Lago Maggiore. Es ist noch nicht ganz geklärt, mit welchem Alter die Fische in den See abwandern, wenn auch der Fang von einjährigen Individuen nahelegt, dass sie bereits im ersten Lebensjahr das lakustrische Umfeld aufsuchen. Feststellen konnte man auch, dass einige unreife Weibchen (2+ Jahre) zum Überwintern in den Toce aufsteigen, wobei der Grund dieses Wanderverhaltens noch unklar ist. Die letzten seenbewohnenden Marmorforellen Oberitaliens sind heute nicht nur durch intensive Besatzmaßnahmen mit domestizierten atlantikstämmigen Forellen stark gefährdet, sondern auch aufgrund unzureichender fischereilicher Regelungen, die z.B. ein Mindestmaß von 30 cm für „Seeforellen“ (ungeachtet ihrer Herkunft) und 35 cm für Marmorforellen vorsehen, obwohl die Geschlechtsreife bei der in den See wandernden Marmorforellen erst ab einer Länge von 49 cm (3+ Jahre) eintritt (Gibertoni et al., 2014). Dass früher neben der lakustrischen Form der Marmorforelle auch Seeforellen der Adria-Linie im See vorkamen, konnte man anhand von Genanalysen an einem Museumsexemplar aus dem Jahre 1879 feststellen (Splendiani et al., 2017).
Der Ortasee (Lago d’Orta) liegt im westlichen Einzugsgebiet des Lago Maggiore. Die ehemalige Präsenz der Marmorforelle auch in diesem See wird durch Museumsexemplare, die aus dem späten 19. Jahrhundert stammen, belegt (Splendiani et al., 2017). Als Folge starker industrieller Verschmutzung durch eine Kunstseidefabrik zwischen 1926 und 1986 wurde die gesamte Fischfauna des Sees innerhalb weniger Jahre ausgerottet. Ebenfalls im westlichen Einzugsgebiet des Lago Maggiore befindet sich der wesentlich kleinere, auf 1073 m Seehöhe liegende Antrona-See (Lago d’Antrona). Der See, dessen Abfluss in den Toce mündet, entstand 1642 infolge eines Bergrutsches. Ein Museums-

exemplar aus dem Jahre 1876 liefert den Beweis, dass der See einst von Marmorforellen bewohnt war (Splendiani et al., 2017). Sie überlebten offensichtlich nach dem geologischen Ereignis als isolierte Population im neu entstandenen See, bis sie durch Besatzfische ersetzt wurden. Heute leben im Gewässer ortsfremde Forellen (*S. trutta, Oncorhynchus mykiss*), Seesaiblinge (*Salvelinus umbla*) und Barsche (*Perca fluviatilis*). Im Einzugsbereich der Idrijca, eines Nebenflusses der Soča in Slowenien, entdeckte man erst in jüngerer Vergangenheit ein halbes Dutzend Populationen von Marmorforellen, die nicht von Besatzforellen genetisch kontaminiert wurden (Berrebi et al., 2000; Crivelli et al., 2000). Diese Populationen bewohnen Quellbäche in abgelegener und schwer zugänglicher Lage. Hohe, für Forellen unüberwindbare Wasserfälle verhindern die Zuwanderung von Besatzforellen und Hybriden aus den unteren Flussabschnitten. Trotz relativ geringer Wasserführung weisen die Quellbäche oft tiefe Gumpen auf, die auch größeren Exemplaren einen Lebensraum bieten. Das Wachstum bleibt jedoch aufgrund des Nahrungsangebotes – vorwiegend Flohkrebse und Insekten – weit unter dem der Artgenossen aus den Hauptflüssen. Selten wird eine Körperlänge von 40 cm überschritten. Auffällig bei all diesen isolierten Populationen ist die rote Pigmentierung nahe der Seitenlinie und an der Fettflosse, die auch bei alten Tieren nicht vollständig verschwindet. Dieses Merkmal fehlt hingegen bei der bereits erwähnten und schon seit längerem bekannten isolierten, reinen Population der Zadlaščica, eines Seitenbaches der Tolminka, die bei Tolmin in die Soča mündet. Bei den Tieren aus der Zadlaščica verschwinden nach dem zweiten oder dritten Lebensjahr alle roten Einfärbungen, abgesehen von der bis ins hohe Alter meist noch rot gesäumten Fettflosse. Wegen dieses morphologischen Kriteriums wurde die Population als genetisch rein eingestuft und schon seit geraumer Zeit für die Nachzucht verwendet. Die Ergebnisse von DNS-Analysen bestätigten die genetische Unversehrtheit dieser Population. Wie man jedoch an dem Beispiel der sechs reinen Populationen aus dem Einzugsgebiet der Idrijca ersehen kann, ist das Beibehalten der roten Pigmentzeichnung bis ins Erwachsenenalter kein Hinweis auf Hybridisierung. Zwei Hypothesen wurden zunächst erstellt, um dieses Phänomen zu erklären. Diese phänotypische Anomalie könnte entweder einen angestammten Polymorphismus darstellen oder das Relikt einer vorhistorischen Hybridisation zwischen einer zuerst ansässigen Forellenform der Adria-Linie und den später zugewanderten Marmorforellen sein. Der Nachweis von Spuren der Donau-Linie bei den isolierten Populationen im Einzug der Idrijca führte zu einer weiteren Hypothese, nämlich dass Forellen aus dem angrenzenden Donaubecken über Flussanzapfungen in das Becken der Idrijca gelangten und sich mit den

Marmorforellen in diesem Gebiet vermischten (Berrebi et al., 2017). Alle bekannten isolierten Reliktpopulationen sind klein, von weniger als 100 Individuen (Huda Grapa) bis zu 2000-3000 (Zadlaščica), und deshalb besonders anfällig für regional wirkende stochastische Umweltereignisse, wie Hochwasser und Bergrutsche. Im November 2000 vernichtete ein Bergrutsch, verursacht durch heftige Regenfälle, die reine Population der Predelica, eines Gebirgsbaches im Nordwesten des Soča-Beckens (Vincenzi et al., 2010). Ein ähnlicher, wenn auch weniger folgenschwerer Vorfall ereignete sich 2004 im Lipovšček, wobei diese Population aus dem Einzugsbereich der Idrijca empfindlich dezimiert wurde, sich danach jedoch wieder stabilisierte. Ein neuerliches schweres Hochwasser mit Schuttstrom im September 2007 vernichtete 92,4 % der Population. Nur 38 Exemplare überlebten. Nach weiteren Sturzfluten in den Jahren 2009 und 2010 wurde die Population bis auf 10 Individuen dezimiert, sodass ihr Fortbestand ungewiss erschien (Pujolar et al., 2011). Die in der jüngeren Vergangenheit in dieser Region vermehrt auftretenden Starkniederschlagsereignisse gefährden letztlich auch die übrigen isolierten Reliktbestände. Andererseits lässt sich auf Basis von langjährigem Monitoring nachweisen, dass die durch Wetterkatastrophen stark reduzierten Populationen innerhalb weniger Jahre wieder die normale Größe erreichen können. Eine geringe Populationsdichte fördert das Wachstum des Individuums und da die Anzahl der Eier mit dem Körpergewicht zunimmt, produzieren größere Weibchen auch mehr Nachwuchs. Diese Tatsache verhalf letztendlich auch der Population des Lipovšček dazu, dass sie sich bis heute wieder erholen konnte (D. Jesenšek, pers. Mitt.). Um den größtmöglichen Schutz für diese einzigartigen genetischen Ressourcen zu gewährleisten, wurde schon vor geraumer Zeit damit begonnen, Fische aus einigen der noch reinen Populationen künstlich zu reproduzieren und in geeigneten, bis dahin fischfreien Bächen der Region einzusetzen (Vicenzi et al., 2012). Dank einer solchen Maßnahme konnte auch die aus ihrem ursprünglichen Gewässer verschwundene Population der Predelica in einem anderen Bach bis auf den heutigen Tag überleben.

In Verbindung mit den wiederholten Kalt- und Warmzeiten im Verlauf des letzten Eiszeitalters senkte und hob sich der Meeresspiegel und lag bis zu 130 m unter dem jetzigen Stand. So verlief während des Letzteiszeitlichen Maximums die Küstenlinie der oberen Adria in etwa zwischen den heutigen Städten Ancona und Zadar. Alle nordadriatischen Zuflüsse, vom Po bis zur Soča, gehörten demselben hydrografischen System an. Nach Sommani (1960) hat sich die Marmorforelle in den ehemaligen großen Flüssen der Ebenen und in den ausgedehnten Mündungslagunen, die einer räuberischen Fischart reiche Nahrung boten, innerhalb des letzten Eiszeitalters entwickelt. Anderen Autoren zufolge fand die Abspaltung der separaten Evolutionslinie von *Salmo marmoratus* (nördliches und südliches Adriabecken) von den übrigen Mitgliedern des *Salmo trutta*-Komplexes schon vor ungefähr 1,5 Mio. Jahren statt (Pustovrh et al., 2014). Die allmähliche postglaziale Anhebung des Meeresspiegels drängte die Populationen der Marmorforellen sukzessive flussaufwärts, bis sie schließlich die heutigen Oberläufe der Flüsse erreichten. Je nach Beschaffenheit der Flusssysteme wurden die in den oberen Flussregionen bereits ansässigen Bachforellen der Mittelmeer- und der Adria-Linie entweder in die Quellbäche abgedrängt oder ersetzt. Manchmal mag es auch zur Hybridisation zwischen Forellen verschiedener Evolutionslinien gekommen sein. Genetische Spuren der Adria-Linie, wie sie im Einzugsgebiet der Soča und in der Rižana belegt wurden, könnten darauf hindeuten (Schöffmann et al., 2019).

Soča (Isonzo) in Slowenien

6.13. Balkanhalbinsel mit adriatischem Einzugsgebiet

Die adriatische Region des Balkans umfasst die großen Flüsse Dalmatiens – Zrmanja, Krka, Cetina und Neretva – sowie das Ohrid-Drin-Skutari-System, dem neben den Flüssen Morača, Zeta und Drin die größten Seen des Balkans – Ohridsee, Prespasee und Skutarisee – angehören. Südlich davon münden noch einige größere Flüsse Albaniens in die Adria, wie Mat, Shkumbin, Seman und Vijosa. Mit Ausnahme des Seman kommen Salmoniden in allen genannten Flusssystemen vor.

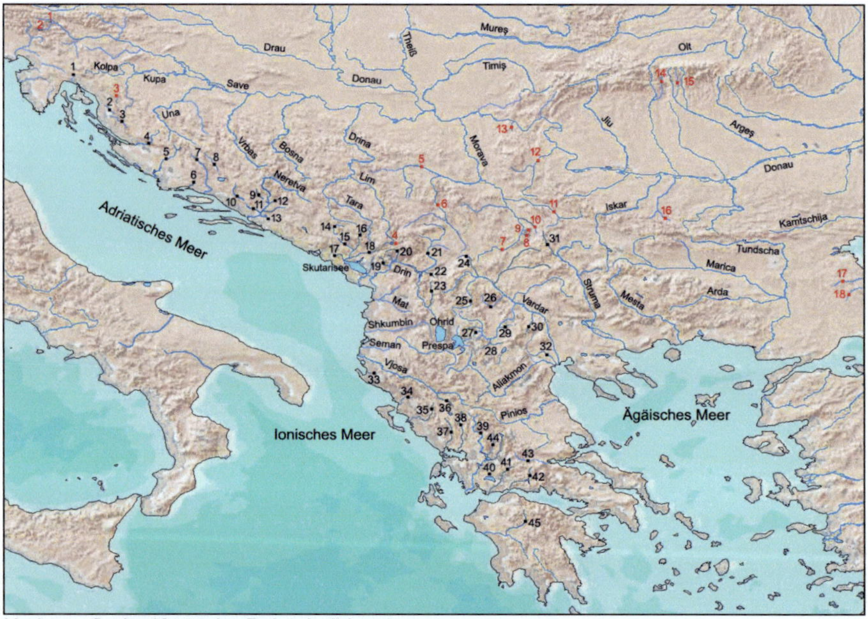

Hydrografische Karte der Bakanhalbinsel

Mittelmeerbecken (schwarze Nummern): 1 Rječina, 2 Gacka, 3 Lika, 4 Zrmanja, 5 Krka, 6 Jadro, 7 Cetina, 8 Livanjsko polje, 9 Lištica, 10 Vrljika, 11 Trebižat, 12 Buna, 13 Hutovo Blato, 14 obere Zeta, 15 untere Zeta, 16 Morača, 17 Crnojevića, 18 Cijevna (Cem), 19 Shala, 20 Valbona, 21 Weißer Drin, 22Restelica, 23 Radika, 24 Lepenac, 25 Treska, 26 Babuna, 27 Dihovska Reka, 28 Drosopigi und Skopos, 29 Bela Reka, 30 Došnica, 31 Dragovištica, 32 Loudias, 33 Izvori, 34 Bistrica, 35 Thyamis, 36 Voïdomatis, 37 Louros, 38 Arachthos, 39 Achelóos, 40 Trichonida-See, 41 Evinos, 42 Mornos, 43 Sperchios, 44 Agrafiotis, 45 Ládonas.

Schwarzmeerbecken (rote Nummern): 1 Bleder See, 2 Wocheiner See, 3 Jesenica, 4 Plavsko-See, 5 Westliche Morava, 6 Ibar, 7 Südliche Morava, 8 Vrla, 9 Džepska Reka, 10 Vlasina, 11 Nišava, 12 Timok, 13 Kožina (Eisernes Tor), 14 Topolog, 15 Vâlsan, 16 Beli Vit, 17 Veleka, 18 Resovo.

Auf dem Balkan, vor allem aber im Adriabecken, findet sich eine Fülle von Salmonidenformen und -arten wie sonst nirgendwo im Verbreitungsraum der Europäischen Forelle. Diese Vielfalt spiegelt sich auch in der großen Anzahl von Arten und Unterarten wider, die seit Mitte des 19. Jahrhunderts beschrieben wurden. Allein für die Bach- und Seeforellen der Adriazuflüsse wurden einige, eher zweifelhafte Taxa bekannt: aus der Zrmanja *Salmo zrmanjaensis*, aus dem Krka-Becken *S. visovacensis* und *S. farioides*, aus der Neretva *S. farioides*, aus dem Morača-Drin-Skutari-System *S. montenegrinus, S. farioides* und *S. taleri*, aus dem Ohridsee *S. letnica* (mit 4 Unterarten) und aus dem Prespasee und seinen Zuflüssen *S. peristericus*. Außerdem kennt man aus einigen Flüssen des westlichen Balkans die sogenannte Zahnforelle, *S. dentex.* Die Marmorforelle, *S. marmoratus*, kommt in den Becken der Neretva, des Skutarisees und des Drin vor. Hinzu kommen noch vier Unterarten der Weichmaulforelle, *S. obtusirostris*, und die Ohrid-Forelle, *S. ohridanus*. Besatzmaßnahmen mit nicht heimischen Forellen der Donau- und der Atlantik-Linie aus Zuchtanstalten verursachten mancherorts den Abbruch der reproduktiven Isolation zwischen sympatrischen Formen und Arten. So findet man insbesondere in der Neretva, dem größten Fluss am westlichen Balkan, einen erheblichen Anteil an Hybriden zwischen autochthonen und allochthonen Bachforellen, wodurch auch die Introgression von Bachforellen-Genen bei Marmor- und Weichmaulforellen begünstigt wurde.

6.13.1. Die Marmorforelle des südlichen Adriabeckens

Die Marmorforelle heißt am slawischsprachigen Balkan (außer Slowenien) in Bezugnahme auf ihren großen breiten Kopf „glavatica“ und mit ähnlicher Bedeutung auf Albanisch „troftë kryemadhe“ (Großkopfforelle). Bereits 1883 erwähnt Steindachner das Vorkommen der „*Variatio marmorata“* in der Neretva. 1890 veröffentlicht J. Kolombatović die ungenaue Beschreibung von *Trutta adriatica,* einem Salmoniden aus dem Adriatischen Meer bei Split. Dabei könnte es sich um eine aus der Neretva ins Meer gewanderte Marmorforelle handeln. Der Fang einer Marmorforelle vor der kroatischen Küste im Dezember 2008 spricht für diese Auslegung. Das beinahe einen Meter lange und mehr als 10 kg schwere Exemplar wurde etwa 31 km nördlich der Neretva-Mündung mit einem Speer erbeutet (Soldo, 2013). Stanko Karaman beschreibt 1927 die Marmorforelle aus der Neretva bei Metković unter dem Namen *Trutta genivittatus* und im Jahre 1938 vergleicht er Exemplare aus der Neretva mit Marmorforellen aus der Soča und aus der Rižana und stellt fest, dass die nördlichen und die südlichen Marmorforellen identisch und als *Salmo marmoratus* zu führen seien. Zudem schildert er das Vor-

kommen im gesamten Wasserlauf der Neretva, sogar in der Brackwasserzone des Mündungsdeltas, sowie in den Zuflüssen des Skutarisees. G. D. Poljakov, N. Filipi, K. Basho und A. Hysenaj beschreiben in ihrem Buch über die Fische Albaniens von 1958 die Marmorforelle aus dem Skutarisee mit dem infrasubspezifischen Namen *Salmo trutta marmoratus* morpha *lacustris.* Als lokale Bezeichnung führen sie „troftë njile" (Nasenforelle) an und berichten, dass sich der Salmonide hauptsächlich von Nasen (*Chondrostoma nasus ohridanus*; neuer gültiger Name *C. scodrense*) ernährt und bis zu 30 kg schwer werden kann. Die Anzahl der Wirbel wird für die Marmorforelle aus dem Skutarisee mit 55 bis 57 angegeben. Das ist eine erstaunlich geringe Anzahl, da bei *S. marmoratus* aus dem nördlichen Adriabecken 60 bis 62 gezählt werden.
Vergleichsstudien mit Marmorforellen aus drei Flüssen des Skutari-Beckens – Valbona in Albanien, Zeta und Cijevna in Montenegro – ließen weitere Unterschiede zu den nördlichen Marmorforellen erkennen. Die südliche Variante hat eine deutlich gestrecktere Körperform, der Kopf und die Schnauze sind länger. Die „Marmorierung" ist weniger stark ausgeprägt und weist nicht die typischen vermikularen Muster der nördlichen Marmorforellen auf. Bei älteren Exemplaren aus dem Skutari-Becken verschwindet die Fleckenzeichnung – bis auf ein paar Flecken an den Kiemendeckeln – oft gänzlich und wird durch eine silbrig-graue Färbung ersetzt. Die Schwanzflosse zeigt bei Exemplaren aus dem südlichen Verbreitungsraum einen rötlichen Farbton und ist insbesondere bei jüngeren Tieren merklich stärker gegabelt als bei den nördlichen Vertretern. Wie molekularbiologische Untersuchungen offenbarten, unterscheiden sich die Marmorforellen des nördlichen und des südlichen Verbreitungsraumes auch genetisch. Während die Populationen des Nordens auf Haplotypen der Marmoratus-Linie (MA) fixiert sind, wurden bei den Marmorforellen aus der Neretva und aus dem Skutaribecken bestimmte Haplotypen der Adria-Linie (AD) festgestellt (Pustovrh et al., 2011, 2014). Genauer gesagt sind die Marmorforellen der Neretva auf den Haplotyp AdN und die Marmorforellen des Skutari-Drin-Systems auf AdPrz fixiert (Snoj et al., 2009, 2010); beide Haplotypen gehören zu einer eigenen Haplogruppe, dem sogenannten Balkan-Cluster (siehe Kap. 6.13.3). Diese Ergebnisse widersprechen zwar der Annahme einer monophyletischen Abstammung der beiden Marmorforellen, jedoch bestätigen neuere Analysen der nDNA den gemeinsamen Ursprung beider Gruppen, die sich seit 840 000 Jahren getrennt entwickelt haben. Ein MA-Haplotyp ist demnach kein maßgeblicher Faktor für die Form der Marmorforelle. Diese These wird auch gestützt durch das Vorkommen von MA-Haplotypen bei Populationen, die mit der Marmorforelle nichts gemein haben (Korsika, Italien, Albanien, Griechenland, Türkei).

AD-Marmorforelle (*S. marmoratus*), obere Neretva (Bosnien-Herzegowina). Foto: A. Snoj

AD-Marmorforelle (*S. marmoratus*), ~27 cm; Zeta, Skutari-Becken (Montenegro)

AD-Marmorforelle (*S. marmoratus*), ~29 cm; Cijevna, Skutari-Becken (Montenegro)

Sowohl in der Neretva als auch in den Zuflüssen des Skutarisees, vor allem aber im Einzug des Drin in Albanien, sind die Bestände der Marmorforellen heute stark gefährdet. In Kosovo im Oberlauf des Weißen Drin sollen noch einige Exemplare vorkommen, wie ortsansässige Fischer berichten (Grapci-Kotor et al., 2010). Marmorforellen wurden auch in zwei linken Nebenflüssen des Weißen Drin in Kosovo – Istok (Istočka Reka) und Mirusha (Miruša) – bestätigt (Marković, 1962; Šorić, 1990). Zwei Museumsexemplare, die Ende des letzten Jahrhunderts gesammelt wurden, stammen aus dem Unterlauf der Mirusha (S. Marić, pers. Mitt.). Heute ist das Vorkommen von Salmoniden in diesem Fluss aufgrund von Wasserverschmutzung durch urbane Abwässer und Sedimenteinträgen aus den Feldern am Oberlauf eher unwahrscheinlich. Außerdem hat fischereilicher Druck mangels gesetzlicher Regelungen die Bestände überall in der Region erheblich dezimiert. In der Neretva, wo der Anteil der Marmorforellen seit jeher gering war (je nach Flussabschnitt zwischen 0,44 und 2,64 % des Fischbestandes), verhindern Staudämme die Wanderung zu den Laichgründen im Oberlauf (Dorofeyeva et al., 1987; Povž, 1989). Darüber hinaus hat der Besatz mit gebietsfremden Bachforellen zu einer genetischen Introgression geführt, wodurch die traditionelle reproduktive Isolation zwischen den Marmorforellen und den sympatrischen lokalen Bachforellen, die bisher durch verschiedene Laichorte oder unterschiedliche Laichzeiten aufrechterhalten wurde, teilweise aufgehoben wird (Razpet et al., 2007; Snoj et al., 2010). Die wichtigsten Laichplätze befanden sich nahe der Ortschaft Glavatičevo, die ihren Namen möglicherweise der lokalen Bezeichnung für die Marmorforelle (glavatica) verdankt*. Wenige Kilometer flussaufwärts von Glavatičevo bis zur Quelle der Neretva stellen die Bachforellen und die eingesetzten, nicht heimischen Äschen die alleinigen Salmonidenarten dar. Nicht nur die Unterbindung der Laichwanderung, sondern auch die exzessive Befischung – vor allem während der Kriegsjahre von 1992 bis 1995 und unmittelbar danach – führten beinahe zur Ausrottung der Marmorforellen in der oberen Neretva. In einer kleinen Fischzucht in der Nähe von Glavatičevo werden heute neben Weichmaul- und Bachforellen auch Marmorforellen für Besatzmaßnahmen gezüchtet. Da die finanzielle Unterstützung nur spärlich ausfällt, ist die Menge der hier produzierten Jungfische eher bescheiden. Zudem weisen die für die Zucht verwendeten Marmorforellen typische Hybridisierungsmerkmale auf, gleichwohl offiziell nur genetisch getestete Laichfische zum Einsatz kommen sollten. Trotz dieser Bemühungen ist noch kein Anstieg der Population zu verzeichnen (Schöffmann, 2018c). Im Skutaribecken Montenegros bedroht neben der Zerstörung der Laichplätze durch den Kiesabbau in erster Linie die Überfischung die Bestände, ebenso in Albanien, wo zudem noch drei Staustufen im Drin die Wandermöglichkeiten einschränken. In einem Nebenfluss des Drin, im Unterlauf der Valbona, konnte ich 1993 beim Schnorcheln noch drei Marmorforellen (30, 25, 20 cm TL) beobachten: ein Exemplar nahe der Stadt Bajram Curri und zwei weitere etwa 3 km weiter flussabwärts (Schöffmann, 1994b). Beim nächsten Versuch im Jahre 2015 wurde kein Exemplar mehr gesichtet. Oberhalb von Bajram Curri wurden auch in der Vergangenheit niemals Marmorforellen nachgewiesen. Am Unterlauf der Valbona, wo der Kiesabbau bereits beträchtliche Schäden hinterließ, konnte der Bau eines Wasserkraftwerkes vorläufig gestoppt werden. Aus der Shala, dem zweiten großen Zufluss des Drin in Nordalbanien, wo die Marmorforelle Ende des letzten Jahrhunderts noch nachweislich vorkam, ist diese Art heute offensichtlich verschwunden. Bei einem Tauchgang im Unterlauf der Shala – aus dem Oberlauf gibt es keine Meldungen von Vorkommen der Marmorforelle – im September 2018 sah ich nur einen Restbestand von Bachforellen bis zu einer Körperlänge von etwa 30 cm, nicht gerade spektakulär in Anbetracht der Größenordnung des Flusses und des noch intakten Habitats. Der Unterlauf der Shala ist zwar nur mit Booten über den Komani-Stausee zu erreichen, doch hat die in letzter Zeit leider weit verbreitete Unterwasserjagd mit Harpunen die Fischbestände empfindlich dezimiert. Große Exemplare und vor allem die Marmorforellen, die meist länger ruhig in ihren Unterständen ausharren als Bachforellen, fallen dieser aggressiven Fangmethode als Erste zum Opfer (Schöffmann, 2019b). Die meisten Marmorforellen im Skutari-Drin-System sind derzeit wohl noch in der Zeta in Montenegro zu finden. Allerdings wiegen die gefangenen Exemplare heute kaum mehr als 5 kg, wohingegen sie Berichten zufolge früher bis zu 20 kg schwer wurden, vereinzelt sogar bis zu 30 kg (Ivanović, 1973; Marić, 1995)). In der Cijevna kommen die Marmorforellen nur an wenigen Stellen vor. Größere Individuen bevorzugen, zumindest tagsüber, tiefere Flussabschnitte mit großräumigen Unterstandsmöglichkeiten. Mehrere Exemplare mit einer Körperlänge zwischen etwa 20 und 30 cm, die sich in einem eng begrenzten, nicht allzu tiefen Areal in Ufernähe aufhielten, welches offensichtlich von den Bachforellen weitgehend gemieden wurde, beobachtete ich noch 2010 in der Cijevna in Montenegro nahe der Grenze zu Albanien. Beim Schnorcheln an derselben Stelle im Sommer 2019 konnte ich kein einziges Exemplar mehr feststellen. Im Oberlauf der Cijevna, die hier auf albanischem Gebiet den Namen Cem trägt, wurde trotz wiederholter Tauchgänge niemals eine Marmorforelle gesichtet. In jüngerer Zeit wurden wieder Marmorforellen aus der oberen Morača gemeldet (Marić & Rakočević, 2015), wo sie als ausgestorben galten. Das südlichste Vorkommen der Marmorforelle befindet sich im Unterlauf der Radika, eines Zuflusses des Schwarzen Drin, der dem Ohridsee entspringt. Der Bestand ist äußerst gering, trotzdem wurden in den letzten Jahren noch vereinzelt Exemplare gefangen (Karaman, 1966; Georgiev, 2011). Die Radika durchfließt einen der ältesten Nationalparks Europas, den 1949 gegründeten Mavrovo Nationalpark in Nordmazedonien. Der geplante Bau zweier großer Wasserkraftwerke innerhalb des Parks stellt nicht nur für die Marmorforelle eine katastrophale Bedrohung dar.

Radika – sie mündet in den Schwarzen Drin, der dem Ohridsee entspringt

Valbona (Unterlauf), Zufluss des Drin in Albanien

*) Nach Angaben der lokalen Bevölkerung rührt der Name des Dorfes Glavatičevo vom Familiennamen Glavatić her, da diese Familie eine wichtige Rolle bei der Gründung der Ortschaft spielte. Es ist aber gut möglich, dass die Familie Glavatić auf irgendeine Art und Weise mit dem Fisch, welcher „glavatica" genannt wird, in Verbindung stand und dadurch zu dem Namen kam. Wenn auch die Etymologie des Dorfnamens fraglich ist, scheint dieser auf die eine oder andere Weise mit der Marmorforelle zusammenzuhängen.

6.13.2. Die Zahnforelle

Die Zahnforelle ist unter dem wissenschaftlichen Namen *Salmo dentex* bekannt, obwohl die verschiedenen, geografisch getrennten Zahnforellenformen keine monophyletische Einheit bilden. Der anerkannte österreichische Ichthyologe Johann Jakob Heckel beschreibt im Jahre 1852 eine großwüchsige Forellenform mit plumpem Körperbau, spitzem Kopf und großem Maul sowie auffallend starken Zähnen mit dem Namen *Salar dentex.* Eine detaillierte Zeichnung eines Exemplars von etwa 32 cm Länge ergänzt die ausführliche Beschreibung. Heckels Exemplare stammen aus der Krka, der Cetina und der Neretva. Die lokalen Bezeichnungen in Dalmatien für diesen Fisch sind „zubatak" an der Neretva, „zubara" an der Krka und „zubača" an der Cetina (Ocvirk & Voljč, 1981d). Alle diese Namen bedeuten so viel wie „Forelle mit Zähnen", also Zahnforelle. Sie ist außer in den von Heckel angeführten Flüssen noch im Becken des Skutarisees anzutreffen (Ivanović, 1973; Šorić, 1990; Marić, 1995), wo sie in Montenegro „strun" genannt wird, während sie auf der albanischen Seite meist nur als „troftë liqenore" (Seeforelle) bekannt ist. Über ein weiteres Vorkommen wurde zudem aus den Flüssen des Karstfeldes von Livno (Livanjsko polje) im Südwesten von Bosnien/Herzegowina berichtet (Karaman, 1938). Sogar die Forellen aus einigen Flüssen Griechenlands (Aoos-Voïdomatis, Acheloos, Alfios) werden oft *S. dentex* zugeordnet (Kottelat & Freyhof, 2007; Delling, 2010). Die Zahnforellen aus den erwähnten Einzugsgebieten haben keinen gemeinsamen stammesgeschichtlichen Ursprung, sondern nehmen lediglich ähnliche ökologische Nischen ein, wodurch sich auch entsprechende äußere Merkmale entwickelten. Alle Zahnforellen sind großwüchsige Räuber, angepasst an ein Leben in großen Flüssen, oft verbunden mit einer lakustrischen Umgebung. Sie werden über 60 cm lang und ernähren sich vornehmlich von Fischen. Die gemeinsamen Merkmale sind ein langer, spitzer Kopf mit großem Maul, ein hinter dem Kopf steil ansteigender Rücken und eine lang gestreckte Körperform, ähnlich wie bei der Marmorforelle. Die Fleckenzeichnung unterscheidet die einzelnen Populationen. Die Zahnforellen aus der Krka und aus der Cetina zeigen an den Flanken kleine, unregelmäßige bis x-förmige schwarze Flecken mit einigen rötlichen dazwischen und entsprechen somit am ehesten der Originalbeschreibung.

Zahnforelle (*S. dentex*), ~59 cm; Krka (Kroatien) – entspricht der Originalbeschreibung

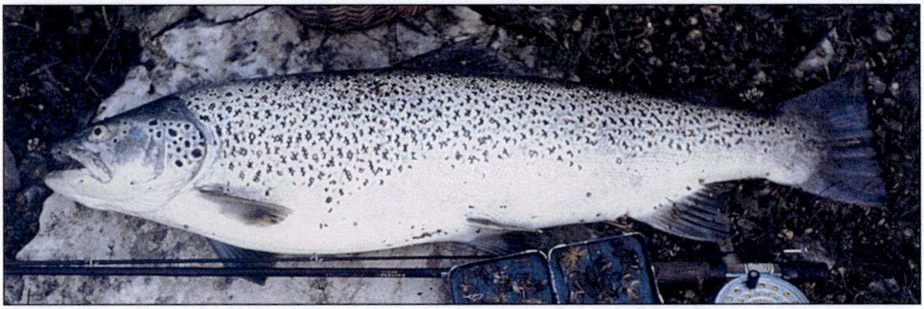

Zahnforelle (*S.* cf. *dentex*), ~80 cm; Cetina (Kroatien). Foto: A. Mateš

Zahnforelle (*S. marmoratus*), ~72 cm; Neretva (Bosnien-Herzegowina). Foto: A. Mateš

Zahnforelle (*S.* cf. *dentex*), ~35 cm; Cijevna, Skutari-Becken (Montenegro). Foto: D.Mrdak

Zur gegenwärtigen Situation der Zahnforellen in den beiden Flüssen gibt es keine gesicherten Informationen. In der Krka scheinen Zahnforellen schon immer rar gewesen zu sein. Der jugoslawische Ichthyologe Stanko Karaman (1938) bezweifelt überhaupt das Vorkommen dieser Art in der Krka. Bei den Tauchgängen, die ich zwischen 1982 und 2019 fast jedes Jahr im oberen und im mittleren Flussabschnitt (oberhalb des Visovac-Sees) durchführte, konnte ich nur ein Exemplar auffinden, das Heckels Beschreibung entspricht. Der begeisterte kroatische Angler und Autor des Buches „Der verzauberte Angler" Antun Mateš (2005) berichtet vom Fang zahlreicher großer Zahnforellen (>6 kg) in den 1970er Jahren im Mittellauf der Cetina (bei Sinj) und in ihrem wasserreichen Nebenfluss, der Ruda. Die Zahnforellen der Neretva unterscheiden sich in der Färbung deutlich von denen der Krka und Cetina: Die Seiten sind dicht mit kleinen, unregelmäßig geformten Flecken bedeckt, die oft ineinander verfließen und einer Marmorierung gleichen. Jüngere Tiere weisen noch einige rötlich gefärbte Flecken auf, adulte Tiere nur dunkle. Zahlreiche dunkle, rundlich bis länglich geformte Flecken befinden sich an den Kiemendeckeln und oft sogar in der Fettflosse. Die Schwanzflosse durchzieht ein rötlich-violetter Schimmer. Die Zahnforellen bewohnen den Unterlauf der Neretva unterhalb von Mostar, wo sie Schätzungen zufolge 1 bis 2 % des Salmonidenbestandes ausmachen (Glamuzina & Bartulović, 2006). Exemplare ab einer Körperlänge von etwa 20 cm ziehen in die kalten Areale der Flüsse und Seen des Sumpfgebietes Hutovo Blato, wo ihre Nahrung hauptsächlich aus kleinen Fischen (Cypriniden und Stichlingen) besteht. Das Feuchtgebiet Hutovo Blato liegt östlich der Stadt Metković und ist durch den Fluss Krupa mit der Neretva verbunden. Erst größere Zahnforellen mit einem Gewicht von 1 kg und mehr werden in der Neretva, hauptsächlich in der Nähe der Stadt Čapljina, gefangen. Die Laichplätze befinden sich in der Neretva etwa 30 km flussaufwärts der Krupa, an der Mündung des Seitenflusses Buna (Glamuzina & Bartulović, 2006). Molekularbiologische Untersuchungen bewiesen, dass die Zahnforelle und die Marmorforelle der Neretva identisch sind, wenn auch ein geringer genetischer Unterschied zwischen der Population des Oberlaufs, den typischen Marmorforellen, und der des Unterlaufs, den sogenannten Zahnforellen, besteht (Snoj et al., 2010). Die temporär lakustrische Form des Unterlaufs entwickelte eine weniger ausgeprägte Marmorierung.

Die Zahnforellen des Skutaribeckens erkennt man an den vielen kleinen bis mittelgroßen schwarzen Flecken von unregelmäßiger oder x-förmiger Form. Rote Flecken treten bei adulten Exemplaren nur selten auf. Erwachsene Tiere halten sich während des Winters im Skutarisee auf und können mehr als 10 kg schwer werden. Ein im albanischen Teil des Sees gefangenes Exemplar war 106 cm lang, wog 14 kg und hatte ein Alter von 10 Jahren. Im Frühjahr, wenn die Wassertemperaturen im See über 16-18 °C ansteigen, ziehen die Zahnforellen in größeren Schulen in die Morača und andere Zuflüsse. Die Laichablage findet meist im Mittellauf dieser Flüsse, von Dezember bis März, statt. Die Jungfische wandern frühestens im Alter von 3 Jahren in den See, wo sie sich von Krebstieren und kleinen Fischen, insbesondere Lauben (*Alburnus scoranza*), ernähren und schnell wachsen. In Albanien wird die Zahnforelle daher manchmal als „troftë giuce" (Laubenforelle) bezeichnet (Poljakov et al., 1958; Rakaj, 1995). Anders als in der Neretva sind im Einzugsgebiet des Skutarisees die Zahnforellen genetisch identisch mit den in denselben Gewässern vorkommenden Bachforellen und verschieden von den Marmorforellen (Snoj et al., 2010). In den dalmatinischen Flusssystemen, von der Krka bis zum Skutaribecken, kommen die mutmaßlichen Zahnforellen in Sympatrie mit den dort heimischen Bachforellen vor. Allerdings herrscht noch wenig Klarheit über eventuelle Mechanismen einer reproduktiven Isolation. Abgesehen von der Neretva haben genetische Studien bisher keine Hinweise auf die Existenz separierter Populationen ergeben.

Angesichts der geschilderten Umstände bleibt die Interpretation des Taxons *S. dentex* schwierig und lässt einige Fragen offen. Heckels Beschreibung beruht auf einer Serie von Syntypen von mehreren Fundorten: Krka, Cetina, Neretva und Dalmatien (letzterer ohne weitere Ortsangabe). Offensichtlich befinden sich unter dem Typusmaterial verschiedene Arten, wie Marmorforellen und lokale Bachforellen; ein Exemplar (NMW 95283) kann sogar eindeutig als Weichmaulforelle identifiziert werden. Der schwedische Biologe und erfahrene Systematiker Bo Delling veröffentlicht 2010 eine vergleichende morphologische Studie über Forellen des westlichen und südlichen Balkans inklusive von *S. dentex.* Da kein Holotypus für das Taxon zur Verfügung steht, bestimmt er eines der Museumsexemplare aus der Typusserie als Lectotypus. Dieses ca. 16 cm lange Exemplar (144,4 mm SL) stammt aus der Neretva und wird im Naturhistorischen Museum Wien mit der Katalognummer NMW 65895 aufbewahrt. Wie bereits erwähnt, gehören die Zahnforellen der Neretva zur Spezies *S. marmoratus.* Selbst Karaman (1938) berichtet, dass er die Marmorforellen im gesamten Verlauf der Neretva, einschließlich des Mündungsgebietes, gefunden hat, jedoch keine Zahnforellen, womit das Vorkommen von Zahnforellen einer anderen Abstammungslinie als der Marmorforelle in diesem Flusssystem wohl ausgeschlossen werden kann. Somit handelt es sich bei dem namenstragenden Typus um eine Marmorforelle und *S. dentex* wäre als jüngeres Synonym von *S. marmoratus* zu betrachten. Man könnte aber auch die südlichen Marmorforellen als eigene Art oder Unterart klassifizieren und hierfür *S. dentex* bzw. *S. marmoratus dentex* verwenden. Unbeantwortet bleibt indes die Frage, welcher Name bzw. welche Namen für die verschiedenen Zahnforellen der übrigen Flusssysteme verfügbar wären, falls diese tatsächlich eigenständige Einheiten (Arten) darstellen würden. Wie aber schon angedeutet, wurden bisher noch keine genetischen Beweise dafür vorgelegt.

6.13.3. Die Bachforellen aus dem Adriabecken des Balkans

Stanko Karaman benennt 1938 die Bachforellen der adriatischen Zuflüsse des Balkans *Salmo farioides*, um sie von den Bachforellen Mittel- und Nordeuropas zu unterscheiden, für die damals der Name *S. fario* galt. Laut Originalbeschreibung zeichnet sich *S. farioides* durch eine gedrungene und hohe Körperform aus, die Schnauze ist im Vergleich mit *S. dentex* weniger zugespitzt und die Nase liegt höher. „Was die Färbung anbelangt, sind neben schwarzen auch rote Flecken vorhanden, aber die schwarzen sind oft, insbesondere bei Männchen, recht dicht am Körper zerstreut." Als Fundort führt Karaman eine Reihe von Flüssen aus dem Adriabecken an: Krka, Neretva, aus dem Drin-System die Radika in Mazedonien und die Bistrica bei Peć (serbisch: Pećka Bistrica, albanisch: Bistrica e Pejës) in Kosovo, außerdem die kleinen Zuflüsse des Ohridsees und zwei Zuflüsse des Skutarisees (Cijevna, Crnojevića Rijeka). Autoren späterer Publikationen erweitern das Verbreitungsgebiet von *S. farioides* bis in den Südwesten Griechenlands (Delling, 2003; Kottelat & Freyhof, 2007). Wie molekularbiologische Untersuchungen belegen, weisen die Populationen des östlichen Adriabeckens eine ansehnliche genetische Vielfalt auf. Die Adria-Linie ist hier dominant, aber Haplotypen der Mittelmeer- und der Marmoratus-Linie wurden ebenso gefunden (z.B. in der Krka; Jadan et al., 2015) und eine Population im Norden Albaniens gehört gänzlich der Mittelmeer-Linie an (Snoj et al., 2009). Der so genannte Balkan-Cluster, auch die Balkan-Klade genannt, ist eine Akkumulation nah verwandter Haplotypen der Adria-Linie, die bei den Populationen der Neretva und des Drin-Skutari-Systems vorkommen und mit dem Taxon *S. farioides* korrespondieren könnten (Marić et al., 2006). Sie sind weniger eng mit den übrigen AD-Haplotypen verwandt als bisher angenommen. Der Balkan-Cluster kann somit sogar als eigenständige phylogenetische Linie angesehen werden (Schöffmann et al., 2022). Diese Tatsache spricht dafür, dass die Kolonisation des östlichen Adriabeckens durch Forellen der Adria-Linie aus mindestens zwei verschiedenen in dieser Region gelegenen Refugien erfolgte. Die autochthonen Bachforellen der Neretva gehören fast ausschließlich dem Balkan-Cluster an und im Skutari-Drin-

System macht der Anteil dieser Haplotypen annähernd 50 % aus (Snoj et al., 2009). Insbesondere die Forellen der Neretva entsprechen der Beschreibung von *S. farioides*: Die Seiten sind dicht besetzt mit kleinen schwarzen, meist auch roten Flecken. Bei älteren Tieren treten vier dunkle Querbinden in Erscheinung. Ein Großteil der Forellen aus den Skutari-Becken (Morača, Zeta, Cijevna, Crnojevića Rijeka) und dem Drin-Becken in Albanien weist ganz ähnliche Merkmale auf. Forellen mit einer weniger dichten Fleckenzeichnung findet man vor allem in den Einzugsbereichen des Weißen und des Schwarzen Drin. Der Weiße Drin (albanisch: Drini i Bardhë, serbisch: Beli Drim) entspringt in Kosovo, der Schwarze Drin (serbisch/mazedonisch: Crni Drim, albanisch: Drini i Zhi) kommt aus dem Ohridsee. Beide Flüsse bilden bei ihrem Zusammenfluss den Drin, der über Nordalbanien zur Adria fließt.

Im Restelica-Fluss (Restelička Reka), einem Zufluss des Weißen Drin im südlichsten Zipfel von Kosovo, findet man Forellen mit einem außergewöhnlichen Merkmal: vereinzelte rote Flecken zieren After- und Schwanzflosse, ein paar braune Flecken die Brustflossen. Nur etwas südlich des Ursprungs des Restelica-Flusses entspringt die Radika, ein etwa 70 km langer, rechtsseitiger Zufluss des Schwarzen Drin in der Republik Nordmazedonien. Im Oberlauf der Radika leben Forellen, die sich durch zahlreiche mittelgroße (kleiner als die Pupille) schwarze, mehrheitlich aber intensiv rote Flecken auszeichnen. Im Vergleich dazu zeigen die Forellen des Unterlaufs deutlich kleinere, bräunliche bis schwarze und orangefarbige Flecken, außerdem einen eher gedrungenen Körperbau, eine stumpfere Schnauze und eine kürzere Maulspalte. Diese augenscheinlichen Unterschiede dürften Karaman (1957) dazu bewogen haben, die Forellen der oberen und der unteren Radika als zwei verschiedene Arten zu klassifizieren: *S. farioides* im Oberlauf und *S. montenigrinus* im Unterlauf. Wie molekularbiologische Untersuchungen belegen, unterscheiden sich die beiden Populationen auch auf genetischer Grundlage. Während im Oberlauf nur Haplotypen vorkommen, die dem „Balkan-Cluster" angehören, dominiert im Unterlauf ein Haplotyp der Adria-Linie, der den im Ohridsee gefundenen Haplotypen nahesteht (Marić et al., 2006). Dennoch bleibt das Taxon *Salmo montenigrinus* zweifelhaft. Karaman beschreibt diese Art erstmals 1933 als *Trutta montenigrina* aus der Morača, dem Zufluss des Skutarisees in Montenegro und vermutet aufgrund des gedrungenen Körperbaus, der stumpfen Schnauze und des relativ kurzen Oberkiefers eine enge Verwandtschaft zu den Weichmaulforellen. Späteren Publikationen zufolge findet man *S. montenigrinus* auch in der Neretva, wobei es sich hier möglicherweise um eine Hybridform zwischen Bach- und Weichmaulforelle handelt (Delling, 2003; Razpet et al., 2007).

AD-Bachforelle (*S. farioides*), ~29 cm; Neretva (Bosnien-Herzegowina)

X-Bachforelle (*S.*cf. *farioides*), ~24 cm; Lištica, Neretva-Becken (Bosnien-Herzegowina)

AD-Bachforelle (*S. farioides*), ~30 cm; Cem/Cijevna, Skutari-Becken (Albanien)

AD-Bachforelle (*S. farioides*), ~21 cm; Shala, Drin-Becken (Albanien)

AD-Bachforelle (*S. farioides*), ~22 cm; Nikaj, Drin-Becken (Albanien)

AD-Bachforelle (*S.* cf. *montenigrinus*), ~24 cm; Radika, Drin-Becken (Nordmazedonien)

AD-Bachforelle (*S. zrmanjaensis*), ~35 cm; Zrmanja (Kroatien)

AD/MA/ME-Seeforelle (*S. visovacensis*), ~42 cm; Visovac-See, Krka-Becken (Kroatien)

Eine interessante isolierte Forellenpopulation bewohnt die Lištica im Südwesten von Bosnien und Herzegowina. Der Fluss entspringt an der Südseite des Čabulja-Gebirges, heißt im oberen Lauf Jasenica und nimmt ab dem Zusammenschluss mit dem zweiten, kleineren aber längeren Quellfluss Ugrovača bei der Stadt Široki Brijeg den Namen Lištica an. Nach dem Verschwinden in einem Sickerloch im Sumpfgebiet Mostarsko Blato, unterirdischem Lauf und Wiedererscheinen bei Mostar, mündet der Fluss wiederum als Jasenica in die Neretva. Die ursprünglichen Forellen der Lištica weisen eine starke Variabilität phänotypischer Merkmale auf. Mehrheitlich gleichen die Fische zwar den Bachforellen der Neretva, jedoch einige Individuen ähneln mit dem hohen Körperbau und der stumpfen Schnauzenform eher den Weichmaulforellen (Schöffmann, 2018c). Tatsächlich konnte bei molekularbiologischen Untersuchungen an einigen Exemplaren ein spezifischer Haplotyp der Weichmaulforelle festgestellt werden, indes kein Haplotyp der Adria-Linie (S. Marić, unveröffentlichte Daten). Das lässt darauf schließen, dass in diesem nun isolierten Flusssystem vor langer Zeit ein limitierter Genfluss zwischen den beiden Arten bestand, der offenbar zum Verlust des mitochondrialen Genoms der Adria-Linie führte. Leider wird diese einzigartige Population in den letzten Jahren durch Besatzfische aus Zuchtanlagen zusehends kontaminiert, wie das relativ häufige Auftreten von Haplotypen der Atlantik- und der Donau-Linie belegt.
Die Zrmanja ist der nördlichste der großen Adriazuflüsse Dalmatiens. Ihre Quelle befindet sich in der Nähe des Ursprungs der Krka. Nach Karaman (1938) weichen die Forellen der Zrmanja durch einen schlankeren, niedrigeren Körper, eine spitzere Schnauze, ein größeres Auge sowie schwächere Bezahnung vom typischen *S. farioides* ab. Er beschreibt diese Forellen daher ebenfalls 1938 als neue Unterart: *S. farioides zrmanjaensis.* Auf der Online-Datenbank FishBase wird *S. zrmanjaensis* als eigenständige Art angeführt.
Die Krka stürzt sich von ihrem Ursprung in 310 m Seehöhe bis zu ihrer Mündung bei Šibenik über einige Wasserfälle mit einer Gesamthöhe von 213 m. Das Quellgebiet der Krka, das Karstfeld (Polje) von Knin, war während des Miozäns ein geschlossener See. Erst infolge tektonischer Veränderungen kam es zur Entwässerung der Karstfelder von Knin und Drniš, wobei die Krka- und Čikola-Schluchten entstanden (Vlahović et al., 2012; und Referenzen darin). Die Krka besteht heute aus einem oberen Flussteil, in dem neben den heimischen Bachforellen eine endemische Form der Weichmaulforelle (*Salmo obtusirostris krkensis*) vorkommt, und einem unteren Abschnitt. Dieser besteht aus einer Kette von kleineren und größeren Seen, von denen der größte, der Visovac-See, eine Oberfläche von rund 1150 ha hat. Die Forellen

dieses Sees beschreibt Zdravko Taler 1950 als *Salmo visovacensis* mit einer hohen, seitlich zusammengedrückten Körperform und der niedrigen Anzahl von 55 bis 56 Wirbeln. „Auf den Körperseiten befinden sich viele schwarze Flecken in der X-Form, oder nur in Teilen dieses Buchstabens, wie auch in zusammengebundenen Gruppen." Rötliche Flecken scheinen nur bei jüngeren Exemplaren mit weniger als 300 mm Körperlänge auf. Die Laichablage findet im Dezember und Januar im fließenden Wasser bei den Wasserfällen statt, bei einer vergleichsweise hohen Wassertemperatur von etwa 10 °C. Die Visovac-Forelle erreicht selten ein Gewicht von mehr als 4 kg, obgleich schon Exemplare mit bis zu 15 kg gefangen wurden. Heute ist diese Forellenform wegen des Besatzes mit allochthonen Bachforellen und Regenbogenforellen stark gefährdet.

6.13.4. Die Weichmaulforellen

Schon seit einigen Jahrzehnten versuchen Wissenschaftler, die phylogenetische und taxonomische Stellung der alteingesessenen (archaischen) Salmoniden des Balkans zu klären, nämlich der Weichmaulforellen und der Ohrid-Forelle. Im Jahre 1852 beschreibt J. J. Heckel Exemplare einer dalmatinischen Forelle mit stumpfer, abgerundeter Schnauze, kurzem Oberkiefer, kleinen Zähnen, die von dem fleischigen Mundrande gänzlich verdeckt werden, und großen Schuppen (101 bis 103 entlang der Seitenlinie)[1] als *Salar obtusirostris.* Als Fundort gibt er den Fluss Zermagna (Zrmanja) bei Obrovac und das Dorf Salona (Solin) bei Split an und erwähnt auch das Vorkommen dieser neuen Spezies im Fluss Verlica (Vrljika) bei Imotski. Offensichtlich dieselbe Art, aus einem nicht näher bekannten Seitenfluss der Neretva, wird 1874 von F. Steindachner als *Thymallus Microlepis* klassifiziert. Da aber als Typusfundort die Ortschaft Vergoraz (Vrgorac) angegeben wird, dürfte er sich im Einzug des Trebižat befinden, eines rechten Zuflusses zum Unterlauf der Neretva. Bald darauf, im Jahre 1882, berichtigt Steindachner seine Klassifikation und nennt die Weichmaulforelle *Salmo (Trutta) obtusirostris,* vertritt jedoch die Meinung, diese Art stelle ein Bindeglied zwischen den Gattungen *Salmo (Trutta)* und *Thymallus* dar. Gleichzeitig stellt er fest, dass es sich bei Heckels Exemplaren aus der Zrmanja lediglich um die „gemeine Bachforelle" handle. Die Weichmaulforelle aus dem Jadro bei Split beschreibt er mit stumpfer Schnauze und erwähnt das sympatrische Vorkommen von zwei Varietäten aus der Neretva und dem linken Seitenfluss Grupa (Krupa) bei Metković. Neben der „kurz- oder stumpfschnauzigen" Form gibt es hier noch eine „lang- oder spitzschnauzige" Varietät, die er als *Salmo (Trutta)* var. *oxyrhynchus* bezeichnet. Die Anzahl der Schuppen entlang der Seitenlinie gibt er mit 108 bis 112 an.

In seiner Arbeit „über einige neue und seltene Fischarten" von 1892 bemerkt Steindachner die nahe Verwandtschaft der „dalmatinischen oder Narenta-Forelle", *Salmo obtusirostis,* wie er die Weichmaulforelle nun nennt, mit der Ohrid-Forelle und beschreibt diese als neue Art: *Salmo ohridanus.* Der russische Ichthyologe Leo Semenowitsch Berg stellt 1908(a) die Weichmaulforelle in eine eigene Gattung, *Salmothymus,* zu der er 1910 auch die Ohrid-Forelle zählt (zitiert in Berg, 1932). Nach Berg teilt die neue Gattung einige Merkmale mit den Gattungen *Salmo* und *Thymallus* sowie der sibirischen Gattung *Brachymystax.* Der jugoslawische Ichthyologe Stanko Karaman veröffentlicht in seiner Arbeit „Salmonidi Balkana" von 1927 die genaue Beschreibung der Weichmaulforellen aus drei verschiedenen Einzugsgebieten, wobei er drei Unterarten bestimmt. Die Weichmaulforelle aus dem Norin, einem kleinen rechten Zufluss der Neretva bei Metković, nennt er nach Steindachner *Trutta obtusirostris oxyrhynchus.* Aus den Flüssen Krka (bei Knin) und Jadro (bei Split) beschreibt er zwei neue Unterarten: *T. o. krkensis* und *T. o. salonitana.* Dieser Beschreibung zufolge kommt *T. o. salonitana* nicht nur im Jadro, sondern auch in der Krka und in der Neretva als zweite Unterart vor. In seinem „Beitrag zur Kenntnis der Süsswasserfische Jugoslaviens" ordnet Karaman 1938 alle Forellen des Balkans schließlich der Gattung *Salmo* zu. Karaman entdeckt 1932 die Weichmaulforelle in der Zeta, einem Fluss des Skutaribeckens in Montenegro, und stuft sie als neue Unterart ein: *Salmo obtusirostris letnica.* Seiner Meinung nach ist sie mit der von ihm 1924 beschriebenen Salmonidenart *Trutta letnica* aus dem Ohridsee identisch. Slave Hadžišče, ebenfalls ein bekannter Ichthyologe aus dem ehemaligen Jugoslawien, erklärt den Gattungsnamen *Salmothymus* für gültig, betrachtet aber die Weichmaulforelle der Zeta aufgrund einiger osteologischer Abweichungen am Schädelskelett und der geringen Anzahl von Pylorusanhängen (37–39 vs. 60–80 bei den übrigen Weichmaulforellen) nicht als Unterart von *Salmothymus obtusirostris,* sondern klassifiziert sie 1960 als neue Art: *Salmo zetensis.* Zur Gattung *Salmothymus* rechnet er hingegen die Weichmaulforellen aus den Flüssen Krka, Jadro und Neretva sowie die Ohrid-Forelle, schlägt jedoch vor, die Weichmaulforellen zusätzlich in die Untergattung *Salmothymus* zu stellen und schafft für die Ohrid-Forelle den neuen Subgenus *Acantholingua.* Später neigt er dazu, eine eigene Gattung für die Ohrid-Forelle, *Acantholingua ohridana,* anzuerkennen. Wenige Jahre darauf betrachtet Mladen Karaman, der Sohn von Stanko Karaman, *Salmo zetensis* als Unterart von *Salmothymus obtusirostris* und nennt die Weichmaulforelle der Zeta 1966 schließlich *Salmothymus obtusirostris zetensis.* Wie genetische Untersuchungen belegen, liegt die phylogenetische Position von Weichmaulforelle und

Ohrid-Forelle näher bei der Europäischen Forelle als beim Atlantischen Lachs (Snoj et al., 2002). Die Gattungen *Salmothymus* und *Acantholingua* wurden daher in das Genus *Salmo* reklassifiziert (Phillips et al., 2000; Snoj et al., 2002). Die Ergebnisse neuerer molekularbiologischer Studien zeigen, dass Weichmaulforelle und Ohrid-Forelle nicht, wie bisher angenommen, einer Schwestergruppe angehören, sondern vielmehr die Weichmaulforelle gemeinsam mit dem *S. trutta*-Komplex eine Schwestergruppe zur Ohrid-Forelle bildet (Pustovrh et al., 2014).

Ähnlich wie bei den wissenschaftlichen Namen herrscht auch wenig Übereinstimmung bei den Trivialnamen für die Weichmaulforellen. Neben verschiedenen lokalen Bezeichnungen wird in Dalmatien vor allem der kroatische Name „mekousna pastrva“ verwendet, was so viel wie „Weichlippe-Forelle“ bedeutet. Im Deutschen benützt man meist die sinngemäße Übersetzung „Weichmaulforelle“, ebenso im Englischen „softmouth trout“ bzw. „soft-muzzled trout“. Die Begriffe „Adriatischer Lachs“, „Adriatische Forelle“ oder „Dalmatinische Forelle“ werden sowohl im Deutschen als auch im Englischen gelegentlich verwendet. Der italienische Ausdruck „trota illirica“ (illyrische Forelle) weist gleichermaßen auf die geografische Herkunft hin.

Die charakteristischen Merkmale der Weichmaulforelle sind das kleine unterständige Maul mit fleischigen Lippen und kleinen Zähnen sowie der kurze Oberkiefer, der bis unter die Augenmitte reicht. Die Schnauze ist entweder stumpf oder rüsselförmig ausgezogen. Das obere Kopfprofil ist stark abgerundet, der Rücken hinter dem Kopf steil ansteigend. Die deutlich gegabelte Schwanzflosse hat spitz ausgezogene Enden. Die Schuppen sind etwas größer als bei den meisten übrigen Formen der Europäischen Forelle. Die Flanken weisen eine silbrig oder gelb glänzende Färbung auf. Entlang der Seiten befinden sich unregelmäßig geformte schwarze und rote Flecken. Die schwarzen Flecken treten oft an der vorderen Körperhälfte konzentriert auf. Juvenile Tiere bis zu einer Totallänge von 10-15 cm zeigen Jugendflecken, niemals jedoch erscheinen bei adulten Tieren vier große dunkle Flecken oder Querbänder. Die Weichmaulforelle kennzeichnen außerdem eine erhöhte Anzahl an Kiemenreusendornen (24–33 vs. 14–25 bei den übrigen Forellen der Gattung *Salmo*) und eine hohe Anzahl an Pylorusschläuchen (59–86 vs. 20–80) (Karaman, 1938; Behnke, 1968; Schöffmann, 1991; Delling, 2003). Weichmaulforellen erreichen eine beträchtliche Größe und ein respektables Gewicht. Exemplare von 5 kg sind keine Seltenheit. In der Neretva sollen laut Steindachner (1882) zuweilen sogar Exemplare von 10 bis 15 kg gefangen worden sein.

Die Weichmaulforellen schwimmen stets in kleinen Trupps von mindestens zwei bis drei Tieren, halten sich meist in der Flussmitte auf und meiden die seichteren Stellen. Unterstände, die nur selten aufgesucht werden, müssen geräumig und von mehreren Seiten zugänglich sein, um jederzeit die Flucht ins freie Wasser zu gewährleisten. Diese Verhaltensweisen passen eher zu den Äschen als zu Forellen und werden noch durch das Laichverhalten bestärkt: Anders als bei den übrigen Mitgliedern der Gattung *Salmo,* bei denen die befruchteten Eier unmittelbar nach dem Ablaichen vom Weibchen mit Kies bedeckt werden, können die Weichmaulforellen das Gelege teilweise unbedeckt lassen. Weibliche Weichmaulforellen geben mehrere Portionen Eier mit Unterbrechungen von wenigen Minuten in dasselbe Nest ab. Manchmal führen sie zwischendurch Grabbewegungen aus, die zur partiellen Bedeckung der Eier führen können (für mehr Informationen siehe Esteve et al., 2014). Der bevorzugte Lebensraum der Weichmaulforelle sind ganzjährig kalte und klare, von großen Karstquellen gespeiste Flüsse mit geringem Gefälle und tiefen Abschnitten. Üppiger Pflanzenwuchs über große Flächen des Gewässergrundes bietet Insekten und vor allem Flohkebsen, der Hauptnahrung der Weichmaulforellen, Unterschlupf. Die typische Morphologie der Weichmaulforellen, besonders aber die Form des Maules, lässt eine Anpassung an die speziellen Umweltbedingungen erkennen. Seit mindestens 2 Mio. Jahren bewohnen die Weichmaulforellen diesen Lebensraum (Pustovrh et al., 2014), welcher kaum von glazial-interglazialen Klimaschwankungen beeinflusst wurde. Sie reagieren deshalb auch weit empfindlicher gegenüber erhöhten Wassertemperaturen als die anderen Forellenformen derselben Region. Im Gegensatz zu den meisten übrigen Vertretern der Europäischen Forelle ziehen die Weichmaulforellen niemals in die Brackwasserbereiche der Flussmündungen oder gar ins Meer. Die Weichmaulforellen gelten allgemein als Frühjahrslaicher. Ihre natürliche Verbreitung beschränkt sich auf die Flüsse Krka, Jadro, das Einzugsgebiet der Neretva und die untere Zeta. Nach Katurić (zitiert in Karaman, 1927) soll die Art auch in der Cetina vorkommen, was jedoch nie bestätigt wurde. Allerdings stellt sich die Frage, weshalb die Weichmaulforelle gerade in diesem Flusssystem fehlt, das sich mitten in ihrem Verbreitungsgebiet befindet. Eine mögliche Erklärung wäre, dass zur Zeit der Ausbreitung der Weichmaulforellen noch keine passierbare Verbindung zum oberen Cetina-Becken bestand und erst in späteren Epochen die Forellen der Adria-Linie Zugang fanden. Letztere sind auch besser imstande, Wasserfälle oder starke und lange Stromschnellen zu überwinden. So findet man etwa im obersten Abschnitt der Neretva und in vielen ihrer Nebenflüsse keine Weichmaulforellen, Bachforellen hingegen schon (Schöffmann, 2018c). Es wurde auch schon in Erwägung gezogen, dass die heutige Fischfauna der Cetina aus dem Oberlauf der Krka stammen und

die Abwesenheit der Weichmaulforelle ökologische Gründe haben könnte, wie stark strömende Flussläufe (Georgiev, 2003).
Die Hydrogeografie und die geologische Entwicklung im Adriabecken waren im Laufe der Eiszeiten gewaltigen Veränderungen unterworfen. Der Wasserspiegel der Adria lag während des Letzteiszeitlichen Maximums (LGM = Last Glacial Maximum) vor 26 500 bis 20 000 Jahren um rund 115 m tiefer als heute, dadurch verlängerten sich der Lauf der Cetina um etwa 154 km und der der Neretva um 136 km. Das Flussbett der Cetina erstreckte sich nördlich der heutigen Insel Hvar, während die Neretva südlich von Hvar nach Westen floss und etwas nördlich der Insel Sušac in die Adria mündete. In Gegensatz zur Neretva, deren Gefälle im damaligen Unterlauf ziemlich gleichmäßig verlief, zwängte sich die Cetina gleich unterhalb ihrer derzeitigen Mündung bei Omiš durch eine tiefe Schlucht mit einem starken Abfall des Flusslaufs (Sikora et al., 2014). Die Verbreitung der Weichmaulforellen wurde aber nicht nur durch hydrografische Veränderungen beeinflusst, sondern auch von den ganz speziellen Anforderungen der Spezies an den Lebensraum, wie sie oben bereits geschildert wurden. Wie Fischarten, die zwar dieselben Gewässer bewohnen, sich jedoch in Bezug auf ihre Lebensweise und der Habitatansprüche unterscheiden, häufig auch verschiedene Verbreitungskorridore nutzen, zeigt das Beispiel der Groppen (*Cottus gobio*) am westlichen Balkan. Im Gegensatz zu den Forellen[2] gelang es den Groppen, die Wasserscheide zwischen dem Einzug der Donau und dem Adriabecken an mehreren Stellen zu überqueren. Diese kleinen Bodenfische, die wie die Forellen zu den rheophilen und kaltstenothermen Arten zählen, sind aufgrund ihres Körperbaus (z.B. fehlende Schwimmblase) nicht in Lage, in kurzer Zeit größere Distanzen zurückzulegen oder höhere Wasserfälle (>20 cm) zu überwinden, können dafür aber weiter in die Quellregionen vordringen und in kleinen, seichten Bächen überleben (Schöffmann, 2019a).

[1]) Die Angaben zur Anzahl der Schuppen entlang der Seitenlinie betragen bei den Weichmaulforellen 99-111 (Delling, 2003), bei den Forellen des *S. trutta*-Komplexes bewegen sie sich zwischen 100 und 130 (meist 105-120). Kleine Unterschiede können auftreten, je nachdem, ob die 3-4 Schuppen an der Schwanzflosse gezählt werden oder nicht, doch sind die in älterer Literatur manchmal aufscheinenden Zahlen von bis zu 156 Schuppen nicht sehr realistisch (B. Delling, pers. Mitt.).

[2]) Eine natürliche Zuwanderung von Forellen aus dem Donau- in das Adriabecken wurde an einigen Orten in Erwägung gezogen, wenn auch Translokationen durch den Menschen nicht ausgeschlossen werden können; z. B. in der Rakitnica, einem Zufluss der Neretva (siehe Razpet et al. 2007) oder in ein paar Schlundflüssen, die unterirdisch zur Adria entwässern (siehe Kapitel 6.16.).

Weichmaulforelle (*S. o. oxyrhynchus*), ~30 cm; Buna, Neretva-Becken (Bosnien-H.)

Weichmaulforelle (*S. o.* subspecies), ~25 cm; Studenčica, Neretva-Becken (Bosnien-H.)

Weichmaulforelle (*S. o.* subspecies), ~32 cm; Vrljika, Neretva-Becken (Kroatien)

Weichmaulforelle (*S. o. obtusirostris*), ~31 cm; Jadro (Kroatien)

Weichmaulforelle (*S. o. krkensis*), ~22 cm; obere Krka (Kroatien)

Weichmaulforelle (*S. o. zetensis*), ~38 cm; untere Zeta (Montenegro)

6.13.4.1. Die Weichmaulforellen des Neretva-Beckens

Einer der bedeutendsten Flüsse im östlichen Adriabecken und mit ungefähr 225 km der längste in Dalmatien ist die Neretva; früher hieß sie Narenta und in der Antike Naron (altgriechisch) bzw. Naro (lateinisch). Die ursprüngliche Verbreitung der als eigene Unterart angesehenen Weichmaulforelle der Neretva, *Salmo obtusirostris oxyrhynchus* Steindachner, 1882, erstreckt sich vom Oberlauf, nahe der Quellregion, bis zum Unterlauf bei Metković. Außerdem kommt sie heute noch in folgenden Nebenflüssen vor: Buna mit ihrem Zufluss Bunica, Bregava und im Einzugsbereich des Trebižat. Aus der Rama und dem Mittellauf der Neretva ist sie infolge der Errichtung von Stauseen verschwunden (Schöffmann, 1991, 1997b, 2003). Zu ihrem gegenwärtigen Status in den zwei Zuflüssen Krupa und Norin bei Metković gibt es keine gesicherten Hinweise, doch deutet vieles darauf hin, dass die Weichmaulforelle im Einzug der Neretva flussabwärts der Stadt Čapljina infolge Verschlechterung des Lebensraums verschwunden ist (B. Glamuzina, pers. Mitt.). Trotz jahrzehntelanger künstlicher Vermehrung und gelegentlichen Besatzmaßnahmen sind die Weichmaulforellen heute im gesamten Flusssystem gefährdet. Im Oberlauf der Neretva schätzt man ihren Bestand (inklusive Hybriden) heute auf 6 bis 10 % der gesamten Fisch-

fauna. Eine Studie zur Fischbestandszusammensetzung der Neretva (Muhamedagić et al., 2008) bezeichnet den Anteil von Weichmaulforellen im Flussabschnitt zwischen der Mündung der Buna und der Grenze zu Kroatien auf 13,6 %. Diese Schätzung dürfte heute allerdings nicht mehr den Tatsachen entsprechen. In den durch Flussverbauungen und Verschmutzung beeinträchtigten unteren Abschnitten ist ihr Anteil höchstwahrscheinlich weit geringer, zumal auch Schutzmaßnahmen fehlen oder nicht beachtet werden. Eine relativ hohe Bestandsdichte findet man noch in der Buna, einem etwa 9 km langen und einer starken Karstquelle entspringenden Nebenfluss bei Mostar. Das Verbauen der Flussufer für kommerzielle Zwecke, besonders am Ursprung der Buna, zunehmende Überdüngung durch Abwässer und Landwirtschaft sowie unkontrollierte Fischerei stellen aber eine ernsthafte Bedrohung für diese Population dar. Allerdings gibt es am Mittelauf der Buna einen etwa 1,5 km langen Abschnitt, der unter besonderem Schutz (Fliegenfischen ohne Tötung) steht und in dem zahlreiche besonders große Weichmaulforellen zu finden sind. In der oberen Neretva haben die Bestände zwar dank restriktiver Fischereibestimmungen („catch and release" für alle Salmoniden) und deren Überwachung in den letzten Jahren sogar wieder zugenommen, doch ist das Ausmaß der negativen Folgen durch den voranschreitenden Ausbau der Wasserkraft noch nicht absehbar.
Im Vergleich zu den übrigen drei bekannten Unterarten der Weichmaulforelle sind bei *S. o. oxyrhynchus* die charakteristischen Merkmale am stärksten ausgeprägt. Der Körper ist höher und die Schnauze zeigt eine rüsselartige Verlängerung. Man kann daher annehmen, dass die Neretva-Weichmaulforelle die ursprüngliche Form der Art darstellt. Das Auftreten von Exemplaren mit relativ stumpfer Schnauze ist noch nicht restlos geklärt. Es könnte sich dabei sowohl um einen intraspezifischen Polymorphismus handeln als auch durch Hybridisation mit Bachforellen entstanden sein. Fest steht, dass in der Neretva nachweislich Hybriden zwischen Weichmaul- und Bachforellen vorkommen, die von den einheimischen Fischern „Kosor" genannt werden. Der Name kommt vom serbokroatischen Wort „koso" (deutsch: schräg), was auf einen Vermischungsstatus hinweist. Außerdem wurden im letzten Jahrhundert in einer Brutanstalt an der Buna experimentelle Kreuzungen zwischen Weichmaul- und Bachforellen und sogar mit Marmorforellen erfolgreich durchgeführt (Kosorić & Vuković, 1969). Andererseits hat Steindachner schon im Jahre 1882 über das Vorkommen der stumpf- und spitzschnauzigen Varietäten berichtet und glaubte, die Schnauzenform hänge von der Lebensweise ab. Vielleicht spielen aber auch geschlechtsspezifische Merkmale eine gewisse Rolle, denn nachweislich ist das Maxillare (Oberkieferknochen) bei männlichen Weichmaulforellen etwas

länger als bei den weiblichen und ragt trotzdem keinesfalls über den hinteren Rand der Pupille hinaus; das kann nur bedeuten, die Männchen besitzen eine längere Schnauze (Ocvirk & Voljč, 1981b).
Die isolierte Population der Vrljika, eines etwa 20 km langen Flusses nahe der bosnisch-kroatischen Grenze bei Imotski, wurde von einigen Autoren (Mrakovčić & Mišetić, 1990) schon vor mehreren Jahrzehnten für ausgestorben erklärt. Dennoch existiert eine Restpopulation in der Quellregion des Flusses, die jetzt durch strenge Fischereiregelungen geschützt wird. Zudem besteht seit ein paar Jahren ein Zuchtprogramm, bei dem die erbrüteten Jungfische bis zu einer Länge von 4-5 cm aufgezogen und dann in den Fluss entlassen werden. Es werden auch Anstrengungen unternommen, um den invasiven Hecht aus dem Gewässer zu entfernen. Bis vor kurzem bedrohte der illegale Fischfang, vor allem mit Reusen, dieses Vorkommen der Weichmaulforelle (Schöffmann, 2004b). Die Vrljika ist ein Quellfluss des Trebižat, hat jedoch keine oberirdische Verbindung mit dem Hauptfluss. Die Weichmaulforelle lebt seit jeher als einzige Salmonidenart in der Vrljika. Sie unterscheidet sich phäno- und genotypisch nur geringfügig von der Unterart der Neretva. Die Weichmaulforellen der Vrljika kennzeichnen große rote Flecken entlang der intensiv goldgelb gefärbten Seiten und einige schwarze Flecken an den Kiemendeckeln. Bei manchen Exemplaren scheinen auch ein paar kleine schwarze Flecken am vorderen Teil der Flanken auf. Die Schnauze ist deutlich stumpfer als bei den Weichmaulforellen aus der Neretva. Aufgrund der Ergebnisse genetischer Untersuchungen lässt sich der Zeitraum seit der Trennung von der Neretva-Population auf 135 000 bis 270 000 Jahre schätzen (Snoj et al., 2008). Die Anerkennung einer neuen Unterart wäre daher gerechtfertigt. Die Meinungen zur Klassifikation dieser Population waren schon bei früheren Ichthyologen geteilt; einige vermuteten eine nahe Verwandtschaft mit den Weichmaulforellen des Jadro und ordneten sie daher demselben Taxon zu, andere dagegen hielten sie für eine eigene Unterart und schlugen gemäß der vormals gültigen Nomenklatur den Namen *Salmothymus obtusirostris obtusirostris* vor (Ocvirk & Voljč, 1981a).
Der Fluss Vrljika entspringt im Karstbecken Imotsko Polje (Kroatien), verschwindet nach rund 20 km im Untergrund (Bosnien-Herzegowina) und erscheint nach etwa 2 km als der Fluss Tihaljina, welcher dann als Trebižat in die Neretva fließt*. Geologischen Daten zufolge besteht diese Karstsenke und somit die subterrane Verbindung der beiden Flüsse bereits seit mehreren Millionen Jahren. Die Weichmaulforellen müssen also über unterirdische Wege in die Vrljika gelangt sein. Eine temporäre Umkehr der Fließrichtung, wie sie in Karstgebieten manchmal auftritt, könnte die Zuwanderung erleichtert haben. Bei erhöhtem Wasserstand

kann das Wasser durch einen natürlichen Siphon flussaufwärts fließen und als Quelle, eine so genannte Estavelle, an die Oberfläche treten. Tektonische Einstürze könnten diese Wanderverbindung schon im Pleistozän unterbrochen haben (Snoj et al., 2008).
Teilweise isolierte Populationen der Weichmaulforelle befinden sich in einem von Karstquellen ganzjährig kühl gehaltenen Abschnitt der Tihaljina sowie in den beiden linken Nebenflüssen Vrioštica und Studenčica, die etwa 7 km bzw. 6 km lang sind und von starken Quellen gespeist werden. Der Name des letztgenannten Flusses lässt sich auf das Wort „studen“ (deutsch: kalt) zurückführen. Die Studenčica fließt in den sommerwarmen Unterlauf des Trebižat, welcher über mehrere Katarakte stürzt bevor er in die Neretva mündet. Unmittelbar stromaufwärts der Studenčica-Mündung befinden sich noch mehrere hohe Wasserfälle im Trebižat, darunter die berühmten Kravica-Fälle. Oberhalb dieser Wasserfälle mündet die Vrioštica in den Trebižat und weiter flussaufwärts bildet der Koćuša-Wasserfall eine Barriere zum Fundort in der Tihaljina. Die Vrioštica und die Studenčica führen klares, kaltes Wasser, sind jedoch streckenweise durch Müllablagerungen stark verunreinigt. Beide Bäche beherbergen einen dichten Bestand submerser Makrophyten und zahlreiche Dohlenkrebse (*Austropotamobius pallipes*), was auf ein einwandfreies Habitat schließen lässt. Die offensichtlich hohen Populationsdichten der Weichmaulforelle und deren heterogene Altersstruktur lassen sich nicht zuletzt auch auf die dicht bewachsenen Ufer und die dadurch schwierige Befischbarkeit zurückführen. Im Sommer 2017 wurde vom örtlichen Fischereiverein eine großangelegte Säuberungsaktion in der Studenčica in Angriff genommen, wobei sowohl der Müll aus dem Flussbett als auch das dornige Ufergestrüpp weitgehend entfernt wurden. Es bleibt nur zu hoffen, dass ein verantwortungsbewusstes Fischereimanagement den Erhalt dieser einzigartigen Population der Weichmaulforelle im Auge behält. Dazu gehören eine kontrollierte und beschränkte Entnahme von Weichmaulforellen sowie der Verzicht auf Besatz. Die aus angrenzenden Zuchtanlagen entkommenen oder absichtlich eingebrachten Regenbogenforellen üben bereits seit längerem einen Konkurrenzdruck auf die Weichmaulforellen aus und stellen auch eine potenzielle Gefahr zur Übertragung von Krankheiten dar. Zusätzlich wurde in der Studenčica ein Haplotyp der Donau-Linie nachgewiesen, der Beleg für eine bereits durchgeführte unnötige Besatzmaßnahme. Die wenigen Genanalysen, die bisher an Weichmaulforellen der Tihaljina und der Studenčica durchgeführt wurden, ergaben einen Haplotyp, der für die Vrljika spezifisch ist, und einen zuvor noch nicht bekannten Haplotyp (S. Marić, unveröffentlichte Daten). Dies spricht für eine lange geografische und genetische Separation der Weichmaulforel-

len im gesamten Einzugsgebiet des Trebižat von den Populationen des übrigen Neretva-Beckens.
Anscheinend war die Weichmaulforelle früher im Einzug des Trebižat noch weiter verbreitet. Wie oben (Kapitel 6.13.4.) erwähnt, wurde als Typusfundort für Steindachners *Thymallus microlepis* ein unbenannter Bach in der Nähe von Vergoraz angegeben. Die kleine Stadt heißt heute Vrgorac und liegt in Südkroatien an der Grenze zu Bosnien-Herzegowina, nördlich des Neretva-Deltas. Unmittelbar östlich der Ortschaft befindet sich ein heute landwirtschaftlich stark genutztes Karstfeld mit mehreren Quellen, die über das Flüsschen Brza Voda (der Unterlauf heißt Parilo) zum Trebižat entwässert werden. Vor etwa 150 Jahren war der Lebensraum des Gewässers höchstwahrscheinlich noch für die Weichmaulforelle geeignet, die zu jener Zeit die einzige Salmonidenart im Flusssystem war. Als Typusfundort von *T. microlepis* wäre aber noch eine zweite Möglichkeit in Betracht zu ziehen: Südlich von Vrgorac befindet sich auch das Karstfeld Vrgorsko Polje mit zahlreichen Quellen und dem etwa 17 km langen Wasserlauf Matica, der ein geschlossenes Karsttal bildet und unterirdisch zum Neretva-Delta entwässert. Die Wassermenge zeigt extreme Schwankungen, mit wenig Wasser im Sommer und zu wasserreichen Wintern. Um Überschwemmungen vorzubeugen und neue Flächen für die landwirtschaftliche Nutzung zu gewinnen, wurde bereits 1938 damit begonnen, große Teile des Geländes mit Hilfe von Entwässerungsstollen trockenzulegen. Die von Steindachner (1874) untersuchten sechs Exemplare – eine akribisch genaue Zeichnung eines dieser Exemplare ist in seiner Arbeit enthalten und eindeutig als Weichmaulforelle identifizierbar – stammen aus nicht näher bezeichneten „Gebirgsbächen bei Vergoraz“. Die angegebene Zahl der Pylorusschläuche von 37 erscheint vergleichsweise gering. In der Matica (nicht zu verwechseln mit dem gleichnamigen unteren Abschnitt der Vrljika) findet man heute nicht nur vermutlich heimische Fischarten wie den Aal, einige für die Region endemische Karpfenartige sowie eine Grundel- und eine Neunaugenart, sondern auch Bachforellen, die offensichtlich eingesetzt wurden (Mrakovcic et al., 1996). Ein ehemaliges Vorkommen von Weichmaulforellen in diesem Gewässer wäre also durchaus denkbar.

*) Genau genommen wird der gesamte Flusslauf in weitere Abschnitte unterteilt, die eigene Namen tragen. So heißt der untere Teil der Vrljika, bevor sie in den Untergrund verschwindet, eigentlich Matica. Von der Quelle des Wiederaustritts bis zur großen Brücke bei Klobuk (Kavazbašin most), das sind etwa 14 km, wird der Fluss Tihaljina genannt, die folgenden ca. 6 km bis zur Mündung des rechtsseitigen Zuflusses Parilo heißt er Mlade und erst danach Trebižat.

6.13.4.2. Die Weichmaulforelle des Jadro

Der Jadro entspringt nordöstlich von Split und hat eine Länge von etwa 4 km und eine Breite von 10 bis 20 m. Von seiner Karstquelle fließt er durch die Ortschaft Solin, die ehemalige römische Metropole Salona. Der heute nicht sehr wasserreiche Fluss wurde durch Begradigung und Verbauungen beinahe vollständig zerstört. Dennoch konnte sich nahe am Ursprung ein kleiner Restbestand an Weichmaulforellen bis zum heutigen Tage halten. Vor dem Besatz mit Regenbogenforellen war die „Solinka", wie die Weichmaulforelle hier genannt wird, die einzige Salmonidenart im Jadro. Mitte des letzten Jahrhunderts wurden einige Exemplare aus dem Jadro in die Žrnovnica, einen kleinen Bach nur wenige Kilometer südlich von Split, eingebracht. In diesem Gewässer, das bis dahin noch keine Salmoniden enthielt, konnte sich aufgrund idealer Umweltbedingungen eine stabile Population etablieren (Treer et al., 2003). Leider birgt auch hier die Überfischung eine Gefahr für diese Unterart. Der Versuch, dem fischereilichen Druck mit dem Besatz von Regenbogenforellen zu begegnen, ist eher fragwürdig.

Die Solinka stellt eine der vier Unterarten der Weichmaulforelle dar und erhielt nach Karaman (1927) den Namen *Salmo obtusirostris salonitanus**, wurde aber kürzlich in *S. o. obtusirostris* umbenannt (siehe Kapitel 6.13.4.3.). Verglichen mit *S. o. oxyrhynchus* besitzt sie eine stumpfere Schnauze und eine etwas geringere Anzahl an Kiemenreusendornen (Sušnik et al., 2007b). Die Flanken zieren relativ große, schwarze und rote Flecken mit heller Umrandung, wobei die schwarzen Flecken fast ausschließlich in der vorderen Körperhälfte auftreten. Das schwerste bisher gefangene Exemplar wog 4 kg (Ocvirk & Voljč, 1981a). Genetische Daten deuten auf eine Introgression mit Forellen der Adria-Linie hin. Die Weichmaulforelle war die primäre Salmonidenart, die sich bereits in vorglazialen Epochen in dieser Region entwickelt hatte. Als während des Eiszeitalters adriastämmige Forellen in das Jadro-Becken eindrangen, kam es zu introgressiver Hybridisierung. Interessanterweise verschwand dabei der spezifische Haplotyp der Weichmaulforelle aus dieser Population, nur der Haplotyp der Adria-Linie blieb erhalten (Sušnik et al., 2007b). Es fand hier also eine gegensätzliche Entwicklung zu der oben geschilderten Population der Lištica statt, wo sich offenbar nur der Haplotyp der Weichmaulforelle halten konnte und das mitochondriale Genom der Adria-Linie verloren ging.

*) Viele Autoren verwendeten fälschlicherweise die Bezeichnung *Salmo obtusirostris salonitana*. Der Name für die Subspezies bezog sich ursprünglich auf *Trutta*, ein weibliches Substantiv. Da *Salmo* aber männlich ist, muss es auch das Adjektiv sein.

Vrlika, Neretva-Becken in Kroatien

Obere Krka – sie bietet nur noch auf ca. 300 m typisches Habitat für Weichmaulforellen

Untere Zeta, Skutari-Becken in Montenegro. Foto: M. Hochleithner

6.13.4.3. Die Weichmaulforelle der Krka

Diese Unterart wird nach Karaman (1927) mit *Salmo obtusirostris krkensis* klassifiziert. Ihr lokaler Name „Zlousta“ bedeutet so viel wie „böses Maul“ oder „Übelmaul“ und ist eine Anspielung auf die ungewöhnliche Schnauzenform. Die Weichmaulforelle der Krka ist vom Aussterben bedroht oder ist bereits ausgestorben. Vor wenigen Jahrzehnten waren diese Fische in der oberen Krka, auf einer Strecke von 5 bis 6 km, noch reichlich vorhanden und die dominante Salmonidenart. Weiter flussabwärts kamen auch in historischer Zeit nur Bachforellen vor. Das Vorkommen der Weichmaulforelle beschränkte sich zuletzt nur mehr auf einen etwa 300 m langen Flussabschnitt im Oberlauf der Krka, unterhalb des 22 m hohen Krčić-Wasserfalls nahe der Stadt Knin. Die etwa 10 km lange Flussstrecke oberhalb des Wasserfalls fällt periodisch trocken. Schon Anfang dieses Jahrhunderts wurden nur mehr vereinzelte Exemplare im letzten Rückzugsbereich gesichtet. Die starke, unkontrollierte Befischung, vor allem während des letzten Krieges, dürfte für den dramatischen Rückgang der Bestände verantwortlich sein. Beim Schnorcheln im erwähnten Flussabschnitt in den Jahren 2016, 2019 und 2021 konnte ich keine einzige Weichmaulforelle mehr finden. Dafür waren neben einigen Bachforellen zahlreiche Regenbogenforellen zu beobachten, die offensichtlich von der anliegenden Zuchtanlage stammten und größtenteils Anzeichen von Krankheiten erkennen ließen. Die Vermutung liegt deshalb nahe, dass Infektionskrankheiten zum endgültigen Verschwinden der Weichmaulforellen geführt haben könnten.

Wie hoch die Bestandsdichte einst war, lässt sich aus Karamans Beschreibung von 1927 entnehmen. Demnach erschienen zur Laichzeit „vor Ostern“ am Ursprung der Krka zahlreiche Weichmaulforellen, darunter Individuen bis zu 3 kg, oft bis zu 6 kg schwer. Den Fischen wurde mit Netzen nachgestellt, größere Tiere erlegte man mit der Harpune. Die größten Exemplare wurden bei Lichtfischerei vom Boot aus erbeutet. Die Weichmaulforellen wählen in der Krka zum Laichen einen etwas gröberen Kies als die Bachforellen, die hier „vor Weihnachten“ laichen.

Die Weichmaulforellen der Krka besitzen eine noch stumpfere Schnauze und einen kürzeren und breiteren Oberkiefer als die Unterart des Jadro. An den Seiten befinden sich eher kleine schwarze Flecken, konzentriert im vorderen Teil der Flanken, und wenige blassrote Flecken entlang der Seitenlinie. Die erste schriftliche Anführung der Krka-Weichmaulforelle stammt aus dem Jahre 1883 von Katurić (zitiert in Karaman, 1927), der jedoch nicht, wie später Karaman, zwei Formen oder Unterarten unterscheidet. Nach Karaman sollen in der Krka nämlich sowohl *S. o. salonitanus* als auch *S. o. krkensis* heimisch sein. Ein sympatrisches Vorkommen zweier reproduktiv getrennter Formen (es

müssten dann Arten sein) von Weichmaulforellen in der Krka kann man aber wohl ausschließen. Ebenso wenig wahrscheinlich ist die Verbreitung der Unterart des Jadro in der Krka, da die hydrografische Trennung der beiden Flüsse bereits seit langer Zeit besteht. Genetische Untersuchungen konnten bislang nur an zwei Exemplaren aus der Krka durchgeführt werden. Der nachgewiesene Haplotyp Ad1 (später aufgrund genauerer Sequenzierung als AdBoz identifiziert – eine Mutation von Ad1) ist ein bei Bachforellen der Adria-Linie weitverbreiterter Haplotyp (AdBoz nur am Balkan). Der Haplotyp AdBoz ist auch bei den Bachforellen der Krka vorhanden (Snoj & Sušnik, 2007; A. Snoj, pers. Mitt.). Die Ergebnisse von Analysen der Mikrosatellien-DNA bei den zwei Weichmaulforellen aus der Krka lassen auf eine Hybridisierung mit Bachforellen schließen. Ob hier eine Introgression durch Bachforellen der Adria-Linie in prähistorischer Zeit wie im Jadro stattgefunden hat oder erst in jüngerer Zeit oder beides, lässt sich anhand von nur zwei Proben nicht feststellen. Zwei Exemplare, die ich 1996 in der oberen Krka gefangenen habe und die Zwischenmerkmale (stumpfe Schnauze, kurzer Oberkiefer aber endständige Maulstellung) zwischen Bach- und Weimaulforelle aufwiesen, könnten ein Hinweis auf jüngste Hybridisierung sein, wie sie auch schon in der Neretva beobachtet wurde.
Heckel nennt 1852 in seiner Originalbeschreibung von *Salar obtusirostris* als einen der Fundorte die nahe gelegene Zrmanja, nicht aber die Krka. In der Zrmanja kamen jedoch niemals Weichmaulforellen vor. Spekulationen darüber, ob Heckel seine Exemplare aus der Krka anstatt aus der Zrmanja erhielt, werden bei Betrachtung der Syntypen im Naturhistorischen Museum von Wien hinfällig. Bei den fünf Fischen mit Längen zwischen etwa 14-19 cm, aufbewahrt unter der Katalognummer NMW 66413, handelt es sich definitiv nicht um Weichmaulforellen. Das Maxillare überragt den hinteren Rand des Auges und die Jugendflecken sind bei allen Exemplaren deutlich sichtbar. Weichmaulforellen verlieren ihre Jugendflecken ab einer Länge von etwa 12-15 cm. Es bleibt daher rätselhaft, warum Heckel diese Fische *S. obtusirostris* zugeordnet hat. Von den restlichen Syntypen, die Heckel als *S. obtusirostris* klassifiziert, stammen drei aus dem Jadro (NMW 66456:1, 66456:2, 78817) und einer aus der Vrljika (NMW 66427). Alle Exemplare zeigen eine ausgesprochen stumpfe Schnauzenform, was den Namen *obtusirostris*, also „mit der stumpfen Schnauze", rechtfertigt. Die Schnauze eines etwa 34 cm langen Exemplars aus dem Jadro (NMW 78817) ist für seine Größe auffallend stumpf. Mehrheitlich haben die größeren Weichmaulforellen dieses Flusses eine spitzere Schnauze. Offensichtlich gibt es hier eine Variationsbreite bezüglich der Schnauzenform, wie sie vermutlich auch in der Krka auftrat, als Karaman dort zwei Unterarten feststellte.

Im Rahmen einer neuerlichen Bewertung von Heckels oben angeführtem Typusmaterial wurde im Jahre 2021 aus dieser Sammlung ein Lectotypus für das Taxon *Salmo obtusirostris* designiert. Das Exemplar aus dem Jadro mit der Katalognummer NMW 78817 entspricht am ehesten der Originalbeschreibung und -zeichnung. Da nun die Weichmaulforelle des Jadro die topotypische Population präsentiert, wird sie, entsprechend der Regeln des ICZN (Art. 47.1.), zur Nominat-Unterart: *Salmo obtusirostris obtusirostris* (Heckel, 1852). Der bisher gebräuchliche Name *S. o. salonitana* bzw. *salonitanus* ist somit ungültig (Hochleithner, 2021). Dieses Vorgehen ist durchaus legitim und eine gängige Praxis. Es stellt sich indes die nicht ganz unberechtigte Frage, ob ein traditioneller und allgemein geläufiger Name, der schon über Jahrzehnte hinweg in Gebrauch ist, überhaupt durch einen anderen ersetzt werden sollte, wenn dadurch kein wesentlicher Beitrag zur taxonomischen Klarstellung erfolgt.

6.13.4.4. Die Weichmaulforelle der Zeta

Die Zeta in Montenegro ist der größte Zufluss der Morača, die in den Skutarisee mündet, und gehört zum Hydrosystem Ohrid-Drim-Skutari. Die Weichmaulforellen bewohnen den Unterlauf der Zeta, eines wasserreichen, etwa 25 km langen Flusses mit bis zu 8 m tiefen Abschnitten und überwiegend geringem Gefälle. Zwischen der unteren und der oberen Zeta besteht keine Oberflächenverbindung. Im Oberlauf bei Nikšić leben nur Bachforellen, die 1932 von S. Karaman als neue Art, *Trutta taleri,* beschrieben wurden. Die morphologischen Merkmale dieser Forellen deuten darauf hin, dass sie der Donau-Linie angehören. Ob sie durch nicht dokumentierten Besatz oder über prähistorische Verbindungen mit dem Drina-Becken in die Zeta gelangten, lässt sich heute nicht mehr eindeutig klären (siehe auch Kapitel 6.16.). Im Unterlauf kommen neben der Weichmaulforelle noch die adriastämmige Bachforelle, die Marmorforelle und gelegentlich die Zahnforelle vor. Unterschiedliche Laichzeiten und Laichplätze sorgen für die reproduktive Isolation zwischen den einzelnen Forellenformen. Außerdem nimmt jede dieser Formen eine eigene ökologische Nische ein (Schöffmann, 2005a). Die lokale Bezeichnung für die Weichmaulforelle der Zeta ist „lipjen" und leitet sich von „lipljen" ab, dem serbischen Namen für die Äsche – ein Hinweis auf die typische Schnauzenform und wohl auch auf das Verhalten der Weichmaulforellen, die, ähnlich wie die Äschen, in Schulen und meist in der Flussmitte schwimmen. Die Äsche kam in Montenegro ursprünglich nur im Einzugsgebiet der Tara vor, die zum Donau-Becken gehört und die südlichste Verbreitungsgrenze dieser Salmonidenart in Europa darstellt. Seit 1968 ist die Äsche durch Besatzmaßnahmen auch in der Morača vertreten. Gegenwärtig klassifiziert man die Weichmaulforelle der Zeta nach M. S. Karaman (1966) als Unterart, *Salmo obtusirostris zetensis* Hadžišce, 1960. Sie unterscheidet sich durch einige Merkmale von allen übrigen Unterarten. Der Oberkiefer reicht, wie bei allen Weichmaulforellen, nur bis unter die Augenmitte. Das Maul ist jedoch weniger unterständig als bei allen anderen Unterarten und gleicht somit, wie auch das Kopfprofil, mehr dem der Bachforellen. Charakteristisch für *S. o. zetensis* sind die großen roten, hell umrandeten Flecken, die gleichmäßig entlang der Seiten verteilt sind, mit kleinen schwarzen Flecken dazwischen. Wie bei allen Weichmaulforellen ist die Schwanzflosse gegabelt mit spitz ausgezogenen Enden. Die Laichzeit ist von März bis Mai[1]. Im Gegensatz dazu laichen die sympatrischen Bachforellen zwischen Oktober und Januar, die Marmorforellen von Mitte November bis Mitte Dezember. Einst war die Weichmaulforelle die vorherrschende Salmonidenart in der Zeta und erschien in großen Schwärmen an den Laichplätzen, vornehmlich am Auslauf größerer Kolke und in einer Tiefe von etwa 2 m. Vor allem während der Kriegsjahre wurde an den Laichplätzen mit Strom und Sprengstoff gefischt und die Population beinahe zum Erliegen gebracht. Heute ist die Weichmaulforelle in der Zeta sehr selten geworden (Schöffmann, 2005a). Nur an drei Stellen des Oberlaufs der unteren Zeta ist diese Art noch in geringer Stückzahl vorhanden. Alle drei Fundorte[2] sind große Kolke (15-50 m breit und 3-7 m tief) mit sandig-steinigem Untergrund. In den Uferbereichen bis zu 2 m Tiefe zeigt sich ein dichter Bewuchs submerser Makrophyten, wohin die Fische bei Gefahr flüchten. Die drei Kolke werden von starken Karstquellen zusätzlich gespeist. Gewöhnlich halten sich die Weichmaulforellen im tiefen Wasser in Grundnähe auf, wo sie sich hauptsächlich von Flohkrebsen ernähren, während die am selben Ort lebenden Bachforellen in den seichteren und strömungsreicheren Stellen nach Insekten und deren Larven jagen. Marmorforellen kommen in diesen Flussabschnitten nicht vor (Mrdak et al., 2012). Früher soll die Weichmaulforelle noch manchmal in der unteren Morača und sogar im Skutarisee beobachtet worden sein (Ivanović, 1973).

Bei molekularbiologischen Untersuchungen (mtDNA) an wenigen Exemplaren konnte nur ein spezifischer Haplotyp der Adria-Linie ermittelt werden. Wie bei den Unterarten aus dem Jadro und der Krka fand auch hier eine Introgression durch die später eingewanderten adriastämmigen Forellen statt. Interessanterweise wurde aber keiner der beiden Weichmaulforellen der Zeta und des Jadro vorgefundenen AD-Haplotypen bei irgendeiner anderen Forelle der Adrialinie nachgewiesen (Sušnik et al., 2007a, 2007b). In einem früheren Artikel (Schöffmann et al., 2019) wurden die Weichmaulforellen der Krka fälschlicherweise in dieses Beispiel mit aufgenommen, doch wiesen die zwei untersuchten Exemplare denselben Haplotyp auf wie die Bachforellen der Krka (siehe 6.13.4.3.). Mit Hilfe der Mikrosatelliten-DNA-Analyse stellte man fest, dass die Zeta-Weichmaulforelle eine hohe genetische Diversität aufweist, die höchste aller vier bekannten Unterarten (Mrdak et al., 2012).

[1]) In einem früheren Artikel (Schöffmann, 2005a) wurde der Dezember als Laichzeit für die Zeta-Weichmaulforelle genannt. Diese Angabe beruht auf Informationen von Mladjan Jušković, einem erfahrenen lokalen Fischer und Angelführer. Die nunmehr angegebene Laichperiode von März bis Mai stammt von Drecun et al. (1985), zitiert in Mrdak et al. (2012). Für diese Diskrepanz gibt es drei mögliche Erklärungen: A) Eine Laichzeit im Dezember wurde aus unklaren Gründen falsch eingeschätzt. B) Drecun et al. (1985) übernahmen ihre Daten aus Berichten über Weichmaulforellen im Neretva-Einzugsgebiet, ohne die Laichzeit in der Zeta selbst zu überprüfen. C) Die Laichzeit der Zeta-Weichmaulforelle erstreckt sich über einen längeren Zeitraum - von Dezember bis Mai.

[2]) Die aktuellen Fundorte wurden erst zwischen 2004 und 2010 nachgewiesen: Einer befindet sich in einem kurzen, wasserreichen Seitenfluss des oberen Abschnitts der unteren Zeta nahe des Dorfes Tunjevo, zwei weitere liegen im mittleren Abschnitt unterhalb eines Damms (Slap Zete) und innerhalb einer Flussstrecke von etwa 2 km.

6.13.5. Die Ohrid-Forelle

Der oligotrophe Ohridsee ist tektonischen Ursprungs und einer der ältesten Langzeitseen der Erde. Die meisten Wissenschaftler teilen die Auffassung, dass seine Entstehung in eine Zeitspanne vor 2 bis 5 Mio. Jahren fällt (Albrecht & Wilke, 2008). Die Oberfläche des Sees liegt 693 m über dem Meeresspiegel, die mittlere Tiefe beträgt 155 m, die maximale Tiefe 289 m. Unterseeische und ufernahe Karstquellen bestimmen zu etwa 53 % die Wasserzufuhr. Vier permanente Zuflüsse und etwa 40 temporäre Bäche und Rinnsale tragen zu etwa 23 % des Wasserhaushalts bei, der Rest stammt von Niederschlägen direkt auf die Seeoberfläche. Ein Teil des Quellwassers kommt über unterirdische Kanäle aus dem nahen und 160 m höher gelegenen Prespasee. Die bedeutendste Ansammlung an Oberflächenquellen befindet sich in der Umgebung des Klosters Sveti Naum, am Südufer des Sees. Entwässert wird der Ohridsee über den Schwarzen Drin zum Drin in Albanien, der in der Nähe des Skutarisees in die Adria mündet. Rund zwei Drittel der Seefläche gehören zu Nordmazedonien, ein Drittel zu Albanien. Die Fauna des Ohridsees besteht aus einer beträchtlichen Anzahl an endemischen Arten und Gattungen. Mindestens 182 Arten sind endemisch, das entspricht 34 % der hier vorkommenden Tierarten. Im Vergleich zu seiner Oberfläche von 358 km² beherbergt der Ohridsee wahrscheinlich die weltweit größte endemische Biodiversität.

Von den 17 heimischen Fischarten werden 7 als endemisch eingestuft. Die bekannteste der endemischen Fischarten ist eine eher kleinwüchsige, archaisch anmutende Forelle, die in Mazedonien „belvica" – sinngemäß „Weißfisch“ – heißt. In Albanien ist sie unter den davon abgeleiteten Bezeichnungen „belbica“ und „belushkë“ bekannt. Erstmals beschreibt Steindachner 1892 diese Spezies unter dem auch heute gültigen Namen *Salmo ohridanus.* Spätere Klassifizierungen in die Gattungen *Salmothymus* bzw. *Acantholingua* wurden, wie bereits erwähnt, aufgrund neuester Erkenntnisse revidiert; basierend auf molekularen Daten wurde die Ohridforelle in die Gattung *Salmo* gestellt, wo sie eine basale Position innerhalb der Forellen einnimmt (Phillips et al., 2000; Sušnik et al., 2006). Morphologisch unterscheidet sich die Ohrid-Forelle erheblich von ihren nächsten Verwandten in Dalmatien. Anders als bei den Weichmaulforellen ist die Körperform sehr gestreckt, das obere Profil erhebt sich im Anschluss an die stark gekrümmte Schnauze nur mäßig bis zur Rückenflosse. Wie bei der Weichmaulforelle reicht der Oberkiefer nicht weiter als bis unter die Augenmitte, jedoch ist er bei der Ohrid-Forelle schmäler und die Schnauze überragt den Rand des Unterkiefers nur unbedeutend. Die Anzahl der Kiemereusendornen ist mit 17 bis 22 erheblich geringer als bei der Weichmaulforelle, ebenso wie die niedrige Zahl von Pylorusanhängen mit 25 bis 55. Die Anzahl der Wirbel ist mit 53 bis 57 eine der niedrigsten unter allen Formen der Europäischen Forelle. Die Schuppen der Ohrid-Forelle sind mit der geringen Anzahl von 95 bis 114 entlang der Seitenlinie ähnlich groß wie bei der Weichmaulforelle (Poljakov et al., 1958; Hadžišče, 1961; Behnke, 1968; Delling, 2003). Die Färbung ist gelblich-silbrig mit zwei bis vier schwarzen Flecken an den Kiemendeckeln. Weibliche Tiere sind an den Flanken meist ohne Fleckenzeichnung. Männchen zeigen wenige kleine, x-förmige schwarze Flecken an der vorderen Köperhälfte und zum Rücken hin, manchmal auch einige rötliche Flecken parallel zur Seitenlinie. Die Ohrid-Forelle erreicht ein Alter von 10 bis 12 Jahren und wird bis zu 35 cm lang und 0,8 kg schwer. Männliche Tiere werden im Alter von 3+ Jahren (ca. 23 cm) geschlechtsreif, weibliche ein Jahr später (ca. 26 cm). Ein Weibchen legt im Schnitt 140-200 Eier, die einen Durchmesser von 3-5 mm haben. Die Laichablage findet von Mitte Dezember bis Anfang Februar nahe der Küste in 8 bis 9 m Tiefe statt. Außerhalb der Laichzeit halten sich die Fische in einer Tiefe von 25 bis 60 m auf und ernähren sich von Zooplankton und benthischen Wirbellosen. Die Ohrid-Forelle wird auch künstlich vermehrt und gelegentlich mit Ohrid-Seeforellen gekreuzt (Rakaj & Flloko, 1995). Trotz der geringen Größe ist die Ohrid-Forelle wegen ihres zarten und geschmackvollen Fleisches ein begehrter Speisefisch. Aufgrund der starken Nachfrage und der schwindenden Bestände gelangen leider immer öfter auch kleinere, noch nicht geschlechtsreife Exemplare auf den Markt.

Ohridforelle (*S. ohridanus*), ♀ ~25 cm; Ohridsee (Nordmazedonien). Foto: S. Stojanovski

Ohridforelle (*S. ohridanus*), ♂ ~28 cm; Ohridsee (Nordmazedonien). Foto: S. Stojanovski

6.13.6. Die Ohrid-Seeforelle

Die lokalen Bezeichnungen für die Ohrid-Seeforelle sind „ohridska pastrmka" in Mazedonien und „koran" in Albanien*. Die ersten wissenschaftlichen Publikationen stammen von Stanko Karaman: 1924 beschreibt er die bei der einheimischen Bevölkerung als „letnica" (Sommerfisch) bekannte Form mit dem Namen *Trutta letnica,* die als „zimnica" (Winterfisch) bezeichnete Form mit *T. dentex* und 1927 die „Struga-Rasse" mit *T. balcanica.* Die umfangreichste Monografie über die Forellen des Ohridsees, „Rassische und ökologische Studien der Ohrider Salmoniden", wurde 1948 von Dušica Stefanović veröffentlicht. Die jugoslawische Ichthyologin unterscheidet drei „Rassen" der Ohrid-Forelle, die sie als neue Unterarten beschreibt. Alle drei Rassen laichen zu unterschiedlichen Zeiten und an verschiedenen Plätzen. Die „Sommer-Rasse", *Salmo letnica aestivalis,* und die „Winter-Rasse" oder auch nach der Ortschaft benannte „Peštani-Forelle", *S. l. typicus,* kommen entlang der Ostküste vor und laichen in der Nähe von sublakustrischen Quellen, die „Sommer-Rasse" von Mai bis August und die „Winter-Rasse" im Januar und im Februar. Die „Struga-Rasse" oder „kresnica", *S. l. balcanicus,* bewohnt den Nordwesten des Sees und laicht beim und im Abfluss des Sees im Dezember und Januar. Für die südwestliche

Küste geben die albanischen Autoren N. Rakaj und A. Flloko (1995) die Laichzeit mit Januar und Februar und den Laichort in Küstennähe zwischen 5 und 50 m Tiefe an, ohne eine bestimmte Rasse zu erwähnen. Abweichungen von diesen Hauptlaichzeiten kommen immer wieder vor und so kann man eigentlich in jedem Monat des Jahres laichbereite Tiere antreffen. Im Jahr 1958 beschreiben die albanischen Ichthyologen G. D. Poljakov, N. Filipi, K. Basho und A. Hysenaj eine vierte Unterart und nennen sie nach der albanischen Trivialbezeichnung „koran lumi" (Ohrid-Seeforelle des Flusses) *S. l. lumi.* Diese Form lebt ebenfalls im Ohridsee, steigt aber zum Laichen von Dezember bis Februar in die einmündenden Bäche der Westküste auf. Die Jungfische wandern bereits Ende Juni bis Anfang Juli desselben Jahres in den See ab, da diese kleinen und seichten (<30 cm Tiefe) Zuflüsse im Sommer nur wenig Wasser führen oder sogar vollständig austrocknen. Nach Poljakov et al. (1958) unterscheidet sich die Lumi-Form von der typischen Form (von der sie nur *S. letnica* anführen) durch einen schlankeren Körper (mittlerer Korpulenzfaktor: 0,98 vs. 1,05 bei *S. letnica*), die kürzere Schnauze und den etwas längeren und höheren Schwanzstiel. Der bekannte Schweizer Taxonom Maurice Kottelat betrachtet in seiner Veröffentlichung von 1997, „European Freshwater Fishes", alle vier Forellenformen des Ohridsees als eigenständige Arten: *Salmo aphelios* (Sommer-Forelle), *S. letnica* (Peštani-Forelle), *S. balcanicus* (Struga-Forelle) und *S. lumi* (Lumi-Forelle).

Die Ohrid-Seeforellen bevorzugen außerhalb der Laichperioden Tiefen von 60 bis 80 m und ernähren sich von Plankton und, als einzige Raubfische im See, auch von Fischen, vornehmlich von Lauben (*Alburnus scoranza*). Die Laichreife tritt bei den Männchen ab 4+ und bei den Weibchen meist mit 6+ Jahren ein. Der Geschlechtsdimorphismus ist stark ausgeprägt. Die Männchen besitzen eine längere Kopfform als die Weibchen und entwickeln in der Laichzeit einen deutlichen Unterkieferhaken. Die Flanken beider Geschlechter sind silbrig glänzend mit unregelmäßig oder x-förmig angelegten schwarzen Flecken. Männliche Tiere zeigen zusätzlich einige rote Flecken entlang der Seitenlinie und oft auch in der Rückenflosse. Während der Laichzeit nehmen sie eine dunklere Färbung an und die roten Flecken werden zahlreicher und intensiver. Die Ohrid-Seeforellen erreichen gewöhnlich eine Länge von 40-60 cm und ein Gewicht von 2-3 kg (Stefanović, 1948; Poljakov et al., 1958; Rakaj, 1995). Das größte bekannte Exemplar wog 16,5 kg, wurde 1970 mit Netzen gefangen und ist im Museum von Struga ausgestellt.

*) Genaugenommen heißen in Albanien nur die männlichen Seeforellen „koran" und die weiblichen „lenica" oder „lekna".

Ohrid-Seeforelle (*S. letnica*), ~37 cm; Ohridsee (Albanien). Foto: M. Hochleithner

Ohrid-Seeforelle (*S. letnica*), ~30 cm; Ohridsee (Albanien). Foto: M. Hochleithner

Ohrid-Seeforelle (*S. letnica*), ~25 cm; Ohridsee (Albanien). Foto: M. Hochleithner

Ohrid-Seeforelle (*S. letnica*), juv. ~16 cm; Ohridsee (Albanien). Foto: M. Hochleithner

Die vier beschriebenen Formen der Ohrid-Seeforelle weisen geringfügige Unterschiede in der äußeren Morphologie und der Knochenstruktur auf, die aber aufgrund ihrer überlappenden Charaktere oftmals nicht eindeutig zugeordnet werden können. Seit den dreißiger Jahren des letzten Jahrhunderts wird die Ohrid-Seeforelle für den Besatz künstlich vermehrt und so wurden die verschiedenen Rassen mehr oder weniger vermischt (Sušnik et al., 2007a), obwohl es immer noch eine gewisse reproduktive Isolation zwischen einzelnen Beständen zu geben scheint (Sell & Spirkovski, 2004). Zudem ist schon seit langem der Zugang zu den Laicharealen für die Struga-Forellen im Abfluss des Sees durch ein Wehr versperrt. Ebenso wurden die Laichplätze der Lumi-Forellen in den Zuflüssen auf albanischer Seite durch Verschmutzung, Verbauungen und Wasserentnahme zerstört (Schöffmann, 1994a). Diese Form trat allerdings nie sehr zahlreich auf und wurde obendrein durch übermäßige Befischung mit Reusen in den Laichbächen schon während des letzten Jahrhunderts stark dezimiert (Poljakov et al., 1958). Es dürfte also heute zu spät sein, um die Frage der Systematik der ökologischen Forellenformen des Ohridsees zu klären. Jedenfalls bilden die Ohrid-Seeforellen einen eigenen Cluster innerhalb der Adria-Linie und haben den See erst während des letzten Eiszeitalters, also viel später als die Ohrid-Forelle, besiedelt (Sušnik et al., 2007a).

Von den 6 exotischen Fischarten, die im Ohridsee vorkommen, stellen die Regenbogenforellen als potenzielle Nahrungskonkurrenten die größte Bedrohung für die heimischen Salmoniden dar. 1974 wurde die Regenbogenforelle erstmals im See nachgewiesen und bis 1994 wurden regelmäßig Exemplare gefangen. Sie stammten aus einer damals bestehenden Fischzucht am albanischen Ufer, die jedoch später geschlossen wurde. Die Anlage wurde danach in eine Brut- und Aufzuchtstation für Ohrid-Seeforellen umgewandelt. Auch heute noch tauchen vereinzelt Regenbogenforellen in den Fischfängen auf (Spirkovski et al., 2017).

Zunehmende anthropogene Einflüsse lassen ein schleichendes Schwinden der Biodiversität des ältesten Sees Europas erkennen. Wenn auch in den letzten Jahren beträchtliche Anstrengungen zur Verminderung von Wasserverschmutzung und Eutrophierung unternommen wurden, bleibt die Gefährdung für die Fauna und Flora bestehen. Die Bestände, sowohl die der Ohrid-Seeforellen als auch die der Ohrid-Forellen, wurden infolge intensiver Befischung drastisch dezimiert. Da es in Nordmazedonien während der letzten Jahre keine Konzessionsgesellschaft mehr gab, die Fanglizenzen ausstellt und die Einhaltung der Fischereiregeln überwacht, wurde ein zeitweiliges totales Fangverbot für Salmoniden auf nordmazedonischem Staatsgebiet verfügt.

Es zeigte mangels strenger Kontrollen kaum Erfolge, dafür aber wurden die Preise am Schwarzmarkt in die Höhe getrieben und somit die illegale Fischerei stimuliert (Schöffmann & Marić, 2023). Offiziell bestehen befristete Schonzeiten während der Laichperioden: in Albanien vom 1. Dezember bis 28. Februar für die Ohrid-Seeforelle und vom 1. November bis 31. Jänner für die Ohrid-Forelle, in Nordmazedonien vom 1. Dezember bis 20. März für beide Arten. Die gesetzlichen Mindestfanggrößen für Ohrid-Seeforelle und Ohrid-Forelle betragen in Albanien 32 cm bzw. 30 cm und in Nordmazedonien 35 cm bzw. 22 cm (Spirkovski et al., 2017). Solange die Schonzeiten der beiden Arten jedoch nicht entsprechend den Laichzeiten landesübergreifend festgelegt sind und keine Mindestmaße eingehalten werden, stehen die Forellen des Ohridsees vor einer ungewissen Zukunft.

Ohridsee – von Albanien aus Richtung Nordmazedonien. Foto: M. Hochleithner

6.13.7. Die Prespa-Forelle

Südöstlich des Ohridsees, im Dreiländereck von Nordmazedonien, Albanien und Griechenland, befindet sich der nur unwesentlich kleinere Prespasee. Sein Wasserspiegel liegt auf einer Seehöhe von 853 m, seine maximale Tiefe misst 54 m. Wie der Ohridsee entstand auch der Prespasee bereits im Pleistozän, weist jedoch eine geringere Anzahl an endemischen Arten auf. Der See wird vor allem von unterirdischen Zuflüssen und einigen Bächen gespeist und über unterirdische Verbindungen zum Ohridsee entwässert. Der sogenannte Große Prespasee ist durch eine schmale Landbrücke vom etwa 4 m höher gelegenen Kleinen Prespasee getrennt.

Forellenvorkommen sind aus vier Bächen (Leva Reka, Kranska Reka, Brajčinska Reka, Agios Germanos), die in den Großen Prespasee münden, bekannt. Gelegentlich werden auch Exemplare im See gefangen.

Stanko Karaman beschreibt 1938 in seinem „Beitrag zur Kenntnis der Süsswasserfische Jugoslaviens“ die Forellen des Prespaseebeckens als neue Unterart, *Salmo macedonicus peristericus.* Er bezieht sich dabei auf vier Exemplare aus dem Prespasee selbst und auf ein Männchen von 34 cm aus dem Zufluss Brajčinska Reka, der vom Baba-Gebirge im Osten dem See zufließt. Der höchste Gipfel dieses Gebirges ist der Pelister (griechisch: Perister), der zur Namensgebung der Unterart führte. Nach Karaman zeichnet sich die neue Subspezies durch einen gestreckten, walzenförmigen Körper und einen spitz zulaufenden Kopf mit langem, schmalem Oberkieferknochen aus und entspricht dem von ihm 1924 beschriebenen Taxon, *Trutta fario* var. *macedonica,* aus dem Vardar-Becken. Die Prespa-Forelle besitzt jedoch eine relativ kleine Fettflosse. Auch die dunklen Flecken am Körper sind in geringerer Zahl vorhanden und außerdem kleiner als bei der typischen Form.
Die Forellen aus dem Prespaseebecken weisen nur zwei nah miteinander verwandte Haplotypen der Adria-Linie auf (Berrebi et al., 2013). Einer dieser Haplotypen – ADcs1 – ist im nördlichen Mittelmeerbecken weit verbreitet und stellt einen ursprünglichen (anzestralen) Haplotyp dar, welcher wahrscheinlich die Basis der Adria-Linie bildet (Snoj et al., 2009; Berrebi et al., 2013). Aufgrund einiger morphologischer Merkmale (geringe Anzahl von Kiemenreusendornen, schlanker Körperbau) und der charakteristischen Pigmentation (kleine schwarze Flecken an der oberen Körperseite und an den Kiemendeckeln, größere rötliche Flecken entlang der Flanken) betrachten viele Autoren die Prespa-Forelle als eigenständige Art oder Unterart, *Salmo peristericus* bzw. *Salmo trutta peristericus.* Molekularbiologische Untersuchungen auf Basis der mikrosatelliten-DNA lassen die Klassifikation als endemisches Taxon gerechtfertigt erscheinen.
Trotz ihres kleinen Verbreitungsraumes ist diese Forellenform nicht homogen, vielmehr unterscheiden sich die Populationen der Zuflüsse genetisch klar voneinander. Die Forellen aus den Bächen Leva Reka, Kranska Reka und Brajčinska Reka zeigen jeweils typische genetische Eigenheiten, lassen jedoch einen gewissen Grad an Genfluss zwischen den Populationen erkennen. Im Agios Germanos hingegen findet man eine Mischung aus den genetischen Typen aller oben genannten Zuflüsse, d. h. 72 % gehören zum Brajčinska-Typus, 23 % zum Kranska-Typus und nur 5 % zum Leva-Typus. Der Agios Germanos, der einzige Seezufluss auf griechischer Seite, mündete bis 1936 in den Kleinen Prespasee und beherbergte bis zu dieser Zeit wahrscheinlich keine Forellen. Erst nachdem eine künstliche Verbindung zum Großen Prespasee hergestellt wurde, konnte der Bach von den Populationen der anderen Zuflüsse besiedelt werden. Bestätigt wird dieses Szenario

durch die Zusammensetzung der Genotypen: je näher der Zufluss liegt, desto größer deren genetischer Anteil (Berrebi et al., 2013). Vor der Errichtung von Dämmen in den Unterläufen der Zubringer zogen immer wieder einige Forellen zur Nahrungssuche in den See. Heute finden nur noch vereinzelte Exemplare, die bei Hochwasser über die Dämme gespült werden, Zugang zum Großen Prespasee. Eine Rückwanderung zu den Laichplätzen ist aber nicht mehr möglich. Neben der Habitatzerstörung und der Wasserentnahme für die Bewässerung, trägt auch die illegale Fischerei erheblich zur Bestandsgefährdung bei. Mit kaum mehr als 120 Individuen ist die Population der Leva Reka die kleinste und am meisten gefährdete der vier Populationen. Die Leva Reka ist ein Quellbach der Golema Reka nördlich des Großen Prespasees.

Prespa-Forelle (*S. peristericus*), ~22 cm; Brajčinska Reka, Prespasee-Zufluss

Prespa-Forelle (*S. peristericus*), ~36 cm; Leva Reka, Prespasee-Zufluss

6.14. Balkanhalbinsel mit ägäischem Einzugsgebiet

Das ägäische Einzugsgebiet am Balkan betrifft die Staaten Nordmazedonien, Bulgarien und Griechenland und wird durch vier große Flüsse zur Ägäis entwässert: Vardar (griechisch: Axios), Struma (Strymonas), Mesta (Nestos) und Marica (Evros). Zu den großen Flusssystemen mit Forellenvorkommen zählt auch der Aliakmon, der im Nordwesten Griechenlands entspringt und in den Golf von Thessaloniki (Saloniki) mündet. Zwischen Aliakmon und Axios fließt der Loudias in den Golf von Saloniki. In seinem Zufluss Arapitsa kamen bis vor nicht allzu langer Zeit noch heimische Forellen vor, die aber infolge zunehmender Fischzuchtanlagen entlang des Flusses von Regenbogenforellen verdrängt wurden. Südlich des Aliakmon mündet der Pinios in die Ägäis, dessen Quellregion im südlichen Pindos-Gebirge liegt. Hier waren zumindest bis Ende des 19. Jahrhunderts noch Forellen heimisch. Unklar ist indessen der Ursprung der erst kürzlich entdeckten Forellenpopulationen in zwei kleinen Zuflüssen des Sperchios in der Region Mittelgriechenland. Da historische Berichte zu diesen Vorkommen fehlen, könnten sie auf Besatz zurückzuführen sein (Koutsikos et al., 2012).

Die Fischfauna im ägäischen Einzug des Balkans entspricht zum Großteil der des Donaubeckens und des Ponto-Kaspischen Raumes. Noch während des Pleistozäns erstreckte sich das alte ägäische Festland von der Balkanhalbinsel bis Kleinasien, von zahlreichen, miteinander kommunizierenden Seen bedeckt. Das Pontische Becken war ein großer Süßwassersee, dessen Abfluss über den Bosporus und die Dardanellen ins Mittelmeer entwässerte und das Wasser von Aliakmon, Vardar, Struma, Mesta, Marica und den kleinasiatischen Flüssen aufnahm. So war also in dieser Zeit eine Einwanderung pontischer Elemente (z.B. Süßwasserfische) in die balkanisch-ägäischen Gewässer möglich (Thienemann, 1950). Mit der tektonisch bedingten Bildung des nördlichen Ägäischen Meeres hörte diese Zuwanderung auf. Erst vor rund 10 000 Jahren, als das Niveau der Ozeane annähernd den heutigen Stand erreicht hatte, drang Salzwasser aus dem Mittelmeer durch den Bosporus und ließ das Schwarze Meer entstehen (Arkhipov et al., 1995). Einige rheophile Arten immigrierten auch direkt aus dem Donaubecken in die ägäischen Flüsse, über Verbindungen, die sich durch Flussanzapfungen gebildet hatten (Economidis & Bănărescu, 1991). Die Forellen der ägäischen Region stammen zumeist nicht aus dem Pontischen Becken, sondern gehören fast ausschließlich der aus dem Westen zugewanderten Adria-Linie an (Kohout et al., 2013; Marić et al., 2006; 2017). Man findet jedoch Forellenpopulationen der Donau-Linie in einigen Ägäis-Zuflüssen im Nordwesten der Türkei. Auch in Griechenland wurden bei der Population des Venetikos, eines Zuflusses zum Mittellauf des Aliakmon, bei ersten genetischen Studien in den 1990ern überwiegend Haplotypen der Donau-Linie festgestellt, während in einem Seitenfluss des Unterlaufs, dem Tripotamos, nur Forellen der Adria-Linie vorkommen. Für den Venetikos müssen allerdings auch mögliche Besatzmaßnahmen in Betracht gezogen werden (Bernatchez, 2001; Apostolidis et al., 2008a, 2008b). Andererseits lassen Ergebnisse genetischer Untersuchungen mit Hilfe der Mikrosatelliten eine nähere Verwandtschaft der Forellen aus dem Einzugsbereich der Morava (Donaubecken) mit der Population eines Zubringers der Crna Reka (Vardarbecken) in Nordgriechenland erkennen (Apostolidis et al., 2008b). Diese genetische Introgression kann man auf die bereits erwähnten paläografischen Ereignisse zurückführen. Während des Pleistozäns gelangten aufgrund von Flussanzapfungen und Verlagerung der Wasserscheide neben anderen rheophilen Fischarten – wie z.B. die Bachschmerle (*Barbatula barbatula*), der Steingreßling (*Romanogobio elimeius*) und der Streber (*Zingel balcanicus*) – auch donaustämmige Forellen in das Vardarbecken, wo sie in den dort bereits ansässigen Populationen der Adria-Linie ihre genetischen Spuren hinterließen. Durch die limitierte Introgression (Übertragung der Gene) blieben die Haplotypen der Adria-Linie erhalten, wohingegen die Haplotypen der Donau-Linie der späteiszeitlichen Zuwanderer infolge zufälliger Aussortierung wieder verschwanden. Im Venetikos wurden neben der Donau-Linie noch Haplotypen der Marmoratus- und der Mittelmeer-Linie festgestellt (Apostolidis et al., 2008a, 2008b). Während der MA-Haplotyp erst bei jüngeren Untersuchungen nachgewiesen wurde und offenkundig auf Besatz mit Fischen aus dem Acheloos zurückzuführen ist, lässt sich das Auftreten eines ME-Haplotyps nicht eindeutig kommentieren, zumal die Mittelmeer-Linie sonst in keinem Zufluss der Ägäis nachgewiesen wurde. Der Ursprung des Venetikos liegt in der Nähe der Quellregion des Aoos, der als Vjosa in die Adria mündet und in dem ME-Haplotypen vorherrschen (siehe nächstes Kapitel). In postglazialer Zeit könnten Forellen aus dem Aoos mithilfe von Flussanzapfungen in den Venetikos gelangt sein. Ein menschlicher Einfluss muss jedoch ebenso in Betracht gezogen werden.

Aus dem Einzugsgebiet des Vardar wurden durch Stanko Karaman zwei Forellenarten bekannt: 1924 beschreibt er *Salmo macedonicus* aus dem oberen Vardarbecken und 1938 *Salmo pelagonicus* aus drei Bächen (Dihovska Reka, Zlokučanska Reka, Bela Reka), die westlich und östlich der nordmazedonischen Stadt Bitola der Crna Reka zufließen. Die Crna Reka (Schwarzer Fluss) ist ein rechter Seitenfluss des mittleren Vardar und entwässert die historische Region Pelagonien im Süden Nordmazedoniens und im Norden Griechenlands. Weitere Vorkommen von *S. pelagonicus* im Einzugsgebiet der Crna Reka findet man in der Konjarska Reka, die etwas südlich der Bela Reka mündet, sowie in drei Zuflüssen des Sakoulevas Potamos (mazedonisch: Eleška Reka) in Griechenland: Akritas, Drosopigi und Skopos. Neuere Studien (Marić et al., 2017) bestätigen die genetische Divergenz zwischen den zwei beschriebenen Taxa des Vardar-Beckens, dennoch lassen sich phänotypische Unterscheidungsmerkmale nur schwer interpretieren. Beide Formen zeigen im Vergleich zu den Bachforellen (*S. farioides*) des angrenzenden Adriabeckens generell größere Flecken (meist größer als die Pupille), wobei die roten oder rotbraunen Flecken bei älteren Tieren oft schwarz überlagert werden und, insbesondere bei großen Exemplaren, einen vieleckigen oder sternförmigen Umriss annehmen. Dennoch variieren Größe, Anzahl und Färbung der Flecken sowohl bei Individuen innerhalb eines Gewässers als auch zwischen den Populationen und können nicht, wie von Karaman vorgeschlagen, zur Unterscheidung von *S. macedonicus* und *S. pelagonicus* herangezogen werden. Lediglich die Anordnung der dunklen und der roten oder rötlichen Flecken könnte als Erkennungszeichen dienen. Während bei *S. macedonicus* rote und dunkle Flecken meist ohne wahrnehmbare Anordnung über die Körperseiten verstreut liegen, lässt sich bei *S. pelagonicus* ein typisches Verteilungsmuster erkennen: Die dunklen Flecken sind an der oberen Körperseite, hinter dem Kopf auch darunter, angeordnet, die roten an den unteren Flanken. Mit zunehmendem Alter verschiebt sich die rote Fleckenzeichnung zur hinteren Körperhälfte, indem die roten Flecken zusehends schwarz überlagert werden, bevor sie gänzlich verschwindet. Ein Merkmal, das man aber auch bei einzelnen Exemplaren aus der Došnica findet, welche *S. macedonicus* zugeordnet werden. Die Forellen im Einzugsbereich der Struma in Südostserbien und in Bulgarien sowie in den Einzugsgebieten von Mesta und Marica in Bulgarien zeigen ebenfalls die für *S. pelagonicus* typische Fleckenzeichnung (Schöffmann, 2010a, 2016, 2018a). Diese Feststellung widerspricht allerdings der Meinung Karamans, wonach *S. macedonicus* auch in den Flüssen Struma und Mesta verbreitet sein soll. Drensky (1930) ordnet die Forellen aus Struma und Mesta ebenfalls *S. macedonicus* zu, die Forellen aus der Marica hingegen stellt er in dasselbe Taxon wie die aus dem Eizugsbereich des Schwarzen Meeres – anscheinend in Anbetracht der überwiegend pontischen Fischfauna in diesem Flusssystem. Chichkoff (1939) beschreibt die Forellen zweier kleiner Bergseen im bulgarischen Rila-Gebirge auf etwa 2200 m Seehöhe im Einzugsgebiet der Struma als Unterart: *Trutta fario macroptera.* Wie anhand genetischer Studien indes gezeigt werden konnte, gehören alle originalen Populationen im ägäischen Einzugsbereich des Balkans zur Adria-Linie.

AD-Bachforelle (*S. macedonicus*), ~28 cm; Mala Reka, Vardar-Becken (Nordmazedonien)

AD-Bachforelle (*S. macedonicus*), ~23 cm; Belička R., Vardar-Becken (Nordmazedonien)

AD-Bachforelle (*S. macedonicus*), ~22 cm; Babuna, o. Vardar-Becken (Nordmazedonien)

AD-Bachforelle (*S. macedonicus*), ~22 cm; Došnica, u. Vardar-Becken (Nordmazedonien)

AD-Bachforelle (*S. pelagonicus*), ~24 cm; Dihovska R., Zufl. Crna R. (Nordmazedonien)

AD-Bachforelle (*S. pelagonicus*), ~34 cm; Bela Reka, Zufl. Crna R. (Nordmazedonien)

AD-Bachforelle (*S. pelagonicus*), ~17 cm; Skopos, südl. Crna Reka (Griechenland)

AD-Bachforelle (*S. pelagonicus*), ~17 cm; Drosopigi, südl. Crna Reka (Griechenland)

AD-Bachforelle, ~25 cm; Ljubata, Zufluss der Dragovištica, Struma-Becken (Serbien)

AD-Bachforelle, ~25 cm; Tufča Reka, Mesta-Becken (Bulgarien)

AD-Bachforelle, ~24 cm; Strjama, Marica-Becken (Bulgarien)

DA/ME/MA-Bachforelle, ~30 cm; Venetikos, Zufluss Aliakmon (Griechenland)

Haplotypen anderer Linien sind, abgesehen vom ungeklärten Status der DA- und ME-Haplotypen im Venetikos, allein auf Besatz begründet. Um die Folgen anthropogener Einflüsse wie Habitatverschlechterung und Überfischung abzumildern, wurden bereits vor mehreren Jahrzehnten in vielen Gewässern des Vardar-Beckens in Nordmazedonien und im Südosten Serbiens Besatzmaßnahmen durchgeführt. Leider verwendete man dafür Zuchtfische aus dem Adriabecken, die fast ausschließlich aus der Radika stammten. Genetisch reine Populationen von *S. macedonicus* existieren heute nur mehr in den Flüssen Mala Reka, Belička Reka*, Babuna und Došnica sowie im Oberlauf des Lepenac in Kosovo. Nur zwei Populationen von *S. pelagonicus* blieben in Nordmazedonien von Besatzmaßnahmen verschont: Bela Reka und Konjarska Reka (Marić et al., 2017; Schöffmann, 2018b). Der aktuelle Erhaltungszustand der letzten reinen Population auf griechischem Territorium ist seit der Fertigstellung des Papadia-Damms im Quellgebiet des Skopos (auch Voras genannt) ungewiss. Hier handelt es sich um die oben erwähnte Population, in welcher genetische Spuren der Donau-Linie nachgewiesen wurden (Apostolidis et al., 2008b). Kleinere Staudämme sind an Bela Reka und Konjarska Reka geplant bzw. bereits in Bau und nicht weniger als 12 Dämme sollen auch am oberen Lepenac errichtet werden.

Die Forellen des Aliakmon werden von einigen Autoren zu *S. pelagonicus* gezählt, obwohl die große Anzahl kleiner Flecken nicht der Darstellung dieser Form gerecht wird. Bei jüngeren molekularbiologischen Untersuchungen an Forellen des oberen Aliakmon und seines Nebenflusses Venetikos wurden fast ausschließlich Haplotypen der Marmoratus-Linie nachgewiesen – ein Indiz für den Besatz mit Fischen aus dem Acheloos, welcher zum Ionischen Meer fließt. Bereits seit geraumer Zeit wird der Stamm des Acheloos, der neben AD- vorwiegend MA-Haplotypen aufweist, zur Verbreitung in andere griechische Gewässer verwendet (Economidis et al., 2000).

Der erste literarische Hinweis auf die Forellen des Aliakmon (eher aber eines Zuflusses des Aliakmon oder des Loudias nahe der Mündung dieser Flüsse in den Golf von Saloniki) stammt aus dem zweiten Jahrhundert n. Chr. Der römische Sophist Claudius Ælianus beschreibt auf Griechisch in seinem naturgeschichtlichen Werk „Tiergeschichten", besser bekannt unter dem lateinischen Titel „De Natura Animalium", das Forellenfischen mit der künstlichen Fliege im damaligen Mazedonien (Buller, 1996): Auf halbem Weg zwischen Beroea (Veria) und Thessalonica (Thessaloniki) fließt ein Fluss namens Astræus, und darin gibt es Fische mit gefleckter Haut. Diese Fische fressen eigentümliche, nur in diesem Landstrich vorkommende Insekten, welche über dem Wasser schweben. Sie sehen nicht aus wie die weitverbreiteten Fliegen, noch wie Wespen, auch gleichen sie nicht einer Mücke oder einer Biene; dennoch haben sie etwas von allen diesen Insekten. Sie sind dreist wie Fliegen, haben die Größe einer Mücke (wahrscheinlich Eintagsfliege, Anm.), imitieren die Farbe einer Wespe und summen wie eine Biene. Die Einheimischen nennen sie Hippouros. Diese Fliegen suchen ihre Nahrung über dem Wasser, entgehen aber nicht der Aufmerksamkeit der Fische, die darunter schwimmen. Wenn einer dieser Fische eine Fliege an der Wasseroberfläche erspäht, schwimmt er ruhig nach oben, vorsichtig bedacht, nicht das Wasser zu bewegen, wodurch seine Beute erschreckt werden könnte. Er kommt wie ein Schatten nach oben, öffnet sanft seine Kiefer und verschlingt die Fliege wie ein Wolf, der ein Schaf aus der Herde reißt oder ein Adler eine Gans vom Bauernhof. Danach verschwindet er mit seiner Beute unter der sich kräuselnden Oberfläche. Obwohl die Fischer dies beobachteten, konnten sie das Insekt nicht als Köder verwenden, da es bei Berührung seine natürlichen Farben und die Flügel verliert. Die Fische weigern sich, derartig beschädigte Insekten anzunehmen. Doch ersannen sich die Fischer eine andere List. Sie wickelten rot gefärbte Wolle um ihre Angelhaken und befestigten über dieser Wolle zwei Federn, die unter dem Kehllappen des Hahnes wachsen und wie Wachs glänzen. Ihre Ruten sind ungefähr sechs Fuß lang. Daran hängt eine ähnlich lange Leine, womit sie ihre Attrappe dem Fisch vorsetzen. Angelockt durch die Farben kommt der Fisch aufgeregt näher, um das vermeintliche Bankett in Augenschein zu nehmen, aber sobald er nach dem Köder schnappt, bleibt er am Haken hängen; und bitter ist in der Tat das Festmahl, das er genießt, so er gefangen wird.

*) Im kleinen Fluss Belička Reka, auch Belica genannt, befindet sich das zurzeit einzige bekannte Vorkommen des möglicherweise bereits vom Aussterben bedrohten (CR) Wardar-Strebers, *Zingel balcanicus*, obwohl sein Status laut IUCN noch mit ungenügender Datengrundlage (DD) aufgeführt ist (Weiss et al., 2018).

Bela Reka – Zufluss der Crna Reka (Vardar-Becken) – Typusfundort von *S. pelagonicus*

6.15. Balkanhalbinsel mit ionischem Einzugsgebiet

Diese Region erstreckt sich vom Einzugsgebiet der Vjosa (albanisch auch Vjosë, griechisch: Aoos oder Vovoussa) im Süden Albaniens und im Nordwesten Griechenlands über das ionische Becken Griechenlands bis zum Peloponnes. Die Fischfauna dieser Gewässer ist bei weitem nicht so artenarm wie früher einmal angenommen. Die meisten Fischarten sind endemisch und innerhalb der letzten Jahrzehnte wurden zahlreiche neue Arten beschrieben, hauptsächlich von den griechischen Ichthyologen P. S. Economidis und A. Stephanidis. Neben der bereits von Aristoteles beschriebenen und nach ihm benannten Welsart (*Silurus aristotelis*) kommt hier die erst kürzlich entdeckte kleinste europäische Süßwasserfischart vor: Die Trichonis Zwerggrundel (*Economidichthys trichonis)* wird mit etwa 18 mm geschlechtsreif und nicht größer als 25 mm.

Die Vjosa entspringt im Pindos-Gebirge im Nordwesten Griechenlands, wo der Fluss Aoos heißt. Die längste Strecke ihres etwa 270 km langen Laufs befindet sich in Albanien, wo sie etwas nördlich der Straße von Otranto in die südliche Adria mündet. Der Voïdomatis ist ein Nebenfluss des Aoos und wohl einer der schönsten Flüsse Griechenlands. Sein Ursprung liegt in der Zagoria („Land hinter den Bergen"), nördlich der Stadt Ioannina. Der obere Flussabschnitt führt durch die etwa 10 km lange und bis zu 900 m tiefe Vikos-Schlucht. In den tiefen smaragdgrünen Kolken am unteren Ende der Schlucht schwimmen große Forellen, die auf angeschwemmte Beute lauern. Deutlich zu erkennen sind die vier dunklen vertikalen Streifen an den Flanken der Fische (Schöffmann, 2002b). Diese dunklen Flächen sind bei älteren Exemplaren besonders stark ausgeprägt und erinnern an die Rhone-Forelle, die als *Salmo rhodanensis* beschrieben wurde. Die Forellen des Voïdomatis besitzen eine spitze Schnauze mit einem tief gespaltenen Maul. Der Oberkiefer reicht bei adulten Tieren bis weit hinter den hinteren Augenrand. Der Körperbau ist gedrungen und der Rücken nach dem Kopf steil ansteigend. Der Kopf und die vordere Hälfte der Seiten sind dicht schwarz und rötlich gefleckt, nach hinten hin nimmt die Anzahl der Flecken ab. Fett- und Afterflosse sind ohne rötliche Töne. Die Nahrung besteht fast nur aus größeren Insekten, wie Käfern, Heuschrecken und Zikaden. Aufgrund der morphologischen Merkmale bezeichnen einige Autoren diese Forellen als *Salmo dentex.* Mitunter kommen auch morphologisch abweichende Exemplare vor, mit stumpfer Schnauze und einem kurzen und breiten Oberkiefer, der kaum bis unter den hinteren Augenrand reicht. Das Maul ist leicht unterständig und der Mageninhalt besteht ausschließlich aus kleinen aquatischen Insekten, wie Steinfliegenlarven. Ob es sich hier um zwei reproduktiv getrennte Populationen handelt, konnte bislang noch nicht geklärt werden (Schöffmann et al., 2019). Ungeachtet dessen wurden im Voïdomatis zwei Haplotypen der Mittelmeer-Linie dokumentiert (Bernatchez, 2001). Irgendeine andere Linie konnte in diesem Gewässer bislang noch nicht nachgewiesen werden. Die meisten der Forellen aus dem Oberlauf des Aoos unterscheiden sich äußerlich markant von den beiden Formen aus dem Voïdomatis. Erstaunlicherweise wurden hier Haplotypen aller drei mediterranen Linien (ME, AD, MA) gefunden (A. Snoj, unveröffentlichte Daten). Die Forellenbestände im Nationalpark Aoos-Vikos gehören zu den best geschützten Griechenlands. In der Vikos-Schlucht besteht ein ganzjähriges Fangverbot. Im albanischen Einzugsgebiet der Vjosa, findet man Forellen in drei linken Zuflüssen, die in den mittleren und unteren Abschnitt des Hauptflusses münden: Drino, Bënça und Shushica. Die Bestände sind hier nicht nur durch Überfischung gefährdet, sondern auch durch den geplanten Ausbau der Wasserkraft. Genetische Studien an der Population der Bënça legen nahe, dass hier ausschließlich ein Haplotyp der mediterranen (ME) Linie vorkommt. Das Auftreten von AD- und MA-Haplotypen im Oberlauf des Aoos könnte demnach auf Besatzmaßnahmen mit Forellen des Acheloos-Stammes zurückzuführen sein (Schöffmann et al., 2022).

Südlich der Mündung der Vjosa fließt ein kleiner Küstenfluss in die Straße von Otranto, welche die südliche Adria mit dem Ionischen Meer verbindet. Der Izvori-Fluss entspringt aus mehreren Karstquellen im Dorf Tragjas, das etwa 20 km südlich der albanischen Küstenstadt Vlorë liegt, und mündet nach nur 4,5 km ins Meer. Dieser ökologisch weitgehend noch intakte Flusslauf weist einen guten Bestand an submersen Makrophyten auf und erinnert an die typischen Habitate der Weichmaulforellen in Dalmatien. Die Wassertemperaturen übersteigen auch Ende des Sommers nicht 9 °C. Während andere Flüsse Albaniens infolge fehlender Regelungen und Kontrollen je nach Lage mehr oder weniger überfischt sind, scheint der Forellenbestand des Izvori-Flusses dank des Schutzes eines privaten Anrainers über einen wesentlichen Teil der Flussstrecke soweit gesichert zu sein. Vor allem in den tieferen Gumpen tummeln sich zahlreiche größere Exemplare mit einer Körperlänge von bis zu 40 cm. Nicht nur das Verhalten der Forellen, die sich nicht in Verstecke zurückziehen, sondern stets in Flussmitte bleiben, gleicht dem der Weichmaulforellen, sondern auch das leicht unterständige Maul und der hohe Körperbau bei älteren Tieren (Schöffmann, 2019b). Interessanterweise wurden in dieser kleinen isolierten Population Haplotypen sowohl der Adria- als auch der Mittelmeer-Linie nachgewiesen (S. Marić, unveröffentlichte Daten).

AD/MA/ME-Bachforelle, ~27 cm; Aóos – Oberlauf (Griechenland)

ME-Bachforelle, ~38 cm; Voïdomatis, Vjosa-Aóos-Becken (Griechenland)

AD/ME-Bachforelle, ~20 cm; Izvori (Albanien)

MA-Bachforelle, ~21 cm; Bistrica (Albanien). Foto: A. Crivelli

MA/AD-Bachforelle, ~21 cm; Acheloos (Griechenland)

AD-Bachforelle, ~21 cm; Thyamis (Griechenland)

AD-Bachforelle, ~19 cm; Evinos (Griechenland)

MA-Bachforelle, ~21 cm; Mornos (Griechenland)

Die ungefähr 25 km lange Bistrica (Bistricë) mündet im Süden Albaniens bei der Stadt Saranda ins Ionische Meer. Ihr Ursprung ist die Karstquelle Syri i Kalter (Blaues Auge), die wegen ihrer landschaftlichen Schönheit ein beliebtes Ausflugsziel für in- und ausländische Touristen ist. Die Forellen der Bistrica zeigen einen gedrungenen Körperbau, eine stumpfe Schnauze und einen relativ kurzen Oberkiefer. Wie genetische Untersuchungen (Snoj et al., 2009) offenbarten, besitzen diese Forellen ausschließlich einen spezifischen Haplotyp der Marmoratus-Linie, obgleich sie anhand der Zeichnung und der Körperform eindeutig als Bachforellen zu identifizieren sind. Diese interessante, isolierte Population ist durch unkontrollierte Fischerei stark bedroht (Schöffmann, 2019b).
Im Pindos-Gebirge Griechenlands entspringen neben dem Aoos vier weitere Flüsse mit genetisch und phänotypisch unterschiedlichen Forellenpopulationen. Der nördlichste davon, der Thyamis, mündet oberhalb der Stadt Igoumenitsa in das Ionische Meer. Louros und Arachthos fließen nach Süden in den Ambrakischen Golf, der an das Ionische Meer grenzt. Der Acheloos ist der wasserreichste und nach dem Aliakmon der zweitlängste Fluss in Griechenland. Er fließt vom Pindos-Gebirge ebenfalls in südlicher Richtung, durch drei Staustufen zur Stromgewinnung, bis zum Mündungsdelta am Ionischen Meer, unweit des Eingangs zum Golf von Patras. In der griechischen Mythologie wurde der Flussgott Acheloos als Personifikation dieses Flusses verehrt. Im Mittelalter nannte man den Fluss auch Aspropotamos (weißer Fluss), heute ist wieder der antike Name gebräuchlich. Der Mittel- und Oberlauf des Acheloos zählt neben dem Voïdomatis zu den Gewässern mit dem höchsten Forellenbestand des Landes. Über das Vorkommen von *Salmo dentex* im Acheloos wurde gelegentlich berichtet. Tatsächlich zeigen einige größere Exemplare die für diese Forellenform charakteristischen äußeren Merkmale. Es ist jedoch nicht belegt, ob hier zwei unterschiedliche Formen in Sympatrie leben oder ob es sich lediglich um die morphologische Eigenheit älterer Tiere handelt. Genetischen Untersuchungen zufolge herrscht neben einem Haplotyp der Adria-Linie insbesondere ein Haplotyp der Marmoratus-Linie vor, obwohl keines der Exemplare irgendeine Form von Marmorierung aufweist. In den Flüssen Thyamis und Louros, wo die Bestände bei weitem weniger stabil sind, fand man ausschließlich die Adria-Linie (Bernatchez, 2001). Aus dem Louros wurde erst in jüngerer Zeit eine neue Art beschrieben: *Salmo lourosensis* Delling, 2010. Die Fische kennzeichnen ein gedrungener Körper und eine kurze, breite Maxillare, die kaum bis unter den hinteren Augenrand reicht. Die genetische Besonderheit dieses Taxons wurde durch die Mikrosatelliten-DNA-Analyse bestätigt (Apostolidis et al., 2011). Überfischung und das Einbringen von Regenbogenforellen haben die Popula-

tion beinahe ausgelöscht. An der Südflanke des südwestlichen Festlandes von Griechenland, nördlich des Peloponnes, gibt es zwei weitere Flüsse mit Forellenvorkommen. Der etwa 90 km lange Evinos fließt in den Golf von Patras und die Mündung des etwas kürzeren Mornos markiert die Grenze zwischen dem Golf von Patras und dem Golf von Korinth. Beide Flüsse werden für die Trinkwasserversorgung von Athen genutzt. Die Forellenbestände beschränken sich auf kurze Strecken in den Oberläufen und einen Seitenfluss. Während der Evinos adriastämmige Forellen beherbergt, konnte im Mornos nur ein Haplotyp der Marmoratus-Linie nachgewiesen werden (Bernatchez, 2001). Allerdings ist im Mornos ein Besatz mit Forellen aus dem Acheloos nicht ganz auszuschließen (Economidis et al., 2000). Ein historisches Zeugnis über das Vorkommen von Seeforellen in dieser Region, und zwar im Trichonida-See, der westlich des Evinos-Beckens liegt, ist einer Mitteilung des zwischen 1851 und 1902 in Griechenland ansässigen deutschen Botanikers, Theodor Heinrich Hermann von Heldreich, zu entnehmen.
Der Alfios ist der 110 km lange Hauptfluss der Halbinsel Peloponnes. Er entspringt in der Nähe der arkadischen Hauptstadt Trípolis und mündet westlich des antiken Olympia in das Ionische Meer. Autochthone Forellenvorkommen findet man nur noch in den Oberläufen und Quellflüssen dreier rechter Nebenflüsse. Dazu gehören der Lousios, der aus nordöstlicher Richtung kommend sein Wasser aus den Bergen von Pilovouni und Ménalo dem Alfios hinzufügt, der Ládonas, der die Wassermassen des südlichen Aroánia-Massivs dem Alfios zuführt und der Erímanthos, der im gleichnamigen Gebirge im Nordwesten des Peloponnes entspringt. Die Forellen aus dem Alfios-Becken, die ausschließlich der Adria-Linie angehören (Bernatchez, 2001), stellen das südlichste Vorkommen auf der Balkanhalbinsel dar. Durch die Zerstörung des Lebensraumes, durch Überfischung und durch den Besatz mit Regenbogenforellen sind die Bestände heute stark dezimiert und gefährdet.

Voïdomatis, Zufluss des Aóos (Vjosa) in Griechenland

6.16. Donaubecken und nördliches Schwarzmeerbecken

Mit rund 2800 km ist die Donau nach der Wolga der zweitlängste Strom Europas und der größte Zubringer des Schwarzen Meeres. Die Ichthyofauna des Donaubeckens ist die reichste des Kontinents. Zahlreiche Fischarten drangen im Postglazial aus dem Osten über den Donauraum nach Mitteleuropa vor. Während der Eiszeit bewohnte die Europäische Forelle das untere und mittlere Donaubecken und besiedelte erst nach dem Abschmelzen der Gletscher den alpinen Einzugsbereich der Donau. Genetische Untersuchungen deuten darauf hin, dass auch eine Zuwanderung aus dem Atlantikbecken, über postglaziale Verbindungen zwischen Rhein- und Donaubecken, zumindest in den Oberlauf der Donau und seine Nebenflüsse stattgefunden hat (Weiss et al., 2001; Lerceteau-Köhler et al., 2013; Schenekar et al., 2014). Ansonsten leben in den Einzugsgebieten des Schwarzen Meeres, des Kaspischen Meeres und des Aralsees ausschließlich Forellen der Donau-Linie, die nur deshalb so heißt, weil die ersten Proben für genetische Untersuchungen aus dem Donaubecken stammten (Bernatchez et al., 1992). Laut Bernatchez (2001) erfolgte die demografische Expansion der Donau-Linie vor 154 000 bis 309 000 Jahren. Jüngere Studien legen jedoch nahe, dass die Donau-Linie bereits seit 1-2 Mio Jahren besteht (Sušnik et al., 2005; Bardakci et al., 2006). Auf ihre lange Existenz deuten auch zwei extrem divergente Haplotypen hin, die man in zwei Quellflüssen der Südlichen Morava (Južna Morava) im Südosten Serbiens gefunden hat. Diese beiden Flüsse, Vrla und Džepska Reka, entspringen in der dünn besiedelten Bergregion von Vlasina, wo die Einzugsgebiete der Donau und der Ägäis aneinandergrenzen. Obgleich die erwähnten Haplotypen der Donau-Linie zuzurechnen sind, nehmen sie gewissermaßen eine zentrale Position zwischen der Donau-Linie und den restlichen Linien des *Salmo trutta*-Komplexes (AT, AD, ME) ein. Diese Erkenntnis lässt darauf schließen, dass die Donau-Linie eine der ältesten innerhalb dieser vier stammesgeschichtlichen Linien darstellt (Marić, 2005; Marić et al., 2006). Wie sich bei weiteren Studien herausstellte, gehören die zwei Haplotypen einem eigenen und wahrscheinlich älteren Zweig bzw. einer Haplogruppe der Donau-Linie (DaBS oder DA-BS)[1] an, welche hauptsächlich im unteren Donauraum und im südlichen Schwarzmeerbecken sowie in einigen Zuflüssen des Marmarameeres und der Ägäis im Nordwesten der Türkei verbreitet ist und sich von der Gruppe der übrigen danubischen Haplotypen (DaDA oder DA-ES)[2] stammesgeschichtlich klar abgrenzt (Kohout et al., 2013; Sanz, 2018). Das westlichste Vorkommen eines Haplotyps jenes archaischen Zweiges der Donau-Linie (DaBS) wurde im Waldaist, einem Bach nördlich der Donau in

Oberösterreich, nachgewiesen (Weiss et al., 2002), während die östlichsten Vorkommen dieser Haplogruppe bisher in zwei Schwarzmeerzuflüssen in Georgien (Rioni und Kintrischi) gefunden wurden (S. Marić, unveröffentlichte Daten). In der Džepska Reka in Serbien findet man Haplotypen beider Gruppen; im Unterlauf dominiert die Gruppe DaDA, während im Oberlauf (Zufluss Garvanica) nur die DaBS-Gruppe vorhanden ist. Diese Situation ist entweder das Ergebnis zweier aufeinanderfolgender Zuwanderungen oder nicht registrierten Besatzes. Ein spezifischer Haplotypus des weit verbreiteten DaDA-Zweiges wurde in einigen kleinen Bächen am Südufer des Eisernen Tores in Serbien (Nationalpart Đerdap) gefunden (Tošić et al., 2016). Ähnliche Haplotypen fand man nur noch im Kleinen Kamp und seinem Zufluss Lohnbach im Waldviertel von Niederösterreich (siehe unten).

Neuesten Erkenntnissen zufolge besteht noch eine dritte Gruppe, die sich von der Ausgangsgruppe (DaBS) abgespalten hat und eine Art Zwischenposition zur jüngsten Gruppe (DaDA) einnimmt. Einige Haplotypen, die ursprünglich zur DaBS-Gruppe gehörten, werden nun dieser intermedialen Gruppe zugeordnet (z.B. in der Džepska Reka).

Im Vergleich zu Mitteleuropa sind die Forellenpopulationen am Balkan weit weniger durch Besatz mit allochthonen Forellen beeinträchtigt, wenn auch hier mancherorts Druck von Sportfischerei oder negative Umwelteinflüsse, die zu einer nicht ausreichenden Eigenproduktion führten, die meist unkontrollierte Aufstockung der Fischbestände zur Folge hatte. Neben Zuchtforellen der Atlantik-Linie verwendete man dafür oftmals auch solche der Donau-Linie (Simonović et al., 2017). Im letzteren Fall gestaltet sich der endgültige Nachweis für die Präsenz ortsfremder Forellen meist schwierig und gelingt nur dann, wenn die vorgefundenen Haplotypen definitiv nicht den lokaltypischen entsprechen. Sogar Forellen der Adria-Linie wurden in ein paar Gewässer des Donaubeckens eingesetzt. So brachte man die Ohrid-Seeforelle in der zweiten Hälfte des letzten Jahrhunderts zu zwei Stauseen auf dem Vlasina-Plateau im Südosten Serbiens, dem Vlasina-See und dem Lisina-See. Lediglich der Vlasina-See befindet sich im Donaubecken, während der Lisina-See im Einzugsbereich der Ägäis liegt. Im letztgenannten See gibt es mittlerweile eine autarke Population, wohingegen sich die Ohrid-Seeforelle im Vlasina-See offenbar nicht etablieren konnte. Interessanterweise wurde im Lisina-See bisher keine Kreuzung zwischen der eingeführten Ohrid-Forelle und der ortsansässigen Bachforelle des Adria-Stammes nachgewiesen. Unterschiedliche Laichzeiten tragen hier wahrscheinlich dazu bei, die reproduktive Isolation aufrechtzuerhalten (S. Marić, pers. Mitt.). In die Jerma, einen Nebenfluss der Nišava im östlichen Morava-Becken von Serbien, gelangten durch

Translokation Forellen aus dem angrenzenden ägäischen Einzugsgebiet. Der Besatz mit Forellen der Adria-Linie begann hier in den 80er Jahren des letzten Jahrhunderts, als eine kleine Fischzucht am Oberlauf der Jerma in Bulgarien gegründet wurde. Die Zuchtfische stammten aus dem Trekljanska-Fluss, einem Zufluss der Struma, die in die Ägäis fließt. Als um 1990 die Anlage kollabierte, gelangte beinahe der gesamte Zuchtfischbestand in den Fluss. Offenbar hatte eine so massive Invasion geschlechtsreifer Individuen sofort einen entscheidenden Einfluss auf die einheimische Population, sodass Phänotypen der Zuchtanstalt bereits 1995 in der oberen Jerma dominierten. Heute haben in diesem Teil des Flusses die allochthonen Forellen der Adria-Linie die autochthonen Forellen der Donau-Linie vollständig ersetzt. Nur im Unterlauf gibt es noch einen geringen Anteil der ursprünglichen Population. Jerma-Forellen der Adria-Linie wurden in der Folge auch in ein paar kleine Flüsse in der Gebirgsregion von Vlasina eingesetzt, wo sie aber nur einen minimalen genetischen Abdruck hinterließen (Marić et al., 2021). Genetische Spuren der Marmorforelle (MA-Linie) konnten in Fließgewässern des Donaubeckens von Slowenien und Österreich nachgewiesen werden (Weiss et al., 2001; Jug et al., 2005). Diese genetische Introgression ist die Konsequenz direkter Translokationen oder künstlicher Hybridisierung von domestizierten Besatzfischen. In Ungarn, wo aufgrund der wenigen für Salmoniden geeigneten Gewässer die künstliche Vermehrung von Bachforellen nur an zwei Orten stattfindet, wurden erstmals 1933 Bachforelleneier aus Österreich und der heutigen Slowakei eingeführt. Nachkommen dieser Forellen, die offensichtlich der Atlantik-Linie angehörten, wurden jahrelang für Besatzmaßnahmen verwendet. Später wurden lokale Forellen der Donau-Linie in den Zuchtbestand aufgenommen, deren Anteil jedoch gering blieb und fast ausschließlich aus Männchen bestand. Ungarns Forellenbäche, die sich alle im Norden des Landes befinden, beherbergen heute gemischte Populationen mit zumeist einem überwiegenden Anteil der Atlantik-Linie (Horváth et al., 2014; Ösz et al., 2018). Trotz allem konnte insbesondere im Donaubecken des westlichen Balkans und in den Karpaten Rumäniens eine große genetische Vielfalt innerhalb der Donau-Linie dokumentiert werden und viele der autochthonen Populationen blieben bis heute erhalten (Bernatchez, 2001; Marić et al., 2006; Tošić et al., 2016; Simonović et al., 2017; Kanjuh et al., 2020).

Die Forellen aus dem Einzugsbereich des Schwarzen Meeres werden zumeist einem gemeinsamen Taxon zugeordnet, belegt mit dem traditionellen Namen *Salmo labrax* Pallas, 1814, wenn auch viele Autoren dieses Taxon lediglich als Unterart, *Salmo trutta labrax,* einstufen. Der deutsche Naturforscher Peter Simon Pallas nennt als Typus-Fundort

Sewastopol und den Fluss Biyuk-ozen auf der Halbinsel Krim[3] und leitet den Artnamen *labrax* von „lavraki" ab, der von den Krim-Griechen verwendeten Bezeichnung für die anadrome Forelle des Schwarzen Meeres. Übrigens heißt im Griechischen auch der Wolfsbarsch (*Dicentrarchus labrax*) „lavraki". Morphologische Merkmale zur Bestimmung des Taxons *S. labrax* sind umstritten oder nur regional anwendbar. Die Anzahl der Kiemenreusendornen am ersten Kiemenbogen ist bei den danubisch-pontischen Forellen mit 16 bis 21 im Durchschnitt höher als bei den atlantischen Forellen aus Mittel- und Nordeuropa mit 13 bis 18 (Berg, 1948a; Balon, 1968). Eine hohe Anzahl an Kiemenreusendornen ist jedoch auch bei den mediterranen Forellen vorherrschend, ebenso wie bei den atlantikstämmigen Forellen aus Marokko. Der Schwanzstiel der Schwarzmeerforellen ist im Allgemeinen niedriger und länger als bei den atlantischen und mediterranen Formen (Schöffmann, 1993). Sowohl bei wandernden als auch bei standorttreuen Populationen der Schwarzmeerforelle können Exemplare ohne Flecken bzw. mit stark reduzierter Fleckenzeichnung auftreten. Generell fehlen bei den Forellen der Donau-Linie weiße, schwarz gesäumte vordere Kanten an der Rückenflosse und an der Afterflosse, wie man es von vielen Forellen der Atlantik-Linie kennt. Eine Ausnahme von dieser Regel lässt sich lediglich bei den donaustämmigen Forellen aus dem Oberlauf des Lohnbachs in Niederösterreich (siehe weiter unten) erkennen: Ihre Rückenflosse ziert oft eine weiße Spitze mit schwarzem Rand. Die Afterflosse hingegen besitzt nur eine weiße Vorderkante.

Im Jahre 1932 beschreibt Stanko Karaman *Trutta taleri* aus dem Oberlauf der Zeta bei Nikšič in Montenegro. Die Zeta gehört zum adriatischen Einzugsbereich und ihr Oberlauf ist mit dem Unterlauf durch unterirdische Kanäle verbunden. Nach Karaman deuten die morphologischen Merkmale (z. B. die große Anzahl der Pylorusanhänge von 74-92) bei den Forellen aus der oberen Zeta auf eine Herkunft aus dem Donaubecken hin und lassen auf eine Translokation aus dem angrenzenden Drina-Becken (Zufluss der Save) schließen. Er führt 1938 an, dass *Salmo taleri* in allen Gewässern zwischen Slowenien und Montenegro, die dem Flusssystem der Save angehören, vorkommt. Morphologische Vergleichsstudien zwischen Forellen aus dem westlichen Donaubecken (Einzugsgebiet der Save) und dem südlichen Donaubecken (Einzugsgebiet der Morava) ließen klare Unterschiede erkennen (Simonović et al., 2007). Manche Autoren ordnen daher die Forellen aus dem Einzugsbereich der Save dem Taxon *S. taleri* zu. In den Karstregionen des Hinterlandes der nördlichen Adriaküste Kroatiens gibt es einige Flüsse ohne oberirdische Verbindung zum Meer. Die größten dieser sogenannten Schlundflüsse, die zur Adria entwässern, sind Lika und

Gacka. Letzterer erlangte wegen seiner großwüchsigen Forellen bei Anglern weltweite Berühmtheit. Die Dominanz von Forellen der Atlantik-Linie in diesen Gewässern ist das Resultat langjähriger Besatzmaßnahmen. Das gleichfalls nachgewiesene Vorkommen der Donau-Linie ließe sich durch einen ehemaligen direkten Zugang zum Donaubecken erklären. Eine mögliche Ansiedelung durch den Menschen muss allerdings ebenso in Betracht gezogen werden, zumal der hier gefundene Haplotyp (Da2) vor allem bei Besatzfischen häufig aufscheint (Jadan et al., 2007). Dieser Haplotyp ist nur im Einzugsgebiet der Donau von Österreich und Bayern natürlich verbreitet (Weiss et al., 2001), auf dem Balkan hingegen wird er als nicht heimisch betrachtet (Marić et al., 2006; Simonović et al., 2015). Die Jesenica (auch Lička Jesenica) ist ein 6,5 km langer Schlundfluss in derselben Region, steht aber subterran mit dem Donaubecken (über die Korana) in Verbindung. Da der einzige hier vorkommende Haplotyp (Da1) unter den ursprünglichen Populationen am westlichen Balkan weit verbreitet ist, könnte die Zuwanderung sowohl auf natürlichem Wege als auch durch anthropogene Translokation aus dem benachbarten Flusssystem der Korana (Kupa-Save) erfolgt sein. Die Forellen der Jesenica beschreibt Karaman (1932) als *Trutta likana*, reklassifiziert sie jedoch 1938 als Unterart von *S. taleri*. Im Einzugsbereich der Plitvicer Seen, aus denen die Korana entspringt, gab es vor dem Besatz mit Forellen der Atlantik-Linie im letzten Jahrhundert nur die der Donau-Linie. In den meisten Zuflüssen und in den Seen findet man heute Forellen beider Abstammungslinien, die erstaunlicherweise eine gewisse reproduktive Isolation bewahrt haben und sich daher kaum vermischen. Nur zwei kleine Zuflüsse beherbergen noch reine Populationen der Donau-Linie (Buj et al., 2021). Ein weiterer Schlundfluss im Einzugsbereich der Adria ist die Nožica in Montenegro. Sie entwässert unterirdisch zur Morača, ihre Quelle befindet sich aber in der Nähe des Oberlaufs der Tara, eines Zuflusses der Drina. Wie in der Jesenica wurde in der Nožica ausschließlich der regional vorherrschende Haplotyp Da1 nachgewiesen – wie übrigens auch im eingangs erwähnten Oberlauf der Zeta (Simonović et al., 2017). Ob diese Vorkommen einen natürlichen oder anthropogen verursachten Hintergrund haben, bleibt daher genauso unklar und umstritten.
Aus den großen Seen der Alpen und Voralpen Österreichs und Bayerns kennt man schon seit langem lakustrische Forellenformen, eine davon erstmals von Bloch (1784) als *„Salmo Schiefermülleri“* und unter dem deutschen Namen „Silberlachs“ beschrieben. Der Autor führt aber an, dass dieser Fisch sowohl in der Ostsee als auch in Österreich in „verschiedenen Landseen“ anzutreffen sei. Von letzterem Ort habe er ein Exemplar „unter dem Namen Maiforelle“ von Herrn „Rath Schiefermül-

ler“ (richtige Schreibweise wäre Schiffermüller) erhalten, wogegen mehrere Individuen Silberlachse aus anderer Quelle von der Ostsee stammen. Erst Cuvier & Valenciennes (1848) beschränken das Vorkommen auf verschiedene Seen Österreichs und nennen die Art *„Salar Schiefermulleri“*, die später bei Kottelat (1997) als *Salmo schiefermuelleri* (mit einem vorangestellten Fragezeichen) aufscheint. Die sogenannte „Maiforelle“ (auch Mailachs, Maiferche, Maiföhre) der oberösterreichischen Seen, insbesondere des Attersees, beschreibt Heckel (1851) als *„Salar Schiffermülleri“* und die in denselben Seen vorkommende „Lachsforelle“ als *„Fario Marsilii“*, benannt nach dem italienischen Offizier, Abgesandten und Gelehrten Luigi Ferdinando Graf von Marsili (auch Marsigli), der sich in seinen umfangreichen Publikationen auch mit den Fischen der Donauregion befasst. In Marsilis (1726) reich illustriertem vierten Band von „Danubius Pannonico-Mysicus“ ist unter den Bezeichnungen *„Salmo“* und „Lax“ (der Text ist in lateinischer Sprache) eine Forelle abgebildet, die in den Seen Oberösterreichs und auch in der Donau vorkommen soll. Entsprechend der gezeigten Fleckenzeichnung und der Beschreibung (Größe bis zu 20 Pfund, dunkler Rücken und silbrige Seiten, nur schwarze Flecken von unregelmäßiger Form, rötliches Fleisch) handelt es sich eindeutig um eine Seeforelle. Heckel unterscheidet die beiden von ihm benannten Formen von Seeforellen nicht nur nach dem Körperbau, sondern vor allem nach der Größe und nach der Färbung: Während die Maiforelle durchschnittlich 5 bis 8 kg wiegt, wird die Lachsforelle gewöhnlich 12 bis 15 kg schwer, doch werden oft auch Stücke mit 25 bis 30 kg gefangen. Oberkopf und Rücken der Maiforelle sind schwärzlich mit stahlblau glänzenden Schuppen. Die bläulich-silbrig schimmernden Seiten zeigen eckige oder x-förmige schwarze Flecken von verschiedener Größe, zwischen denen öfters rötliche Tupfen eingestreut sind. Der Rücken der Lachsforelle ist dunkelgrün gefärbt, die Seiten sind silbrig mit einem Stich ins Violette. Die Mitte des Rückens besetzen wenige runde schwarze Flecken, welche gegen die Seitenlinie an regelmäßiger Rundung abnehmen, größer werden und gedrängter stehen als bei der Maiforelle und vor allem gegen den Schwanz oft eine X-Form aufweisen. Die Maiforelle hält sich die meiste Zeit des Jahres in größeren Tiefen auf und verlässt diese gewöhnlich nur im Mai, wo sie dann hauptsächlich in den Morgen- und Abendstunden nahe der Oberfläche Jagd auf kleinere Fische macht. Die Lachsforelle bevorzugt meist tieferes Wasser, sie ernährt sich von Lauben und Renken. Heckel gibt die Lachsforelle auch für den Bodensee an, der allerdings zum Atlantikbecken gehört, und beschreibt für dieses Gewässer noch eine zweite Seeform, den Illanken als *Salar lacustris.* Er erwähnt auch, dass die Lachsforelle am Bodensee „Grundforelle“ heißt und der Illanken auch Rheinlanken, Silberlachs oder „Schwebforelle" genannt wird. Siebold (1863) vertritt die Auffassung, die Grundforelle sei die fortpflanzungsfähige Form und die Schwebforelle (einschließlich der Maiforelle) lediglich eine sterile Form derselben Art und fasst alle Seeforellen der Alpen- und Voralpenregionen unter den Namen *Trutta lacustris* zusammen. Des Weiteren stellt er klar, dass sich die Trivialnamen Illanken und Rheinlanken auf die Grundforelle beziehen und nicht auf die Schwebforelle. Die Behauptung, die Maiforelle wäre eine gänzlich sterile Form, widerspricht dem von Heckel und Kner (1858) erwähnten Fang von Rognern im Mai mit Eiern in Hirsekorngröße. Es ist daher anzunehmen, dass es sich dabei um junge Tiere handelte, die kurz vor dem Eintritt der Geschlechtsreife standen, oder aber um Fische, die sich gerade in der vegetativen Phase befanden, d. h. in einem Jahr, in dem sie nicht laichen (Hochleithner & Schöffmann, 2021). Die Frage, ob es einst tatsächlich eigenständige, reproduktiv getrennte Formen von Seeforellen gab, kann heute nicht mehr geklärt werden. Die über Jahrzehnte durchgeführten Besatzmaßnahmen mit allochthonem Material haben die ursprünglichen Bestände zum Erliegen gebracht. Da die meist aus Dänemark importierten „Seeforellen" nicht annähernd die Größe der autochthonen Seeforellen erreichen, griff man in den letzten Jahren wieder vermehrt auf heimisches Material zurück. Für die Zucht und den Besatz der Seen verwendet man zumeist Seeforellen aus dem Walchensee in Bayern, wo der ursprüngliche Bestand noch weitgehend erhalten blieb. Früher hatte jeder See seine eigene, dem Nahrungsangebot und den Verhältnissen des Gewässers angepasste Population. Die Seeforellen der großen Alpenseen werden in der Regel erst mit einer Körperlänge von ca. 50 cm zum ersten Mal laichreif, Milchner als 4-Jährige (3+ Jahre) und Rogner als 5-Jährige (4+ Jahre). Sie haben sich im Laufe der Jahrtausende an die Umweltbedingungen angepasst und ein großes Wachstumspotential entwickelt (Hochleithner, 1989). Die größten bisher bekannten Seeforellen wurden im oberösterreichischen Salzkammergut von Berufsfischern mit Netzen gefangen: 1876 ein Exemplar mit 33 kg im Wolfgangsee und 1938 eines mit 34 kg im Attersee; beide Fische hatten eine Länge von etwa 130-140 cm. Berichte zur Maximalgröße (auch international) beriefen sich indes zumeist nur auf ein 31 kg schweres und 123 cm langes Individuum, das Netzfischer 1930 aus dem Wolfgangsee zogen (Hochleithner & Schöffmann, 2021). In vielen Regionen unterschied man zwei Formen der Seeforelle: eine fortpflanzungsfähige Form oder Grundforelle und eine Jugendform oder Schwebforelle. Die Grundforelle bewohnt die tieferen Bereiche der Seen und ernährt sich hauptsächlich von Renken und Saiblingen, nur zum Laichen sucht sie die Zu- oder Abflüsse auf. Gelegentlich laicht sie auch

im See selbst, etwa an Austrittsstellen von unterseeischen Quellen. Die Schwebforelle hält sich in den oberen Wasserschichten auf und frisst vor allem Anflug und kleinere Weißfische. Die Wanderung der Jungfische aus den Laichgewässern in den See erfolgt gewöhnlich nach dem ersten Jahr und erstreckt sich über den Sommer und Herbst. Ein geringerer Teil zieht erst im darauffolgenden Frühjahr in den See. Abwanderer können auch juvenile Forellen sein, deren Eltern stationäre Fließgewässerbewohner sind. Andererseits können ebenso Seeforellen-Nachkommen zu stationären Bachforellen werden. Die Abwanderung erfolgt schubweise in größerer Individuenzahl und wird meist durch erhöhte Wasserstände ausgelöst (Olsson & Greenberg, 2004; Rulé et al., 2005).
Die wenigen Seeforellenbestände südlich des Alpenhauptkammes – Weißensee, Millstätter See und Ossiacher See in Kärnten – sind heute stark dezimiert und mit ortsfremdem Besatzmaterial kontaminiert. Aus dem Ossiacher See, wo Seeforellen nie sehr häufig waren, sind sie Mitte des letzten Jahrhunderts verschwunden. In den Wörthersee wurden sie 1889 erstmals eingesetzt (Honsig-Erlenburg, 2016). In dem auf 930 m Seehöhe liegenden Weißensee war die Forelle einst der wirtschaftlich wichtigste Fisch. Man unterschied gleichfalls zwei Formen: Die kleinwüchsige Form, auch „Angler" genannt, wurde durchschnittlich 30 cm lang und 200 bis 500 g schwer und hielt sich hauptsächlich in den oberen Wasserschichten auf. Diese Fische hatten zumeist auffallend große Köpfe und Flossen, rote Flecken unterhalb der Seitenlinie sowie oft eine gelbliche Bauchfärbung, weshalb man sie bisweilen auch „Goldforelle" nannte. Es könnte sich dabei auch um Bachforellen gehandelt haben, die aus dem Abfluss in den See zugewandert waren, oder aber um Nachkommen von Seeforellen, die sich nicht auf Fischnahrung umstellten. Die großwüchsige, von den Einheimischen als „Lachs" bezeichnete Form erreichte im Durchschnitt ein Gewicht von 5 kg und eine Länge von 70 bis 90 cm und bevorzugte die tieferen Stellen des Sees. An ihren Körperseiten hatten diese Fische dunkle Flecken oder Ringe, die über der Seitenlinie meist braunschwarz, unterhalb davon braun bis rötlich gefärbt waren (Findenegg, 1936). Erst 1974 wurde eine Seeforelle mit 1,2 m Länge und einem Gewicht von fast 21 kg geangelt und 1979 ein Exemplar mit 19,5 kg. Angeblich nutzten beide früher im See lebenden Forellenformen dieselben Laichgründe und sollen sich gelegentlich auch vermischt haben; zumindest das berichtete Auftreten von Zwischenformen würde auf eine Hybridisierung hindeuten. Die Laichablage fand sowohl im See an den Grundwasseraustritten in bis zu 2 m unter der Wasseroberfläche, den sogenannten Brünn', als auch im Seeausfluss, dem Weißenbach, statt. In den 1970ern wurden

erstmals große Seeforellen auch beim Laichen in einem Zufluss beobachtet. Der Besatz mit ortsfremden Fischarten, vor allem Hechten, und die Stellnetzfischerei an den Laichplätzen im See führten schließlich zu einem massiven Rückgang der Seeforellen (Honsig-Erlenburg et al., 1998). Inzwischen gelang es mithilfe von Besatzfischen aus anderen Regionen einen bescheidenen aber stabilen Seeforellenbestand wiederherzustellen. Der originale Genpool konnte mit dieser Maßnahme letztendlich nicht gerettet werden.

Weiter südlich, im Einzugsgebiet der Save in Slowenien, gibt es noch zwei weitgehend ursprüngliche Seeforellenvorkommen: im Wocheiner See (Bohinjsko jezero) und im Bleder bzw. Veldeser See (Blejsko jezero). Die Seeforellen des Wocheiner Sees laichen entweder in seinem Hauptzufluss Savica oder in der Mostnica und ihrem Nebenfluss Ribnica. Die Mostnica mündet in den Seeabfluss, die Wocheiner Save (Sava Bohinjka), knapp 100 m flussabwärts vom Austritt aus dem See. Zusätzliche Laichplätze an sublakustrischen Quellen im etwa 4 km langen und bis zu 45 m tiefen See sind sehr wahrscheinlich. Der mit 1,45 km² bedeutend kleinere und bis zu 30 m tiefe Bleder See entwässert ebenfalls zur Wocheiner Save. Hier laichen die Seeforellen zwischen Anfang Dezember und Anfang Februar entweder an sublakustrischen Quellen am Nordwestufer des Sees oder in einem der zwei kleinen Zuflüsse, der Mišca. Alljährlich entnimmt man diesem Bach Laichfische für die künstliche Vermehrung, um durch Besatz den Bestand im See zu sichern, der aufgrund des Einbringens ortsfremder Raubfische (Hecht, Zander und Wels) gefährdet ist. Die Milchner werden frühestens im Alter von drei bis vier (2+ od. 3+) Jahren geschlechtsreif und die Rogner mit vier oder fünf (3+ od. 4+) Jahren. Gelegentlich wandern zur Laichzeit auch unreife Exemplare in den Zufluss. Seeforellen mit Gewichten um die 10 kg und einer Länge von bis zu einem Meter werden regelmäßig im See gefangen. In den 1990ern setzte man in einem Stausee der Unteren Save (Sava Dolinka), nahe der Stadt Jesenice, Seeforellen unbekannter Herkunft ein. Es konnte sich eine stabile Population etablieren, die sowohl durch künstliche als auch durch natürliche Reproduktion aufrechterhalten wird. Die südlichste autochthone Seeforellenpopulation des Donauraums befindet sich in Montenegro, im Plavsko-See (Plavsko jezero) nahe der Grenze zu Albanien. Trotz der relativ geringen Größe des Sees (ca. 2 km²) erreicht die lokal unter dem Namen „Blatnjača“ (Schlammfisch) bekannte Seeforelle ein beachtliches Gewicht und kann bis zu 12 kg schwer werden (Janković, 1964). Die Laichablage findet im Winter in der Ljuča, dem Zufluss des Sees, statt. Der Plavsko-See mit seinem Abfluss, dem Lim, bildet zugleich die südlichste natürliche Verbreitungsgrenze von Huchen (*H. hucho*) und Äsche (*T. thymallus*).

DA-Bachforelle (*S. labrax*), ~18 cm; Vrla, südl. Morava-Becken (Serbien)

DA-Bachforelle (*S. labrax*), ~22 cm; Džepska Reka, südl. Morava-Becken (Serbien)

DA-Bachforelle (*S. labrax*), ~21 cm; Zlotska Reka, Timok-Becken (Serbien)

DA-Bachforelle (*S. labrax*), ~22 cm; Kožica, Zufluss der Donau am Eisernen Tor (Serbien)

DA-Bachforelle (*S. labrax*), ~23 cm; Topolog, Olt-Becken (Rumänien)

DA-Bachforelle (*S. labrax*), ~30 cm; Vâlsan, Argeş-Becken (Rumänien)

DA-Bachforelle (*S. labrax*), ~26 cm; Stara Ribarica, Zufl. Beli Vit, Vit-Becken (Bulgarien)

DA-Bachforelle (*S. labrax*), ~21 cm; Mladežda Reka, Veleka-Becken (Bulgarien)

DA-Bachforelle (*S. taleri*), ~21 cm; Rogačica, Drina-Becken (Serbien). Foto: S. Marić

DA-Bachforelle (*S. taleri*), ~26 cm; Sutjeska, Drina-Becken (Bosnien-Herzegowina)

DA-Bachforelle (*S. taleri*), ~25 cm; Iška, Save-Becken (Slowenien)

DA-Bachforelle (*S. taleri*), ~31 cm; Vrata, Save-Becken (Slowenien)

DA-Seeforelle, ♂ ~80 cm; Gosausee (Stamm: Walchensee). Foto: M. Hochleithner

DA-Seeforelle, ♀ ~65 cm; Gosausee (Stamm: Walchensee). Foto: M. Hochleithner

DA-Seeforelle, ♂ ~60 cm; Mišca, Zufluss des Bleder Sees, Save-Becken (Slowenien)

DA-Seeforelle „Blatnjača“, ♀ ~65 cm; Plavsko-See, Drina-Becken. Foto: A. Donatucci

DA-Bachforelle (*S. labrax*), ♀ ~22 cm; Saggrabenbach, Drau-Becken (Österreich)

DA-Bachforelle (*S. labrax*), ♂ ~28 cm; Wolfsgrabenbach, Drau-Becken (Österreich)

DA-Bachforelle, ~18 cm; Lohnbach oberhalb der Fälle, Kamp-Becken (Österreich)

AT/DA-Bachforelle, ~19 cm; Lohnbach unterhalb der Fälle, Kamp-Becken (Österreich)

Ähnlich wie bei den Seeforellen ist auch die genetische Integrität der Forellen der Fließgewässer in den Alpen- und Voralpenregionen durch langjährige, umfangreiche Besatztätigkeiten stark beeinträchtigt. Heute findet man nur noch ganz vereinzelt genetisch reine Populationen der Donau-Linie, vornehmlich in entlegenen und schwer zugänglichen Bergseen oder kleineren Bächen, die durch natürliche oder künstliche Hindernisse von bewirtschafteten Gewässern abgegrenzt sind. Bachforellen in isolierten Seen der Hochgebirge gehen immer auf einen Besatz zurück. Nur wenn dieser Besatz bereits im Mittelalter erfolgte, kann man davon ausgehen, dass die Besatzfische aus in der Nähe gelegenen Bächen stammten und so der Fischbestand dieser Bäche bis in die Gegenwart konserviert wurde. Die bekanntesten Beispiele dafür sind der Gossenköllersee (2417 m Seehöhe) in Nordtirol und der Anraser See (2550 m) in Osttirol. Seit einigen Jahren laufen Projekte mit dem Ziel, Reliktpopulationen autochthoner Forellen für die Nachzucht zu nutzen, nicht nur um authentische Besatzfische für die regionalen Gewässer zu erhalten, sondern auch um fischfreie oder leer gefischte Gebirgsbäche in unmittelbarer Umgebung der Ursprungsgewässer mit dem Nachwuchs zu besetzten. Damit soll gewährleistet werden, dass eine Population durch Naturkatastrophen wie Überschwemmungen oder Erdrutsche nicht stark dezimiert oder gar ausgelöscht wird und auch in Zukunft genügend Elterntiere für die Bestandssicherung zur Verfügung stehen (Duftner et al., 2003; Baric et al., 2007, 2010).

In manchen Regionen wird der Rückgang von Bachforellen und anderen Fischarten mit der Zunahme der Bestände des Eurasischen Fischotters (*Lutra lutra*) in Verbindung gebracht. Der in weiten Teilen Europas schon fast ausgestorbene Wassermarder konnte sich dank Schutzbestimmungen während der letzten Jahre wieder ungehindert verbreiten und seine angestammten Reviere zurückerobern. Erhebliche Bestandseinbußen durch den Fraßdruck des Fischotters wurden bei einigen der ohnehin nur kleinen, noch erhaltenen autochthonen Populationen in isolierten Seitenbächen verzeichnet, wie etwa im oberen Görtschitztal im Einzugsbereich der Gurk (Drau) in Kärnten. Wenn auch diese Fließgewässer noch einen weitgehend natürlichen Zustand aufweisen, befinden sie sich dennoch in einer vom Menschen schon seit langem stark veränderten Umwelt, innerhalb naturferner und artenarmer Wirtschaftsforste, die besonders anfällig für klimatisch bedingte Extremsituationen (Trockenperioden, Starkniederschlagsereignisse) sind, wodurch auch die Lebensraumqualität der Gewässer sowie die Abundanz und Biomasse der Forellen beeinträchtigt werden können. Zudem kann ein unzureichender Eintrag an terrestrischen Makroinvertebraten (Insekten, Spinnentiere, Würmer) aus der Umgebung, die neben aquatischen Wirbellosen (Insektenlarven, Bachflohkrebse) einen wesentlichen Anteil der Nahrungsressourcen für Forellen in den relativ nährstoffarmen Oberläufen (Epirhithral) ausmachen, zumindest saisonal zu einer Nahrungsknappheit führen. Besonders in Jahren mit ungünstigen Wetterbedingungen kann sich dies negativ auf das Körperwachstum und den Reproduktionserfolg der Fische auswirken. Dem Fischotter stehen in den kleinen Bächen abgesehen von Forellen kaum alternative Nahrungsquellen zur Verfügung. Darüber hinaus hat dieser Top-Prädator hier keine natürlichen Feinde (Bären, Wölfe und Luchse) mehr, die zu seiner Bestandsregulierung beitragen könnten. Aus diesem Grunde wurde eine gesetzlich geregelte Bejagung bzw. Entnahme des Fischotters in Kärnten, gestützt auf ein langzeitliches Monitoring, zur Verminderung des Prädationsdrucks auf die gefährdeten Restbestände heimischer Forellen und wohl auch anderer, wirtschaftlich genutzter Fischbestände in die Wege geleitet (Honsig-Erlenburg, 2020). Ähnliche, ebenso heftig umstrittene Maßnahmen wurden in weiteren Bundesländern, wie etwa in Niederösterreich, durchgeführt. Keine nennenswerten Einflüsse auf die Fischbestände durch die Anwesenheit des Fischotters sind hingegen in naturbelassenen Flüssen mit wenigstens halbwegs intakter Umwelt, wie man sie einstweilen noch auf dem Balkan vorfindet, zu erkennen, wenngleich der Anstieg der Otterpopulationen auch hier vereinzelt für Konfliktstoff zwischen Naturschutz und Fischerei sorgt.

Wie bereits angedeutet, konnte im Donaubecken nördlich der Alpen eine natürliche Introgression der Atlantik-Linie nachgewiesen werden. Die nacheiszeitliche Wiederbesiedelung des oberen Donaubeckens erfolgte demnach aus zwei Richtungen. Während im bairischen Einzugsbereich der Donau fast nur die atlantische Linie vorkommt, nimmt der relative Anteil der Donau-Linie stromabwärts Richtung Österreich mehr und mehr zu. Nach dem letzten glazialen Maximum vor ca. 18 000 Jahren breiteten sich danubische Forellen aus dem unteren Donaubecken allmählich nach Nordwesten aus und besiedelten das Einzugsgebiet der oberen Donau vor 14 000 bis 16 000 Jahren. Atlantikstämmige Forellen erreichten das Donaubecken nordöstlich der Alpen frühestens vor etwa 10 000 Jahren. Den Beweis für diese Theorie liefern Flussbarrieren, die erst in den letzten 10 000 Jahren entstanden sind und Forellen der zweiten Einwanderungswelle daran gehindert haben, bis in die Quellgebiete vorzudringen. Ein Paradebeispiel hierfür wurde in einem Gebiet nördlich der Donau im Nordosten Österreichs aufgespürt und untersucht. Im Lohnbach, einem Zufluss des Kleinen Kamp, bildet eine Kette von Wasserfällen das Naturdenkmal Lohnbachfall, eine für Fische unüberwindbare Barriere flussaufwärts. Sowohl ober- als auch unterhalb des Lohnbachfalles ebenso wie im Kleinen Kamp existiert ein autochthoner Forellenbestand. Im Flussabschnitt oberhalb des Lohnbachfalles wurde ausschließlich die Donau-Linie, im unteren Abschnitt und im Kleinen Kamp hingegen eine Mischung aus atlantik- und donaustämmigen Forellen festgestellt. Da die hier vorgefundenen Haplotypen der Atlantik-Linie nicht denen der Zuchtpopulationen entsprechen, kann man anthropogene Einflüsse weitgehend ausschließen. Das Wachstum und die Größe der Fische in diesen sauren und nährstoffarmen Gewässern der kristallinen Zone sind eher als bescheiden anzusehen – wahrscheinlich mit ein Grund, weshalb eine fischereiliche Bewirtschaftung durch Besatzmaßnahmen bedeutungslos blieb und nur in begrenztem Umfang im Hauptfluss, dem Kleinen Kamp, durchgeführt wurde. Auch für wissenschaftliche Untersuchungen wurden 1993 und 1994 domestizierte Forellen der Atlantik-Linie in diesen Fluss eingebracht, doch waren nach einem Jahr 99 % der Besatzfische verschwunden. Jedenfalls bestätigen genetische Analysen, dass die Einkreuzung von Zuchtforellen sehr gering ist (Weiss & Schenekar, 2012; Schenekar et al., 2014). Das Vorkommen der Atlantik-Linie in Gewässern südlich des Alpenhauptkammes lässt sich hingegen immer auf einen Besatz mit domestizierten Forellen zurückführen.

Meerforellen kamen im westlichen Schwarzen Meer nie in großer Anzahl vor und Laichaufstiege in die Küstenflüsse am östlichen Balkan sind nicht bekannt, obgleich wenigstens drei davon (Kamtschija, Veleka, Rezovo) stationäre Populationen aufweisen. Bei den vereinzelt in der unteren Donau und im Delta gefangenen Forellen handelt es sich nach Ansicht einiger Autoren um abgedriftete Exemplare aus den nahegelegenen Zuflüssen (Berg, 1948a; Balon, 1968). Zumindest gibt es heute wie in historischer Zeit keine Bestätigung für einen Aufstieg laichbereiter Tiere in die Donau. Gelegentliche Fänge von geschlechtsreifen Weibchen im Donaudelta während des Frühjahrs und von jungen Individuen in der Donau zwischen Corabia (Flusskilometer 630) und dem Delta könnten jedoch auf einen begrenzten Laichzug hindeuten (Laţiu et al., 2020). Im Gegensatz dazu wanderten früher anadrome Forellen von der Nordküste des Schwarzen und des Asowschen Meeres die großen Flüsse (Dnister, Dnepr, Don und Kuban) weite Strecken aufwärts, um zu laichen. Infolge der Konstruktion von Dämmen während des letzten Jahrhunderts wurde der Zugang zu den Laichgründen versperrt. Heute findet man nur noch stationäre Populationen in den Quellregionen dieser Flüsse und ihrer Zubringer, mit Ausnahme des Don-Flusssystems, aus dem die Forellen vollständig verschwunden sind (Kuderskii, 1974; Vasil'eva, 2003). Auf der Halbinsel Krim gibt es zahlreiche kleinere Flüsse und Bäche, wo ehemals stationäre und anadrome Forellen häufig vorkamen. Heute existieren nur noch wenige Restpopulationen, insbesondere im Oberlauf des Katscha-Flusses, der nördlich von Sewastopol ins Meer mündet (Markevich & Esin, 2019). Weiter östlich gibt es noch einige Zuflüsse zur Nordostküste des Schwarzen Meeres, die im westlichen Großen Kaukasus entspringen und limitierte Laichaufstiege von Meerforellen aufweisen (mehr dazu in Kapitel 6.18.1.).

DA-Meerforelle (*S. labrax*), ~34 cm; Dnepr-Mündung (Ukraine). Foto: Y. E. Vitukov

DA-Meerforelle (*S. labrax*), Donaudelta (Rumänien). Foto: V. Oţel

[1]) Nach Kohout et al., 2013: DaBS = „Black Sea group" (Donau-Linie des Schwarzen Meeres); nach Sanz, 2018: DA-BS = Danubian lineage - Black Sea (Donau-Linie - Schwarzes Meer).

[2]) Nach Kohout et al., 2013: DaDA = „Danubian group" (Donau-Linie des Donaubeckens); nach Sanz, 20187: DA-ES = Eastern Danubian lineage (östliche Donau-Linie). Die beiden Bezeichnungen für dieselbe Gruppe mögen sich widersprechen, doch beinhaltete die Studie (Kohout et al., 2013), in der DaDA verwendet wurde, ausschließlich Populationen aus dem Balkan und der Nordtürkei; Forellen dieser Gruppe sind gleichwohl auch in den Einzugsgebieten von Kaspischem Meer und Aralsee weit verbreitet.

[3]) Ebenfalls auf der Halbinsel Krim befindet sich der Typusfundort (Chersones) des von Günther 1866 beschriebenen Taxons *Salmo pallasii*, eines jüngeren Synonyms von *S. labrax*. In demselben Werk beschreibt Günther auch „eine nicht wandernde Art aus Ungarn" als *Salmo microlepis*. Der Typusfundort Pohorelá befindet sich in der heutigen Slowakei am Fluss Hron (deutsch: Gran, ungarisch: Garam), einem linken Nebenfluss der Donau, der in der Niederen Tatra entspringt.

Džepska Reka, Zufluss der Südlichen Morava (Serbien)

Mala Pišnica, Save-Becken (Slowenien)

Quellregion der Gurk, Zufluss der Drau in Kärnten (Österreich)

6.17. Kleinasien

Kleinasien oder Anatolien ist der asiatische Teil der Türkei und bedeckt eine Fläche von 757 000 km². Das entspricht gut der doppelten Fläche Deutschlands. Die Flüsse und Seen Anatoliens entwässern über fünf große Einzugsgebiete in das Schwarze Meer, ins Mittelmeer, in den Indischen Ozean, in das Kaspische Meer und in das oberirdisch abflusslose Zentralbecken. Die Hebung des zentralen Anatoliens auf seinen heutigen Stand über dem Meeresniveau ist ein spätes, pliozänes bis pleistozänes Ereignis. Noch während des letzten Eiszeitalters war Zentralanatolien von einem System von Seen bedeckt. Dieser so genannte zentralanatolische Binnensee umfasste mindestens das ganze heute abflusslose Gebiet. Ein weiteres, bedeutend kleineres oberirdisch abflussloses Gebiet ist das Becken des Van-Sees in Südost-Anatolien. Die Ichthyofauna der Binnengewässer Anatoliens besteht aus Elementen unterschiedlicher Herkunft: aus dem Norden über das Einzugsgebiet des Schwarzen Meeres, aus dem angrenzenden Westasien und aus Südostasien, möglicherweise sogar aus Afrika (Kosswig, 1964).
Die Forellen Kleinasiens stellen ein Glazialrelikt dar und wurden in allen Einzugsgebieten, mit Ausnahme des Van-See-Beckens, heimisch. Die Zuwanderung erfolgte sowohl aus dem pontokaspischen als auch aus dem mediterranen Raum. Demnach gehören die Forellenpopulationen zwei Evolutionslinien an: der Donau-Linie und der Adria-Linie. Nur in zwei Mittelmeerzubringern im Süden der Türkei wurde ein Haplotypus der Marmoratus-Linie nachgewiesen (Özen, 2013; Schöffmann et al., 2019). Unter den wenigen wissenschaftlichen Publikationen über die Forellen der Türkei ist die Arbeit von Ernesto Tortonese aus dem Jahre 1954 wohl die bedeutendste. Erstmals beschreibt er die morphologischen Merkmale einiger Exemplare von sieben Populationen aus verschiedenen Regionen und diskutiert ihre Abstammung und Taxonomie. Er stellt alle Forellen Anatoliens in eine einzige Art, *Salmo trutta,* unterscheidet aber vier Unterarten: *S. t. labrax, S. t. caspius, S. t. macrostigma* und die neue Unterart *S. t. abanticus.* Von Tortonese stammt auch die einzige Beschreibung eines Forellenvorkommens im abflusslosen Zentralbecken.

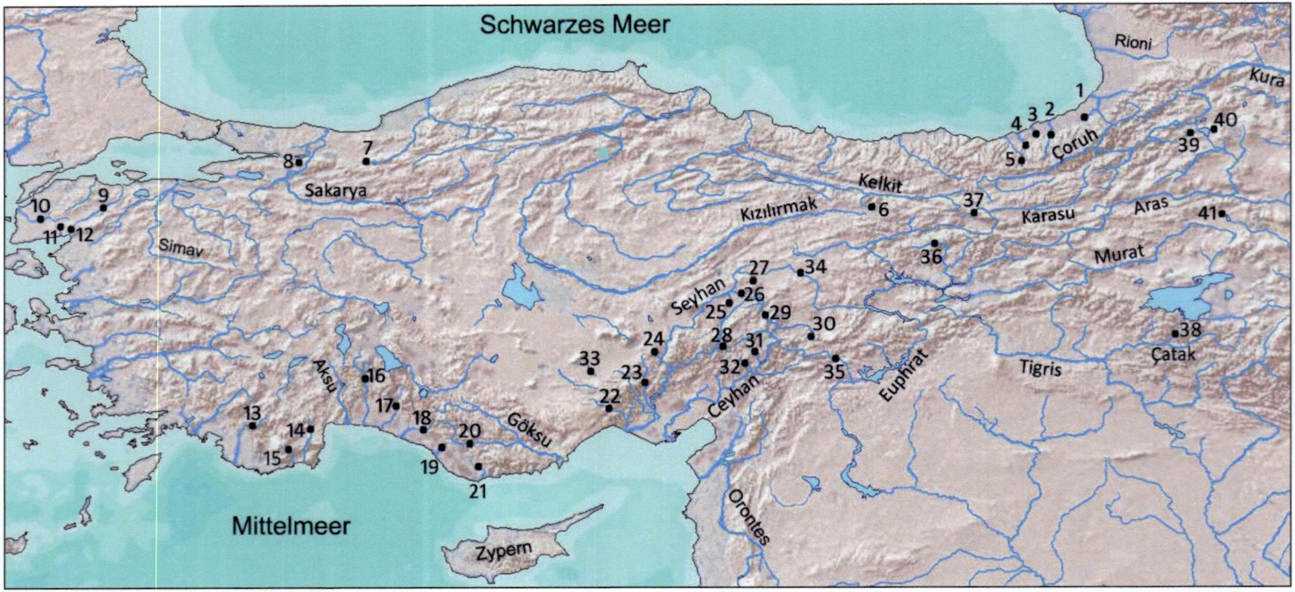

Hydrografische Karte von Anatolien

1 Çifteköprü-Bach, 2 Fırtına D., 3 Limanköy-Bach, 4 Ballidere, 5 Ikizdere, 6 Buldur D., 7 Abant-See, 8 Sapanca-See, 9 Gönen Ç., 10 Küçük Menderes, 11 Manastir D., 12 Zeytinli D., 13 Eşen Ç., 14 Alakır Ç., 15 Kapıçay, 16 Köprü I. (mit Zindan D.), 17 Manavgat Ç., 18 Alara Ç., 19 Dimçay, 20 Gevne Ç., 21 Anamur Ç., 22 Tarsus (Berdan) Ç., 23 Ecemiş Ç., 24 Kapuz-Fluss, 25 Soğuksu, 26 Karagöz, 27 Zamantı (Quellregion), 28 Hançerderesı, 29 Hurman Ç., 30 Söğütlü Ç., 31 Tekir D., 32 Fırnız Ç., 33 Ereğli, 34 Tohma Ç., 35 Göksu Ç., 36 Munzur Ç., 37 Balıklı Ç., 38 Bahçesaray Ç., 39 Gölbelen-Bach, 40 Çıldır Gölü, 41 Balık Gölü.

Erklärung zu den Flussnamen: Die türkischen Bezeichnungen für Fließgewässer – Çay bzw. Çayı für kleinere, Irmak bzw. Irmağı und Nehir bzw. Nehri für größere – werden im nachfolgenden Text zumeist durch das deutsche Wort „-Fluss“ ersetzt. Gelegentlich findet man auch die türkischen Begriffe Su bzw. Suyu (Wasser) und Dere bzw. Deresi (Bach) im Anschluss an den Eigennamen des Gewässers. In manchen Fällen werden der Eigenname und der Begriff für das Gewässer auch verbunden (z.B. Akcay, Karasu, Hancerderesı).

Anders als in den westlichen Ländern blieben die anatolischen Forellengewässer von Besatzmaßnahmen mit allochthonem Material bis in jüngste Zeit weitestgehend verschont. In einigen Flüssen bedeuten jedoch die aus Zuchtanlagen entsprungenen Regenbogenforellen ein empfindliches Problem, da sie negative Auswirkungen auf das Ökosystem und auf die natürlichen Fischpopulationen haben können – etwa als Überträger von Krankheiten und Parasiten oder als Nahrungskonkurrenten (Ulukoy et al., 2016). Zudem sind die meisten Forellenpopulationen Kleinasiens durch anthropogene Umwelteinflüsse und unkontrollierte Fischerei gefährdet. Der Fischfang mit Wurfnetzen ist vor allem in den östlichen Regionen noch weit verbreitet. Immer öfter wird auch mit dem sogenannten „paraşüt" (Fallschirm) oder „tırıvırı" gefischt, einem dünnen Nylonnetz, das an einer Angelschnur befestigt ist und mit der Angelrute ausgeworfen und eingeholt wird. Die Fische bleiben in den Maschen, ähnlich wie bei einem Kiemennetz, hängen. Da die feinen Netze sich leicht an Hindernissen verfangen, im Fluss zurückbleiben und weiterhin eine tödliche Falle für alle möglichen Wassertiere darstellen, ist diese Praktik strengstens verboten. Andere, bei weitem verheerendere illegale Fischereimethoden werden mit Elektroaggregaten, Chemikalien oder Sprengstoff ausgeübt. Heimische Forellen aus natürlichen Gewässern sind nicht nur wegen ihres schmackhaften Fleisches begehrt, sondern werden auch zum fragwürdigen Zweck der Heilung und Medizin geschätzt. So sollen etwa roh verschluckte, möglichst noch lebende Jungforellen bei Magenbeschwerden helfen. Wegen der therapeutischen Verwendung und der kulinarischen Popularität erzielen die sogenannten „Bergforellen" (dağ alabalığı) auf dem Schwarzmarkt hohe Preise und können bis zu vier bis fünf Mal so teuer sein wie Regenbogenforellen (Akkuş & Sari, 2017). Abgesehen von einigen wenigen bewachten Schutzzonen sind gesetzliche Restriktionen, wie Fangquoten, Mindestmaß und Schonzeiten, so gut wie unbekannt oder werden ignoriert. Viele Populationen wurden stark reduziert oder bereits ausgerottet. So sind die Forellen, die einst im Aksu Çayı bei Antalya heimisch waren, wahrscheinlich schon in der zweiten Hälfte der 20. Jahrhunderts verschwunden. Dieser Fluss war einer der ersten, der in der Türkei aufgestaut wurde. Der Manavgat-Fluss in der Südtürkei, in welchem der britische Autor H. M. Whittal noch 1967 einen guten autochthonen Forellenbestand beobachten konnte, war nach eigenen Recherchen im Jahre 1993, trotz erstklassiger Wasserqualität, beinahe fischleer. Regenbogenforellen, die aus den angrenzenden Hälterungs- und Aufzuchtbecken entkommen waren, bevölkerten in den folgenden Jahren zunehmend den Fluss. Lediglich in einem unzugänglichen Canyon des Oberlaufs konnte sich ein kleiner Bestand heimischer Forellen, deren weiteres Schicksal indes ungewiss bleibt, bis heute halten (siehe Kapitel 6.17.2.). Ähnlich erging es dem einzigen Forellenvorkommen im abflusslosen Zentralbecken, südöstlich der Stadt Ereğli. Der Fluss İvriz wurde unweit seines Ursprungs durch einen zwischen 1981 und 1984 gebauten Damm zur Bewässerung aufgestaut und die ortsansässigen Forellen wurden sukzessive durch Regenbogenforellen ersetzt. Zu Beginn dieses Jahrhunderts gab es noch Berichte über vereinzelte Fänge von Bachforellen im Quellbereich. Der bislang letzte dokumentierte Fang gelang 2012 dem türkischen Forellenexperten und Autor Burak Kalaç (siehe Kapitel 9.). Das etwa 27 cm lange Exemplar zeigt etwa 20 große rote, hell umrandete Flecken an den Flanken und ein paar kleinere dunkle Flecken hinter den Kiemendeckeln und an der oberen Körperhälfte, eine relativ kleine, rot gesäumte Fettflosse und einen außergewöhnlich gedrungenen Körperbau mit einem etwas deformierten Schwanzstiel. Jugendflecken oder vier dunkle Flächen sind nicht vorhanden. Da alle weiteren Fangversuche erfolglos blieben, könnte es sich um eines der letzten Tiere der ursprünglichen Population gehandelt haben (siehe weiter unten).

Waren die Situation der Forellen und deren Lebensräume in der Türkei gegen Ende des letzten Jahrhunderts in manchen Regionen bereits besorgniserregend, so haben sich mittlerweile die Verhältnisse erheblich verschlimmert. Zum aktuellen Stand gibt es zwar nur unzureichende Informationen, doch kann man davon ausgehen, dass Erosion, Überschwemmungen und Bergrutsche als Folge von Abholzung, Überweidung und Straßenbau, die Wasserverschmutzung durch Düngemittel, Pestizide und Abwässer sowie die Errichtung zahlreicher Staudämme, oft in den unberührtesten Gebieten, in den letzten Jahren unweigerlich zur Verschlechterung der aquatischen Ökosysteme beigetragen haben. Der Klimawandel könnte die Situation vor allem in den südlichen Regionen noch verschärfen. Wie man verschiedenen türkischen Medienberichten entnehmen kann, scheinen so gut wie alle der heute noch vorhandenen nativen Forellenpopulationen mehr oder weniger vom Aussterben bedroht zu sein. Vor nicht allzu langer Zeit wurden daher in mindestens vier Regionen (Trabzon, Abant, Mersin, Sakarya) Nachzucht- und Wiederbesiedlungsprogramme zur Bestandsaufbesserung einiger Restpopulationen ins Leben gerufen. Solche lobenswerten Bemühungen können durchaus einen wichtigen Beitrag zur Erhaltung der rapid schwindenden Bestände leisten, solange die Jungfische nur in die Gewässer entlassen werden, aus denen ihre Eltern stammen, und eine Vermischung der Populationen vermieden wird.

6.17.1. Das Einzugsgebiet des Schwarzen Meeres

Die Schwarzmeer- und die Kaukasusregion sind die feuchtesten Gebiete Anatoliens. Besonders reichlich Niederschlag erhält der östliche Teil der türkischen Schwarzmeerküste, wo zahlreiche, in der Mehrzahl relativ kurze (<50 km), aber wasserreiche Flüsse mit steilem Gefälle aus dem Pontischen Gebirge zum Meer fließen. Berghänge mit üppiger Vegetation und Tee- und Haselnussplantagen in den Tallagen entlang der Unterläufe prägen diese Gegend. Hier befinden sich die meisten Forellengewässer des südlichen Schwarzmeerbeckens. Leider wurden die Bestände in den letzten Jahrzehnten durch Überfischung und Umwelteinflüsse stark dezimiert. Die anadromen und stationären Forellenformen aus dem anatolischen Einzugsbereich des Schwarzen Meeres gehören ausschließlich der Donau-Linie an und werden traditionell zumeist dem Taxon *Salmo (trutta) labrax* zugeordnet. Im Einzugsbereich der südöstlichen Schwarzmeerregion wurden erst in neuerer Zeit zwei phänotypisch und genotypisch unterscheidbare Forellenformen nachgewiesen und als neue Arten beschrieben: *Salmo rizeensis* und *S. coruhensis* (Turan et al., 2009).

Der kleinwüchsige *S. rizeensis* mit einer maximalen Körperlänge von etwa 25 cm bewohnt die Oberläufe und Quellregionen der Flüsse, während *S. coruhensis* mehr als 80 cm lang werden kann und zumeist in den mittleren und unteren Abschnitten der Flüsse vorkommt. In einigen kurzen (< 5 km) Küstenbächen dringt *S. coruhensis* bis in die Quellgebiete vor. In diesen kleinen Zuflüssen des Schwarzen Meeres kommt immer nur eine der beiden Arten vor. In den größeren Flüssen, wo beide Arten sympatrisch auftreten können, liegen die Laichplätze von *S. rizeensis* immer flussaufwärts von den Laicharealen der zweiten Art. Nur *S. coruhensis* wandert bei Gelegenheit in die Küstenbereiche des Schwarzen Meeres, wohingegen *S. rizeensis* immer eine stationäre Form darstellt. Wie genetische Untersuchungen zeigten, sind Individuen von *S. rizeensis* eines Flusses näher verwandt mit Artgenossen aus anderen Flusssystemen als mit Individuen von *S. coruhensis* aus demselben Fluss. Und umgekehrt sind alle Populationen von *S. coruhensis* näher miteinander verwandt als mit den Populationen von *S. rizeensis.* Diese Situation unterscheidet sich von vielen anderen Küstenregionen Europas, wo stationäre und migrierende Formen eines Flusses meist einer Population angehören, die sich genetisch von den Populationen der Nachbarflüsse unterscheidet. Das Verbreitungsgebiet von *S. coruhensis* erstreckt sich vom Einzugsbereich des Yeşilırmak im Westen bis zu dem des Çoruh im Osten; *S. rizeensis* kommt nicht nur in diesem Gebiet, sondern auch noch weiter westlich, im Becken des Sakarya, vor. Die beiden Formen bzw. Arten unterscheiden sich äußerlich vor allem

durch ihre Fleckenzeichnung: *S. rizeensis* zeigt nur wenige kleine, schwarze Flecken an den oberen Flanken, deren Anzahl mit zunehmendem Alter abnimmt. Keine Flecken befinden sich am Rücken vor der Rückenflosse. Einige kleine rote Flecken sind in drei oder vier unregelmäßigen Reihen entlang der mittleren Seiten angeordnet. Ihre Form, Größe und Anzahl bleiben mit zunehmendem Alter unverändert. Große breite, rundlich geformte Jugendflecken (10-12) sind bei Exemplaren bis zu einer Länge von etwa 20 cm deutlich sichtbar, bei größeren Tieren nur mehr schemenhaft. *S. coruhensis* besitzt meist zahlreiche schwarze Flecken am mittleren und oberen Teil der Flanken sowie oft auch am Rücken vor der Rückenflosse. Die unregelmäßig geformten roten Flecken sind in einem breiten Areal an den Seiten verteilt. Die Anzahl der Flecken nimmt bei Exemplaren über 23 cm Länge zu und die roten Flecken werden zunehmend von schwarzen Pigmenten überlagert. Die Jugendflecken (12-13) sind schmäler als bei *S. rizeensis*, mit zusätzlichen kleineren Flecken unterhalb und oberhalb der Hauptreihe der Jugendflecken, und bleiben bis zu einer Körperlänge von mindestens 23 cm bei den Männchen bzw. 30 cm bei den Weibchen erhalten. Die Anzahl der Wirbel ist bei *S. rizeensis* generell etwas niedriger als bei *S. coruhensis* (55-57 vs. 55-60), ebenso die Anzahl der Kiemenreusendornen (16-19 vs. 17-20) (Turan et al., 2009). In Bezug auf das Taxon *S. coruhensis* bestehen jedoch Differenzen: Einige Wissenschaftler aus Georgien (Ninua et al., 2018) betrachten es lediglich als ein Synonym von *S. labrax*, während sie die Gültigkeit von *S. rizeensis* anerkennen.
Die anadrome Schwarzmeerforelle ist in der Türkei nur noch in ein paar Flüssen der östlichen Schwarzmeerküste, östlich der Stadt Trabzon, anzutreffen. Überwiegend weibliche Tiere (75-85 %) wandern ins Meer, während die kleineren männlichen Artgenossen meist stationär bleiben. Der Großteil der Meerforellen kehrt nach einem Jahr zum Laichen in die Flüsse zurück. Dabei weisen sie eine Länge von mehr als 35 cm und ein Mindestalter von 2+ Jahren auf. Weibchen mit einem Alter von 8+ Jahren können bis zu einem Meter lang werden und über 16 kg wiegen. Noch zu Beginn des 20. Jahrhunderts versorgten ausreichende Bestände die kommerzielle Fischerei in der Türkei und in Georgien. Umweltverschlechterungen durch Abwässer und Straßenbau, sowohl im küstennahen Bereich des Schwarzen Meeres als auch in den Zuflüssen, sowie die Überfischung haben zu einem bedrohlichen Rückgang der Bestände geführt. Vielerorts verwehren auch Staudämme zur Stromerzeugung den Zugang zu den Laichplätzen. Vor nicht allzu langer Zeit haben Fischzüchter in der osttürkischen Schwarzmeerregion Eier von Bachforellen aus Europa (Frankreich oder Deutschland) eingeführt. Bis jetzt konnte aber noch kein genetischer Einfluss von atlantikstämmigen

Forellen durch eventuelle Besatzmaßnahmen oder entflohene Tiere aus Zuchtanstalten festgestellt werden. Seit Anfang der 1980iger Jahre sind die Schwarzmeerforellen in der Türkei unter Schutz gestellt und ihr Fang sowohl für Sportfischer als auch für die kommerzielle Fischerei verboten. Leider wird der illegale Fischfang, sowohl in den Laichflüssen als auch vor der Küste, nach wie vor beinahe uneingeschränkt betrieben. Neben den üblichen Fischereimethoden kommen in den Flüssen noch oft Fallen zum Fang der wandernden Fische zur Anwendung (Lelek, 1988; Geldiay & Balık, 2002; Okumuş et al., 2006). Um dem Fischereidruck entgegenzuwirken und die verbleibenden Bestände besser zu schützen, wurde 1998 vom Zentralen Fischereiforschungsinstitut (Central Fisheries Research Institute – CFRI) in Trabzon ein Programm zur Nachzucht der Schwarzmeerforelle in die Wege geleitet. Heute sind in der östlichen Schwarzmeerregion der Türkei bereits 19 Fischzuchten registriert, die jährlich bis zu 1440 t Schwarzmeerforellen produzieren (Çakmak et al., 2018).

Der längste Zufluss zum Schwarzen Meer, der Kızılırmak (Roter Fluss), entspringt nahe am Oberlauf des Euphrats und entwässert große Teile des nördlichen Zentralanatoliens. In früheren Erdepochen, die wesentlich feuchter waren als heute, lag auch noch das Zentralbecken in seinem Einzugsbereich, wie das Vorkommen nordischer Faunenelemente (z.B. *Gobio* spp.) im heute abflusslosen Hochplateau bestätigt. Vermutlich stammte die wahrscheinlich ausgestorbene Forellenpopulation bei Ereğli ebenso aus dem Schwarzmeerbecken, obgleich Tortonese (1954) diese Forellenform, die er wegen der reichlich vorhandenen roten Pigmentierung und der kleinen Fettflosse bemerkenswert findet, als *Salmo trutta macrostigma* klassifiziert.

Der Abant-See (türk.: Abant Gölü) im Nordwesten Anatoliens, 34 km südwestlich der Stadt Bolu, ist eines der wenigen von Seeforellen bewohnten Gewässer im türkischen Schwarzmeerbecken. Der etwa 125 Hektar große und bis zu 18 m tiefe See liegt auf einer Seehöhe von 1328 m, umgeben von dicht bewaldeten Bergen. Seine Entstehung verdankt er einem gewaltigen Bergrutsch. Der See hat keine größeren Zuflüsse, sondern wird von unterirdischen Quellen gespeist. Die endemischen Forellen des Abant-Sees wurden von Tortonese (1954) als neue Subspezies, *Salmo trutta abanticus,* beschrieben. Die markantesten äußeren Kennzeichen sind die großen schwarzen Flecken von runder oder ovaler Form, oft mit heller Umrandung, und die vergleichsweise langen Flossen mit spitzen Enden. Bei großen Exemplaren weisen die Flecken eine polygonale Form mit abgerundeten Ecken auf und der hintere Rand der Schwanzflosse ist konvex. Der Magen ist dickwandig und hart, ähnlich wie bei der irischen Gillaroo-Forelle. Die Abantforellen

ernähren sich von kleinen Muscheln und Schnecken, Insekten und kleineren Fischen. Sie werden gewöhnlich zwischen 25 und 40 cm lang, manchmal werden Exemplare bis zu 60 cm gefangen (Tortonese, 1954; Geldiay & Balık, 2002). Wie genetische Studien belegen, weisen die Abantforellen einen speziellen Haplotyp der Donau-Linie auf (Bernatchez, 2001). Die übermäßige Befischung durch Sportangler sowie der Besatz mit Schleien stellen eine nicht geringe Gefahr für die endemische Forellenform dar. Anfängliche Versuche, die Bestände durch künstliche Zucht zu stärken, wurden zwar bald wieder aufgegeben, scheinen aber in letzter Zeit wieder aufgenommen worden zu sein (Hatipoğlu & Akçay, 2010). Die Abantforelle wurde bereits vor etlichen Jahrzehnten erfolgreich in einige kleinere Seen, die Yedigöller (sieben Seen auf Deutsch), etwa 70 km nordöstlich des Abant-Sees eingesetzt, ebenso wie in den ca. 40 km südwestlich gelegenen Sünnet Gölü und in den Sülüklü Gölü, einen kleinen Bergsee im abflusslosen Hochplateau südwestlich von Konya (B. Kalaç, pers. Mitt.).
Mitte des letzten Jahrhunderts wurde noch ein Forellenvorkommen in dem östlich der Izmit-Bucht gelegenen Sapanca-See erwähnt (Ladiges, 1964). Sein Verschwinden dürfte auf die Habitatzerstörung in den einmündenden Laichbächen und die organische Verschmutzung des Sees durch Landwirtschaft und Fischzuchtbetriebe zurückzuführen sein. Der See hat 13 kleinere Zuflüsse und entwässert über den Sakarya-Fluss ins Schwarze Meer. Die mehr als 30 Fischfarmen in der Umgebung des Sees betreiben ausschließlich die Zucht von Regenbogenforellen. Bei einer Routinebefischung durch lokale Biologen in einigen Zubringern des Sapanca im Jahr 2006 konnte in einem der Zuflüsse, neben zahlreichen Regenbogenforellen und Elritzen, ein einzelnes Exemplar einer Bachforelle gefangen werden (Tarkan et al., 2008). Ob es sich dabei tatsächlich um den kläglichen Restbestand einer ehemaligen Population handelt, bleibt ungeklärt. Ein ähnlich verhängnisvolles Schicksal ereilte wohl auch die Mehrheit der Vorkommen in den Bächen an den Hängen des 2543 m hohen Uludağ, südlich der Stadt Bursa. Zumindest die Populationen des Oylat Deresi, eines Baches, der am Osthang des Uludağ entspringt und zum Sakarya fließt, und des Akçay am Nordhang des Uludağ dürften noch weitgehend erhalten geblieben sein. Wie eingangs erwähnt, wurde hier erst in den letzten Jahren eines der Nachzucht- und Wiederansiedlungsprogramme initiiert. Nur die Bäche aus dem östlichen Teil des Gebirges gehören zum Schwarzmeerbecken, die Bäche an der Nordabdachung entwässern über das Flusssystem des Simav zum Marmarameer. Erst kürzlich wurde eine weitere Forellenpopulation aus dem Einzugsgebiet des Simav bestätigt: aus dem Çatalalıç-Bach, am Südhang des Uludağ südöstlich von Bursa (Bardakci et al., 2006).

DA-Forelle (*S. rizeensis*), ~19 cm; Çifteköprü-Bach, Çoruh-Becken

DA-Forelle (*S. rizeensis*), ~16 cm; Fırtına Deresi (Quellregion)

DA-Forelle (*S. rizeensis*), ~18 cm; Ballidere (südöstl. von Rize)

DA-Forelle (*S. coruhensis*), ~26 cm; Limanköy-Bach (östl. von Rize)

DA-Forelle (*S. coruhensis*), ~24 cm; Ikizdere (westl. von Rize)

DA-Forelle (*S. coruhensis*), ~17 cm; Buldur Deresi, Yeşilırmak-Becken

DA-Forelle (*S. abanticus*), ~23 cm; Abant-See (Abant Gölü)

DA-Forelle (*S. duhani*), ~19 cm; Gönen Çayı (Marmara-Becken)

Fırtına Deresi – hier kommen sowohl *S. coruhensis* als auch *S. rizeensis* vor

Zindan Deresi – Köprü-Becken im westlichen Taurusgebirge (Mittelmeerbecken)

Zamantı Irmağı – Quellregion in der Uzunyayla-Hochebene (Mittelmeerbecken)

6.17.2. Das Einzugsgebiet des Mittelmeeres

An der türkischen West- und Südküste herrscht typisch mediterranes Klima mit heißen, trockenen Sommern und milden, regnerischen Wintern. In den höheren Lagen des Taurusgebirges fällt Schnee. Landeinwärts wird das Klima zusehends rauer, mit kalten Wintern und Niederschlägen meist im Frühjahr und Herbst. Immer mehr Flussläufe der Mittelmeerregion werden für die Trinkwasserversorgung und die Bewässerung von Agrarflächen genutzt. Das Anzapfen der Flüsse in den Quellregionen ebenso wie die Verschmutzung durch Straßenbau oder Abwässer und die Überfischung verursachten vielerorts eine beträchtliche Verminderung oder sogar die Ausrottung der Forellenbestände.

Im Einzugsgebiet des Mittelmeeres dominiert die Adria-Linie, nur im nördlichen Ägäisbecken, in einigen Bächen, die vom Ida-Gebirge (türkisch: Kaz Dağı) in die Bucht von Edremit fließen, findet man Populationen der Donau-Linie (Bernatchez, 2001). Auch am Nordhang des Ida-Gebirges in Quellflüssen des Kleinen Mäanders und des Gönen-Flusses, der in das Marmarameer mündet, kommen Forellen der Donau-Linie vor (Bernatchez, 2001). Nicht nur genetisch, sondern auch phänotypisch und morphologisch unterscheiden sich die Forellen dieser Gewässer von den Populationen aus der übrigen Mittelmeerregion Anatoliens. Die roten und schwarzen, meist hell umrandeten Flecken weisen eine rundliche Form auf, während bei den Forellen der Südtürkei die Flecken unregelmäßig geformt sind. Wie bei allen Schwarzmeerformen ist der Schwanzstiel deutlich niedriger als bei den Mittelmeerformen und die Fettflosse ist relativ klein. Die Anzahl der Pylorusschläuche ist mit 45 bis 62 vergleichsweise hoch. Bei den Populationen der Südküste werden gewöhnlich zwischen 28 und 40 gezählt (Geldiay, 1972; und eigene Beobachtungen). Erst kürzlich wurde eine neue Art, *Salmo duhani*, aus zwei Quellflüssen des Gönen-Flusses (Marmara-Becken) beschrieben (Turan & Aksu, 2021). Der Zeytinlı, einer dieser Quellfüsse, darf jedoch nicht mit dem Zeytinlı verwechselt werden, der etwas weiter südlich in die Ägäis mündet und ebenfalls Forellenvorkommen aufweist.

Im Mittelmeerbecken Südanatoliens gibt es natürliche Forellenvorkommen vom Eşen-Fluss im Westen bis zum Einzugsgebiet des Ceyhan im Osten. Fast überall findet man die Adria-Linie, nur in zwei Flüssen (Eşen und Alara) wurde ein Haplotyp der Marmoratus-Linie nachgewiesen (Özen, 2013; Schöffmann et al., 2019). Jeder Fluss beherbergt eine eigene Forellenform, die sich phänotypisch klar von den übrigen unterscheidet. Innerhalb einer Population gibt es kaum Variationen. Besonders farbenprächtig erscheinen die Forellen aus den Flüssen Kapıçayı (auch Akçay, Arif oder Başgöz Çayı genannt) und Alakır, beide westlich von Antalya, sowie aus dem Dimçay bei Alanya. Im Gegensatz zu den übrigen Populationen der an der Südküste mündenden Flüsse, deren Fleckenzeichnungen eher matte Farbtöne aufweisen, besitzen sie intensiv orange oder rot gefärbte Flecken. Eine archaisch anmutende Form lebt im etwa 180 km langen Köprüçay („Brückenfluss“) oder Köprü Irmağı östlich von Antalya. Die stumpfe Schnauze mit dem kurzen und breiten Oberkiefer, die hohe Rückenform und die spitz ausgezogene Schwanzflosse erinnern an die Weichmaulforellen Dalmatiens. Die wenigen roten und schwarzen Flecken an den Flanken und an der Rückenflosse sind klein und werden mit zunehmendem Alter undeutlicher. Die Population ist zwar offiziell durch ein Fischereiverbot geschützt, doch hält sich offensichtlich kaum jemand daran und zusätzlich entsteht infolge des zunehmenden kommerziellen Raftings eine Belastung für das Ökosystem. Dank seiner wasserreichen Zuflüsse und starken Unterwasserquellen nimmt der Köprüçay ab dem Mittellauf gewaltige Ausmaße an und so blieb ein stabiler Forellenbestand im unteren Flussabschnitt erhalten. Dies könnte sich allerdings sehr schnell ändern, sollten die umstrittenen Pläne zum Bau eines Wasserkraftwerkes und einer Autobahn entlang des Flusses umgesetzt werden. Forellen mit einem völlig anderen Phänotypus findet man im Zindan Deresi, dem nördlichsten Quellfluss des Köprüçay, welcher südöstlich des Eğirdir-Sees entspringt. Der Körper der Zindan-Forellen ist lang gestreckt, die Flossenspitzen sind abgerundet, an der Rückenflosse und entlang der Flanken befinden sich relativ große dunkelbraune Flecken. Offenbar lebt die Population des Zindan geografisch und reproduktiv getrennt von der Population des Hauptflusses.

Wie oben angedeutet, wurden in den Oberläufen der Flüsse Eşen Çayı, westlich von Antalya, und Alara Çayı, nördlich der Stadt Alanya, Forellen mit einem Marmoratus-Haplotyp gefunden. Ihr äußeres Erscheinungsbild weist, wie bei den entsprechenden Populationen Griechenlands, Albaniens und Korsikas, keinerlei Ähnlichkeit mit der Marmorforelle des Adriabeckens auf. Die Forellenzone im Alara erstreckt sich über eine Länge von mindestens 40 km, aber unkontrollierte Fischerei hat den Bestand drastisch dezimiert. Eine ähnliche Situation besteht auch in den von Touristen stark frequentierten Flüssen Eşen Çayı bei Fethiye und Dimçay bei Alanya, wo die Populationen bis auf geringe Vorkommen in den unzugänglichen Schluchten nahe an den Ursprüngen beinahe ausgerottet wurden. Während am Dimçay in den letzten Jahren ein großer Stausee entstand und sogar Wasser aus der Quellregion abgeleitet wird, konnten lokale Kraftwerksgegner den geplanten Bau eines Dammes am Oberlauf des Alara bislang noch verhindern. Zur Stärkung der bereits stark verminderten Forellenbestände im Alara war geplant, ab 2021 mit Besatzmaßnahmen beginnen. Um geeignete Besatzfische bereitzustellen, wurden im Herbst 2020 laichbereite Tiere für die Zucht aus dem Fluss entnommen. Über den Fortschritt dieses Projekts wurde seitdem nichts bekannt (B. Kalaç, pers. Mitt.). Ein ähnliches Projekt wird jedoch seit einiger Zeit am Dimçay durchgeführt, wodurch die Bestände sich wieder erholen konnten. Ein besonderes Merkmal zeichnet die Forellen des Dimçay aus: einen oder zwei rote Flecken an der Afterflosse. Man kann nur hoffen, dass durch ein verantwortungsbewusstes Management auch in Zukunft ausschließlich ortsansässige Forellen für den Besatz verwendet werden, die Einführung einer nachhaltigen Fischerei gelingt und der weitere Ausbau von Wasserkraft an den letzten dammfreien Flüssen der Region unterbunden werden kann.

Der etwa 93 km lange Manavgat-Fluss entspringt mit zwei Quellbächen im westlichen Taurusgebirge auf 1500 bzw. 1200 m Seehöhe. Einen großen Teil seines Wassers (etwa ein Drittel) bezieht der Fluss aus einer riesigen Karstquelle im Mittellauf, die heute allerdings von einem der zwei großen Stauseen überflutet wird. Wie bereits erwähnt, konnte sich im Manavgat-Fluss eine Restpopulation ursprünglicher Forellen in einem schwer erreichbaren Flussabschnitt am unteren Oberlauf bis heute halten, während in der leicht zugänglichen Strecke weiter flussaufwärts nur mehr Regenbogenforellen zu finden sind. Die autochthonen Forellen des Manavgat weisen einige Besonderheiten in der Färbung und bei der Fleckenzeichnung auf. Die Grundfarbe ist entweder blassgelb oder dunkelbraun, die wenigen kleinen und undeutlichen Flecken verteilen sich auf den vorderen oder oberen Teil der Flanken, die schmalen und hohen Jugendflecken sind auch bei adulten Tieren sichtbar. Dies entspricht der Beschreibung von Whittal (1967), der jedoch daneben auch Exemplare ganz ohne Fleckenzeichnung beobachtete. Tatsächlich nimmt die Intensität der Flecken mit zunehmender Größe der Fische ab. Ein weiteres Merkmal ist das leicht unterständige Maul – d. h., der Oberkiefer und die etwas krumme Schnauze überragen deutlich den Unterkiefer (Schöffmann, 2023). Es bleibt nur die Hoffnung, dass diese außergewöhnliche Population trotz gieriger und rücksichtsloser Fischerei und invasiver Regenbogenforellen auch künftig eine Überlebenschance hat.

Das südlichste Forellenvorkommen Anatoliens und des gesamten ostmediterranen Raumes befindet sich beim Kap Anamur im Anamur-Fluss (auch „Drachenfluss" genannt), der bei der gleichnamigen Stadt ins Meer mündet. Bis zum Ende des letzten Jahrhunderts waren hier trotz illegaler Fischerei Forellen noch reichlich vorhanden. Nach der Errichtung einer Reihe von Staudämmen ohne Fischaufstiegshilfen sank der Fischbestand dramatisch. Die Anamur-Forelle befindet sich heute am Rande des Aussterbens. Diese Fische besitzen eine hohe Anzahl relativ

großer, unregelmäßig geformter Flecken, die bei adulten Tieren ausschließlich schwarz gefärbt sind. Das größte Einzugsgebiet im westlichen Mittleren Taurus* wird vom Göksu und seinen Zuflüssen entwässert. Der Göksu fließt bei Silifke, etwa 100 km östlich des Anamur, ins Meer. Die Forellenvorkommen beschränken sich wegen der starken Sedimentierung in den Hauptflüssen auf deren Quellregionen und wenige kleinere Seitenbäche. Trotz der geografischen Isolation zwischen den einzelnen Populationen kennzeichnet diese Forellen ein spezifisches gemeinsames Merkmal: kleine rote Flecken von unregelmäßiger Form an den Seiten und nur vereinzelte schwarze Flecken am Kopf, hinter den Kiemendeckeln und an der oberen Körperhälfte. Größere Exemplare zeigen oft leuchtend gelbe Seiten. Allerdings werden die Fische in diesen kleinen Bächen nicht besonders groß.
In einem schwer zugänglichen Quellfluss des bei der gleichnamigen Stadt ins Meer mündenden Tarsus (auch Berdan Çayı) blieb nicht zuletzt wegen restriktiver Schutzmaßnahmen eine Restpopulation erhalten, während in den unteren Abschnitten sich längst Regenbogenforellen etabliert haben. Die autochthonen Forellen des Tarsus zeigen ein auffallend silbrig-weißes Farbkleid, welches wahrscheinlich auf die durch Feinsedimente verursachte milchige Trübung des Wassers zurückzuführen ist. Die großen Flecken an den Flanken zeigen bei jüngeren Tieren teilweise noch eine orange Färbung, bei adulten sind alle Flecken schwarz. Eines der eingangs erwähnten vier Wiederbesiedlungsprogramme wurde kürzlich im Flusssystem des Tarsus begonnen. Die betreffenden Flüsse Kadıncık Deresi, Cehennem Deresi und Cocakdere befinden sich jeweils in den gleichnamigen Nationalparks und dementsprechend naturbelassenen sind auch diese Flussabschnitte. Die unterstützenden Besatzmaßnahmen sollen eine kontrollierte und bestandsschonende Sportfischerei ermöglichen. In einer großen, staatlich geförderten Brutanstalt in der Nähe der Ortschaft Çamlıyayla nördlich von Mersin versucht man seit 2004 regional ansässige Forellen zu züchten. Die Jungfische werden etwa 20 Tage in kleinen Teichen gehalten und nach Erreichen von 3-4 cm Länge in die freien Gewässer entlassen. Vor kurzem begann man hier auch mit der Nachzucht von Forellen aus Flüssen außerhalb des Einzugsgebietes des Tarsus. So wurden 2019 Brütlinge in drei schon lange überfischte Zuflüsse des Ceyhan eingesetzt. Offiziellen Angaben zufolge hält man sich strikt an die Regel, Jungfische nur in die jeweiligen Gewässer einzusetzen, aus denen ihre Eltern stammen. Ob man dieser Vorgabe auch tatsächlich immer Folge leistet, bleibt indes unsicher.

DA-Forelle, ~21 cm; Zeytinli D. (Ägäisbecken)

MA-Forelle, ~14 cm; Eşen Ç. (Mittelmeerbecken)

X-Forelle; ~24 cm; Kapıçay (Mittelmeerbecken)

X-Forelle (*S. kottelati*), ~23 cm; Alakır Ç. (Mittelmeerbecken)

AD-Forelle, ~21 cm; Köprüçay (Mittelmeerbecken)

X-Forelle, ~28 cm; Manavgat Ç. (Mittelmeerbecken). Foto: K. Yanar

MA-Forelle (*S. opimus*), ~25 cm; Alara Ç. (Mittelmeerbecken)

AD-Forelle, ~22 cm; Dimçay (Mittelmeerbecken)

AD-Forelle, ~22 cm; Anamur Ç. (Mittelmeerbecken)

AD-Forelle, ~18 cm; Geyvne D., Göksu-Becken (Mittelmeerbecken)

AD-Forelle, ~32 cm; Tarsus Ç. (Mittelmeerbecken)

AD-Forelle, ~22 cm; Kapuz-Fluss, Seyhan-Becken (Mittelmeerbecken)

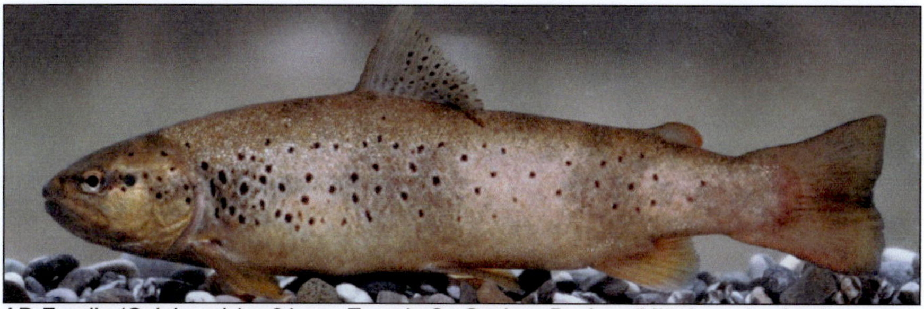

AD-Forelle (*S. labecula*), ~31 cm; Ecemiş Ç., Seyhan-Becken (Mittelmeerbecken)

AD-Forelle, ~22 cm; Hançerderesı, Seyhan-Becken (Mittelmeerbecken)

AD-Forelle (*S. platycephalus*), ~27 cm; Soğuksu, Seyhan-Becken (Typusfundort)

AD-Forelle (*S. platycephalus*), ~22 cm; Zamantı-Quellregion, Seyhan-Becken

AD-Forelle (*S. chilo*), ~21 cm; Hurman Ç., Ceyhan-Becken (Mittelmeerbecken)

AD-Forelle (*S. chilo*), ~23 cm; Söğütlü Ç., Ceyhan-Becken (Mittelmeerbecken)

AD-Forelle (*S. opimus*), ~27 cm; Tekir Ç., Ceyhan-Becken (Mittelmeerbecken)

AD-Forelle (*S. opimus*), ~22 cm; Fırnis Ç., Ceyhan-Becken (Mittelmeerbecken)

Am östlichen Rande des türkischen Mittelmeerraumes liegen die riesigen Einzugsgebiete der Flüsse Seyhan und Ceyhan mit ihren Deltamündungen südwestlich und südöstlich von Adana. Das Einzugsgebiet des Seyhan umfasst etwa 20 000 km², das entspricht beispielsweise der Fläche Sloweniens. Im Westen und im Norden säumt der Mittlere Taurus das Seyhan-Becken, im Osten grenzt es an das annähernd gleich große Ceyhan-Becken. Die Hauptzubringer des Seyhan sind Zamantı und Göksu (nicht zu verwechseln mit dem zuvor genannten Göksu im westlichen Mittleren Taurus). Im Seyhan-Becken wurden vier phänotypisch unterscheidbare, geografisch isolierte Forellenpopulationen belegt, die alle der Adria-Linie angehören (Schöffmann, 2006).
Aus dem Einzugsbereich des Zamantı-Oberlaufs ist eine endemische Forellenart bekannt. Im Jahre 1966 gelangten drei tote Exemplare einer ungewöhnlichen Forelle in die Hände der Mitglieder des Zoologischen Instituts der Universität Hamburg. Die Tiere stammten von lokalen Fischern und waren vermutlich mit Sprengstoff gefischt worden. Die Exemplare wurden dem international anerkannten Salmonidenforscher Robert J. Behnke von der Colorado State University in die USA geschickt. Nach eingehenden Untersuchungen und Vergleichen mit verschiedenen Vertretern der Unterfamilie Salmoninae war er zu dem Schluss gekommen, dass es sich um eine neue Art handelte, abweichend von allen bisher bekannten Salmoniden. Insbesondere aufgrund der Bezahnung wurde diese Spezies dem Genus *Salmo* zugeordnet und in das neue Subgenus *Platysalmo* gestellt, um auf die ungewisse phylogenetische Stellung hinzuweisen. Die neue Art wurde daher 1968 mit *Salmo (Platysalmo) platycephalus* klassifiziert. Der Name *platycephalus* kommt aus dem Griechischen und bedeutet Flachkopf. Im Englischen wurde deshalb die Bezeichnung „flathead trout" (Flachkopf-Forelle) gebräuchlich. Neben dem breiten, abgeflachten Kopf erwähnt Behnke in seiner Originalbeschreibung noch weitere charakteristische Merkmale: stumpfe Schnauze, breiter Oberkiefer, Unterkiefer leicht unterständig; schwach entwickelte Zähne, die von fleischigen Lippen verdeckt sind; eine relativ hohe Anzahl von Kiemenreusendornen am ersten Kiemenbogen (23-24) und eine außerordentlich geringe Anzahl von Pylorusanhängen (15-16). Die Färbung wird mit dunkelbraun, zum Bauch hin heller, ohne jegliche Flecken oder deutliche Musterung beschrieben. Als Fundort wurde ein Quellfluss im Seyhan-Becken angegeben, etwa 30 km südlich der Stadt Pinarbaşı im südlichen Zentralanatolien (Behnke, 1968).
Für viele Jahre war dies der einzige Nachweis von *S. platycephalus.* Bei einer im Jahre 1990 durchgeführten Expedition in die Türkei gelang es mir, in zwei Zubringern des Zamantı nahe der Stadt Pinarbaşı die ver-

schollene Forellenart wieder zu finden, in ihrem natürlichen Biotop zu beobachten und sieben Exemplare lebend zu fangen. Einer der Zuflüsse, der Soğuksu, ist der Typusfundort, das zweite Vorkommen im Karagöz, etwas weiter östlich gelegen, war bis zu diesem Zeitpunkt noch nicht bekannt. Die Zählung der Pylorusanhänge ergab, dass die für die Originalbeschreibung ermittelte Zahl von 14 bis 16 zu niedrig angesetzt war und im Bereich von 22 bis 35 liegt (Schöffmann, 1992a). Wie mir Behnke später mitteilte, wurden die Pylorusanhänge von Holotypus und Paratypoiden „in place" gezählt, das heißt ohne die Eingeweide auszunehmen, um die Museumsexemplare nicht zu beschädigen. Dabei könnten 5 oder 6 Anhänge übersehen worden sein. Abgesehen von den in der Erstbeschreibung angeführten morphologischen Eigenheiten ist das wohl markanteste äußere Merkmal von *S. platycephalus* sein ungewöhnliches Farbmuster, welches bei lebenden Exemplaren zu erkennen ist. Im Zuge der Entwicklung vom jungen zum geschlechtsreifen Tier unterliegt das Farbkleid einigen charakteristischen Veränderungen: Bis zum ersten Lebensjahr (GL 6-11 cm) zeigen sie ovale bis längliche Jugendflecken und eine undeutliche schwarze Fleckenzeichnung an den Seiten und am Rücken sowie einige rötliche Flecken nahe der Seitenlinie. Im zweiten Jahr (GL 15-19 cm) verschwinden allmählich die Jugendflecken und an den Flanken erscheint ein dichtes Muster mit unregelmäßig geformten schwarzen und einigen rotbraunen Flecken und nur wenigen dunklen Flecken am Rücken. Im dritten Jahr (GL 20-24 cm) verwandelt sich die unregelmäßige Fleckenzeichnung langsam in eine Marmorierung mit einigen rötlichen Flecken dazwischen. Vier dunklere Flächen sind an den Seiten zu erkennen. In diesem Alter werden die Männchen geschlechtsreif. Im vierten Jahr (GL 22-31 cm) wird die Fleckenzeichnung undeutlicher und ist kaum noch sichtbar, dafür werden die vier dunklen Flächen an den Flanken deutlich hervorgehoben. Die rote Pigmentierung verschwindet gänzlich. In dieser Altersklasse gibt es auch geschlechtsreife Weibchen. Größere Exemplare, bis zu einer Länge von etwa 40 cm, kommen nur vereinzelt vor (Schöffmann, 2004a).
Bei einer der nachfolgenden Expeditionen in dieses Gebiet konnte ich ein weiteres Vorkommen im Quellgebiet des Zamantı nachweisen. Der Ursprung dieses Flusses liegt etwa 40 km nordöstlich von Pinarbaşı an einer starken Karstquelle inmitten eines sommertrockenen, baumlosen und dünn besiedelten Hochplateaus. Das kalkhaltige Wasser und das geringe Gefälle in der Quellregion fördern den Wuchs von Wasserpflanzen. Der Pflanzenwuchs nimmt flussabwärts kontinuierlich zu, ebenso wie das im Quellbereich noch klare Wasser eine zusehends milchigtrübe Färbung annimmt. Schon nach ungefähr 10 km bietet der Fluss kein geeignetes Habitat für Salmoniden mehr. Die größte Bedrohung für

S. platycephalus ist die Überfischung. Hinzu kommen die landwirtschaftliche Wassernutzung und der Sedimenteintrag durch den Straßenbau (Schöffmann, 1998). Die bei weitem stärkste Population befindet sich noch in der Quellregion des Zamantı. Hier lassen sich auch kaum Anzeichen von fischereilichem Druck oder Umweltschäden beobachten. Allerdings könnten entflohene Regenbogenforellen aus der Zuchtanstalt nahe am Ursprung eine Gefahr als Nahrungskonkurrenten und als Überträger von Krankheiten darstellen. *S. platycephalus* wurde bereits 1986 in der internationalen Roten Liste gefährdeter Arten (IUCN) als gefährdet eingestuft und 1996 für kritisch gefährdet erklärt.

Im Jahre 1993 reklassifizierten die amerikanischen Ichthyologen Stearly und Smith aufgrund kladistischer Analysen der morphologischen Merkmale *Salmo (Platysalmo) platycephalus* in das Genus *Salmothymus* als *Salmothymus platycephalus,* bestätigten jedoch Behnkes Hypothese der frühen Abspaltung innerhalb der Unterfamilie Salmoninae. Der Gattungsname *Salmothymus*, 1908(a) von Berg für die Weichmaulforelle eingeführt, wurde von keinem anderen Autor mehr für die anatolische Art verwendet. Wie später durchgeführte Analysen der mtDNS und nDNS zeigten, ist *Salmo platycephalus* kein „archaisches Taxon", sondern hat sich erst vor relativ kurzer Zeit innerhalb der Adria-Linie entwickelt. Demnach wäre, nach strenger phylogenetischer Klassifikation, *S. platycephalus* nicht als eigenständige Art einzustufen (Sušnik et al., 2004). Wie jedoch neuere Studien an anderen Forellen (z.B. Weichmaulforellen von Jadro und Zeta, Marmorforelle, marokkanische Forellen) gezeigt haben, ist es offensichtlich, dass die mtDNA-basierte Phylogenie völlig irreführend sein kann. Es wäre daher sehr wichtig, nukleare DNA-Tests auch an diesem Taxon durchzuführen, um seine wahren evolutionären Status zu ermitteln. Jedenfalls hat *S. platycephalus* charakteristische äußere Merkmale ausgebildet, die diese Forellenform klar von allen anderen Vertretern der Europäischen Forelle unterscheiden. Allein schon diese diagnostizierbaren Merkmale und die reproduktive Isolation zu anderen Forellenformen sprechen für eine Klassifikation als eigenständige Spezies. Die Anerkennung des Artranges sollte auch zum besseren Schutz dieser bedrohten Salmoniden beitragen.

Der Göksu ist nach dem Zamantı der zweitgrößte Zubringer des Seyhan. In seiner Quellregion – hier heißt der Fluss noch Sarız Suyu – soll unbestätigten Meldungen zufolge ebenfalls *S. platycephalus* vorkommen. Überfischung und Wassernutzung haben den Bestand heute praktisch ausgelöscht. Eine Bestimmung der Artzugehörigkeit wird daher kaum mehr möglich sein. In einem abgelegenen Seitenfluss zum Mittellauf des Göksu, dem Hançerderesı, entdeckte ich im Herbst 2004 ein Forellenvorkommen. Einige morphologische Merkmale dieser Forellen, wie der oben abgeflachte Kopf, die stumpfe Schnauze, das leicht unterständige Maul mit der fleischigen Unterlippe und der breite Oberkieferknochen, entsprechen denen von *S. platycephalus.* Abweichend ist jedoch das Farbkleid: Anstatt der unregelmäßigen dichten Fleckenzeichnung oder Marmorierung wie bei *S. platycephalus* zeigen die Forellen aus dem Göksu-Zubringer unscheinbare, rötlich-braune bis schwarze Punkte von unregelmäßiger Form. Der relativ wasserreiche, nur etwa 8 km lange Hançerderesı fließt durch eine tiefe, dennoch leicht zugängliche Schlucht. Dank der Abgeschiedenheit des Gewässers findet man hier noch einen intakten Lebensraum vor. Das kristallklare, sauerstoffreiche Wasser mit Höchsttemperaturen um 16 °C ist für Salmoniden bestens geeignet. Trotzdem ist der Forellenbestand erstaunlich gering. Bei einem Beobachtungstauchgang wurden auf einer Flusslänge von zwei Kilometern nur 6 Exemplare gesichtet. Im Gegensatz dazu existiert ein guter Bestand an rheophilen Barben der Gattung *Capoeta.* Anhand der deutlich erkennbaren vier dunklen Flecken an den Seiten der Forellen lassen sich diese bereits aus großer Distanz von den Barben, trotz des ähnlichen Habitus, unterscheiden. Die vier Flecken scheinen daher eher als Signal zur Revierabgrenzung zu fungieren, denn als Tarnung. Eine Erklärung für den verschwindend geringen Forellenbestand ist höchstwahrscheinlich die Anwendung radikaler Fangmethoden durch die zumeist in ärmlichen Verhältnissen lebende Bevölkerung dieser kargen Region. Die Barbenbestände können sich durch Zuwanderung aus dem Hauptfluss regenerieren, wohingegen die Forellen auf Dauer nur im Nebenfluss überlebensfähig sind. Der Mittellauf des Göksu bietet aufgrund der permanenten anorganischen Trübung und der starken Sedimentation kein geeignetes Habitat für Salmoniden (Schöffmann, 2006).

Der Kapuz-Fluss ist ein kurzer, aber wasserreicher und außerordentlich reißender Zufluss zum Unterlauf des Zamantı. Er entspringt bei den imposanten Kapuzbaşı-Wasserfällen am Fuße des bis zu 3756 m hohen Aladağ-Gebirges. Hier fand ich 1998 eine Forellenpopulation, welche sich signifikant von *S. platycephalus* aus dem oberen Zamantı-Becken unterscheidet und die sich offensichtlich den lokalen Unweltbedingungen bestens angepasst hat. Ein gedrungener Körperbau mit außergewöhnlich großen Brust- und Bauchflossen kennzeichnet diese Forellen ebenso wie eine relativ hohe Fettflosse. Jüngere Tiere bis zu einer Gesamtlänge von etwa 20 cm zeigen an den Flanken rundliche rötliche und schwarze Flecken, die bei größeren Exemplaren unregelmäßiger geformt und zunehmend schwarz überdeckt erscheinen. Adulte Tiere bekommen in Stresssituationen (z.B. bei zeitweiliger Hälterung im Aquarium) zudem vier undeutliche dunklere Flächen an den Seiten, die bei

Beobachtungen unter Wasser im Fluss nicht zu erkennen sind. Auffallend sind auch 6 bis 7 große dunkle Flecken entlang des Rückens. Erste genetische Untersuchungen ergaben, dass diese Forellenpopulation der Donau-Linie angehört (Bernatchez, 2001). Diese Feststellung führte zu Spekulationen über mögliche historische Zuwanderungswege donaustämmiger Forellen aus dem nördlich angrenzenden Becken des Schwarzmeerzuflusses Kızılırmak in das Zamantı-Becken, vor allem da ein künstlicher Besatz in Anbetracht der morphologischen Eigenheiten der Tiere, die als Anpassung an die hohe Fließgeschwindigkeit des Gewässers verstanden werden können und bei eingesetzten Forellen fremder Herkunft nicht zu erwarten sind, kaum in Erwägung zu ziehen war. Vergleiche der phänotypischen Merkmale der Forellen des Kapuz-Flusses mit Forellen aus dem gesamten Einzugsbereich des Schwarzen Meeres der Türkei ließen jedoch keinerlei Ähnlichkeit zu irgendeiner donaustämmigen Population erkennen. Angesichts dieser Erkenntnis versuchte ich die Ursache der Unstimmigkeit herauszufinden und sammelte im Jahre 2011 weitere Exemplare. Erneute genetische Analysen belegten eindeutig, dass die Kapuz-Forellen der Adria-Linie angehören (Schöffmann, 2012a). Offensichtlich ist das vorangegangene falsche Resultat auf eine Verwechslung von Proben zurückzuführen.

Leider ist auch diese ursprünglich schon kleine Population – der Kapuz-Fluss ist kaum 3 km lang – durch unkontrollierten Fischfang mit Angeln und Wurfnetzen trotz der eigentlich schwierigen Befischbarkeit des Wildwassers stark gefährdet. Noch bis vor nicht allzu langer Zeit wurden gelegentlich größere Exemplare im Zamantı im Mündungsbereich des Kapuz-Flusses gefangen. Der erst vor wenigen Jahren errichtete Staudamm in der Zamantı-Schlucht nur wenige Kilometer oberhalb der Mündung hat mit großer Wahrscheinlichkeit die Struktur des Flusslaufes und dessen Biozönose beeinträchtigt.

Der Ecemiş-Fluss mündet nördlich von Adana in den Seyhan und ist dessen drittgrößter Zubringer. Die Forellen aus diesem westlichen Zufluss unterscheiden sich phänotypisch erheblich von *S. platycephalus* und der Form aus dem Hançerderesı. Das obere Kopfprofil ist abgerundet, der Oberkiefer lang und schmal. Bei adulten Tieren beider Geschlechter reicht der Oberkiefer bis weit hinter das Auge, bei *S. platycephalus* niemals weiter als bis unter den hinteren Augenrand. Ältere Männchen (>35 cm) haben eine lang ausgezogene Schnauze mit leicht nach oben gebogener Spitze. Dieses geschlechtsspezifische Merkmal ist bei *S. platycephalus* nicht zu beobachten. Die unregelmäßig geformten, hell umrandeten Flecken nehmen an Größe und Dichte von der hinteren zur vorderen Körperhälfte zu. Jüngere Tiere (bis zu etwa 24 cm Länge) zeigen mehrheitlich rötlich-braune, schwarz überlagerte, ältere

Exemplare (männliche und weibliche) ausschließlich schwarze Flecken. Ab einer Körperlänge von etwa 17 cm erscheinen vier dunkle Flächen an den Flanken. Auffällig ist die äußere Ähnlichkeit mit den Forellen aus dem benachbarten Tarsus-Fluss, der nur ein paar Kilometer westlich der Seyhan-Mündung ins Mittelmeer fließt. Innerhalb des Seyhan-Beckens besteht die größte phänotypische Übereinstimmung zwischen den Forellen des Kapuz-Flusses und jenen des Ecemiş-Flusses, wenn auch letztere einen weniger gedrungenen Körperbau aufweisen. Allein anhand der phänotypischen Unterschiede zwischen einzelnen Populationen des gesamten Seyhan-Beckens kann man davon ausgehen, dass dieses riesige Einzugsgebiet in wenigstens zwei sukzessiven Intervallen von der Adria-Linie besiedelt wurde.

Im Osten des Seyhan-Beckens grenzt das annähernd gleich große Ceyhan-Becken an. Auch im weiten Einzugsgebiet des Ceyhan gibt es einige geographisch isolierte Forellenpopulationen mit unterschiedlichen äußeren Merkmalen. Einer der Nebenflüsse, der Fırniz-Fluss, mündet nahe der Stadt Kahramanmaraş in den Ceyhan und weist trotz illegaler Fischerei, zum Teil sogar mit Harpunen, neben einem guten Bestand an Cypriniden einen stabilen Forellenbestand auf, darunter einige Tiere mit einer Körperlänge von 50 bis 70 cm. So wie im Hançerderesı sind auch hier die vier dunklen Flecken an den Seiten der Forellen ein unmittelbares Unterscheidungsmerkmal zu den ebenfalls großwüchsigen Barben (*Capoeta sp.*). Das östlichste Forellenvorkommen im Ceyhan-Becken befindet sich etwa 50 km östlich der Stadt Elbistan. Der Sögütlü-Fluss entspringt am Südhang des 2662 m hohen Akdağ. Nur wenige Kilometer entfernt, an den Nord- und Osthängen dieses Berges, haben bereits Zuflüsse des Euphrats ihren Ursprung. In der Türkei gibt es allerdings mehrere Berge mit dem Namen Akdağ, wörtlich „weißer Berg“, wie den nur 40 km weiter südlich gelegenen, 2510 m hohen Akdağ. Die Forellen des Sögütlü weisen eine starke phänotypische Übereinstimmung mit den Forellen aus dem Hurman-Fluss auf, welcher etwas weiter westlich dem Ceyhan von Norden her zufließt. Ein paar Kilometer weiter westlich mündet auch der Göksun in den Ceyhan. Die Forellenpopulation des Göksun wurde durch Überfischung bereits stark dezimiert.

Turan et al. (2012) beschrieben drei neue Arten aus dem mediterranen Einzugsgebiet Anatoliens: *Salmo chilo* aus dem Akdere (Oberlauf des Hurman-Flusses im oberen Ceyhan-Becken); *S. labecula* aus dem Ecemiş (unteres Seyhan-Becken) und aus den Flüssen Zindan und Kartoz (Köprü-Becken in Südwestanatolien); *S. opimus* aus dem Alara-Fluss und aus dem mittleren Ceyhan-Becken (Fırnız-, Tekir- und Göçüksu-Fluss). Eine neue Art aus dem Alakır-Fluss, westlich von Antalya folgte: *S. kottelati* (Turan et al., 2014b).

*) Die Gliederung des Taurusgebirges richtet sich nach der offiziellen türkischen Version. Westlicher Taurus (Batı Toroslar): vom Eşen-Fluss im Westen bis zur Linie zwischen Konya und Kap Ananmur im Osten; Mittlerer Taurus (Orta Toroslar): von Anamur bis zum Ceyhan-Becken; Südöstlicher Taurus (Güneydoğu Toroslar): vom Ceyhan-Becken bis zur südöstlichen Ecke der Türkei.

6.17.3. Das Einzugsgebiet von Euphrat und Tigris

Der Euphrat entspringt im Nordosten der Türkei, nördlich von Erzurum, auf etwa 2000 m Seehöhe. Der Ursprung des Tigris liegt im Hazar-See südlich von Elaziğ, auf einer Seehöhe von 1223 m. Der Euphrat und der Tigris fließen durch Mesopotamien (Syrien, Irak) zum Persischen Golf. Kurz vor der Mündung vereinigen sich beide Flüsse und bilden den Schatt-el-Arab. Das Einzugsgebiet von Euphrat und Tigris auf türkischem Boden entspricht etwa 20 % der Bodenfläche der Türkei. Über die Forellen des Euphrat-Tigris-Beckens war bis vor kurzem wenig bekannt. In einem 2002 erschienenen Band in türkischer Sprache von Geldiay und Balık (Die Süßwasserfische der Türkei) findet man ein paar Angaben zur Verbreitung der Forellen im Einzugsbereich von Euphrat und Tigris. Genetische Untersuchungen zeigten, dass die Euphrat-Tigris-Forellen verschiedenen phylogenetischen Linien angehören (Bernatchez, 2001; Bardakci et al., 2006). Das Euphrat-Tigris-Becken wurde demnach sowohl aus dem pontokaspischen als auch aus dem mediterranen Raum besiedelt. In der Quellregion des Euphrat und in einigen Zubringern des Oberlaufs wurden Forellen der Donau-Linie nachgewiesen. Die Immigration erfolgte wahrscheinlich über postglaziale Verbindungen, die durch Verlagerung der Wasserscheide zwischen dem oberen Euphrat-Becken und dem Schwarzmeer-Becken entstanden sind. Von den donaustämmigen Forellen des oberen Euphrat-Beckens wurden bisher zwei neue Arten beschrieben: *Salmo euphrataeus* (Turan et al., 2014a) aus dem Sırlı Deresi, einem rechten Zufluss des Euphrat nördlich von Erzurum, und *Salmo fahrettini* (Turan et al., 2020) aus zwei seiner linken Zuflüssen südwestlich von Erzurum. Während die Fleckenzeichnung der ersten Art große Ähnlichkeit mit der von *S. rizeensis* (kleine rote Flecken entlang der Seiten und ein paar kleine schwarze Flecken an den oberen Seiten) aus dem angrenzenden Schwarzmeer-Becken aufweist, kennzeichnet die letztere Art eine hohe Anzahl mittelgroßer, rundlich geformter, hauptsächlich schwarzer Flecken, die über die Seiten verteilt sind. Forellen der Donau-Linie wurden noch aus einem weiteren rechten Zufluss des oberen Eurphrat bekannt, dem weiter westlich gelegenen Balıkli Çayı. Ihr Äußeres entspricht der Beschreibung von *S. euphrataeus.*

DA-Forelle (*S. euphrataeus*), ~16 cm; Balıklı Ç., Karasu-Zufluss, nördl. Euphrat-Becken

AD-Forelle (*S. okumusi*), ~26 cm; Göksu Ç., westl. Euphrat-Becken

AD-Forelle (*S. munzuricus*), ~21 cm; Munzur Ç., östl. Eurphrat-Becken

AD-Forelle, ~32 cm; Murat Ç. – Quellregion, östl. Euphrat-Becken

Tl-Forelle (*S. tigridis*), ~18 cm; Bahçesaray D., Zufluss des Çatak Ç., Tigris-Becken

Tl-Forelle (*S. tigridis*), ~19 cm; Bahçesaray D., Zufluss des Çatak Ç., Tigris-Becken

Bahçesaray Deresi – Tigris-Becken südlich des Van-Sees

Der Oberlauf des Euphrat heißt eigentlich Karasu (schwarzes Wasser), erst südlich des Munzur-Gebirges, nachdem sein anfänglich in Ost-West-Richtung verlaufendes Flussbett sich abrupt nach Südosten wendet, nennt man ihn Euphrat (kurdisch: Firat, türkisch: Fırat). In diesem weiten Einzugsgebiet, das sich von der Abgrenzung zu den Becken des Seyhan und des Ceyhan im Westen bis zu den Lavafelsen im Bereich des Ararat im Osten erstreckt, kommt ausschließlich die Adria-Linie vor. Der hier vorgefundene einzige Haplotyp wurde bisher nur im Euphrat-Becken nachgewiesen (Bernatchez, 2001; Bardakci et al., 2006). Das auffälligste gemeinsame äußere Merk-mal dieser Forellen ist die große Fettflosse, die entweder mehrere isolierte rote Flecken (Tohma, Göksu) oder eine großflächige rote Färbung mit weißer Umrandung (Munzur, Murat) aufweist. Eine weitere morphologische Besonderheit ist die geringe Anzahl der Pylorusanhänge (20-26), insbesondere bei der Population aus dem Tohma-Fluss, der wenige Kilometer östlich der Zamantı-Quelle entspringt (Schöffmann, 2005b).
Das südlichste Forellenvorkommen im Euphrat-Becken befindet sich im Göksu. Der Name Göksu, zu Deutsch „Himmelswasser“, soll auf die azurblaue Färbung des Gewässers hinweisen und findet für eine Anzahl von Gewässern im gesamten türkischen Sprachraum, von der Türkei bis Zentralasien, Anwendung. Der Euphrat-Zubringer Göksu ist also nicht identisch mit dem Göksu des Seyhan-Beckens oder dem Göksu im westlichen Mittleren Taurus. Der Göksu aus dem Euphrat-Becken erweist jedenfalls seinem Namen alle Ehre. Dank der Entlegenheit dieser Region und der noch intakten Natur am Oberlauf findet man in seinem kristallklaren Wasser eine der stärksten Populationen Anatoliens. Die Forellen lassen über den oberen Teil des Kopfes und am Rücken eine ungewöhnliche Fleckenzeichnung erkennen, die bei älteren Exemplaren in eine Marmorierung übergeht. Die hohen und schmalen Jugendflecken sind bei adulten Tieren noch sichtbar (Schöffmann, 2005b).
Der mehr als 3300 m hohe, über 100 km lange und kaum bewaldete Munzur-Gebirgszug gehört zu den nördlichen Ausläufern des Südöstlichen Taurus. An seiner Südflanke liegen die spektakulären Quellen des Munzur-Flusses (kurdisch: Mizur). Mehrere starke Quellen strömen, über eine größere Fläche verteilt, direkt aus dem Berg hervor und bilden sogleich einen reißenden Fluss. Die türkische Bezeichnung für die Quellen „Munzur Gözeleri“ bedeutet „die Augen des Munzur“. Das ganzjährig kalte Wasser ermöglicht den Forellen das Überleben erst wenige Kilometer weiter flussabwärts. Der Munzur war einst bekannt für seinen Fischreichtum, vor allem aber für das große Wachstumspotenzial seiner Forellen. Die übermäßige Befischung hat in den letzten Jahrzehnten den Beständen arg zugesetzt. Seit Jahren schon kämpft die türkische

Armee in diesem dünn besiedelten Gebiet gegen kurdische Rebellen. Die Kontrolltätigkeit von Polizei und Armee bezieht sich daher wohl kaum auf die Fischerei. Bei Tauchgängen nahe am Ursprung konnte ich 1990 noch einen relativ guten Bestand mit ein paar kapitalen Exemplaren darunter feststellen. Im Jahre 2003 hingegen waren an denselben Stellen nur noch vereinzelte kleinere Exemplare zu beobachten. Obwohl das obere Munzur-Tal 1971 zum Nationalpark erklärt wurde, plant der Staat hier den Bau von acht Staustufen. Zwei davon wurden bereits fertiggestellt. Dieser gravierende Eingriff in die beinahe noch unberührte Natur dieser Region – Wildschafe, Bären, Wölfe und andere seltene Säugetierarten sind hier noch beheimatet – hat allem Anschein nach keinen ökonomischen Hintergrund, sondern ist auf den finanziellen Gewinn eines Konsortiums aus türkischen, amerikanischen und österreichischen Bauunternehmen ausgerichtet (Dissard, 2015). Drüber hinaus vermuten kurdische Aktivisten, dass das angestrebte Ziel der Regierung darin besteht, die kurdischen Aleviten aus ihren angestammten Siedlungsgebieten zu vertreiben, um ihre kulturelle Entwurzelung und Assimilation in die sunnitische Bevölkerungsmehrheit zu beschleunigen.

Der Munzur mündet bei Elaziğ in den Keban-Stausee, ehemals in den Euphrat-Zufluss Murat, welcher die östlichste Region des Euphrat-Beckens entwässert. Der Ursprung des Murat liegt nahe an der Grenze zum Iran, in einem von Lavagestein geprägten Gebirgsland zwischen dem Ararat und dem Van-See. Hier befindet sich auch die östlichste Verbreitungsgrenze von Forellen der Adria-Linie. Eine durch Überfischung stark reduzierte Restpopulation befindet sich noch in der Quellregion des Murat.

Erst in den letzten Jahren wurden von den Populationen der Adria-Linie des Euphrat-Beckens drei neue Arten beschrieben: *S. okumusi* (Turan et al., 2014a) für die Populationen aus dem westlichen Euphrat-Becken (Tohma, Göksu), *S. munzuricus* (Turan et al., 2017) für die Forellen des Munzur sowie eines nördlichen (rechten) Zuflusses des Murat-Mittellaufs und eines südlichen (linken) Zuflusses des Murat-Oberlaufs und schließlich *S. baliki* aus zwei nördlichen Zuflüssen des Murat-Oberlaufs (Turan et al., 2021). Die Forellen der Quellregion des Murat blieben bisher unberücksichtigt, könnten aber eines Tages als neue Art beschrieben oder einer der beiden letztgenannten Arten zugeordnet werden.

Südlich des Van-Sees erstrecken sich die östlichen Ausläufer des Südöstlichen Taurus, eines unwegsamen Berglandes, in dem es immer wieder zu bewaffneten Auseinandersetzungen zwischen Einheiten der türkischen Armee und militanten Kräften der kurdischen Arbeiterpartei (PKK) kommt. In dieser südöstlichen Ecke der Türkei, im Grenzgebiet zwischen dem Irak und dem Iran, kam es übrigens, verlässlichen Berichten zufolge, noch während des letzten Jahrhunderts zu regelmäßigen Abschüssen von Exemplaren des Kaspischen Tigers. Einer der letzten „kaplan“, wie der Tiger auf Türkisch heißt, wurde hier 1970 erlegt, doch sollen laut unbestätigten Meldungen noch bis in die 1980er Jahre Tiger erlegt worden sein. Ebenso erloschen sind heute die meisten Vorkommen des Persischen Leoparden, der einst nicht nur in dieser Region, sondern in weiten Teilen Anatoliens auftrat (Kumerloeve, 1975). Südöstlich des Van-Sees befinden sich die Quellflüsse des Çatak-Flusses, eines der größten Zubringer des Tigris (türkisch: Dicle). Das einzige natürliche Forellenvorkommen im Tigris-Becken wurde bisher nur im Oberlauf des Çatak und einem seiner Nebenflüsse nachgewiesen. Im Quellgebiet und im Oberlauf des Tigris gibt es kein für Salmoniden geeignetes Habitat. Tortonese erstellt in seiner Arbeit von 1954 die kurze Beschreibung eines weiblichen, 18 cm langen Exemplars mit großer Fettflosse aus Südostanatolien und klassifiziert es als *Salmo trutta macrostigma.* Die Bezeichnung des Fundorts ist Şitak, der Alternativname für die Ortschaft Çatak, am gleichnamigen Fluss gelegen. Der Hauptfluss ist heute, zumindest im näheren Bereich der Ortschaften am Oberlauf, stark überfischt. Es gelang mir aber im Herbst 2002, in einem etwas abgelegenen Seitenfluss, dem Bahçesaray-Bach (auch Müküs Çayı genannt), eine noch stabile Population ausfindig zu machen und trotz der überaus kräftigen Strömung einige Exemplare mit meinem Handnetz zu fangen. Die Tigris-Forellen verfügen über einige morphologische Eigenheiten: Die große, rot gefärbte Fettflosse hat einen stark gerundeten oberen Rand. Auch alle übrigen Flossen weisen eine ungewöhnlich runde Form auf. Dieses Merkmal ist allem Anschein nach eine Anpassung an den schnell fließenden Fluss, der zudem kaum Einstandsmöglichkeiten bietet. Ebenso kennzeichnend für diese Forellen ist die Fleckenzeichnung: kleine rote, unregelmäßig geformte Flecken mit heller Umrandung entlang der Seiten; vereinzelte bis zahlreiche, etwas kleinere schwarze Flecken sind an der vorderen Körperhälfte und am oberen Teil der Flanken angeordnet. Die Jugendflecken (9-11) bleiben bei geschlechtsreifen Tieren erhalten, verschwinden aber, wenn die Körperlänge mehr als etwa 22 cm beträgt, ohne dass sich anschließend vier dunkle Flächen oder Querbänder bilden*. Bei älteren Tieren ist die Fettflosse weniger rot gefärbt, dafür oft mit ein bis drei rundlichen roten Flecken versehen. Die Zuwanderung ins Tigris-Becken erfolgte vermutlich aus dem pontokaspischen Raum über das Einzugsgebiet des Euphrat, allerdings bereits vor der Verbreitung der Adria-Linie in diesem Gebiet. Denkbar wäre natürlich auch eine Zuwanderung aus dem Osten über das Aras-Becken bzw. über das heute abflusslose Becken des Urmia-Sees (auch Orumiyeh-See) im Iran, das während niederschlagsreicherer Epochen zum Kaspischen Meer entwässerte. Genetische Untersuchungen offenbarten, dass die Forellen des Tigris-Beckens einen einzigartigen, stark divergierenden Haplotyp der Donau-Linie besitzen und wahrscheinlich schon vor 1 bis 2 Mio. Jahren von anderen phylogenetischen Linien isoliert wurden (Sušnik et al., 2005; Schöffmann, 2005b). Genanalysen mit Hilfe der Mikrosatelliten deuten jedoch auch auf eine nähere Verwandtschaft zwischen den Forellen von Tigris und Euphrat hin, was auf einen sekundären Kontakt der ursprünglichen Euphrat-Forellen mit der Adria-Linie schließen lässt (Bardakci et al., 2006; Arslan & Bardakci, 2010). Infolge dieser Introgression setzte sich im gesamten Euphrat-Becken der adriatische Haplotyp durch. Lediglich im Tigris-Becken blieb die archaische Linie erhalten, die heute als eigenständige phylogenetische Linie (TI) angesehen wird. Aufgrund genetischer und morphologischer Merkmale wurde die Tigris-Forelle als neue Art beschrieben: *Salmo tigridis* Turan, Kottelat & Bektaş, 2011.

*) Der in der Originalbeschreibung von *S. tigridis* festgelegte und abgebildete Holotypus (220 mm SL, männlich) zeigt einen dunkel gefärbten Schwanzstil ab dem vorderen Ansatz der Afterflosse. Die Autoren werten das als eines der spezifischen Merkmale. Ich konnte bei keinem Exemplar entsprechender Größe diese Einfärbung feststellen und halte sie daher für eine selten auftretende Anomalie. Ähnliche abnormale, dunkle Farbflächen beobachtete ich gelegentlich schon bei Forellen in anderen Regionen (z.B. Krka).

6.17.4. Der Einzugsbereich des Kaspischen Meeres

Auf türkischem Territorium stellt das Einzugsgebiet des Kaspischen Meeres den kleinsten Flächenanteil. Zwei große Flüsse, die sich kurz vor der Mündung ins Kaspische Meer vereinigen, entwässern diese nordöstliche Ecke Anatoliens: die Kura ein kleines Areal im Norden und der Aras (Araks oder Araxes) ein größeres Gebiet im Süden. Die Region besteht vorwiegend aus unbewaldetem Hochland mit kalten, schneereichen Wintern und nur mäßig warmen Sommern. Tortonese (1954) beschreibt drei Forellen aus dem Aras und ein Exemplar aus dem Çıldır Gölü (Tschaldyr-See) im Grenzbereich zu Armenien und Georgien. Die Forellen des Aras klassifiziert er mit *Salmo trutta caspius* und das Exemplar aus dem Çıldır-See, der über den Kars-Fluss in den Aras entwässert, eigenartigerweise mit *S. t. labrax.* Bereits 1880 untersucht der russische Arzt und Zoologe Alexander Fjodorowitsch Brandt die Fischfauna des Sees und stellt 11 Arten fest – eine erstaunlich große Anzahl für diese Region. Der russische Ichthyologe Karl Fjodorowitsch Kessler nimmt kurz vor seinem Tod im Jahre 1881 eine vorläufige Bestimmung vor und benennt einige neue Arten ohne sie zu beschreiben, darunter die Forelle dieses Sees, welcher er den Namen *Salmo armenicus* gibt. Der russische Gelehrte F. F. Kawraisky befasst sich in seinem

1897 erschienenen zweiten Teil des Werkes über die „Lachse des Kaukasus“ ebenfalls mit den Forellen des damals noch auf russischem Territorium liegenden „Tschaldyr-göll“ und bezeichnet sie mit *Salmo trutta lacustris.* Hier steht unter anderem zu lesen: „Im Tschaldyr hält sich die Forelle in den tieferen Stellen des Sees auf, aber zur Zeit des Laichens versammelt sie sich an flachen Plätzen oder geht in die kleinen Bäche, welche in den See fallen; ... Das Laichen geschieht Ende Oktober und im November in den Bächen und zum Theil in dem See selbst an flachen Plätzen mit grandigem Boden. ... Im Tschaldyr wird die Forelle recht gross, obgleich Exemplare von über 20 Pfund Schwere nur selten gefangen werden, so kommen doch Fische bis zu 40 Pfund vor. Die Forelle wird im See auf ganz barbarische Weise ausgerottet, besonders zur Laichzeit in den Bächen, wenn die Eingeborenen das Wasser seitwärts ableiten und die Fische im trockenen Bette sammeln“. Die Forellen des 123 km² großen Sees wurden durch intensive kommerzielle Befischung stark dezimiert und stehen aus diesem Grunde seit einigen Jahren unter strengem Schutz.

Kaum besser ist die Situation der endemischen Forellen des bedeutend kleineren Balık Gölü (zu Deutsch: Fisch-See) einzustufen. Dieser etwa 60 km westlich des Ararat gelegene See ist zwar nur über eine schlecht befestigte Straße erreichbar, doch hat sich auch hier eine kommerzielle Fischerei etabliert. Der bis zu 37 m tiefe Balık Gölü hat eine Fläche von ca. 34 km² und liegt auf einer Seehöhe von 2241 m. Seine Entstehung verdankt er einem Lavadamm, der sich beim Ausburch eines Vulkans bildete. Ein paar kleine Gerinne, hauptsächlich aber unterseeische Quellen, speisen den See. Die Wasserführung der oberirdischen Zuflüsse ist für das Überleben von Forellen zu gering und der Zugang zum Abfluss wird durch einen künstlichen Damm versperrt. Die Laichablage findet daher im See, in den Monaten November und Dezember, statt. Während der Sommermonate lagern kurdische Halbnomaden mit ihren Herden rund um den See, wo sie üppige Weiden vorfinden. Die sesshafte Bevölkerung ist auf ein paar kleine Dörfer ringsherum verteilt und betreibt neben etwas Ackerbau und Viehzucht auch Fischerei. Von März bis September – im Oktober wird aufgrund der klimatischen Bedingungen nicht mehr gefischt – fahren etwa 20 kleine, mit zwei bis vier Mann besetzte und mit Außenbordmotor betriebene Boote auf den See hinaus, um die nicht weniger als 100 Netze auszulegen. Es werden bis zu 120 m lange Treibnetze verwendet, welche in einer Tiefe von 12 m verankert sind. Die durchschnittliche Ausbeute eines Netzes lag in den 1990iger Jahren bei 1 bis 3 kg Fisch. Berichten einheimischer Fischer zufolge wurden im Jahre 1989 noch an die 6 Tonnen Fische gefangen. Die Fänge bestehen in erster Linie aus Forellen, die meisten von ihnen haben ein Gewicht von nur etwa 200 g. Mitunter gehen auch größere Exemplare mit einem Gewicht von 3 bis 5 kg in die Netze. Dieser hohe Anteil an Jungfischen – viele haben noch keine Gonaden entwickelt – muss als ein Zeichen von Überfischung gedeutet werden. Die einzige Fischart, die hier neben den Forellen noch vorkommt, gehört der Gattung *Capoeta* an und gilt als seltener und wenig geschätzter Beifang. Diese Quermundbarben, wie sie im Deutschen auch genannt werden, halten sich bevorzugt in Grund- und Ufernähe auf und weniger in den oberen und mittleren Wasserschichten, in denen die Netze ausgelegt werden. Die Vermarktung wird vor allem von nicht ansässigen Händlern übernommen, die die Fische mit geländetauglichen Fahrzeugen in die nächstgelegenen größeren Orte transportieren (Schöffmann, 1992b).

Das Farbkleid der Forellen des Balık Gölü ist, wie bei Seepopulationen üblich, wenig auffallend. An den silbrig-grauen Seiten befinden sich meist nur wenige große schwarze Flecken von rundlicher Form. Einige Individuen zeigen rotbraune Tupfen entlang der Seitenlinie und gelegentlich kommen auch fleckenlose Exemplare vor. Bei großen Forellen (>50 cm) ist die Form der Flecken vieleckig oder auch x-förmig. Die Fettflosse ist immer ohne rote oder rotbraune Tönung. Die Morphologie dieser endemischen Seeform weist einige charakteristische Merkmale auf: Der Körper ist spindelförmig gestreckt, der Kopf kurz – nicht mehr als 20 % der Körperlänge – mit einer stumpfen Schnauze, die von oben gesehen spitz verläuft. Die Schwanzflosse, die bei zweijährigen Fischen noch auffallend stark gegabelt ist, zeigt bei 35 bis 40 cm langen Tieren, was einem Alter von 4 bis 5 Jahren entspricht, eine immer noch deutliche Gabelung. Erst bei noch älteren Tieren verläuft der hintere Rand der Schwanzflosse geradlinig. Auffallend sind auch der schlanke, lange Schwanzstiel und die kleine Fettflosse. Das relativ kleine Maul (die Maxillare reicht auch bei erwachsenen Tieren nur bis unter den hinteren Rand des Auges), die schwach entwickelten Zähne und die langen Kiemenreusendornen (16-18) lassen auf eine bevorzugte Ernährung mit Zooplankton und Benthosorganismen schließen, was durch Untersuchungen des Mageninhalts bestätigt wurde (Schöffmann, 1992b). Ähnlich wie die Forellen des Abant-Sees hat auch die Population des Balık Gölü durch die geographische Isolation und die Anpassung an die speziellen Umweltbedingungen einen spezifischen Phänotypus entwickelt. Wie alle Forellen aus dem Einzugsbereich des Kaspischen Meeres gehören auch die Forellen des Balık Gölü zur Donau-Linie, weisen aber einen spezifischen Haplotyp auf (Bernatchez, 2001).

Von Quellflüssen der Kura und des Aras wurden erst kürzlich drei neue Arten beschrieben: *Salmo ardahanensis* aus vier schnellfließenden Bächen im Einzugsgebiet der Kura in der türkischen Provinz Ardahan;

S. murathani aus vier moderat fließenden Zuflüssen des Kars-Flusses und aus dem Çıldır-See im Einzug des Aras; *S. araxensis* aus drei anderen Zuflüssen des Kars im Einzug des Aras (Turan et al., 2022).

DA-Bachforelle (*S. caspius*), ~21 cm; Gölbelen D., Kura-Becken

DA-Seeforelle (*S. caspius*), ~39 cm; Balık Gölü, Aras-Kura-Becken

Netzfischerei am Balık Gölü – Ostanatolien

6.18. Kaukasien und nördliches Kaspibecken

Der bis zu 5642 m hohe Kaukasus wird allgemein als Grenze zwischen Europa und Asien angesehen und erstreckt sich zwischen dem Schwarzen und dem Kaspischen Meer auf dem Territorium Russlands, Georgiens, Aserbaidschans, Armeniens und der Türkei. Die Kaukasus-Region wird nach beiden Seiten entwässert: Die Flüsse aus dem westlichen Großen Kaukasus, auch Pontischer Kaukasus genannt, fließen ins Schwarze Meer. Das größere Einzugsgebiet des Kaspischen Meeres umfasst die Flüsse aus dem zentralen und dem östlichen Großen Kaukasus sowie beinahe aus dem gesamten Kleinen Kaukasus.

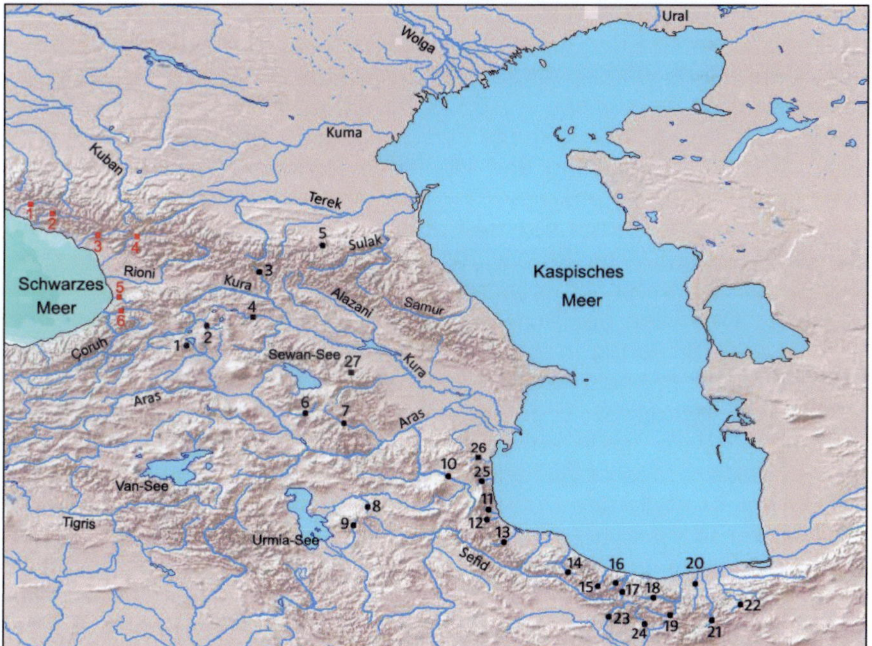

Hydrografische Karte von Kaukasien und Nordiran

Schwarzmeerbecken (rote Nummern): 1 Msymta, 2 Bsipi, 3 Kodori, 4 Enguri, 5 Kintrischi, 6 Adschariszqali.

Kaspisches Becken (schwarze Nummern): 1 Çıldır-See, 2 Parawani-Fluss mit den Seen Tabatskuri, Parawani und Sagamo, 3 Aragwi, 4 Chrami, 5 See Kezenoi-am, 6 Arpa, 7 Akera, 8 Līqvān-Fluss, 9 Mardaq-Fluss, 10 Karasu, 11 Gorgān Rūd, 12 Nāv Rūd, 13 Māsāl Rūd, 14 Pol Rūd, 15 Tonekābon, 16 Sardāb, 17 Čalūs, 18 Harāz, 19 Lār, 20 Bābol, 21 Talar, 22 Tajan, 23 Karaj, 24 Jājrūd, 25 Haviq, 26 Lenkoranka, 27 See Göygöl.

6.18.1. Das Einzugsgebiet des Schwarzen Meeres

Einige der Flüsse an der Nordostküste des Schwarzen Meeres, die im westlichen Großen Kaukasus entspringen, weisen noch limitierte Laichzüge von Meerforellen auf. Zu diesen Flüssen gehören, in der Reihenfolge von West nach Ost, Schache (oder Golowinka) und Msymta auf russischem Territorium sowie Bsipi, Mtschischta, Chipsta, Aapsta und Kodori in Abchasien, das von den meisten Staaten als Teil Georgiens anerkannt wird. In allen diesen Gewässern leben auch stationäre Forellen, aber interessanterweise sind etwa 80 % der anadromen Fische Weibchen. Die Meerforellen werden gewöhnlich mit vier Jahren geschlechtsreif und beginnen im Frühjahr, zuerst die größeren Exemplare, in die Flüsse zu ziehen, wo sie zwischen Oktober und Januar laichen. Nach ein bis zwei Jahren in den Flüssen wandert der überwiegende Teil der Jungfische im Frühjahr ins Meer, einige erst im Herbst. Anfang des 20. Jahrhunderts wurden noch Meerforellen mit Gewichten bis zu 24 kg gefangen und die jährliche Ausbeute betrug etwa 40 t, Mitte desselben Jahrhunderts war die Fangquote bereits auf 10 t gesunken (Markevich & Esin, 2019). Überfischung und Habitatverschlechterung in den Laichflüssen führten zum massiven Rückgang der Bestände. Der ökologische Zustand der Msymta hat sich seit den Bauarbeiten für die Infrastruktur der Olympischen Winterspiele 2014 und der Errichtung des Wasserkraftwerkes bei Krasnaja Poljana dramatisch verschlechtert (Makhrov et al. 2018). Der Fang der Schwarzmeerforelle wurde in den Gewässern der Sowjetunion schon in den 1960ern gesetzlich verboten, die illegale Fischerei hielt dennoch an. Mit den ersten Versuchen, Meerforellen künstlich zu vermehren, begann man bereits 1936 an der Mtschischta in Abchasien. Heute existieren mehrere Brutanstalten an der Nordostküste des Schwarzen Meeres auf den Gebieten von Russland und Abchasien. Relativ stabile stationäre Populationen sind noch in den Oberläufen der Flüsse und in einigen kleineren Seen vorhanden. Die standorttreuen Forellen bleiben in den Fließgewässern mit einer durchschnittlichen Körperlänge von 15-22 cm eher klein, weisen aber ein größeres Wachstum in den Seen auf. Eine ob ihrer genetischen Eigenständigkeit bekannte Seepopulation ist die des Riza-Sees im Nordwesten Abchasiens im Einzugsgebiet des Bsipi (Markevich & Esin, 2019). Der auf 950 m Seehöhe liegende, weitgehend unberührte See hat eine Fläche von nur 1,27 km², jedoch eine Tiefe von mehr als 100 m. Seeforellen bewohnen auch den bedeutend kleineren See Tumanly-Kel, der sich im Einzugsbereich des Kuban an der Nordflanke des westlichen Großen Kaukasus auf 1850 m Seehöhe befindet (Kuderskii, 1974).

Die Situation der anadromen Schwarzmeerforellen in den Flüssen Georgiens, östlich und südlich von Abchasien, scheint noch weit prekärer zu sein als an der Nordküste. Einst wanderten die Meerforellen zum Laichen in die großen Flüsse Enguri, Rioni und Tschorochi (Kuderskii, 1974). Der Tschorochi mündet bei der Hafenstadt Batumi, nahe der Grenze zur Türkei, ins Schwarze Meer. Er durchfließt zum größten Teil als Çoruh den Nordosten der Türkei, doch entwässert sein Nebenfluss Adschariszqali ein weites Gebiet im Südwesten Georgiens. Die Verschmutzung der Unterläufe der großen Flüsse durch Abwässer aus Industrie, Landwirtschaft und Haushalten verhindert heute ebenso wie die Staudämme einen Aufstieg zu potenziellen Laichplätzen. Einer der wenigen Flussläufe, in dem es in letzter Zeit noch gelegentlich zu Laichaufstiegen kam, ist der Kintrischi. Der 45 km lange Fluss entspringt im Meschetischen Gebirge im Kleinen Kaukasus und fließt etwa 25 km nördlich von Batumi ins Schwarze Meer. Nach der Fertigstellung eines Kraftwerkes werden wohl auch diese Laichgründe nicht mehr erreichbar sein. Die stationären Populationen in den Gebirgsregionen wurden in Georgien ebenso wie im übrigen Kaukasien durch unkontrollierte Fischerei, sehr oft auch mit destruktiven Methoden, stark dezimiert und so findet man heute nennenswerte Vorkommen nur noch in schwer zugänglichen Seitentälern oder in beaufsichtigten Schutzzonen (Schöffmann, 2020).

DA-Meerforelle (*S. labrax*), juv. ~17 cm; Kintrischi (Georgien)

DA-Bachforelle (*S. labrax*), ~16 cm; Abascha, Rioni-Becken (Georgien)

6.18.2. Die Kaspische Forelle

Die anadrome Form der Kaspischen Forelle bewohnt die westliche und südliche, seltener die nördliche Küste des Kaspischen Meeres, wo sie in die einmündenden Flüsse, vom Terek im Norden bis zu den kleineren und größeren Zuflüssen der iranischen Küste, zum Laichen aufsteigt. Neben vielen lokalen Bezeichnungen kennt man diese Forellenform auch unter dem russischen Namen „kaspiiskii losos'" (Kaspischer Lachs). In Anbetracht des äußeren Erscheinungsbildes, vor allem aber wegen des außerordentlich schlanken Schwanzstiels, waren sich die Wissenschaftler lange Zeit nicht einig, ob die Kaspische Forelle dem Lachs oder der Forelle näher steht. Kessler beschreibt 1877 die Kaspische Forelle aus dem Unterlauf der Kura unter dem Namen *Salmo caspius.* Im Jahre 1932 reklassifiziert der bekannte russische Ichthyologe Leo S. Berg dieses Taxon in die Unterart *S. trutta caspius* und stellt die Fluss- und Seeformen des kaspischen Einzugsbereichs in die infrasubspezifische Kategorie *S. t. caspius* morpha *fario* bzw. *lacustris.* Doch bereits 1814 beschreibt der deutsche Naturforscher Peter S. Pallas die Forellen aus dem Terek und aus dem Ostsee-Zufluss Newa als *Salmo spurius.* Diese Bezeichnung, die von nachfolgenden Autoren niemals für gültig erachtet wurde, wird heute als ein Synonym von *S. trutta trutta,* also atlantikstämmigen Forellen angesehen (Bogutskaya & Dorofeyeva, 2007). Die russische Ichthyologin und Salmonidenforscherin E. A. Dorofeyeva klassifiziert 1967 die Forellen der nordwestlichen Küsten des Kaspischen Meeres und den Einzugsgebieten von Samur, Terek, Wolga und Ural als eigenständige Unterart: *S. trutta ciscaucasicus.*

Zur zoogeografischen Herkunft der pontokaspischen Forellen, das heißt der Donau-Linie, bestehen kontroverse Theorien. Frühere Forscher betrachteten die Europäische Forelle als ein Element der nördlichen Ichthyofauna, das seinen Ursprung im Atlantikbecken hatte und erst nach dem Rückzug der letzten Vereisung vor etwa 15 000 Jahren in die Becken des Schwarzen Meeres, des Kaspischen Meeres und des Aralsees einwanderte. Diesem Szenario entsprechend erfolgte die Kolonisation über ehemalige Verbindungen der Oberläufe von Rhein und Donau oder auch über andere Flüsse des nördlichen und des südlichen Beckens, die durch postglaziale Seen miteinander verbunden waren. Außerdem wurde auch eine Zuwanderung aus dem Mittelmeerbecken in Erwägung gezogen, die jedoch in späteren Studien nicht bestätigt werden konnte (Osinov, 1984, 1989a). Die Theorie einer nacheiszeitlichen Immigration wird schon allein durch die großen genetischen Unterschiede zwischen den Forellen der Atlantik-Linie und der Donau-Linie widerlegt, die für eine weitaus längere Zeit (siehe Kapitel 6.16.) der divergenten Entwicklung der zwei Evolutionslinien sprechen. Wie molekularbiologische Studien zeigen, fand gleichwohl ein begrenzter postglazialer Genfluss und sekundärer Kontakt zwischen den lange zuvor isolierten atlantikstämmigen Forellen aus dem Becken des Weißen Meeres mit den donaustämmigen aus den Becken des Schwarzen und des Kaspischen Meeres statt. Einige Autoren sind daher der Auffassung, dass während des Mittelpleistozäns atlantische Forellen aus den Einzugsgebieten von Ostsee, Barentssee und Weißem Meer über zeitweilige Verbindungen zwischen den hydrografischen Systemen in den pontokaspischen Raum migrierten und in der Folge die südlichen Populationen von ihren nordischen Verwandten schon vor der letzten Eiszeit isoliert wurden, was zur separaten Entwicklung der Donau-Linie führte (Bernatchez & Osinov, 1995; Osinov & Bernatchez, 1996). Die beiden Wissenschaftler kaukasischer Herkunft, Derzhavin (1934) und Vladimirov (1944, 1946), vertreten indes die Ansicht, dass sich die Vorfahren der Europäischen Forelle im kaukasischen Raum bereits im oberen Pliozän, also vor dem Eiszeitalter, entwickelt und von dort aus den heutigen Verbreitungsraum besiedelt haben. Sie stützen ihre These auf den Fund eines fossilen Abdrucks eines Lachsfisches, genannt *Salmo derzhavini,* aus pliozänen Ablagerungen in Armenien. Die genaue Datierung bleibt allerdings umstritten. Da aber auch eine der neueren Theorien den Ursprung der Europäischen Forelle in der Paratethys vermuten lässt, dürfte die Besiedelung des Atlantikbeckens wohl aus dem pontokaspischen Raum erfolgt sein. Die Meinung, dass die Verbreitung von *Salmo* in dieser Region ihren Ausgang nahm, wird heute von vielen Forschern unterstützt (z.B.: Atunes et al., 2002; Makhrov & Bolotov, 2019). Wie molekulargenetische Daten beweisen, fand die endgültige Trennung zwischen den Forellen aus den Becken des Schwarzen und des Kaspischen Meeres vor 150 000 bis 300 000 Jahren statt (Markevich & Esin, 2019). Weitere Erkenntnisse erhielt man bei Grabungen an paläolithischen Fundstellen, die belegen, dass die Kaspische Forelle – wohl die Wanderform – vor etwa 100 000 Jahren als Handelsgut diente.

Die umfangreichste Arbeit über die Forellen der Kaukasusregion beinhalten die zwei in den Jahren 1896 bzw. 1897 veröffentlichten Bände von F. F. Kawraisky: „Die Lachse des Kaukasus", die er ehrfurchtsvoll „Seiner Kaiserlichen Hoheit dem Grossfürsten Thronfolger Georg Alexandrowitsch" widmet. Der Text ist in russischer und in deutscher Sprache. Neben vielen aufschlussreichen Informationen über die Gewässer, die Biologie und das Aussehen der Fische stellt Kawraisky genaue morphologische Daten von Forellen aus Seen und Fließgewässern, sowohl stationärer als auch anadromer Formen, zur Verfügung und kommt zu dem Schluss, dass alle kaukasischen Forellen einer einzigen Art, nämlich *Salmo trutta,* angehören.

DA-Bachforelle (*S. caspius*), ~21 cm; Pschawi-Aragwi, Aragwi-Zufluss, Kura-Becken

DA-Bachforelle (*S. caspius*), ~34 cm; Arpa, Aras-Becken (Armenien)

DA-Bachforelle (*S. ciscaucasicus*), ~30 cm; Kama-Zufluss, Wolga-Becken. Foto: S. Marić

DA-Bachforelle (*S. ciscaucasicus*), ~17 cm; Barangulovka, Ural-Becken. Foto: S. Marić

DA-Meerforelle (*S. ciscaucasicus*), ~104 cm; Samur-Mündung. Foto: R. M. Barchalov

Pschawi-Aragwi – früherer Laichfluss der kaspischen Meerforelle des Kurastammes

Arpa – ein Zufluss des Aras in Armenien

Die größten Exemplare der Kaspischen Forelle und wohl auch die größten Vertreter der Europäischen Forelle überhaupt stellte die Population, die im Winter in die Kura zum Laichen aufstieg. Das durchschnittliche Gewicht der Kura-Forellen lag zwischen 13 und 15 kg. Kawraisky sah noch häufig Exemplare, die mehr als 80 Pfund (damalige russische „Funt“: etwa 33 kg) wogen. Das größte ihm bekannte Exemplar hatte sogar ein Gewicht von 125 Pfund (ca. 51 kg). Die Tiere begannen zwischen November und Februar in großer Anzahl die Kura stromaufwärts zu schwimmen, wo sie, bis zu 1000 km von der Mündung entfernt, in den linksseitigen Zuflüssen (von West nach Ost) Liachwi, Ksani, Aragvi, Alazani und im Aras-Zufluss Akera erst im darauf folgenden Herbst, 8 bis 11 Monate nachdem sie das Kaspische Meer verlassen hatten, laichten. Die grusinische Hauptstadt Tiflis erreichten die aufsteigenden Meerforellen nicht vor April und Anfang Mai. Im Oberlauf der Kura erschienen einzelne große Exemplare sogar noch bei der Stadt Achalziche, nahe der Grenze zur Türkei. Ein geringerer Teil laichte auch im rechten Zufluss Chrami, der etwas unterhalb von Tiflis in die Kura mündet. Das Mindestalter der Laichfische lag zwischen 6 und 8 Jahren. Die Rückwanderer erreichten den Mittellauf der Kura im April und Mai. Die Jungfische verbrachten gewöhnlich zwei Jahre in den Flüssen. Wasserverschmutzung und vor allem der Bau von Dämmen haben den Laichwanderungen ein Ende gesetzt. Die Populationen anderer größerer Flüsse waren offensichtlich bedeutend kleinwüchsiger als der Kura-Stamm. So lag 1916 das Durchschnittsgewicht im Terek bei 7 kg, im Samur bei 4 kg und in der Jalama bei 2 kg. Die Zeit des Laichzugs war für jeden Fluss etwas verschieden und von Wasserstand und Wassertemperatur abhängig, doch konnten immer zwei Perioden unterschieden werden. Am Anfang zogen die kleineren Exemplare mit beinahe reifen Gonaden an Laichorte, die weniger weit von der Küste entfernt sind. In der Kura erschienen diese Frühankömmlinge, hier „loch“ genannt, um Mitte September und ihr Zug dauert zirka einen Monat. Sie schwammen nicht weiter als bis zum mittleren Lauf der Kura, wo sie in geeigneten Zuflüssen noch im selben Jahr laichten. Der „loch“ kam in der Kura immer in weit geringeren Stückzahlen als die Winterform vor. Andere Flüsse hingegen, wie die südlich der Kura mündende Lenkoranka oder der Terek, wurden überwiegend von Frühlaichern aufgesucht (Kawraisky, 1896/1897; Berg, 1948a)). Heute sind alle restlichen Bestände der Wanderform der Kaspischen Forelle vom Aussterben bedroht. Der Verlust der Laichplätze konnte durch die mehr oder weniger erfolgreichen Versuche der künstlichen Vermehrung in keiner Weise ausgeglichen werden. Am Terek in Dagestan (Russland) wurde ein Wiedereinbürgerungsprogramm für den „Kaspischen Lachs“ ins Leben gerufen, bei dem mindestens zwei Brutanlagen in der Region beteiligt sind. Jedes Jahr werden etwa 350 000 Jungfische in der Agrachan-Bucht, nahe der Mündung des Terek, freigesetzt, von wo sie sich offensichtlich über das nördliche Kaspische Meer verbreiten. Erst 2019 erwischte man Berufsfischer, die illegal einige Meerforellen vor dem Wolgadelta mit dem Netz erbeutet hatten (E. Esin, pers. Mitt.). Die stationären Forellenpopulationen in den Oberläufen und Quellregionen der kaspischen Zuflüsse aus dem Kaukasus sind heute fast alle durch Überfischung stark dezimiert. In den Flüssen und Seen der Kaukasus-Region findet man Forellen bis zu einer Seehöhe von 2000 m (Vladimirov, 1948).

Bedeutend schlimmer ist die Situation der Forellenpopulationen in den Einzugsgebieten der zwei größten Zuflüsse aus dem Norden, der Wolga und des Ural-Flusses. Nach Berg (1948a) zogen im 17. Jahrhundert noch massenhaft anadrome Forellen in die Wolga, um bis zu ihren Laichgründen in den großen Zuflüssen Kama und Oka zu schwimmen. Im 19. Jahrhundert waren die Bestände bereits deutlich reduziert, sodass nur mehr vereinzelte Exemplare in der Wolga oder im Ural-Fluss gefangen wurden. Infolge der Errichtung von Dämmen während des letzten Jahrhunderts kamen die Laichzüge der Meerforellen in diesen Flüssen vollständig zum Erliegen. In der Oka, dem größten rechten Seitenfluss der Wolga, sind auch die stationären Populationen seit mindestens 100 Jahren verschwunden (O. Askeyev, pers. Mittl.). Ein paar Restpopulationen findet man noch in einigen Quellgebieten im Flusssystem der Kama, die den größten Zubringer der Wolga darstellt und an der Westseite des Ural-Gebirges entspringt. Dazu zählen die Belaja, der größte Nebenfluss der Kama, ebenso wie drei weitere linke Zuflüsse der unteren Kama: Ik, Steppen-Sai und Scheschma. Einige Vorkommen existieren auch noch im Einzugsgebiet des Ural-Flusses im südlichen Ural-Gebirge, wie etwa in Quellflüssen der Sakmara, die bei der Stadt Orenburg in den Ural-Fluss mündet. Genetische Studien zeigten, dass die Forellen aus den Einzugsbereichen von Kama und Ural-Fluss einen einzigen Haplotyp der Donau-Linie aufweisen, der auch im kaspischen Becken des Iran weit verbreitet ist. Dies lässt vermuten, dass die Kolonisation der Zuflüsse zur mittleren Wolga und des Ural-Flusses erst nach der letzten Eiszeit stattfand und von einem Refugium im südlichen kaspischen Raum ausging (Marić et al., 2016).

6.18.3. Die Kaukasisch-kaspischen Seeforellen

Aus der Kaukasusregion des kaspischen Einzugsbereiches wurden einige endemische Seeforellenformen bekannt. Kawraisky (1896/1897) beschreibt in seinem ersten Band die Forellen des Tabiszchuri-Sees (heute Tabatskuri-See genannt). Der etwa 14 km² große und bis zu 40 m tiefe See liegt auf 1991 m Seehöhe im Südwesten Georgiens, nicht weiter als 60 km Luftlinie vom Çıldır-See in der Türkei entfernt. An der Oberfläche besteht kein Abfluss, doch wird der See unterirdisch zu einem Zufluss des Achalkalaki-Tschai (heute: Parawani-Fluss) entwässert, welcher in die Kura fließt. Diagnostizierbare morphologische Eigenheiten bewogen Kawraisky, die geografisch isolierten Forellen des Tabiszchuri-Sees wie folgt zu klassifizieren: „Von Fischen trifft man nur die Forelle, eine gut ausgebildete Varietät von *Salmo lacustris* L. Diese Form erlaube ich mir zu Ehren Seiner Kaiserlichen Hoheit des Grossfürsten Nikolai Michailowitsch, welcher zu wünschen geruhte, dass ich den See untersuchen sollte, *Salmo lacutris* L. var. *Romanovi* Kawraisky zu benennen." In seinem zweiten Band ändert Kawraisky (1896/1897) den Namen in *Salmo trutta romanovi* und beschreibt die Populationen zweier weiterer Seen aus demselben Einzugsbereich, Toporowan (heute: Parawani-See) und Tuman (heute: Sagamo-See), bezieht diese Forellen aber auf *Salmo trutta lacustris* L. Bereits im vorangegangenen Band erwähnt er die Forellen vom „Eisenamsee in Dagestan". Diese endemische Forelle aus dem Ezenam-See in Dagestan beschreibt Leo S. Berg (1948a) als *Salmo trutta ezenami.* Ein paar besondere morphologische Merkmale kennzeichnen die Ezenam-Forellen: kurze, breite Kiemenreusendornen (16-21); eine relativ geringe Anzahl von Wirbeln (53-58); ein kurzer Oberkiefer, der kaum bis unter den hinteren Augenrand reicht und den Unterkiefer leicht überragt. Der aktuelle Name des Sees lautet Kezenoi-am und er gehört heute zur umstrittenen autonomen Republik Tschetschenien. Der 2,4 km² große und bis zu 74 m tiefe Gebirgssee liegt auf einer Seehöhe von rund 1860 m an der Nordabdachung des Großen Kaukasus im Einzugsbereich des Terek, etwa 60 km südöstlich der Hauptstadt Grozny. Der See entstand vor etwa 6500 Jahren infolge eines Bergsturzes und entwässert unterirdisch durch das umliegende Kalkgestein. Da kein Oberflächenabfluss besteht, schwankt der Wasserstand um 5-7 m. Die Laichplätze der Forellen befinden in der Nähe von sublakustrischen Quellen im See, wahrscheinlich auch in den beiden kleinen Zuflüssen. Vor dem Besatz mit Aiteln (*Squalius cephalus*) und Kaspischen Gründlingen (*Gobio holurus*) Mitte des letzten Jahrhunderts waren die Forellen die einzigen Fische im See und ernährten sich hauptsächlich von Mollusken und benthischen Wirbellosen. Nach dem Besatz mit den Cypriniden wechselte ein Teil der adulten Tiere zur Fischnahrung, wodurch ihr Wachstum zunahm. Das größte bisher bekannte Exemplar hatte eine Länge von über einem Meter und wog 17 kg (Kottelat & Freyhof, 2007). Im Gegensatz dazu erreichten jene Forellen, die ihre gewohnte Ernährungsweise beibehielten, maximal 500 g. Die unkontrollierte Fischerei während und auch noch nach dem Tschetschenienkrieg sowie die nicht heimischen Aiteln und die 2012-2014 eingesetzten Flussbarsche (*Perca fluviatilis*), die der Forellenbrut nachstellen und als Futterkonkurrenten auftreten, brachten die Forellen im Ezenam-See an den Rand des Aussterbens (Markevich & Esin, 2019). Berichten ortskundiger Biologen zufolge war um 2010 die große, piscivore Form bereits verschwunden und in den letzten Jahren gab es auch keine bestätigten Fänge der kleinwüchsigen Form. Möglicherweise gibt es noch ein paar Forellen in den Oberläufen der Zuflüsse. Ab 1963 wurden etwa 600 Exemplare der Ezenam-Forelle unterschiedlicher Altersklassen in den ca. 50 km weiter östlich gelegenen Motschoch-See eingesetzt. Dieser See im Einzugsgebiet des Sulak war erst am 28. September 1963 durch einen gewaltigen Felssturz entstanden. Hier konnten sich die Fische akklimatisieren, ein gutes Wachstum entwickeln und eine sich selbst erhaltende Population gründen. Das Einbringen zusätzlicher Fischarten und der fischereiliche Druck führten bald zu einem dramatischen Rückgang der Forellenbestände und die zunehmende Belastung durch Abwässer ließ die Population in den 1970er Jahren vollständig zusammenbrechen. Im See selbst leben derzeit keine Forellen mehr. Lediglich in seinem Abfluss konnte sich eine stationäre Flussform der Ezenam-Forelle etablieren und bis heute überleben (Barkhalov et al., 2021). Unmittelbar nach seiner Entstehung hatte der See keinen Oberflächenabfluss. Später wurde ein künstlicher Kanal angelegt, der an seinem Ende in eine Schlucht stürzt. So gelangten Forellen aus dem See in das darunter liegende Flussgebiet, aus dem sie nicht mehr in den See zurückkehren können. Da dieser Flussabschnitt zudem durch hohe Wasserfälle vom Unterlauf und somit dem restlichen Sulak-Flusssystem isoliert ist, kann man sicher sein, dass es sich ausschließlich um Abkömmlinge der umgesiedelten Forellen aus dem Ezenam-See handelt. Entgegen anderslautenden Berichten gibt es im Seezufluss offenbar keine Forellen, da auch nach Verbesserung der Wasserqualität nie Forellen im See auftaucht sind. Im Winter 2021/2022 wurde in einer Brutanstalt der Lomonossow-Universität Moskau ein Zuchtprogramm mit befruchteten Eiern der Restpopulation aus dem Seeabfluss gestartet (G. Markevich, pers. Mitt.).

Der Göygöl (Gek-Gel‘) ist ein weiterer See, der seine Entstehung einem Bergsturz verdankt, und zwar aufgrund eines Erdbebens am 25. September 1139. Dieser nur 0,79 km² große, aber bis zu 93 m tiefe See liegt im Kleinen Kaukasus in Aserbaidschan auf einer Seehöhe von 1576 m. Sein Abfluss ist der Kurakçay, ein rechter Nebenfluss der Kura. Die Seeforellen laichen im Zufluss des Sees, welcher auch von stationären Forellen bewohnt wird. Dieses Ökosystem blieb von anthropogenen Einflüssen verschont und steht seit Anfang des 20. Jahrhunderts unter

Schutz. Relativ hoch ist der Forellenbestand (Markevich & Esin, 2019).

DA-Forelle (*S. ezenami*), ~27 cm; Abfluss des Motschoch-Sees. Foto: G. Markevich

6.18.4. Die Sewan-Forelle

Die Sewan-Forelle besteht aus einer Gruppe von Forellenformen, die im Sewansee und seinen Zuflüssen in Armenien endemisch sind. Der Sewan liegt im Einzugsgebiet des Araks (Aras), der über die Kura ins Kaspische Meer entwässert. Vier reproduktiv isolierte Populationen leben im Sewansee, eine weitere Form kommt nur in seinen Zuflüssen vor. Die geringen genetischen Unterschiede zwischen den einzelnen Formen lassen darauf schließen, dass sie sich aus einer geographisch isolierten Stammpopulation gebildet haben (Osinov, 1989b). Eine relativ artenarme Ichthyofauna[1] erlaubte den Sewan-Forellen, verschiedene ökologische Nischen zu besetzen. Das rare Angebot an Laichplätzen bewirkte die Aufspaltung in mehrere Stämme (ökologische Rassen), die zu unterschiedlichen Zeiten, im See oder in den Zuflüssen, ablaichen.

Erstmals beschreibt Kessler (1877) die Sewan-Forelle und unterscheidet zwei Arten: *Salmo ischchan* und *S. gegarkuni.* Kawraisky (1896/1897) fasst die inzwischen auf drei Arten erweiterte Sewan-Forelle zu einer einzigen Art, *S. ischchan*, zusammen. Nach Berg (1948a) gibt es von *S. ischchan* vier Unterarten (infraspecies) sowie eine Form (morpha). Gemäß der bisher üblichen zoologischen Nomenklatur wird die Sewan-Forelle als eigenständige Art, *S. ischchan,* behandelt, die, nach der Vorstellung einiger Wissenschaftler, das Relikt eines primitiven Vorfahren aller rezenten Formen der Europäischen Forelle darstellen soll. Genetische Untersuchungen widerlegen jedoch diese Hypothese und deuten vielmehr darauf hin, dass die morphologisch und ökologisch einzigartigen Populationen der Sewan-Forelle sich erst während und nach der letzten Eiszeit entwickelt haben und derselben stammesgeschichtlichen Linie angehören wie alle übrigen Forellen des aralo-pontokaspischen Raumes, nämlich der Donau-Linie (Bernatchez, 2001).

Die Formen der Sewan-Forelle nach Berg (1948a):

a) Winter-Ischchan/Bachtak (*Salmo ischchan ischchan*)
Diese schnell wachsende Forelle kann bis zu 104 cm lang und 17 kg schwer werden. Der Winter-Bachtak laicht in einer Tiefe von 0,5 bis 3 m über feinem Kies, von Anfang November bis Ende Dezember im nordwestlichen Bereich des Sees. Die Ernährung besteht, wie bei allen vier im See lebenden Formen, fast ausschließlich aus Flohkrebsen (*Gammarus*).
b) Sommer-Ischchan/Bachtak (*Salmo ischchan aestivalis*)
Er wird bis zu 59 cm lang und 1,9 kg schwer. Seine Laichzeit erstreckt sich vom April bis Ende Juli. Die Laichplätze befinden sich sowohl im Mündungsbereich der Zuflüsse als auch weit flussaufwärts.
c) Gegarkuni (*Salmo ischchan gegarkuni*)
Sein durchschnittliches Endgewicht beträgt 4 kg, in Ausnahmefällen kann er bis zu 16 kg schwer werden. Die Sommerform des Gegarkuni wandert im Herbst mit reifen Geschlechtsprodukten in die Flüsse und laicht von September bis Januar in der Nähe der Flussmündungen. Die Winterform (Yabani) zieht Anfang Sommer mit unreifen Gonaden in die Flüsse und beginnt im Oktober in den Oberläufen, bis zu 500 m über dem Sewansee, zu laichen. In den Jahren 1930 und 1936 wurde der Gegarkuni im Issyk-Kul-See (Kirgisistan) eingebürgert, wo er gut gedeiht und neben der großwüchsigen anadromen Form noch eine kleinwüchsige stationäre Flussform bildete (mehr dazu in Kapitel 7. - Zentralasien und Sibirien). Zahlreiche Versuche während des letzten Jahrhunderts, den Gegarkuni in kleine Hochgebirgsseen von Armenien und Aserbeidschan einzubürgern, brachten nicht den gewünschten Erfolg und zumeist ist auch nichts über den aktuellen Stand bekannt.
d) Alabalach (*Salmo ischchan gegarkuni* morpha *alabalach*)
Die stationäre Flussform der Sewan-Forelle wird bis zu 33 cm lang und laicht im Herbst. Das Wort „alabalach“ stammt aus dem Aserbaidschanischen und ist die in den Turksprachen weit verbreitete Bezeichnung für Forelle. Das armenische Wort für Bachforelle heißt „charmrachait“ und bedeutet so viel wie „rot gefleckt“, obgleich bei großen Exemplaren oft nur schwarze Flecken aufscheinen.
e) Bodschak (*Salmo ischchan danilewskii*)
Die Zwergform der Sewan-Forelle wird maximal 35 cm lang. Der Boschak laicht von Mitte Oktober bis Mitte November im See, in einer Tiefe von 1 bis 4 m, aber an anderen Stellen als der Winter-Bachtak.

Sommer-Bachtak (*S. i. aestivalis*), ~38 cm; Sewansee

Gegarkuni (*S. i. gegarkuni*), ~29 cm; Sewansee

Gegarkuni (*S. i. gegarkuni*), ~25 cm; Sewansee

Alabalach (*S. i. gegarkuni* m. *alabalach*), ~20 cm; Karchghbyur (Sewansee-Zufluss)

Einige Wissenschaftler schlugen vor, die Formen der Sewan-Forelle vorläufig als separate Arten zu betrachten. Einer neueren genetischen Studie zufolge werden hingegen nur drei deutlich definierbare evolutionäre Einheiten (= Arten) unterschieden: *S. gegarkuni, S. ischchan* und *Salmo* sp. Letztere, noch unbenannte Art, ist die stationäre Flussform, die wahrscheinlich die anzestrale Linie des lakustrischen Artenschwarms des Sewansees darstellt. Die beiden verbleibenden Formen, *S. aestivalis* und *S. danilewskii*, gelten lediglich als Ökomorphe oder neuentstehende Arten, die sich also noch in einem frühen Stadium der Auffächerung, der sogenannten adaptiven Radiation, befinden (Levin et al., 2021)[2]. Laut diesen Autoren hat sich das obligatorische Laichen im See erst in jüngerer Zeit entwickelt und fiel mit mehreren Phasen der Regression des Sewansees während des Holozäns aufgrund von Klimaschwankungen und verminderter Wasserzufuhr durch die Zuflüsse sowie ihrer zahlenmäßigen Abnahme zusammen.
Die Armenier bezeichnen alle geschlechtlich unreifen Sewan-Forellen als „ischchan" (Prinz), die reifen als „bachtak". Ein gemeinsames äußeres Kennzeichen aller Formen der Sewan-Forelle ist die Fleckenzeichnung: vergleichsweise große, runde bis unregelmäßig geformte Flecken an den Seiten, etwas kleinere zum Rücken hin. Juvenile Tiere zeigen neben den schwarzen auch rote Flecken, die nach dem ersten Lebensjahr zunehmend von schwarzem Pigment überdeckt werden, bis nur noch schwarze Flecken zu sehen sind. Der Alabalach unterscheidet sich durch seine großen Flecken deutlich von den anderen Bachformen des Einzugsgebietes, wie etwa in den Aras-Zuflüssen Arpa, Worotan und Marmaruk. Diese charakteristische Fleckenzeichnung spricht für eine isolierte Entwicklung der Sewan-Forelle, die laut Osinov und Bernatchez (1996) vor etwa 20 000 Jahren durch den ca. 15 m hohen Varser-Wasserfall am Abfluss des Sees von den übrigen Forellen des Aras-Beckens getrennt wurden. Mit Ausnahme des Alabalach, der normalerweise das ganze Jahr über schwarze und rote Flecken aufweist, lassen sich die im See lebenden Formen außerhalb der Fortpflanzungszeit schwer voneinander unterscheiden. Sie zeigen das typische Kleid von Seeforellen, mit schwarzen Flecken auf silbrig glänzenden Seiten. In der Laichzeit färben sich die Sewan-Forellen, insbesondere die männlichen, dunkler. Während der Gegarkuni eine ausgeprägte schwarze Fleckenzeichnung bekommt, können beim Winter-Bachtak auch zwei oder drei kleine rote Flecken entlang der Seitenlinie erscheinen, beim Sommer-Bachtak sogar mehrere entlang und unterhalb der Seitenlinie. Fahle rote Flecken kennzeichnen auch männliche, vor allem jüngere Bodschak (Berg, 1948a; Schöffmann, 2002a). Der Bodschak hat die kleinsten Flecken (Levin et al., 2021).

Der Sewansee in Armenien ist der größte und bekannteste Süßwassersee Transkaukasiens und liegt im Kleinen Kaukasus. Sein aserbaidschanischer Name lautet, in Anbetracht seiner azurblauen Färbung, Göktschai, auf Deutsch „Himmelsgewässer". Der See hatte ursprünglich eine Fläche von 1415 km², schrumpfte bis Ende des letzten Jahrhunderts auf 940 km² und ist heute wieder rund 1250 km² groß. Seine Oberfläche befindet sich bei 1900 m über dem Meeresspiegel. Er zählt nicht nur zu den größten Gebirgsseen, sondern auch zu den ältesten Seen der Erde. Ein Paläo-Sewan tektonischen Ursprungs bestand schon im frühen Quartär. Nicht weniger als 28 Zuflüsse speisen den See, dennoch erreicht die durchschnittliche Abflussmenge über den Hrasdan, einen Aras-Zubringer, nicht mehr als 2 m³/s. Das sind nur 3,6 % der Wasserzufuhr, da etwa 6,4 % versickern und 90 % verdunsten. Die Erneuerungszeit des Wasservolumens des Sewan betrug ursprünglich rund 50 Jahre. Schon seit dem 14. Jahrhundert wurde dieses natürliche Wasserreservoir zur Bewässerung der fruchtbaren vulkanischen Böden der etwa 1000 m tiefer liegenden Ararat-Ebene genutzt. Um die Abflussmenge für Bewässerung und Wasserkraft zu erhöhen, begann man 1933 mit dem Aushub des Hrasdan. Bald bohrte man auch 40 m unter dem Seespiegel einen Tunnel. Nach dessen Fertigstellung im Jahre 1949 sank der Wasserspiegel jährlich um einen Meter. Erst 1956 wurde dieses Projekt erstmals in Frage gestellt. 1958 beschloss die damalige Regierung der Sowjetunion, die Wasserkraftwerke teilweise durch kalorische Kraftwerke zu ersetzen und gleichzeitig den Wasserverbrauch für die Bewässerung zu drosseln. Dank dieser Maßnahmen stabilisierte sich der Wasserspiegel 1962 bei 18 m unter dem Stand von 1933. In der Hoffnung, den Seespiegel wieder anzuheben, baute man einen 49 km langen Tunnel, der seit 1981 jährlich 200 Mio. Kubikmeter Wasser vom Arpa-Fluss zum Sewan bringt. Der Spiegel stieg jedoch nur um 1,5 m, und so begann man mit dem Bau eines weiteren, 22 km langen Tunnels vom Worotan-Fluss zum Arpa, der erst 2004 fertiggestellt wurde und zusätzliche 165 Mio. Kubikmeter Wasser zuführen soll. Da die notwendigen finanziellen Mittel für Wartung und Reparaturen fehlen, befindet sich der Arpa-Sewan-Tunnel heute in einem sehr desolaten Zustand. Nach dem katastrophalen Erdbeben von 1988 wurde das einzige Atomkraftwerk Armeniens für acht Jahre stillgelegt und wieder verstärkt die Wasserkraft des Sees genutzt. Die Folge davon war, dass der Wasserspiegel bis 1996 19,2 m unter dem ursprünglichen Niveau lag. Das Wasservolumen des Sees hatte sich um etwa 42 % verringert. Die Auswirkungen der Senkung des Wasserspiegels auf die Forellenbestände und die Fischerei waren verheerend. Die offizielle Ausbeute an Sewan-Forellen belief sich zu Beginn der 1950er Jahre noch auf 600 t

jährlich. Bis zum Jahre 1976, als der Forellenfang im See verboten wurde, fing man nur mehr wenige Tonnen. Zuvor machten die Fänge des Winter-Bachtak noch bei 150 t jährlich aus, der Gegarkuni dominierte 1970 mit 120 t, gefolgt vom Sommer-Bachtak. Im Jahre 1975 verteilten sich die Fänge mit 56-70 % auf den Gegarkuni, mit etwa 20 % auf den Sommer-Bachtak und mit nur 7-18 % auf Winter-Bachtak und Bodschak. Das Fangverbot wird bis heute weder eingehalten noch kontrolliert. Die Senkung des Wasserspiegels des Sewan um etwa 20 m und die damit verbundene ökologische Verschlechterung ebenso wie die Überfischung und der Besatz mit allochthonen Fischarten sind die Hauptursachen für den drastischen Rückgang der Bestände (Hovhannissian, 1994; Savvaitova & Petr, 1999; Babayan et al., 2006).
Zwei Formen, der Winter-Bachtak und der Bodschak, sind aufgrund des Verlustes ihrer Laichgründe im See seit den 1980ern verschwunden. Der Alabalach ist durch übermäßige Befischung und die Nutzung der Zuflüsse für die Bewässerung vom Aussterben bedroht. Aus demselben Grund sind die Fortpflanzungsmöglichkeiten für Gegarkuni und Sommer-Bachtak stark eingeschränkt (Savvaitova et al., 1989; Schöffmann, 2002a). Hinzu kommt noch, dass vielerorts Dämme den Laichzug verhindern und die Unterläufe oft durch Abwässer verschmutzt sind. Die übermäßige Oberflächenerwärmung im See beeinträchtigt den Sommer-Bachtak bei seinen sommerlichen Laichzügen zusätzlich. Sein Überleben kann heute nur durch künstliche Erbrütung gesichert werden.
Eutrophierung durch Landwirtschaft und Abwässer, erhöhte Wassertemperaturen und die drastische Verringerung des litoralen Pflanzengürtels infolge der Seespiegelsenkung äußerten sich in vermindertem Aufkommen von benthischen Wirbellosen (z.B. Flohkrebsen, Fliegenlarven), der Nahrungsgrundlage für die Forellen. Gleichzeitig erhöhte sich der Fraßdruck auf das Benthos durch die nicht heimischen Renken. Der Besatz mit konkurrierenden Arten wirkte sich jedenfalls negativ auf den Forellenbestand aus. Zwei Formen von Renken (*Coregonus lavaretus ludoga* und *C. l. maraenoides*) wurden 1924 erstmals im Sewan eingesetzt (Barach, 1940). Es entstand daraus eine Hybridpopulation, die als neue Unterart (*C. l. sevanicus*) beschrieben wurde (Dadikyan, 1986). In den 1970er Jahren, als die Forellenfänge drastisch zurückgingen, begannen die Coregonen sich stark zu vermehren. Die höchste Fangquote wurde 1982 mit 1600 t erzielt. Danach verringerten sich die Fänge stark und 1984 wurde ein massives, bis heute nicht gänzlich geklärtes Coregonensterben beobachtet. Gegen Ende des letzten Jahrhunderts stellten die Renken mit etwa 80 % wieder den höchsten Anteil an den Gesamterträgen der Netzfischerei von ca. 1000 t dar (Savvaitova & Petr, 1999). Ab 2000 gingen aber die Bestände an Coregonen und Fo-

rellen trotz gesetzlicher Fangverbote weiterhin zurück. Unbestätigten Meldungen zufolge soll es in den letzten Jahren erneut zu einer Zunahme der Bestände gekommen sein. Eine andere Art, der Giebel (*Carassius gibelio*), wurde in den frühen 1980ern eher unbeabsichtigt in den See eingeschleppt. Er konkurriert im Litoral mit Forellen und Renken und vermehrt sich rasch im sommerwarmen Wasser (Dadikyan, 1986).
Die wenigen um den See angelegten Zuchtanstalten für die Sewan-Forellen arbeiten mangels finanzieller Unterstützung ineffizient. Gelegentlich wurden die verschiedenen Rassen sogar gekreuzt. Erst in letzter Zeit scheinen sich die Bedingungen für die künstliche Vermehrung, insbesondere des Gegarkuni, wieder verbessert zu haben. Die vielfältigen Schwierigkeiten zur Wiederherstellung des ökologischen Gleichgewichts des Sewansees geben jedoch immer noch wenig Anlass zu Optimismus. Selbst nach der Hebung des Seespiegels mithilfe des seit 2004 in Betrieb genommenen Worotan-Tunnels bleibt das Problem der Eutrophierung. Auch bei reduzierter Nährstoffzufuhr von außen werden weiterhin Verunreinigungen aus den anoxischen Sedimentschichten in die oberen Wasserschichten gelangen. Der infolge der Seespiegelsenkung verringerte Tiefenwasserbereich wird vermehrt in die Durchmischung der vertikalen Wasserschichten eingebunden. Die lange Erneuerungszeit des Wasservolumens verlangsamt den Gesundungsprozess des Sewan. Der Fortbestand der verbleibenden Bestände der Sewan-Forellen ist daher äußerst ungewiss.

[1]) Während im Flusssystem des Araks mindestens 28 Fischarten vorkommen, gibt es im Sewansee neben den Forellen nur zwei einheimische Cypriniden: *Capoeta capoeta* und *Barbus lacerta*. Die geringe Diversität der Fischfauna des Sees wird mit den negativen Auswirkungen der letzten Vergletscherung erklärt (Dadikyan, 1986).

[2]) Da Winter-Bachtak und Bodschak ausgestorben sind, wurden für die jüngsten genetischen Analysen (Levin et al., 2021) ungefähr 20 Jahre alte Schuppen verwendet.

Sewansee – an der Mündung des Vardenis

6.19. Iran

Der Aras oder Araks bildet die Grenze zwischen den Staaten Armenien und Aserbaidschan im Norden und dem Iran im Süden. Sein größter Zubringer auf iranischem Gebiet ist der Karasu (Qara Sū). Forellenvorkommen gibt es in einigen Quellflüssen seines Oberlaufs nahe der Stadt Ardabil. Bis zum Ende des 19. Jahrhunderts zogen noch anadrome Forellen zum Laichen aus dem Kaspischen Meer in den Aras, den Hauptzufluss der Kura. In dieser nordwestlichsten Provinz des Iran, die ebenfalls Āzarbāyǧān* heißt, liegt das abflusslose Becken des Urmia (Orūmīyeh)-Sees. Es grenzt im Westen an die Türkei und das Tigris-Becken, im Norden an das Aras-Becken und im Osten und im Süden an das Becken des Sefīd-Rūd. Der stark salzhaltige Urmia-See ist der größte See des Iran, mit einer ungefähren Fläche von 5000 km² und einer mittleren Tiefe von 5 m, jeweils abhängig von der Jahreszeit. Aus dem Urmia-Becken wurde eine Forellenform mit auffallender Fleckenzeichnung bekannt. Im Jahre 1974 leitete Robert J. Behnke eine Fischbestandserhebung im Iran. Dabei führte ihn Barry Nehring, ein Biologiestudent der „Colorado State University“, der vier Jahre im Iran verbrachte, zu einem Bach südöstlich von Täbris (Tabrīz), dem Līqvān Čāy, um einige Exemplare einer sonderbaren Forelle zu fangen. Die Seiten dieser Fische sind dicht übersät mit kleinen schwarzen und roten Flecken. Die hohe Anzahl an rot bis orange gefärbten Flecken (durchschnittlich 100-400 an jeder Seite) verleiht den Flanken einen rötlichen Schimmer (Behnke, 1986b). Das Urmia-Becken lag während feuchterer postglazialer Zeiten noch im Einzugsbereich des Kaspischen Meeres. Die Forellen des Līqvān Čāy, der am Nordhang des 3710 m hohen Schichtvulkans Kuh-e Sahand entspringt, entwickelten sich also schon lange Zeit getrennt von anderen Formen aus dem kaspischen Becken. Im Urmia-Becken gibt es noch drei oder vier Forellenvorkommen, wobei aber unklar ist, ob sie natürlichen Ursprungs sind oder irgendwann eingesetzt wurden (Saadati, 1977; Abdoli, 2000). Die Forellen des Mardaq Čāy, eines Flusses am Südhang des Kuh-e Sahand, sind jedenfalls genetisch und morphologisch nahezu identisch mit denen des Līqvān-Flusses. Wenn man davon ausgeht, dass ein Genfluss zwischen den zwei Populationen aufgrund der natürlichen Barriere des hypersalinen Urmia-Sees schon seit langem nicht mehr möglich war, kommt nur eine Translokation durch den Menschen in Betracht (Hashemzadeh Segherloo et al., 2012). Mit dem Ziel, den Fortbestand dieser einzigartigen, durch Überfischung und Wasserentnahme bedrohten Forellenform zu sichern, brachte Barry Nehring im Herbst 1975 an die 300 Līqvān-Forellen in einen Fluss im zentralen Zagros-Gebirge. Die Fische wurden zuerst 36 Stunden mit einem Lastwagen und dann mit einem Hubschrauber in eine abgelegene Schlucht transportiert (Prosek, 2003). Dieser Fluss, der Āb-e Bāzoft, ist ein Zubringer des Kārūn-Flusses, der in den Schatt al-Arab mündet. Aus unbekannten Gründen blieb dieser aufwändige Besatzversuch jedoch erfolglos. Im Gegensatz dazu konnten Bachforellen europäischer Herkunft im Dez-Fluss, einem weiteren Zubringer des Kārūn, erfolgreich angesiedelt werden (Coad, 1996). Bei einer jüngeren Fischbestandserhebung im Āb-e Bāzoft wurden neben Regenforellen auch Bachforellen nachgewiesen, deren Fleckenzeichnung eine Ähnlichkeit mit der der Liqvan-Forellen aufweist (Pirali Khirabadi et al., 2017). Molekularbiologische Untersuchungen legen nahe, dass die Bachforellen durch Translokation mit Fischen aus dem Norden Irans in den Āb-e Bāzoft gelangten, da Haplotypen nachgewiesen wurden, die sowohl im Einzug des Kaspischen Meeres (Haraz-Fluss) als auch im Urmia-Becken vorkommen (M. S. Alavi-Yeganeh, pers. Mitt.). Ungeklärt bleibt dennoch die Frage, ob in diesem östlichen Einzugsgebiet des Euphrat-Tigris-Beckens jemals autochthone Forellen lebten.

Ein vom Zugang zum kaspischen Einzugsgebiet abgeschnittenes Forellenvorkommen befindet sich auch im abflusslosen Becken des Namak-Sees. Der Karaj (Karağ)-Fluss entspringt an der Südabdachung des Elburs-Gebirges nördlich von Teheran und entwässert in den Namak-See, der südlich von Teheran am nordwestlichen Rande der Kavir-Wüste liegt. Die Forellen des Karaj-Flusses werden erstmals vom renommierten britischen Ichthyologen George Albert Boulenger (1896) erwähnt. Er und später die russischen Ichthyologen A. N. Derzhavin (1929) und L. S. Berg (1948a) vertreten die Ansicht, Forellen mediterraner Herkunft seien einst über das Euphrat-Tigris-Becken bis in das innere Becken des Iran vorgedrungen und sie betrachten diese daher als *Salmo trutta macrostigma.* Oft wird auch behauptet, die Forellen seien im 19. Jahrhundert von der Familie des Schah, die Sportlager in der Quellregion des Karaj-Flusses und am Lār-Fluss unterhielt, aus dem kaspischen Becken eingesetzt worden. Neuere genetische und morphologische Untersuchungen bestätigen jedoch zweifelsfrei die Authentizität der Forellen der Namak-Beckens, die sich offensichtlich schon seit langer Zeit isoliert entwickelt haben, nachdem sie mittels Flussanzapfungen und die Verlagerung der Wasserscheide aus dem Becken des Südkaspischen Meeres in das Namak-Becken gelangt waren (Hashemzadeh Segherloo et al., 2012). Die deutlich höhere Anzahl an Kiemenreusendornen stellt ein diskriminierendes meristisches Merkmal dar und unterstreicht den Sonderstatus dieser Forellen. Weitere Lokalitäten im Einzugsbereich des abflusslosen inneren Beckens mit bestätigten Forel-

lenvorkommen sind der östlich von Teheran gelegene Fluss Jajrud (Ǧaǧ Rūd) und dessen Zubringer Damāvand (Abdoli, 2000).
Der Lār-Fluss entspringt nördlich von Teheran und mündet bei der Stadt Kohrūd in den Harāz-Fluss, der zum Kaspischen Meer fließt. Über den außerordentlichen Fischreichtum des Lār-Flusses schreibt der britische Abenteurer und Reisende Valentine Baker in seinem Bericht aus dem Jahre 1876: Er fing dort routinemäßig täglich 50 bis 60 Forellen, bis zu 2 kg schwer, um die Mitglieder seines Camps mit Nahrung zu versorgen. Noch in den 1970gern gab es in diesem Fluss ausreichend Forellen, berichtet Nehring. Die Überweidung in der Lār-Region, seit 1976 zum Nationalpark erhoben, verringerte das Aufkommen von Insekten, der Nahrungsgrundlage der Forellen. Eine ungewöhnlich lange Trockenperiode im Jahre 2000 reduzierte dann drastisch die bereits beeinträchtigten Bestände. Dennoch bietet das Einzugsgebiet des Lār heute noch die am besten erhaltenen Habitate für Forellen im Iran, da die Wasserressourcen des Parks zur Trinkwasserversorgung von Teheran genutzt werden und aufgrund des geschützten Status keine industriellen oder agro-aquakulturellen Aktivitäten in der Region zulässig sind (Esteve et al., 2018). In den anderen Flüssen des Elburs-Gebirges hingegen gingen die Forellenvorkommen gegen Ende des letzten Jahrhunderts infolge von Wasserverschmutzung durch Abwässer aus Haushalten, Industrie und Landwirtschaft sowie durch Überfischung dramatisch zurück. Außerdem hat die Anzahl der Dämme im letzten Jahrhundert dramatisch zugenommen und weitere Dämme sind geplant oder bereits im Bau (Kheyrandish et al., 2010; Mostafavi et al., 2014). Einst bedeckten dichte Feuchtwälder, der sogenannte Hyrkanische Wald, die gesamte kaspische Küstenregion des Iran. Sie beherbergten etliche Wildarten, wie den Kaspischen Tiger. Heute sind nur noch 7 bis 8 % des Waldes vorhanden, der noch zu Beginn des letzten Jahrhunderts stand. Größtenteils ist dieser Wald bereits degradiert (Firouz, 2005). Die durch die Entwaldung der Berghänge hervorgerufene Erosion der Böden führte zu vermehrten Flutkatastrophen und zur Versandung und Verschlammung der Gewässer. Zahlreiche Flüsse entwässern die niederschlagsreiche Nordseite des bis zu 5670 m hohen Elburs in das Kaspische Meer. In den kaspischen Zubringern des Iran findet man sowohl anadrome als auch stationäre Forellenformen, vom Kargān-Fluss (auch Gorgān Rūd) bei Haštpar im Westen bis zum Tajan (Teǧan)-Fluss (auch Šīrīn Rūd genannt) im Osten. Zu den größeren dazwischen liegenden Forellenflüssen gehören Sefīd Rūd, Pol Rūd, Tonekābon (Seh Hazār), Sardāb, Čalūs, Harāz, Bābol und Talar. Früher zogen anadrome Forellen auch noch in die Zuflüsse der Lagune von Anzalī Mordāb nahe der Stadt Rašt (Abdoli, 2000; Jalali & Amiri, 2009; Jamshidi & Kalbassi, 2011). Keine

Forellenvorkommen befinden sich in den Zuflüssen Gorgān und Atrek an der Südostküste des Kaspischen Meeres. Das in älterer Literatur (Berg, 1948a) erwähnte Vorkommen im Oberlauf des Gorgān bezieht sich daher wohl auf den Gorgān- oder Kargān-Fluss bei Haštpar an der Südwestküste. Er ist heute noch einer der wichtigsten Laichflüsse für anadrome Forellen (Jamshidi & Kalbassi, 2011). Während die stationären Forellen im zweiten und im dritten Jahr geschlechtsreif werden, verbringen die anadromen Forellen zwei bis drei Jahre im Fluss und meist zwei Jahre im Kaspisee, bevor sie mit einer Länge von 60 bis 70 cm zum Laichen aufsteigen. Die Laichzüge finden von September bis Dezember (Herbstaufstieg) und von März bis Mai (Frühjahrsaufstieg) statt. Im Herbst steigen die laichbereiten Tiere mit reifen Gonaden auf und laichen Ende Winter. Die Frühjahrsaufsteiger wandern mit noch unreifen Gonaden in die Flüsse, um im darauffolgenden Herbst zu laichen. Im Vergleich zu den Herbstaufsteigern ist ihr Körper spindelförmiger und silbriger (Kiabi et al., 1999). Die Zerstörung der Laichgründe durch den Sandabbau, die Errichtung von Dämmen, die Wasserentnahme für die Bewässerung der Felder und die bereits erwähnten Ursachen der Umweltverschlechterung ebenso wie die illegale Fischerei mit Fallen und Netzen in den Laichflüssen führten zu einem Rückgang der kommerziellen Fänge. Wurden 1995 noch 13 t „Kaspischer Lachs“ gelandet, so fingen die Berufsfischer 2005 weniger als 3 t (Salehi, 2008). Einen weiteren bedeutenden Faktor stellt der Rückgang der Bestände der Kilka (*Clupeonella ssp.*) dar. Diese Heringsfische machen den Hauptanteil der Nahrung der Kaspischen Forelle aus und wurden durch Überfischung sowie die Einschleppung der invasiven Rippenqualle, *Mnemiopsis leidyi,* während der letzten zwei Jahrzehnte dramatisch dezimiert (Niksirat & Abdoli, 2009). Der Bestand der anadromen Forellen kann heute nur noch durch die künstliche Erbrütung in der Zuchtanstalt von Kelardašt am Sardāb-Fluss aufrechterhalten werden. Die Muttertiere werden vor ihrem Laichaufstieg (Oktober bis November) an den Mündungen des Sardāb Rūd und dreier weiterer Flüsse (Kargān Rūd, Nāv Rūd, Tonekābon) gefangen. Im Herbst 2007 gingen den staatlichen Fischereiorganen nicht mehr als 64 Laichtiere in die Fischwehre (Niksirat & Abdoli, 2009). In der Brutanstalt dauert es zwei Jahre, bis die Jungfische ein Gewicht von 15-20 g und eine Länge von 10-15 cm erreichen und in die Flüsse oder Flussmündungen entlassen werden können (Vera et al., 2011). Man schätzt, dass 0,5 % der jährlich freigesetzten Jungtiere mit einem Alter von drei bis vier Jahren in die Flüsse zurückkehren (Salehi, 2008).

DA-Bachforelle, ~20 cm; Līqvān Čāy, Urmia-Becken. Foto: I. Hashemzadeh S.

DA-Bachforelle, ~28 cm; Mardaq Čāy, Urmia-Becken. Foto: I. Hashemzadeh S.

DA-Bachforelle (*S. caspius*), ~16 cm; Ardabil Alvares, Aras-Becken. Foto: H. Mostafavi

DA-Bachforelle (*S. caspius*), ~21 cm; Lār-Fluss. Foto: H. Mostafavi

DA-Bachforelle (*S. caspius*), ~19 cm; Šīrīn Rūd. Foto: H. Mostafavi

DA-Meerforelle "Kaspischer Lachs" (*S. caspius*), ~92 cm; Tonekābon. Foto: H. Taghavi

DA-Bachforelle, ~30 cm; Karaj-Fluss, Namak-Becken. Foto: I. Hashemzadeh S.

DA-Bachforelle, ~40 cm; Jajrūd-Fluss, Namak-Becken. Foto: I. Hashemzadeh S.

Erst in neuerer Zeit wurden molekularbiologische Untersuchungen an den noch vorhandenen anadromen Populationen des Iran durchgeführt, wobei mindestens fünf neue Haplotypen der Donau-Linie identifiziert werden konnten. Untersuchungen an zwei Populationen aus dem Urmia-Becken (Līqvān und Mardaq Čāy) ergaben, dass diese vor 10 000 bis 30 000 Jahren von den Populationen des südlichen kaspischen Beckens isoliert wurden. Dieser Zeitraum entspricht den geologischen Befunden zur Entstehung des heutigen Urmia-Sees. Eine noch länger isolierte Entwicklung dürften die Forellen des Namak-Beckens durchlaufen haben, da sie einen von den übrigen iranischen Populationen stark abweichenden Genotyp aufweisen, welcher früher wahrscheinlich noch viel weiter verbreitet war. Die genetische Nähe zu den Tigris-Forellen der Türkei einerseits und den Populationen aus dem Amudarja-Becken in Afghanistan andererseits lässt darauf schließen, dass die südliche kaspische Region einst als Verbreitungszentrum fungierte (Hashemzadeh Segherloo et al., 2012).

Das Kaspische Meer, auch Kaspisee genannt, ist ein endorheisches Gewässer und mit einer gegenwärtigen Fläche von annähernd 371 000 km² (1860 waren es noch 460 000 km²) der größte See der Erde. Das Kaspische Meer entstand ebenso wie das Schwarze Meer und der Aralsee als ein Relikt der Paratethys. Infolge der Plattentektonik wurde es vor ungefähr 5,5 Mio. Jahren zum Binnengewässer. Während warmer und niederschlagsarmer Perioden trockneten der mittlere und nördliche Teil des Kaspisees mehrmals komplett aus. Zum Ende der Eiszeiten hingegen, als durch das Abschmelzen der Gletscher die Wasserzufuhr enorm anstieg, waren das Kaspische Meer, das Schwarze Meer und der Aralsee miteinander verbunden. Im Laufe der letzten 100 000 Jahre schwankte der Wasserstand zwischen 50 m über dem heutigen und 80 m unter dem jetzigen Niveau. Auch in den letzten Jahrzehnten wechselte der Pegel des Kaspischen Meeres kurzfristig, bedingt durch die schwankende Wassermenge der Zuflüsse, vor allem aber durch die variierenden Niederschlagsmengen im riesigen Einzugsgebiet der Wolga, dem wichtigsten und größten Zubringer. Im Jahre 2004 lag die Oberfläche 28 m unter dem Meeresspiegel, seither steigt der Wasserspiegel wieder stetig an. Der durchschnittliche Salzgehalt des Kaspischen Meeres beträgt 1,2 %; er variiert von Nord nach Süd zwischen 0,1 und 1,4 %. Der große Nordteil weist eine durchschnittliche Tiefe von nur 6 m auf und ist im Winter mit einer bis zu 70 cm dicken Eisschicht bedeckt. Die tiefste Stelle im Süden mit 995 m befindet sich 1023 m unter dem Niveau der Ozeane. Das Ökosystem des Kaspischen Meeres ist heute durch die chemische Verunreinigung der Zuflüsse, insbesondere der Wolga, und durch die zunehmende Erdöl- und Erdgasindustrie massiv gefährdet. Die Kaspische Forelle, die verschiedenen Störarten und die Kaspische Robbe gehören – als Folge dieser Entwicklung – zu den am meisten vom Aussterben bedrohten Arten. Hinzu kommen noch unkontrollierter Fischfang und Wilderei.

*) Die Transliteration der iranischen Ortsnamen erfolgt nach den Regeln der DMG (Deutsche Morgenländische Gesellschaft) - Umschrift oder wird zumindest in Klammern hinzugefügt (z.B.: Vokale mit übergesetztem Querbalken werden lang ausgesprochen).

Tajan (auch Šīrīn Rūd) – an der Nordseite des Eburz-Gebirges. Foto: H. Mostafavi

Haviq – Zufluss des Kaspischen Meeres nahe Aserbaidschans. Foto: H. Mostafavi

Kaspisches Meer – an der Südwestküste im Iran. Foto: M. Hochleithner

6.20. Zentralasien

Die östlichste Verbreitung der Europäischen Forelle befindet sich in den Quellflüssen des Amudarja[1] im Süden von Kirgisistan[2], in Tadschikistan und im Osten Usbekistans sowie im Hindukusch in Afghanistan. Der Amudarja ist der südliche Zubringer des Aralsees. In seinem nördlichen Zufluss, dem Syrdarja, gibt es kein natürliches Forellenvorkommen.

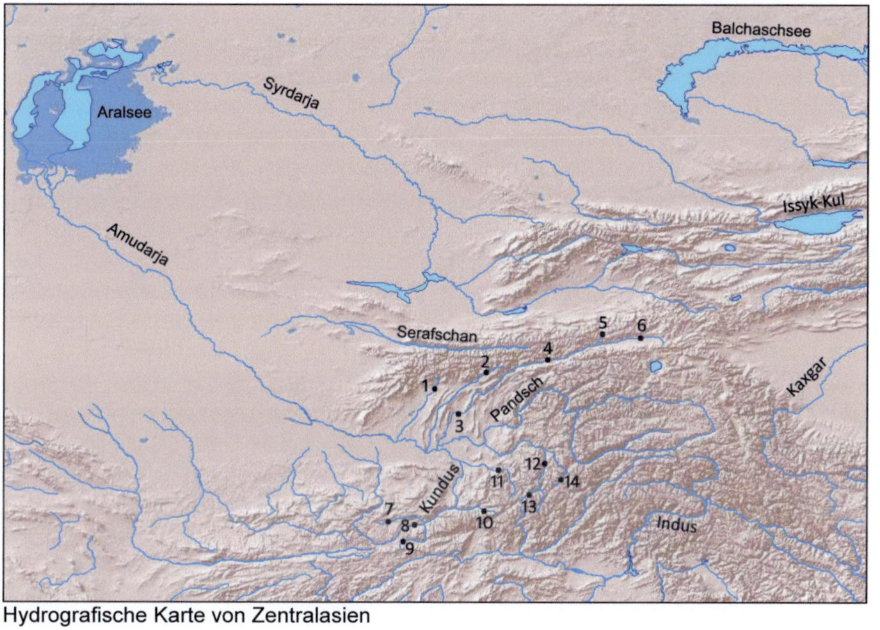

Hydrografische Karte von Zentralasien

1 Surchan, 2 Kafirnigan, 3 Wachsch, 4 Surchob, 5 Daraut-Bach, 6 Kyzylsu (Alai-Tal), 7 Adschar, 8 Saighan, 9 Bamijan, 10 Andarab, 11 Farchar, 12 Koktscha, 13 Andschoman-See, 14 Zebak.

[1]) Bei den tadschikischen und afghanischen Flussnamen kommt hier die deutsche Transkription zur Anwendung.

[2]) Die offizielle deutsche Landesbezeichnung lautet Kirgisistan. Ebenfalls verbreitet sind der Name Kirgistan sowie die in Sowjetzeiten gängige Bezeichnung Kirgisien. Obwohl orthografisch falsch, kommt Kirgistan der Aussprache des Landesnamens in kirgisischer Sprache am nächsten, da man ihn in der neuen kirgisischen Lateinschrift „Kırgızstan" schreibt.

[3]) Die alte persische Bezeichnung „Turkestan" bezieht sich auf eine nicht fest umrissene zentralasiatische Region, zwischen dem Kaspischen Meer im Westen und der Wüste Gobi im Osten. Das Territorium umfasst die heutigen Staaten Turkmenistan, Usbekistan, Tadschikistan und Kirgisistan sowie weite Teile von Afghanistan, Kasachstan und Westchina.

Der britische Arzt mit geologischen und biologischen Interessen, John McClelland, beschreibt im Jahre 1842 die Forellen des Bamijan-Flusses aus dem Amudarja-Becken in Afghanistan als eigene Art, *Salmo orientalis.* Dieser Name ist ungültig, da er als jüngeres Homonym eines zuvor beschriebenen *S. orientalis* gilt – eines Pazifischen Lachses (*Oncorhynchus tschawytscha*), der von Pallas 1811 so benannt wurde. Der in Deutschland geborene britische Ichthyologe Albert Günther (1866) verzichtet in seinem „Catalogue of Fishes" des Britischen Museums darauf, diese Art wissenschaftlich zu benennen, und bezeichnet die Amudarja-Forelle nur als eine „Forelle aus den Flüssen des Hindukusch". Kessler (1872) folgt in seinem ersten Werk über die Ichthyofauna von Turkestan[3] McClelland und nennt sie *S. orientalis,* ohne ein Exemplar näher zu beschreiben. Doch schon in seiner nächsten Arbeit, in der er die Fische Zentralasiens behandelt, gibt Kessler (1874) eine genauere Beschreibung dieser Forellenform und ändert den Namen in *Salmo oxianus.* Der Amudarja hieß im Altertum Oxus. Die Exemplare für die Originalbeschreibung stammen aus dem Alai-Tal in Kirgisien, genauer gesagt aus dem Daraut-Bach, einem rechtsseitigen Zubringer des Kyzylsu. Im Jahre 1905 revidiert L. S. Berg anhand von neuem Material die Systematik dieser Spezies und kommt zu dem Schluss, dass die Forelle aus Turkestan eine Unterart der „gewöhnlichen Forelle" darstellt und folglich *Salmo trutta oxianus* heißen muss. In derselben Arbeit erwähnt Berg das Vorkommen einer „Art von Lachs" im Aralsee, kann aber die Artzugehörigkeit nicht bestimmen, da er keine Exemplare zur Verfügung hat. Später erhält Berg eine Forelle aus dem Delta des Amudarja und klassifiziert sie 1908 als eigene Unterart, *Salmo trutta aralensis.* Der bekannte indische Ichthyologe Sunder Lal Hora (1935) veröffentlicht die Ergebnisse seiner Untersuchungen von Forellen aus dem Hindukusch, die er als eine Variation der Aralsee-Forelle betrachtet und *Salmo trutta aralensis oxianus* nennt. Der angesehene russische Ichthyologe und Leiter der ichthyologischen Abteilung des Zoologischen Museums der Universität Moskau, George V. Nikolskii, veröffentlicht 1937 die Ergebnisse seiner morphologischen Untersuchungen an 18 Museumsexemplaren (*S. t. oxianus*) aus dem Pamir und 5 Exemplaren (*S. t. aralensis*) aus dem Aralsee. Die ungewöhnlich niedrige Anzahl der Wirbel (53-57) veranlasst ihn und später auch Berg (1948a) eine verwandtschaftliche Beziehung zwischen den Forellen aus dem Amudarja-Becken und den mediterranen Forellen (*S. t. macrostigma*) in Erwägung zu ziehen. Genetische Analysen widerlegen jedoch diese Hypothese. Die Amudarja-Forellen bilden innerhalb der Donau-Linie einen eigenen Zweig (Bernatchez & Osinov, 1995; Bernatchez, 2001; Griffiths et al., 2009). Im Verlauf der quartären Kalt- und Warmzeiten wurde die Ver-

bindung zwischen dem Kaspischen Meer und dem Aralsee oder direkt mit dem Amudarja mehrmals unterbrochen und wieder hergestellt. Die letzte Verbindung des Amudarja mit dem Kaspischen Meer verschwand sogar erst im ersten Jahrtausend vor unserer Zeitrechnung. Theoretisch war daher eine Zuwanderung von pontokaspischen Forellen in das Aralsee-Becken bis zum Postglazial möglich (Osinov, 1990).
Die heutige Verbreitung der Amudarja-Forellen beschränkt sich auf die Oberläufe der Nebenflüsse des Amudarja. Die rechtsseitigen Zuflüsse kommen aus dem Hissargebirge in Usbekistan und Tadschikistan und aus dem Alaigebirge in Kirgisistan. Forellen findet man in den Einzugsgebieten der Flüsse Surchan, Kafirnigan und Wachsch. Über das von Kessler (1872) erwähnte Vorkommen im Serafschan, der den Nordwesten Tadschikistans durchfließt und in der Wüste von Usbekistan endet ohne den Amudarja zu erreichen, gibt es keine Bestätigung. Im Hindukusch Afghanistans entspringen die linksseitigen Zuflüsse des Amudarja. Forellenvorkommen kennt man aus den Quellflüssen des Kunduz, wie Adschar, Saighan, Bamijan, Andarab und Farchar, sowie aus dem Koktscha-Fluss und seinem Nebenfluss, dem Zebak, von den Quellregionen bis zur Mündung in den Amudarja. Außerdem findet man noch ein paar Seepopulationen, wie im Andschoman-See in der Quellregion des Koktscha (Kuderskii, 1974; Schöffmann, 2001, 2017; Le Quesne, 2016; Schöffmann et al., 2019).
Das östlichste Vorkommen der Oxus-Forelle und somit der Europäischen Forelle überhaupt befindet sich im kirgisischen Alai-Tal mit dem Kyzylsu (Kızılsu) und seinen Nebenflüssen (Nikolsky, 1937). Von seinem Ursprung im äußersten Süden Kirgisistans, im Grenzgebiet zu China, fließt der Kyzylsu durch das breite, baumlose Alai-Tal gegen Westen. In Tadschikistan fließt er zunächst als Surchob und weiter westlich als Wachsch in Richtung Südwesten, um sich an der Grenze zu Afghanistan mit dem Pjandsch zum Amudarja zu vereinen. Der Name Kyzylsu bedeutet „rotes Wasser“ und rührt von der rotbraunen Trübung dieses Fließgewässers her. Forellen findet man nur in den meist klaren Zuflüssen, die in den Kalkgebieten nördlich des Alai-Tales entspringen. Südlich des Alai-Tales erheben sich die mächtigen Gebirgsketten des Pamir mit den zwei höchsten Spitzen Zentralasiens, dem Pik Ismoil Simoni (früher Pik Kommunisma) mit 7495 m und dem Pik Lenina mit 7134 m. Im gesamten Pamir existieren keine natürlichen Forellenvorkommen. Die Forellen des Alai-Tales leben in einer Seehöhe zwischen 2800 und 3400 m. Die rauen klimatischen Bedingungen in diesen hohen Lagen sowie die Beschaffenheit der Flüsse – hohe Strömungsgeschwindigkeit mit kaum strömungsarmen Bereichen – beeinträchtigen das Wachstum der Fische (Schöffmann, 2001). Sie erreichen selten

mehr als eine Länge von 20 bis 25 cm und werden erst im dritten oder vierten Jahr geschlechtsreif; die Männchen mit einer Länge von 12-16 cm und gewöhnlich ein Jahr früher als die Weibchen, die die Geschlechtsreife mit 15-20 cm erlangen. Die Laichablage findet von September bis Ende Oktober in den Oberläufen statt, meist hinter großen Steinen, wo die Strömung abgelenkt wird (Salmonov & Dorofeyeva, 1990). Die höchstgelegenen natürlichen Vorkommen der Europäischen Forelle befinden sich im Hindukusch Afghanistans auf um die 4000 m Seehöhe, in den Quellregionen des Koktscha. Trotz geringer Wachstumsraten – etwa 25 cm im fünften und 30 cm im siebenten Lebensjahr – können einzelne Exemplare, wie etwa im Andschoman-See, bis zu 10 kg schwer werden. In den Flussabschnitten tieferer Lagen werden immer wieder sehr große Forellen gefangen. So sind im Koktscha Exemplare mit 6 bis 7 kg Gewicht keine Seltenheit, gelegentlich sollen auch schon Individuen mit 13 kg gefangen worden sein (Le Quesne, 2016). In einigen Fällen nahm der Mensch Einfluss auf das Wachstum der Forellen des Amudarja. Nach der Fertigstellung des Wasserkraftwerkes von Nurek in Tadschikistan im Jahre 1973 etablierte sich im aufgestauten Wachsch eine Population, die sich hauptsächlich von Fischen wie Marinkas (*Schizothorax* sp.) und Schmerlen (*Nemacheilus* sp.) ernährt und deren Wachstum deutlich über dem der Flusspopulation liegt. Die Forellen des Nurek-Stausees werden erst mit 25-30 cm geschlechtsreif und können eine Länge von 56 cm erreichen (Luzhin, 1963).

Kennzeichnend für die Amudarja-Forelle sind eine relativ lange, niedrige Fettflosse sowie eine hohe Körperform. Das Kopfprofil ist über dem Auge stark gerundet. Der vergleichsweise hohe Schwanzstiel unterscheidet die Oxus-Forellen von den pontokaspischen Formen. Ein ähnlich hoher Schwanzstiel ist jedoch auch bei den mediterranen Formen vorherrschend. Aufgrund der geringen Wirbelzahl und offensichtlich auch wegen der gedrungenen Körperform wurde, wie bereits erwähnt, die Oxus-Forelle in älterer Literatur fälschlicherweise in die Nähe der mediterranen Forelle (*S. t. macrostigma*) gestellt. Die Anzahl der Kiemenreusendornen liegt normalerweise zwischen 16 und 22. Bei einem Exemplar, das um 1960 im Bamijan-Fluss gefangen wurde, zählte Robert J. Behnke die ungewöhnlich hohe Anzahl von 24 Kiemenreusendornen. Deutliche Unterschiede zwischen den einzelnen Flusssystemen lassen die Forellen in der Färbung, Größe und Anordnung der Flecken erkennen.

In Zentralasien wurden die Vorkommen der heimischen Forellen beinahe überall durch Überfischung stark reduziert oder ausgelöscht; daher findet man heute gute Bestände nur noch in abgelegenen Gebieten, weit entfernt von den Siedlungen. Ein zusätzliches Problem stellt die

durch Abholzung und Überweidung verursachte Bodenerosion dar, die vielerorts zu einer übermäßigen Sedimentation der Flüsse führte.
Die anadrome Forellenform des Aralsees, meist mit *Salmo trutta aralensis* klassifiziert, bewohnte einst den Aralsee und wanderte zum Laichen bis zu 300 km den Amudarja aufwärts. Sie wurde niemals im Syrdarja gefunden, obwohl vom Fang eines Exemplars im Mündungsdelta dieses Zuflusses berichtet wurde. Die Aralsee-Forelle konnte eine Länge von einem Meter und ein Gewicht von mehr als 13 kg erreichen (Berg, 1948a). Nikolksy (1937) zufolge wurden im Schnitt nicht mehr als 15 Individuen jährlich im Aralsee gefangen. Seit den 70er Jahren des 20. Jahrhunderts ist dieser Fisch verschwunden. Die Aralsee-Forelle war schon vor ihrem Aussterben sehr rar, nicht nur während der letzten 100 Jahre, sondern offensichtlich zumindest seit 6000 Jahren, da bei zahlreichen archäologischen Ausgrabungen niemals Knochen dieser Fische nachgewiesen wurden. Ebenso ist bekannt, dass seit der letzten Eiszeit der Aralsee drastischen Wasserstandsschwankungen, möglicherweise sogar bis zur völligen Austrocknung, unterworfen war (Tsepkin, 1987). Neben dem Mangel an geeigneten Laichplätzen im Unterlauf des Amudarja könnten auch diese klimatischen Fluktuationen eine Erklärung für die geringe Populationsgröße sein. Der Grund für die endgültige Vernichtung der Aralsee-Forelle war – neben der Wasserverschmutzung durch Pestizide – der enorme Wasserverbrauch zur Bewässerung der Baumwollfelder in Usbekistan und Turkmenistan. In den 1980er Jahren war die jährliche Wasserzufuhr zum Aralsee bereits auf weniger als ein Zehntel der Menge der 1950er Jahre reduziert. Zwischen 1966 und 1993 fiel dadurch der Wasserstand des Aralsees um 16 m, sein Volumen verringerte sich um 75 % und die Fläche um mehr als die Hälfte. Gleichzeitig stieg der Salzgehalt um ein Vielfaches. Der Untergang der Aralseeforelle wurde somit besiegelt. Und noch immer werden den beiden Zuflüssen Amudarja und Syrdarja 80 bzw. 90 % ihres Wassers für die Landwirtschaft entzogen. Der Aralsee büßte so 90 % seiner Wassermenge ein und zerfiel in mehrere Teile. Selbst wenn sich der nördliche Aralsee durch den mit finanzieller Hilfe der Weltbank erbauten Kokaral-Damm bis 2025 wieder auf eine Fläche von 3500 km² erstrecken sollte, ist der See als Ganzes verloren.

Amudarja-Forelle (*S. oxianus*), ~17 cm; Daraut-Bach, Kyzylsu-Becken (Kirgisistan)

Amudarja-Forelle (*S. oxianus*), ~22 cm; Archu, Kafirnigan-Becken (Tadschikistan)

Amudarja-Forelle (*S. oxianus*), ~21 cm; Sawurgo, Surchan-Becken (Tadschikistan)

Amudarja-Forelle (*S. oxianus*), Andschoman-See (Afghanistan). Foto: D. le Heron

Kaškasu – rechter Zufluss im oberen Alai-Tal (östlicher Verbreitungsrand der *Salmo* spp.)

Archu – Zufluss des Sardai-Mijona, Kafirnigan-Becken (Tadschikistan)

Koktscha – Zufluss des Amudarja in Afghanistan. Foto: D. le Heron

7. Genetische Vielfalt und Besatzmaßnahmen

Die außergewöhnliche genetische Variabilität sowohl innerhalb der ursprünglichen Forellenpopulationen als auch zwischen den verschiedenen Populationen spiegelt sich im äußeren Erscheinungsbild, im Verhalten, in der Lebensweise, in der Ökologie und in anderen biologischen Aspekten wider. Die natürliche Selektion führte zur Anpassung an die spezifischen lokalen Umweltbedingungen. Die Gendrift verursachte zufällige genetische Veränderungen, besonders innerhalb kleiner isolierter Populationen. Der Phänotyp eines bestimmten Tieres ergibt sich aus dem Genotyp und den jeweiligen Umwelteinflüssen. Die Forellen weisen eine hohe phänotypische Plastizität auf. Aus einem Genotyp können daher, bedingt durch verschiedene Umweltkonditionen, mannigfaltige Phänotypen entstehen, obgleich das Ausmaß der Plastizität auch genetisch verankert ist. Viele der populationsspezifischen phänotypischen Charakterzüge sind sogenannte quantitative Merkmale, die durch die kumulativen Wirkungen vieler Gene mit geringem Effekt und die Umwelt bestimmt werden. Zu den quantitativen Merkmalen zählen: Überlebensrate in den verschiedenen Lebensstadien, Lebensspanne (maximales Alter), Wachstumsrate in den verschiedenen Lebensstadien, Maximalgröße, Ernährungsgewohnheiten, Ernährungseffizienz, Körperform, Form und Größe der Flossen, Anzahl und Form der Kiemenreusendornen, Färbung und Zeichnungsmuster, Anzahl und Form der Jugendflecken, Fettgehalt des Körpers, Schwimmgeschwindigkeit und Ausdauer, Wanderverhalten (zeitliche und örtliche Eigenschaften), physiologische Anpassungsfähigkeit an das Leben im Salzwasser, Ausdehnung und Muster der Wanderungen im Meer, Alter bei der Geschlechtsreife, Entwicklung sekundärer Geschlechtsmerkmale, Laichverhalten (Zeit und Ort), Fruchtbarkeit, Größe der Eier, Überleben nach dem Laichen und wiederholtes Ablaichen in folgenden Jahren, Entwicklungszeit der Embryos und der Jungfische, Toleranzgrenzen (Temperatur, pH-Wert, Sauerstoffgehalt, Stress), Resistenz gegen Krankheiten und Parasiten, agonistisches Verhalten (Territorialverhalten, Verhalten in Gegenwart von Fressfeinden) (Ferguson, 2007).

Die Forellenvorkommen vieler Gewässer wurden infolge anthropogener Einflüsse wie Wasserverschmutzung, Zerstörung des Lebensraumes, Einschleppung von Krankheiten und Parasiten sowie Überfischung stark dezimiert, manchmal sogar ausgelöscht. Die vorherrschende Methode, diesem Problem zu begegnen, ist der Besatz mit Forellen aus Zuchtanstalten. Der Erfolg dieser Maßnahmen stellt sich im Allgemeinen als bescheiden heraus (Hansen et al., 1993, 2009; Santos et al., 2006). So gingen trotz, oder vielleicht gerade wegen der weit verbreiteten Besatzaktivitäten viele Bestände kontinuierlich zurück. Das Ausmaß des genetischen Einflusses (Introgression) auf die natürlichen Populationen durch den Besatz mit Forellen aus Zuchtanstalten ist, zumindest im Atlantikbecken, in den meisten Fällen bei weitem geringer als angenommen. In einigen Situationen ist eine Introgression von domestizierten Forellen trotz jahrzehntelanger Besatzmaßnahmen kaum nachweisbar oder nur sehr geringfügig (<5 %). Die Mehrheit der Populationen aus dem Atlantikbecken, von Skandinavien bis Portugal, besitzt noch mindestens 75 % ihres ursprünglichen Genmaterials und nur wenige Populationen bestehen zu 100 % aus Besatzmaterial. Im letzteren Falle bleibt es oft unklar, ob die ursprüngliche Population von den Besatzfischen verdrängt wurde oder bereits vor dem Besatz verschwunden war. Bei einer stark vermischten Population Dänemarks konnten sogar nach jahrelanger Besatztätigkeit noch einige genetisch unbeeinflusste Individuen der ursprünglichen Population nachgewiesen werden. Wie sich herausstellte, war dieser Restbestand durch eine spätere Laichablage von der Mehrheit der Mischpopulation reproduktiv isoliert. Einen weitaus größeren Einfluss durch Gene aus Besatzmaterial scheint es hingegen in den mediterranen Einzugsgebieten von Spanien, Frankreich und Italien zu geben. Für dieses Phänomen bieten sich mehrere Erklärungen an. Es ist möglich, dass die mediterranen Populationen bereits vor dem Besatz reduzierte Populationsgrößen aufwiesen und so die Anzahl der eingesetzten Fische höher lag. Die atlantikstämmigen Besatzfische könnten auch im Konkurrenzkampf überlegen sein und die in den mediterranen Gewässern heimischen Forellen vom Laichgeschehen weitgehend ausschließen. In dieser Hinsicht gleicht der Besatz mit Atlantikforellen eher dem Einbringen einer fremden Art als der genetischen Veränderung durch Hybridisierung, wie es im Atlantikbecken anscheinend der Fall ist (Ferguson, 2007). Ein ähnlich hoher genetischer Einfluss durch domestizierte Atlantikforellen besteht auch bei den donaustämmigen Populationen im oberen Donaubecken (Weiss et al., 2001). In jedem Fall stellt der Besatz mit nicht heimischen Forellen eine der größten Bedrohungen für die Existenz lokaler Genpools, die genetische Integrität und den Fortbestand der betreffenden nativen Populationen dar.

Obwohl die genetische Vielfalt domestizierter Forellen im Vergleich zur Diversität, die die Europäische Forelle insgesamt aufweist, geringer ist, ist die genetische Vielfalt lokaler Wildpopulationen in der Regel viel geringer als die der domestizierten Bestände (Bohling et al., 2016; Berrebi et al., 2021). Die Gründe, warum trotz umfangreicher Besatztätigkeit der genetische Einfluss von domestizierten Forellen in vielen Populationen unerheblich bleibt, sind mannigfaltig. Die Bedingungen, unter welchen Forellen in Zuchtanstalten aufwachsen, sind grundsätzlich verschieden von den natürlichen Umweltbedingungen in den freien Gewässern. Domestizierte Forellen unterscheiden sich daher phänotypisch von ihren wilden Artgenossen in ihrem Verhalten, ihrer Physiologie und ihrer Morphologie. Hinzu kommt noch die künstliche Selektion, die in erster Linie auf die für die Domestikation vorteilhaften Charaktereigenschaften ausgerichtet ist, wie z. B. schnelles Wachstum oder frühe und synchrone Laichreife. Die domestizierten Genotypen sind bedeutend besser an das Leben in Zuchtanstalten angepasst als an ein Überleben in der freien Natur. Wie viele Studien zeigen, überlebt und reproduziert sich meist nur ein relativ geringer Anteil der Besatzfische. Ein weiterer Faktor, der zu unmittelbaren Ausfällen führen kann, ist die Besatztechnik. Der Stress, verursacht durch Verladung und Transport, verringert die Fähigkeit zur raschen Akklimatisation an veränderte physische und chemische Faktoren. Der Besatzerfolg hängt unter anderem auch im Wesentlichen davon ab, welcher Zuchtstamm benutzt wird, welches Alter und welche Größe die Besatzfische haben, in welcher Jahreszeit und an welchen Plätzen der Besatz stattfindet und welche Verteilungsmethode angewendet wird. Einigen Untersuchungen zufolge liegt das kritische Temperaturmaximum bei Wildpopulationen bedeutend höher als bei domestizierten Populationen. Ebenso ist die Anpassungsfähigkeit an das Leben im Meer bei den eingesetzten Forellen aus Zuchtanstalten geringer als bei den Wildfischen. Weitere Nachteile, die Zuchtforellen gegenüber den Wildforellen aufweisen können, sind morphologische Unterschiede, wie die Körperform und die Form und die Größe der Flossen, oder Unterschiede im Verhalten, wie die verringerte Fähigkeit des Auffindens von Nahrung, ein abgeschwächtes Fluchtverhalten, ein reduziertes Territorialverhalten und ein verändertes Paarungsverhalten. Diese Unterschiede können durch genetische oder umweltbedingte Ursachen hervorgerufen werden. Das Verhalten der Fische gehört zu den ersten Veränderungen, die bei der Domestizierung entstehen. So sind Besatzfische leichter zu angeln als Wildfische (Hansen, 2002; Ferguson, 2007; Pinter & Unfer, 2017).

Obwohl, wie schon angeführt, Besatzmaßnahmen oft nur geringe genetische Veränderungen verursachen, können sie der Fitness einer Population schaden, als Folge der verminderten Fitness der Hybriden zwischen Zuchtforellen und wilden Forellen (Hansen et al., 2009). Je mehr und je öfter Besatz durchgeführt wird, desto größer ist die Wahrscheinlichkeit einer schädlichen genetischen Beeinflussung. Einer der Hauptgründe für den Besatz mit Forellen aus Zuchtanlagen ist die zu geringe

Eigenproduktion eines Gewässers. Die Ursache dafür liegt meist in anthropogenen Einwirkungen, wie der Zerstörung des Lebensraumes durch Verbauungen und Wasserverschmutzung. Es wäre daher angebracht, erst die Möglichkeiten einer Biotopverbesserung in Erwägung zu ziehen und, falls erforderlich, ergänzend dazu Besatz mit autochthonem Material vorzunehmen. Die Elterntiere sollten aus demselben Gewässer kommen und nur für die Zucht abgefischt werden. Zudem sollte die Anzahl der zur Zucht verwendeten Elterntiere möglichst groß sein und eine jährliche Auffrischung mit Laichfischen aus den freien Gewässern erfolgen (Weiss et al., 2002; Pinter & Unfer, 2017). Wie verschiedene Studien jedoch belegen, ist die Fitness der künstlich erbrüteten Fische in den freien Gewässern immer erheblich geringer als die ihrer wilden Artgenossen, selbst wenn die Nachzucht direkt von wilden Elterntieren aus der lokalen Population stammt. Um die nachteiligen Einflüsse der Haltung in Gefangenschaft so gering wie möglich zu halten, wird in einigen Zuchtbetrieben versucht, die Aufzuchtbecken weitgehend naturnah zu gestalten und die Fischdichte zu minimieren. Auch das Freisetzen von Fischen jüngerer Stadien kann der Anpassung an die Wildgewässer förderlich sein, erfordert aber eine weit größere Anzahl an Besatzfischen (Johnsson et al., 2014). Eine der Natur besonders nahestehende Methode ist die Schaffung künstlicher Laichbetten in den Freigewässern. Hierzu werden an geeigneten, gut durchströmten Stellen im Bach die befruchteten Eier mittels eines speziellen Trichters in den zuvor mechanisch gereinigten Kies eingebracht. Die Eier entwickeln sich vollkommen natürlich und zeitgerecht und die Brut kann sich an die ortsspezifischen Umweltbedingungen anpassen. Eine weitere Methode ist das sogenannte „Cocooning“, wobei Brutboxen (Cocoons) mit im Augenpunktstadium befindlichen Eiern befüllt und im Substrat des Fließgewässers vergraben werden. Die geschlüpften Larven verlassen die Box und verbleiben solange im Lückenraum des Schotterbetts (Interstitial), bis ihr Dottersack aufgebraucht ist (Holzer et al., 2011). Alle diese unkonventionellen, aber nachhaltigen und ökologisch orientierten Herangehensweisen führen letztendlich zu höheren Kosten, die aber in den Folgejahren durch eine verstärkte natürliche Reproduktion kompensiert werden könnten. Ein wesentlicher Faktor, der sich ebenfalls negativ auf die Fitness einer Population auswirken kann, ist die fehlende Partnerwahl bei Zuchtfischen. Beim natürlichen Laichvorgang erfolgt die Wahl des Partners nicht zufällig, sondern hängt von einer Reihe von interagierenden Merkmalen und Umweltfaktoren ab, deren Zusammenhänge bisher erst ansatzweise erforscht sind. Zu den Faktoren, die die Partnerwahl beeinflussen, gehören morphologische Merkmale wie Körpergröße, Größe der Fettflosse, Färbung und Kondition ebenso wie Balzverhalten, kognitive Fähigkeiten und andere angeborene Verhaltensmerkmale. Partnerpräferenzen können auch vom Umfeld beeinflusst werden und sich im Laufe der Zeit verändern. Im Vergleich zur künstlichen Vermehrung in den Fischzuchten erhöht die gegenseitige Partnerwahl bei den Wildfischen deren Reproduktionserfolg und die Überlebensrate ihrer Nachkommen bis zur erfolgreichen Fortpflanzung (Auld et al., 2019).

Der Besatz mit Regenbogenforellen kann zu keiner genetischen Beeinflussung führen, da eine natürliche erfolgreiche Vermehrung bzw. Kreuzung zwischen den Gattungen *Oncorhynchus* und *Salmo* nicht zustande kommt. Massive Besatzmaßnahmen mit Regenbogenforellen bewirkten allerdings, dass diese invasive Spezies in etlichen Gewässern Europas eingebürgert wurde und sich selbst erhaltende Bestände bildeten. Nachteilige Auswirkungen auf die heimischen Forellen sowie auf andere Fischarten als Folge von Konkurrenzverhalten wurden vielerorts nachgewiesen. Darüber hinaus verursachte die Einschleppung von fremden Krankheitserregern mithilfe der Regenbogenforellen oft herbe Verluste bei lokalen Fischpopulationen (Stanković et al., 2015). Im Dezember 2022 filmte Manu Esteve den Laichvorgang einer weiblichen Regenbogenforelle mit einer männlichen Marmorforelle in der Soča. Auch wenn ein Hybridisierungserfolg unwahrscheinlich ist oder mögliche Nachkommen steril sind, ist der vergebliche Laichaufwand für die heimische Art immer ein Verlust. Der ebenfalls aus Amerika eingeführte Bachsaibling lässt sich zwar problemlos mit der Europäischen Forelle kreuzen, doch sind die Nachkommen, die sogenannten „Tigerforellen“, unfruchtbar und es kommt nur äußerst selten zur Hybridisierung in freien Gewässern. In einigen Seen im Norden Schwedens und in ein paar Bächen von Finnland führte der Besatz mit Bachsaiblingen indes zum Verlust der ortsansässigen Forellenbestände (Spens et al., 2007).

8. Die Europäische Forelle als nicht-heimische Art

Der natürliche Verbreitungsraum der Europäischen Forelle wurde seit Beginn des letzten Jahrhunderts beträchtlich reduziert und in vielen der verbliebenen Gebiete ist ihr Fortbestand heute bedroht. Andererseits wurden Forellen aus Europa – fast ausschließlich der Atlantik-Linie – weltweit in geeignete Gewässer, sowohl der gemäßigten Breiten als auch einiger höher gelegener Gebiete der Tropen und Subtropen, eingesetzt, wo sie sich durchwegs gut etablieren konnten und zumeist eine bedeutende Rolle für die Sportfischerei einnehmen. In manchen neuen Habitaten können die eingeführten Forellen sogar größer heranwachsen und zahlreicher auftreten als in ihren Ursprungsgewässern. So wurde die Europäische Forelle nach der ubiquitären Regenbogenforelle zu einem der größten aquatischen Bioinvasoren und leider vielerorts auch zur ernsthaften Bedrohung für die bodenständige Süßwasserfauna.

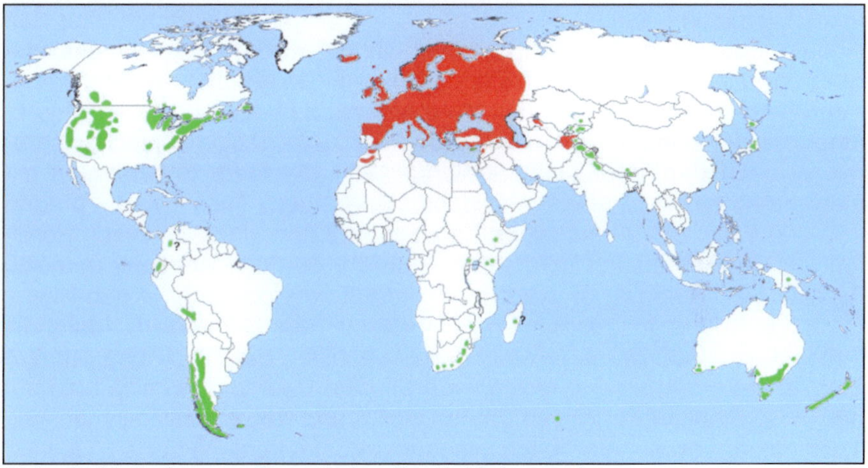

Weltweite Verbreitung der Europäischen Forelle (*Salmo* spp.)

Rot: natürlicher Verbreitungsraum (inkl. ausgestorbene Vorkommen).
Grün: eingebürgerte Vorkommen außerhalb des natürlichen Verbreitungsraumes.

Lange bevor die Europäische Forelle in Regionen außerhalb ihrer natürlichen Verbreitung gebracht wurde, setzte man sie schon in Hochgebirgsseen oder Flussabschnitten ein, zu denen Fische ohne menschliche Hilfe keinen Zugang hätten. So wurden bereits seit dem Mittelalter in zahlreiche Gewässer der Alpen und der Pyrenäen Forellen, die anfangs meist aus demselben Einzugsgebiet stammten, eingesetzt (Baric et al., 2007; Miró & Ventura, 2013). Der Großteil des Besatzes fand erst seit Mitte des 20. Jahrhunderts statt, wozu ebenso andere Salmonidenarten und oft auch Elritzen verwendet wurden. Das Einbringen invasiver Spezies blieb nicht ohne Folgen für das lokale Ökosystem. Viele Bestände bedrohter Amphibien wurden auf diese Weise drastisch dezimiert oder sogar ausgelöscht. Zudem veränderte sich die Artenzusammensetzung von Zooplankton und Makroinvertebraten, was zu erhöhter Algenproduktion führte. Es hat sich auch gezeigt, dass die Anzahl der im Wasser schlüpfenden Insekten bei Anwesenheit von Fischen bis zu 98 % reduziert werden kann. Der Besatz fischleerer Seen ist letztendlich eine Bedrohung für die Erhaltung der Artenvielfalt dieser Gewässer und der umliegenden Ökosysteme (Miró & Ventura, 2020).

8.1. Australien und Ozeanien

Die ersten Besatzmaßnahmen mit der Europäischen Forelle außerhalb ihres natürlichen Verbreitungsgebietes wurden auf der australischen Insel Tasmanien durchgeführt. Der weite Transport per Schiff über den Äquator dauerte etwa drei Monate und stellte eine enorme Herausforderung dar. Eine der Schiffskabinen wurde mit Eis gefüllt, um die Temperaturen ständig knapp über dem Gefrierpunkt zu halten und die Entwicklungszeit der befruchteten Salmonideneier zu verlängern. Nach mehreren vergeblichen Versuchen erreichte 1864 die erste Schiffsfracht mit wenigstens zum Teil unversehrt gebliebenen Eiern Tasmanien. Von den 100 000 Eiern des Atlantischen Lachses und den 3000 Eiern von Forellen aus Großbritannien überlebten ungefähr 30 000 Lachseier und 300 Forelleneier. Beide Arten wurden im darauffolgenden Jahr in den Plenty River im Südosten Tasmaniens eingesetzt (MacCrimmon & Marshall, 1968). Der Einbürgerungsversuch des Lachses, eigentlich das primäre Ziel, verlief schließlich erfolglos, während die Bachforellen sich bald auf der Insel etablierten. In den Jahren 1867 und 1868 schickte man von Tasmanien Forelleneier nach Neuseeland. In verschiedenen Gewässern des australischen Bundesstaates Victoria wurden Forellen aus Tasmanien zwischen 1871 und 1872 freigesetzt. Die Verbreitung in den anderen Bundesstaaten erfolgte in New South Wales zwischen 1869 und 1881, in Western Australia 1874 und in South Australia 1879. Mehrere Besatzversuche im südlichen Queensland blieben ohne Erfolg (Jarvis et al., 2019). Aufgrund der entgegengesetzten Jahreszeiten auf der Südhalbkugel findet die Laichzeit hier von Mitte März bis August statt. Die meisten Populationen halten sich ständig im Süßwasser auf, nur in Tasmanien, wo die Bachforellen am weitesten verbreitet sind, wandert auch ein großer Teil in die Mündungsgebiete oder ins Meer.
Eine erhebliche Bedrohung durch Fraßdruck stellen die eingebürgerten

Forellen für einige endemische, stark gefährdete Fischarten der Familie Galaxiide (siehe auch Neuseeland) dar, wie *Galaxias brevipinnis*, *G. olidus* und *G. pedderensis.* Letztere gilt heute in ihrem natürlichen Habitat als ausgestorben und nur zwei Populationen blieben durch Translokation in andere Gewässer erhalten. Die Prädation durch Bachforellen war der Hauptgrund für ihr Verschwinden in ihrem Ursprungsgewässer. Bachforellen schaden als Nahrungskonkurrenten den Beständen des bereits durch Überfischung und Habitatverlust beeinträchtigen River Blackfish (*Gadopsis marmoratus*) und werden auch als eine Gefahr für Süßwasserkrebse (*Euastacus* spp.) angesehen (Merrick & Schmida, 1984; Hamr, 1995; Cadwallader, 1996). Zum Schutz der heimischen Arten errichtete man in gewissen Flüssen Barrieren, die eine weitere Verbreitung von Forellen in die Oberläufe verhindern und in einigen Fällen wurden sie auch gänzlich aus dem Gewässer entfernt. In Tasmanien ist der Forellenbesatz in allen Gewässern verboten, die noch nicht von ihnen besiedelt wurden, und in Queensland, wo es ohnehin nur ein limitiertes Vorkommen von Regenbogenforellen gibt, ist heute jeglicher Forellenbesatz untersagt. Nichtsdestotrotz werden illegale Besatzmaßnahmen in einigen Regionen, vor allem in Tasmanien, weiterhin durchgeführt (Jackson et al., 2004).

Im Hochland von Papua-Neuguinea, in der bis zu 4509 m hohen Zentralkette (Central Range), wurden 1949 Bachforellen australischer Herkunft in einem Quellbach im Flusssystem von Purari-Waghi eingesetzt, welches die Südseite der Gebirgskette entwässert. Es fanden einige weitere Besatzaktionen in der Region statt, die aber nicht dokumentiert wurden. Je ein Gewässer in den Einzugsgebieten von Purari-Waghi und Sepik – letzterer entwässert nach Norden – wurde 1968 mit Bachforellen aus Australien besetzt. In beiden Bächen konnte eine natürliche Reproduktion beobachtet werden (MacCrimmon et al., 1970). Bachforellen wurden 1981 in den Kundik-See (Sepik-Einzug) bei Maramuni in der Provinz Enga eingesetzt, wo sie angeblich in den Zuflüssen des Sees laichten. Durch den starken fischereilichen Druck sind sie aber bald verschwunden. Der Besatz mit Bachforellen in Papua-Neuguinea fand nur in sehr geringem Maße statt und es gibt keinen Nachweis einer sich selbst erhaltenden Population (Povlsen, 1993). In mehreren Flüssen der Insel haben sich jedoch Regenbogenforellen etabliert, die erstmals 1952 eingeführt wurden und jetzt in zahlreichen Brutanstalten gezüchtet werden (West & Glucksman, 1976).

Bereits 1920 wurden Bachforellen von Neuseeland auf die Fidschi-Inseln gebracht, wo sie sich jedoch nicht etablieren konnten (Welcomme, 1988).

Forelle (*S. trutta*) aus einem Gewässer von der Südinsel Neuseelands. Foto: J. Prosek

Forelle (*S. trutta*) aus dem Río Grande, Feuerland. Foto: J. Prosek

Forelle (*S. trutta*) aus einem Fluss in Chile. Foto: J. Prosek

Forelle (*S. trutta*) aus dem kleinen Bergbach Mesa Potamos, Zypern.

8.2. Neuseeland

Neuseeland liegt in den gemäßigten Breiten der Südhalbkugel und ist reich an sauberen Bächen, Flüssen sowie großen und kleinen Seen. Die ursprüngliche Fischfauna umfasst etwa 54 Taxa und birgt eine Vielzahl an endemischen Arten, insbesondere der Familie der Galaxiiden (Galaxiidae) (Goodman et al., 2013). Sie sind entfernte Verwandte der Lachsfische der nördlichen Hemisphäre und stellen ähnliche ökologische Ansprüche wie diese. Die etwa 50 Arten von Galaxiiden sind meist kleine (<12 cm TL), langgestreckte Fische, die unterschiedliche Gewässertypen in den gemäßigten Breiten der südlichen Hemisphäre bewohnen: Südamerika, Afrika, Australien, Neuseeland, Neukaledonien und ein paar kleinere Inseln. Manche Arten, wie der weitverbreitete (Neuseeland, Chathaminseln, Australien, Patagonien, Falklandinseln) und in großen Schwärmen auftretende *Galaxias maculatus*, in Neuseeland „inanga“ genannt, halten sich einen Teil ihres Lebens im Meer auf. Die Laichablage findet im Süßwasser statt, oft in den Flussmündungen, und die Larven werden ins Meer gespült. Die Jungfische verbringen bis zu 6 Monate im Meer, bevor sie zurück ins Süßwasser wandern, wo sie zu geschlechtsreifen Tieren heranwachsen. Der nur der in Neuseeland beheimatete „giant kokopu“ (*G. argenteus*) ist für gewöhnlich ebenfalls amphidrom, verbringt also das Jugendstadium im Meer, jedoch gibt es auch ständig im Süßwasser bleibende Populationen. Wegen seiner Größe – er kann über 45 cm lang werden – bildet er eine Ausnahme unter den Galaxiiden. Daneben gibt es noch die etwas kleineren (20-25 cm TL) „banded kokopu“ (*G. fasciatus*) und „shortjaw kokopu“ (*G. postvectis*) sowie etwa 22 weitere Vertreter dieser Familie, die allerdings kaum größer als 10-15 cm werden (McDowall, 1990; 2010). Trotz alldem beschwerten sich die ersten Siedler aus Europa über den Mangel an Fischen in Neuseelands Binnengewässern und den geringen Nutzen für Sportfischer, obwohl sich die indigene Bevölkerung, die Maori, über viele Jahrhunderte von heimischen Süßwasserfischen ernährte, zu denen auch drei Arten von Aalen zählten. So versuchte man verschiedene Salmonidenarten aus Europa und Amerika auf den Inseln einzubürgern. Diese Besatzaktionen zeigten unterschiedliche Erfolge; einige Arten konnten sich etablieren und weiter ausbreiten, während andere sich nur schlecht anpassen konnten oder wieder verschwanden. Die bei weitem erfolgreichste Art war die Europäische Forelle. Nach anfänglichen Misserfolgen führte kontinuierlicher und intensiver Besatz dazu, dass die Forellen beinahe über das ganze Land verbreitet wurden. Ausgenommen davon sind nur der äußerste Norden der Nordinsel wegen zu hoher sommerlicher Temperaturen und die südlichste Insel, Steward Island, sowie die östlich vorgelagerten Chatthaminseln, wo trotz mehrfacher Versuche die Einbürgerung nicht gelang (MacCrimmon & Marshall, 1968; McDowall, 1990). Zusätzliche Importe aus England, Schottland, Deutschland und Italien erhöhten die genetische Vielfalt der Besatzfische und bis 1921 wurden schätzungsweise 60 Mio. Setzlinge in die Gewässer Neuseelands entlassen (McDowall, 1990). Dank der Anpassungsfähigkeit der Europäischen Forelle eroberte sie bald alle erreichbaren Gewässer und bildete auch anadrome Populationen. Aufgrund des reichen Nahrungsangebotes, vor allem an kleinwüchsigen Galaxiiden, und fehlenden Konkurrenzdrucks erfuhren die Forellen anfangs außerordentliche Wachstumsraten. Von Sportfischern geangelte Individuen mit Gewichten von 4 bis 5 kg waren alltäglich und einige Exemplare waren sogar über 15 kg schwer. Die Größen und die Abundanz der Forellen haben seither zwar abgenommen, doch zählt Neuseeland immer noch zu den berühmtesten Destinationen für Forellenfischer weltweit (Jones & Closs, 2018). Andererseits gelang es vielen der permanent im Süßwasser lebenden und am meisten bedrohten Galaxiidenarten nur in Gewässern oberhalb von für Forellen unpassierbaren Wasserfällen zu überleben und die Bestände amphidromer Arten, wie *G. maculatus*, wurden erheblich dezimiert (McIntosh et al., 2010). Indes gibt keine Hinweise darauf, dass Forellen einen größeren Einfluss auf die Aalbestände hätten, außer vielleicht einen begrenzten als Nahrungskonkurrenten. In den 1930ern kursierte jedoch das Gerücht, Langflossenaale (*Anguilla dieffenbachii*) ernährten sich maßgeblich von Forellen. Daraufhin sagte man diesen „Schädlingen" den Kampf an und startete eine Kampagne, bei der hunderttausende Aale vernichtet wurden (Jones & Closs, 2018). Die Bestände dieses größten Süßwasseraals (bis zu 185 cm TL) der Welt sind jetzt durch kommerzielle Fischerei, Habitatverlust und Dämme, die die Fische auf ihrer Wanderung vom und zum Meer behindern, stark bedroht (Dunn et al., 2018). In den letzten Jahren wurden vereinzelte Vorkehrungen getroffen, um dem weiteren Verlust der einheimischen Artenvielfalt entgegenzuwirken. Neben dem Verbot des Forellenbesatzes in noch nicht besetzte Gewässer nutzte man natürliche oder künstliche Barrieren in den Flüssen, die ein Vordringen der Forellen in die Oberläufe verhindern, zur Einrichtung von Refugien für endemische Arten, vor allem die nicht-wandernden Galaxiiden. An manchen Orten waren die Forellen mithilfe von Gift oder durch selektive Elektrobefischung zuvor entfernt worden (Pham et al., 2013; Jones & Closs, 2018). Da jedoch Forellen in Neuseeland einen hohen Stellenwert besitzen, bleibt der Schutz heimischer Fische immer noch ein Balanceakt. Am ehesten durchführbar sind Schutzmaßnahmen in Gebieten, die für die Sportfischerei weniger von Interesse sind.

Der Neuseeländische Forellenhechtling (*Prototroctes oxyrhynchus*) ist ein Mitglied der Familie Retropinnidae (Neuseelandlachse), die der Ordnung Osmeriformes (Stintartige) angehört. Der Fisch wurde in Neuseeland „grayling" (Äsche) genannt und erreichte eine Länge von 20-40 cm. Er hatte eine amphidrome Lebensweise und war in den Flüssen, sowohl auf der Nordinsel als auch auf der Südinsel, bis in die 1860er recht häufig. Übermäßige Befischung durch die europäischen Siedler, die rasche Ausbreitung der eingeführten Forellen einschließlich der von ihnen übertragenen Krankheitserreger und die Verschlechterung der Lebensräume durch Abholzung sorgten für einen rapiden Rückgang der Bestände. Bereits 1874 war die Population des Waikako River verschwunden und die letzten Exemplare wurden in den 1920ern im Waiapu River gefangen. Der Neuseeländische Forellenhechtling starb frühestens 1924 aus, obwohl Berichte darauf hindeuten, dass die Art bis 1972 überlebt haben könnte (Lee & Perry, 2019). Sein nächster Verwandter, der Australische Forellenhechtling (*P. maraena*), der in Tasmanien und im Südosten Australiens vorkommt, wurde in den 1880ern von einem Massensterben heimgesucht, verursacht durch eine von Forellen eingeschleppte Krankheit (Cadwallader, 1996). Die Bestände konnten sich seit damals nicht mehr erholen und sind heute in vielerlei Hinsicht bedroht. Dämme behindern die Wanderungen zum Meer und zurück, Landwirtschaft und Entwaldung bewirken Wasserverschmutzung und Verschlammung der Flüsse und die Forellen üben Prädations- und Konkurrenzdruck auf die Forellenhechtlinge aus (Backhouse et al., 2008). Die Folgen vom Menschen verursachter Umweltschäden und der Klimawandel bedrohen heute sowohl die ursprüngliche Fischfauna als auch die eingeführten Salmoniden. Den Schutz und den Erhalt der heimischen Fische zu fördern und gleichzeitig die Befriedigung der öffentlichen Nachfrage nach Sportfischerei zu gewährleisten, bleibt sowohl in Neuseeland als auch in Australien eine Herausforderung, die ein flexibles und kreatives Management verlangt, unterstützt von hoch qualifizierter wissenschaftlicher Forschung.

8.3. Südasien

Erstmals Überlegungen, in Indien Forellen aus Großbritannien anzusiedeln, wurden vom Fischereiinspektor für Indien und Burma, Francis Day, 1863 in der ehemaligen Provinz Britisch-Indiens Madras angestellt, und zwar in den Nilgiri-Bergen im Süden des Subkontinents (Day 1887, Seite 184). Der daraus resultierte erste Besatzversuch mit Lochleven-Forellen im Jahr 1866 misslang ebenso wie die danach folgenden. Der Durchbruch gelang erst 1889 mit der Einfuhr von Forellen aus Europa nach Kaschmir. Hier konnten in zahlreichen Bächen des Kaschmir-Tales Bachforellen angesiedelt werden. Ungefähr 20 Jahre später wurden Nachkommen dieser Populationen auch in den südlich angrenzenden indischen Bundesstaaten Himachal Pradesh und Uttar Pradesh eingebürgert (MacCrimmon & Marshall, 1968). 1916 wurden Bachforellen in den Fluss Gilgit im Norden von Pakistan eingesetzt, wo sie sich gut etablieren konnten. Gilgit-Forellen brachte man 1945 in das weiter südwestlich gelegene Tal von Chitral, wo sie sich ebenfalls akklimatisierten und Anlass zur Gründung einer Fischzucht waren (MacCrimmon et al., 1970). In Pakistan begann man aber schon 1928 mit der Aufzucht von Bachforellen im Kaghan-Tal, das vom Kunhar-Fluss durchzogen wird. In den folgenden Jahren wurden Bachforellen in den Kunhar und seine Zuflüsse sowie in den auf 3050 m Seehöhe liegenden See Saif-ul-Maluk eingesetzt, wo sie heute bis zu 7 kg schwer werden können. Die Gründung weiterer Zuchtbetriebe und intensiver Besatz führten zu einem reichen Angebot an Forellengewässern, die eine große Anzahl von Sportanglern anzogen. Seit den 1990ern sind die Forellenbestände jedoch vor allem im Kaghan-Tal stark zurückgegangen, und zwar als Folge von Wasserverschmutzung durch Abwässer, unkontrollierter Bautätigkeiten entlang der Flüsse und illegaler Fischerei, die durch die zuständigen Behörden kaum geahndet wird (Khan, 2015). Im indischen Himalaya, wo sich die Bachforellen ebenso gut etabliert haben, gibt es mittlerweile in zahlreichen Flüssen sich selbsterhaltende Populationen. Im Gegensatz dazu gelang es nicht, Regenbogenforellen in freien Gewässern anzusiedeln; sie werden aber in vielen Fischfarmen gezüchtet (Petr & Swar, 2002).

Im Königreich Bhutan wurden Bachforellen 1958 eingeführt und in einige Flüsse entlassen, wo sie sich offensichtlich etablieren konnten. Forellen aus diesen Flüssen setzte man direkt in verschiedene Seen oberhalb von 2000 m Seehöhe ein. Eine kleine Zuchtanlage wurde Anfang der 1970er gebaut, nach 15 Jahren aber wieder aufgelassen. Heute findet man Bachforellen in zahlreichen Bächen und Flüssen, wie in Haa, Thimphu und Paro sowie in einigen Zuflüssen von Sankosch und Manas (Petr & Swar, 2002). Nach Nepal wurden 1969 Bachforellen aus Kaschmir und 1971 aus England und Japan importiert, hauptsächlich um sie in geeigneten Gewässern für die Sportfischerei anzusiedeln (MacCrimmon et al., 1970; Shrestha, 1999). Zur aktuellen Situation der Forellen in Nepal gibt es keine Berichte.

Aus Tibet ist nur ein Vorkommen von Bachforellen bekannt, nämlich im Flusssystem des Yadong. Der Fluss entspringt an der Südseite des Himalayas, fließt durch Tibets südlichsten Zipfel und durchquert den westlichsten Teil von Bhutan, bevor er im indischen Bundesstaat Assam

in den Brahmaputra mündet. Der erste offizielle Bericht über die Forellenpopulation im Yadong in Tibet ist aus dem Jahr 1962, obwohl der Besatz mehr als hundert Jahre zurückliegen könnte. Die Forellen bewohnen den Fluss und einige Seitenbäche auf Seehöhen zwischen 2700 und 3700 m. Überfischung, Wasserverschmutzung und der Bau von Dämmen haben den Bestand in den letzten Jahren dezimiert. Um die dadurch entstandenen Verluste zu mildern und den Fortbestand der Population zu gewährleisten, wurden im Tal des Yadong ein paar kleinere Brutanstalten eingerichtet (Hao & Chen, 2009). Zu Einbürgerungen von Forellen europäischer Abstammung in den übrigen von China beherrschten Territorien gibt es keine bestätigten Meldungen.
Bisher fehlen fundierte Untersuchungen zu den Wechselwirkungen zwischen den eingebürgerten Forellen europäischer Herkunft und den heimischen Fischarten in den Gewässern Hochasiens. Die Annahme, dass die starken Bestandsrückgänge der in der Region weit verbreiteten und artenreichen Gattung *Schizothorax* dem Prädationsdruck durch Bachforellen zuzuschreiben ist, konnte zwar noch nicht bestätigt werden, dürfte aber eine der Ursachen sein. Fische der Gattung *Schizothorax* werden im Englischen oft „snow trout“ (Schneeforelle) genannt und sind in den nordwestlich des Himalayas gelegenen Ländern unter dem russischen Namen „marinka“ bekannt. Die schlanken, zwischen 20 und 45 cm großen Cypriniden bevorzugen wie die Forellen schnellfließende Gebirgsflüsse und klare Hochgebirgsseen bis zu einer Seehöhe von 3323 m (Berg, 1949; Petr & Swar, 2002). Sie sind in der Himalaya-Region wichtige Nahrungsfische und werden daher mancherorts gezüchtet. Lebensraumzerstörung und Überfischung gefährden allerdings auch diese ortsansässigen Arten.
Die Aufzeichnungen über die ersten Einbürgerungsversuche von Bachforellen auf Sri Lanka (ehemals Ceylon) gingen zwar verloren, doch ist überliefert, dass 1882 etwa 20 Bachforellen in einem kleinen Bach im zentralen Hochland (Nuwara Eliya Distrikt) freigesetzt wurden. Bachforelleneier unbekannter Herkunft wurden zwischen 1886 und 1889 jedes Jahr eingeführt, aber sie schienen nicht überlebt zu haben. Ihr Verschwinden führte 1892 und 1893 zu weiteren Importen, die erfolgreicher waren. Die in die Bäche entlassenen Bachforellen laichten nur in außergewöhnlich kalten Jahren und konnten sich schließlich nicht etablieren. Nach diesem Misserfolg legte man verstärkt Augenmerk auf die Einfuhr von Regenbogenforellen. Diese erstmals 1899 importierte Art erwies sich als sehr erfolgreich und vermehrt sich heute selbständig in vielen Gewässern des Hochlandes (Fowke, 1938; Jindasa et al., 2005).
An dieser Stelle noch Bemerkungen zum eingangs erwähnten ersten Experiment der Einbürgerung von Bachforellen auf dem indischen Sub-

kontinent. Die Nilgiri-Berge mit einer Höhe bis zu 2637 m befinden sich im südlichen Teil der Westghats, einem Gebirgszug, der parallel zu Indiens Westküste verläuft. Der wichtigste Ort der Region, Udagamandalam (früher Ootacamund) liegt auf 2250 m und diente der britischen Kolonialverwaltung von Madras als Sommerquartier. Auf Anraten des Fischereiinspektors Francis Day führte der Gouverneur von Madras im Jahr 1866 Forelleneier aus England ein. Dieser erste Versuch scheiterte, doch nach einem zweiten Import zwei Jahre später gelang es, einige Lochleven-Forellen aufzuziehen. Wie Day (1887) noch anmerkte, entwickelten diese Forellen, die in ihrem neuen Zuhause weitergezüchtet wurden, rote Flecken, die echten Lochleven-Forellen normalerweise fehlen. Trotz weiterer Einfuhren von Forelleneiern aus Europa über vier Jahrzehnte und Besatzversuchen in einigen Bächen der Region, konnten keine sich selbst erhaltende Populationen gebildet werden. Erfolgreich hingegen war der spätere Besatz mit Regenbogenforellen, die heute nicht nur in den Nilgiri-Bergen, sondern auch in vielen anderen Gewässern der südlichen Westghats eingebürgert sind (Sehgal, 1999).

8.4. Zentralasien und Sibirien

Die anthropogene Ausbreitung der Europäischen Forelle in Zentralasien über ihr natürliches Verbreitungsgebiet im Flusssystem des Amudarja hinaus begann 1930 mit dem Besatz des Gegarkuni (*Salmo ischchan gegarkuni*) aus dem Sewansee in den Issyk-Kul (siehe Kapitel 6.18.4.). Der Issyk-Kul (auch Yssykköl, bedeutet „heißer See“) ist der größte See in Kirgisistan und mit 6236 km² nach dem Titicacasee der zweitgrößte Gebirgssee der Erde. Die durchschnittliche Tiefe des auf ungefähr 1608 m liegenden Issyk-Kul beträgt 278 m, sein tiefster Punkt etwa 702 m. Der Wasserspiegel des Sees, der keinen Oberflächenabfluss besitzt, ist seit dem 15. Jahrhundert um mehr als 10 m gesunken und seine Senkung hielt bis in neuere Zeit an. Erst seit 1986 begann der Wasserspiegel wieder etwas zu steigen. Ein Salzgehalt zwischen 0,5 und 0,8 % (nach starken Regenfällen manchmal auch nur 0,2 %) und warme unterseeische Quellen sowie die regelmäßige Umwälzung der Wasserschichten verhindern das Zufrieren des Sees im Winter bei bis zu -20 °C Lufttemperatur. Von den annähernd 100 Zuflüssen, die den abflusslosen See speisten, sind viele in den letzten Jahren wegen des Wasserverbrauchs für die Feldbewässerung ausgetrocknet (Savvaitova & Petr, 1992; Alamanov & Mikkola, 2011).
Nach einem zweiten Besatz im Jahr 1936 wurden 1947 erstmals Gegarkuni beim Laichen im Ton-Fluss beobachtet. Da die Forellen im See bis in die 1960er dennoch rar blieben, errichtete man zwei Zuchtanstal-

ten, eine am Ton-Fluss (1964) und eine am Karakol-Fluss (1969). Noch während der 1970er und 1980er Jahre wurden 40-50 t Gegarkuni jährlich gefangen (Savvaitova & Petr, 1999). Ernährt sich der Gegarkuni im Sewansee hauptsächlich von Flohkrebesen, so stellte er sich im Issyk-Kul auf Fischnahrung um. Seine Wachstumsraten erhöhten sich daraufhin um das vier- bis sechsfache und Exemplare mit Gewichten von bis zu 12 kg, vereinzelt sogar 17 kg, wurden angelandet (Luzhin, 1956). Bedeutend kleiner bleibt hingegen die stationäre Form (meist <20 cm), die sich bald in einigen Zuflüssen gebildet hatte. Diese besitzt im Gegensatz zum Alabalach, der stationären Form in den Zuflüssen des Sewansees, nur schwarze und keine roten Flecken (Schöffmann, 2001). Aufgrund einiger mophologischer Unterschiede zur Stammform klassifiziert Luzhin (1956) die Issyk-Kul-Forelle als eigene Unterart: *Salmo ischchan issykogegarkuni.*
Im Issyk-Kul wurden neben einigen ortsfremden Karpfenfischarten und dem Zander (*Sander lucioperca*) auch drei Coregonenarten (*Coregonus lavaretus, C. widegreni, C. autumnalis*) eingesetzt; hinzu kommen noch die aus den Netzgehegen entflohenen Regenbogenforellen. Für den dramatischen Schwund der endemischen Fischfauna des Sees sind die eingeführten Gegarkuni in hohem Maße mitverantwortlich. Zu den Arten mit den stärksten Bestandseinbußen gehören die auch kommerziell genutzten Karpfenfische *Leuciscus schmidti*, *Schizothorax pseudoaksaiensis* und *Gymnodiptychus dybowskii.* Letzterer wird bis zu 60 cm lang und 3 kg schwer und ist lokal vom Aussterben bedroht (Mikkola, 2012). Andererseits besteht auch eine Gefährdung für die Bestände des Gegarkuni im Issyk-kul aufgrund des Rückgangs der Nahrungsressourcen, der Überfischung, der Wasserverschmutzung und der Verringerung der Laichplätze als Folge der Wasserentnahme und des Schwindens der die Flüsse nährenden Gletscher. Gegarkuni aus dem Issyk-Kul setzte man in den 1970ern und 1980ern in den Stausee von Chorvoq (Tscharwak) in Usbekistan ein, der sich im Einzugsgebiet des Syrdarja befindet, ebenso in die Qapschaghai-Talsperre am Fluss Ili im Einzugsgebiet des Balchaschsees in Kasachstan und im Toktogul-Stausee am Fluss Naryn, einem Zufluss des Syrdarja in Kirgisistan. Zwar ließen sich die Forellen in diesen Gewässern erfolgreich einbürgern, doch blieben die fischereilichen Erträge weit hinter den Erwartungen zurück (Markevich & Esin, 2019). Im Jahr 1980 brachte man Gegarkuni aus dem Issyk-Kul gemeinsam mit Peledmaränen (*Coregonus peled*) zum Jaschilkul, einem davor nur von heimischen Cypriniden bewohnten Hochgebirgssee im Südosten von Tadschikistan. Beide eingesetzten Arten zeigten gute Wachstumsraten, wenngleich nur der Gegarkuni sich selbständig in einem der Zuflüsse fortpflanzt (Khaitov et al., 2013).

Gegarkuni (*S. ischchan*), ~55 cm; wandernde Form aus dem Issyk-Kul

Gegarkuni (*S. ischchan*), ~20 cm; stationäre Form aus einem Zufluss des Issy-Kul

Seit 1953 gibt es Versuche, die Amudarja-Forelle in verschiedenen Flussläufen des Syrdarja-Beckens anzusiedeln (Luzhin, 1963). Im Jahre 1965 besetzte man den Ysyk-Ata-Fluss mit Forellen aus dem Alai-Tal im Süden Kirgisistans (Salmanov & Dorofeyeva, 1990). Der Ysyk-Ata entspringt im Tienschan-Gebirge, unweit der kirgisischen Hauptstadt Bischkek (ehemals Frunse) und fließt zum Tschu, welcher während wasserreicherer Epochen noch in den Syrdarja mündete. Dank niedriger Seehöhe, warmer Quellen und eines reichen Nahrungsangebots wachsen die Forellen im Ysyk-Ata besser als im Alai-Tal und haben eine gewisse Bedeutung für den regionalen Fischfang erlangt (Schöffmann, 2001).

Mehrere Versuche wurden unternommen, Bachforellen aus dem südlichen Einzugsgebiet des Weißen Meeres im Flusssystem des Ob einzubürgern: in Zuflüssen der Isset (in den 1890ern), des Tschulym (1931) und der Bija (in den 1960ern). Alle Besatzmaßnahmen blieben erfolglos und es kam in keinem der Gewässer zu einer natürlichen Reproduktion (Interesova, 2016). Zu Einbürgerungsversuchen im Flusssystem des Jenisseis gibt es keinerlei Hinweise. Seit Beginn dieses Jahrhunderts entwickelte sich die Aufzucht in Netzgehegen, wobei in erster Linie Regenbogenforellen verwendet werden. In einigen Stauseen, wie in den

Reservoirs von Novosibirsk (Ob) und Krasnoturansk (Jenissei), werden auch Bachforellen gehalten. Ein Teil der Fische entkommt immer wieder aus den Gehegen, dennoch wurde bisher keine Laichablage in freien Gewässern registriert. In den Gebieten östlich des Jenisseis bis zur Pazifikküste Russlands wurden bis heute noch keine Bachforellen in Aquakulturen aufgezogen oder irgendwo eingesetzt (E. Esin, pers. Mitt.).

8.5. Japan

Im Jahr 1892 wurden zum ersten Mal Eier der Europäischen Forelle aus den USA in Japan eingeführt, und zwar 10 000 der Lochleven-Forelle und 10 000 von Bachforellen deutscher Herkunft. Bachforellen sind heute in Flüssen der Inseln Hokkaido und Honshu zu finden. Eingebürgert waren sie zuerst nur auf Honshu im ursprünglich fischlosen Chūzenji-See und seinen Zuflüssen, etwa 170 km nördlich von Tokio, und im Azusa-Fluss, 240 km westlich der Hauptstadt; erst seit Anfang des Jahrhunderts expandierte ihr Verbreitungsraum in den zentralen Gebieten der Insel. Über das Vorkommen von Bachforellen auf der Insel Hokkaido wurde erstmals 1980 berichtet. Seitdem breitete sich die Spezies rasch aus und verdrängte zum Teil die Regenbogenforellen, die hier zuvor dominierten. Die in Japan etablierten Bachforellen sind zum Großteil stationär, doch wurden auf Hokkaido auch Individuen beobachtet, die ins Meer wandern. Eine weitere Ausbreitung der Art könnte daher auch über den Seeweg stattfinden (Morita, 2019). Die Verdrängung des Japanischen Saiblings (*Salvelinus leucomaenis*), auch Ostasiatischer Saibling genannt, durch Bachforellen wurde in einigen Flüssen nachgewiesen. Sogar von interspezifischer Hybridisierung zwischen weiblichen Japanischen Saiblingen und männlichen Bachforellen in Hokkaidos Freigewässern wurde berichtet (Kitano, 2004; Hasegawa, 2020). Im See Shikotsu in Hokkaido haben die Forellen zum starken Rückgang einer dort heimischen Grundel (*Rhinogobius* sp.) beigetragen (Takayama et al., 2002). Der Besatz von Bachforellen wurde in einzelnen Regionen verboten und schließlich versuchte man, die invasive Art aus einem Fluss auf Hokkaido (Kitano, 2004; Hasegawa, 2020) und zwei Flüssen auf Honshu (Morita, 2019) zu entfernen. Über den Einfluss von Bachforellen auf andere der etwa 300 Fischarten, die in Japans Binnengewässern vorkommen, wurde noch nichts bekannt.

8.6. Nordamerika

Im Februar 1883 wurden Eier der Europäischen Forelle erstmals in den USA importiert. Baron Friedrich Felix von Behr schickte mit dem deutschen Dampfer „Werra“ 80 000 befruchtete Eier an die New York State Fischzucht auf Long Island; 60 000 der Eier waren von Seeforellen und 20 000 von Bachforellen. Am 5. Februar 1884 erreichten 70 000 zusätzliche Bachforelleneier von Baron von Behr New York (Behnke, 1986b, 2002). Woher die Elterntiere kamen, ist nicht vollständig geklärt. Die Bachforellen stammten wahrscheinlich aus Rhein-Zuflüssen im Schwarzwald, die Seeforellen könnten aus einem der großen Voralpenseen in Bayern gekommen sein, die im Einzugsgebiet der Donau liegen. Die importierten Eier wurden dann auf zwei weitere Brutanstalten, eine im Staat New York und eine in Michigan, verteilt und von dort aus, trotz anfangs bescheidener Zuchterfolge, 1897 zu anderen Fischzuchten des Landes geschickt. Der erste Besatz in Freigewässer erfolgte bereits ein Jahr nach der ersten Lieferung aus Deutschland, am 11. April 1884 in einem Zufluss des Pere Marquette River, der in den Michigansee fließt (Behnke, 1986b, 2002). Eier der Lochleven-Forelle aus Schottland wurden zum ersten Mal 1885 nach den USA verschifft. Zahlreiche Verschiffungen aus Schottland, England und Deutschland folgten in den Jahren danach. Ungeachtet der nicht unberechtigten Bedenken über mögliche negative Auswirkungen auf die heimischen Forellen und Saiblinge, wurden die Forellen aus Europa noch vor 1936 in 45 der 50 Staaten ausgesetzt und in 35 Staaten entstanden sich selbst erhaltende Populationen (MacCrimmon & Marshall, 1968; Behnke, 2002). Bald zeigten sich auch die für die ortsansässigen Salmoniden schädlichen Konsequenzen. Für Sportangler war es weit schwieriger, Europäische Forellen bzw. Bachforellen (brown trout) zu fangen als die leichter zu überlistenden heimischen Cutthroat-Forellen und Regenbogenforellen (*Oncorhynchus clarkii* und *O. mykiss*). So konnten die Bachforellen sich ungehindert verbreiten und wurden durch ihr aggressives und räuberisches Verhalten zur ernsthaften Bedrohung für die angestammten Arten. Bereits Anfang des 20. Jahrhunderts verschwand die Arktische Äsche (*Thymallus arcticus*) aus allen Gewässern in Michigan als Folge des Besatzes mit Bachforellen (Behnke, 2002). Im Osten der USA und um die Großen Seen verdrängten sie vielerorts die Bachsaiblinge (*Salvelinus fontinalis*) und im Westen waren sie oft mitverantwortlich für den massiven Rückgang vieler Populationen von Cutthroat-Forellen. Zudem gelten die Bachforellen als Überträger des aus Europa eingeschleppten Parasiten *Myxobulus cerebralis*, des Erregers der sogenannten Drehkrankheit, für den sie grundsätzlich weniger anfällig sind als die amerikanischen Forellen und Saiblinge. Erst in neuerer Zeit wurde damit begonnen, die invasiven Europäer aus einigen der Gewässer mechanisch oder mit Hilfe von Fischgift (z.B. Rotenon) zu entfernen, um den ursprünglichen Fischbestand wiederherzustellen (Budy & Gaeta, 2018). Abgesehen von den negativen Folgen, die die Verbreitung der Europäischen Forelle in der Neuen Welt mit sich brachte, ist zumindest eine der erfolgreichen Einbürgerungen von besonderem Interesse. Im Jahr 1890 wurden Lochleven-Forellen gemeinsam mit Amerikanischen Seesaiblingen (*Salvelinus namaycush*) in den Lewis Lake im Yellowstone Nationalpark eingesetzt. Der Oberlauf des Lewis River, eines Zuflusses des Snake River oberhalb großer Wasserfälle, und die beiden Seen in seinem Quellgebiet, Lewis Lake und Shoshone Lake, hatten vor 1890 keinen Fischbestand. Da keine nachfolgenden Besatzmaßnahmen in diesen Gewässern bekannt wurden, sind sie höchstwahrscheinlich der einzige Ort in Nordamerika, wo man eine reine Population der Lochleven-Forelle vorfindet (Behnke, 2002, 2007).

Die erste Einfuhr der Lochleven-Forelle in Nordamerika erfolgte 1884 nach Neufundland. Bachforellen deutscher Abstammung, welche zuerst in den Gewässern von Quebec eingesetzt wurden, erhielt Kanada erstmals 1890 aus dem Bundesstaat New York. Nach und nach erfolgte die Verbreitung in den anderen Provinzen, mit Ausnahme von Prince Edward Island, Manitoba und den Nordwest-Territorien. In Neufundland wurde der Besatz bereits in den 1920ern eingestellt, dennoch ist die Europäische Forelle vor allem im Südosten der Insel heute weit verbreitet und bildete hier auch gut etablierte anadrome Populationen. Forellen im Salzwasser und in den Mündungen wurden ebenso vor Nova Scotia und New Brunswick angetroffen (MacCrimmon & Marshall, 1968).

Zwischen 1891 und 1894 wurden Eier von deutschen Bachforellen und zuletzt auch von Lochleven-Forellen aus den USA nach Mexico eingeführt. Diese wie auch spätere Einbürgerungsversuche blieben ohne Erfolg. Mehrere Versuche um 1934, Bachforellen in Puerto Rico heimisch zu machen, waren ebenso vergebens wie die von 1935 auf Hawaii oder von 1968/1969 auf Jamaika (MacCrimmon et al., 1970).

Die Ohrid-Seeforelle wurde vom U.S. Fish and Wildlife Service in die Vereinigten Staaten gebracht und an je eine staatliche Zuchtanstalt in Iowa und Minnesota verschickt. Die ersten Eier wurden 1965 ausgebrütet und 1968/1969 Jungfische in mehreren kleinen Seen im nördlichen Minnesota eingesetzt. Besatz mit Ohrid-Seeforellen fand in Colorado erstmals 1969 statt und in Tennessee ab 1971. In den meisten Fällen scheiterten die Einbürgerungsversuche. Zumindest in einem Stausee in Wyoming (Pathfinder Reservoir) gibt es eine etablierte Population (Fuller, 2017, 2018).

8.7. Südamerika

Der erste dokumentierte Besatz mit Salmoniden in Südamerika fand 1883 statt, als in einem kleinen chilenischen Küstenfluss beim 37. südlichen Breitengrad Regenbogenforellen eingesetzt wurden (Habit et al., 2010). Lochleven-Forellen und Bachforellen deutschen Ursprungs wurden 1892 aus den USA nach Kolumbien gebracht (MacCrimmon et al., 1970). Dieses Experiment, wie auch nachfolgende Einbürgerungsversuche von Bachforellen in Kolumbien und Venezuela, missglückte. Es gibt zumindest bis heute keinen Hinweis auf eine natürliche Reproduktion in Freigewässern, obgleich Bachforellen in Kolumbien künstlich vermehrt werden. Als invasive exotische Art eingestuft, ist ihre Verbreitung in die Gewässer des Landes mittlerweile verboten.
Im Jahr 1905 transportierte man erstmals im großen Rahmen Eier von Salmoniden (Atlantischer Lachs 120 000, Bachforellen 120 000 und Regenbogenforellen 80 000) von Deutschland nach Chile. Die Eier wurden von Hamburg nach Buenos Aires verschifft, per Bahn nach Mendoza transportiert und von dort auf dem Rücken von Maultieren über die Anden bis nach Chile gebracht. Die Erbrütung der Fische erfolgte in der kurz davor errichteten ersten Fischzuchtanstalt Chiles in Río Blanco, 25 km vom berühmten Schizentrum Portillo entfernt (Basulto, 2003). Die Bachforellen setzte man anschließend in verschiedene Fließgewässer zwischen 33° und 41° südlicher Breite ein (MacCrimmon & Marshall, 1968). Heute sind sie in Chile bis in den Süden Patagoniens verbreitet (Soto et al., 2006; Habit et al., 2015). In Argentinien wurden 1906 aus England importierte Bachforellen im Einzugsgebiet des Río Gallegos, am südlichsten Ende Patagoniens, eingesetzt. Ob dieser erste Versuch erfolgreich war, ist nicht bekannt. Die zweite Einfuhr von Eiern kam 1931 aus Chile, von Bachforellen deutscher Abstammung, und wurde an eine Brutanstalt in Nordpatagonien in der Nähe von Bariloche geschickt. Noch im selben Jahr konnte eine große Anzahl von Fischen in die Gewässer der Region entlassen werden. Zwischen 1935 und 1937 wurden Bachforellen in Feuerland angesiedelt, die hier sowohl stationäre als auch anadrome Populationen ausbildeten. Ein neuerlicher Import von Eiern aus Chile im Jahr 1941 wurde zum Besatz verschiedener Flusssysteme Patagoniens verwendet. Seit dieser Zeit ist die Art in nahezu allen Flüssen und großen Seen Patagoniens eingebürgert, entlang der Anden sogar noch weiter nach Norden bis westlich von Córdoba (Casalinuovo et al., 2018). Peru erhielt 1928 die ersten Salmoniden, wenngleich nicht bekannt ist, wann zum ersten Mal Bachforellen eingeführt wurden. Diese wurden aber in einigen Flüssen und Seen oberhalb von 2500 m Seehöhe ausgewildert (MacCrimmon & Marshall, 1968). In

Bolivien wurden 1935 Bachforellen aus Deutschland in Bäche im östlichen Andenhochland und 1938 in den Titicaca-See eingesetzt (MacCrimmon et al., 1970). Heute findet man wilde Populationen in Zuflüssen des Titicaca-Sees und in der Quellregion des Río Beni, eines Zuflusses des Rio Madeira, welcher als größter Nebenfluss des Amazonas gilt (Arismendi et al., 2015). Ecuador importierte Bachforellen ab 1950 aus Chile und 1954 auch aus den USA. Die Akklimatisation gelang hier nur in wenigen Gewässern, die noch nicht von Regenbogenforellen besiedelt waren (MacCrimmon et al., 1970).

Da in Südamerika Bachforellen nicht so häufig für den Besatz verwendet wurden wie die Regenbogenforellen, sind sie auch weniger weit verbreitet. Am stärksten vertreten sind die Forellen aus der Alten Welt in Patagonien, sowohl auf der chilenischen als auch auf der argentinischen Seite. Die meisten Populationen Patagoniens halten sich permanent im Süßwasser auf, manche wandern auch ins Meer (Soto et al., 2006; Casalinuovo et al., 2018). Die bedeutendsten Flüsse für Meerforellen sind der Río Gallegos in Südpatagonien und der Río Grande auf Feuerland. Letzteren schätzen Angler heute weltweit als einen der besten Meerforellenflüsse (Casalinuovo et al., 2018). Anadrome Populationen gibt es ebenso auf den Falklandinseln, wo 1944 und 1947 Bachforellen aus Chile und zwischen 1948 und 1962 sechsmal aus Großbritannien eingeführt wurden (Minett et al., 2021).

Die Auswirkungen auf die bodenständige Fischfauna und die Ökosysteme Südamerikas durch die Salmoniden sind noch nicht hinlänglich erforscht, zumal Vergleichsdaten aus der Zeit vor ihrer Verbreitung nicht oder nur unzureichend vorhanden sind. Das am häufigsten zu beobachtende Symptom ist die geringere Bestandsdichte heimischer Arten bei Anwesenheit von Forellen im Vergleich zu Gewässern ohne Forellen (Soto et al., 2006; Casalinuovo et al., 2018). Die verschiedenen Arten von Galaxiiden gehören zu den am meisten betroffenen Fischen. In Flüssen von Zentralchile wurde die Verdrängung von Galaxiiden aus Teilen ihres Lebensraumes durch Forellen dokumentiert (Penaluna et al., 2009). Fraßdruck durch Forellen ist einer der Hauptfaktoren, durch den die Bestände dezimiert werden, insbesondere die der kleineren Arten, die in Chile „puye" genannt werden, wie *Galaxias maculatus* (8-11 cm TL) und *Brachygalaxias bullocki* (4-5 cm TL). Einer der größten südamerikanischen Galaxiiden ist der bis 35 cm lange und bis zu 1 kg schwere „puye grande" (*Galaxias platei*) (McDowall, 1971; Soto et al., 2006). Adulte Tiere ernähren sich vorrangig von kleinen Fischen und treten somit in Nahrungskonkurrenz mit den Forellen. Wie man in einigen Seen Patagoniens beobachten konnte, wurde *G. platei* von den Forellen aus seinem angestammten Habitat in den ufernahen Bereichen in tiefere Wasserschichten verdrängt und musste von Fischnahrung auf eine alternative Ernährung (Wirbellose) mit weniger Energiewert umsteigen, was geringere Wachstumsraten und einen Rückgang der Bestände zur Folge hatte (Habit et al., 2015). Zwei weitere, nur in Patagonien und auf den Falklandinseln beheimatete Galaxiidenarten, *Aplochiton taeniatus* und *A. zebra*, zeigen nicht nur eine große äußerliche Ähnlichkeit mit den Salmoniden (Körperbau, Fettflosse), sondern bilden auch eine weitgehend identische ökologische Nische. Der spanische Name der etwa 27-35 cm langen Fische ist „peladilla“ oder „farionela“. Infolge des Konkurrenzdrucks durch die aggressiveren und robusteren Forellen wurden auch die Bestände dieser zwei Galaxiiden erheblich verringert. Untersuchungen in Bächen auf der Insel Chiloé im chilenischen Patagonien ergaben, dass Bachforellen die *Aplochiton*-Populationen stärker beeinträchtigen als Regenbogenforellen (Young et al., 2010) Auf den Falklandinseln, wo die Bachforellen bereits 54 % der Flüsse erobert haben und sich zusehends weiter ausbreiten, sind neben *G. maculatus* vor allem die beiden *Aplochiton*-Arten stark gefährdet (Minett et al., 2021). Alle für Forellen geeigneten Gewässer auf dem südamerikanischen Festland befinden sich entlang der Anden und werden entweder durch Höhenlagen oder Breitengrade bestimmt. Eine Ausnahme bildet der Süden Brasiliens, wo allerdings nur den Regenbogenforellen die Akklimatisierung gelang. Am erfolgreichsten war die Verbreitung der Salmoniden in der südlichen Andenregion, die im Vergleich zum übrigen Kontinent eine artenarme Ichthyofauna aufweist, jedoch den größten Anteil an endemischen Fischarten besitzt. Mindestens fünf endemische Arten sind seit der Einfuhr der Forellen verschwunden (Arismendi et al. 2019).

Staatliche Institutionen und das Fischereimanagement in Südamerika, insbesondere in Chile und Argentinien, stehen vor ähnlich zwiespältigen Herausforderungen wie in Neuseeland und Australien. Einerseits soll die heimische Fischfauna erhalten und geschützt werden, andererseits sind gut besetzte Salmonidengewässer ein wichtiger wirtschaftlicher und touristischer Faktor. Viele der ortsansässigen und ausländischen Sportfischer betrachten die eingeführten Forellen bereits als landestypisches Faunenelement, dessen Förderung wichtiger erscheint als der Schutz autochthoner Arten. Diese Ansicht vertreten offensichtlich auch die Behörden, da gesetzliche Schutzbestimmungen nur für die Forellen bestehen, nicht aber für die bodenständigen Arten (Schöffmann, 2011b). Dem Schutz der ursprünglichen Fischfauna Südamerikas wird auf dem gesamten Kontinent immer noch ein zu geringer Stellenwert beigemessen, wenn auch die Situation des Erhaltungszustands erheblich besser ist als in vielen anderen Teilen der Welt (Reis et al., 2016).

8.8. Afrika und subantarktische Inseln

Auf dem afrikanischen Kontinent, außerhalb ihres natürlichen Verbreitungsgebietes in Nordwest-Afrika, fand die erste erfolgreiche Einbürgerung der Europäischen Forelle 1890 in Südafrika statt. Die Forelleneier stammten aus Schottland und die nächste Lieferung (1892) kam aus England (Weyl et al., 2018). Allerdings wurden die ersten Einfuhren von Forelleneiern aus Großbritannien nach Kapstadt und Durban in Südafrika bereits 1876 durchgeführt, doch misslangen diese ebenso wie die späteren Einfuhren zwischen 1881 und 1884 (MacCrimmon & Marshall, 1968). Nach der Errichtung von drei gut ausgestatteten Zuchtanlagen in Südafrika (1890 Tetworth in Natal, 1894 Jonkershoek in Westkap, 1897 Pirie in Ostkap) war es nicht nur möglich, Besatzfische für verschiedene Gewässer in Südafrika bereitzustellen, sondern auch Eier von Bachforellen in andere afrikanische Länder zu verschicken, wie Lesotho (1904, 1953), Malawi (1906), Simbabwe (1907, 1927), Swasiland bzw. Eswatini (1914), Tansania (1934) und 1964 sogar auf die zu Südafrika gehörende subantarktische Marion-Insel (MacCrimmon & Marshall, 1968; Weyl et al., 2018). Allerdings wurde auf dieser Insel, die etwa 1700 km südöstlich vom afrikanischen Festland liegt, das letzte Exemplar 1984 gesehen und man geht davon aus, dass die Population inzwischen verschwunden ist (Cooper et al., 1992). Auf einer anderen subantarktischen Inselgruppe hingegen, den 2300 km weiter östlich gelegenen und zu Frankreich gehörenden Kerguelen-Inseln, konnten die 1954 wahrscheinlich aus Frankreich eingeführten Bachforellen in mehreren Flüssen und Seen bis heute überleben und obendrein über das Meer weitere Binnengewässer der Hauptinsel kolonialisieren. Die ab 1975 eingeführten Atlantischen Lachse etablierten sich nur in einem der Flusssysteme (Lac d'Armor) der Insel und koexistieren dort mit den später zugewanderten Bachforellen, während in einem anderen, kleineren Flusssystem (Lac de Korrigans) zuerst interspezifische Hybridisierungen stattfanden, bevor die Bachforellen die Lachse vollständig verdrängten. Im ersteren Fall verwendete man Wildlachse aus Schottland, im letzteren hingegen Zuchtlachse aus Dänemark. Die Gründe für den Erfolg bzw. das Scheitern der Einbürgerungsversuche lassen sich durch die Qualität der Besatzfische und den interspezifischen Wettbewerb aufgrund der Knappheit von Laichplätzen im kleineren der beiden Flusssysteme erklären (Ayllon et al., 2004; Labonne et al., 2013).

Der erste Versuch, Bachforellen in Malawi (damals noch Nyasaland) heimisch zu machen, fand schon 1905 statt und veranschaulicht, welch lange und beschwerliche Wege dafür in Kauf genommen wurden. Die Eier wurden auf dem Seeweg von England rund um Afrika bis zur Mündung des Sambesi gebracht. Von hier wurden die Fische vier bis fünf Tage lang in tropischer Hitze über den Sambesi und den Shire River bis nach Chiromo im Süden Malawis verschifft. Beim Transport mit Hilfe einer Trägerkarawane zum rund 200 km weiter nördlich gelegenen Zomba-Plateau schleppte man auch Eiskisten mit, um das geschmolzene Eis in den Fischbehältern unterwegs wieder aufzufüllen. Dieses Experiment schlug fehl, doch nachfolgende Versuche zeigten Erfolg und im Jahr 1909 waren sowohl Bachforellen als auch Regenbogenforellen im Zomba-Plateau angesiedelt (Lewis, 2011). In den 1970ern stellte sich jedoch heraus, dass die einzigen überlebenden Forellen im Land Regenbogenforellen waren. Trotz weiterer Besatzmaßnahmen mit Bachforellen gelang es schließlich nicht, diese Art zu etablieren (Weyl et al., 2018).

Auch Kenia erhielt die ersten Eier (Lochleven-Forelle) 1905 aus England und man brachte sie direkt zu einem Quellbach des Gura River auf etwa 2900 m Seehöhe, wo 1909 Bachforellen beim Laichen beobachtet wurden. Weitere Besatzmaßnahmen, die bis in die 1920er anhielten, führten zu zahlreichen sich selbst erhaltenden Populationen, vor allem im Mount-Kenya-Massiv und im Aberdare-Gebirge auf Seehöhen zwischen 1670 und 2800 m. Nach Erlangung der Unabhängigkeit im Jahre 1963 wurden große Teile dieser Gebiete für die Besiedelung geöffnet und landwirtschaftlich erschlossen. Die Lebensraumverschlechterung in den Flüssen infolge von Abholzung, Sedimentation und Wasserentnahme sowie unkontrollierte Fischerei ließen die Forellenbestände drastisch schrumpfen (Copley, 1940; Ngugi, 1999). Aufgrund von Feldbeobachtungen nimmt man an, dass die Laichablage, entsprechend den Regenzeiten, zweimal im Jahr (Juni und Januar; gilt nicht für Individuen) stattfindet (Van Someren, 1950). Bachforellen findet man heute nur noch in ein paar Bächen des Aberdare-Gebirges und im Mount-Kenya-Massiv (Einzug des Sagana-Flusses) sowie im Maron-Fluss in den Cherengany Hills im westlichen Hochland von Kenia. In weiten Teilen ihres früheren Verbreitungsgebietes wurden die Bachforellen durch Regenbogenforellen verdrängt (Seegers et al., 2003).

Der erste Besatzversuch mit Bachforellen in Uganda im Jahr 1930 scheiterte. Erst eine weitere Lieferung von 50 000 Eiern aus England im Jahre 1932 an eine kleine Fischzucht am Mubuku-Fluss führte zur Gründung einer lebensfähigen und bis heute erhaltenen Population im Ruimi-Fluss am Osthang des Ruwenzori-Gebirges zwischen 1220 und 5110 m Seehöhe (MacCrimmon et al., 1970). Bachforellen aus Frankreich wurden 1926 im Ankaratra-Massiv auf Madagaskar in Bergbächen über 1700 m Seehöhe eingesetzt (Welcomme, 1988) und Bachforellen aus Kenia 1967 in den Bale Mountains in Äthiopien (Getahun, 2007).

Zum gegenwärtigen Stand der Forellen in Madagaskar ist nichts bekannt. In Äthiopien konnten die Bachforellen sich gut etablieren und es existieren heute einige sich selbst erhaltende Populationen. Ein kleines Vorkommen gibt es noch in Simbabwe in den Eastern Highlands (Nyanga-Nationalpark) an der Grenze zu Mosambik, wohingegen die Besatzversuche in Tansania, Malawi und Swasiland letztendlich scheiterten (Weyl et al., 2018).

Am besten gelang die Einbürgerung der Bachforellen in Südafrika einschließlich Lesotho, wo sie nach den Regenbogenforellen die am weitesten verbreiteten Salmoniden darstellen. Beide Arten wurden in Gewässer der Bergregionen entlang der Großen Randstufe (Great Escarpment), eines Steilabfalls vom Binnenhochland zu den Küstenebenen, zwischen Kapstadt und östlich von Johannesburg eingesetzt und es entstanden zahlreiche Wildpopulationen. Derzeit gibt es etwa 10 Flüsse mit sich selbst erhaltenden Populationen von Bachforellen und mindestens 50 Flüsse mit reproduzierenden Populationen von Regenbogenforellen (Picker & Griffiths, 2011). Das Verbreitungsgebiet der Bachforellen hat sich in den letzten Jahren bedeutend verkleinert. Die Ursachen dafür sind Habitatverschlechterung infolge Wasserverschmutzung oder Wasserentnahme und oft auch der Konkurrenzdruck der offenbar weniger anfälligen Regenbogenforellen. Ausschlaggebend sind letztendlich aber die negativen Auswirkungen auf die heimischen Arten durch die invasiven Salmoniden. Als Prädatoren oder Nahrungskonkurrenten können Forellen die Reduzierung oder das lokale Aussterben von Fischen, Amphibien und Wirbellosen bewirken. Betroffen davon sind vor allem etliche endemische Fischarten in der westlichen Kapregion, wie der Kap-Hechtling (*Galaxias zebratus*), der stark gefährdete Karpfenfisch *Pseudobarbus burchelli* oder der Kap-Buschfisch (*Sandelia capensis*), in den Bergbächen im Südosten des Landes die Karfenfischarten *Pseudobarbus quathlambae, Amatolacypris trevelyani* und im Osten mehrere Quappenwelse (*Amphilius* spp.) und die bereits seltenen Ohrenfische (*Kneria* sp.) (Cambray, 2003; Schöffmann, 2012b; 2018b; Weyl et al., 2018). Die Forellen sind zumindest auch mitverantwortlich für den Rückgang des Natal-Geisterfrosches (*Hadromophryne natalensis*) in etlichen Bächen der Drakensberge (Karssing et al., 2012). Die ökologischen Einflüsse von Regenbogenforellen – nicht aber von Bachforellen – auf die Umwelt wurden in der Kapregion, einem Hotspot der Biodiversität, wissenschaftlich relativ gut untersucht. So fand man heraus, dass in Flüssen ohne Forellen zweimal so viele Wirbellose vorkommen wie in Flüssen mit Forellen (Shelton et al., 2015). Die durch das Bevölkerungswachstum und menschliche Aktivitäten verursachten nachteiligen Folgen für die aquatischen Lebensräume gefährden die heimischen Fische ebenso wie die Salmoniden. Eine zunehmende Erwärmung der Gewässer und länger andauernde Trockenperioden auf Grund des Klimawandels stellen insbesondere für die Bachforellen eine größere Herausforderung dar und erschweren so immerhin ihre weitere Verbreitung. In den geschützten Zonen von Südafrika (Naturreservate, Nationalparks) will man in Zukunft Forellenpopulationen, die aus welchen Gründen auch immer verschwinden, nicht mehr nachbesetzten. Verboten ist in jedem Fall der Forellenbesatz in Flusssysteme, in denen Forellen bisher nicht vorkommen (DFFE, 2014). In der Provinz West-Kap hat man begonnen, Forellen und andere invasive Fischarten, wie z.B. den Schwarzbarsch (*Micropterus dolomieu*), aus denjenigen Gewässern zu entfernen, wo endemische Arten besonders bedroht sind (Woodford et al., 2017).

8.9. Madeira und Azoren

Die Inselgruppe Madeira ist ein zu Portugal gehörender Archipel im Atlantik, etwa 600 km vor der afrikanischen Nordwestküste gelegen. Es bleibt ein noch ungelöstes Rätsel, warum Madeira nicht auf natürliche Weise von Forellen besiedelt wurde oder ob vielleicht in prähistorischen Zeiten dort Forellen existierten und dann aufgrund klimatischer Veränderungen wieder verschwanden. Wenn auch die Mehrzahl der anadromen Forellen keine ausgedehnten Wanderungen im Meer unternimmt, erreichten immerhin einige von ihnen im Nordatlantik viele vom Kontinent weit entfernte Inseln und kamen sogar bis nach Island. Trotz einiger kühler und klarer Bäche, die vor allem im Norden der Hauptinsel von Madeira aus den bis zu 1862 m hohen Gebirgen zum Meer fließen, war bis 1960 der Aal die einzige Fischart im Süßwasser. Seither wurden mehrere geeignete Wasserläufe mit Regenbogen- und Bachforellen besetzt, wobei die erstere Art über einen großen Teil der Insel verbreitet wurde und in gewissen Flüssen sich auch selbst vermehrt, während letztere auf wenige Gewässer beschränkt blieb, ohne sich zu etablieren (Andrada, 1990; Ribeiro et al., 2009). Regelmäßig durchgeführter Besatz kompensiert die Verluste, die immer wieder durch Dürren oder Überflutungen verursacht werden.

Die Azoren sind ebenfalls eine Gruppe von portugiesischen Atlantikinseln, die 1369 km westlich des europäischen Festlands liegen. Auf den Azoren versuchte man schon seit den letzten drei Jahrzehnten des 19. Jahrhunderts Salmoniden (*Salmo trutta, Salvelinus alpinus, Oncorhynchus mykiss*) anzusiedeln (Barrois, 1896). Heute findet man in zahlreichen Flüssen und in mindestens zwei Seen der Inseln São Miguel und Flores Regenbogenforellen, wohingegen die Einbürgerung von

Seesaiblingen und Bachforellen nicht gelang (Ribeiro et al., 2009). Auch hier unterstützen massive Besatzmaßnahmen den Erhalt der Bestände. Die Auswirkungen der invasiven Forellen und anderer eingeführter Fischarten (z.B. Karpfen, Hechte, Rotaugen, Barsche) auf die aquatischen Ökosysteme der Region und den einzigen heimischen Süßwasserfisch, den Aal, sowie die Fauna der Wirbellosen lassen sich nur schwer abschätzen, da die Gewässer durch anthropogene Einflüsse bereits stark verändert wurden. Unterdessen werfen Naturschützer der Regionalregierung vor, anstatt die Ausbreitung invasiver exotischer Arten möglichst einzudämmen, jedes Jahr große Summen öffentlicher Gelder für den Forellenbesatz zu verschwenden, um die Bedürfnisse von ein paar Sportanglern zu befriedigen (Santos, 2015).

8.10. Zypern

Die Briten brachten in den 1940ern Bachforellen nach Zypern, der drittgrößten Mittelmeerinsel nach Sizilien und Sardinien. In der Folge konnten sich einige reproduktiv selbsterhaltende Populationen etablieren. Heute gibt es solche Vorkommen in den Einzugsgebieten dreier Flüsse (Xeros, Diarizos und Mesa Potamos), die an der Südseite des bis zu 1952 m hohen Troodos-Gebirges entspringen, auf einer Gesamtlänge von wenigstens 54 km. Bis in jüngste Vergangenheit gab es noch ein viertes Vorkommen im Fluss Kargotis am Nordhang des Troodos-Gebirges. Die Bachforellen wurden hier aber mittlerweile durch Regenbogenforellen ersetzt, die erstmals 1969 aus den USA eingeführt wurden. Besatzmaßnahmen mit Bachforellen wurden in den Gewässern Zyperns schon seit etlichen Jahrzehnten nicht mehr vorgenommen. Man kann also davon ausgehen, dass alle heutigen Populationen vom Initialbesatz herrühren (Zogaris et al., 2012). Allerdings deutet die relativ hohe Anzahl unterschiedlicher Haplotypen der Atlantik-Linie auf mehrere Herkunftsquellen hin. Die nächstgelegenen natürlichen Forellenpopulationen findet man in einigen Küstenflüssen im Süden der Türkei, etwa 70 km nördlich von Zypern. Ein historisches Vorkommen von autochthonen Forellen auf der Insel scheint daher durchaus im Bereich des Möglichen. Klimatische Veränderungen, vor allem aber menschliche Eingriffe wie Entwaldung und Weidewirtschaft, könnten die ehemaligen heimischen Forellenbestände im Laufe des Mittelalters oder sogar noch später zum Erliegen gebracht haben, zumal die Wasserführung der Flüsse von jeher gering war (Schöffmann, 2015b).

9. Epilog

Die Begeisterung für Fische und die nassen Biotope begleitet mich seit frühester Kindheit. Schon in jungen Jahren faszinierte mich die zu jener Zeit noch recht üppige ichthyologische Artenvielfalt der Fließgewässer und Seen in der Umgebung meines Heimatortes im Süden Österreichs. Viele Fischarten, die damals noch häufig vorkamen, sind heute rar geworden oder aus unseren Gewässern ganz verschwunden, wie z. B. die Elritze, die Koppe, der Steinbeißer oder der Semling, auch Hundsbarbe genannt. Mein besonderes Interesse galt seit jeher den in dieser Region weit verbreiteten Bachforellen und ihren unterschiedlichen Farbvarianten. Wie seinerzeit bei Kindern und Jugendlichen durchaus üblich, fing ich die Forellen zumeist mit den bloßen Händen. In späteren Jahren, vor allem während meiner beruflich bedingten mehrjährigen Aufenthalte in Südafrika und Kolumbien, nahm mich dann der große Artenreichtum anderer Regionen dieser Erde gefangen. Nachdem ich mich in den 1970ern wieder in meiner Heimat niedergelassen hatte, entdeckte ich erneut meine Leidenschaft für die Forellen und die Salmoniden insgesamt. Die ersten Reisen, um Forellenformen andernorts kennen zu lernen, erstreckten sich über den Balkan Ex-Jugoslawiens, wo man noch heute eine außerordentliche Formenvielfalt antrifft. Bald schon folgten Expeditionen in andere Regionen des Mittelmeerraumes, nämlich nach Marokko und Algerien sowie in die Türkei. Im Laufe der Jahre eignete ich mir über einschlägige wissenschaftliche Literatur ein umfangreiches Fachwissen an. Zusätzliche Kenntnisse erlangte ich durch schriftliche Kontakte mit professionellen Ichthyologen aus aller Welt, allen voran dem bekannten Salmonidenforscher Prof. Dr. Robert J. Behnke von der Colorado State University (USA), mit dem ich bis zu seinem Tod 2013 regelmäßigen, intensiven Schriftverkehr führte. Im Jahre 1968 beschrieb Behnke anhand dreier konservierter Exemplare eine neue Spezies, *Salmo (Platysalmo) platycephalus*, aus Zentralanatolien. Danach wurde nichts mehr über diese Forelle bekannt und sie fand trotz ihrer ungewöhnlichen morphologischen Merkmale und ungeklärter taxonomischer Fragen kaum wissenschaftliche Beachtung. Aufgrund der literarischen Hinweise unternahm ich 1990 eine Expedition in diese Region und es gelang mir, Restbestände dieser eigentümlichen Forellenform nicht nur am Typus-Fundort, sondern auch in einem anderen Fluss nachzuweisen. Ein Exemplar erhielt Behnke zur Begutachtung und Bestätigung der Authentizität, ein weiteres ließ ich dem Naturhistorischen Museum in Wien zukommen. Die Ergebnisse der ersten Feldbeobachtungen wurden 1992 in „Österreichs Fischerei“ veröffentlicht. Inspiriert von Behnkes Informationen und Vorschlägen bereiste ich später andere entlegene

Gebiete auf der Suche nach „verschollenen“ Salmoniden, wie der „Äsche mit den großen Zähnen“ vom Südhang des Altai-Gebirges in der Mongolei. Es existiert davon nur ein einziges Exemplar aus dem Jahre 1897 im Britischen Museum, welches der Ichthyologe George Boulenger als neue Gattung und Art, *Phylogephyra altaica*, beschrieb. Die Nachforschungen blieben erfolglos, da Behnke irrtümlich die falsche Region vorgab. In seiner Kolumne „About Trout“ im Journal „Trout“ (Sommer 2001) bedauerte er schließlich meine vergeblichen Bemühungen infolge seiner inkorrekten Auslegung. Ein ebenso ergebnisloses Unternehmen war 1994 die Erkundung nach dem Verbleib des Jangtse-Huchens in China. Hier war allerdings die durch den Bevölkerungsdruck verursachte Umweltverschlechterung für die weitgehende Ausrottung dieser Art verantwortlich. Ein weiteres nicht von Erfolg gekröntes Unternehmen war die Suche nach der Orontes-Forelle im Libanon im Jahr 1997. Während der vorangegangenen Jahre des Bürgerkrieges war im Quellgebiet des Orontes, in der nördlichen Bekaa-Ebene, intensiv mit Sprengstoff gefischt worden. Trotz ausgiebiger tagelanger Nachforschung konnte ich nur eingesetzte oder aus Zuchtanlagen entkommene Regenbogenforellen ausfindig machen. Wie mir von Einheimischen mitgeteilt wurde, gab es in diesem Fluss zuvor sehr wohl „Forellen mit roten Punkten“, also Bachforellen, die hier nach der nahe gelegenen Stadt Hermel „hermelani“ genannt wurden. Es bleibt jedoch unklar, ob es sich dabei wirklich um einen autochthonen Bestand handelte oder ob diese Forellen von Besatzmaßnahmen während des französischen Mandats im Libanon stammten.

Der Empfehlung Behnkes Folge leistend nahm der frankokanadische Molekularbiologe Louis Bernatchez Anfang 1991 Kontakt zu mir auf. Er weilte zu jener Zeit als Post-Doktorand an der Universität von Montpellier (Frankreich), wo er im Laboratorium von Dr. F. Bonhomme DNS-Sequenz-Unterschiede zwischen verschiedenen Populationen der Europäischen Forelle untersuchte. Seiner Bitte um Mithilfe bei der Beschaffung von Proben – vor allem aus den südlichen und östlichen Einzugsgebieten des Verbreitungsraumes – kam ich gerne nach. In den folgenden Jahren sammelte ich Gewebeproben (Leber) für die DNS-Analyse in den abgelegensten Gebieten oder auch in damaligen Kriegs- und Krisenregionen, wie auf dem Balkan oder im Südosten Anatoliens. Aber auch in südeuropäischen und nordafrikanischen Ländern, aus denen Bernatchez aufgrund des territorialen Verhaltens der lokalen Wissenschaftler keine Proben erhielt, kam ich zum Einsatz. Bernatchez erkannte als Erster die fünf phylogenetischen Linien oder Stämme der Europäischen Forelle und benannte sie meist nach den Einzugsgebieten, aus welchen die ersten Proben stammten.

Ebenfalls durch die Vermittlung von Behnke lernte ich 1996 den Yale-Absolventen, Künstler, Schriftsteller und Fliegenfischer James Prosek kennen. Unsere gemeinsame Passion für Forellen ließ uns während der folgenden acht Jahre viele Reisen zu entlegenen und wenig bekannten Forellengewässern in Südeuropa, in der Türkei, in Armenien und in Kirgisistan unternehmen. James verfasste darüber zahlreiche Artikel in Zeitschriften und Journalen und publizierte letztendlich zwei Bücher: „Fly-Fishing the 41st" und „Trout of the World". Als Mitbegründer des „Yale Anglers' Journal", das 1996 erstmals erschien, überredete er mich dazu, anlässlich des jährlichen Fundraising Dinners im April 2007 in der Memorial Hall der Yale Universität in New Haven (Connecticut) einen Vortrag über meine Forellen-Expeditionen zu halten.

Führten mich meine Reisen auch in viele der schönsten und naturbelassensten Landstriche dieser Erde, so wurde ich dabei doch oft mit größeren oder kleineren Problemen konfrontiert. Um mit dem Auto zu den Quellen des Munzur, eines Zubringers des Euphrat in Ostanatolien, zu gelangen, waren wir gezwungen, immer wieder umständliche Militärkontrollen zu passieren. Die Region gilt schon seit langem als eines der Hauptrückzugsgebiete der kurdischen Freiheitskämpfer. Das obere Munzurtal ist ein Nationalpark, auf Türkisch „Milli Park". Mein Freund James glaubte wohl nicht ganz zu Unrecht, dass damit „Militär-Park" gemeint war. Der Murat ist der größte Zufluss des Euphrat und entspringt in der Nähe des Ararat. In seinem Quellgebiet kam es immer wieder zu bewaffneten Auseinandersetzungen zwischen der türkischen Armee und kurdischen Aufständischen. Mein erster Versuch im Jahre 1997, die Forellenregion des Murat zu erreichen, scheiterte, da die Armee das Tal hermetisch abgeriegelt hatte. Erst 2002, als sich die Lage einigermaßen beruhigt hatte, gelang es mir, gemeinsam mit meiner Frau bis in die schwer zugängliche Quellregion vorzudringen. Straßen gab es hier so gut wie keine. Die wenigen Einheimischen, denen wir begegneten, waren zu Pferd unterwegs und sehr oft bewaffnet. Unglücklicherweise blieben wir mit dem Geländewagen im Morast stecken und konnten das Fahrzeug nicht mehr mit eigener Kraft flott machen. Es war schon am späten Nachmittag und daher kamen auch keine Reiter mehr des Weges, von denen wir uns Hilfe erwarten konnten. Da wir davon ausgegangen waren, bis zum Abend wieder in die Zivilisation zurückkehren zu können, hatten wir weder Proviant noch Schlafsäcke dabei. So blieb uns nichts anderes übrig, als eine kalte Nacht im Auto verbringen. Am frühen Morgen tauchten endlich zwei Hirten auf, die uns mit Brot, Butter und Tee versorgten. Ein paar Stunden später kamen sie mit einer Schaufel wieder und befreiten unseren Wagen aus dem Schlamm. Jeglichen Versuch, mich für die Hilfsdienste erkenntlich zu zeigen, wiesen sie kategorisch zurück. Anschließend führten sie mich zu einer Stelle des Flusses, wo sie zuvor schon des Öfteren eine große Forelle beobachtet hatten. Es gelang mir auch auf Anhieb, dieses stattliche Exemplar beim Tauchen mit dem Netz zu fangen. Südlich des Van-Sees, im Quellgebiet des Tigris-Zuflusses Çatak, herrschte eine ähnliche militärpolitische Situation. Für einen Tagesausflug zum Çatak brachen James und ich frühmorgens in Van auf. Der Militärposten unterwegs ließ uns passieren, aber nur unter der Bedingung, dass wir bis 16 Uhr wieder zurück sein mussten. All unsere Anstrengungen, eine Forelle zu erwischen, blieben ohne Erfolg und so übersahen wir die Zeit. Den Ernst der Lage erkannten wir erst, als eine Kolonne von mehr als hundert schwer bewaffneten Militärfahrzeugen und Panzern durch das Tal rollte. Da die Straße sehr eng war, sahen wir uns genötigt, sie erst vorbeifahren zu lassen, bevor wir in die entgegengesetzte Richtung – ohne positives Ergebnis – unseren Heimweg antreten konnten. Ich ließ mich jedoch von diesem Missgeschick nicht entmutigen und kehrte ein paar Jahre später mit meiner Frau wieder an diesen Ort zurück, um die Suche nach der Tigris-Forelle fortzusetzen. Diesmal fuhren wir in ein anderes, noch entlegeneres Seitental. Am ersten Checkpoint stieg ein Soldat in unser Auto ein, um uns zum Hauptquartier der Armee zu geleiten. Eingepfercht zwischen Gepäckstücken im Laderaum meines kleinen, geliehenen Geländewagens konnte er sich kaum bewegen und hatte große Probleme beim Aussteigen. Um sich dabei leichter zu tun, überreichte er mir kurzerhand seine Kalaschnikow. Ich war nicht gerade davon angetan, als Fremder mit einer Waffe in der Hand inmitten von Armeeangehörigen zu stehen, und streckte sie deshalb weit von mir weg, in der Absicht, meine Harmlosigkeit zu demonstrieren. Nach stundenlangen Befragungen und Belehrungen durch den Kommandanten ließ er mich schließlich zu einer sicheren Stelle am Fluss führen, wo ich mit Taucherbrille und Netz fischen konnte und auch endlich Erfolg hatte. Ein Artikel über diese abenteuerlichen Exkursionen zur Auffindung der Tigris-Forelle, verfasst von James Prosek, erschien im März 2003 in einer Sonntagsausgabe der New York Times.

Im Herbst 1990, kurz vor dem Zerfall Jugoslawiens, besuchte ich die abgelegene Quellregion der Neretva in Bosnien. Die allgemeine politische Situation war bereits merkbar angespannt. Starke Regenfälle verwandelten die unbefestigte Straße nahe am Ursprung der Neretva in eine Schlammpiste, sodass ein Weiterkommen mit meinem VW-Bus nicht mehr möglich war. Erst nach Stunden bangen Wartens tauchte ein Geländefahrzeug der Jugoslawischen Volksarmee auf. Die freundlichen Offiziere überlegten nicht lange und schleppten mein Fahrzeug einige Kilometer weit, bis der Untergrund wieder fester wurde. Tags darauf hatte ich im selben Gebiet ein weniger erfreuliches Erlebnis. Ich wurde als vermeintlicher Spion festgenommen und erst nach langem Verhör durch Geheimdienstleute konnte ich meine Reise fortsetzen.

Die Taucherausrüstung, bestehend aus Taucherbrille, Schnorchel, Nassanzug, Bleigürtel und Flossen, habe ich bei meinen Expeditionen immer dabei, um einen schnellen und sicheren Fang zu gewährleisten oder um die Stellen zu prüfen, die für einen Fang in Frage kommen. Für den Fang verwende ich gewöhnlich einen speziell konzipierten Kescher aus Fliegengitter. In Kirgisistan verbrachten wir mangels Alternativen ein paar Nächte in einem Basislager für Bergsteiger in etwa 4000 m Seehöhe. Man stellte uns Zelte mit Schlafsäcken zur Verfügung. Dennoch froren wir erbärmlich, weil es im August gerade schneite. Dass wir hier fehl am Platze waren, sah jeder auf den ersten Blick, da an unseren Rucksäcken die Taucherflossen befestigt waren und wir anstatt eines Seiles den Bleigürtel mit uns herumschleppten. Zudem reiste ich mit einem Koffer an, in dem sich ein Aquarium zum Fotografieren lebender Fische befand – ein für Alpinisten eher unübliches Accessoire.

Die für Mitteleuropäer ungewohnte Gastfreundschaft, die mir in vielen Ländern zuteilwurde, entschädigte mich oft für die gelegentlich auftretenden Schwierigkeiten. Außerordentlich gastfreundlich begegnen einem die Menschen in Anatolien, egal ob Kurden oder Türken. Besonders in den ländlichen Gebieten im Osten kann man den Einladungen in die Häuser, bei den Halbnomaden auch in die Zelte, kaum entgehen. Zuerst reicht man den obligaten Tee, in weiterer Folge werden dann noch Speisen angeboten. Da ich immer etwas unter Zeitdruck stand – ich fasste ja stets schon den nächsten Fluss ins Auge – erfand ich alle möglichen Ausreden, damit mir eine zeitraubende Unterbrechung erspart blieb. Zum Glück gelang mir die Absage nicht jedes Mal und so lernte ich doch einiges mehr über die Bewohner dieser Region und ihre Bräuche.

Im Sommer 2002 bereisten James und ich die westliche Balkanhalbinsel. In Montenegro trafen wir uns zum ersten Mal mit Aleš Snoj und Simona Sušnik von der Biotechnischen Fakultät der Universität Ljubljana. Wir besuchten und befischten gemeinsam einige Flüsse des Landes. Sie erklärten mir, dass sie an Proben von *Salmo platycephalus* interessiert wären, mit dem Ziel, genetische Untersuchungen durchzuführen und die noch fragliche phylogenetische Stellung dieser Forellenform zu klären. Daraufhin entschloss ich mich, noch im selben Herbst abermals nach Zentralanatolien zu fahren, in der Hoffnung, ein paar Exemplare zu finden. Bei dieser Exkursion und bei zwei weiteren Reisen in den darauffolgenden Jahren gelang es mir, nicht nur genügend Proben (ab nun nur noch Flossenspitzen) von *S. platycephalus* zu sammeln, sondern auch von Forellenpopulationen aus dem Einzugsbereich von Euphrat und Tigris. Ein anderes Projekt, das mir schon seit Längerem am Herzen lag, konnte mit der fachlichen Hilfe meiner slowenischen Freunde ebenso erfolgreich zu Ende gebracht werden: Aufgrund der äußeren phänotypischen Merkmale, die ich bei den autochthonen Forellen Siziliens feststellte, vermutete ich einen atlantikstämmigen Ursprung. Mit Hilfe der DNS-Analyse konnten wir letztendlich den Beweis dafür erbringen und in einem internationalen Journal publizieren.

Hinsichtlich der Phylogeografie der Europäischen Forelle gab es auf der Landkarte kaum mehr einen „weißen Fleck". Die noch am wenigsten erforschten Gebiete lagen in Nordafrika, im Rif-Gebirge und im Hohen Atlas Marokkos und, sollte eine Restpopulation noch existieren, in Algerien, wo sich der Typus-Fundort von *Salmo macrostigma* befindet. Um auch die letzten Geheimnisse im südwestlichsten Teil des Verbreitungsgebietes der Europäischen Forelle zu lüften, begab ich mich gemeinsam mit meinen Freunden Aleš Snoj (Universität Ljubljana, Slowenien) und Saša Marić (Universität Belgrad, Serbien) auf mehrere Expeditionen (2006, 2008, 2009, 2010) in verschiedene abgelegene Gebirgsregionen Marokkos. Eine Reise nach Algerien war wenig erfolgversprechend – bei einer Exkursion im Jahr 1987 hatte ich keine Forellen gefunden – und wegen der instabilen politischen Lage seit Beginn des Bürgerkrieges nur schwer durchführbar. Nach jahrelangen Recherchen gelang es uns dann, eine umfassende Arbeit über die letzten autochthonen Forellen im Nordwesten Afrikas zu veröffentlichen. Wir präsentierten auch die ersten morphologischen und genetischen Daten sowie Informationen zum gegenwärtigen Stand und zur Verbreitung der von uns so bezeichneten „Dades-Forelle", die später von anderen Autoren als neue Art, *Salmo multipunctatus*, beschrieben wurde. Für die ersten authentischen Bilder, die jemals von Forellen des Dadés veröffentlicht wurden und ihre phänotypischen Besonderheiten deutlich darstellen, fotografierte ich lebende Fische unterschiedlichen Alters in einem mitgeführten Aquarium. Bereits 1995 versuchte ich mit meinem VW-Bus, in dem ich aus Österreich angereist war, das obere Dadès-Tal zu erreichen, musste aber aufgrund der damals noch schwierigeren Pistenverhältnisse vorzeitig aufgeben. Nach zwei vergeblichen Versuchen, die 2006 wegen einer Autopanne und 2008 wegen Überflutung infolge Starkregens abgebrochen werden mussten, gelang es uns (Aleš, Saša, meiner Tochter Mariela und mir) erst 2009 mit einem Geländewagen bis zum letzten Dorf (Aït Tattou) am Oberlauf des Dadès vorzudringen und von da zu Fuß in die Quellregion (N'Gounni) zu gelangen, wo wir schließlich die ersten Exemplare fanden. Weitere Proben sammelten wir 2010 im selben Flussabschnitt sowie im Oued M'Goun, dem größten Seitenfluss des Dadès. In den folgenden Jahren unternahmen wir einige gemeinsame Reisen zu Forschungszwecken am Balkan, wie Mazedonien und Albanien, die zu weiteren Erkenntnissen und Publikationen führten.

Einer meiner jüngsten Reisebegleiter ist der gebürtige Texaner John Zablocki. Ich lernte John, der mehrere Sprachen beherrscht, während seines Studienaufenthaltes in Slowenien kennen. Er begleitete mich 2009 auf eine Expedition nach Serbien und in den Kosovo und im Jahre 2011 in die Türkei. Als begnadeter Fliegenangler, der nur in den aussichtslosesten Situationen aufgibt, trug John essenziell dazu bei, dass wir an allen vorgegebenen Beprobungsstellen erfolgreich waren. Im Herbst 2011 bekam er dann endlich seine zweite Staatsbürgerschaft und den heiß ersehnten polnischen Pass, womit er nun ohne weitere bürokratische Hürden sein Masterstudium für „Biodiversity, Conservation and Management“ in Oxford antreten konnte. Im Sommer 2012 kehrte er schließlich in die USA zurück, wo er bei „Trout Unlimited“ eine Stelle als Naturschutzbiologe annahm, um ein Projekt zur Erhaltung der vom Aussterben bedrohten Lahontan Cutthroat-Forelle zu betreuen. Gleichzeitig schloss er sein Studium in Oxford ab, wobei er eine Auszeichnung für die beste Dissertation seiner Klasse erhielt. Erst im September 2017 konnten wir wieder eine gemeinsame Expedition durchführen, trotz des straffen Zeitplans, den die verantwortungsvolle Aufgabe durch seine damalige Anstellung bei der gemeinnützigen Naturschutzorganisation „The Nature Conservancy“ verursachte. Die Reise führte uns diesmal nach Tadschikistan und wiederum wäre das Unternehmen ohne seine tatkräftige Unterstützung beim Auffinden und Fang der Forellen bei weitem nicht so erfolgreich gewesen. John verließ „The Nature Conservancy“ im August 2021 nach siebenjähriger Tätigkeit und begann als Energie- und Umweltberater zu arbeiten.

Viele aufschlussreiche Informationen zum aktuellen Stand der Forellen in der Türkei verdanke ich dem enthusiastischen Forellenangler und engagierten Naturschützer Burak Kalaç aus Ankara. Wie kein anderer kennt er die meisten der zahlreichen Forellenpopulationen des Landes und es gelang ihm, einige, der Allgemeinheit unbekannte, verborgene Vorkommen zu finden und sogar ausgestorben oder verschollen geglaubte Populationen wiederzuentdecken. Bei seinen oft abenteuerlichen Angelreisen und Nachforschungen wurde er leider auch der prekären Situation gewahr, in der sich die heimischen Forellen befinden. Unkontrollierte und rücksichtslose Fischerei hat die Forellenbestände beträchtlich reduziert und der zunehmende Ausbau der Wasserkraft richtet enormen Schaden am Ökosystem vieler der letzten intakten Fließgewässer an. Um das Problem einer breiteren Öffentlichkeit und letztendlich auch den Verantwortlichen bewusst zu machen, publizierte er Artikel in Magazinen und gab Interviews im Fernsehen. Schließlich veröffentlichte er 2016 ein Buch (eBook-Ausgabe: Trout of Asia Minor), in dem er, auch anhand von Abbildungen, einige abgelegene Forellengewässer und deren Bewohner vorstellte. Zum Schutz dieser seltenen, noch erhalten gebliebenen Populationen sind die Flussnamen meist unter einem Pseudonym angeführt. Es bleibt nur zu hoffen, dass seine Warnrufe Gehör finden, sowohl bei der fischenden Bevölkerung als auch bei den politischen Drahtziehern, die soweit fast ausschließlich wirtschaftlichen Interessen Vorschub leisten.

Ein unvergessliches Abenteuer erlebte ich auf meiner zehnten Reise, die ich bezüglich Forellen nach Nordwestafrika seit 1984 durchführte. Gemeinsam mit Aleš Snoj, dessen Sohn und Jernej (Nejc) Bravničar von der Biotechnischen Fakultät der Universität Ljubljana (Slowenien) sowie Hassan Benaissa von der Cadi Ayyad Universität in Marrakech (Marokko) gelangten wir am Abend des 25. September 2018 mit zwei geländegängigen Autos in das kleine Dorf Tighza im Hohen Atlas, rund vier Fahrstunden (150 km) von Marrakech entfernt. Am darauffolgenden Morgen machten wir uns zu Fuß auf den Weg zum Tamda-See, wobei es galt, eine Strecke von 16 km und einen Höhenunterschied von 900 m zu bewältigen. Da wir neben Proviant, Trinkwasser und diversen Utensilien auch das schwere, benzinbetriebene Elektrofischfanggerät mitschleppen mussten, mieteten wir zwei Maultiere inklusive deren Führer. Die tierischen Begleiter erwiesen sich auch für mich recht praktisch. Trotz des merklichen Altersunterschiedes zu den übrigen, jüngeren Mitgliedern der Gruppe, konnte ich das flotte Marschtempo problemlos mithalten, indem ich einen Teil der Strecke auf einem der Maultiere ritt. So erreichten wir nach knapp vier Stunden den See, der auf fast 2700 m Seehöhe liegt. In Anbetracht der hohen Lage und der geringen Größe des relativ seichten Sees (Länge 480 m, Breite 160 m) zeigen die Forellen, die hier wahrscheinlich erst um 1970 eingesetzt wurden, ein erstaunlich gutes Wachstum. Exemplare mit Längen von 30-40 cm sind keine Seltenheit. Innerhalb von etwa zwei Stunden gelang es uns, elf Forellen unterschiedlicher Größen für Genanalysen zu fangen. Für den abrupten Abbruch der Aktion sorgte eine rasch aufziehende Gewitterfront, die uns veranlasste, fluchtartig den Abstieg anzutreten. Begleitet von Blitzen und heftigen Schauern strebten wir talwärts. Auf halbem Weg war ein seichter Bach zu durchqueren, dessen Existenz wir beim Aufstieg kaum gewahr wurden. Nun hatte sich das Gewässer in einen reißenden Fluss verwandelt und es bestand nicht die geringste Chance, ihn zu Fuß sicher zu passieren. Hier erwiesen sich die Maultiere wiederum als wertvolle Helfer in der Not. Einzeln brachten die tapferen Tiere jeden von uns durch die tobenden Fluten. Völlig durchnässt, aber unversehrt erreichten wir schließlich unsere Unterkunft in Tighza. Dass die Piste, die vom Dorf zur nächstgelegenen befestigten Straße führt, durch das Unwetter mittlerweile selbst für unsere Geländewagen unpassierbar wurde, ist eine andere Geschichte.

Der Autor auf dem Weg zum Tamda-See im Hohen Atlas (Marokko)

10. Das Wort „Forelle“ in verschiedenen Sprachen*

Albanisch: troftë
Arabisch (Hocharabisch): samak al-salmūn al-muraqqaṭ
Maghreb-Arabisch (Daridschat): huta berd
Armenisch: charmrachait, ischchan, bachtak
Arpitanisch (Frankoprovenzialisch): truèta
Aserbaidschanisch: qızılxallı, alabalık (stationär), qızılbalık (anadrom)
Altenglisch: sceota
Baskisch: amuarrain, arrankari, izun, arrain
Belarussisch: stronha
Berberisch (Taschelhit): iselman
Bretonisch: dluzh, dluzhenn, dluzhed
Bulgarisch: păstărva
Dänisch: ørret
Dari (Afghanisch Persisch): mahi chaaldar
Englisch: trout
Esperanto: truto
Estnisch: eherus, forell
Färöisch: eyriði, sjósíl
Finnisch: taimen, mullonen, forelli
Französisch: truite
Furlanisch: trote
Galizisch: troita
Gallo: trutt
Georgisch: kalmachi (stationär), oraguli (anadrom)
Griechisch: péstrofa
Isländisch: urriði, silungur
Iranisch (Persisch): qezel ālā (stationär), māhī āzād (anadrom)
Irisch: breac
Italienisch: trota
Kasachisch: baqtaq
Katalanisch: truita
Kirgisisch: dschilingiri
Korsisch: truita
Kroatisch: pastrva
Kurdisch: masī ālā, deqsor, trītmasī
Ladinisch: forela, trota
Leonesisch: trueita
Lettisch: forele, taimins
Litauisch: upėtakis
Lombardisch: trüta

Luxemburgisch: frell
Mazedonisch: pastrmka
Niederländisch: forel
Norwegisch: ørret, aure
Okzitanisch: truita, trocha, troita, trueita, troucia, troucho
Piemontesisch: truta
Polnisch: pstrąg, troć
Portugiesisch: truta
Rätoromanisch (Bündnerromanisch): litgíva, maroch, purchna, crives
Rumänisch: păstrăv
Russisch: forelj, kumscha, petruschka, kroschitsa, torpa
Schottisch-Gälisch: breac
Schwedisch: öring
Serbisch: pastrmka
Slowakisch: pstruh
Slowenisch: postrv, posterblja (Unterkrainerisch)
Spanisch: trucha
Tadschikisch: gul mohī
Tatarisch: meş kerkäse
Tschechisch: pstruh
Tschuwaschisch: ărkaj
Türkisch: alabalık
Turkmenisch: azatmahysy, kumja
Ukrainisch: pstrug, forelj
Ungarisch: pisztráng
Usbekisch: alabalık
Venetisch: truta
Walisisch: brithyll
Wallonisch: trûte, treûte

*(inkl. Regionalsprachen) aus dem Verbreitungsraum der Europäischen Forelle

11. Taxonregister

12. Literatur

Aarestrup, K., N. Jepsen & E. B. Thorstad, 2017. Brown trout on the move- migration ecology and methodology. In: Brown Trout: Biology, Ecology and Management (J. Lobón-Cerviá & N. Sanz, Eds.), John Wiley & Sons Ltd., UK, 401-444.

Aas, P., A. Rustadbakken, S. J. Moe, E. Lund & T. Qvenild, 2017. Life-history data on Hunder brown trout (*Salmo trutta*) from Lake Mjøsa, Norway. Freshwater Metadata Journal, 25: 1-11, https://doi.org/10.15504/fmj.2017.25.

Abdoli, A., 2000. The inland water fishes of Iran. Iranian Museum of Nature and Wildlife, Teheran, 378 pp. (in Farsi)

Adams, C. E., A. Burrows, C. Thompson & E. Verspoor, 2014. An unusually high frequency of Atlantic salmon x brown trout hybrids in the Loch Lomond catchment, west-central Scotland. The Glasgow Naturalist, 26: 75-81.

Agassiz, L., 1835. Remarks on the different species of the genus *Salmo* which frequent the varios rivers and lakes of Europe. In: Report of the Fourth Meeting of the British Association for the advancement of Science, held in Edinburgh in 1834, J. Muruay (Ed.), London, 617-623.

Agassiz, L., 1839. Histoire naturelle des poissons d'eau douce de l'Europe centrale. Vol. 1, Neuchâtel, Switzerland, 27 pls.

Akkuş, M. & M. Sari, 2017. Problems threatening the Tigirs trout (*Salmo tigridis* Turan, Kottelat & Bektaş, 2011) stock in Çatak Stream and some recomendations. Commagene Journal of Biology, 1(1): 16-20.

Alamanov, A. & H. Mikkola, 2011. Is biodiversity friendly fisheries management possible on Issyk-Kul Lake in the Kyrgyz Republic? Ambio, 40: 479-495.

Albrecht, C. & T. Wilke, 2008. Ancient Lake Ohrid: biodiversity and evolution. Hydrobiologia, 615: 103-140.

Alessio, G., S. Melotto & E. Oppi, 1990. Indagini fondamentali sulla biologia del Carpione, *Salmo carpio* L., del Lago di Garda. Atti III Convegno Nazionale Associazione ItalianaIttiologi Acque Dolci, Rivista di Idrobiologia, 29(1): 51-68.

Allendorf, F., N. Ryman, A. Stennek & G. Ståhl, 1976. Genetic variation in Scandinavian brown trout (*Salmo trutta* L.): evidence of distinct sympatric populations. Heredity, 83: 73-82.

Almodóvar, A., G. G. Nicola, B. Elvira & J. L. García-Marín, 2006. Introgression variability among Iberian trout Evolutionary Significant Units: the influence of local mamagement and environmental features. Freshwater Biology, 51: 1175-1187.

Álvarez, J. J., A. Anton, I. Azpíroz, P. Caballero, F. Hervella, J. De La Hoz, M. Lamuela, I. Mendiola, J. Monge, A. Serdio & I. Urrizalki, 2010. Atlas de los ríos salmoneros de la Península Ibérica. [Atlas of the Salmon rivers of the Iberian Peninsula.] Ekolur Asesoría Ambiental SLL, 162 pp.

Álvarez, D. & E. Garcia-Vazquez, 2011. Maintenance of asymmetric hybridization between Atlantic salmon (*Salmo salar*) and brown trout (*Salmo trutta*) via postzygotic barriers and paternal effects. Canadian Journal of Fisheries and Aquatic Sciences, 68: 593-602.

Anđelković, S. J., 1989. Tercijarne ribe Jugoslavije stratigrafsko- paleoekološka studija. [Tertiary fish of Yugoslavia stratigraphic-paleotological study.] Paleontologica Jugoslavica, 38: 1-121. (in Serbokroatisch)

Andersson, A., E. Jansson, L. Wennerström, F. Chiriboga, M. Arnyasi, M. P. Kent, N. Ryman & L. Laikre, 2017. Complex genetic diversity patterns of cryptic, sympatric brown trout (*Salmo trutta*) populations in tiny mountain lakes. Conservation Genetics, 18: 1213-1227.

Andrada, E. de C., 1990. Repovoamento florestral no arquipélago da Madeira (1952-1975). Ministério da Agricultura, Pesca e Alimentação, Secretaria de Estado da Agricultura, Direcçāo-Geral das Florestes, Lisboa, Portugal, 227 pp.

Anonymus. 2016. A la recherche de la mythique "Truite de Oued Zhor". El Watan. www.elwatan.com/pages-hebdo/magazine/a-la-recherche-de-la-mythique-truite-de-oued-zhor-21-04-2016.

Apostolidis, A. P., Loukovitis, D. & Tsigenopoulos, C. S., 2008a. Genetic characterization of brown trout (*Salmo trutta*) populations from the Southern Balkan using mtDNA sequencing and RFLP analysis. Hydrobiologia, 600: 169-176.

Apostolidis, A. P., MJ. Madeira, M. M. Hansen & A. Machordom, 2008b. Genetic structure and demographic history of brown trout (*Salmo trutta*) populations from the southern Balkans. Freshwater Biology, 53: 1555-1566.

Apostolidis, A. P., M. Th. Stoumboudi, E. Kalogianni, G. Cote & L. Bernatchez, 2011. Genetic divergence among native trout *Salmo trutta* populations from southern Balkans based on mitochondrial DNA and microsatellite variation. Journal of Fish Biology, 79: 1950-1960.

Arismendi, I., B. E. Penaluna, D. Gomez-Uchida, C. Di Prinzio, D. Rodríguez-Olarte, F. M. Carvajal-Vallejos, J. I. Mojica, R. Mazzoni, V. Cussac, M. Maldonado, E. Pellegrini Caramaschi, A. J. Zeballos, A. Villalba, P. A. Van Damme, L. Córdova, R. Iglesias-Rios, D. Cañas-Rojas, M. Cañas-Merino, J. N. Benavente, M. Núñez-Flores, S. S. Musleh & P. Savaria, 2019. Trout and char of South America. In: Trout and char of the world (J. J. Kershner, J. E. Williams, R. E. Gresswell & J. Lobón-Cerviá, Eds.), American Fishery Society, Bethesda, Maryland, USA, 279-311.

Arkhipov, S. A., J. Ehlers, R. G. Johnson & H. E. Wright, 1995. Glacial drainage towards the Mediterranean during the middle and late Pleistocene. Boreas, 24: 196-206.

Arnalds, A. 1987. Ecostystem distribution in Iceland. Arctic and Alpine Research, 19(4): 508-513.

Arnekleiv, J. V., J. G. Davidsen, T. F. Sheehan, S. J. Lehnert, I. R. Bradbury, L. Rønning, A. D. Sjursen, G. Kjærstad, B. A. Lubinski & K. J. Nilssen, 2019. Demographic and genetic description of Greenland's only indigenous Atlantic salmon *Salmo salar* population. Journal of Fish Biology, 94: 154-164.

Arslan, S. & F. Bardakci, 2010. Genetic structure of brown trout (*Salmo trutta*) populations from Turkey based on microsatellite data. Biochemical Genetics, 48: 995-1014.

Artamonova, V. S., S. A. Afanasyev, N. V. Bardukov, V. M. Golod, S. V. Kokodiy, A. V. Koulish, A. N. Pashkov, S. K. Pipoyan, S. I. Reshetnikov & A. A. Makhrov, 2020. The center of origin and colonization routes of noble salmons of the genus *Salmo* (Salmonidae, Actinopterigii). Doklady Biochemistry and Biophysics, 493: 171-177.

Atunes, A., P. Alexandrino & N. Ferrand, 1999. Genetic characterization of Portuguese brown trout (*Salmo trutta* L.) and comparison with other European populations. Ecology of Freshwater Fish, 8: 194-200.

Atunes, A., R. Faria, S. Weiss, P. Alexandrino, 2001. Complex evolutionary history in the brown trout: Insights on the recognition of conservation units. Conservation Genetics, 2: 237-247.

Atunes, A., A. R. Templeton, R. Guyomard & P. Alexandrino, 2002. The role of nuclear genes in intraspecific evolutionary inference: genealogy of the transferrin gene in the brown trout. Molecular Biology and Evolution, 19(8): 1272-1287.

Atunes, A., R. Faria, W. E. Johnson, R. Guyomard & P. Alexandrino, 2006. Life on the edge: the long-term persistence and contrasting spatial genetic structure of distinct brown trout life histories at their ecological limits. Journal of Heredity, 97 (3): 193-205.

Auld, H. L., D. L. G. Noakes & M. A. Banks, 2019. Advancing mate choice studies in salmonids. Reviews in Fish Biology and Fisheries, 29: 249-276.

Aurelle, D. & P. Berrebi, 2001. Genetic structure of brown trout (*Salmo trutta,* L.) populations from south-western France: data from mitochondrial control region variability. Molecular Ecology, 10: 1551-1561.

Aurelle, D., G. Cattaneo-Berrebi & P. Berrebi, 2002. Natural and artificial secondary contact in brown trout (*Salmo trutta,* L.) in the French western Pyrenees assessed by allozymes and microsatellites. Heredity, 89: 171-183.

Ayllon, F., P. Davaine, E. Beall, J. L. Martinez & E. Garcia-Vazquez, 2004. Bottlenecks and genetic changes in Atlantic salmon (*Salmo salar* L.) stocks introduced in the Subantarctic Kerguelen Islands. Aquaculture, 237: 103-116.

Babault, J., J. Van Den Driessche & A. Teixell, 2012. Longitudinal to transverse drainage network evolution in the High Atlas (Morocco): The role of tectonics. Tectonics, 31, doi:10.1029/2011TC003015.

Babayan, A., S. Hakobayan, K. Jenderedjian, S. Muradyan & M. Voscanov, 2006. Lake Sevan – Experience and lessons learned brief, 347-362. http://iwlearn.net/resolveuid/6af5017fa3a56bc7b8428f71c100362e.

Backhouse, G., J. Jackson & J. O'Connor, 2008. National Recovery Plan for the Australian Grayling *Prototroctus maraena.* Department of Sustainability and Environment, Melbourne.

Badraoui, M., 2005. La convention des Nations Unies sur la lutte contre la désertification dans les pays gravement touchés par la sécheresse et/ou ladésertification, en particular en Afrique. P. I. Rabat: Institut agronomique et vété rinaire Hassan II.

Baisez, A., J.-M. Bach, C. Leon, T. Parouty, R. Terrade, M. Hoffmann & P. Laffaille, 2011. Migration delays and mortality of adult Atlantic salmon *Salmo salar* en route to spawning grounds on the River Allier, France. Endangered Species Research, 15: 265-270.

Baker, V., 1876. Clouds of the East: travels and adventures on the Perso-Turkoman frontier. Chatto & Windus, London.

Balon, E. K., 1968. Notes to the origin and evolution of trouts and salmons with special reference to the Danubian trouts. Acta Societatis Zoologicae Bohemoslovacae, 32: 1-21.

Bănărescu, P. M., 1989. Vicariant patterns and dispersal in European freshwater fishes. Spixiana, 12: 91-103.

Barach, G. P., 1940. Ryby Armenii. [Fishes of Armenia.] Erevan. Trudy Sevanskoi Gidrobiologicheskoi Stantsii, 6: 5-70. (in Russisch)

Bardakci, F., N. Degerli, O. Ozdemir & H. H. Basibuyuk, 2006. Phylogeography of the Turkish brown trout *Salmo trutta* L.: mitochondrial DNA PCR-RFLP variation. Journal of Fish Biology, 68: 36-55.

Baric, S., J. Dalla Via, N. Eisank, W. Honsig-Erlenburg, F. Jurgeit, R. Lackner, F. Lainer, N. Medgyesy, A. Meraner, B. Pelster, A. Riedl & P. Steiner, 2007. TroutExamInvest: Autochthone Bachforellen, die „Urforelle", Nationalpark Hohe Tauern, Austria, 39 pp.

Baric, S., A. Riedl, A. Meraner, N. Medgyesy, R. Lackner, B. Pelster & J. Dalla Via, 2010. Alpine headwater streams as reservoirs of remnant populations of the Danubian clade of brown trout. Freshwater Biology, 55: 866-880.

Barkhalov, R. M., N. I. Rabazanov, A. M. Orlov & S. Yu. Orlova, 2021. The endangered Kezenoi-Am trout, *Salmo ezenami.* Imperiled: The Encyclopedia of Conservation, http://doi.org/10.1016/B978-0-12-821139-7.00127-6.

Barrois, T., 1896. Recherches sur la faune des eaux douces des Açores. Société des Sciences, de l'Agriculture et des Arts de Lille, Mémoires, Vol. 6, 178 pp.

Bartel, R., 1988. Trouts in Poland. Polskie Archiwum Hydrobiologii, 35: 321-339.

Basulto, S., 2003. El largo viaje de los salmones: una crónica olvidada – Propagación y cultivo de especies acuáticas en Chile. Maval Limitada Editores, Sanitago, Chile, 102 pp.

Behnke, R. J., 1968. Süßwasserfische der Türkei. 6. Teil: A new subgenus and species of trout, *Salmo (Platysalmo) platycephalus*, from south-central Turkey, with comments on the classification of the sub-family Salmoninae. Mitteilungen aus dem Hamburgischen Zoologischen Museum und Institut, 66: 1-15.

Behnke, R. J., 1972. The salmonid fishes of recently glaciated lakes. Journal of the Fisheries Research Board of Canada, 29: 639-671.

Behnke, R. J., 1986a. About trout, Atlantic salmon. Trout Magazine, Sommer 1986.

Behnke, R. J., 1986b. About trout, brown trout. Trout Magazine, winter 1986, 42-47.

Behnke, R. J., 2002. Trout and Salmon of North America. The Free Press, New York, 359 pp.

Behnke, R. J., 2007. About trout: the best of Robert J. Behnke from *Trout* magazine. Lyons Press, Guilford, Connecticut, USA, 259 pp.

Berg, L. S., 1905. [Die Fische von Turkestan]. Izvestiya Turkestanskogo Otdeleniya Imperatorskoe Russkoe Geograficheskoe Obshestva, 4 (6): i-xvi+1-260, pls. 1-6. (in Russisch).

Berg, L. S., 1908a. Vorläufige Bemerkungen über die europäisch-asiatischen Salmoniden, insbesondere der Gattung *Thymallus.* Annuaire du Musée zoologique de l'Académie des sciences de St. Pétersbourg, 12: 500-514.

Berg, L. S., 1908b. [Sur le saumon de la mer l'Aral (*Salmo trutta aralensis* subsp. nov.)]. Annuaire du Musée Zoologique de l'Académie Impériale des Sciences de Saint Pétersbourg, 13: 315-323. (in Russisch und Latein)

Berg, L. S., 1912. Über die Zusammensetzung und Herkunft der Fischfauna des Amur-Flusses mit Bezug auf die Frage von den zoogeographischen Regionen für die Süßwasserfische. Zoologische Jahrbücher, Jena, 32 (6): 475-520.

Berg, L. S., 1932. Übersicht der Verbreitung der Süßwasserfische Europas. Zoogeographica, 1: 107-208.

Berg, L. S., 1948a. Freshwater fishes of the U.S.S.R. and adjacent countries. Vol. I, 4th Ed., 504 pp. (Published for the National Science Foundation, Washington D.C., by the Israel Program for Scientific Translations, Jerusalem 1962).

Berg, L. S., 1948b. The origin of trouts and other freshwater salmonids. Izd'vo Akademii Nauk SSSR, 10(10): 159-172. (English translation: Fisheries Research Board of Canada, 1972).

Berg, L. S., 1949. Freshwater fishes of the U.S.S.R. and adjacent countries. Vol. II, 4th Ed., 496 pp. (Israel Program for Scientific Translations, Jerusalem, 1964).

Bernaś, R. & A. Wąs-Barcz, 2020. Genetic structure of important brown trout breeding lines in Poland. Journal of Applied Genetics, 61: 239-247.

Bernatchez, L., R. Guyomard & F. Bonhomme, 1992. DNA sequence variation of the mitochondrial control region among geographically and morphologically remote European brown trout *Salmo trutta* populations. Molecular Ecology, 1: 161-173.

Bernatchez, L. & A. Osinov, 1995. Genetic diversity of trout (genus *Salmo*) from its most eastern native range based on mtDNA and nuclear gene variation. Molecular Ecology, 4: 285-297.

Bernatchez, L., 2001. The evolutionary history of brown trout (*Salmo trutta* L.) inferred from phylogeographic, nested clade, and mismatch analyses of mitochondrial DNA variation. Evolution, 55: 351-379.

Berrebi, P., M. Povž, D. Jesenšek, G. Cattaneo-Berrebi & A. J. Crivelli, 2000. The genetic diversity of native, stocked and hybrid populations of marble trout in the Soca river, Slovenia. Heredity, 85: 227-287.

Berrebi, P., B. Lasserre & S. Dubois. 2006. Analyse génétique (microsatellites) des truites du Parc du Mercantour. Complément d'analyses. Rapport final, 19 pages + annexes.

Berrebi, P., C. Tougard, S. Dubois, Zh. Shao, I. Koutseri, S. Petkovski & A. J. Crivelli, 2013. Genetic diversity and conservation of the Prespa trout in the Balkans. International Journal of Molecular Sciences, 14: 23454-23470.

Berrebi, P., 2015. Three brown trout *Salmo trutta* lineages in Corsica described through allozyme variation. Journal of Fish Biology, 86: 60-73.

Berrebi, P., B. Lasserre, S. Dubois, Zh. Shao & D. Schikorski, 2015. Analyse génétique (microsatellites) des truites du Parc du Mercantour. Complément d'analyses. Institut des Sciences de l'Evolution (ISEM), Université Montpellier II, Montpellier, France.

Berrebi, P., D. Jesenšek & A. J. Crivelli, 2017. Natural and domestic introgressions in the marble trout population of Soča River (Slovenia). Hydrobiologia, 785: 277-291.

Berrebi, P., V. Caputo Barucchi, A. Splendiani, S. Muarcciole, A. Sabatini, F. Palmas, C. Tougard, M. Arculeo & S. Marić, 2019. Brown trout (*Salmo trutta* L.) high genetic diversity around the Tyrrhenian Sea as revealed by nuclear and mitochondrial markers. Hydrobiologia, 826: 209-231.

Berrebi, P., Á. Horvath, A. Splendiani, S. Palm & R. Bernaś, 2021. Genetic diversity of domestic brown trout stocks in Europe. Aquaculture, 544: 737043.

Betancur-Rodriguez, R., R. E. Broughton, E. O. Wiley, K. Carpenter, J. A. López, C. Li, N. I. Holcroft, D. Arcila, M. Sanciangco, J. C. Cureton, F. Zhang, T. Buser, M. A. Campbell, J. A. Ballesteros, A. Roa-Varon, S. Willis, W. C. Bordon, T. Rowley, P. C. Reneau, D. C. Hough, G. Lu, T. Grande, G. Arratia & G. Orti, 2013. The tree of life and a new classification of bony fishes. PLOS Currents Tree of Life, doi: 10.1371/currents.tol.53ba26640df0ccaee75bb165c8c26288.

Bianco, P. G., 2014. An update on the status of native and exotic freshwater fishes of Italy. Applied Ichthyology, 30: 62-77.

Bloch, M. E., 1782. Oeconomische Naturgeschichte der Fische Deutschlands. Erster Theil. Hesse, Berlin.

Bloch, M. E., 1784. Oeconomische Naturgeschichte der Fische Deutschlands. Dritter Theil. Hesse, Berlin.

Bogutskaya, N. G. & A. M. Naseka, 2004. Catalogue of agnathans and fishes of fresh and brackish waters of Russia with comments on nomenclature and taxonomy. Russian Academy of Sciences, Zoological Institure, KMK Scientific Press Ltd., Moscow, 389 pp.

Bogutskaya, N. G. & E. A. Dorofeyeva, 2007. Neotype designation for *Salmo spurius* Pallas, 1814 (Teleostei: Salmonidae). Zoosystematica Rossica, 16: 135-137.

Bohling, J., P. Haffray & P. Berrebi, 2016. Genetic diversity and population structure of domestic brown trout (*Salmo trutta*) in France. Aquaculture, 462: 1-9.

Bölscher, T., E. van Slobbe, M. T. H. van Vlier & S. E. Werners, 2013. Adaption turning points in river restoration? The Rhine salmon case. Sustainability, 5: 2288-2304.

Borlase, W., 1758. The natural history of Cornwall: the air, climate, waters, rivers, lakes, sea and tides; of the stones, semimetals, metals, tin, and the manner of mining; the constitution of the stannaries, iron, copper, silver, lead, and gold, found in Cornwall; vegetables, rare birds, fishes, shells, reptils, and quadrupeds of the inhabitants, their manners, customs, plays or interludes, exercises, and festivals; the Cornish language, trade, tenures, and arts. Printed for the author, Oxford, UK.

Borvon, A., A. Bridault, R. Biton, R. Rabinovich, M. Prevost, H. Khalaily & F. R. Valla, 2018. Finding of trout (*Salmo* cf. *trutta*) in the northern Jordan Valley (Israel) at the end of the Pleistocene: preliminary results. Journal of Archaelogical Science: Reports, 18: 59-64.

Boulenger, G. A., 1896. On freshwater fishes from Smyrna. Annals and Magazine of Natural History, Series 6, 18: 153-154.

Boulenger, G. A., 1901. On the occurrence of *Salmo macrostigma* Dum. In Sardinia. Annals and Magazine of Natural History, 8: 14.

Bouza, C., J. Castro, L. Sánchez & P. Martínez, 2001. Allozyme evidence of parapatric differenciation of brown trout (*Salmo trutta* L.) within an Atlantic river basin of the Iberian Peninsula. Molecular Ecology, 10: 1455-1469.

Brodersen, J., H. J. Malmquist, F. Landkildehus, T. L. Lauridsen, S. L. Amsinck, R. Bjerring, M. Søndergaard, L. S. Johansson, K. S. Christoffersen & E. Jeppesen, 2012. Short- and long-term niche segregation and individual specialization of brown trout (*Salmo trutta*) in species poor Faroese lakes. Environment Biology of Fishes, 93: 305-318.

Bruno, S. 1987. Pesci d'Italia. Giunti Barbèra, Firenze, 286 pp.

Budy, P. & J. W. Gaeta, 2018. Brown Trout as an invader: a synthesis of problems and perspectives in North America. In: Brown Trout: biology, ecology and management (J. Lobón-Cerviá & N. Sanz, Eds.), John Wiley & Sons Ltd., UK, 525-543.

Buj, I., I. Raguž, Z. Marčić, M. Ćaleta, A. Duplić, D. Zanella, P. Mustafić, L. Ivić, S. Horvatić & R. Karlović, 2021. Plitvice Lakes National Park harbors ancient, yet endangered diversity of trout (genus *Salmo*). Journal of Applied Ichthyology, 37: 20-37.

Buller, F., 1996. The Macedonian fly. The American Fly Fisher, 22(4): 2-9.

Burton, M. P. & D. R. Idler, 1984. Can Newfoundland landlocked salmon, *Salmo salar* L., adapt to sea water? Journal of Fish Biology, 24(1): 59-64.

Caballero, P., F. Cobo & M. A. González, 2006. Life history of a Sea Trout (*Salmo trutta* L.) population from the north-west Iberian Peninsula (River Ulla, Galicia, Spain). In: Sea Trout, Biology, Conservation and Management (G. S. Harris & N. J. Milner, Eds.). Proceedings of the 1st International Sea Trout Symposium, July 2004, Cardiff, Wales, UK. Blackwell Publishing, Oxford, 234-247.

Caballero Javierre, P., R. Vieira-Lanero & F. Cobo Gradín, 2018. Sea trout (*Salmo trutta*) in Galicia (NW Spain). In: Brown Trout: biology, ecology and management (J. Lobón-Cerviá & N. Sanz, Eds.), John Wiley & Sons Ltd., UK, 445-482.

Cadwallader, P. L., 1996. Overview of the impacts of introduced salmonids on Australian native fauna. Australia Nature and Conservation Agency, Canberra, Australia, 68 pp.

Çakmak, E., E. C. Çankırılıgil & O. T. Özel, 2018. Ege Journal of Fisheries and Aquatic Sciences, 35(1): 103-110.

Cambray, L. A., 2003. The global impact of alien trout species – a review; with references to their impact in South Africa. African Journal of Aquatic Science, 28: 61-67.

Campbell, R. N., 1979. Ferox trout, *Salmo trutta* L., and charr, *Salvelunus alpnius* (L.), in Scottish lochs. Journal of Fish Biology, 14(1): 1-29.

Caputo, V., M. Giovannotti, P. Nisi Cerioni, M. L. Caniglia & A. Splendiani, 2004. Genetic diversity of brown trout in central Italy. Journal of Fish Biology, 65: 403-418.

Carlsson, J., K. H. Olsén, J. Nilsson, Ø. Øverli & O. B. Stabell, 1999. Microsatellites reveal fine-scale genetic structure in stream-living brown trout. Journal of Fish Biology, 55: 1290-1303.

Casalinuovo, M. A., M. F. Alonso, P. J. Macchi & J. A. Kuroda, 2018. Brown trout in Argentina: history, interactions and perspectives. In: Brown trout: biology, ecology and management (J. Lobón-Cerviá & N. Sanz, Eds.), John Wiley & Sons Ltd, Chichester, UK, 599-621.

Castillo, A. G. F., F. Ayllon, P. Moran, J. I. Izquierdo, J. L. Martinez, E. Beall & E. Garcia-Vazquez, 2008. Interspecific hybridization and introgression are associated with stock transfers in salmonids. Aquaculture, 278: 31-36.

Caudron, A., A. Champigneulle, C. R. Largiadèr, S. Launey & R. Guyomard, 2009. Stocking of native Mediterranean brown trout (*Salmo trutta*) into French tributaries of Lake Geneva does not contribute to lake-migratory spawners. Ecology of Freshwater Fish, 18: 585-593.

Cawdery, S. A. H. & A. Ferguson, 1988. Origins and differentiation of three sympatric species of trout (*Salmo trutta* L.) in Lough Melvin. Polskie Archiwum Hydrobiologii, 35: 267-277.

Champigneulle, A., B. Buttiker, P. Durand & M. Melhaoui, 1999. Main characteristics of the biology of the trout (*Salmo trutta* L.) in Lake Léman (Lake Geneva) and some of its tributaries. In: Biology and ecology of brown trout and sea trout (J. L. Baglinière & G. Maisse, Eds.), Springer, London, in association with Praxis Publishing Ltd, Chichester, UK, 147-174.

Chasserieau, C. & A. Caudron, 2011. Étude des populations de truites sédentaires et migrantes sur le basin du lac d'Annecy et évaluation des practiques de gestion. Volet 1: État des populations sur les affluents. Rapport FDP74.11/01 / SHL 299.2011, 53 pp.

Chichkoff, G., 1939. Poissons nouveaux et peu connus des eaux douces de la Bulgarie. Annuaire de l'Université Sofia II., Faculté Physico-Mathématique, Livre 3. (Sciences Naturelles), 35: 91-199. (in Bulgarisch, französiche Zusammenfassung).

Chiereghin, S., 2001. Descrizione de' Pesci, de' Crostacei e de' Testacei che abitano le Lagune ed il Golfo Veneto. A cura die Cinzio Gibin. Canova, Treviso. 2 vol., XLVIII + 982, 829 pp.

Clavero, M., J. Calzada, J. Esquivias, A. Veríssimo, V. Hermoso, A. Qninba & M. Delibes, 2017. Nowhere to swim to: climate change and conservation of the relict Dades trout *Salmo multipunctata* in the High Atlas Mountains, Morocco. Oryx, 52(4): 627-635.

Coad, B. W., 1996. Zoogeography of the fishes of the Tigris Euphrates basin. Zoology in the Middle East, 13: 51-70.

Confortini, I., 1997. L'ittiofauna del Lago di Garda. Provincia di Verona – Settore Tutela Faunistico Ambientale - Cooperativa fra pescatori, Garda. Cierre Edizioni, Verona, 223 pp.

Consuegra, S., C. García de Leániz, A. Serdio, M. González Morales, L. G. Straus, D. Knox & E. Verspoor, 2002. Mitochondrial DNA variation in Pleistocene and modern Atlantic salmon from the Iberian glacial refugium. Molecular Ecology, 11: 2037-2048.

Cooper, J., J. E. Crafford & T. Hecht, 1992. Introduction and extinction of brown trout (*Salmo trutta* L.) in an impoverished subantartic stream. Antartic Science, 4: 9-14.

Copley, H., 1940. Trout in Kenya Colony. The East African Agricultural Journal, 5: 345-361.

Cortey, M., C. Pla & J. L. García-Marín, 2004. Historical biogeography of Mediterranean trout. Molecular Phylogenetics and Evolution, 33: 831-844.

Cortey, M., V. Manuel, C. Pla & J. L. García-Marín, 2009. Northern and southern expansions of Atlantic brown trout (*Salmo trutta*) populations during the pleistocene. Biological Journal of the Linnaean Society, 97: 904-917.

Corujo, M., G. Blanco, E. Vázquez & J. A. Sánchez, 2004. Genetic structure of northwestern Spanish brown trout (*Salmo trutta* L.) populations, differences between microsatellite and allozyme loci. Hereditas, 141: 258-271.

Crespi, B. J. & M. J. Fulton, 2004. Molecular systematics of Salmonidae: combined nuclear data yields a robust phylogeny. Molecular Phylogenetics and Evolution, 31: 658-679.

Crête-Lafrenière, A., L. K. Weir & L. Bernatchez, 2012. Framing the Salmonidae family phylogenetic portrait: a more complete picture from increasing taxon sampling. PLOS (Public Library of Science) ONE 7(10):e46662.

Crivelli, A., G. Poizat, P. Berrebi, D. Jesenšek & J.-F. Rubin, 2000. Conservation biology applied to fish: the example of a project for rehabilitating the marble trout (*Salmo marmoratus*) in Slovenia. Cybium, 24(3): 211-230.

Crozier, W. W. & A. Ferguson, 1986. Electrophoretic examination of population structure of brown trout (*Salmo trutta* L.) from the catchment of Lough Neagh, Northern Ireland. Journal of Fish Biology, 28: 459-477.

Cuvier, G., 1829. Le règne animal distribué d'après son organisation. Pour server de base à l'histoire naturelle des animaux et d'introduction à l'anatomie comparée. Déterville, Paris, 2: xv + 406 pp.

Cuvier, G. & A. Valenciennes, 1848. Histoire naturelle des poissons. Tome vingt et unième. Bertrand, Paris, xiv+536 pp., pls. 607-633.

Dadikyan, M. G., 1986. Ryby Armenii [Die Fische von Armenien]. Izdanie Akademii Nauk Armyanskoi SSR, Yerevan, 246 pp., 2 pls. (in Russisch)

D'Ancona, U. & S. Merlo, 1959. La speciazione nelle trote italiane ed in particolare in quelle del Lago di Garda. Atti del'Istituto Veneto di Scienze, Lettere ed Arti, 117: 19-26.

Danielsdottir, A. K., S. Gudlaugsdottir & S. Gudjonsson, 1998. Genetic variation in Icelandic brown trout (*Salmo trutta*) populations. ICES CM 1998/K:20.

Davidsen, J. G., L. Eikås, R. D. Hedger, E. B. Thorstad, L. Rønning, A. D. Sjursen, O. K. Berg, G. Bremset, S. Karlsson & L. E. Sundt-Hansen, 2020. Migration and habitat use of the landlocked riverine Atlantic salmon *Salmo salar* småblank. Hydrobiologia, 847: 2295-2306.

Day, F., 1887. British and Irish Salmonidae. Williams and Norgate, London, Edinburgh, 298 pp., 12 pl.

Dębowski, P., 2018. The largest Baltic population of sea trout (*Salmo trutta* L.): its decline, restoration attemps, and current status. Fisheries and Aquatic Life, 26: 81-100.

Delling, B., 2003. Species diversity and phylogeny of *Salmo* with emphasis on southern trouts (Teleostei, Salmonidae). Doctoral Thesis. Stockholm University, Sweden.

Delling, B., 2010. Diversitiy of western and southern Balkan trouts, with the description of a new species from the Louros River, Greece (Teleostei: Salmonidae). Ichthyological Exploration of Freshwaters, 21 (4): 331-344.

Delling, B. & I. Doadrio, 2005. Systematics of the trout endemic to Moroccan lakes, with description of a new species (Teleostei: Salmonidae). Ichthyological Exploration of Freshwaters, 16: 49-64.

Delpino, I., 1935. La diffusione e la distribuzione in Italia della "*Trutta genivittata*" (Heckel-Kner, 1858). Bollettino di Pesca, Piscicoltura e Idrobiologia, 11: 196-210.

Derzhavin, A. N., 1929. A note on fishes of the River Karaj (North Persia). Izvestiya Bakinskoi Ikhtiologicheskoi Laboratorii, Baku, 2(2): 69-79 (in Russisch, englische Zusammenfassung).

Derzhavin, A. N., 1934. [Freshwater fishes of the southern shore of the Caspian Sea]. Introduction. Trudy Azerbaidzhanskogo Otdeleniya Zakavkazskogo Filiala Akademii Nauk SSR, Sektor Zoologii, Baku, 7: 91-126 (in Russisch).

DFFE (Department of Forestry, Fisheries and the Environment, Republic of South Africa). 2014. The regulation of invasive species: clarification of the regulation of brown trout and rainbow trout. DFFE, Pretoria, South Africa.

Dirksmeyer, J., E. I. Meyer & E. Brunotte, 2011. Haben Lachse und Meerforellen in Deutschland wieder eine Chance? Bewertung der Sedimentzusammensetzung und Sauerstoffversorgung im Bereich ihrer Laichplätze. Zeitschrift für Geomorhpologie, Supplementary Issues, 55: 77-86.

Dissard, L., 2015. From shining icons of progress to contested infrastructures: "damming" the Munzur valley in eastern Turkey. http://laurentdissard.files.wordpress.com/2015/03/ discard-contested-munzur-no-pic.pdf.

Doadrio, I., 2001. Atlas y Libro Rojo de los Peces Continentales de España. Dirección General de Conservación de la Naturaleza, Museo Nacional de Ciencias Naturales, Madrid.

Doadrio, I., S. Perea & A. Yahyaoui, 2015. Two new species of Atlantic trout (Actinopterygii, Salmonidae) from Morocco. Graellsia, 71(2): e031. http://dx.doi.org/10.3989/graellsia.2015.v71.142.

Dorofeyeva, E. A., 1967. [Comparative morphological principles of the systematics of the East European salmon]. Voprosy Ikhtiologii, 7: 3-17. (in Russisch)

Dorofeyeva, E. A., T. Vuković & D. Seralić, 1987. Osteological features of the endemic Balkan marbled trout, *Salmo marmoratus* Cuv. (Salmonidae). Trudy Zoologicheskogo Instituta AN SSSR, 162: 13-21 (1992 Scripta Technica, Inc., 113-121).

Drake, N. A., R. M. Blench, S. J. Armitage, C. S. Bristow & K. H. White, 2011. Ancient watercourses and biogeography of the Sahara explain the peopling of the desert. Proceedings of the National Academy of Sciences USA, 108: 458-462.

Drensky, P., 1930. Zur Kenntnis der Fischfauna Bulgariens. Zoologische Jahrbücher, Abteilung für Systematik, Ökologie und Geographie der Tiere, 59: 669-680.

Duchi, A., 1988. Dati preliminati sulle trote del Torrente Tellesimo (Ragusa, Sicilia) (Pisces, Salmonidae). Atti della Società Italiana di Scienze Naturali e del Museo Civico di Storia Naturale in Milano, 129: 167-172.

Duchi, A., 1991. Prime indagini per la conservazione della trota macrostigma, *Salmo (trutta) macrostigma* Dum., in provincia di Ragusa. – First studies on conservation of macrostigma trout, *Salmo (trutta) macrostigma* Dum., in Ragusa province, Sicily. Atti Congresuali del 4° Convegno Nazionale A. I. I. A. D., Distribuzione della fauna ittica italiana, 423-432.

Duftner, N., S. Weiss, N. Medgyesy & C. Sturmbauer, 2003. Enhanced phylogeographic information about Austrian brown trout populations derived from complete mitochondrial control region sequences. Journal of Fish Biology, 62: 427-435.

Duguid, R. A., A. Ferguson & P. Prodöhl, 2006. Reproductive isolation and genetic differentiation of ferox trout from sympatric brown trout in Loch Awe and Loch Laggan, Scotland. Journal of Fish Biology, 69: 89-114.

Duhamel du Monceau, H. L., 1769-1782. Traité général de pesches, et histoire des poissons qu'elles fournissent: tant pour la subsistance des hommes que pour plusieurs autres usages qui ont rapport aux arts et au commerce. 4 volumes, Academie de Sciences, Paris.

Duméril, A., 1858a. Note sur une Truite d'Algérie (*Salar macrostigma*, A. Dum.). Comptes rendus de l'Académie des Sciences, 47: 160-162.

Duméril, A., 1858b. Note sur une Truite d'Algérie (*Salar macrostigma*, A. Dum.). Revue et Magazine de Zoologie Pure et Appliquée, 2: 396-399, pl. 10.

Dunn, N. R., R. M. Allibone, G. P. Closs, S. K. Crow, B. O. David, J. M. Goodman, M. Griffiths, D. C. Jack, N. Ling, J. M. Waters & J. R. Rolfe, 2018. Conservation status of New Zealand freshwater fishes, 2017. New Zealand Thret Classification Series 24. Department of Conservation, Wellington, 11 pp.

Durante, S., 1978. Note on *Salmo trutta* L. in the Pleistocene of Praia a Mare, (Southern Italy). Quaternaria, 20: 117-121.

Economidis, P. S. & P. N. Bănărescu, 1991. The distribution and origin of freshwater fishes in the Balkan Peninsula, especially in Greece. Internationale Revue der gesamten Hydrobiologie und Hydrographie, 76(2): 257-283.

Economidis, P. S., E. Dimitriou, R. Pagoni, E. Michaloudi & L. Natsis, 2000. Introduced and translocated fish species in the inland waters of Greece. Fisheries Management and Ecology, 7: 239-250.

Ensing, D., 2014. Pike (*Esox lucius*) could have been an exclusive human introduction to Ireland after all: a comment on Pedreschi et al. (2014). Journal of Biogeography, 42(3): 604-607.

Esteve, M., 2005. Observation of spawning behavior in Salmoninae: *Salmo, Oncorhynchus* and *Salvelinus.* Review in Fish Biology and Fisheries, 15: 1-21.

Esteve, M., D. A. McLennan, J. A. Zablocki, G. Pustovrh & I. Doadrio. 2014. Spawning behaviour and the softmouth trout dilemma. Archives of Polish Fisheries, 22: 159-165.

Esteve, M., A. Abdoli, I. Hashedemzadeh Segherloo, K. Golzarianpour & A. Abbas Ahmadi, 2018. Observation of male choice in brown trout (*Salmo trutta*) from Lar National Park, Iran. In: Brown Trout: biology, ecology and management (J. Lobón-Cerviá & N. Sanz, Eds.), John Wiley & Sons Ltd., UK, 165-178.

Fauchet, L. 2020. Evaluation of the impact of Atlantic salmon ecological restoration in the Garonne-Dordogne basin thanks to DNA fingerprints. Life Sciences [q-bio], dumas-02975357.

Ferguson, A., 1986. Lough Melvin – a unique fish community. Royal Dublin Society, Occasional papers in Irish Science and Technology, 1: 1-17.

Ferguson, A., 2004. The importance of identifying conservation units: brown trout and pollan biodiversity in Ireland. Proceedings of the Royal Irish Academy Section B, 104(3): 33-41.

Ferguson, A., 2006. Genetics of Sea Trout, with particular reference to Britain and Ireland. In: Sea Trout, Biology, Conservation and Management (G. S. Harris & N. J. Milner, Eds.). Proceedings of the 1st International Sea Trout Symposium, July 2004, Cardiff, Wales, UK. Blackwell Publishing, Oxford, 157-182.

Ferguson, A., 2007. Genetic impacts of stocking on indigenous brown trout populations. Science Report: SC040071/SR, Environment Agency, Almondsbury, Bristol, UK, 96 pp.

Ferguson, A. & J. B. Taggart, 1991. Genetic differentiation among the sympatric brown trout (*Salmo trutta*) populations of Lough Melvin, Ireland. Biological Journal of the Linnean Society, 42: 221-237.

Ferguson, A., C. Bradley, R. Ade, C. Roberts, J. Graham & P. Prodöhl, 2013. The fall and rise of Galloway and Carrick trout. Salmo Trutta: The Annual Journal of the Wild Trout Trust, 16: 10-13.

Ferguson, A., C. E. Adams, M. Jóhannsson, F. Kelly, R. A. King, P. Maitland, I. McCarthy, M. O'Grady, P. A. Prodöhl, S. Skúlason, E. Verspoor & I. J. Winfield, 2019a. Trout and char of the north Atlantic isles. In: Trout and char of the world (J. L. Kershner, J. E. Williams, R. E. Gresswell & Lobón-Cerviá, Eds.), American Fishery Society, Bethesda, Maryland, 313-350.

Ferguson, A., T. E. Reed, T. F. Cross, P. McGinnity & P. A. Prodöhl, 2019b. Anadromy, potamodromy and residency in brown trout *Salmo trutta*: the role of genes and the environment. Journal of Fish Biology, 95(3): 692-718.

Ferguson, A. & P. A. Prodöhl, 2021. Identifying and conserving sympatric diversity in trout of the genus *Salmo*, with particular reference to Lough Melvin, Ireland. Ecology of Freshwater Fish, 00: 1-31. https://doi.org/10.1111/eff.12651.

Findenegg, I., 1936. Der Weissensee in Kärnten – eine seenkundliche Darstellung. IV. Sonderheft der „Carinthia II" (Mitteilungen des Vereines „Naturkundliches Landesmuseum für Kärnten"), 46 pp.

Firouz, E., 2005. The complete fauna of Iran. I. B. Tauris & Co Ltd, London, New York, 321 pp.

Forneris, G., B. Delmastro & S. Bellardi, 1990. Attuale distribuzione di *Salmo marmoratus* Cuvier, 1817 in provincia di Torino. Rivista di Idrobiologia, 29: 213-221.

Fowke, P., 1938. Trout culture in Ceylon. Ceylon Journal of Science, Section C, Fisheries Bulletin, 6: 1-78.

Fowler, H. W., 1974. A catalog of world fishes (XX). Quarterly Journal of the Taiwan Museum, 27: 1-132.

Fruciano, C., A. M. Pappalardo, C. Tigano & V. Ferrito, 2014. Phylogeographical relationships of Sicilian brown trout and the effects of genetic introgression on morphospace occupation. Biological Journal of the Linnean Society, 112: 387-398.

Fuller, P., 2017, 2018. *Salmo letnica* (Karaman, 1924). Nonindignous Aquatic Species Database. U.S. Geological Survey, Gainesville, Florida. https://nas.er.usgs.gov/queries/FactSheet.aspx?SpeciesID=925.

Füller, G., M. Pfeifer, J. Geisler & K. Kohlmann, 2003. Der Elblachs – Ergebnisse der Wiedereinbürgerung in Sachsen, Sächsisches Landesamt für Umwelt, Landwirtschaft und Geologie, 1-95.

Fumagalli, L., A. Snoj, D. Jesenšek, F. Balloux, T. Jug, O. Duron, F. Brossier, A. J. Crivelli & P. Berrebi, 2002. Extreme genetic differentiation among the remnant populations of marble trout (*Salmo marmoratus*) in Slovenia. Molecular Ecology, 11: 2711-2716.

Fyhn, H. J., R. N. Finn, M. Reith & B. Norber, 1999. Yolk protein hydrolysis and oocyte free amino acids as key features in the adaptive evolution of teleost fishes to seawater. Sarisa, 84: 451-456.

Gandolfi, G., S. Zerunian, P. Torricelli & A. Marconato, 1991. I pesci delle acque interne italiane. Instituto Poligrafico e Zecca dello Stato, Roma, 616 pp.

Gandolfi, A., S. Fantini, F. Ciutti & M. S. Grando, 2006. Il carpione del Garda (*Salmo carpio*): variabilità genetica e relazioni filogenetiche rispetto al complesso *Salmo trutta*. Biologia Ambientale, 20: 7-12.

García de Jalón, D. & F. Hervella, 1988. Presencia del salmon del Atlantico (*Salmo salar*, L.) en el alto Tajo. Ecología, 2: 315-320.

García-Marín, J. L., P. E. Jorde, N. Ryman, F. Utter & C. Pla, 1991. Management implications of genetic differentiation beween native and hatchery populations of brown trout (*Salmo trutta*) in Spain. Aquaculture, 95: 235-249.

García-Marín, J. L. & C. Pla, 1996. Origins and relationships of native populations of *Salmo trutta* (brown trout) in Spain. Heredity, 77: 313-323.

García-Marín, J. L., FM. Utter & C. Pla, 1999. Postglacial colonization of brown trout in Europe based on distribution of allozyme variants. Heredity, 82: 46-56.

García-Marin, J. L., R. M. Araguas, M. Vera & N. Sanz, 2018. Understanding the brown trout population genetic structure in the Iberian Peninsula. In: Brown Trout: biology, ecology and management (J. Lobón-Cerviá & N. Sanz, Eds.), John Wiley & Sons Ltd., UK, 103-126.

Gargan, P. G., F. Økland, S. Shephard, C. Fitzgerald & M. O'Grady, 2021. The spawning location of vulnerable ferox trout (*Salmo trutta* L.) in the Lough Corrib and Lough Mask catchments, Western Ireland. Journal of Fish Biology, 98: 485-497.

Gee, J. H. R. & C. A. Duigan, 1993. The limnology of Lac d'Ifni (High Atlas Mountains, Morocco), an unusually producti-ve mountain lake. Freshwater Biology, 30: 447-462.

Geldiay, R., 1972. Trout (*Salmo trutta* L.) populations inhabiting the streams of Kazdagi range. Verhandlungen des Internationalen Verein Limnologie, 18: 1212-1221.

Geldiay, R. & S. Balık, 2002. Türkiye Tatlısu Balıkları (IV. baskı). Ege Üniversitesi Su Ürünleri Fakültesi, Izmir, 532 pp.

Georgiev, S., 2003. On the origin of the Balkan Peninsula salmonids. Ribarstvo 61 (4): 147-174.

Georgiev, S., 2011. Study of *Salmo* genus (Pisces, Salmonidae) of the Balkan Peninsula. Ribarstvo, 69: 11-20.

Gessner, C., 1558. Historia animalum. Liver IV. Qui est de piscium et aquatilium animantium natura. Chrostoph Froschauer, Tiguri (Zürich).

Getahun, A., 2007. An overview of the diversity and conservation status of the Ethiopian freshwater fauna. Journal of Afrotropical Zoology, Special Issue: 87-96.

Gibertoni, P. P., S. Esposito, M. Penserini, A. Foglia Parrucin, C. Leonzio, M. Radi & G. Querci, 2010. Ipotesi di distribuzione originaria delle popolazioni di salmonidi native per le acque italiane. – Hypothesis of the original distribution of native salmonid stocks in the Italian waters. Fishery's Science Journal, I/0: 18-37.

Gibertoni, P. P., M. Penserini, S. Esposito, A. Foglia, D. Dagani, P. Bazzoni, J. F. Rubin & L. Fumagalli, 2014. Presence of a migratory lacustrine life-history strategy in the marble trout (*Salmo marmoratus*): The case of the native trout population of Lake Maggiore spawning in the Toce River (Italy). – Osservazioni e studi preliminari su di una populatione di trota marmorata (*Salmo trutta marmoratus*) migatrice del Fiume Toce e del Lago Maggiore. Italian Journal of Freshwater Ichthyology, 1: 25-37.

Giuffra, E., L. Bernachetz & R. Guyomard, 1994. Mitochondrial control region and protein coding genes sequence variation among phenotypic forms of brown trout *Salmo trutta* from northern Italy. Molecular Ecology, 3: 1161-1171.

Giuffra, E., R. Guyomard & G. Forneris, 1996. Phylogenetic relationships and introgession patterns beween incipient parapatric species of Italian brown trout (*Salmo trutta* L. complex). Molecular Ecology, 5: 207-220.

Glamuzina, B. & V. Bartulović, 2006. Some characteristics of the endemic dentex trout, *Salmo dentex* (Heckel, 1851) from the Neretva River, Bosnia-Herzegovina. Ribarstvo, 64: 59-64.

Gmelin, J. F., 1789. Caroli a Linné systema naturae per regna tria naturae, tom. I, pars II, amphibia et pisces, Georg Emanuel Beer, Leipzig, 1033-1516.

Godinho, F. N. & P. Pinheiro, 2019. Occurrence of Atlantic salmon in the Duero River: recent evidence. Journal of Applied Ichthyology, 35(6): 1300-1302.

Goodman, J. M., N. R. Dunn, P. J. Ravenscroft, R. M. Allibone, J. A. T. Boubee, B. O. David, M. Griffiths, N. Ling, R. A. Hitchmough & J. R. Rolfe, 2013. Conservation status of New Zealand freshwater fish, 2013. New Zealand Department of Conservation, New Zealand Threat Classification Series 7, Wellington.

Grapci-Kotor, L., F. Zhushi-Etemi, H. Sahiti, A. Gashi, R. Škrijelj & H. Ibrahimi, 2010. The ichthyofauna of Drini i Bardhë River (Kosovo). Ribarstvo, 68(4): 149-158.

Gratton, P., G. Allegrucci, A. Gandolfi & V. Sbordoni, 2013. Genetic differentiation and hybridization in two naturally occurring sympatric trout *Salmo* spp. forms from a small karstic lake. Journal of Fish Biology, 82: 637-657.

Gratton, P., G. Allegrucci, V. Sbordoni & A. Gandolfi, 2014. The evolutionary jigsaw puzzle of the surviving trout (*Salmo trutta* L. complex) diversity in the Italian region. A multilocus Bayesian approach. Molecular Genetics and Evolution, 79: 292-304.

Greenwood, P. H., 1974. Review of the Cenozoic freshwater fish faunas of Africa. Annals of the Geological Survey of Egypt, 4: 211-232.

Greer, R., 1995. Ferox trout and Arctic charr. Swan Hill Press, Shrewsbury, England, 160 pp.

Grennfelt, P., A. Engleryd, M. Forsius, Ø. Hov, H. Rodhe & E. Cowling, 2020. Acid rain and air pollution: 50 years of progress in environmental science and policy. Ambio, 49: 849-864.

Gridelli, E., 1935. Le trote della Venezia Giulia. Note dell'Istituto Italo-Germanico di Biologia Marina di Rovigno d'Istria, 16: 1-10.

Gridelli, E., 1936. I pesci d'acqua dolce della Venezia Giulia. Del Bianco e Figlio, Udine, 143 pp. + 13 pl.

Griffiths, A. M., D. Bright & J. R. Stevens, 2009. Complete mitochondrial control region sequences indicate a distinct varierty of brown trout *Salmo trutta* in the Aral Sea. Journal of Fish Biology, 74: 1136-1142.

Griffiths, A. M., J. S. Ellis, D. Clifton-Dey, G. Machado-Schiaffino, D. Bright, E. Garcia-Vasquez & J. R. Stevens, 2011. Restoration versus recolonisation: the origin of Atlantic salmon (*Salmo salar* L.) currently in the River Thames. Biological Conservation, 144(11): 2733-2738.

Günther, A., 1866. Catalogue of the fishes in the British Museum. 6. British Museum, London, xx+368 pp.

Habit, E., P. Piedra, D. E. Ruzzante, S. J. Walde, M. C. Belk, V. E. Cussac, J. González & N. Colin, 2010. Changes in the distribution of native fishes in response to introduced species and other anthropogenic effects. Global Ecology and Biogeography, 19: 697-710.

Habit, E., J. González, J. Ortiz-Sandoval, A. Elgueta & C. Sobenes, 2015. Efectos de la invasión de salmónides en ríos y lagos de Chile. Ecosistemas, 24(1): 43-51.

Hadžišče, S., 1960. Zur Kenntnis der Gattung *Salmothymus* Berg zugleich ein Beitrag zur Systematik der Familie der Salmoniden (Pisces). Izdanija Zavoda za Ribarstvo NRM (Skopje), 3 (2): 39-50.

Hadžišče, S., 1961. Zur Kenntnis des *Salmothymus ohridanus* (Steindachner) (Pisces, Salmonidae). Verhandlungen des Internationalen Vereins für Limnologie, 14: 785-791.

Hamilton, K. E., A. Ferguson, J. B. Taggart, T. Tomasson, A. Walker & E. Fahy, 1989. Post-glacial colonization of brown trout, *Salmo trutta* L.: Ldh-5 as a phylogeographic marker locus. Journal of Fish Biology, 35: 651-664.

Hammi, S., V. Simonneaux, J. B. Cordier, M. Didier Genin, M. Alifriqui, N. Montés & L. Auclair, 2010. Can traditional forest management buffer forest depletion? Dynamics of Morrocan High Atlas Mountain forests using remote sensing and vegetation analysis. Forest Ecology and Management, Elsvier, 260: 1861-1872.

Hamr, P., 1995. Threatened fishes of the world: *Galaxias pedderensis* Frankenberg, 1968 (Galaxiidae). Environmental Biology of Fishes, 43: 406.

Hansen, L. P., M. Holm, J. C. Holst & J. A. Jacobsen, 2003. The ecology of Atlantic salmon post-smolts. In: Salmon on the Edge (D. Mills, ed.), Blackwell Science, Oxford, UK, 25-39.

Hansen, M. M., V. Loeschke, G. Rasmussen & V. Simonsen, 1993. Genetic differentiation among Danish brown trout (*Salmo trutta* L.) populations. Hereditas, 118: 177-185.

Hansen, M. M., 2002. Estimating the long-term effects of stocking domesticated trout into wild brown trout (*Salmo trutta*) populations: an approach using microsatellite DNA analysis of historical and contemporary samples. Molecular Ecology, 11(6): 1003-1015.

Hansen, M. M., D. J. Fraser, K. Meier & K.-L. D. Mensberg, 2009. Sixty years of anthropogenic pressure: a spatio-temporal genetic analysis of brown trout populations subject to stocking and population declines. Molecular Ecology, 18: 2549-2562.

Hao, F. H. & Y. F. Chen, 2009. The reproductive traits of brown trout (*Salmo trutta fario* L.) from the Yadong River, Tibet. Environmental Biology of Fishes, 86: 89-96.

Hartmann, G. L., 1827. Helvetische Ichthyologie, oder ausfürhliche Naturgeschichte der in der Schweiz sich vorfindenden Fische. Orell, Füssli und Compagnie, Zürich, xii+240 pp.

Hasegawa, K., 2020. Invasions of rainbow trout and brown trout in Japan: A comparison of invasiveness and impact on native species. Ecology of Freshwater Fish, 29: 419-428.

Hashemzadeh Segherloo, I., H. Farahmand, A. Abdoli, L. Bernatchez, C. R. Primmer, A. Swatdipong, M. Karami & B. Khalili, 2012. Phylogenetic status of brown trout *Salmo trutta* populations in five rivers from the southern Caspian Sea and two inland lake basins, Iran: a morphogenetic approach. Journal of Fish Biology, 81: 1479-1500.

Hashemzadeh Segherloo, I., J. Freyhof, P. Berrebi, A.-L. Ferchaud, M. Geiger, J. Laroche, B. A. Levin, E. Normandeau & L. Bernatchez, 2021. A genomic perspective on an old question: *Salmo* trouts or *Salmo trutta* (Teleostei: Salmonidae)? Molecular Phylogenetics and Evolution. https://doi.org/10.1016/j.ympev.2021.107204.

Hatipoğlu, T. & E. Akçay, 2010. Fertilizing ability of short-term preserved spermatozoa Abant trout (*Salmo trutta abanticus* T., 1954). Ankara Üniversitesi Veteriner Fakültesi Dergisi, 57: 33-38.

Haugen, T. O., P. Aass, N. C. Stenseth & L. A. Vøllestad, 2008. Changes in selection and evolutionary responses in migratory brown trout following the construction of a fish ladder. Evolutionary Applications, 1: 319-335.

Heckel, J. J., 1851. Ueber die in den Seen Oberösterreichs vorkommenden Fische. Sitzungsberichte der Mathmatisch-Naturwissenschaftlichen Classe der Kaiserlichen Akademie der Wissenschaften Wien, 6: 145-149.

Heckel, J. J., 1852. Beiträge zu den Gattungen *Salmo, Fario, Salar, Coregonus, Chondrostoma* und *Telestes*. Sitzungsberichte der Mathematisch-Naturwissenschaftlichen Classe der Kaiserlichen Akademie der Wissenschaften Wien, 8: 347-391, pls. 7-14.

Heckel, J. J. & R. Kner, 1858. Die Süsswasserfische der Österreichischen Monarchie mit Rücksicht auf die angränzenden Länder. W. Engelmann, Leipzig, 388 pp.

Hegewald, A. & W. Jokat, 2013. Relative sea level variations in the Chukchi region – Artic Ocean – since the late Eocene. Geophysical Research Letters, 40: 803-807, doi:10.1002/GRL.50182.

HELCOM (Helsinki Commission), 2011. Salmon and sea trout populations and rivers in the Baltic Sea. HELCOM assessment of salmon (*Salmo salar*) and sea trout (*Salmo trutta*) populations and habitats in rivers to the Baltic Sea. Baltic Sea Environment Proceedings, 126A, Helsinki, Finland, 82 pp.

Hermoso, V., F. Blanco-Garrido & J. Prenda, 2008. Spatial distribution of exotic fish species in the Guadiana river basin, with two new records. Limnetica, 27(1): 189-194.

Hewitt, G. M., 2004. Genetic consequences of climatic oscillations in the Quaternary. Philosophical Transactions of the Royal Society of London, 359: 183-195.

Hindar, K., B. Jonsson, N. Ryman & G. Ståhl, 1991. Genetic relationship among landlocked, resident, and anadromous brown trout, *Salmo trutta* L. Heredity, 66: 83-91.

Hindar, K., I. A. Fleming, P. McGinnity & O. Diserud, 2006. Genetic and ecological effects of salmon farming on wild salmon: modeling from experimental results. ICES Journal of Marine Science, 63: 1234-1247.

Hochleithner, M., 1989. Die Situation der Seeforelle (*Salmo trutta* f. *lacustris* L.) in österreichischen Seen. Österreichs Fischerei, 42: 15-21.

Hochleithner, M., 2021. Das Typusmaterial der Weichmaulforelle, *Salmo obtusirostris* (Heckel, 1852). Österreichs Fischerei, 74: 95-106.

Hochleithner, M. & J. Schöffmann, 2021. Das Mysterium der Maiforelle, *Salmo schiefermuelleri* Bloch, 1784. Österreichs Fischerei, 74: 135-147.

Holbrook, C. M., M. T. Kinnison & J. Zydlewski, 2011. Survival of migrating Atlantic salmon smolts through the Penobscot River, Maine: a prerestoration assessment. Transactions of the American Fisheries Society, 140: 1255-1268.

Holzer, G., G. Unfer & M. Hinterhofer, 2011. „Cocooning" – eine alternative Methode zur fischereilichen Bewirtschaftung. Österreichs Fischerei, 64: 16-27.

Honsig-Erlenburg, W., V. Steiner, T. Friedl & N. Schotzko, 1998. Die Seeforelle des Weißensees (Kärnten, Österreich) – Mögliche Ursachen ihres Aussterbens. Verhandlungen der Gesellschaft für Ichthyologie, 1: 75-85.

Honsig-Erlenburg, W., 2016. Fische – Neunaugen, Flusskrebse, Großmuscheln. Natur Kärnten, Band 1, dritte überarbeitete Auflage. Naturwissenschaftlicher Verein für Kärnten, Klagenfurt, 280 pp.

Honsig-Erlenburg, W., 2020. Die Bachforelle (*Salmo trutta*) Fisch des Jahres 2020. Die Situation im Bundesland Kärnten. Österreichs Fischerei, 73: 147-151.

Hora, L. S., 1935. On a collection of fishes from Afghanistan. Journal of the Bombay Natural History Society, 37: 784-802.

Hórreo, J. L., F. Ayllón, J. Perez, E. Beall & E. García-Vazquez, 2011. Interspecific hybridization, a matter of pioneering? Insights from Atlantic salmon and brown trout. Journal of Heredity, 102: 237-242.

Horváth, Á., G. Hoitsy, B. Kovács, D. Kánainé, S. Á. Ösz, K. Bogataj & B. Urbányi, 2014. The effect of domestication on a brown trout (*Salmo trutta* m *fario*) broodstock in Hungary. Aquaculture International, 22: 5-11.

Hovhannissian, R. H., 1994. Lake Sevan, yesterday, today. Armenian National Academy of Sciences, Erevan, 478 pp. (Russian, with extended English and Armenian summeries).

Hutchings, J. A. & R. A. Myers, 1994. The evolution of alternative mating strategies in variable environment. Evolutionary Ecology, 8: 256-268.

Hutchings, J. A., W. R. Ardren, B. T. Barlaup, E. Bergman, K. D. Clarke, L. A. Greenberg, C. Lake, J. Piironen, P. Sirois, L. E. Sundt-Hansen & D. J. Fraser, 2019. Life-history variability and conservation status of landlocked Atlantic salmon: an overview. Canadian Journal of Fisheries and Aquatic Sciences, 76(10): 1697-1708.

Huusko, A., O. Van Der Meer & M. L. Koljonen, 1990. Life history patterns and genetic differences in brown trout (*Salmo trutta* L.) in the Koutajoki river system. Polskie Archiwum Hydrobiologii, 37: 63-77.

Hynes, R. A., A. Ferguson & M. A. McCann, 1996. Variation in mtDNA and post-glacial colonization of northwestern Europe by brown trout. Journal of Fish Biology, 45: 54-67.

Imbert, H., P. Martin, J. Rancon, V. Graffin & S. Dufour, 2013. Evidence of late migrant smolts of Atlantic salmon (*Salmo salar*) in the Loire-Allier system, France. Cybium, 37: 5-14.

Interesova, E. A., 2016. Alien fish species in the Ob River basin. Russian Journal of Biological Invasions, 1: 83-100. (in Russisch)

Ivanović, B. M., 1973. Ichthyofauna of Skadar Lake. Institution for Biological and Medical Research in Montenegro Biological Station, Titograd, 146 pp.

Izzo, L. K., G. A. Maynard & J. Zydlewski, 2016. Upstream movements of Atlantic salmon in the lower Penobscot River, Maine, following two dam removals and fish passage modification. Marine and Coastal Fisheries: Dynamics, Management, and Ecological Science, 8: 448-461.

Jackson, J. E., T. A. Raadik, M. Lintermans & M. Hammer, 2004. Alien salmonids in Australia: impediments to effective impact management, and future directions. New Zealand Journal of Marine and Freshwater Research. 38: 447-455.

Jadan, M., R. Čož-Rakovac, N. Topić Popović & I. Strunjak-Perović, 2007. Presence of unexpected phylogenetic lineages of brown trout *Salmo trutta* L. in Gacka River, Croatia. Aquaculture Research, 38: 1682-1685.

Jadan, M., I. Strunjak-Perović, N. Topić Popović & R. Čož-Rakovac, 2015. Tree major phylogenetic lineages of brown trout (*Salmo trutta* Linnaeus, 1758) in the Krka River system (Croatia) revealed by complete mitochondrial DNA control region sequencing. Journal of Applied Ichthyology, 31: 192-196.

Jalali, M. A. & B. M. Amiri, 2009. Threatened fishes of the world: *Salmo trutta caspius* (Kessler, 1877) (Salmoniforms: Salmonidae). Environmental Biology of Fishes, 86: 375-376.

Jamshidi, S. & Kalbassi, M. R., 2011. Conspecific relation between two seasonal migratory forms of endangered Caspian trout, *Salmo trutta caspius* Kessler, 1877, revealed by RAPD markers. Iranian Journal of Fisheries Science, 10(3): 437-446.

Janković, D., 1964. Trout from Lake Plavsko. Arhiv Bioloških Nauka, 14(2): 25-35. (in Serbokroatisch, englische Zusammenfassung)

Jansson, H. & T. Öst, 1997. Hybridization between Atlantic salmon (*Salmo salar*) and brown trout (*S. trutta*) in a restored section of the River Dälalven, Sweden. Canadian Journal of Fisheries and Aquatic Sciences, 54(9): 2033-2039.

Jarvis, M. J., G. Closs, M. Dedual, L. Dorsey, W. Fulton, R. Gabrielsson, M. Lintermans & M. Trotter, 2019. The introduced trout and char of Australia and New Zealand. In: Trout and char of the world (J. L. Kershner, J. E. Williams, R. E. Gresswell & J. Lobón-Cerviá, Eds.), American Fischery Society, Bethesda, Maryland, USA, 573-604.

Jindasa, J., A. B. Kothlawala & H. M. B. Herath, 2005. Status of rainbow trout (*Oncorhynchus mykiss* Walbaum, 1792) population after the cessation of stocking in waterways of Horton Plains, Sri Lanka. Vidyodaya Journal of Science, 12: 9-27.

Johnsson, J. I., S. Brockmark & J. Näslund, 2014. Environmental effects on behavioural development consequences for fitness of captive-reared fishes in the wild. Journal of Fish Biology, 85: 1946-1971.

Joleaud, L., 1938. Études de géographie zoologique sur la Berbérie: les truites. Hespéris, Archives Berbéres et Bulletin del'institut des hautes-études marocaines, 25(2/3): 247-249.

Jones, P. & G. Closs, 2018. The introduction of brown trout to New Zealand and their impact on native fish communities. In: Brown Trout: biology, ecology and management (J. Lobón-Cerviá & N. Sanz, Eds.), John Wiley & Sons Ltd, UK, 569-597.

Jonsson, B. & N. Jonsson, 2006. Life history of the anadromous trout *Salmo trutta*. In: Sea Trout, Biology, Conservation and Management (G. S. Harris & N. J. Milner, Eds.). Proceedings of the 1st International Sea Trout Symposium, July 2004, Cardiff, Wales, UK. Blackwell Publishing, Oxford, 196-223.

Jordan, W. C., A. Fleming & D. Garant, 2007. Mating system and social structure. In: The Atlantic Salmon – Genetics, Conservation and Mangement (E. Verspoor, L. Stradmeyer & J. L. Nielsen, Eds.). Blackwell Publishing Ltd., Oxford, UK, 167-194.

Jug, T., P. Berrebi & A. Snoj, 2005. Distribution of non-native trout in Slovenia and their introgression with native trout populations as observed through microsatellite DNA analysis. Biological Conservation, 123: 381-388.

Kaiskog, F., 2019. Rörelsemönster hos öring (*Salmo trutta*) – Movement patterns of brown trout (*Salmo trutta*): acomparison of wild and hatchery fish in Lake Siljan. https://www.diva-portal.org/smash/get/diva2:1302816/FULLTEXT01.pdf

Kallio-Nyberg, I., E. Jutila, M.-L. Koljonen, J. Koskiniemi & I. Saloniemi, 2010. Can the lost migratory *Salmo trutta* stocks be compensated with resident trout stocks in coastal rivers? Fisheries Research, 102: 69-79.

Kallio-Nyberg, I., A. Romakkaniemi, E. Jokikokko & I. Saloniemi, 2015. Differences between wild and reared *Salmo salar* stocks of two northern Baltic Sea rivers. Fisheries Research, 165: 85-95.

Kanjuh, T., A. Marić, M. Piria, I. Špelić, I. Maguire & P. Simonović, 2020. Diversity of brown trout, *Salmo trutta* (Actinopterygii: Salmoniformes: Salmonidae), in the Danube River basin of Croatia revealed by mitochondrial DNA. Acta Ichthyologica et Piscatoria, 50(3): 291-300.

Karaman, M. S., 1966. Beitrag zur Kenntnis der Salmoniden Südeuropas. Hydrobiologia, 28: 1-41.

Karaman, S., 1924. Pisces macedoniae. Hrvatska Stamparija, Split, 90 pp. (in Deutsch).

Karaman, S., 1932. Novi prilozi poznavanju naših Salmonida. Ribarski List, Sarajevo, 7 (9-10), 1-3.

Karaman, S., 1933. Prilozi Ihtiologiji Crne Gore. Ribarski List, Sarajevo, 8 (9-10): 104-106.

Karaman, S., 1927. Salmonidi Balkana [Les Salmonidés des Balkans]. Glasnik Skopskog Naučnog Društva [Bulletin de la Société Scientifique de Skoplje], 2 (1926 [1927]): 253-268 (in Serbokroatisch, französiche Zusammenfassung).

Karaman, S., 1938. 11. Beitrag zur Kenntnis der Süsswasserfische Jugoslaviens. Glasnik Skopskog Naučnog Društva [Bulletin de la Société Scientifique de Skoplje], 18 (Odel. Prirod. Nauk [Sect. Sci. Nat.] 6) (1937 [1938]): 131-139.

Karaman, S., 1957. Pastrmke reke Radike (The Radika River trouts). Folia Balkanica, 1: 57-70. (in Serbokroatisch, englische Zusammenfassung)

Karssing, R. J., N. A. Rivers-Moore & K. Slater, 2012. Influence of waterfalls on patterns of association between trout and Natal cascade frog *Hadromophryne natalensis* tadpoles in two headwater streams in the Ukhahlamba Drakensberg Park World Heritage Site, South Africa. African Journal of Aquatic Science, 37: 107-112.

Kawraisky, F. F., 1896/1897. Lososevyiya Kavkaza. Die Lachse des Kaukasus. Kavkazskii Muzei, Tiflis. 2 Teile: 91 pp. + 79 pp., 14 pls. (in Russisch und Deutsch).

Keith, P. & J. Allardi. 1996. Endangered freshwater fish: The situation in France. In: Conservation of Endangered Freshwater Fish in Europe (A. Kirchhofer & D. Hefti, Eds.). Birkhäuser Verlag, Basel, CH, 35-54.

Kerans, H. J., 1962. Fish acclimatization in Morocco. Salmon and Trout Magazine, 166: 193-197.

Kessler, K., 1872. [Ichthyological fauna of Turkestan]. Izvestiya Imperatorskago Obshchestva Lyubitelei Estestvoznaniya Antropologii I Etnografi, 10: 47-76, pls. 6-12. (in Russisch)

Kessler, K., 1874. Fishes (Pisces). In: A. P. Fedchenko's travel to Turkestan. Zoogeographical Researches. Izvestiya Imperatorskago Obshchestva Lyubitelei Estestvoznaniya, Antropologii i Etnografii, Moskva, 11(3): 1-63, pls. I-VIII. (in Russisch, einige Beschreibungen in Latein).

Kessler, K., 1877. [Fishes of the Aralo-Caspian-Pontic ichthyological region]. Trudy Aralo-Kaspijskoj Ekspeditsii, 4: 360 pp., pls. I-VIII. (in Russisch).

Khaitov, A. H., A. Gafurov, R. van Anrooy, M. R. Hansen, P. B. Bueno & S. V. Yerli, 2013. Fisheries and aquaculture in Tajikistan: review and policy framework. FAO Fisheries and Aquaculture Circular No. 1030/3, 90 pp.

Khan, M. Z., 2015. Trout decline hits Himalayan communities. Published on The Third Pole under a Creative Commons licence, https://www.thethirdpole.net > nature.

Kheyrandish, A., A. Abdoli, H. Mostafavi, H. Niksirat, M. Naderi & S. Vatandoost. 2010. Age and growth of brown trout (*Salmo trutta*) in six rivers of the southern part of Caspian basin. American Journal of Animal and Veterinary Sciences, 5(1): 8-12.

Kiabi, B. H., A. Abdoli & M. Naderi, 1999. Status of the fish fauna in south Caspian basin of Iran. Zoology in the Middle East, 18: 57-65.

King, T. L., E. Verspoor, A. P. Spidle, R. Gross, R. B. Phillips, M. L. Koljonen, J. A. Sanchez & C. L. Morrison, 2007. Biodiversity and Population Structure. In: The Atlantic Salmon – Genetics, Conservation and Management (E. Verspoor, L. Stradmeyer & J. L. Nielsen, Eds.). Blackwell Publishing Ltd., Oxford, UK, 117-166.

Kitano, S., 2004. Ecological impacts of rainbow, brown and brook trout in Japanese inland waters. Global Environmental Research, 8(1): 41-50.

Klemetsen, A., P.-A. Amundsen, J. B. Dempson, B. Jonsson, N. Jonsson, M. F. O'Connell & E. Mortensen, 2003. Atlantic salmon *Salmo salar* L., brown trout *salmo trutta* L., and Artic char *Salvelinus alpinus* (L.): a review of aspects of their life histories. Ecology of Freshwater Fish, 12: 1-59.

Knox, R., 1854. Fish and fishing in the lone glens of Scotland, with a history of the propagation, growth and metamorphoses of the salmon. G. Routledge & Co., London, 144 pp.

Knutsen, H., J. A. Knutsen & P. E. Jorde, 2001. Genetic evidence for mixed origin of recolonized sea trout populations. Heredity, 87: 207-214.

Koene, J. P., K. R. Elmer & C. E. Adams, 2020. Intraspecific variation und structuring of phenotype in a lake-dwelling species are driven by lake size and elevation. Biological Journal of the Linnean Society, 131: 585-599.

Kohlmann, K. & O. Wüstemann, 2012. Tracing the genetic origin of brown trout (*Salmo trutta*) re-colonizing the Ecker reservoir in the Harz National Park, Germany. Environmental Biotechnology, 8 (2): 39-44.

Kohout, J., I. Jašková, I. Papoušek, A. Šedivá & V. Šlechta, 2012. Effects of stocking on the genetic structure of brown trout, *Salmo trutta*, in Central Europe inferred from mitochondrial and nuclear DNA markers. Fisheries Management and Ecology, 19: 252-263.

Kohout, J., A. Šedivá, A. Apostolou, T. Stefanov, S. Marić, M. Gaffaroğlu & V. Šlechta, 2013. Genetic diversity and phylogenetic origin of brown trout *Salmo trutta* populations in eastern Balkans. Biologia, 68/6: 1229-1237.

Koli, L., 1990. Suomen kalat. [Die Fische Finnlands]. Werner Söderström Osakeyhtiö, Helsinki, 357 pp. (in Finnisch)

Kolombatović, J., 1890. Notizie ittiologiche. I. Seconda trota marina pescata nel mare di Vranjic *Trutta adriatica* n. sp. II. Cattura di *Lophotes cepedianus* (Giorna), nelle acque di Trappano (Dalmaziae). III. Sui *Mullus* dell'Adriatico. Glasnika Hrvatskoga Naravoslovnogna Družtva, 5: 165-174.

Kosorić, D. & T. Vuković, 1969. A research of possibilities of hybridization of salmonids species of the Neretva river confluence. Ichthyologia, 1: 57-67.

Kosswig, C., 1964. Bemerkungen zur Geschichte und zur Ökologie der Ichthyofauna Kleinasiens, besonders seines abflußlosen Zentralbeckens. Zoologischer Anzeiger, 172(1): 1-15.

Kottelat, M., 1997. European freshwater fishes. Biologia, 52(5): 1-271.

Kottelat, M. & J. Freyhof, 2007. Handbook of European freshwater fishes. Kottelat, Cornol, Switzerland and Freyhof, Berlin, Germany, 646 pp.

Koutsikos, N., S. Zogaris, L. Vardakas, V. Tachos, E. Kalogianni, R. Šanda, Y. Chatzinikolaou, S. Giakoumi, P. S. Economidis & A. N. Economou, 2012. Recent contributions to the distribution of the freshwater ichthyofauna in Greece. Mediterranean Marine Science, 13(2): 268-277.

Kovalchuk, O. M., 2015. The first appearance of *Hucho* (Salmonidae) in the fossil record of eastern Europe. Vestnik zoologii, 49(5): 413-420.

Kuderskii, L. A., 1974. The origin of salmon and trout (*Salmo trutta* L.) in the basins of the Aral, Caspian and Black Seas. Izvestiya Gosudarstvennogo Nauchno-Issledovatel'skogo Instituta Ozernogo i Rechnogo Rybnogo Khozyaistva, 97: 187-216. (English translation: Fisheries and Marine Service, Canada, 1976)

Kumerloeve, H., 1975. Die Säugetiere (Mammalia) der Türkei. Veröffentichung der Zoologischen Staatssammlung München, 18: 69-158.

L'Abée-Lund, J. H., B. Jonsson, A. J. Jensen, L. M. Sættem, T. G. Heggberget, B. O. Johnsen & T. F. Næse, 1989. Latitudinal variation in life-history characteristics of sea-run migrant brown trout *Salmo trutta*. Journal of Animal Ecology, 58(2): 525-542.

Labonne, J., M. Vignon, E. Prévost, F. Lecompte, J. J. Dodson, R. Kaeuffer, J.-C. Aymes, M. Jarry, P. Gaudin, P. Davaine & E. Beall, 2013. Invasion dynamics of a fish-free landscape by brown trout (*Salmo trutta*). PLoS ONE 8(8): e71052. doi:10.1371/journal.pone.0071052.

Ladiges, W., 1964. Süßwasserfische der Türkei. Mitteilungen aus dem Hamburgischen Zoologischen Museum und Institut, 61: 203-220.

Ladiges, W. & D. Vogt, 1979. Die Süßwasserfische Europas bis zum Ural und Kaspischen Meer (2. Aufl.). Paul Parey, Hamburg und Berlin, 299 pp.

Lamb, H. F., C. A. Duigan, J. H. R. Gee, K. Kelts, G. Lister, R. W. Maxted, A. Merzouk, F. Niessen, M. Tahri, R. J. Whittington & E. Zeroual, 1994. Lacustrine sedimentation in a high-altitude, semi-arid environment: The Palaeolimnological record of Lake Isli, High Atlas, Morocco. In: Environmental Change in Drylands: Biogeographical and Geomorphological Perspectives (A. C. Millington & K. Pye, Eds), 8: 148-161.

Landergren, P., 2001. Survival and growth of sea trout parr in fresh and brackish water. Journal of Fish Biology, 58: 591-593.

Largiadèr, C. R., A. Scholl & R. Guyomard, 1996. The role of natural and artificial propagation on the genetic diversity of brown trout (*Salmo trutta* L.) of the upper Rhône drainage. In: Conservation of Endangered Freshwater Fish in Europe (A. Kirchhofer & D. Hefti, Eds.). Birkhäuser Verlag, Basel, CH, 181-197.

Larios-López, J. E., J. M. Tierno de Figueroa, M. Galiana-García, J. Gortázar & C. Alonso, 2015. Extended spawning in brown trout (*Salmo trutta*) populations from the southern Iberian Peninsula: the role of climate variability. Journal of Limnology, 74(2): 394-402.

Laţiu, C., D. Cocan, P. Uiuiu, A. Ihuţ, S.-A. Nicula, R. Constantinescu & V. Mireşan, 2020. The Black Sea trout, *Salmo labrax* Pallas, 1814 (Pisces: Salmonidae) in Romanian waters. Bulletin UASVM Animal Science and Biotechnologies, 77(2): 9-19.

Lecaudey, L. A., U. K. Schliewen, A. G. Osinov, E. B. Taylor, L. Bernatchez & S. Weiss, 2018. Inferring phylogenetic structure, hybridization and divergence times within Salmoninae (Teleostei: Salmonidae) using RAD-sequencing. Molecular Phylogenetics and Evolution, 124: 82-99.

Lee, F. & G. L. W. Perry, 2019. Assessing the role of off-take and source-sink dynamics in the extinction of the amphidromous New Zealand grayling (*Prototroctes oxyrhynchus*). Freshwater Biology, 10: 1747-1754.

Leinonen, T., J. Piironen, M.-L. Koljonen & J. Koskiniemi, 2020. Restored river habitat provides a natural spawning area for a critically endangered landlocked Atlantic salmon population. PLoS ONE 15(5): e0232723.

Lelek, A., 1988. Vorkommen, Taxonomie und Maßnahmen zur Erhaltung der Forelle *Salmo trutta labrax* Pallas 1811 in der NO-Türkei. - The occurrence, taxonomy and future of trouts in north-east Turkey. Courier Forschungsinstitut Senckenberg, 101: 1-44.

Le Quesne, T., 2016. Alaboqah: trout at the top of the world. Salmo Trutta, annual magazine of the Wild Trout Trust, UK, 19: 32-36.

Lerceteau-Köhler, E., U. Schliewen, T. Kopun & S. Weiss, 2013. Genetic varaiation in brown trout *Salmo trutta* across the Danube, Rhine, and Elbe headwaters: a failure of the phylogeographic paradigm? BMC Evolutionary Biology, 13: 176, doi: 10.1186/1471-2148-13-176.

Levin, B., E. Simonov, B. K. Gabrielyan, R. L. Maydan, S. M. Rastorguev, H. R. Roubenyan, F. S. Sharko & A. V. Nedoluzhko, 2021. Caucasian treasure: genomics sheds light on the evolution of half-extinct Sevan trout, *Salmo ischchan*, species flock. Molecular Phylogenetics and Evolution, doi:https://doi.org/10.1016/j.ympev.2021.107346.

Levinge, R., 1980. A general review of the state of the salmon fisheries of the North Atlantic. In: Atlantic salmon: its future (A. E. J. Went, ed.), Fishing New Books Ldt., 6-17.

Lewis, D. S. C., 2011. Mr Trout's travels. Trout and Salmon, October 2011, 14-16.

Linnaeus, C., 1758. Systema naturae per regna tria naturae, secundum classes, ordines, genera, species, cum characteribus, differentiis, synonymis, locis. Tomus I. Editio decima, reformata. Salvius, Holmiae, 1: 824 pp.

Lucentini, L., A. Palomba, L. Gigliarelli, H. Lancioni, P. Viali & F. Panara, 2006. Genetic characterization of a putative indigenous brown trout (*Salmo trutta fario*) population in a secondary stream of the Nera River Basin (Central Italy) assessed by means of three molecular markers. Italian Journal of Zoology, 73 (3): 263-273.

Lumme, J., T. Asplund, J. Kuusela, A. Veselov, I. Bakhmet, A. Potutkin & C. Primmer, 2005. Endemic Karelian strains of brown trout, *Salmo trutta* L.: a preliminary analysis by mitochondrial DNA. Salmonid fishes of Eastern Fennoskandinavia. Petrozavodsk: Institute of Biology, Karelian Research Centre of RAS, 71-80.

Lumme, J., M. Y. Ozerov, A. E. Veselov & C. R. Primmer, 2016. The formation of landlocked populations of Atlantic salmon. In: Evolutionary biology of the Atlantic salmon (T. Vladić & E. Petersson, Eds.), CRC Press, New York, 26-43.

Lunel, G., 1874. Histoire naturelle des poisons du basin du Léman. Georg, Genève, 212 pp., 20 pls.

Lunkka, J. P., N. Putkinen & A. Miettinen, 2012. Shoreline displacement in the Belomorsk area, NW Russia during the Younger Dryas stadial. Quaternary Science Reviews, 37: 26-37.

Luzhin, B. P., 1956. [The Lake Issyk-Kul gegarkuni]. Izvestiya Akademii Nauk Kirgizskoe SSR, Frunze (in Russian).

Luzhin, B. P., 1963. [On adaption of Amu Darya trout to the Syr Darya basin]. Izvestiya Akademii Nauk Kirgizskoe SSR Seriya Biologii Nauki, 5(2): 43-45 (in Russisch).

MacCrimmon, H. R. & T. L. Marshall, 1968. World distribution of brown trout, *Salmo trutta*. Journal of Fisheries Research Board of Canada, 25(12): 2527-2548.

MacCrimmon, H. R., T. L. Marshall & B. L. Gots, 1970. World distribution of brown trout, *Salmo trutta*: further observations. Journal of Fisheries Research Board of Canada, 27(4): 811-818.

MacCrimmon, H. R. & B. L. Gots 1979. World distribution of Atlantic salmon, *Salmo salar*. Journal of the Fisheries Research Board of Canada, 36(4): 422-457.

Machordom, A., J. Suárez, A. Almodóvar & J. M. Bautista, 2000. Mitochondrial haplotype variation and phylogeography of Iberian brown trout populations. Molecular Ecology, 9: 1325-1338.

Madoz, P., 1847. Diccionario geográfico-estadístico-histórico de España y sus posesiones Ultramar, Tomo IX (volume 9), Madrid, 672 pp.

Mangel, M. & A. V. Abrahams, 2001. Age and longevity in fish, with consideration of the ferox trout. Experimantal Gerontology, 36: 765-790.

Mann, R. H. K., J. H. Blackburn & W. R. C. Beaumont, 1989. The ecology of brown trout *Salmo trutta* in English chalk streams. Freshwater Biology, 21(1): 57-70.

Mant, R. C., D. I. Jones, B. Reynolds, S. J. Ormerod & A. S. Pullin, 2013. A systematic review of the effectiveness of liming to mitigate impacts of river acification on fish and macro-invertebrates. Environmental Pollution, 179: 285-293.

Makhrov, A. A., 2008. Hybridization of the Atlantic salmon (*Salmo salar* L.) and brown trout (*S. trutta* L.). Zoosystematica Rossica, 17: 129-143.

Makhrov, A. A., V. S. Artamanova, I. G. Murza, A. N. Pashkov, M. V. Ponomareva, S. I. Reshetnikov & O. L. Christoforo, 2018. Ecological forms of Black Sea brown trout (*Salmo trutta labrax*) in the Mzymta River as manifestation of ontogenetic plasticity. Russian Journal of Developmental Biology, 49(2): 117-127.

Makhrov, A. A. & I. N. Bolotov, 2019. Ecological causes of high morphological plasticy of members of a taxon inhabiting the center of its origin (exemplified by the noble salmons, genus *Salmo*). Biology Bulletin, 46: 38-46.

Malmquist, H. J., F. Ingimarsson, E. E. Jóhannsdóttir, D. Gíslason & S. S. Snorrason. 2002. Biology of brown trout (*Salmo trutta*) and arctic charr (*Salvelinus alpinus*) in four Faroese lakes. Annales Societatis Scientarium Færoensis Suppl., 36: 94-113.

Marchane, A., Y. Tramlay, L. Hanich, D. Ruelland & L. Jarlan, 2017. Climate change impacts on surface water resources in the Rheraya catchment (High Atlas, Morocco). Hydrological Sciences Journal, 62(6): 979-995.

Marić, D., 1995. Endemic fish species of Montenegro. Biological Conservation, 72: 187-194.

Marić, D. & J. Rakočević, 2015. Some life-history traits of the Adriatic brown trout, *Salmo farioides* Karaman, 1938 (Salmonidae), from the Morača River (Montenegro). Acta Zoologica Bulgarica, 67(2): 249-257.

Marić, S., 2005. Dissertation thesis: Evolutionary history of brown trout (*Salmo trutta* L. 1758) complex on the territory of Serbia and its fishery importance, 132 pp. (in Serbokroatisch, englische Zusammenfassung)

Marić, S., S. Sušnik, P. Simonivić & A. Snoj, 2006. Phylogeographic study of brown trout from Serbia, based on mitochondrial DNA control region analysis. Genetics Selection Evolution, 38: 411-430.

Marić, S., O. Askeyev, A. Askeyev, S. Monakhov, N. Yanibaev, I. Askeyev, D. Gaimova & A. Snoj, 2016. Lack of mtDNA variation among remote middle Volga and upper Ural brown trout suggests recent and rapid recolonization. Journal of Applied Ichthyology, doi: 10.1111/jai.13126.

Marić, S., S. Sušnik Bajec, J. Schöffmann, V. Kostov & A. Snoj, 2017. Phylogeography of stream-dwelling trout in the Republic of Macedonia and a molecular genetic basis of revision of the taxonomy proposed by S. Karaman. Hydrobiologia, 785: 249-260.

Marić, S., D. Stanković, S. Sušnik Bajec, J. Vukić, R. Šanda, T. Stefanov, D. Nikolić & A. Snoj, 2021. Perils of brown trout (*Salmo* spp.) mitigation-driven translocations: a case study from the Vlasina Plateau, Southeast Serbia. Biological Invasions, https://doi.org/10.1007/s10530-021-02688-0.

Markevich, G. & E. Esin, 2019. Trouts and chars of Russia. In: Trout and char of the world (J. L. Kershner, J. E. Williams, R. E. Gresswell & J. Lobón-Cerviá, Eds.), American Fishery Society, Bethesda, Maryland, 517-571.

Marković, T., 1962. Ribolovne vode Srbije – Vodić. Turistička štampa.

Marsili, A. F., 1726. Danubius Pannonico-Mysicus, observationibus geographicis, astronomicis, hydrographicis, historicis, physicis perlustratus et in sex tomus digestus. Tomus quartus. De piscibus in acquis Danubii viventibus. P. Gosse, R. C. Alberts, P. de Hondt, Hagae Comitum (Den Haag). H. Uttwerf & F. Changuion, Amstelodami, ii+92+2 pp., 33 pls.

Massa-Gallucci, A., H. Coscia, M. O'Grady, M. Kelly-Quinn & S. Mariani, 2010. Patterns of genetic structuring in a brown trout (*Salmo trutta* L.) metapopulation. Conservation Genetics, 11: 1689-1699.

Mateš, A., 2005. Der verzauberte Angler. J & B und Antun Mateš, Zagreb, 192 pp.

McClelland, J., 1842. On the fresh-water fishes collected by William Griffith, Esq., F. L. S. Madras Medical Service, during his travels under the orders of the Supreme Government of India, from 1835 to 1842. Calcutta Journal of Natural History and Miscellany of the Arts and Sciences in India, 2(8): 560-589.

McCormick, S. D., A. Haro, D. T. Lerner, M. F. O'Dea & A. M. Regish, 2014. Migratory patterns of hatchery and stream-reared Atlantic salmon *Salmo salar* smolts in the Connecticut River, U.S.A. Journal of Fish Biology, 85(4): 1005-1022.

McDowall, R. M., 1971. The galaxiid fishes of South America. Zoological Journal of the Linnean Society, London, 50: 33-73.

McDowall, R. M., 1990. New Zealand freshwater fishes: a natural history and guide. Heinemann Reed, Wellington, New Zealand, 553 pp.

McDowall, R. M., 2010. New Zealand freshwater fishes: an historical and ecological Biogeography. Springer, London, UK, 449 pp.

McIntosh, A. R., P. A. McHugh, N. R. Dunn, J. M. Goodman, S. W. Howard, P. G. Jellyman, L. K. O'Brien, P. Nyström & D. J. Woodford, 2010. The impact of trout on galaxid fishes in New Zealand. New Zealand Journal of Ecology, 34(1): 195-206.

McKeown, N. J., R. A. Hynes, R. A. Duguid, A. Ferguson & P. A. Prodöhl, 2010. Phylogeographic structure of brown trout *Salmo trutta* in Britain and Ireland: glacial refugia, postglacial colonization and origins of sympatric populations. Journal of Fish Biology, 76: 319-347.

Melotto, S. & E. Oppi, 1987. Stato attuale delle conoscenze sul Carpione, endemismo benacense. – Status of the present knowledge of "Carpione", a Garda endemism. Atti del 2° Convegno Nazionale, A.I.I.A.D., Biologia e gestione dell'ittiofauna autoctona, Torino, 239-249.

Melotto, S., 1988. Biologia del Carpione, *Salmo carpio* L., nel Lago di Garda. Tesi di laurea in Scienze biologiche, Facoltà di Scienze matematiche, fisiche e naturali, Università di Parma, 103 pp.

Melotto, S. & G. Alessio, 1990. Biology of carpione, *Salmo carpio* L., an endemic species of Lake Garda (Italy). Journal of Fish Biology, 37: 687-698.

Meraner, A. & A. Gandolfi, 2018. Genetics of the genus *Salmo* in Italy: evolutionary history, population structure, molecular ecology and conservation. In: Brown Trout: biology, ecology and mangement (J. Lobón-Cerviá & N. Sanz, Eds.), John Wiley & Sons Ltd., UK, 65-102.

Merrick, J. R. & G. E. Schmida, 1984. Australian freshwater fishes: biology and management. Griffin Press Ltd., South Australia, 409 pp.

Mikkola, H., 2012. Implication of alien species introduction to loss of fish biodiversity and livelihoods on Issyk-Kul Lake in Kyrgyzstan. http://dx.doi.org/10.5772/47183.

Minett, J. F., D. M. Fowler, J. A. H. Jones, P. Brickle, G. T. Crossin, S. Consuegra & C. Garcia de Leaniz, 2021. Conservation of endangered galaxid fishes in the Falkland Islands requires urgent action on invasive brown trout. BioRxiv Preprint, http://doi.org/10.1101/2021.06.15.448501.

Miró, A. & M. Ventura, 2013. Historical use, fishing management and lake characteristics explain the presence of non-native trout in Pyrenean lakes: implications for conservation. Biological Conservation, 167: 17-24.

Miró, A. & M. Ventura, 2020. Introduced fish in Pyrenean high mountain lakes: impact on amphibians and other organisms, and conservation implications. Limnetica, 39: 283-297.

Monnerjahn, U., 2011. Atlantic salmon (*Salmo salar* L.) re-introduction in Germany: a status report on national programmes and activities. Journal of Applied Ichthyology, 27(3): 33-40.

Morán, P., A. M. Pendás, E. García-Vázquez, J. I. Izquierdo & J. Lobón-Cervía, 1995. Estimates of gene flow among neighbouring populations of brown trout. Journal of Fish Biology, 46: 593-602.

Moreau, E., 1881. Histoire naturelle des poisons de la France. 3 vol. (1: 480 pp., 2: 572 pp., 3: 697 pp.), G. Masson, Paris.

Morin, R., 1991. Atlantic salmon (*Salmo salar*) in the lower Nastapoka River, Quebec: distribution and origins of salmon in eastern Hudson Bay. Canadian Journal of Zoology, 69(6).

Morita, K., 2019. Trout and char of Japan. In: Trout and char of the world (J. L. Kershner, J. E. Williams, R. E. Gresswell & J. Lobón-Cerviá, Eds.), American Fishery Society, Bethesda, Maryland, USA, 487-515.

Mostafavi, H., F. Pletterbauer, B. W. Coad, A. S. Mahini, R. Schinegger, G. Unfer, C. Trautwein & S. Schmutz, 2014. Predicting presence and absence of trout (*Salmo trutta*) in Iran. Limnologica, 46: 1-8.

Mouslih, M., 1987. Introductions de poissons et d'écrevisses au Maroc. Revue d'Hydrobiologie Tropicale, 20: 65-72.

Mrakovčić, M. & S. Mišetić, 1990. Status, distribution and conservation of the salmonid, *Salmothymus obtusirostris* (Heckel) and the cyprinid, *Aulopyge hugeli* (Heckel) in Yugoslavia. Journal of Fish Biology, 37: 241-242.

Mrakovcic, M., M. Kerovec, S. Misetic & D. Schneider, 1996. Description of *Knipowitschia punctatissima croatica*, (Pisces: Gobiidae), a new freshwater goby from Dalmatia, Croatia. In: Conservation of Endangered Freshwater Fish in Europe (A. Kirchhofer & D. Hefti, Eds.). Birkhäuser Verlag, Basel, CH, 311-319.

Mrdak, D., V. Nikolić, A. Tošić & P. Simonović, 2012. Molecular and ecological features of the soft-muzzled trout *Salmo obtusirostris* (Heckel, 1852) in the Zeta River, Montenegro. Biologia, 67/1: 222-233.

Muhamedagić, S., H. M. Gjoen & M. Vegra, 2008. Salmonids of the Neretva river basin – present state and suggested sustainable selection programme to protect and strengthen salmonid populations. FAO Fisheries and Aquaculture Report No. 871. European Inland Fisheries Advisory Commission (EIFAC): 224-233.

Muracciole, S., 2007. Les essais de reproduction en piscicultures et les raisons de l'échec. In: Life Nature – Conservation de la truita macrostigma en Corse, actes du colloque de cloture du programme, 27-28.

Napierala, H. 2013. Fish in the desert? The younger Dryas and its influence to the Paleoenvironment at Baaz rockshelter, Syria. In: Natufian Foragers in the Levant (O. Bar-Yosef & F. R. Valla, Eds.), International Monographs of Prehistory, Archaeological series 19, U.S.A., 73-82.

Neill, P., 1808. A list of fishes found in the Firth of Forth, and rivers and lakes near Edinburgh, with remarks. Memoir of the Wernerian Natural History Society, Edinburgh, 1: 526-555.

Ngugi, C. C., 1999. The biology of naturalized Rainbow Trout, *Oncorhynchus mykiss* (Waldbaum), in Kenya cold water streams and implications for future management. Doctoral dissertation. Memorial University of Newfoundland, St. John's, Canada, 167 pp.

Nikolsky, G. V., 1937. The trout of Middle Asia. Salmon and Trout Magazine, 86: 76-81.

Niksirat, H. & A. Abdoli, 2009. Caspian brown trout, *Salmo trutta caspius*, during recent decades in the southern Caspian Sea basin. Zoology of the Middle East, 46: 55-60.

Nilsson, S., 1832. Prodromus ichthyologiae Scandinavicae. C. W. K. Gleerups Förlag, Lund, 124 pp.

Ninua, L., D. Tarkhnishvili & E. Gvazava, 2018. Phylogeography and taxonomic status of trout and salmon from the Ponto-Caspian drainages, with references on European brown trout evolution and taxonomy. Ecology and Evolution, 8: 2645-2658.

Nonnis Marzano, F., N. Corradi, R. Papa, J. Tagliavini & G. Gandolfi, 2003. Molecular evidence of introgression and loss of genetic variability in *Salmo (trutta) macrostigma* as a result of massive restocking of Apennine populations (northern and central Italy). Environmental Biology of Fishes, 68 (4): 349-356.

Nümann, W., 1964. Formenkreis der italienischen, jugoslawischen und adriatischen Forellen, zugleich ein Beitrag über den Wert einiger meristischer Merkmale für Art- und Rassenanalysen. Schweizerische Zeitschrift für Hydrologie, XXVI (1): 102-146.

Oakley, T. H. & R. B. Phillips, 1999. Phylogeny of Salmonine fishes based on growth hormone introns: Atlantic (*Salmo*) and Pacific (*Oncorhynchus*) salmon are not sister taxa. Molecular Phylogenetics and Evolution, 3: 381-393.

Ocvirk, J. & B. Voljč, 1981a. Die endemischen Süßwasserfische der dalmatinischen Adriazuflüsse: Die Weichmaulforellen. Fliegenfischer, 39: 30-32.

Ocvirk, J. & B. Voljč, 1981b. Die endemischen Süßwasserfische der dalmatinischen Adriazuflüsse: Die Weichmaulforellen. Fliegenfischer, 40: 30-33.

Ocvirk, J. & B. Voljč, 1981c. Die endemischen Süßwasserfische der dalmatinischen Adriazuflüsse: Die Marmorata. Fliegenfischer, 44: 28-31.

Ocvirk, J. & B. Voljč 1981d. Die endemischen Süßwasserfische der dalmatinischen Adriazuflüsse: Die Zahnforelle. Fliegenfischer, 45: 28-29.

Ocvirk, A., 1989. Study of the marble trout (*Salmo marmoratus* Cuvier 1817) population in Sloveniafrom 1962 to 1988. Ichthyos, 8: 37-59.

Okumuş, I., I. Z. Kurtoglu & Ş. Atasaral, 2006. General overview of Turkish Sea Trout (*Salmo trutta* L.) populations. In: Sea Trout, Biology, Conservation and Management (G. Harris & N. Milner, Eds.). Proceedings of the 1st International Sea Trout Symposium, July 2004, Cardiff, Wales, UK. Blackwell Publishing Ltd., Oxford, 115-127.

Olafsson, K., S. M. Einarsson, J. Gilbey, C. Pampoulie, G. O. Hreggvidsson, S. Hjorleifsdottir & S. Gudjonsson, 2016. Origin of Atlantic salmon (*Salmo salar*) at sea in Icelandic waters. ICES Journal of Marine Sciences, 73(6): 1525-1532.

Olivari, G. & G. Brun, 1988. Le nombre de caeca pyloriques dans les populations naturelles de truites communes *Salmo trutta*, Linné en Corse. Bulletin de Ecologie, 19: 197-200.

Olsson, I. C. & L. A. Greenberg, 2004. Partial migration in a landlocked brown trout population. Journal of Fish Biology, 65: 106-121.

Osinov, A. G., 1984. Zoogeographical origins of brown trout, *Salmo trutta* (Salmonidae): data from biochemical genetic markers. Journal of Ichthyology, 24: 10-23.

Osinov, A. G., 1989a. Brown trout (*Salmo trutta* L., Salmonidae) in basins of the Black and Caspian seas: a population genetic analysis. Genetica, 24: 2172-2187.

Osinov, A. G., 1989b. Low level of genetic variability and differentiation in ecological forms of Sevan trout, *Salmo ischchan* KESSLER. Genetica, 25: 1827-1835.

Osinov, A. G., 1990. The level of genetic variation and differentiation of brown trout (*Salmo trutta* L.) in Tadjikistan. Moscow University Biological Sciences Bulletin, 45: 37-41.

Osinov, A. G. & L. Bernatchez, 1996. "Atlantic" and "Danubian" phylogenetic groupings of brown trout *Salmo trutta* complex: genetic divergence, evolution, and conservation. Journal of Ichthyology, 36: 723-746.

Ösz, Á., Á. Horváth, G. Hoitsy, D. K. Sipos, S. Keszte, A. J. Sáfrány, S. Marić, C. Palkó, B. Tóth, B. Urbányi & B. Kovács, 2018. The genetic status of the Hungarian brown trout populations: exploration of a blind spot on the European map of *Salmo trutta* studies. PeerJ 6:e5152; doi: 10.7717/peerj.5152.

Özen, N., 2013. Molecular phylogeny of brown trout (*Salmo trutta* L.) in Turkey. Ph. D. Thesis, Department of Biology, Adnan Menderes Üniversitesi, 72 pp. (in Türkisch, englische Zusammenfassung)

Pallas, P. S., 1814. Zoographia rosso-asiatica, sistens omnium animalium in extensor Imperio Rossico et adjacentibus maribus observatorum recensionem, domicilia, mores et descriptions, anatomen atqueciones plurimorum. Vol. 3, Academia Scientiarum, Petropolis (St. Petersburg), 428 pp.

Panouse, J. B., 1963. Le Lac d'Ifni (Haut Atlas marocain). Bulletin de la Société de Sciences Naturelles et Physiques du Maroc, 43: 7-24.

Patarnello, T., L. Bargelloni, F. Caldara & L. Colombo, 1994. Cytochrome b and 16S rRNA sequence variation in the *Salmo trutta* (Salmonidae, Teleostei) species complex. Molecular Phylogenetics and Evolution, 3: 69-74.

Paula Schrank, F. v., 1798. Fauna Boica: Durchgedachte Geschichte der in Baiern einheimischen und zahmen Thiere. 1. Bd., Stein'sche Buchhandlung, 720 pp.

Payne, R. H., A. R. Child & A. Forrest, 1971. Geographical variation in the Atlantic salmon. Nature, 231: 250-252.

Pellegrin, J., 1924a. Les Salmonidés du Maroc. Comtes Rendus de l'Académie des Sciences, Paris, 178: 970-972.

Pellegrin, J., 1924b. Le *Salmo pallaryi* Pellegrin, poisson du Moyen Atlas marocain. Bulletin du Museum National d'Histoire Naturelle, 30 (2): 181-184.

Penaluna, B. E., I. Arismendi & D. Soto, 2009. Evidence of interactive segregation between introduced trout and native fishes in northern Patagonian rivers, Chile. Transactions of the American Fisheries Society, 138: 839-845.

Penserini, M., F. Nonnis Marzano, G. Gandolfi & M. Maldini, 2006. Fenotipi della trota mediterranea: metodologia di indagine moleculare combinata e selezione morfologica per l'identificazione di esemplari autoctoni. – Genotypes and phenotypes of Mediterranean brown trout: molecular investigation combined to morphological characterization for identification of autochthonous specimens. Quaderni ETP, 34: 69-75.

Perrier, C., G. Evanno, J. Belliard, R. Guyomard & J.-L. Baglinière, 2010. Natural recolonization of the Seine River by Atlantic salmon (*Salmo salar*) of multiple origins. Canadian Journal of Fisheries and Aquatic Sciences, 67: 1-4.

Perrier, C., J. Le Gentil, V. Ravigne, P. Gaudin & J.-C. Salvado, 2014. Origins and genetic diversity among Atlantic salmon recolonization upstream areas of a large South Eropean river following restoration of connectivity and stocking. Conservation Genetics, doi: 10.1007/s10592-014-0602-3.

Petr, T. & D. B. Swan, 2002. Cold water fishes in the trans-Himalayan countries. FAO Fisheries Technical Paper. No. 431, Rome, 364 pp.

Pham, L., D. West & G. P. Closs, 2013. Reintroduction of a native galaxiid (*Galaxias fasciatus*) following piscicide treatment in two streams: response and recovery of the fish population. Ecology of Freshwater Fish, 22: 361-373.

Phillips, R. P., M. P. Matsuoka, I. Konon & K. M. Reed, 2000. Phylogenetic analysis of mitochondrial and nuclear sequences supports inclusion of *Acantholingua ohridana* in the genus *Salmo*. Copeia, 2: 546-550.

Picker, M. D. & C. L. Griffiths, 2011. Alien and ivasive animals: a South African perspective. Randomhouse/Struik, Cape Town, South Africa, 240 pp.

Pinter, K. & G. Unfer, 2017. Bewirtschaftung in Österreich und mögliche Effekte auf die innerartliche Vielfalt der Bachforellen. Österreichs Fischerei, 70: 15-33.

Pirali Khirabadi, E., M. Moradi Chafi, P. Mansouri & M. S. Alavi-Yeganeh, 2017. Identification and distribution of Bazoft River fish fauna. Journal of Animal Environment 9: 147-152. (in Farsi, englische Zusammenfassung)

Polgar, G., M. Iaia, T. Righi & P. Volta, 2022. The Italian Alpine and *Subalpine trouts*: taxonomy, evolution, and conservation. Biology, 11, 576. https://doi.org/10.3390/biology11040576.

Poljakov, G. D., N. Filipi, K. Basho & A. Hysenaj, 1958. Peshqit e Shqiperise. Universiteti Shtetëror i Tiranës, 286 pp.

Pomini, F. P., 1937. Osservazioni sull'ittiofauna delle acque dolci del Veneto e indagini riguardanti la pesca. Bolletino di Pesca, Piscicoltura e Idrobiologica, 9: 262-312.

Pomini, F. P., 1939. Fenotipi e genotipi nei *Salmo* italiani. Scientia Genetica, Torino, 1: 206-218.

Pomini, F. P., 1940. Ricerche sul *Salmo macrostigma* Dum. Bollettino di Pesca, Piscicoltura e Idrobiologia, 16: 13-63.

Pomini, F. P., 1941. Ricerche sul *Salmo* dell'Italia peninsulare. I. La trota del Sagittario (Abruzzi): *Salmo ghigii* (n. sp.). Atti della Società Italiana di Scienze Naturali e del Museo Civico di Storia Naturale in Milano, 80: 33-48.

Povlsen, A. F., 1993. Observations on the ecology of rainbow trout, *Oncorhynchus mykiss*, and its implications for fisheries in the highlands of Papua New Guinea. Sepik River Fish Stock Enhancement, PNG/85/001. FAO Fisheries and Aquaculture Department Publications, Rome, 22 pp.

Povž, M., 1989. Distribution and biometric characteristics of the marble trout (*Salmo marmoratus* Cuvier 1817) in Slovenia. Ichthyos, 8: 13-36.

Povž, M., D. Jesenšek, P. Berrebi & A. J. Crivelli, 1996. The marble trout *Salmo trutta marmoratus,* Cuvier 1817 in the Soca River basin, Slovenia, Tour du Valat, Arles, 65 pp.

Proner, D., M. Vallat, V. Court, B. Loheac, F. Piatek & E. Mevel, 2017. Suivi de la truite lacustre sur le basin versant du Lac du Bourget. FDPPMA 73, 81 pp.

Prosek, J., 2003. Trout of the world. Steward, Tabori and Chang, New York.

Pujolar, J. M., S. Vicenzi, L. Zane, D. Jesenšek, G. A. de Leo & A. J. Crivelli, 2011. The effect of recurrent floods on genetic composition of marble trout populations. PLoS ONE 6(9): e23822. doi: 10.1371/journal.pone.0023822.

Pustovrh, G., S. Sušnik Bajec & A. Snoj, 2011. Evolutionary relationship between marble trout of the northern and the southern Adriatic basin. Molecular Phylogenetics and Evolution, 59 (3): 761-766.

Pustovrh, G., A. Snoj & S. Sušnik Bajec, 2014. Molecular phylogeny of *Salmo* of the western Balkans, based upon multiple neclear loci. Genetics Selection Evolution, 46: 7.

Rackham, O. & J. Moody, 1996. The making of the Cretan landscape. Manchester University Press, UK, 237 pp.

Radtke, G., 1999. Distribution of lake trout in Wdzydze Lake. Archives of Polish Fisheries, 7: 129-140.

Rafinesque Schmalz, C. S., 1810. Indice d'ittiologia siciliana ossia, catalogo metodico dei nomi latini, italiani, e siciliani dei pesci, che si rinvengono in Sicilia disposti secondo un metodo naturale eseguito da un appendice che contiene la descrizione di alcuni nuovi pesci siciliani. Messina, 70 pp., 2 pls.

Rakaj, N., 1995. Iktiofauna e Shqipërisë. Shtëpia Botuese "Libri Universitar", Tirana, 700 pp.

Rakaj, N. & A. Flloko, 1995. Conservation status of freshwater fish of Albania. Biological Conservation, 72: 195-199.

Rasmussen, G., J. H. L'Abée-Lund, E. Degermann, J. Birzaks, P. Debowski, E. Esin, J. Hammar, T. Hesthagen, A. Huusko, M. Kesler, A. Kontautas, G. Markevich, C. Petereit, S. Titov, T. Vehanen & Ø. Aas, 2019. Trout and char of northern Europe. In: Trout and char of the world (J. L. Kershner, J. E. Williams, R. E. Gresswell & J. Lobón-Cerviá, Eds.) American Fishery Society, Bethesda, Maryland, 351-377.

Razpet, A., S. Sušnik, T. Jug & A. Snoj, 2007. Genetic variation among trout in the River Neretva basin, Bosnia and Herzegovina. Journal of Fish Biology, 70: 94-110.

Regan, C. T., 1911. The Freshwater Fishes of the British Isles. Methuen & Co. Ltd., London, 287 pp.

Reis, R. E., J. S. Albert, F. Di Dario, M. M. Mincarone, P. Petry & L. A. Rocha, 2016. Fish biodiversity and conservation in South America. Journal of Fish Biology, 89: 12-47.

Reshetnikov, Yu. S., O. A. Polova, L. I. Sokolov, E. A. Tsepkin, V. G. Sudeleva, E. A. Dorofeyeva, I. A. Chereshnev, K. I. Moskal'kova, Yu. Yu. Dgebuadze, G. I. Ruban & V. V. Korolev, 2003. Atlas of Russian freshwater fishes, Vol 1, Moscow Nauka, 379 pp. (in Russisch)

Reynaud, N., C. Tougard & P. Berrebi, 2011. Structuration géographique de la truite commune (*Salmo trutta* L.) en France base sur le séquençage de la région de contrôle mitochondriale. Institut de Sciences de l'Evolution de Montpellier, UMR CNRS/UM2/IRD 5554, Equipe Evolution des Poissons.

Ribeiro, F., M. J. Collares-Pereira & P. B. Moyle, 2009. Non-native fish in the fresh waters of Portugal, Azores and Madeira Islands: a growing threat to aquatic biodiversity. Fisheries Management and Ecology, 16: 255-264.

Rivier, B. & B. Dumont, 1987. Étude ichtyologique des lacs d'altitude de la Corse: le lac Bastani. Cemagref, Aix en Provence, France & Parc Naturel Régional de la Corse, 50 pp.

Rivier, B. & B. Dumont, 1988. Étude ichtyologique des lacs d'altitude de la Corse: le lac Rotondo, le lac de Nino. Cemagref, Aix en Provence, France & Parc Naturel Régional de la Corse, 91 pp.

Roché, B., 1988. Bilan des premiers inventaires ichtyologiques du réseau hydrographique de la Corse. Bulletin de Ecologie, 19: 235-245.

Roché, B. & J. Mattei, 1997. Les espéces animals introduites dans les eaux douces de Corse. Bulletin Française de la Pêche et de la Pisciculture, 344/345: 233-239.

Ros, T., 1981. Salmonids in the Lake Vänern area. Ecological Bulletins, 34: 21-31.

Rossi, A. R., G. Petrosino, V. Milana, M. Martinoli, A. Rakaj & L. Tancioni, 2019. Genetic identification of native populations of Mediterranean brown trout *Salmo trutta* L. Complex (Osteichthyes: Salmonidae) in central Italy. The European Zoological Journal, 86(1): 424-431.

Roule, L., 1923. Descrition de la grande truite du Rhône (*Salmo Trutta* Linné; forma major Fatio, *facies rhodanensis*). Bulletin du Museum National d'Histoire Naturelle, 29: 291-295.

Rulé, C., J. Deufel, T. Kindle, M. Klein, H. Löffler & B. Wagner, 1984. Die Seeforelle des Bodensees. Probleme und Problemlösungen. Österreichs Fischerei, 37: 272-307.

Rulé, C., G. Ackermann, R. Berg, T. Kindle, R. Kistler, M. Klein, M. Konrad, H. Löffler, M. Michel & B. Wagner, 2005. Die Seeforelle im Bodensee und seinen Zuflüssen: Biologie und Management. Österreichs Fischerei, 58: 230-262.

Rumyantsev, V., M. Viljanen & T. Slepukhina, 1999. The present state of Lake Ladoga, Russia – a review. Boreal Environment Research, 4: 201-214.

Russ, H. & A. K. G. Jones, 2013. Late upper Palaeolithic fishing in the Fuciano basin, central Italy, a detailed analysis of the remains from Grotta di Pozzo. Environmental Archaeology, 14: 155-162.

Ryman, N., F. W. Allendorf & G. Ståhl, 1979. Reproductive isolation with little genetic divergence in sympatric populations of brown trout (*Salmo trutta*). Genetics, 92: 247-262.

Ryman, N., 1981. Conservation of genetic resources: experiences from the brown trout (*Salmo trutta*). Ecological Bulletins, 34: 61-74.

Saadati, M. A. G., 1977. Taxonomy and distribution of the freshwater fishes of Iran. Master's thesis. Colorado State University, Ford Collins, xiii + 212 pp.

Sabatini, A., R. Cannas, M. C. Follesa, F. Palmas, A. Manunza, G. Matta, A. A. Pendugiu, P. Serra & A. Cau, 2011. Genetic characterization and artificial reproduction attempt of endemic Sardinian trout *Salmo trutta* L., 1758 (Osteichthyes, Salmonidae): Experiences in captivity. Italian Journal of Zoology, 78: 20-26.

Saha, A., A. Andersson, S. Kurland, N. Keehnen, V. E. Kutschera, O. Hössjer, D. Ekman, S. Karlsson, M. Kardos, G. Stähl, F. Allendorf, N. Ryman & L. Laikre, 2021. Whole-genome resequencing confirms reproductive isolation between sympatric demes of brown trout (*Salmo trutta*) detected with allozymes. Molecular Ecology, 1-14. https://doi.org/10.1111/mec.16252.

Salmanov, A. V. & Ye. A. Dorofeyeva, 1990. Morphological features of the Amu Darya trout, *Salmo trutta oxianus,* in light of recent data. Taxonomy, position, biology. Voprosy Ikhtiologii, 30: 817-824 (1991 Scripta Technica, Inc., 33-43).

Salehi, H., 2008. Cost factor analysis of Caspian salmon (*Salmo trutta caspius* Kessleri, 1977) fingerling production and release in Iran. Iranian Journal of Fisheries Sciences, 7(2): 59-72.

Salmanov, A. V. & Ye. A. Dorofeyeva, 1990. Morphological features of the Amu Darya trout, *Salmo trutta oxianus,* in light of recent data. Taxonomic position, biology. Voprosy Ikhtiologii, 30: 817-824 (Translated from the Russian by Scripta Technica, Inc., 1991, 33-43).

Samuiloviene, A., A. Kontautas & R. Gross, 2009. Genetic diversity and differentiation of sea trout (*Salmo trutta*) populations in Lithuanian rivers assessed by microsatellite DNA variation. Fish Physiology and Biochemistry, 35: 649-659.

Sandlund, O. T., K. Gunnarsson, P. M. Jónasson, B. Jonsson, T. Lindem, K. P. Magnússon, H. J. Malmquist, H. Sigurjónsdóttir, S. Skúlason & S. S. Snorrason, 1992. The artic charr *Salvelinus alpinus* in Thingvallavatn. Oikos, 64: 305-351.

Sandlund, O. T., S. Karlsson, E. B. Thorstad, O. K. Berg, M. P. Kent, I. C. J. Norum & K. Hindar, 2014. Spatial and temporal genetic structure of a river-resident Atlantic salmon (*Salmo salar*) after millennia of isolation. Ecology and Evolution, 4(9): 1538-1554.

Santos, D. M., 2015. A truta-acro-iris, espécie exotica invasora nos Açores. "Os verdes" Açores. http://osverdesacores.blogspot.com.

Santos, N. P., A. A. Fontaínhas-Fernandes, R. Faria, L. F. Torres-Castro, M. R. Anjos, R. M. V. Cortes & P. Alexandrino, 2006. Genetic evidence for limited introgression between wild and stocked individuals in Portuguese brown trout, *Salmo trutta* populations. Folia Zoologica, 55(4): 1-14.

Sanz, N., J. L. García-Marín & C. Pla, 2000. Divergence of brown trout (*Salmo trutta*) within glacial refugia. Canadian Journal of Fisheries and Aquatic Sciences, 57: 2201-2210.

Sanz, N., 2018. Phylogeographic history of brown trout: a review. In: Brown Trout: biology, ecology and management (J. Lobón-Cerviá & N. Sanz, Eds.), John Wiley & Sons Ltd., UK, 2-63.

Savvaitova, K. A., V. G. Markaryan & E. A. Dorofeyeva, 1989. Interrelationships of races of Lake Sevan trout, *Salmo ischchan*, before and after regulation of the discharge of the Lake (as indicated by morphometric characters). Voprosy Ikhtiologii, 29(4): 532-538 (1990 Scripta Technica, Inc.).

Savvaitova, K. & T. Petr, 1992. Lake Issyk-kul, Kirgizia. International Journal of Salt Lake Research, 1: 21-46.

Savvaitova, K. A. & T. Petr, 1999. Fish and fisheries in Lake Sevan, Armenia, and in some other high altitude lakes of Caucasus. In: Fish and fisheries at higher altitudes: Asia (T. Petr, Ed.), FAO Fisheries Technical Paper, No. 385, Rome, 279-304.

Schenekar, T., E. Lerceteau-Köhler & S. Weiss, 2014. Fine-scale phylogeographic contact zone in Austrian brown trout *Salmo trutta* reveals multiple waves of post-glacial colonization and a pre-dominance of natural versus anthropogenic admixture. Conservation Genetics, doi: 10.1007/s10592-013-0561-0.

Schöffmann, J., 1991. Die Weichmaulforelle, *Salmothymus obtusirostri* (Heckel 1851), eine bedrohte Salmonidenart in Dalmatien. Österreichs Fischerei, 44: 64-66.

Schöffmann, J., 1992a. Erste Lebendbobachtung von *Salmo (Platysalmo) platycephalus.* Österreichs Fischerei, 45: 11-18.

Schöffmann, J., 1992b. Fischerei in Ost-Anatolien – Die Forellen des Balik Gölü. Österreichs Fischerei, 45: 150, 163-166.

Schöffmann, J., 1993. Autochthone Forellen (*Salmo trutta* L.) in Nordafrika. Österreichs Fischerei, 46: 146, 164-169.

Schöffmann, J., 1994a. Endemische Seeforellen im Adriaraum – *Salmo carpio* L. und *Salmo letnica* Karaman. Österreichs Fischerei, 47: 78, 97-99.

Schöffmann, J., 1994b. Zur gegenwärtigen Situation der Marmorierten Forelle (*Salmo marmoratus* Cuvier, 1817) in Albanien, ihrem südlichsten Verbreitungsraum. Österreichs Fischerei, 47: 132-136.

Schöffmann, J., 1997a. Mediterrane „Inselforellen" – autochthone Forellen (*Salmo trutta* L.) auf Korsika, Sardinien und Sizilien. Österreichs Fischerei, 50: 70, 87-90.

Schöffmann, J., 1997b. Die Weichmaulforelle (*Salmothymus obtusirostris,* Heckel, 1851) ist vom Aussterben bedroht. Österreichs Fischerei, 50: 129-130.

Schöffmann, J., 1998. Restbestände von *Salmo (Platysalmo) platycephalus*, einer vom Aussterben bedrohten Forellenart aus der Türkei, seit 1990 drastisch reduziert. Österreichs Fischerei, 51: 58-59, 72.

Schöffmann, J., 2001. Forellen in Zentralasien – dem östlichsten natürlichen Verbreitungsraum von *Salmo trutta* L. Österreichs Fischerei, 54: 54-58.

Schöffmann, J., 2002a. Zur aktuellen Situation des Sewan-Sees und seiner einzigartigen Forellen (*Salmo trutta* L.). Österreichs Fischerei, 55: 16-21.

Schöffmann, J., 2002b. Diagnostischer Charakter einiger Eigenheiten des Zeichnungsmusters zur Unterscheidung von Populationen der europäischen Forelle (*Salmo trutta* L.) aus den verschiedenen Einzugsgebieten der Iberischen Halbinsel und des westlichen europäischen Mittelmeerbeckens. Österreichs Fischerei, 55: 168-172.

Schöffmann, J., 2003. Zur aktuellen Situation der vier zurUnterarten der Weichmaulforelle, *Salmo (Salmothymus) obtusirostris* (Heckel, 1851). Österreichs Fischerei, 56: 180-184.

Schöffmann, J., 2004a. Status und Ergebnisse jüngster Feldbeobachtungen von *Salmo platycephalus* Behnke 1968, einer ungewöhnlichen Forellenform aus dem südlichen Zentralanatolien. Österreichs Fischerei, 57: 156-161.

Schöffmann, J., 2004b. Nachweis einer Restpopulation der bereits für ausgestorben erklärten Weichmaulforelle, *Salmo (Salmothymus) obtusirostris* ssp., der Vrlika, südliches Kroatien. Österreichs Fischerei, 57: 277-278.

Schöffmann, J., 2005a. Sympatrisches Vorkommen dreier Forellenarten der Gattung *Salmo* in der Zeta – Morača-Skutari-Becken, Montenegro: *Salmo obtusirostris zetensis, Salmo marmoratus, Salmo trutta*. Österreichs Fischerei, 58: 20-23.

Schöffmann, J., 2005b. Die Forellen (*Salmo trutta* L.) im Einzugsgebiet von Euphrat und Tigris. Österreichs Fischerei, 58: 133-136.

Schöffmann, J., 2006. Phänotypische Unterschiede zwischen allopatrischen Forellenpopulationen (*Salmo trutta* L., *Salmo platycephalus* Behnke) im Seyhan-Becken, Türkei. Österreichs Fischerei, 59: 159-162.

Schöffmann, J., 2007a. Endemische Forellenformen (*Salmo trutta* L.) in isolierten Bergseen des Atlasgebirges von Marokko. Österreichs Fischerei, 60: 16-19.

Schöffmann, J., 2007b. Zur Herkunft, Verbreitung und systematischen Nomenklatur der Forellen (*Salmo trutta* L.) im Mittelmeerraum. Österreichs Fischerei, 60: 90-93.

Schöffmann, J., 2010a. Phylogeographie, Taxonomie und Formenvielfalt der Europäischen Forelle (*Salmo trutta*) auf der zentralen Balkanhalbinsel. Österreichs Fischerei, 63: 58-64.

Schöffmann, J., 2010b. Morphologische und genetische Vielfalt bei den Forellenpopulationen (*Salmo trutta* L.) Norwegens. Österreichs Fischerei, 63: 256-262.

Schöffmann, J., 2011a. Zum aktuellen Stand der autochthonen Forellen der Gattung *Salmo* in Marokko: phänotypische Unterschiede, Phylogeographie und Konservierungsstatus. Österreichs Fischerei, 64: 218-228.

Schöffmann, J., 2011b. Süßwasserfische in Chile: Die Galaxiiden (Osmeriformes: Galaxiidae) – die entfernten Verwandten der Salmoniden der Nordhemisphäre und deren Gegenstück in den gemäßigten bis kalten Breiten der Südhalbkugel. Österreichs Fischerei, 64: 268-276.

Schöffmann, J., 2012a. Richtigstellung der These zur Herkunft der Forellenpopulationen der Gattung *Salmo* im Seyhan-Becken, Türkei, aufgrund phänotypischer Beobachtungen und des Resultates neuerlicher genetischer Untersuchungen. Österreichs Fischerei, 65: 32-35.

Schöffmann, J., 2012b. Zur Fischfauna der südlichsten Süßwasser-Ökoregion Afrikas. AKFS-aktuell, 30: 4-10.

Schöffmann, J., 2013. Marmorierte Forellen (*Salmo marmoratus*) in der Adria. Österreichs Fischerei, 66: 235-236.

Schöffmann, J., 2014. Das Mysterium der Orontes-Forelle (*Salmo* sp.). Österreichs Fischerei, 67: 313-316.

Schöffmann, J., 2015a. „Marmorierte Forellen“ auf der Iberischen Halbinsel. Österreichs Fischerei, 68: 233-236.

Schöffmann, J., 2015b. Forellen der Gattung *Salmo* auf Zypern: Gab es jemals natürliche Vorkommen? Österreichs Fischerei, 68: 311-315.

Schöffmann, J., 2016. Die Forellen (*Salmo* spp.) im Einzugsgebiet des Vardar und des unmittelbar angrenzenden Adriabeckens. Österreichs Fischerei, 69: 277-285 + 70 (2017): 79.

Schöffmann, J., 2017. Die Amudarja-Forelle (*Salmo trutta oxianus*) in Tadschikistan. Österreichs Fischerei, 70: 295-300.

Schöffmann, J., 2018a. Forellen (*Salmo* spp.) rund um das Balkangebirge. Österreichs Fischerei, 71: 49-58.

Schöffmann, J., 2018b. Bedrohte Fischarten entlang der Großen Randstufe Südafrikas. Österreichs Fischerei, 71: 188-194.

Schöffmann, J., 2018c. Salmoniden im Einzugsgebiet der Neretva. Österreichs Fischerei, 71: 264-271.

Schöffmann, J., 2019a. Diversität und Verbreitung der Groppen (*Cottus* spp.) in den Karpaten und in Südosteuropa. Carinthia II, 129: 209-218.

Schöffmann, J., 2019b. Zur Situation der heimischen Forellen (*Salmo* spp.) Albaniens. Österreichs Fischerei, 72: 108-115.

Schöffmann, J., 2019c. Der Gletschersee Tamda im Hohen Atlas – das höchstgelegene Forellenvorkommen Nordafrikas. Österreichs Fischerei, 72: 141-145.

Schöffmann, J., 2019d. Gefährdete Salmoniden im Einzugsgebiet der Soča (Slowenien) – Marmorierte Forelle und Adriatische Äsche. Österreichs Fischerei, 72: 254-260.

Schöffmann, J., 2020. Forellen (*Salmo* spp.) in Kaukasien und zu deren Situation in Georgien. Österreichs Fischerei, 73: 269-278.

Schöffmann, J., 2021. Die Forellen (*Salmo* sp.) in Korsikas Hochgebirgslagen. Österreichs Fischerei, 74: 261-265.

Schöffmann, J., 2023. Zur Situation einiger heimischer Forellenpopulationen (*Salmo* spp.) im Westlichen Taurusgebirge, Türkei. Österreichs Fischerei, 76: 21-33.

Schöffmann, J., S. Marić & A. Snoj, 2019. Trout of southeast Europe, western and central Asia. In: Trout and char of the world (J. L. Kershner, J. E. Williams, R. E. Gresswell & J. Lobón-Cerviá, Eds.), American Fisheries Society, Bethesda, Maryland, 411-456.

Schöffmann, J. & S. Marić, 2023. Salmonid fish species – opportunities for sustainable use under pressures and current climate change. In: Ecological sustainability of fish resources of inland waters of the Western Balkans in the Anthropocene – freshwater fish stocks, sustainable use and/or conservation (V. Simić, S. Simić & V. Pešić, Eds.)., Springer-Verlag GmbH, Heidelberg.

Schöffmann, J., S. Sušnik & A. Snoj, 2007. Phylogeographic origin of *Salmo trutta* L. 1758 from Sicily, based on mitochondrial and nuclear DNA analyses. Hydrobiologia, 575: 51-55.

Schöffmann, J., S. Sušnik Bajec, A. Snoj, S. Marić & R. Rozman, 2022. Genetische und morphologische Diversität bei den Forellen (*Salmo* spp.) im Aoos/Vjosa-Einzugsgebiet in Griechenland und Albanien – Die genetische Populationsstruktur im Vergleich zu einigen anderen Forellenpopulationen aus dem mediterranen Einzugsgebiet des südwestlichen Balkans. Österreichs Fischerei, 75: 299-320.

Seegers, L., L. De Vos & D. O. Okeyo, 2003. Annoted checklist of the freshwater fishes of Kenya (excluding the lacustrine haplochromines from Lake Victoria). Journal of East African Natural History, 92: 11-47.

Sehgal, K. L., 1999. Coldwater fish and fisheries in the Western Ghats, India. In: Fish and Fisheries at higher altitudes: Asia (by T. Petr, ed.), FAO Fisheries Technical Paper No. 385, Rome, 304 pp.

Sell, J. & Z. Spirkovski, 2004. Mitochondrial DNA differentiation between two forms of trout *Salmo letnica*, endemic to the Balkan Lake Ohrid, reflects their reproductive isolation. Molecular Ecology, 13: 3633-3644.

Sepúlveda, M., I. Arismendi, D. Soto, F. Jara & F. Farias, 2013. Escaped farmed salmon and trout in Chile: incidence, impacts, and the need for an ecosystem view. Aquaculture and Environment Interactions, 4: 273-283.

Shedko, S. V., I. L. Miroshnichenko & G. A. Nemkora, 2013. Phylogeny of Salmonids (Salmoniformes: Salmonidae) and its molecular dating: analysis of mtDNA data. Russian Journal of Genetics, 49 (6): 718-734.

Shelton, J. M., M. J. Samways & J. A. Day, 2015. Non-native Reinbow Trout change the structure of benthic communities in headwater streams of the Cape Floristic Region, South Africa. Hydrobioligia, 745: 1-15.

Shrestha, J., 1999. Coldwater fish and fisheries in Nepal. In: Fish and Fisheries at higher altitudes: Asia (T. Petr, ed.), FAO Fisheries Technical Paper No. 385, Rome, 304 pp.

Siebold, C. Th. E. von, 1863. Die Süsswasserfische von Mitteleuropa. W. Engelmann, Leipzig, vi+431 pp., 2 pls.

Sikora, M., H. Mihanović & I. Vilibić, 2014. Paleo-coastline of the central eastern Adriatic Sea, and paleo-channels of the Cetina and Neretva rivers during the last glacial maximum. Acta Adriatica, 55(1): 3-18.

Simonović, P., S. Marić & V. Nikolić, 2007. Trout *Salmo* spp. complex in Serbia and adjacent regions of western Balkans: reconstruction of evolutionary history from external morphology. Journal of Fish Biology, 70(Supplement C): 359-380.

Simonović, P., Z. Vidović, A. Tošić, D. Škraba, J. Čanak-Atlagić & V. Nikolić, 2015. Risks to stocks of native trout of the genus *Salmo* (Actinopterygii: Salmoniformes: Salmonidae) of Serbia and management for their recovery. Acta Ichthyologica et Piscatoria, 45(2): 161-173.

Simonović, P., A. Tošić, D. Škraba Jurlina, V. Nikolić, M. Piria, T. Tomljanović, N. Šprem, D. Mrdak, D. Milošević, A. Bećiraj, R. Dekić & M. Povž, 2017. Diversity of brown trout *Salmo* cf. *trutta* in the River Danube basin of western Balkans as assessed from the structure of their mitochondrial control region haplotypes. Journal of Ichthyology, 57(4): 603-616.

Skaala, Ø. & K. E. Jørstad, 1987. Fine-spotted trout (*Salmo trutta*): its phenotypic description and biochemical genetic variation. Canadian Journal of Fisheries and Aquatic Sciences, 44: 1775-1779.

Skaala, Ø. & K. E. Jørstad, 1988. Inheritance of the fine-spotted pigmentation pattern of brown trout. Polskie Archiwum Hidrobiologii, 35: 295-304.

Skaala, Ø., G. Dahle, K. E. Jørstad & G. Nædal, 1990. Interaction between natural and farmed fish population: information from genetic markers. Journal of Fish Biology, 36: 449-460.

Skaala, Ø., K. E. Jørstad & R. Borgstrøm, 1991. Fine-spotted brown trout: genetic aspects and the need for conservation. Journal of Fish Biology, 39: 123-130.

Skaala, Ø., 1992. Genetic population structure of Norwegian brown trout. Journal of Fish Biology, 41: 631-646.

Skaala, Ø., K. E. Jørstad & R. Borgstrøm, 1996. Genetic impact on two wild brown trout (*Salmo trutta*) populations after release of reared non-native spawners. Canadian Journal of Fisheries and Aquatic Science, 53(9): 2027-2035.

Skaala, Ø. & G. Solberg, 1997. Biochemical genetic variability and taxonomy of a marmorated Salmonid in River Otra, Norway. Nordic Journal of Freshwater Research, 73: 3-12.

Smith, G. R. & R. F. Stearly, 1989. The classification and scientific names of rainbow and cutthroat trouts. Fisheries, 14: 4-10.

Snoj, A., E. Melkič, S. Sušnik, S. Muhamedagić & P. Dovč, 2002. DNA phylogeny supports revised classification of *Salmothymus obtusirostris*. Biological Journal of the Linnaean Society, 77: 399-411.

Snoj, A. & S. Sušnik, 2007. Diversity and molecular systematics of softmouth trout (*Salmothymus obtusirostris*). In: Book of abstracts. XII European Congress of Ichthyology, Cavtat (Dubrovnik), 9-13. September 2007. Zagreb, Croatia, p. 18.

Snoj, A., I. Bogut & S. Sušnik, 2008. Evidence of genetically distinct population of Vrljika softnouth trout *Salmo obtusirostris* Heckel by vicariance. Journal of Fish Biology, 72(8): 1945-1959.

Snoj, A., S. Marić, P. Berrebi, A. J. Crivelli, S. Shumka & S. Sušnik, 2009. Genetic architecture of trout from Albania as revealed by mtDNA control region variation. Genetics Selection Evolution, 41: 22.

Snoj, A., B. Glamuzina, A. Razpet, J. Zablocki, I. Bogut, E. Lerceteau-Köhler, N. Pojskić & S. Sušnik, 2010. Resolving taxonomic uncertainities using molecular systematics: *Salmo dentex* and the Balkan trout community. Hydrobiologia, 651: 199-212.

Snoj, A., S. Marić, S. Sušnik Bajec, P. Berrebi, S. Janjani & J. Schöffmann, 2011. Phylogeographic structure and demographic patterns of brown trout in North-West Africa. Molecular Phylogenetics and Evolution, 61: 203-211.

Snoj, A., J. Bravničar, S. Marić, S. Sušnik Bajec, H. Benaissa & J. Schöffmann, 2021. Nuclear DNA reveals multiple waves of colonization, reticulate evolution and a large impact of stocking on trout in north-west Africa. Hydrobiologia, http://doi.org/10.1007/s10750-021-04567-0.

Soldo, A., 2013. First marine record of marble trout *Salmo marmoratus*. Journal of Fish Biology, 82: 700-702.

Sommani, E., 1948. Sulla presenza del *Salmo fario* L. e del *S. marmoratus* Cuv. nell'Italia settentrionale: loro caratteristiche ecologiche e considerazione relative ai ripopolamento. Bollettino di Pesca, Piscicoltura e Idrobiologia, 3: 136-145.

Sommani, E., 1950. Osservazioni sulla sistematica ed ecologia delle trote dell'Italia meridionale. Bollettino di Pesca, Piscicoltura e Idrobiologia, 5: 170-187.

Sommani, E., 1960. Il *Salmo marmoratus* Cuv.: sua origine e distribuzione nell'Italia settentrionale. Bollettino di Pesca, Piscicoltura e Idrobiologia, 15:40-47.

Sømme, I. D., 1941. Ørretboka. Jacob Dybwads Forlag, Oslo, 591 pp.

Šorić, V., 1990. Salmonids in the Ohrid-Drin-Skadar system. Acta Societatis Zoologicae Bohemoslovaciae, 54: 305-319.

Soto, D., I. Arismendi, J. González, J. Sanzana, F. Jara, C. Jara, E. Guzman & A. Lara, 2006. Southern Chile, trout and salmon country: invasion patterns and threats for native species. Revista Chilena de Historia Natural, 79: 97-117.

Spens, J., A. Alanärä & L.-O. Eriksson, 2007. Nonnative brook trout (*Salvelinus fontinalis*) and the demise of native brown trout (*Salmo trutta*) in northern boreal lakes: stealthy, long-term patterns? Canadian Journal of Fisheries and Aquatic Sciences, 64(4): 654-664.

Spirkovski, Z., A. Palluqi, A. Flloko, T. Miraku, E. Kapedani, D. Ilik-Boeva, T. Talevski, B. Trajcevski, D. Ritterbusch, U. Brämick, M. Pietrock & R. Peveling, 2017. Fish and Fisheries Lake Ohrid – Implementing the EU Water Framework Directive in South-Eastern Europe. Deutsche Gesellschaft für Internationale Zusammenarbeit (GIZ) GmbH, Bonn and Eschborn, Germany. Pegi Sh.p.k. Book Publisher, Tirana, Albania, 99 pp.

Splendiani, A., M. Giovannotti, P. Nisi Cerioni, M. L. Caniglia & V. Caputo, 2006. Phylogeographic inferences on the native brown trout mtDNA variation in central Italy. Italian Journal of Zoology, 73 (2): 179-189.

Splendiani, A., P. Ruggeri, M. Giovannotti, S. Pesaresi, G. Occhipinti, T. Fioravanti, M. Lorenzoni, P. Nisi Cerioni & V. Caputo Barucchi, 2016a. Alien brown trout invasion of the Italian peninsula: the role of geological, climate and anthropogenic factors. Biological Invasions, doi: 10.1007/s10530-016-1149-7.

Splendiani, A., T. Fioravanti, M. Giovannotti, A. Negri, P. Ruggeri, L. Olivieri, P. Nisi Cerioni, M. Lorenzoni & V. Caputo Barucchi, 2016b. The effects of paleoclimatic events on Mediterranean trout: preliminary evidences from ancient DNA. PLoS ONE 11(6): e0157975. doi: 10.1371/journal.pone.0157975.

Splendiani, A., T. Fioravanti, M. Giovannotti, L. Olivieri, P. Ruggeri, P. Nisi Ceroni, S. Vanni, F. Enrichetti & V. Caputo Barucchi, 2017. Museum samples could help to reconstruct the original distribution of *Salmo trutta* complex in Italy. Journal of Fish Biology, 90: 2443-2451.

Splendiani, A., M. Giovannotti, T. Righi, T. Fioravanti, P. N. Cerioni, M. Lorenzoni, A. Carosi, G. La Porta, V. Caputo Barucchi, 2019a. Introgression despite protection: the case of native brown trout in Natura 2000 network in Italy. Conservation Genetics, 20: 343-356.

Splendiani, A., F. Palmas, A. Sabatini & V. Caputo Barucchi, 2019b. The name of the trout: considerations on the taxonomic status of the *Salmo trutta* L., 1758 complex (Osteichthyes: Salmonidae) in Italy. The European Zoological Journal, 86(1): 432-442.

Splendiani, A., P. Berrebi, C. Tougard, T. Righi, N. Reynaud, T. Fioravanti, P. Lo Conte, G. B. Delmastro, M. Baltieri, L. Ciuffardi, A. Candiotto, A. Sabatini & V. Caputo Barucchi, 2020. The role of the south-western Alps as a unidirectional corridor for Mediterranean brown trout (*Salmo trutta* complex) lienages. Biological Journal of the Linnean Society, 131(4): 909-926.

Stanković, D., A. J. Crivelli & A. Snoj, 2015. Rainbow trout in Europe: introduction, naturalization, and impacts. Reviews in Fisheries Sciences and Aquaculture, 23: 39-71.

Stearley, R. F. & G. R. Smith, 1993. Phylogeny of the Pacific trouts and salmons (*Oncorhynchus*) and genera of the family Salmonidae. Transactions of the American Fisheries Society, 122: 1-33.

Stefanović, D., 1948. Rasna i ekološka ispitivanja na Ohridskim salmonidima (Racial and ecological study of the Ohrid salmonids). Posebna Izdanja SAN, Beograd, 139 (38): 1-207. [Translated and published for the U.S. Department of the Interior and National Science Foundation, Washington, D.C. by the NOLIT Publishing House, Belgrade, Yougoslavia, 1966, 156 pp.]

Steindachner, F., 1866. Ichthyologischer Bericht über eine nach Spanien und Portugal unternommene Reise (Zweite Fortsetzung). Sitzungsberichte der Mathematisch-Naturwissenschaftlichen Classe der Kaiserlichen Akademie der Wissenschaften, Wien, Abt. 1, 54: 6-27, 6 pls.

Steindachner, F., 1874. Beschreibung einer neuen Art und Gattung aus der Familie der Pleuronectiden und einer neuen *Thymallus*-Art. Anzeiger der Kaiserlichen Akademie der Wissenschaften, Mathematisch-Naturwissenschaftliche Classe, Wien, 11: 171-172.

Steindachner, F., 1882. Ichthyologische Beiträge (XII). Sitzungsberichte der Mathematisch-Naturwissenschaftlichen Classe der Kaiserlichen Akademie der Wissenschaften, Wien, 86: 61-82, pls. 1-5.

Steindachner, F., 1892. Über einige neue und seltene Fischarten aus der ichthyologischen Sammlung des K. K. Naturhistorischen Hofmuseums. Denkschriften der Mathematisch-Naturwissenschaftlichen Classe der Kaiserlichen Akademie der Wissenschaften, Wien, 59: 357-383, pls. 1-6.

Steingrímsson, S. Ó. & G. M. Gíslason, 2002. Body size, diet and growth of landlocked brown trout, *Salmo trutta*, in the subarctic River Laxá, North-East Iceland. Environmental Biology of Fishes, 63: 417-426.

Strøm, J. F., E. B. Thorstad, R. D. Hedger & A. H. Rikardsen, 2018. Revealing the full ocean migration of individual Atlantic salmon. Animal Biotelemetry, 6(2): 1-16.

Sturlaugsson, J., 2017. The marine migration and swimming depth of sea trout (*Salmo trutta* L.) in Icelandic waters. In: Sea Trout: Science and management (G. Harris, Ed.). Proceedings of the 2nd International Sea Trout Symposium, 20-22 October 2015, Dundalk, Ireland. Troubador, 328-338.

Suárez, J., J. M. Bautista, A. Almodóvar & A. Machordom, 2001. Evolution of the mitochondrial control region in Palaeartic brown trout (*Salmo trutta*) populations: the biogeographical role of the Iberian Peninsula. Heredity, 87: 198-206.

Sušnik, S., J. Schöffmann & A. Snoj, 2004. Phylogenetic position of *Salmo (Platysalmo) platycephalus* Behnke 1968 from south-central Turkey, evidenced by genetic data. Journal of Fish Biology, 64: 947-960.

Sušnik, S., J. Schöffmann & S. Weiss, 2005. Genetic verification of native brown trout from the Persian Gulf (Catak Cay River, Tigris basin). Journal of Fish Biology, 67: 879-884.

Sušnik, S., I. Knizhin, A. Snoj & S. Weiss, 2006. Genetic and morphological characterization of a Lake Ohrid endemic, *Salmo (Acantholingua) ohridanus* with a comparison to sympatric *Salmo trutta*. Journal of Fish Biology, 68: 2-23.

Sušnik, S., A. Snoj, I. E. Wilson, D. Mrdak & S. Weiss, 2007a. Historical demography of brown trout (*Salmo trutta*) in the Adriatic drainage including the putative *S. letnica* endemic to Lake Ohrid. Molecular Phylogenetics and Evolution, 44: 63-76.

Sušnik, S., S. Weiss, T. Odak, B. Delling, T. Treer & A. Snoj, 2007b. Reticulate evolution: ancient introgression of the Adriatic brown trout mtDNA in softmouth trout *Salmo obtusirostris* (Teleostei: Salmonidae). Biological Journal of the Linnaean Society, 90: 139-152.

Sušnik Bajec, S., G. Pustovrh, D. Jesenšek & A. Snoj, 2015. Population genetic SNP analysis of marble and brown trout in a hybridization zone of the Adriatic watershed in Slovenia. Biological Conservation, 184: 239-250.

Swatdipong, A., A. Vasemägi, T. Niva, M.-L. Koljonen & C. R. Primmer, 2010. High level of population genetic structuring in lake-run brown trout, *Salmo trutta*, of the Inari Basin, northern Finland. Journal of Fish Biology, 77: 2048-2071.

Syrjänen, J. T., A. Vainikka, P. Louhi, A. Huusko, P. Orell & T. Vehanen, 2018. History, conservation and management of adfluvial brown trout stocks in Finland. In: Brown Trout: biology, ecology and management (J. Lobón-Cerviá & N. Sanz, Eds.), John Wiley & Sons Ltd., UK, 697-733.

Taberlet, P., L. Fumagalli, A. G. Wust-Saucy & J. F. Cosson, 1998. Comparative phylogeography and postglacial colonization routes in Europe. Molecular Ecology, 7: 453-464.

Takayama, H., M. Kikuchi & I. Wakana, 2002. Lakes in Hokkaido: expansions of introdurced brown trout and crayfish. In: Handbook of alien species in Japan (The Ecological Society of Japan, ed.), Chijinshokan Press, Tokyo, 254-257. (in Japanisch)

Taler, Z., 1950. Visovačka jezerska pastrva (*Salmo visovacensis* n. sp.). Glasnik Bioloske Sekcije, Hrvatsko Prirodoslovno Društvo, Ser. 2B, 2-3: 118-158. (in Serbokroatisch, deutsche Zusammenfassung)

Tarkan, A. S., O. Gaygusuz, M. Ozulug & C. G. Gaygusuz, 2008. Reoccurrence of *Samo trutta macrostigma* (Dumeril, 1858) in Lake Sapanca Basin (Sakarya, Turkey): Implications for conservation. Journal of Fisheries and Aquatic Science, 3: 87-91.

Tchernavin, V. V., 1939. The origin of salmon. Is its ancestry marine or freshwater? Salmon and Trout Magazine, 95: 120-140.

Thienemann, A., 1950. Die Binnengewässer, Band XVIII: Verbreitungsgeschichte der Süßwassertierwelt Europas. – E. Schweizerbart'sche Verlagsbuchhandlung, Stuttgart, Germany, 809 pp.

Thomson, J., 1873. Peculiar trout of Loch Islay. Hardwicke's Science Gossip, 1872 [1873]: 85-86.

Thomson, M., 2015. Life history characteristics in the sea trout (*Salmo trutta* L.): insights from small catchments in Orkney. Doctoral Thesis. Heriot-Watt University, Edinburgh, Scotland.

Thorstad, E. B., I. A. Fleming, P. McGinity, D. Soto, V. Wennevik & F. Whoriskey, 2008. Incidence and impacts of escaped farmed Atlantic salmon *Salmo salar* in nature. NINA Special Report 36, 110 pp.

Toledo, M., A. L. Lemaire, J. L. Bagliniere & F. Braña, 1993. Caractéristiques de la truite de mer (*Salmo trutta* L.) au nord de l'Espagne, dans deux rivières des Asturies. - Caracteristicas biológicas de la trucha marina (*Salmo trutta* L.) en dos ríos de Asturias, norte de España. Bulletin Français de la Pêche et de la Pisciculture, 330: 295-306.

Tonteri, A., S. Titov, A. Veselov, A. Zubchenko, M. T. Koskinen, D. Lesbarrères, S. Kaluzchin, I. Bakhmet, J. Lumme & C. R. Primmer, 2005. Phylogeography of anadromous and non-anadromous Atlantic salmon (*Salmo salar*) from northern Europe. Annales Zoologici Fennici, 42: 1-22.

Tortonese, E., 1954. The trouts of Asiatic Turkey. Istanbul Üniversitesi Fen Fakültesi Hidrobiologi Araştırma Enstitüsü Yayınlarından, Ser. B, 11(1): 1-26, pl. I-II.

Tošić, A., D. Škraba, V. Nikolić, J. Čanak Atlagić, D. Mrdak & P. Simonović, 2016. Haplotype diversity of brown trout *Salmo trutta* (L.) in the broader Iron Gate area. Turkish Journal of Zoology, doi: 10.3906/zoo-1510-54.

Tougard, C. & Zh. Shao, 2012. Analyse phylogénétique de 30 populations de truites de Corse à partir d'un marqueur mitochondrial (region de contrôle). Institute de Sciences de l'Evolution de Montpellier, UMR CNRS 5554 et UMR IRD 226.

Tougard, C., 2013. Détermination de l'origine des lignées de truites de Corse par le biais de l'analyse phylogénétique d'un marqueur mitochondrial (region de contrôle). Rapport pour la Fédération de la Corse pour la Pêche et la Protection du Milieu Aquatique.

Tougard, C., F. Justy, B. Guinand, E. J. P. Douzery & P. Berrebi, 2018. *Salmo macrostigma* (Teleostei, Salmonidae): Nothing more than a brown trout (*S. trutta*) lineage? Journal of Fish Biology, 93 (2): 302-310.

Treer, T., I. Aničić, R. Safner, T. Odak & M. Piria, 2003. Note on the growth of endemic soft-muzzled trout *Salmothymus obtusirostris* translocated into a Dalmatian river. Biologia, 58(5): 999-1001.

Troschel, F. H., 1859. Bericht über die Leistungen in der Ichthyologie während des Jahres 1858. Archiv für Naturgeschichte, 25(2): 72-96.

Tsepkin, E. A., 1987. About the Aral salmon, *Salmo trutta aralensis* Berg. Voprosy Ikhtiologii, 27(4): 688-690. (in Russisch)

Turan, D., M. Kottelat & S. Engin, 2009. Two new species of trouts, resident and migratory, sympatric in streams of northern Anatolia (Salmoniformes: Salmonidae). Ichthyological Exploration of Freshwaters, 20 (4): 333-364.

Turan, D., M. Kottelat & Y. Bektaş, 2011. *Salmo tigridis,* a new species of trout from the Tigris River, Turkey (Teleostei: Salmonidae). Zootaxa, 2993: 23-33.

Turan, D., M. Kottelat & S. Engin, 2012. The trouts of the Mediterranean drainages of Southern Anatolia, Turkey, with description of three new species (Teleostei: Salmonidae). Ichthyological Exploration of Freshwaters, 23 (3): 219-236.

Turan, D., M. Kottelat & S. Engin, 2014a. Two new species of trouts from the Euphrates drainage, Turkey (Teleostei: Salmonidae). Ichthyological Exploration of Freshwaters, 24(3): 275-287.

Turan, D., E. Doğan, M. Kaya & M. C. Kanyılmaz, 2014b. *Salmo kottelati,* a new species of trout from Alakır Stream, draining to the Mediterranean in southern Anatolia, Turkey (Teleostei: Salmonidae). ZooKeys, 462: 8177, doi: 10.3897/zookeys.462.8177.

Turan, D., M. Kottelat & C. Kaya, 2017. *Salmo munzuricus*, a new species of trout from the Eurphrates River drainage, Turkey (Teleostei: Salmonidae). Ichthyological Exploration of Freshwaters, 28(1): 55-63.

Turan, D., G. Kalaycı, Y. Bektaş, C. Kaya & E. Bayçelebi, 2020. A new species of trout from the northern drainages of Euphrates River, Turkey (Salmoniformes: Salmonidae). Journal of Fish Biology, 96: 1454-1462.

Turan, D. & S. Aksu, 2021. A new trout species from southern Marmara Sea drainages (Teleostei: Salmonidae). Journal of Anatolian Environmental and Animal Sciences, 6(2): 232-239.

Turan, D., İ. Aksu, M. Oral, C. Kaya & E. Bayçelebi, 2021. Contribution to the trout of Euphrates River, with description of a new species, and range extension of *Salmo munzuricus* (Salmoniformes, Salmonidae). Zoosystematics and Evolution, 97(2): 471-482.

Turan, D., M. Kottelat & C. Kaya, 2022. The trouts of the upper Kura and Aras rivers in Turkey, with description of three new species (Teleostei: Salmonidae). Zootaxa, 5150(1): 43-64.

Turin, P., M. Zanetti & M. F. Bilò, 2006. Distribuzione e stato delle popolazioni di trota marmorata nelle acque del bacino dell'Alto Adriatico. Biologia Ambientale, 20(1): 39-44.

Ulukoy, G., P. Yildirim & A. Kubilay, 2016. Present status of bacterial diseases of rainbow trout, *Oncorhynchus mykiss*, in Turkey. Fish and Shellfish Immunology, 53: 117-118.

Van Someren, V. D., 1950. The biology of trout in Kenya. River Research and Development Center, Game Department, Kenya Colony, 114 pp.

Vasil'eva, E. D., 2003. Main alterations in ichthyofauna of the largest rivers of the northern coast of the Black Sea in the last 50 years: a review. Folia Zoologica, 52: 337-358.

Vega, G. C. & J. J. Wiens, 2012. Why are there so few fish in the sea? Proceedings of the Royal Society B, 279: 2323-2329.

Vera, M., M. Cortey, N. Sanz & J. L. García-Marín, 2010. Maintenance of an endemic lineage of brown trout (*Salmo trutta*) within the Duero river basin. Journal of Zoological Systematics and Evolutionary Research, 48(2): 181-187.

Vera, M., I. Sourinejad, C. Bouza, R. Vilas, A. Pino-Querido, M. R. Kalbassi & P. Martínez, 2011. Phylogeography, genetic structure, and conservation of the endangered Caspian brown trout, *Salmo trutta caspius* (Kessler, 1877), from Iran. Hydrobiologia, 664: 51-67.

Vera, M., J. L. Garcia-Marin, P. Martinez, R. M. Araguas & C. Bouza, 2013. Identification and conservation of remnant genetic resources of brown trout in relict populations from Western Mediterranean streams. Hydrobiologia, 707: 29-45.

Vera, M., J. L. García-Marín, P. Martinez & C. Bouza, 2015. Phylogenetic diversity within the endemic brown trout Duero lineage: implications for conservation and management. Marine and Freshwater Research, doi: 10.1071/MF14286.

Verspoor, E., M. W. Coulson, R. B. Greer & D. Knox, 2019. Unique symapatric quartet of limnetic, benthic, profundal and piscivorous brown trout populations resolved by 3D sampling and focused molecular marker selection. Freshwater Biology, 64: 121-137.

Verspoor, E., M. O'Sullivan, A. L. Arnold, D. Knox & P. C. Amiro, 2002. Restricted matrilineal gene flow and regional differentiation among Atlantic salmon (*Salmo salar* L.) populations within the Bay of Fundy, eastern Canada. Heredity, 89: 465-472.

Vincenzi, S., A. J. Crivelli, D. Jesenšek & G. A. De Leo, 2010. The management of a small, isolated salmonid population: do we have to fix it if it ain't broken? Animal Conservation, 13: 21-23.

Vincenzi, S., A. J. Crivelli, D. Jesenšek & G. A. De Leo. 2012. Translocation of stream-dwelling salmonids in headwaters: insights from a 15-year reintroduction experience. Reviews in Fish Biology and Fisheries, 22: 437-455.

Vinciguerra, D., 1902. Sulla presenza di *Salmo macrostigma* Dum. nella paludi Pontine. Monitore zoologico italiano, 13: 27-28.

Vivier, P., 1948. Note sur les eaux douces du Maroc et sur leur mise en valeur. Bulletin Français de Pisciculture, 150: 5-27.

Vladimirov, V. I., 1944. [River form of Sevan trout: *Salmo ischchan* Kessler morpha *alabalach nova*]. Izvestiya Akademii Nauk Armyanskoy SSR, 3: 61-72. (in Russisch)

Vladimirov, V. I., 1946. [Brook trout from the Armenian diatomite deposits of Pleiocene]. Doklady Akademii Nauk Armyanskoy SSR, 10: 123-128. (in Russisch)

Vladimirov, V. I., 1948. [Armenian brook trout and its relations to other representatives of genus *Salmo*. Proceedings of the Sevan Hydrobiological Station], 10: 87-178. (in Russisch)

Vlahović, I., O. Mandic, E. Mrinjek, S. Bergant, V. Ćosović, A. De Leeuw, P. Enos, H. Hrvatović, D. Matičec, G. Mikša, W. Nemec, D. Pavelić, V. Pencinger, I. Velić & A. Vranjković, 2012. Marine to continental depositional system of Outer Dinarides foreland and intra-montane basins (Eocene-Miocene, Croatia and Bosnia and Herzegovina). Journal of Alpine Geology, 55: 401-466.

Volpe, J. P., E. B. Taylor, D. W. Rimmer & B. W. Glickman, 2000. Evidence of natural reproduction of aquaculture-escaped Atlantic salmon in a coastal British Columbia River. Conservation Biology, 14: 899-903.

Walbaum, J. J., 1792. Petri Artedi sueci genera piscicum. In quibus systema totum ichthyologiae proponitur cum classibus, ordinibus, generum characteribus, specierum differentiis, observationibus plurimis. A. F. Rose, Grypeswaldiae (Greifswald), 723 pp., 3 pls.

Walker, J., 1812. Essays on natural history and rural economy. Longman, Hurst, Rees and Orne, London & Guthrie and Anderson, Edinburgh, 629 pp.

Wartmann, B., 1783. Von dem Rheinanken oder Illanken, *Salmo illanca*. Schriften der Berlinischen Gesellschaft Naturforschender Freunde, 4: 55-68.

Webb, J., E. Verspoor, N. Aubin-Horth, A. Romakkaniemi & P. Amiro, 2007. The Atlantic salmon. In: The Atlantic Salmon - Genetics, Conservation and Management (E. Verspoor, L. Stradmeyer & J. L. Nielsen, Eds.). Blackwell Publishing Ltd., Oxford, UK, 17-56.

Weiss, S., A. Atunes, C. Schlötterer & P. Alexandrino, 2000. Mitochondrial haplotype diversity of brown trout, *Salmo trutta* L., in Portuguese rivers supports a simple broad-scale model of the post-Pleistocene recolonization of northern Europe. Molecular Ecology, 9: 691-698.

Weiss, S., C. Schlötterer, H. Waidbacher & M. Jungwirth, 2001. Haplotype (mtDNA) diversity of brown trout *Salmo trutta* in tributaries of the Austrian Danube: massive introgression of Atlantic basin fish – by man or nature? Molecular Ecology, 10: 1241-1246.

Weiss, S., D. Linhares & R. Haunschmid, 2002. Vorläufige Untersuchungen der genetischen Diversität der Bachforelle (*Salmo trutta* L.) im Nationalpark Kalkalpen (Oberösterreich). Österreichs Fischerei, 55: 45-49.

Weiss, S. & T. Schenekar, 2012. Projekt zur Verbesserung der Fischreproduktion der Bachforelle (*Salmo trutta*) im Nationalpark Thayatal (genetischer Teil). Endbericht im Auftrag vom Nationalpark Thayatal mit Unterstützung von Bund, Land und Europäischer Union. 20 pp.

Weiss, S., A. Apostolou, S. Đug, Z. Marčić, M. Mušović, A. Oikonomou, S. Shumka, R. Škrijelj, P. Simonović, A. Vesnić & D. Zabric, 2018. Endangered fish species in Balkan rivers: their distributions and threats from hydropower development. RiverWatch & EuroNatur, 162 pp.

Welcomme, R. L., 1988. International introduction of inland aquatic species. FAO Fisheries Technical Paper No. 294, FAO Fisheries Department, Rome, 318 pp.

Wenne, R., R. Bernaś, A. Poćwierz-Kotus, A. Drywa & A. Wąs, 2016. Recent genetic changes in enhanced populations of sea trout (*Salmo trutta* m. *trutta*) in the southern Baltic rivers revealed with SNP analysis. Aquatic Living Resource, 29, 103, doi: 10.1051/alr/2016012.

Werner, F., 1931. Ergebnisse einer zoologischen Forschungsreise nach Marokko. II. Fische. Sitzungsberichte der Akademie der Wissenschaften in Wien, Abt. 1, 140: 261-270.

West, G. J. & J. Glucksman, 1976. Introduction of exotic fish in Papua New Guinea. Papua New Guinea Agriculture Journal, 27: 19-48.

Weyl, O. L. F., B. R. Ellender, P. Ivey, M. C. Jackson, D. Tweddle, R. J. Wassermann, D. J. Woodford & T. A. Zengeya, 2018. Africa: brown trout introductions, establishment, current status, impacts and conflicts. In: Brown trout: biology, ecology and management (J. Lobón-Cerviá & N. Sanz, Eds.), John Wiley & Sons Ltd, UK, 623-639.

Whittal, H. M., 1967. Trout of Turkey. Salmon and Trout Magazine, 179: 50-53.

Wilkens, B., 1994. The importance of fishing in the economy of the Fucino basin (Italy) from Upper Palaeolithic to Neolithic times. Archaeofauna, 3: 109-113.

Wilson, M. V. H. & R. R. G. Williams, 2010. Salmoniform fishes: key fossils, supertree, and possible morphological synapomorphis. In: Origin and Phylogenetic Interrelationships of Teleosts (J. S. Nelson, H.-P. Schultze & M. V. H. Wilson, Eds.). Verlag Dr. Friedrich Pfeil, München, Germany, 379-409.

Winfield, I. J., C. E. Adams, J. D. Armstrong, R. Gardiner, A. Kirika, J. Montgomery, B. M. Spears, D. C. Stewart, J. E. Thorpe & W. Wilson, 2012. Changes in the fish community of Loch Leven: untangling anthropogenic pressures. Hydrobiologia 681: 73-84.

Wolter, C. & Freyhof, J., 2005. Die Fischbesiedelung des Oder-Einzugsgebietes. Nationalpark-Jahrbuch Unteres Odertal, 2: 37-63.

Woodford, D. J., P. Ivey, M. S. Jordaan, P. K. Kimberg, T. Zengeya & O. L. F. Weyl, 2017. Optimising invasive fish management in the context of invasive species legislation in South Africa. Bothalia 47(2), a2138,

Wüstemann, O., 2013. Die Rückkehr der Bachforelle (*Salmo trutta*) in die Hochlagen des Nationalpark Harz (Deutschland). Österreichs Fischerei, 66: 98-106.

Yarrell, W., 1836. A History of British Fishes (vol. II). John van Vorst, London, 472 pp.; suppl. (1839): 72 pp.

Young, K. A., J. B. Dunham, J. F. Stephenson, A. Terreau, A. F. Thailly, G. Gajardo & C. Garcia de Leaniz, 2010. A trial of two trouts: comparing the impacts of rainbow and brown trout on a native galaxiid. Animal Conservation, 13: 399-410.

Zaccara, S., S. Trasforini, C. M. Antognazza, C. Puzzi, J. R. Britton & G. Crosa, 2015. Morphological and genetic characterization of Sardinian trout *Salmo cettii* Rafinesque, 1810 and their conservation implications. Hydrobiologia, doi: 10.1007/s10750-015-2322-1.

Zahn, S., 2020. Die Verantwortung und mögliche zukünftige Rolle Schleswig-Holsteins bei der Wiedereinbürgerung des Lachses (*Salmo salar*) im Elbe-System. Studie, Landesamt für Landwirtschaft, Umwelt und ländliche Räume, Schleswig-Holstein (LLUR), Institut für Binnenfischerei e. V. Potsdam-Sacrow, Flintbek und Potsdam.

Zanetti, M., P. Turin, D. Piccolo, M. Bello, B. Floris, R. Bua, C. Cottiglia & G. Liggi, 2010. Distribuzione della fauna ittica nei principali bacini idrografici della Provincia di Cagliari. Studi Trentini di Scienze Naturali, 87: 269-271.

Zava, B., T. Beller, P. Chiari, P. A. Nardi, C. Violani & F. Bernini, 1991. Note faunistiche e tassinomiche su *Salmo (trutta) macrostigma* (Dum.) della Sicilia (Osteichthyes, Salmonidae). – Faunistic and taxonomic notes on *Salmo (trutta) macrostigma* (Dum.) from Sicily (Osteichthyes, Salmonidae). Atti Congressuali del 4° Convegno Nazionale A. I. I. A. D., Distribuzione della fauna italiana, 413-421.

Zerunian, S., 1984. I pesci del Fiume Amaseno e dei corsi d'acqua della pianura Pontina (Lazio). Quaderni dell'Instituto di idrobiologia e acquacoltura G. Brunelli, 4(1): 26-67.

Zerunian, S. & G. Gandolfi, 1990. *Salmo fibreni* n. sp. (Osteichthyes, Salmonidae) endemica nel bacino del Fibreno (Italia centrale). Rivista di Idrobiologia, 29: 521-532.

Zerunian, S., A. Lecce & G. Gibertini, 1994. Osservazione sulla riproduzione del Carpione del Fibreno (Osteichthyes, Salmonidae). – Observations on the reproduction of *Salmo fibreni* (Osteichthyes, Salmonide). Atti del 5° Convegno Nazionale A. I. I. A. D., Biologia dei salmonidi: tutela e gestione delle popolazioni indigene, 119-128.

Zill, M., 1858. Note sur l'existence de la truite en Algerie. Annales des Sciences Naturelles, Zoologie, Ser. 4, 9: 126-128.

Zogaris, S., Y. Chatzinikolao, N. Koutsikos, E. Oikonomou, S. Giakoumi, A. N. Economou, L. Vardakas, P. Segurado & M. T. Ferreira, 2012. Specialized Consultancy Services for the Assessment of Fish Assemblages in Cyprus Rivers – Implementation of the Directive 2000/60/EC. Final report of second phase of the project. Hellenic Center for Marine Research – Institute of Marine Biological Resources and Inland Waters / Instituto Superior de Agronomia, Universidade Técnica de Lisboa, 205 pp.